DESIGN
&
APPLICATION
应用设计

Green Design And Environmental Art Engineering Design
绿色设计与环艺工程设计

陈易 等　编著

辽宁美术出版社
Liaoning Fine Arts Publishing House

图书在版编目（CIP）数据

绿色设计与环艺工程设计 / 陈易等编著. -- 沈阳：辽宁美术出版社，2014.2
（应用设计）
ISBN 978-7-5314-5702-2

Ⅰ．①绿…　Ⅱ．①陈…　Ⅲ．①环境设计　Ⅳ．①TU-856

中国版本图书馆CIP数据核字（2014）第024680号

出 版 者：辽宁美术出版社
地　　址：沈阳市和平区民族北街29号　邮编：110001
发 行 者：辽宁美术出版社
印 刷 者：沈阳新华印刷厂
开　　本：889mm×1194mm　1/16
印　　张：45
字　　数：1125千字
出版时间：2014年2月第1版
印刷时间：2014年2月第1次印刷
责任编辑：光　辉　苍晓东　彭伟哲
装帧设计：范文南　苍晓东
技术编辑：鲁　浪
责任校对：徐丽娟
ISBN 978-7-5314-5702-2

定　　价：280.00元

邮购部电话：024-83833008
E-mail：lnmscbs@163.com
http：//www.lnmscbs.com
图书如有印装质量问题请与出版部联系调换
出版部电话：024-23835227

CONTENTS

DESIGN AND APPLICATION

总目录

自20世纪80年代以来，随着中国全面推进改革开放，中国的艺术设计也在观念上、功能上与创作水平上发生了深刻的变化，融合了更多的新学科、新概念，并对中国社会经济的发展产生了积极的影响。在全球一体化的背景下，中国的艺术设计正在成为国际艺术设计的一个重要组成部分。

艺术设计的最大特点就是应用性。它是对生活方式的一种创造性的改造，是为了给人类提供一种新的生活的可能。不论是在商业活动中信息传达的应用，还是在日常生活行为方式中的应用，艺术设计就是让人类获得各种更有价值、更有品质的生存形式。它让生活更加简单、舒适、自然、高效率，这是艺术设计的终极目的。艺术设计最终的体现是优秀的产品，这个体现我们从乔布斯和“苹果”的产品中可以完全感受到。“苹果”的设计就改变了现代人的行为方式，乔布斯的设计梦想就是改变世界，他以服务消费者为目的，用颠覆性、开拓性的设计活动来实现这一目标。好的艺术品能触动世界，而好的艺术设计产品能改变世界，两者是不同的。

这套《应用设计》汇集了中国顶尖高校数十位设计精英从现实出发整理出的具有前瞻性的教学研究成果，是开设设计学科院校不可或缺的教学参考书籍。本丛书以“应用设计”命名，旨在强调艺术设计的实用功能，然而，艺术设计乃是一个技术和艺术融通的边缘学科，其艺术内涵和技术方法必然渗透于应用设计的全过程中。因此，丛书的宗旨是将艺术设计的应用性、艺术性、科技性有机地融为一体。本丛书收入30种应用设计类图书，从传统的视觉传达设计、建筑设计、园林景观设计、环境空间设计、工业产品设计、服装设计，延展到计算机平面设计、信息设计、创新VI设计、手绘POP广告设计等现代兴起的艺术设计门类。每种书的内容主要阐述艺术设计方面的基本理论和基本知识，强调艺术设计方法和设计技能的基本训练，着重艺术设计思维能力的培养，介绍国内外艺术设计发展的动态。此外，各书还配有大量的优秀艺术设计案例和图片。我们衷心希望读者通过学习本丛书的内容，能够进一步提高艺术设计的基本素质和创新能力，创作出优秀的设计作品，更好地满足人们在物质上、精神上对于艺术设计的需求，为人类提供适合现代的、更美好的生活环境和生活方式。

Preface

With the deepening of reform and opening up in a comprehensive way since 1980s, Chinese artistic design has also experienced profound changes in ideas, functions and creation. An increasing number of new subjects, new concepts are integrated, which has a positive effect on China's economic and social developments. Under the background of globalization, Chinese artistic design is becoming an important part of the international artistic design.

The most obvious characteristic of artistic design is applicability. It creatively changes the way of life in order to provide a possible new life for human beings. Artistic design aims to make people find more valuable and of high quality forms of survival, whether applied to business activities for information delivery or applied to the way of act in daily life. It can make life simpler, more comfortable, natural and efficient, which is also the ultimate goal of artistic design. The ultimate manifestations of artistic design are excellent products, which we can fully feel from Steve Jobaloney and his "Apple" products. Taking serving consumers as the ultimate goal, Jobs creates subversive and pioneering design activities to achieve his dream—change the world, and accordingly changes the way of act of modern people. It indeed works. A good work of art can touch the world, while a good artistic design product can change the world. That's the difference.

This set of *Design and Application* boasts the forward-looking teaching research results compiled based on the reality by a dozen design elites from top colleges and universities across China. It is an indispensible reference book for teaching for colleges and universities which have set up design disciplines. This series is named as *Application and Design*, targeting at emphasizing the utility function of artistic design. However, artistic design, as a boundary science integrating technology and art, its artistic connotation and technical method definitely permeate into the whole

Preface

process of application design. Therefore, the purpose of this series is to integrate applicability, artistry, and technology into a complete one. This series includes thirty kinds of books relating to application and design, from the traditional visual communication design, architectural design, landscape design, environmental space design, industrial design, costume design to recently developed artistic design categories such as computer graphic design, information design, creation VI design, hand-drawn POP advertisement design. Each of the books mainly elaborates the basic theory and knowledge on artistic design, emphasizes the basic training of design method and technique, focused on the cultivation of thinking ability for artistic design and introduces the development trend of artistic design at home and aboard. In addition, a large number of first-class artistic design cases and pictures are illustrated for each book. We sincerely hope readers, through the study of this series, can further improve their basic quality and innovation ability for artistic design and create excellent design works to meet people' s spiritual and material need for artistic design and ultimately provide a more modern and beautiful living environment and lifestyle for human beings.

DESIGN

AND APPLICATION

01

现代绿色设计

王守平 等 编著

目录 contents

前言
PREFACE

人类从远古时期的钻木取火到奴隶社会金属工具的使用，从中世纪铁器的普及到18世纪蒸汽机的发明，直至现代电子、空间科技的发展，现在的人类几乎无所不能。是的，有着聪慧头脑和勤劳双手的我们可以待在冬暖夏凉的屋子里，可以填海造田，可以登月，可以到火星考察，可以克隆出一只羊甚至在技术上可以克隆我们人类自己。但是，我们至今却无法建造一个与地球相似的生态系统，哪怕是一个小小的"生物圈2号"；但同时我们又觉得怎么天越来越灰，鸟儿越来越少，水越来越贵，人却越来越多？原来，我们从地球母亲那儿拿的太多，而我们给她的，只会使她越来越老。

破坏环境容易，恢复却很难。把地球表面搞得一团糟是一件非常容易的事情，但是恢复却耗时耗力。在科技、经济高速发展的今天，我国的各个领域也在飞速的发展着。中国俨然成为了世界的加工工厂，随之而来的便是我国资源储量的急速下降。绿色设计在现代化的今天，就不仅仅是一句时髦的口号，而是切切实实关系到每一个人的切身利益的事。这对子孙后代、对整个人类社会的贡献和影响都将是不可估量的。

建筑、环境设计一定要走"绿色设计"（Green Design）之路。绿色设计是20世纪80年代末出现的一股国际设计潮流。绿色设计反映了人们对于现代科技文化所引起的环境及生态破坏的反思，面对人类生存环境存在的种种危机，应改变人们追求奢华的观念，逐步走向绿色设计，创造具有中国文化特色的现代建筑、环境设计文化，成为摆在中国设计师面前的一项重要任务，同时也体现了设计师道德和社会责任心的回归。因而绿色设计现已成为高等学校环境艺术设计专业高年级设计课中必不可少的设计课程。

编写该书有两个目的，第一个目的，是为了让读者对绿色设计的基础知识变得容易理解，表明该领域知识学习的必要性和紧迫性。另一个目的，是为学生提供一本较规范、科学、易懂的教材。于是便在该书中提供各方面信息，从收集资料到整理、设计成图的学习过程、真正课堂上的师生互动环节的设置，以及对在校学生作业的展示和讲评，多环节逐步进行。本书将有助于绿色设计基础知识的学习和设计思维方法的训练，并可充分地加以灵活的运用。

这本书的内容主要包括：基本的理论知识、设计要点功能分析及设计步骤；评析讲解经典范例；介绍国内外优秀作品等。力求理论和实践结合，提高实用性，反映和吸取国内外近年来的有关科学发展的新观念、新技术。

借此，向曾经关心和帮助过该书出版工作的所有老师和朋友致以衷心的感谢和敬意。特别要感谢艺术学院专业指导教师的热情支持，感谢院系领导的直接关怀与帮助。

由于作者水平所限，时间仓促，难免有诸多不足之处。真诚希望有关专家、学者及广大读者给予批评、指正。如能对读者在学习上有所裨益，我们将感到十分欣慰。

2004大連
國際室內設計教育研討會
International Seminar of
Interior Design & Education,
2004,Dalian

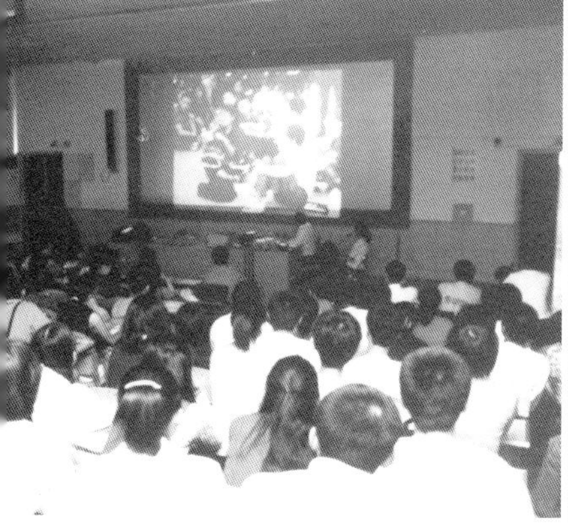

2004大連
國際室內設計教育研討會
International Seminar of
Interior Design & Education

国际交流

作者在学术交流会上

师生在该校留影

学术交流会现场

中国高等院校

THE CHINESE UNIVERSITY

21世纪高等院校艺术设计专业教材

建筑·环境艺术设计教学实录

严峻的现实

呼唤绿色设计

对环境“影响”最小的设计

CHAPTER

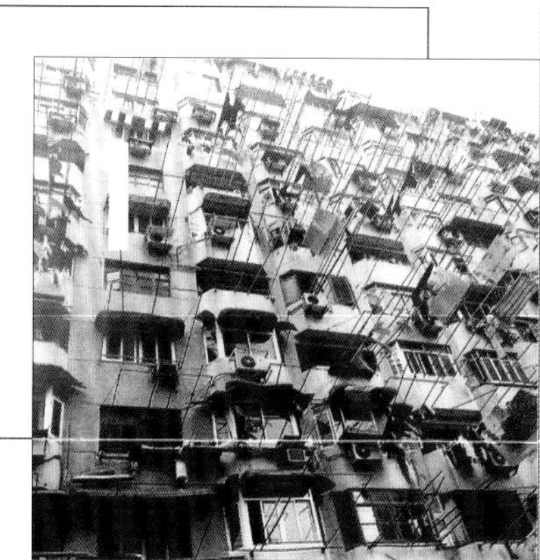

概 述

第一章　概　述

“天之道，损有余而补不足。”
——老子《道德经》

发展是人类社会永恒的主题。但面对世界范围内的人口剧增、土地严重沙化、自然灾害频发、温室效应、淡水资源的日渐枯竭等人类生存危机，人类不得不明白“我们只有一个地球”，为此，1992年联合国环境与发展大会明确提出了人类要走可持续发展之路，以实现人类发展与自然的和谐共生。“可持续发展”思想的提出，不仅揭开了人类文明发展的新篇章，同时也带来了人类社会各领域、各层次的深刻变革。

图 1–1　珍惜环境
图 1–2　气象图
图 1–3　贫瘠的土地
图 1–4　人类制造堆积如山的垃圾

图 1–1

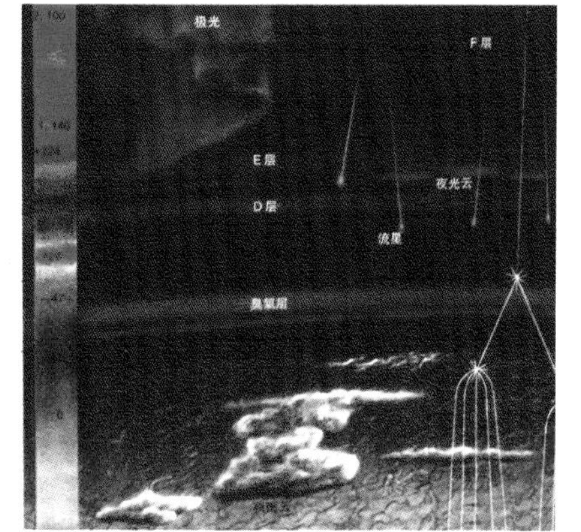

图 1–2

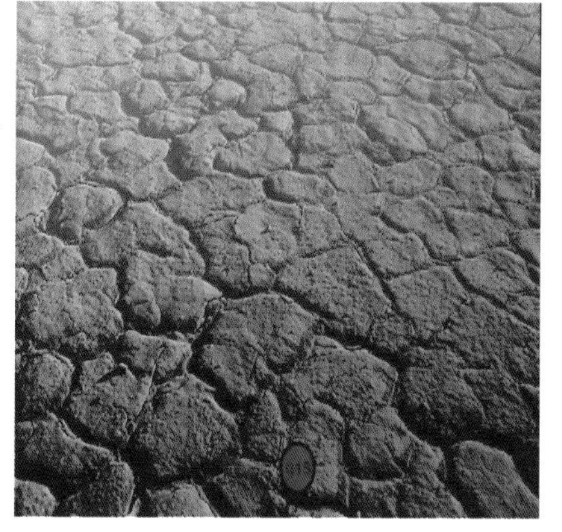
图 1–3

图 1–4

一、严峻的现实

人，是大自然之子，是生存环境的产儿。当人类从大自然中获得生命，获得生产能力之初，人与大自然共同生存在一个和谐的环境之中，但这种“共生关系”没有保持长久，人为了强化自己的生存能力，使这种关系开始出现裂痕：砍伐与开垦、屠杀与灭绝、污染与破坏——这些与大自然的、生命的绿色不和谐的阴影伴随着人类走向“文明”的历程。尤其在进入工业社会以来的数百年中，这种对抗自然规律的行径越演越烈，为了求得经济的高速发展，人们总是以耗尽资源与恶化环境为代价；于是使当今的地球变得多灾多难，可悲的是当今人们一再受到来自自然、气候、环境变异的警告时，才开始警觉并思考：

为什么人类最担心的灾难总是产生于人类自己之手？

异向气象之兆表现为：

1.地球上的“空洞”

20世纪80年代，欧美日本等一些发达国家一度以“日光浴”引为时尚，但是没过多久，时髦男女们对这种“健身”方式的痴迷就很快降温。原来人们发现这种时髦运动与一种可怕的皮肤癌有关。日本国立癌症中心等研究机构的人员表示，经过这种日光浴后，人们的皮肤层会起一些小小的黑色或褐色的斑点，称之为“日光角化症”。在日本，近年来爱好接受日光浴的人群中患有日光角化症的人较10年前增长了3～4倍，并且由于这种症状转为皮肤癌的比例也增长了2～3倍；这种皮肤癌不仅转移迅速，而且死亡率高，如果转移到淋巴结上死亡率将高达90%。

形成这种病的原因与人们在日光浴中接受了大量紫外线照射有关，更深层的原因则是因为日光中有害紫外线的增加。

臭氧本身是空气污染物的一种，但它能将以阳光中有害的220～330纳米的紫外线光（UN-B）全部吸收，如同一面生命的盾牌护卫着地球上的人、植物、动物与一切生命形式。另外，被臭氧所吸收的紫外线还能成为一种热能，起着对同温层保持恒温的作用。但是自从20世纪70年代之后，这种珍贵的臭氧正在减少。日本自从20世纪60年代以来一直持续进行对南极上空的臭氧进行观测，经过仔细确认观察，终于确认了南极上空“臭氧空洞”的存在。

发现臭氧减少的同时，人们又发现了长期以来一直作为制冷剂使用的化工物质氟利昂在大量增加。氟利昂是一种碳、氯、氟化合物，自从1930年被开发以来，由于其无毒、无臭、稳定，与其他物质难以发生化学反应等特殊性质，一直以来作为试验用剂和冷冻设备的制冷剂、塑料的发泡成形剂、半导体的洗涤剂、家用雾化杀虫剂中的雾化剂等等，大量用于工业生产与生活中。由于其特性特别稳定，释放后会一直在大气中漂流，而一旦到达平流层后，便由于强烈的紫外线作用分解出氯原子，它与附近的臭氧及氧原子结合，产生反应，同时又形成新的氯原子，经过这样的反复，一个氯原子被释放后，会破坏数万个臭氧成分，因而会造成臭氧层的日益严重的破坏空洞。

问题虽然被认识到了，但解决它却不那么简单。一方面，宣传杜绝氯原子破坏臭氧层不易。另一方面，氟利昂的生产关系着规模巨大的企业的生产。在我们日常生活中想立刻杜绝几乎不可能。

2.水俣病和石棉的危害

20世纪60年代，在水俣湾地区曾经爆发过影响最大、后果最严重的公害病“水俣病”，就是由于工厂排放含汞废水经食物链富集在鱼、贝中的甲基汞，再由人体的摄入而引起的。水俣病是一种中枢神经疾患，有急性、亚急性、慢性、潜在性和胎儿性等类型。水俣病的最初发现是从猫的异常行为开始的，这时的猫狂躁不止，最后跳入水中致死。而后发现得了水俣病的人也是狂躁不已，最后连续高热死亡。

由于工业产品材料使用与处理不当引起的污染公害还不止于此。

石棉是富有弹性纤维状硅酸盐矿物的总称，它有耐热、耐酸、耐碱、隔音、绝缘等特点，因而在建筑工业中有相当大的使用价值。除此之外，它还可以用于婴儿香粉、电吹风、石油暖炉、绒毯、酒等日用产品的生产，用途可达3000种之多。但是这种物质同时也会对人形成极其可怕的伤害。上海辞书出版社《使用环境科学词典》中表明：“石棉纤维能长时间地悬浮大气和水中，造成广泛的环境污染。长期吸入石棉纤维能引起石棉肺、肺癌和胃肠癌等。”但是像这样的石棉污染几乎每天都在各国的城市中发生着，尤其是大规模

图1—5　珍惜环境
图1—6　人口的不断增长，巨型城市的出现
图1—7　人们生活的环境质量下降

图1—5

图1—6

图1—7

拆除旧建筑时，漫天扬起的石棉粉尘不仅对施工工人是一种伤害，对工地附近的居民的伤害也很大。

3.森林砍伐、酸雨等

森林自身的形成需要相当的时间与条件。它并不像人们从表面上看到的那样静止，一成不变，与生俱有。森林是一个敏感的、在呼吸、衰老、交替着的生命体，森林环境的生态平衡需要各种条件来满足。人类之手以任何方式改变或破坏这种平衡，对于森林自身的生命代谢都是一种致命的威胁。每砍伐一片森林，被破坏的不仅是这片森林自身，而是对包括剩下的森林面积的整个热带林的一种整体的摧残，更何况是对于动辄森林破坏面积达几成以上的砍伐呢？

由于一些发达国家对于国际森林资源的利己主义态度，对森林的大面积破坏已经延续了相当长的一个时期。据美国研究机构1980年，提出的《公元2000年的地球——美利坚合众国特别调查报告》中的统计，1980年以后世界森林面积总量为26亿公顷，而森林消失率大约每年为1000万公顷至1130万公顷。这个数字意味着，两年中可以把一个类似于日本这样大的国家的森林面积全部消耗掉。然而被破坏的森林面积并不是全世界平均的，被砍伐的地域差不多还集中在不发达地区，如拉丁美洲、非洲、东南亚这三大地域。

酸雨，是指PH值小于5.6的雨雪或以其他形式出现的大气降水。一般的雨雪降落时，自然大气中的二氧化碳会溶入其中形成碳酸而具弱酸性，其PH值会达到5.6，因此把大于这个值的降水作为非污染或非酸的降水，而小于这个值的水则为污染或酸性降水；PH值在4以下，则由人为的强酸造成。雨水酸化的主要原因是工厂排放大量的含硫和含氨的废气所致。由排气中的二氧化碳和氮氧化物在运行过程中，经过复杂的转代形成

硫酸和硝酸及其他盐类，最后随雨雪降落到地面，形成酸雨。在工业城市中用高烟囱排放的氧化物，能远距离输送，造成大范围的酸雨危害。江、河、湖水酸化后，导致水生生物特别是鱼类的死亡，使河湖失去生机而成为“死河”、“死湖”，其水流入饮用水渠道危害饮用者的健康，引起肺水肿、肺硬化。它的侵蚀可穿透油漆、金属腐蚀建筑物，危害森林、草场，破坏土壤肥力，影响农作物生长。酸雨污染成为世界上最严重的环境问题之一。

4. 人口的不断增长、巨型城市的出现

“它们都在迅速增长，似乎没有看见一个极限。”

这是20世纪末城市研究者所面临的一个难题。城市化进程加速，城市人口剧增，并且这种速度在20世纪下半叶的工业化时期尤为明显。我们可以看看下列的数据：

世界10万人口以上的城市，1950年仅484座，1970年增至844座，1980年突破1000座，预计到2005年将突破12000座。

世界百万人口以上的城市，1950年仅75座，1970年增至162座，1980年又增至234座，预计到2008年将达到500座以上。

据联合国经社部报告，1985年全世界200万人以上的大城市有100座，人口总数达4.87亿；20世纪90年代400万以上人口的大城市有90座，到2000年全世界100～500万人口的大城市可达355座，500～1000万人口的大城市可达58座，1000万人口的大城由1985年的11座已增至24座。

人口超过1500万的巨型城市如墨西哥的圣保罗城，到2008年的人口将超过3000万。其他如埃及的开罗、阿根廷的布宜诺斯艾利斯，人口都将超过2000万。

据分析预测，到2008年，地球上人口的一半以上将住在城市。经工业社会发展的城市经过一百多年的历史，基本完成了人口高度集中的任务，形成了城市规模无限膨胀的畸形局面，产生出质的飞跃。我们如果把人口规模达到800万或800万以上的聚居点定义为“巨型城市”的话，21世纪，世界上这种巨型城市将突破30座。巨型城市将不断增多，并成为各国地区的政治、文化、信息和产业中心（图1－1～7）。

我们可以想象，偌大的城市不可能遵守“功能教条主义”的分区原则，而应采用“多中心”、“混合功能”的布局方式，繁忙的交通组织成为了城市的“生命线工程”，城市不但需要地铁、高速高架环形公路，各种中巴、有轨电车、的士、公共汽车，甚至还要有小型直升飞机场、高速火车等等；人工环境的高密度化需要自然环境的平衡，城市绿化、生态化的趋势将成为巨型城市之必须；能源和垃圾的转化和再利用，成为巨型城市必须的基础设施。

二、呼唤绿色设计

环境与资源问题的复杂性，是绿色设计形成世界性潮流的大背景，如果不是在这样的背景之下，绿色设计不会形成今天这样声势浩大的规模并成为引人注目的焦点。如前所述，绿色设计并不是一种单纯的设计风格的变迁，也不是一般的工作方法的调整，严格地讲，绿色设计是一种设计策略的大变动，一种牵动世界诸多政治与经济问题的全球性思路，一种关系到人类社会今天与未来的文化反省，绿色设计思想的缘起是与这种全球性污染的现实与文化反省的思潮密切相关的。

三、对环境“影响”最小的设计

A．绿色设计

B．生态设计

C．环境设计

D．生命周期设计

E．环境意识设计

师生互动

学生：我国是发展中国家，绿色设计的方法还没有普及，我国的现状究竟如何？

老师：迄今为止，还没有一个国家像中国这样面临如此巨大的经济发展和保护环境的双重压力，既要保持连续20多年年均9%的经济增长速度，又要遏制环境恶化的趋势。

2002年，全国环境污染治理投资占GDP的1.33%，比例之高在发展中国家中名列前矛，但环境状况仍很严重。2002年，七大水系干流及主要一级支流的199个国控断面中，其中有5类及劣有5类水质断面超过50%；在重点监测的343个城市中，有三分之一以上的城市空气质量劣于三级。全国污染物排放总量远高于环境容量，国家环境安全形势严峻。

2003年夏季，中国17个省市拉闸限电；进入冬季以来华东、华北、华南近10个省市拉闸限电，严重影响了居民生活和制约了经济的发展。2003年，全国用电增长速度高达14.7%。2004年中国能源消费和石油消费均将仅次于美国位居世界第二，30%以上的石油依赖进口。据测算，到2020年，中国石油对外依存度将高达60%以上，国家能源安全堪忧。

中國高等院校
THE CHINESE UNIVERSITY
21世纪高等院校艺术设计专业教材
建筑·环境艺术设计教学实录

CHAPTER

绿色建筑的由来
绿色建筑概念
国际建筑界有关"生态建筑"的实践
绿色设计方法

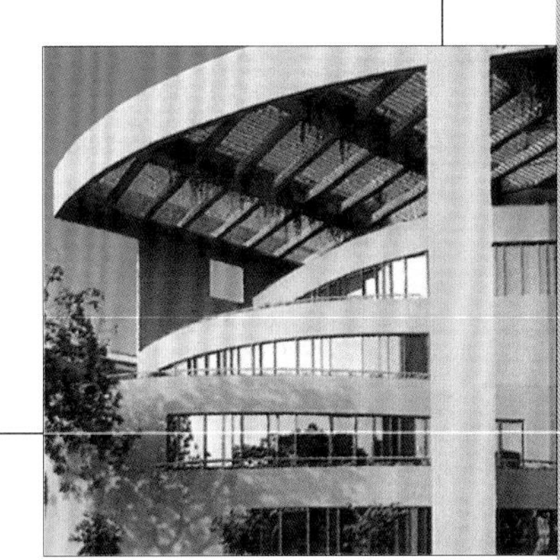

绿色设计概念与方法

第二章　绿色设计概念与方法

生命充满绿色，是因为生命充满活力、充满希望；它是一个和谐的整体，是一种可以抵御环境侵蚀的能量。绿色浓缩了大自然与人类生命的全部理想。

绿色设计（Green Design）是一个内涵相当广泛的概念，由于其含义与生态设计（Ecological Design）、环境设计（Design for Environment）、生命周期设计（Life Cycle Design）或环境意识设计（Environmental Conscious Design）等概念比较接近，都强调生产与消费需要一种对环境影响最小的设计，因而在各种场合经常被互换使用。它是当今世界的"绿色环境"命题，是关于自然、社会与人的关系问题的思考在产品设计、生产、流通领域的表现。

狭义理解的绿色设计，是以绿色技术为前提的工业产品设计。广义的绿色设计，则从产品制造业延伸到与产品制造密切相关的产品包装、产品宣传及产品营销的环节，并进一步扩大到全社会的绿色服务意识、绿色文化意识等。绿色技术，有的称之为"环境亲和技术"，是尽可能减缓环境负担、减少原材料、自然资源使用或减轻环境污染的各种技术、工艺的总称。

绿色设计日益成为全社会广泛关注的价值观之后，其定义也在不断地扩展，并且派生出多种关系领域，如给予环境保护角度的"绿色计划"，基于市场角度的"绿色营销"，基于防止环境破坏扩展角度的无污染"绿色技术"，基于投资与商品经济角度的"绿色投资"、"绿色贸易"乃至发展中国家农业经济中的"绿色革命"等新千年相继登场。可以说，从绿色设计思潮萌动伊始，就没有一个完整的、确切的定义与范畴，它是社会理性在设计范畴的折射，因此，它的认识根源更多地来自全社会环保意识的发展与企业的市场生存理念。就设计思潮与社会发展思潮的关系而言，在设计运动的各个发展环节中，绿色设计表现出其独有的面貌与属性。

而我们在这里主要研究一下"绿色法则"在建筑空间中的广泛应用。

第一节　绿色建筑的由来

绿色建筑是可持续发展建筑的形象说法，侧重于工程层面。

1968年"罗马俱乐部"提出《增长的局限》报告，自然资源支持不了人类的无限扩张，引起了人们对生存与发展的关注。

1972年联合国斯德哥尔摩环境大会，提出了"人类只有一个地球"，呼吁对全球环境的关注。

20世纪80年代初，学术界首次提出了"可持续发展观"。

1984年联合国大会成立环境资源与发展委员会，提出可持续发展的倡议。

1992年巴西里约热内卢联合国环境与发展大会（全球首脑会议）提出了《21世纪议程》，正式部署可持续发展行动。

1994年7月4日，我国政府正式发布《中国21世纪议程》，在中国部署人口、资源、环境与发展的协调

图 2—1　柯里亚设计的MRF 大厦
图 2—2　杨经文设计的梅纳拉商厦施工图纸
图 2—3　杨经文设计的梅纳拉商厦

图 2—1

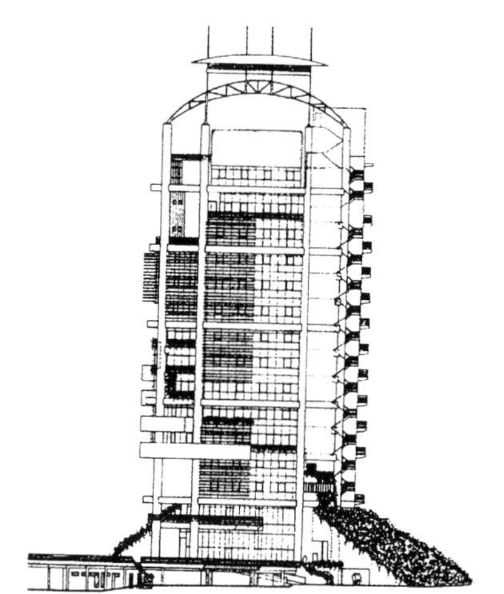

图 2—2

图 2—3

行动。1997年党的十五大正式提出"可持续发展战略",作为我国发展的基本战略。

至此,学术界的观点已经成为政治家的行动。其意义是,在对待资源、环境上,满足当代人发展需要时,不应损害后代人发展的需求,即所谓的"代际要公平"。

1999年国际建协第20届世界建筑师大会发布的《北京宪章》,明确要求将可持续发展作为建筑师和工程师们在新世纪中的工作准则。

发达国家在20世纪90年代组织起来探索实现可持续建筑之路,名为"绿色建筑挑战"。即采用新技术、新材料、新设备、新工艺、新方法,实行综合优化设计,使建筑在满足功能需要时所消耗的资源、能源最少,而增加的投资又可以承受,甚至寿命周期费用可以不增。

新成立的一些国际性组织,例如"世界绿色建筑理事会"、"国际可持续人工环境"等来开展有关绿色建筑方面的交流活动。一般认为可从四大方面去采取措施,即从能源、水资源、土地资源、材料资源方面实现尽可能少的一次性消耗及最大限度的重复利用或再利用。

绿色设计出现在新旧世纪交替之际,是20世纪"现代设计"设计理论之后转向新设计价值观的一种过渡。因此,尽管在这百年的最后阶段、绿色设计的省市并不算十分浩大;但是,由其阐述的生态价值观却为新世纪的设计思想发展确立了一个不可违背的原则,因而人们仍然将其视为20世纪末此起彼伏的众多设计思潮中最有影响的篇章之一。

第二节　绿色建筑概念

"绿色建筑"是指在建筑寿命周期（规划、设计、施工、运行、拆除／再利用）内通过降低资源和能源的消耗，减少废弃物的产生，最终实现与自然共生的建筑，它是"可持续发展建筑"的形象代名词。

一般来讲，生态是指人与自然的关系，那么，生态设计就应该处理好人、建筑和自然三者之间的关系，它既要为人创造一个舒适的空间小环境，同时又要保护好周围的大环境（自然环境）。具体来说，小环境的创造包括：健康宜人的温度、湿度，清洁的空气，好的光环境、声环境以及具有长效多适的灵活开敞的空间等等。对大环境的保护主要反映在两方面，即对自然的索取要少，对自然的负面影响要小。

第三节　国际建筑界有关"生态建筑"的实践

一、建筑设计方面

在建筑设计中考虑气候与地域因素早已成为设计中的一项指导原则。其中，柯里亚提出形式追随气候的设计方法论，来适应印度各个地区的干热或湿热气候。他设计的ECIL总部大楼和MRF大厦（图2–1）即属此例。而杨经文认为传统建筑学没有把建筑看做是生命循环系统的有机部分，没有从生态的角度来研究建筑学科的发展；而生态建筑学要求建筑师和设计者有足够的生态学和环境生物学方面的知识，进行研究和设计时应与生态学相结合。在此基础上，他在高层建筑中，结合东南亚的气候条件形成一套独特的设计理念和手法，如在高层建筑中引入绿化开敞空间；设计"两层皮"的外墙，形成复合空间或空气间层；屋顶设计遮阳格片的屋顶花园；利用中庭和两层皮创造自然通风等。主要代表作有他给自己设计建造的住宅、梅纳拉商厦（图2–2、3）和马来西亚IBM大厦等，这都较为完整地体现了他的设计思想。

1973年爆发了石油危机，1974年即召开了首次国际被动式太阳能大会，主要是通过对太阳能供热（包括太阳能集热器技术和太阳能温室）的开发利用，减少对不可再生能源的依赖。在太阳能住宅发展的基础上进一步出现了综合考虑能源问题的节能住宅，提高了建材的保温隔热性能，如采用中空玻璃的玻璃窗，外墙、屋顶设置保温层（保温材料采用聚苯乙烯等）。20世纪80年代出现了不少现代覆土建筑，多数是住宅，也有图书馆、博物馆等公共建筑。即使采用了更多的机械通风与人工照明，仍然节约了大量的采暖和制冷能耗。建于法国巴黎的联合国教科文组织（UNESCO）的办公楼就是一例。在德国20世纪90年代利用高新技术设计建造了一座"旋转式太阳能房屋"，这是由建筑师特多·特霍斯特在1994年设计的，他把自己的住房设计成同向日葵一样，能在基座上跟踪阳光转动。房屋安装在一个圆形底座上，由一个小型太阳能电动机带动一组齿轮。该房屋底座在环形轨道上以每分钟转动3cm的速度随着太阳旋转，当太阳落山以后该房屋便反向转动，回到初始位置，屋顶太阳能电池产生的电能仅有1.3%被旋转电机消耗掉．而它所获得的太阳能量相当于一般不能转动的太阳能房屋的2倍。这是欧洲第一座由计算机控制的划时代的太阳追踪住宅。德国还有一栋由太阳能研究所设计的建在弗赖堡的零能耗住宅，投入使用两年多来，能源完全自给自足。它每年每平方米建筑面积的用电仅为9.3kwh，其中7.9kwh供日常生活使用，0.9kwh供通风，热水不需用电，0.5kWh

图2-4 生物圈Ⅱ号
图2-5 牙买加公共图书馆分馆
图2-6 丹麦斯科特帕肯低能耗住宅

图2-4

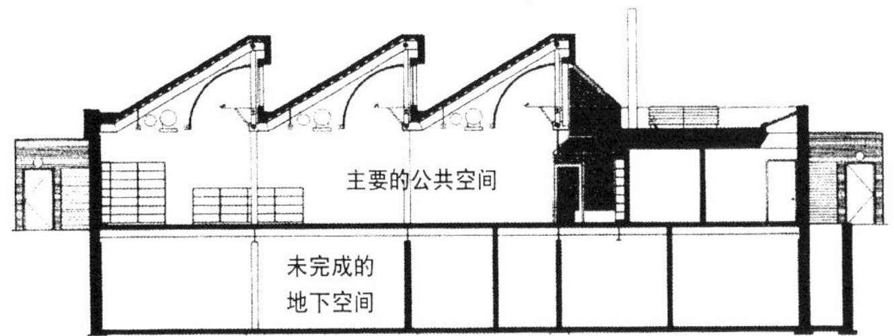

图2-5

图2-6

供取暖。在这栋住宅中，科学家综合采用了各种措施，如太阳能发电、热泵、氢气贮能器以及种种隔热建筑材料和建造方法。

在丹麦，1992年建成了一栋由丹麦KAB咨询所设计的斯科特帕肯低能耗住宅（图2-6），备受世人关注，并获得1993年的世界人居奖（World Habitat Award）。其技术措施主要包括：①外墙、屋顶、楼板均设保温层，使用热传导系数较小的门窗玻璃；②利用智能系统对太阳能和常规供热系统进行智能调控，使热水保持恒定温度；③利用通风系统和夜间热补偿等技术，减少住宅的热散失；④安装水表、能量表和双道节水阀装置及具有热回收性能的节水设备；⑤用雨水槽将雨水引至住宅区中央的小湖里，再渗入地下。这些技术措施的应用，使住宅小区的煤气、水、电分别节约了60%、30%和20%，而且改善了整个小区的环境。

日本1995年在九州市建了首栋环境生态高层住宅，它是依据"日本环境生态住宅地方标准"的要求建造的。其温、热水由装在大楼南侧的太阳能集热器提供。这种太阳能集热器即使在下雨天也能使水加热到约55°C。在大楼前装有风车，由风车发电为公共场所照明提供辅助电源。据测算，每住户一年用于空调的电费和煤气费可节约57000日元。室外停车场的混凝土地面具有良好的透水性，可保持地下水的储备。

2000年上半年，由美国福特汽车公司在瑞典北部的Umea市建成世界第一家"绿色"汽车经销展厅，被称为"绿色区域"。其使用的能源全部来自太阳能、风能等可再生能源，同时通过天然采光和地热调节系统来减少能量的使用。使能源需求减少了70%，并且还采用了一套特殊的地热调节装置对展室的采暖进行调节。汽车展厅、餐厅和加油站之间用暗沟连接起来，暗沟成了热量流通的渠道，使多余的热量可在三栋建筑物之间流通。例如餐厅厨房的多余热量就可用来给汽车展室增温。室内设置了顶窗，以改善采光和降低照明能耗。此建筑拥有一座风力发电站，投入运行后可满足整个设施的能源需要。这座风力发电站坐落在海边迎风的位置上。"绿色区域"设有废水循环和再生系统，公园的湖面和雨水是供水的主要来源，通过内部的废水处理系统进行再生与循环。下水不与当地废水系统连接，采用现场净化中水装置。整个"绿色区域"对市政供水的需求减少了90%，其中的10%供厨房和餐厅使用。设施内的空气用生长着的植物来净化，植物被称为"绿色过滤器"。三栋建筑的屋顶均以绿色植被覆盖，这对于当地的气候和水循环系统起了很好的作用。公司又把原来采用沥青的地面都换成了强化草皮，所有建材全部采用可以回收利用的材料。这栋建筑的实践说明，通过组合运用现有的环境技术，有可能使能源需求减少60%～70%。

1999年落成并交付使用的南牙买加公共图书馆分馆(图2−5)，据说是由美国政府出资兴建的纽约市第一栋绿色建筑，此建筑被评为2000年"世界地球日"十佳建筑之一。设计人是C·斯坦恩先生，他希望这座以绿色为主题的建筑对周围环境的破坏减低到最低限度，为使用者提供一个更亲切、更自然、更健康、更节能的建筑环境。由于是改建工程，与两侧及后部相邻建筑只有2～3m的间隔。除了主立面外，其他3个方向均不可能开窗取得自然采光，因此在屋顶上设了3排朝南的天窗。天窗上装有可自动控制的遮阳卷帘，1/4弧形白色反射罩和电光源。阅览部分能通过自动或手动调节，使光线变得更均匀、柔和、舒适。在晴天时，2/3的采光来自自然光。图书馆内空调送回风风道可以切换，夏天是下送上回，由回风口直接将窗户进来的辐射热带走，冬天是上送下回，得以充分利用太阳的辐射热，这种系统十分节能。西向主立面的玻璃采用新型的双层吸热玻璃，只透光，不透热，大大减少通过玻璃透射带来的热量。天窗玻璃则采用低辐射中空玻璃，具有对阳光的高透过率和对于长波辐射热的高反射率，具有极好的保温性能。据斯坦恩先生称，此建筑比同等规模的建筑在采暖空调方面节能1/3，但作为绿色建筑初次投资比一般建筑高出许多，其造价相当于现有同等规模图书馆的2.5倍。

1991年美国在亚利桑那州沙漠中雄心勃勃建造的一个人工生态系统"生物圈Ⅱ号"("生物圈Ⅰ号"指地球)，也许是迄今最伟大的生态试验。这是一个全封闭，与外界完全隔绝的生物系统，复制了地球上7个生态群落，并有多个独立的生态系统，包括一小片海洋、海滩、泻湖、沼泽地、热带雨林及草场等(图2−4)。它的上面覆盖着密封玻璃罩，只有阳光可以进入，容纳有8名科技人员，3800种动植物和1000万升水。植物为动物提供氧气和食物，动物和人为植物提供二氧化碳，人以动植物为食，泥土中的微生物转化废物。试验了7年后，"生物圈Ⅱ号"因二氧化碳含量过高而使系统失去平衡，试验宣告失败。这说明生物圈是一个极其复杂的系统，今天的科技水平还不足以掌握和控制它。此试验虽然失败了，其意义却是深远的，预示着人类生态时代将到来。

第四节　绿色设计方法

进入21世纪，人类社会的可持续发展将是一项极为紧迫的课题，"绿色设计"必然会在重建人类良性的生态家园过程中，发挥关键性的作用。"绿色设计"作为一个时代的设计命题的形成，它所涉及的已不仅仅是设计形式的本身，在这场设计观念根本变革的背后，是更为深刻的时代背景和社会背景。

生态建筑也被称作：绿色建筑、可持续发展建筑，其实这三个词的概念是相同的，只是从不同的角度来描述，侧重点有所不同而已。似乎生态建筑更加贴切。其实，生态建筑所包含的理念并不是什么新鲜的东西，因为从原始的简单遮蔽物到现代的高楼大厦，都或多或少地蕴含着朴素的生态思想，只不过今天人们对它的认识更加理性，更加深化了。

一般来讲，生态是指人与自然的关系，那么，生态建筑就应该处理好人、建筑和自然三者之间的关系，它既要为人创造一个舒适的空间小环境，同时又要保护好周围的大环境（自然环境）。

一、小环境的创造

小环境的创造包括：健康宜人的温度、湿度，清洁的空气，好的光环境、声环境，以及具有长效多适的灵活开敞的空间等等。

二、对大环境的保护

对大环境的保护主要反映在两方面，即对自然界的索取要少，对自然界的负面影响要小。其中前者主要是对自然资源的少费多用，包括节约土地，在能源和材料的选择上贯彻减少使用、重复使用、循环使用以及用可再生资源替代不可再生资源等原则；后者主要是减少排放和妥善处理有害废弃物（包括固体垃圾、污水、有害气体），以及减少光污染、声污染等等。

对小环境的创造主要体现在建筑的使用阶段，而对大环境的保护则体现在从建筑物的建造、使用、直至寿命终结后的全过程。用健康的肌体比作生态建筑可能更容易理解：一个身体健康、素质很高的人，他的外表不一定打扮得很漂亮，但他生活俭朴，讲究卫生，适应能力强，寿命长，对社会的贡献大。他死后还要将身体的有用器官捐献给人类，把骨灰撒向大地当肥料。

正如十全十美的人不存在一样，完完全全的生态建筑也是没有的。特别是人类对生态环境问题的关注才刚刚开始，对生态建筑的探索也仅仅处于初级阶段。同时，生态建筑涉及的面很广，是多学科、多门类、多工种的交叉，可以说是一门综合性的系统工程。他需要全社会的重视，全社会的参与，绝不是仅靠几位建筑师就可以实现的，更不是一朝一夕能够完成的。但它代表了21世纪的方向，是建筑应该为之奋斗的目标。

从目前的情况看，以建筑设计为着眼点，其生态建筑主要表现为：利用太阳能等可再生能源；注重自然通风，自然采光与遮阳；为增强空间适应性，采用大跨度轻型结构；水的循环利用垃圾分类、处理，以及充分利用建筑废弃物等等。仅以上几个方面就可以看出，不论哪方面都需要多工种的配合，要结构、设备、园林等工种，建筑物理、建筑材料等学科的通力协作才能得以实现。这其中建筑是起着统领作用。建筑是必须以生态的观念、整合的观念，从总体上进行构思。

三、绿色建筑的原则

1.加强资源节约与综合利用，保护自然资源

通过优良的设计，优化工艺和采用适宜技术，新材料、新产品改变消费方式，合理利用和优化配置资源，千方百计减少资源的占有和消耗，最大限度地提高资源、能源和原材料的利用率，积极促进资源的综合利用。

2.以人为本，创建健康、无害、舒适的环境

我们强调高效节约不能以降低生活质量，牺牲人的健康和舒适性为代价。绿色建筑应当优先考虑使用者的需求，努力创造优美、和谐的外部空间环境，提高建筑室内舒适度，改善市内环境质量，保障安全供水，降低环境污染，满足人们生理和心理的需求，同时为人们提高工作效率创造条件。

3.充分利用自然条件，保护自然环境

充分利用基地周边的自然条件，保留和利用地形、地貌、植被和自然水系，保持绿色空间，保持历史文化与景观的连续性。在建筑的选址、朝向、布局、形态等方面，充分考虑当地气候特征和生态环境，因地制宜，最大限度利用本地材料与资源，建筑风格、规模与周围环境保持协调。尽可能减少对自然环境的负面影响，如减少有害气体、二氧化碳、废弃物的排放，减少对生物圈的破坏。

4.注重效率

通过技术进步和转变经营管理方式，提高建筑业的劳动生产率和科技贡献率；提高建筑工业化、现代化水平；积极发展智能化建筑，提高设施管理效率和工作效率；通过科学合理的建筑规划设计，适宜的建筑技术和绿色建材的集成，延长建筑整体系统的使用寿命，增强其性能及灵活性。

5.资源再生化

建筑完成，当需要拆除时，所使用的建筑材料是否能实现“资源再生化”。

6.人身健康因素

在建筑工地与完成后的工作车间中，有无不利于人身健康的因素。

四、四个“Re”原则

绿色设计所要解决的根本问题，就

是如何减轻由于人类的消费而给环境增加的生态负荷。这里所谓的生态负荷包括：建筑过程中能量与资源消耗所造成的环境负荷，由能量的消耗过程所带来的排放性污染的环境负荷，由于资源减少而带来的生态失衡所造成的环境负荷，由于建筑使用过程中的能源消耗所造成的环境负荷，最后还包括建筑终结时废旧物品与垃圾处理时所造成的环境负荷。

绿色建筑归纳起来就是资源有效利用（Resource Efficient Buildings）的建筑

Reduce——少量化设计原则。

可以理解成物品总量的减少，面积的减少，数量的减少；通过量的减缩而实现生产与流通、消费过程中的节能化。

Reuse——再利用设计原则。

基本上已将脱离产品消费轨迹的零部件，返回到适合的结构中，继续让其发挥作用；也可指由于更换影响整体性能的零部件，而使整个产品返回到使用过程中。

Recycling——资源再生设计原则。

产品或零部件的材料经过回收之后的再加工，得以新生，形成新的材料资源而重复使用。

Renewable——利用可再生能源和材料设计原则。

五、绿色设计着眼点

A．利用太阳能等可再生能源

B．注重自然通风、自然采光与遮阳

C．为改善小气候采用多种绿化手段

D．为争强空间适应性采用大跨度轻型结构

E．水的循环利用

F．垃圾分类、处理，以及充分利用建筑废物等

师生互动

学生： 什么是绿色建筑？

老师： 一座绿色建筑拥有以下一些绿色特征：对现有景观的有效利用，使用高效能源和有利生态的设施。使用可循环使用和有利环保的建筑材料，高质量的室内空气质量，让人感到安全和舒适。水资源的有效利用，使用无毒的再生材料，使用可再生能源，有效地控制和建筑管理系统。

学生： 为什么要采用绿色建筑？

老师： 绿色建筑是一种在全世界范围内的快速增长的趋势，因为它在降低运作成本，更好地保持室内空气质量，提高人们的工作效率，降低对环境的影响方面是大有裨益的。

通常一座建筑的能源消耗从60–80%不等，而一座绿色建筑由于其建筑设计方案的不同和建筑材料选择的不同，以及在建造和居住期间进行的实践不同，可以节能的潜力从40–50%不等。绿色建筑就是未来。

中國高等院校

THE CHINESE UNIVERSITY

21 世纪高等院校艺术设计专业教材

建筑 · 环境艺术设计教学实录

太阳能利用和建筑节能

太阳能技术在德国建筑中具体的应用

太阳能技术在其他国家建筑中的应用

CHAPTER 3

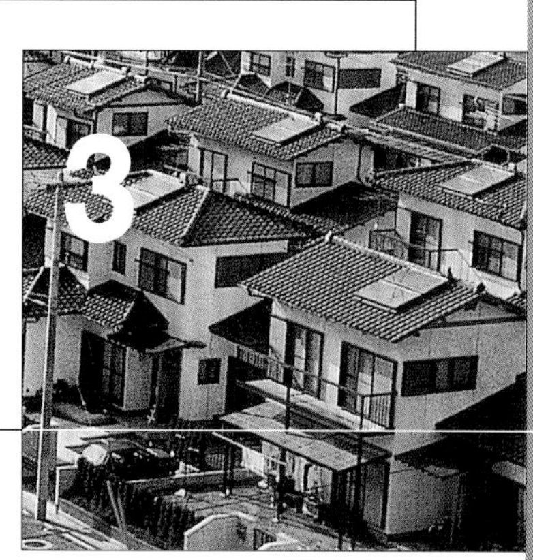

太阳能技术在建筑中的应用

第三章 太阳能技术在建筑中的应用

在高科技飞速发展的今天，太阳作为巨大的能源被人们重视并开发利用。人们用高科技的手段向太阳索取，享受着太阳。

在20世纪的社会发展过程中，生产力发展的因素、人口增长的因素，以及生活水平提高的因素等都促使了建筑能耗的大幅度攀升。而目前煤、石油、天然气等地球上所存在的常规性能源的储量正在迅速下降，能源危机已成为困扰全球的大问题。与此同时，社会的可持续发展要求能源开发同环境保护、生态平衡统筹安排。因此，自1970年中东石油危机以来，节约能源和积极开发清洁可再生纳新能源成为发达国家关注的热点。其中，太阳能作为一个取之不尽，用之不竭的洁净能源宝库，在一些欧洲国家得到极大地关注。经过多年的研究与实践，太阳能技术在建筑中的应用，在这些国家已经日渐成熟，太阳能的应用为这些国家节约了大量常规能源，并且减少了环境污染。

德国是比较重视对太阳能等可再生能源的研究和开发的国家之一，在这一领域取得了比较成熟的经验。德国环保部在"太阳能2000"宣传计划中，特别强调了进一步加强在德国使用太阳能的重要性。目前，德国太阳能光电板的生产能力已经达到了50MW的水平，可以满足世界上1/3的市场需求。据德国专家预测，到2050年，德国能源供应的50%将来自于包括太阳能在内的可再生能源。德国建筑界对太阳能技术在建筑中的应用也进行了不懈的努力，目前在德国城市的许多建筑中，太阳能技术的应用已经成为建筑设计中考虑的重要内容。

太阳能技术在建筑中的运用一般可以分为三种类型：第一种是被动式接受技术，它通常通过透明的建筑围护结构和相应的构造设计，直接利用阳光中的热能来调节建筑室内的空气温度；第二种是太阳能集热技术，它通常通过集热器把阳光中的热能储存到水或者其他介质中，在需要的时候，这些储存的能量可以在一定程度上满足建筑物的能耗需求；第三种是太阳能光电转换技术，它通过太阳能电池把光能直接转换成电能，可以直接为建筑物提供照明等能源需求。第一种方式常常可以用常规技术手段实现，后两种方式则更多地体现出高技术的运用。德国由于其在经济实力和科研技术方面的优势，所以在相当一部分建筑中，采用了太阳能集热技术和太阳能光电技术。

第一节 太阳能利用和建筑节能

走进德国南部大城市弗莱堡正在兴建中的沃邦生态村，屋顶上安装的大片太阳能光电板在阳光中闪着蓝色光芒。生态村居民所使用的能量有2／3是由太阳能光电装置生产的电力供给的。为了大限度地获得太阳能，生态村的住宅全部是长条式的联排住宅。板式联排住宅与独立式住宅相比外墙面积少，外墙散热少，有利于采用密集型热网，节能实用。而且联排式住宅可以形成大面积屋顶，对安放大片大片的太阳能光电板提供方便。生态村按板式联排住宅进行规划设计，这在德国生态村建设中有一定的代表性．其他城市如格森喀什汉诺威、汉堡等地的生态村也多采用联排式住宅，格森喀什城的太阳能生态村有270户住宅，每户住宅拥有 4m^2 太阳能集热板和 8m^2 太阳能光板。对十一个四口之家来说，这些太阳能装置能供2/3以上的热水和一半的电能。为了安装这些太阳能装置，设计者在南墙上，将太阳能装置与遮阳结合，夏天既可对南向墙、窗实行遮阳，又可为安装太阳能装置提供位置。按照德国的价格，这 12m^2 的太阳能装置加设备约值 8000 马克，这对一个面积有 200～250m^2 的住宅来说，相当于每平方米造价增加了 32～40 马克。太阳能光电装置的一般使用寿命要求达到 20 年。

汉堡生态村是汉堡煤气公司与斯图加特大学根据联邦政府的太阳能政策合作的一个项目。生态村的联排住宅屋面上全部安装了太阳能集热板用来加热循环水，水加热后被贮存到一个 4500m^3 的地下保温水池里，贮存的热水可供住在这里的100多户居民的生活热水和采暖。这个太阳能集热装置及地下保温水池为生态村居民提供了 50%以上的热能，仅此一项每年可节电 8000kwh，可少排放 158 吨二氧化碳。

太阳能、风能等都属于清洁能源，由于它在生产能源过程中不产生或极少产生废物、废水、废气，因而极大地减少了对自然生态环境的污染。德国许多地方都要求生态村中使用的能源，必须有 50%像太阳能这样的清洁能源。因此，大面积安装太阳能装置，采用高效清洁的太阳能，成为德国生态村建设中的一个显著特点。

目前太阳能光电装置生产的电力，贮存技术复杂，成本过高，这对采用太阳能光电装置是个很大的障碍。为了鼓励生态村里普遍使用太阳能，德国政府允许太阳能光电装置产生的电力进入城市电网，国家按 1 马克 1 度电的价格收购，这大大高于正常电价，而晚上采用城市电网上的电时仍可按普通电价。由于德国政府这种优惠而有远见的政策，大大鼓励了太阳能光电装置在生态村里的广泛使用。

德国住宅耗能约占全国总能耗的 25%，所以在积极采用太阳能的同时，德国在生态村建设中，十分重视提高生态住宅的热工性能，减少热损耗，实现节能。德国现在的节能规范已是能源危机后的第三个节能规范（WSVO，95）。如外墙的传热系数（单位为 W / cm^2. K）限值原来是 1.39，现在是 0.5（低能耗外墙为 0.2），仅为原来的 36%，窗户的传热系数仅为原来的20%。为达到节能要求，生态村的住宅从建筑朝向、外墙面积、墙体热工性能、窗户的密闭性能、南窗面积大小等方面都做了认真的规划和设计。

欧洲普通住宅过去年耗能约为 100～150kwh/m^2，现在普通节能住宅的能耗为 60～65kwh/m^2，低能耗住宅则为 30kwh/m^2。生态村的一般住宅能耗有的已降低到 44kwh/m^2，更低的为 37kwh/m^2，已接近低能耗住宅的指标。德国建筑界对住宅中各种节能措施所达到的节能效果进行量化研究后得出：采用紧凑整齐的建筑外形，每年可节约 8～15kwh/m^2 的能耗，改善外墙保温性能每年可节约 11～19kwh/m^2 的能耗，加大南窗面积减小北窗面积每年可节约 0～12kwh/m^2 能耗，建筑争取最好朝向，每年可节约 6～15kwh/m^2 的能耗等。

这些措施也是生态村在住宅规划设计中主要采用的节能措施。经过多年来的探索实践，德国建筑师在生态村的建设中，研究开发出许多实用有效的节能技术，取得了可观的成果。

第二节 太阳能技术在德国建筑中具体的应用

以下通过3个德国的建筑实例，具体介绍一下这些相关技术在建筑设计中的运用。

一、弗莱堡沃邦居住区

沃邦居住区位于弗莱堡的南部城市边缘的舍恩伯格（SchOnbergs）山和洛雷托伯格（Lorettobergs）山两山脚下的狭长地带，离城市中心约 25km。这个居住区是在 1930 年旧兵营的基础上修建而成的。居住区的规模很大，在它东部区域的住宅建设中，大量使用了太阳能光电技术。

在德国的很多城市里，住宅朝向的

要求并不像北京这么高。在沃邦居住区里的大量住宅就都是东西朝向的，而在它东部区域的住宅，为了能够充分地利用太阳能，则全部采用了南北朝向，与居住区中的其他住宅在布局上具有明显的不同。这些太阳能住宅在屋顶上大量安装了太阳能光电板，几乎所有朝南的坡屋顶上都完全被光电板所覆盖。这么大规模的光电板装置应用，即使是在德国也是比较少见的。光电板的坡屋顶形成了建筑形式的明显特征。

这些住宅全部采用木结构的形式，都是三层或者四层联排住宅，在建筑平面设计上，并没有什么特别的构思，甚至略显平淡。在这里，太阳能技术所能为建筑提供的能源，才是欧洲著名的太阳能建筑设计师罗尔夫·迪施(RoffDisch)主要关注的问题。罗尔夫·迪施与其他十位合作者在设计和建造中进行了详细地研究，尽可能地利用了弗莱堡充足的日照条件。通过太阳能光电板所提供的电功率，在一天之中阳光最强烈的时候，每户太阳能光电板所提供的功率峰值可达5kw。太阳能装置每年可以为每户提供大约5700度电，所提供的能量可以满足住宅中50%的热水需求（图3—1）。

二、弗莱堡“旋转别墅”

罗尔夫·迪施在弗莱堡另一个很著名的作品就是1995年设计的“旋转别墅”。它位于距离弗莱堡沃邦居住区不远的一个高级别墅区里，这个别墅区里的绝大多数别墅都采用传统的建筑样式，“旋转别墅”以其独特的造型在其中非常显眼。

“旋转别墅”最大的特点在于建筑自身可以根据太阳方向旋转。建筑物的基底面积仅有9m^2，重达100吨的建筑就完全靠这9m^{2}的柱支撑，并且以这个巨大的柱子为轴旋转。这样就突破了传统建筑设计中的朝向问题，整个建筑的所有房间都可以接收到阳光的照射，提高了居住质量。

建筑的围护结构为高效的透明墙体，既可以在采暖季节让阳光充分地照射到房间里，加热室内的空气，又能够有效地防止热量的散失。部分墙体外安装了一种管状透明材料，使墙面的K值可以达到0.6W/m^2。如果在管状材料中充入氪气和氙气等惰性气体，那么墙面的K值可以降低到0.4W/m^2。

“旋转别墅”的屋顶上安装了太阳能光电板，光电板可以根据一天中太阳的高度角和方位角调整自己的角度和方向，能够最大限度地利用太阳能。因此，屋顶上安装的约54m^{2}的太阳能光电板在一天中所提供的功率峰值可达到6.6kw，并且能够在一天中的大部分时间保持较高的功率。这种高效利用的太阳能光电板一年可以为“旋转别墅”提供大约9000度的电能，能够在很大程度上满足建筑能耗的需要。

三、汉堡伯拉姆菲尔德(Brame feld)生态村

汉堡伯拉姆菲尔德生态村是德国教育科研部支持开发的项目，总建筑面积为14500m^2，是德国城市中比较早地利用太阳能技术的居住区，由斯图加特大学热工研究所提供技术设计（图3—2）。

在伯拉姆菲尔德生态村中，主要采用了太阳能集热技术。从太阳能中获取热能，以此替代传统的天然气作为采暖的能源。在每户住宅的屋顶都安装了大量的太阳能集热器，通过集热器采集的太阳能来加热集热器中的水，然后把这些经过加热的水通过设计的管网输送汇集到居住区中供暖中心的一个储水罐里，在需要的时候，这些储藏的热水再通过管道返回到每户住宅中，可以为居住区中的住宅提供采暖和生活热水。

与弗莱堡居住区建筑所不同的是，在这里与建筑屋顶形式相结合的是太阳能的集热器，在整个生态村中，所装置的太阳能集热器总面积达到3000m^2，占所建筑屋顶面积的49%。这些太阳能集热器可以提供相当于大约700kw的功率。

图 3–1　弗莱堡沃邦居住区
图 3–2　汉堡伯拉姆菲尔德生态村太阳利用系统图解
图 3–3　外墙细部
图 3–4　屋顶带太阳能集热器的联排住宅

图 3–1

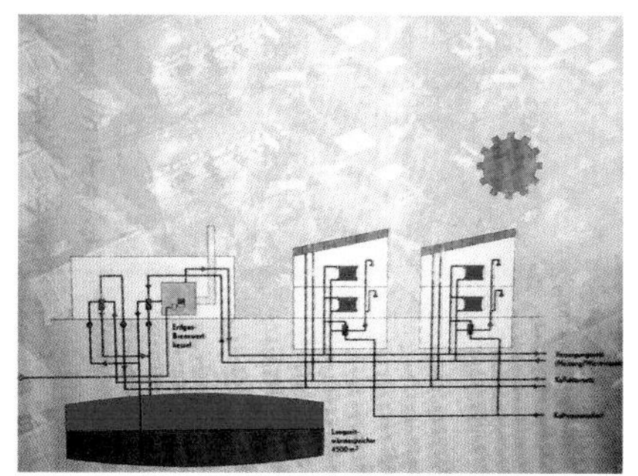
图 3–2

图 3–3

图 3–4

由于存在不同季节对能源需求的差别，所以在整个太阳能利用系统中，一个有效的能量储存设备是非常必要的，也是整个系统是否真正具有实用价值的关键所在。在汉堡生态村的设计中，采用了一个容量为 4500m^3 的大储水罐，作为储存一年四季中所采集的太阳能的储存设备。这个储水罐由钢筋混凝土建成，深埋于居住区能源管理站的地下，并采用了高效的保温材料和措施，保证在漫长的储存期间水温不会有太多的变化。

通过这套完整的集热、储热和供热系统，可以满足生态村中130户住户的生活热水和冬季采暖中相当大的一部分需求，每年可以节省以前由石油、天然气等常规性能源所提供的约0.8兆度的能量，占生态村中所有能耗的49%。同时也减轻了对环境的污染，每年可以少排放约158T的二氧化碳（图 3–3、4）。

第三节　太阳能技术在其他国家建筑中的应用

不少发达国家在太阳能的利用与开发方面进行了有益的探索，并使建筑设计与太阳能技术得到了巧妙而有机的结合，下面的例子将会给我们以启迪。

1995年11月落成的荷兰Boxtel国家环境教育咨询中心，设计者在中心走廊的玻璃顶上安装了功率为7.7kw的光电PV板，成功地将太阳能技术与建筑设计结合起来。夏天，PV板可以充当遮阳装置，减少阳光的直射；冬天，可以通过调整玻璃顶上PV板的间距获取相应的自然采光。这座建筑的太阳能PV板满足了40%的能源需求，减少了建筑的能源开支（图 3–5）。

能源匮乏的以色列是个阳光充足的

图 3-5　走廊玻璃顶上为光电PV板
图 3-6　以色列建筑与太阳能集热器的巧妙结合
图 3-7　荷兰联排式住宅
图 3-8　日本小住宅朝阳屋顶上太阳能集热装置
图 3-9　荷兰住宅立面装置了可移动光电PV遮阳板

图 3-6

图 3-5

图 3-7

图 3-8

图 3-9

国家，利用太阳能的建筑很常见。在一幢建筑叠错的屋顶阳台尽端放置了太阳能集热器，太阳能设备与建筑巧妙的结合，使建筑物有了生动的造型(图 3-6)。

荷兰联排式住宅中，设计者在屋面以适宜接受阳光的角度做了坚固的标准的框架体系，这种标准构件将建筑屋面结构与采光窗、太阳能集热板有机地结合在一起，形成新的科技含量较高的整合的屋面体系，使房屋供暖、制冷及所需的生活用水都充分享受了太阳这个清洁的能源(图 3-7)。

日本一独院式小住宅将太阳能DHW系统的集热装置放在朝阳的起居室斜屋面上，与建筑立面较好地结合，有效地利用了太阳能，完美地解决了房屋的采暖及供冷(图 3-8)。

在荷兰的多德雷赫特(Dordrecht)1997年建成的22栋节能住宅的设计中，立面上装置了可移动的光电PV遮阳板，与建筑入口结合得相当漂亮(图 3-9)。

一幢日本的多层住宅，每户装备有2.4m^2的平板式集热器，230L的储热罐及370L水暖器在内的内装式热水系统。建筑师将平板式集热器与建筑阳台结合得错落有致(图 3-10)。

图3–10　日本多层住宅平板式集热器与建筑阳台相结合
图3–11　德国办公楼将多晶的太阳能电池与镜面反射玻璃结合
图3–12　荷兰Amersfoot住宅新区安装了与建筑屋面结合的光电PV系统

图3–11

图3–10

图3–12

1955年冬，在德国柏林落成的Tier–garten办公楼，在设计中将多晶的太阳能电池与镜面反射玻璃结合，这种灰蓝色电池的颜色及反射性与镜面玻璃十分相似，整个建筑呈现出高科技、高品质的纯净外观，把太阳能光电PV板这种特殊"立面材料"的作用与表现力充分地展示出来(图3–11)。

1998年夏，在荷兰首都阿姆斯特丹附近的Amersfoot住宅新区的规划设计中，荷兰电业系统为整个住宅区安装了一个与建筑屋面结合的，具有大功率的光电PV系统．实现了光电PV系统的标准化及屋面PV系统的预制化(图3–12)。

日本九州的一片独立式小住宅区，每户装有3.34m²的平板式太阳能集热器，固定在向阳的坡屋面上，解决了用户的生活热水问题(图3–13)。

美国SUNSLATES公司在加州亚特兰大地区成功地将太阳能光电PV板与屋面石板瓦相结合，试验生产高科技的光电PV屋面石板瓦，这种太阳能技术与建筑材料的结合，将大大推进太阳能在建筑中的应用(图3–14)。

英国诺森伯兰(Northumberland)大学的一座四层楼的校园建筑翻修工程，采用了总功率为40kw的光电板作为立面的装饰材料。光电PV板的特殊图案使得建筑的外观更加丰富多彩。这个工程是光电PV板与建筑结合首次大规模的尝试，获得了1995年欧洲大不列颠太阳能奖中的建筑设计与革新奖(图3–15)。

图 3-13　日本独立式小住宅区

图 3-14　美国光电PV板与屋面石板瓦相结合

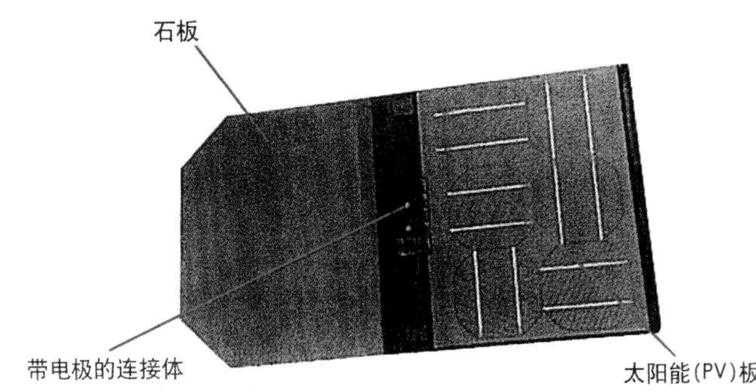

图 3-15　英国诺森伯兰大学建筑装饰材料

师生互动

学生：请介绍一下国内设计尤其是室内设计目前的发展现状及前景？

老师：绿色设计在现代化的今天，不仅仅是一句时髦的口号，而是切切实实关系到每一个人的切身利益的事。这对子孙后代，对整个人类社会的贡献和影响都将是不可估量的。

中国的现代室内设计真正起步应是在改革开放后的20多年，一开始受传统观念的影响较大，表现为重视表面效果，侧重装饰。大多数设计师借助资料对中外传统及现代流派进行模仿，没有把自己的想法融合进去，造成了许多设计的雷同和一般化问题。经过20多年时间，随着建筑、建材等相关行业的同步发展，众多设计师通过设计实践、研究，并吸取国外新的设计理念，已经取得了很大的发展和进步。现已涌现出了一批有实力的设计企业和高水平的设计师，他们不仅重视美学研究，而且还重视设计中的科技含量。既注重空间及综合功能设计，还追求人居环境的高品质。从目前情况来看，由于我们的设计队伍庞大，发展不平衡，国内的设计整体水平和国外相比还是存在很大的差距。面对人类生存环境存在的种种危机，应改变人们追求奢华的观念，逐步走向绿色设计，创造出具有中国文化特色的现代建筑、环境艺术设计文化，成为摆在中国建筑、环境艺术设计师面前的一项重要任务，因为这是中国建筑、环境艺术设计的唯一出路，也是世界建筑、环境艺术内设计的唯一出路。

中國高等院校
THE CHINESE UNIVERSITY
21世纪高等院校艺术设计专业教材
建筑·环境艺术设计教学实录

CHAPTER 4

自然通风
与建筑通风相关的几个概念
建筑中的雨水收集利用
水资源的循环利用

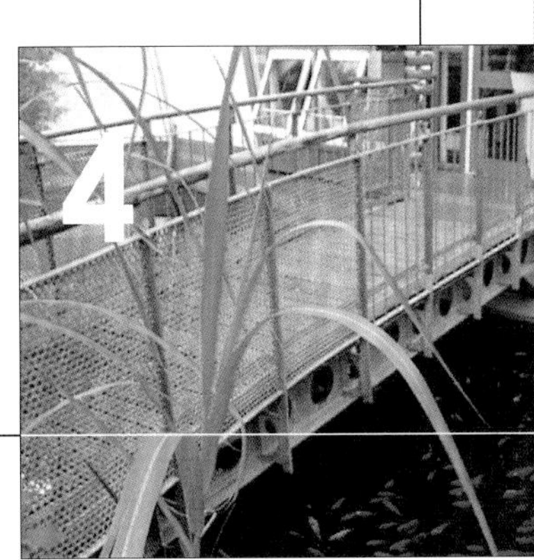

设计中的自然通风与雨水收集利用

第四章　设计中的自然通风与雨水收集利用

自然通风（或机械辅助式自然通风）是当今生态建筑中广泛采用的一项技术措施，其应用目的是：尽量减少传统空调制冷系统的使用，从而减小耗能、降低污染，同时更有利于人的生理和心理健康。自然通风的理论依据是利用建筑外表面的风压和建筑内部的热压在建筑师内产生空气流动。但对于不同类型的建筑（不同进深、不同高度、不同用途）来说，实现自然通风的技术手段各不相同。从建筑通风这一特定的角度对几个耳熟能详的建筑范例做出分析，旨在揭示建筑通风技术的重要性和复杂性。

空调制冷技术的诞生是建筑技术史上的一项重大进步，它标志着人类从被动地适应宏观自然气候发展到主动地控制建筑微气候，在改造和征服自然的道路上又迈出坚实的一步。从1834年在美国工程师雅柯布·伯金斯（Jacob.perkins）发明第一台以乙醚为制冷剂的活塞式制冷装置，到1927年舒适性空调器问世，制冷空调逐渐渗入到人类生活的方方面面，特别是随着经济的迅速发展和生活水平的逐渐提高，人们对居住和工作环境的舒适性要求也越来越高，这一点极大地推动了空调业的迅猛发展。

但空调技术也有负面影响，对空调的过分依赖和不加限制的滥用，是造成当今环境和能源问题的重要原因。例如在我国，2000年家用空调的总需求量约为1000万台，装机容量达1000万km，这意味着我国在"九五"期间增加的1亿km的电力装机容量的一半将用于解决家用空调的电力问题。此外，空调制冷设备中的氟利昂（CFC）会破坏大气的臭氧层；过量的空调还会加剧城市热岛，造成室外热环境恶化等问题。

第一节　自然通风

与其他相对复杂、昂贵的生态技术相比，自然通风（或机械辅助式自然通风）是当今生态建筑所普遍采取的一项比较成熟而廉价的技术措施。采用自然通风方式的根本目的就是取代（或部分取代）传统空调制冷系统。而这一取代过程有两点重要的意义：一是实现有效被动式制冷。自然通风可以在不消耗不可再生资源的情况下降低室内温度，带走潮湿气体，达到人体热舒适。这有利于减少能耗，降低污染，符合可持续发展的思想。二是可以提供新鲜、清洁的自然空气（新风），有利于人的生理和心理健康。室内空气品质（IAQ、Indoor Air Quality）的低劣在很大程度上是由于缺少充足的新风。空调所造成的恒温环境也使得人体的抵抗力下降，引发各种"空调病"。而自然通风可以排除室内浑浊的空气，同时还有利于满足人和大自然交往的心理需求。

一、利用风压实现自然通风

自然通风是一项古老的技术，在许多乡土建筑中都闪现着它的影子。自然通风最基本的动力是风压和热压。其中人们所常说的"穿堂风"就是利用风压在建筑内部产生空气流动。当风吹向建筑物正面时，因受到建筑物表面的阻挡而在迎风面上产生正压区，气流在向上偏转同时绕过建筑物各侧面及背面，在这些面上产生负压区。风压就是利用建筑迎风面和背风面的压力差，而这个压力差与建筑形式、建筑与风的夹角以及周

图 4—1　机械馆通风分析
图 4—2　商业银行通风分析

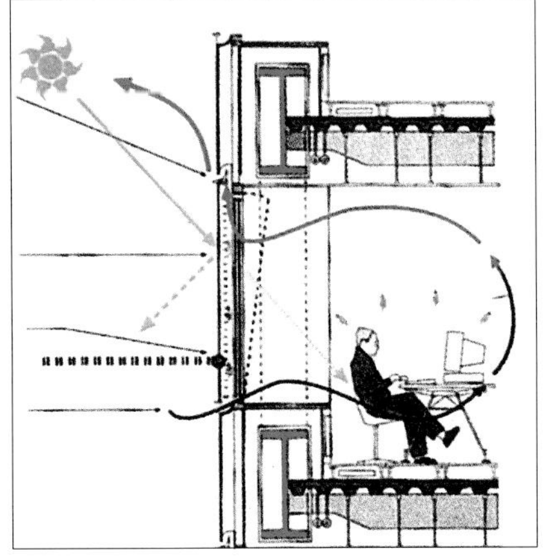

图 4—2

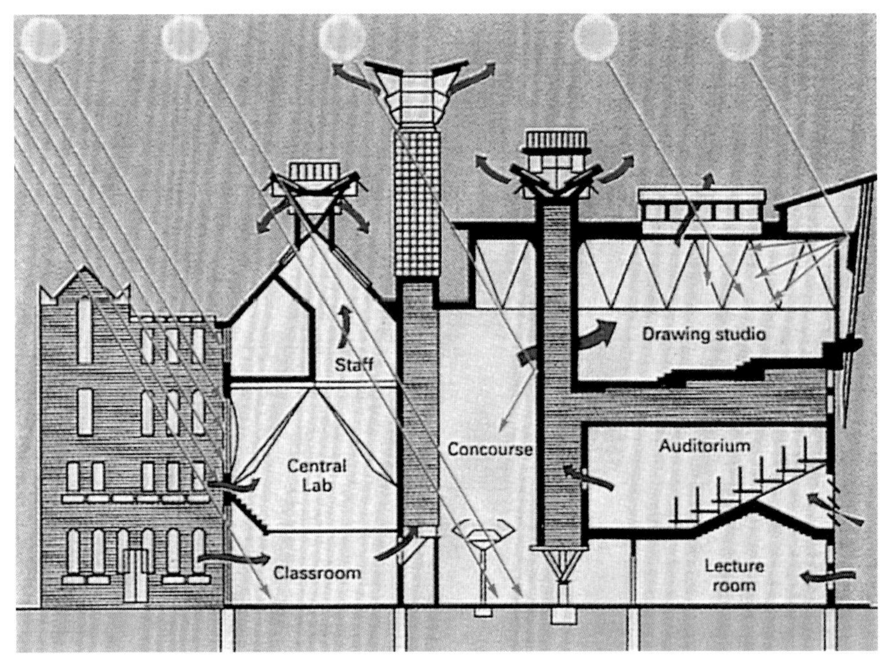

图 4—1

围建筑布局等因素相关。当风垂直吹向建筑正面时，迎风面中心处正压最大，在屋角及屋脊处负压最大。在迎风面上的风压为自由风速的0.5～0.8倍，而在背风面上，负压为自由风速的0.3～0.4倍。

如果希望利用风压来实现建筑自然通风，首先要求建筑有较理想的外部风环境（平均风速一般不小于3～4m/s）。其次，建筑应面向夏季主导风向，房间进深较浅（一般以小于14cm为宜），以便易于形成穿堂风。此外，由于自然风变化幅度较大，在不同季节、不同风速、风向的情况下，建筑应采取相应措施（如适宜的构造形式、可开合的气窗、百叶等）来调节室内气流状况。例如冬季在保证基本换气次数的前提下，应尽量降低通风量以减小热损失。

二、利用热压实现自然通风

自然通风的另一种机理是利用建筑内部的热压，即平常所讲的“烟囱效应”热空气（比重小）上升，从建筑上部风口排出，室外新鲜的冷空气（比重大）从建筑底部被吸入。热压作用与风口高度（H）的关系可以写成：△Pstack=p g H β△t（p为空气密度，β为空气膨胀系数），也就是说，室内外空气温度差越大，进出风口高度差越大，则热压作用越强。

由于自然风的不稳定性，或由于周围高大建筑、植被的影响，许多情况下在建筑周围形不成足够的风压，这时就需要利用热压原理来加速自然通风。

三、风压与热压相结合实现自然通风

利用风压和热压来进行自然通风往往是互为补充，密不可分的。但到目前为止，热压和风压综合作用下的自然通风机理还在探索之中，风压和热压什么时候相互加强，什么时候相互削弱还不能完全预知。因此一般来说，建筑进深小的部位多利用风压来直接通风，而进深较大的部位多利用热压来达到通风的效果。

由于受到功能的影响，通常的机械学院大多是矩形平面，大大的进深，长长的双面走廊，两侧是实验室和办公室；加上许多的实验室在工作过程中会产生热量并大量使用人工照明，因此为了带走室内的大量冷负荷（热量），在通常意义下都必须采用大规模空调系统。但位于英国莱切斯特的蒙特福德大学机械馆则是个例外。建筑师肖特和福德将庞大的建筑分成一系列小体块，这样既在尺度上与周围古老的街区相协调，又能形成一种有节奏的韵律感。而更为重要的是，小的体量使得自然通风成为可能。位于指状分支部分的实验室，办公室进深较小，可以利用风压直接通风。而位于中央部分的报告厅、大厅及其他用房则更多地依靠“烟囱效应”进行自然通风。报告厅部分的设计温度定为27℃，当室内温度接近设计温度时，与温度传感器相连的电子设备会自动打开通风阀门，达到平均每人10L/S的新风量。此外，报告厅通风道的消声设计也颇为精巧，整幢建筑完全是自然通风，几乎不使用空调。外维护结构采用厚重的蓄热材料，使得建筑内部的热量降至最低。正是因为采用了这些技术措施，虽然机械馆总面积超过1万平方米，相对同类建筑而言，其全年能耗(包括各类试验设备能耗)却很低。就在机械馆刚刚落成一年之后(1994年夏)，40年一遇的热浪席卷英伦三岛时，实际测试表明，在室外气温为31℃的情况下，建筑各部分房间的温度大多不超过23.5℃，可谓效果极佳(图4-1)。

四、风的垂直分布特性与高层建筑的自然通风

风的垂直分布特性是高层建筑比较容易实现自然通风，但对于高层建筑来说，焦点问题往往会转变为高层建筑内部(如中庭、内天井)及周围区域的风速是否会过大或造成紊流，新建高层建筑对于周围风环境特别是步行区域有什么影响。

在法兰克福商业银行的设计过程中，针对塔楼中庭(60层高)的自然通风状况，福斯特及其合作者进行了无数次计算机模拟和风洞试验，光是模型就做了几十个(制作这些模型的主要目的是进行风洞试验，而不是通常所认为的"推敲立面")。与前面几位建筑师不同，福斯特最关注的不是风速够不够大，而是风速会不会太大。计算和试验的结果正如建筑师所担心的那样，如果整个中庭从上到下不加分隔，那么在很多情况下中庭内部将产生无法忍受的紊流。因此福斯特只得将每12层作为一个单元平方(12层也是通过计算和试验得出的理想值)，在每个单元内部房间利用热压来进行自然通风，各个单元之间通过透明玻璃相分隔。也就是说整个中庭不是通常所认为的一个"大烟囱"，而是被分隔成多个彼此独立的"小烟囱"，其目的是避免风压和热压过强而产生紊流（图4-2）。

五、机械辅助式自然通风

对于一些大型体育场馆、展览馆、商业设施等，由于通风路径(或管道)较长，流动阻力较大，单纯依靠自然的风压、热压往往不足以实现自然通风。而对于空气和噪声污染比较严重的大城市，直接自然通风会将室外污浊的空气和噪声带入室内，不利于人体健康。在以上情况下，常常采用一种机械辅助式自然通风系统。该系统有一套完整的空气循环通道，辅以符合生态思想的空气处理手段(土壤预冷、预热，深井水换热等)，并借助一定的机械方式来加速室内通风。

英国新议会大厦和德国新议会大厦(1992～1999)分别出自迈克尔·霍普金斯和诺曼·福斯特两位大师之手，都位于城市最重要的历史地段，其设计时间相同，建筑规模相仿，就连建筑通风方式都非常类似——机械辅助式自然通风（图4-3、4）。

伦敦的空气污染和交通噪声是设计者不得不面对的现实。霍普金斯没有采取诺丁汉税务中心那样的通风方式，而是设计了一套更为精巧的机械辅助式通风系统。为了避免汽车尾气等有害气体及尘埃进入建筑内部，霍普金斯将整幢建筑的进气口设在檐口高度，并在风道中设置过滤器和声屏障，以最大限度地除尘、降噪。新鲜空气通过机械装置被吸入各层楼板，并从靠近走廊一侧的气孔排出，此后进入利用热压的自然通风阶段。房间内热气体通过房间上方靠近外墙的气孔进入排气通道，最终再次从屋顶排出。进气和排气通道均设置在外墙，彼此平行相邻，每四个开间为一组共用一套进、排气装置。在冬季，冷空气在进入房间之前先与即将排出的热空气进行热交换，这有利于缓解冷空气对人体的刺激，并减少热损失。而在夏天则利用地下水来冷却空气，这使得建筑年设计能耗比税务中心还低90kw/m²。

福斯特在德国新议会大厦的手法与霍氏如出一辙。进风口位于建筑檐口，出风口位于玻璃穹顶的顶部，只不过整个系统更为复杂，机械装置的比例更大。此外福斯特还利用深层土壤来蓄冷和蓄热，并使之与自然通风相结合(在夏季使空气预冷，在冬季使空气预热)，产生理想的节能效果。

第二节　与建筑通风相关的几个概念

一、夜间自然通风与蓄热

使用蓄热材料作为建筑维护结构可以延缓日照等因素对室内温度的影响，使室温更稳定，更均匀，即白天不会因为太阳照射而温度过高，夜晚不会因迅速冷却而温度过低。有关试验表明，高热容

图4-3 英国新议会大厦通风分析
图4-4 英国新议会大厦鸟瞰

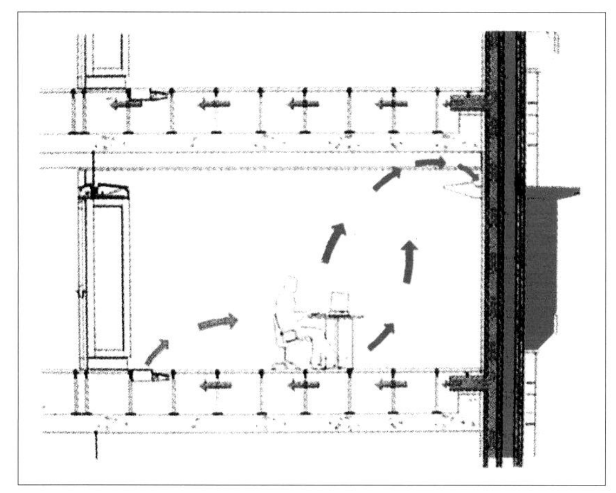

图4-3

图4-4

的外墙材料可使房间温度振幅减小5℃。而且使用蓄热材料不需要任何复杂的技术，因此被广泛地应用在生态建筑中。

但蓄热材料也有其不利的一面。对于夏季来说，蓄热材料在白天吸收大量热量，使得室温不至于过高。但当夜间室外温度降低时，蓄热材料会逐渐释放出热量，使得室内温度升高不下。此外，由于蓄热材料在夜间得不到充分的降温，使得第二天的蓄热能力显著下降。因此，在夏季夜晚(22:00～6:00)利用室外温度较低的冷空气对蓄热材料进行充分的通风降温，是改善夜间室内温度，发挥蓄热材料潜力的有效手段。有关试验表明，充分的夜间自然通风可以使房间白天最高温度降低2℃～4℃(材料蓄性能越好降幅越大)。

二、自然通风与双层维护结构

双层(或三层)维护结构是当今生态建筑中所普遍采用的一项先进技术，被誉为"可呼吸的皮肤"。它主要针对以往玻璃幕墙能耗高、室内空气质量差等问题，利用双层(或三层)玻璃作为维护结构，玻璃之间留有一定宽度的通风道，并配有可调节的百叶。在冬季，双层玻璃之间形成一个阳光温室，增加了建筑内表面的温度，有利于节约采暖。在夏季，利用烟囱效应对通风道进行通风，使玻璃之间的热空气不断地被排走，达到降温的目的。对于高层建筑来说，直接开窗通风容易造成紊流，不易控制。而双层维护结构能够很好地解决这一问题。此外双层维护结构在玻璃材料的特性(如低辐射、除尘、降噪等方面)都大大优于直接开窗通风（图4-5、6)。

三、建筑通风与太阳能利用

被动式太阳能技术与建筑通风是密不可分的，它的原理类似于机械辅助式自然通风。在冬季，利用机械装置将位于屋顶太阳能集热器中的热空气吸到房间的地板处，并通过地板上的气孔进入室内，实现利用太阳能采暖的目的，此后利用热压原理实现气体在房间内的循环。而在夏季的夜晚，则利用天空背景辐射，使太阳能集热器迅速冷却(可比空气干球温度低10–15℃左右)，并将集热器中的冷空气吸入室内，达到夜间通风降温的目的（图4-7、8)。

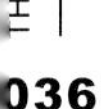

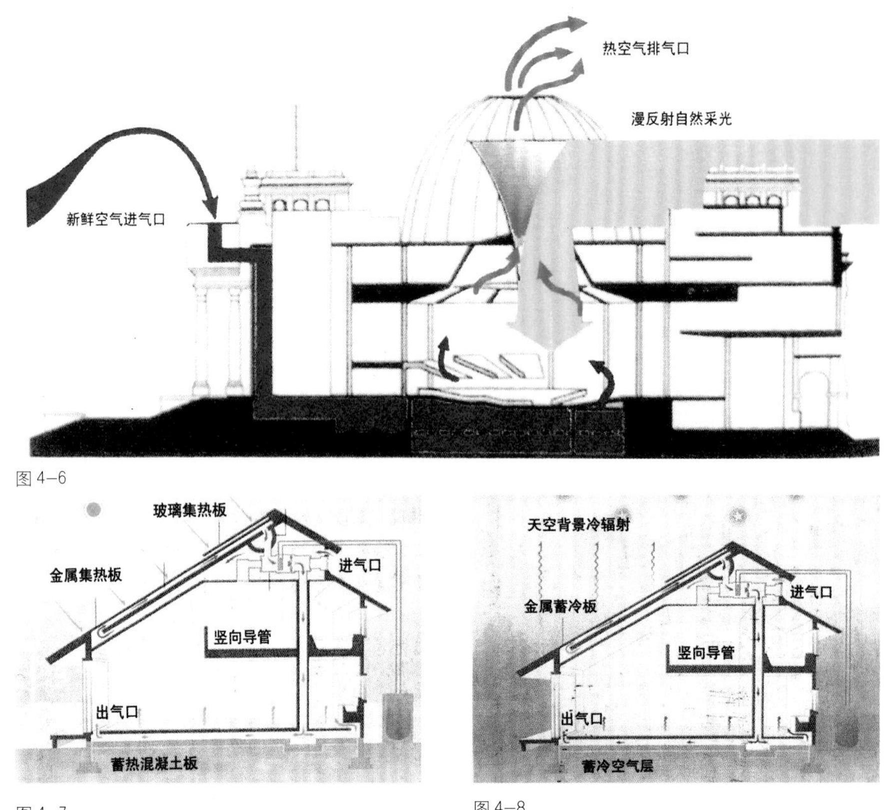

图 4–5

图 4–6

图 4–7

图 4–8

图 4–5　双层维护结构气流分析机械阀门
图 4–6　德国新国会大厦通风分析
图 4–7　太阳能供热分析
图 4–8　太阳能制冷分析

四、建筑通风与计算机模拟技术

前文中多次提到计算机模拟技术（特别是计算流体力学）对于建筑设计的重要作用。当今国外对于建筑人工环境的研究日趋深入，所采取的手段也非常先进。基于流体力学的模拟计算软件，可以给我们提供很多预测性的分析手段，使我们直观地感受可能出现的气流状况，从而为改进建筑设计提供了良好的参考。而有些模拟软件可以根据某一特定地区的气候资料，计算出设计方案中任意房间的全年温度变化曲线，从而对该方案在节能方面的优劣进行评价。

诸如此类的模拟计算对于建筑设计无疑会产生巨大的推动作用。

由于建筑朝向、形式等条件的不同，建筑通风的设计参数及结果会大相径庭，周边建筑、植被甚至还会彻底改变风速、风向；建筑的女儿墙、挑檐、屋顶坡度等也会在很大程度上影响建筑维护结构表面的气流。因此在建筑通风及相关问题的研究上不能陷入教条，必须具体问题具体分析，并且要与建筑设计同步进行（而不是等到建筑设计完成之后再做通风设计）。只可惜我国目前在这方面的研究还比较落后，大部分建筑师尚缺乏相关意识，各工种之间的合作也有待改进。但随着我国建筑及相关行业的迅速发展，随着可持续发展的设计理念得到越来越多的重视，建筑自然通风及相关技术必将成为建筑师关注的焦点。

第三节　建筑中的雨水收集利用

德国是世界上在雨水收集利用方面最先进的国家之一，通过对波茨坦广场等德国建筑的考察研究，展示了雨水收集利用在德国建筑中的广泛应用。以及在不同类型和不同规模的建筑中采取不同的雨水收集利用的措施。同时分析了德国的公共政策在推动雨水收集利用的广泛应用中所起的重要作用（图 4－9、10）。

城市雨水的收集与利用不仅是指狭义的利用雨水资源和节约用水，它还具有减缓城区雨水洪涝和地下水位的下降，控制雨水径流污染等功效。改善城市生态环境等广泛的意义。随着城市化带来的水资源短缺和生态环境的日益恶化，从 1980 年起，欧洲国家以及日本等发达国家相继开展了对雨水进行收集与利用的研究。目前，城市雨水的收集与利用已发展成为一种多目标的综合性技术。目前应用的技术可以分为以下几大类：分散住宅的雨水收集利用中水系统；建筑群或小区集中式雨水收集利用中水系统；分散式雨水渗透系统；集中式雨水渗透系统；屋顶花园雨水利用系统；生态小区雨水综合利用系统（屋顶花园，中水，渗透，水景等）。

德国位于中欧，属于温带气候，年降水量在 0.6m左右，而且降雨在年内和年际间分配均匀，十分适合进行雨水的回收、储存和再利用；同时因为整体生态环境的良好状况，使德国的屋面雨水水质较好，经过截污装置和简单的过滤就能满足杂用水的要求。为了维持良好的水环境，德国长期致力于雨水收集利用方面的研究和开发。1989 年德国就发布了雨水利用设施标准（DIN1989），对商业、住宅等领域在雨水收集利用的各个环节制定了标准，涉及雨水利用设施的设计。施工和运行管理，以及雨水的过滤、储存、控制和监测等四个方面。1995 年，德国成立了非营利性的雨水利用专业协会。2001 年 9 月 10 日至 14 日，第 10 届国际雨水收集利用大会（10th IRCSA Conference）在德国中部城市曼海姆举行，来自 68 个国家和地区各种组织机构的 400多位代表出席了会议，德国在雨水收集利用的产业化和标准化方面取得的成就成为与会代表关注的重点。目前，德国的雨水利用技术已发展到第三代，其特征是设备的集成化，尤其是对于屋面雨水的收集、截污、储存、过滤、渗透、提升、回用和控制等方面，已形成了系列化的定型产品和组装式的成套设备。德国已成为世界上在雨水收集与利用方面最先进的国家之一。

在对德国生态建筑的考察过程当中，可以看到几乎所有的建筑项目都考虑到了城市雨水的收集和再利用。不论是波茨坦广场这样的大面积商业区，还是私家住宅这样的居住建筑，都根据不同的实际情况，采用不同的技术措施，尽量使屋顶和地面的雨水能够被有效收集，储存起来，再根据需要加以利用。无法完全收集的雨水也尽量使之回渗入地下，涵养地下水。考察当中典型的进行雨水收集利用的公共建筑有柏林的波茨坦广场、法兰克福的生态方舟办公楼等。

1998 年建成开放式的波茨坦广场是

图 4－9

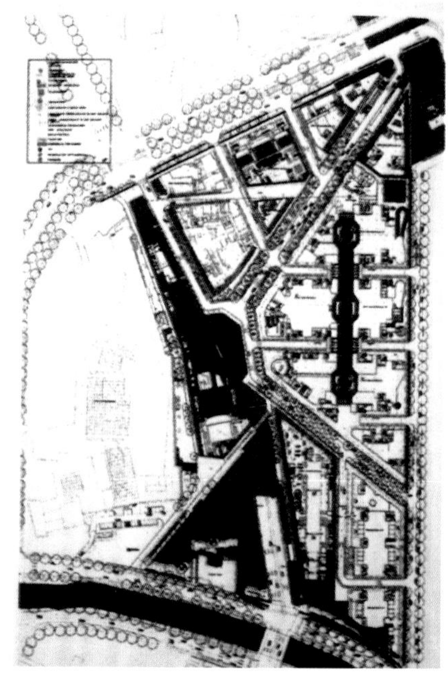
图 4－10

图 4－9　波茨坦广场主要水面和雕塑
图 4－10　波茨坦广场总平面图

图4-11　波茨坦广场主要水面和周围的休息者
图4-12　波茨坦广场音乐厅前跌落的水面
图4-13　波茨坦广场地下的控制室

图4-11

图4-12

图4-13

两德统一后开发建设的欧洲最大的商业区，总占地68000m²，其中规划出13042m²的城市水面，占总用地的19%。这些水面分为4个各自独立的系统（其中北侧水面1070m²，音乐厅前的广场水面716m²，三角形的主要水面9378m²，南侧水面1878m²），总共可收集容纳15000m³的雨水。由北至南的水面在北侧与城市绿肺相呼应，南部紧邻兰德维尔运河使整个城市的生态系统更加完整。建造这些蓄水池总共耗费了6100m³的混凝土，440吨的钢材，3km长的输水管道、3km长的电缆和能够覆盖13600m²的密封剂。为了避免发生泄漏，在蓄水池的底部和侧边都做了两层合成材料的防水层，并在两层防水层之间固定了很多感应器。这些感应器可以发现防水层发生的任何破损，并将破损的位置确定在0.5m以内。

由于柏林市的地下水位埋深较浅，要求建成的波茨坦广场既不能增长地下水的补给量，也不能增加雨水排放量。因此，通过屋顶和硬质地面收集到的雨水全部进入主体建筑和广场地下层的储水箱。在那里经过初步的过滤和沉淀，雨水当中较大的悬浮物会沉积下来。经过沉淀的雨水通过地下层控制室里的19个水泵和2个过滤器进入各个大楼中的水系统用于冲厕、浇灌绿地等，还有一部分被送到地上的水面。但这些雨水首先进入的是地上水面的"净化生境"中，水的净化和二次过滤在这些"净化生境"中完成。这些"净化生境"由种植成篱笆一样的芦苇等水生植物和培养在上面的净化微生物构成。北侧水面的净化生境每小时净化30m³的雨水，南侧水面每小时可净化100m³的雨水，而主要水面的净化生境与3个水泵配合每小时可净化150m³的雨水（图4-11～13）。

目前地面水池中的水一部分来自收集的雨水，一部分来自城市的供水系统。当水面因为蒸发而下降时，由水泵和测量装置构成的2个自动控制系统便会用地下储水箱中的水进行补充。每个自动控制系统还有两个监测装置不断地监测水中磷、氮、碳、氧的含量和水的PH值

图 4–14

图 4–15

图 4–14 盖尔森基兴矿工住宅小区内的渗水池
图 4–15 汉堡生态村内的生态沟

来控制水质的变化。有一个独立的生态组织每年不断分析并报告有关水质的数据，这也保证了水面的水质。从目前看，波茨坦广场的城市水面在全年都保持了较低的营养度和较好的透明度。

与当初规划设计时预想的一致，城市水面已成为一个包含多种有机体的富有活力的动态系统。除了"净化生境"的作用外，还有一些不可避免的自然原因，例如藻类和其他生长在水底的水生植物在水中自然生长，一些鸭子等水禽也来这里安居。2001 年春天，226 尾鲤鱼在这里放生以平衡整个系统，它们的食物来源就是水中自然生长的藻类。生态系统的改善也使城市景观更加吸引人，不仅是有好的水景，还能让人在繁华的闹市中感到与自然的和谐相处之感。现在，波茨坦广场的水面让游人无不流连忘返，也成为商业区中的工作者和居住者休闲放松的好去处。

法兰克福的生态方舟办公楼，出租给一些医生、律师等小型事务所。规模不大的办公楼里运用了屋顶绿化、雨水收集等多种生态技术。其中，收集来的雨水一方面作为室内外及屋顶植被的浇灌用水，另一方面还起着改善小气候，创造室内外景观方面的重要作用。生态方舟办公楼和街道之间是一长条的水面，利用的正是收集来的雨水。水中种植着芦苇、莲花等水生植物，与各种鱼类及微生物形成了一个生态群落。跨过水面上的桥进入室内，可以看到利用高差和绿化形成了曲折变化的室内景观。而收集来的雨水在设定的淌槽中奔腾流转，潺潺的水声让人如同置身于自然山水之中。

由于居住小区在总体布置、面积大小、道路规划、建筑设计及园林水景设计等方面差异较大，所以在雨水收集利用的技术采用上很难形成统一的标准。虽然德国的技术指标（DINI989）和集成化技术主要是限于雨水的污染控制和截污，但有类似行业标准的 ATV 技术手册与指南对居住小区的雨水渗透和净化提供指导。德国的生态小区在雨水收集利用方面采用的技术虽然不尽相同，但却各具特色。

弗莱堡的生态试验住宅区因为规模较小，主要采用单户雨水收集利用技术，每家每户都将屋顶的雨水利用定型的管道收集到专门的蓄水桶中进行过滤和净化，溢出的雨水通过绿地等可渗透地面回渗入地下，而每家每户储存起来的雨水可以在平时用来洗车或浇灌各家的花园。

德国的盖尔森基兴的日光村除了采用单户雨水收集利用技术外，还在小区中心规划了渗水池，通过管道将小区硬质铺地上无法渗入地面的雨水收集并导入渗水池。渗水池一方面可以改善小区的微气候，另一方面还将雨水回渗入地下，补充涵养地下水（图4—14）。

汉堡的生态村同样也规划设计了渗水池，但在收集导入雨水方面采用的是地表明沟传输的办法。规划中构造了一条贯穿小区的明渠，也称为生态沟。所有地面雨水都汇集进入生态沟。生态沟底部采用防渗处理，以保持稳定的水面；若水量过大，会溢过防渗层渗入地下。生态沟模拟天然水流蜿蜒曲折，两侧绿化植被自然生长，成为小区特有的景观（图4—15）。

德国的雨水收集利用技术可同其他生态技术很好地相互结合。例如，屋顶绿化的培养基用多孔的矿渣和土壤按比例混合，能够很好地涵养落到屋面上的雨水并供给植物；而选用的植物也是那些叶囊较厚、蓄水能力强的品种，利用雨水就可以存活。莱比锡新会展中心的玻璃大厅采用了雨水降温系统，在温度高的时候利用收集来的雨水对巨大的拱形玻璃大厅进行降温。

总之，德国在商业建筑和居住建筑中广泛应用雨水收集利用技术并将雨水的传输和储存与城市景观建设和环境改善结合起来，有效地利用了雨水资源，补充涵养了地下水，改善了微气候。同时减轻了污水处理厂对雨水处理的压力，节省了自来水供水，增加了城市景观，取得了一举多得的效果。

德国之所以能在雨水收集利用方面取得显著成就，一方面与民间机构和公民的环保意识不断加强有关；另一方面是德国联邦和各州的议会和政府关于雨水收集利用的公共政策起到了关键作用。自从汉堡于1988年颁布了最早的对建筑雨水收集利用系统的资助政策后，在1990年代，黑森州、巴登州、萨尔州等德国其他各州也相继颁布了涉及雨水收集利用方面的法规，给市政当局或地方团体以权力来强制推行雨水收集利用，或是征收地下水税，以资助包括雨水利用在内的节水项目。

目前德国联邦和各州的有关法律规定，受到污染的降水径流必须经过处理达标后方可排放。所有的商业区和居住区都要根据屋顶和硬质铺地的面积缴纳相应的雨水排放费，而雨水排放费和污水排放费一样高，通常为自来水费的1.5倍左右。而采用了雨水收集利用技术的商业区和居住区，根据其收集技术能力免收相应的雨水排放费．德国的法律还严格规定，新建或改建的开发区开发后的雨水径流量不得高于开发前的径流量，以迫使开发商采用雨水收集利用措施，开发商在进行开发区规划、建造和改造时．也都将雨水收集利用作为重要内容考虑，结合开发区水资源实际，因地制宜，采用相应的收集利用技术，将雨水收集利用作为提升开发区品位的组成部分。

第四节　水资源的循环利用

为了节约用水，德国许多城市都规定雨水必须收集利用。在德国生态村，几乎所有住宅的屋檐下都安装半圆形的檐沟和雨落管，小心翼翼地收集着屋面的雨水。收集起来的雨水用途甚广，有些生态村把收集的雨水用作冲洗厕所，有的用来浇灌绿地，也有的把雨水放入渗水池补充地下水。厕所冲洗用水占到生活用水的1／3～1／2。为了节约冲洗用水，汉堡的乌恩霍夫・布拉姆威奇生态村的住户采用了一种不用水的“旱”厕所。这种“旱”厕的马桶与普通马桶外观完全一样，但“旱”厕马桶下有一根很粗的管子直通地下室的堆肥柜，粪便在堆肥柜里发酵成熟，由于地下室设有通风系统，堆肥柜也设有通风管伸出屋顶，平时不打开堆肥柜就不会有臭味。这种厕所每月只需抽一次尿液撒一次盐和一些小片树皮以便加快发酵。这比每天清洗厕所要省事，而且几年才需掏一次肥，掏出的肥可施放到花园中作肥料。这种厕所需建地下室并加一些设备，要花1万多马克，但由于汉堡市排污费比水费高2倍，这种“旱”厕又不需要排污，因此经济上也是省钱的(图4—16、17)。

不少生态村对生活污水都采用生物技术进行处理，这种技术既经济，净化效果也很好。净化后的水作为生态村的景观用水，绕村缓缓流入村里的渗水池。

图4—16　德国生态村中的雨水收集
图4—17　德国生态村中的雨水收集
图4—18　法兰克福生态方舟办公楼内的水景
图4—19　法兰克福生态方舟办公楼前的水面

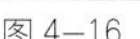
图4—16

图4—17

图4—18

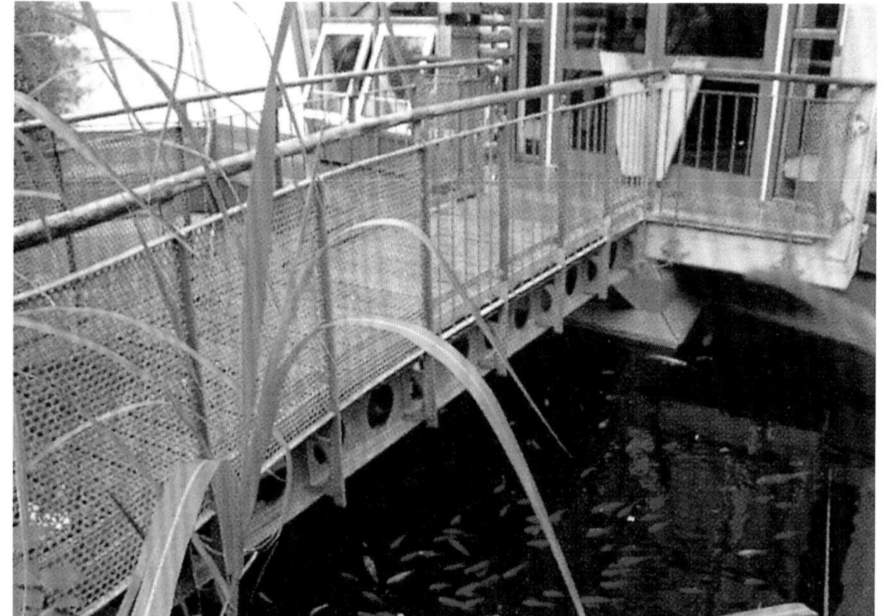
图4—19

"水渗透"在德国是一门专业技术，渗水速度既不可太快，又不可过慢。这种渗水池需由专业公司设计施工，渗水池的土壤下面是砂子，再下面是小石砾，由专业公司配制。渗水池里大多种植了芦苇，处理后的污水，在此再由沙土和芦苇根须自然净化后渗入地下补充地下水。由于德国洗涤多用普通肥皂，对水的污染很轻，净化起来也就比较容易。

这种污水处理方法，省掉了铺设排污管，还可少交许多排污费，处理后的污水又可成为生态村的景观用水，既可美化环境，又能最后渗入地下补充地下水。

在德国生态村里往往只有一个很小的渗水池，点缀环境成为景观，很少见到像国内一些住宅区那样开挖大面积人工湖，用自来水作水源制造人工水景的。德国有些城市目前并不属于缺水城市，但对水资源还这样珍惜和节约，很值得我们深思（图4—18～20）。

图 4–20　城市景观中采用很小的渗水池点缀环境

师生互动

学生：我们上网查找相关资料，发现国际上对绿色建筑的称谓与我们有所不同。不同在哪？

老师：相关建筑称谓的国际理解：

健康建筑(Healthy Buildings)——一种体验建筑室内环境的方式，不仅包含物理量测量值，如温湿度、通风换气效率、噪音、光、空气品质的，还包含主观心理因素，如布局、环境色、照明、空间、使用材料等，另外加上如工作满意度、人际关系等项，移动健康建筑必须包含以上所有各项（Healthy Buildings 2000芬兰国际会议）。

高效能建筑（High Performance Buildings）——指在各方面都有最佳表现的建筑物。它必须在使用和管理方面结合高度的舒适和品质，且有吸引人的建筑设计，而不仅仅是注重经济可行性和能源效益。

中國高等院校

THE CHINESE UNIVERSITY

21世纪高等院校艺术设计专业教材

建筑·环境艺术设计教学实录

CHAPTER 5

概述

国际经验

建筑环境大面积植被化

第五章　建筑环境大面积植被化

第一节　概述

全球化城市进程在加速，自然土地资源被大量的城市建筑物、构筑物、广场和其他场所所替代，自然植被资源的消失率远远大于其再生率，自然环境受到极大影响。伴随着城市化的高速发展，同时也导致了城市气候的改变，这种改变已经影响到世界50％人口的生活。人类生物圈中的废弃物污染了城市生存空间，甚至还危及到了城市植物、生物的生存。城市中自然土地资源的过度开发，铺天盖地的硬化城市覆盖面，割断了自然循环链，热辐射被硬质城市贮存和释放。一方面地面丧失了保水能力，雨水不能返回土地，地表水面干枯或萎缩，过度的地下水开采导致地下水面极度下降，大城市普遍存在水源不足，城市日趋严重的用水供需失衡加剧了城市生存空间发展的潜在危机；另一方面城市排水管网负荷与日剧增，城市基础设施不堪重负，城市建设价格不断上涨。城市排放的碳氧化合物和气体在城市上空形成了一个罩，即常被人们说到的温室效应。使城市中间的热量无法散去，大城市普遍存在城市热岛现象。城市内部噪音、粉尘充斥、空气被污染。城市失去了良性的自然生态环境，自然调节能力极度下降。城市效率逐渐低下……这一系列现代城市问题被称之为城市化过程中的“城市板结现象”。

对城市大量的建筑物、构筑物、道桥、路轨、步行道等，在其三维空间体的表面，尽可能多的覆盖植被层，在城市建筑的立面、屋面、围墙以及城市公路、公路的防噪板墙，城市空间中的维护栏杆、隔断、坡道、城市轨道交通道路的路基上；在城市的垂直的、水平的、斜向的多维空间中，强化栽培各种植被覆盖层，利用植物特性和其特有的环境调节功能，来消解城市“板结现象”所带来的城市热岛效应，消解城市环境污染、气候反常等一系列影响城市可持续发展的“大城市病”，是先进国家所采取的对策。

城市建筑物大面积植被化的城市生态功效是鉴于植物的光合作用、蓄水特性和滤水性能。它的吸尘能力，对温度的辐射和空气湿度的调节能力，以及它对城市季风运动的影响和消解，城市噪音的功效等方面城市建筑大面积植被化，将针对所确定的建筑物，因地制宜的选用能够适应所在城市气候的、土生土长的，具有较强洁净环境能力的。最易栽培、成活、耐寒、耐旱和最少养护需求的，四季都发生环境效应的植被物种。建

图5－1　城市建设大量吞噬着自然植被

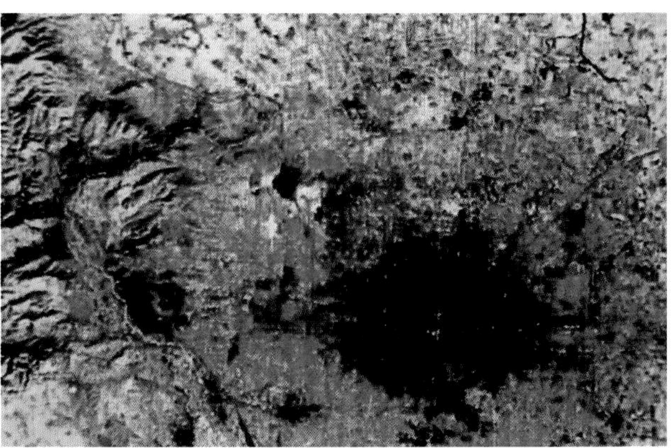
图5－2　北京卫星遥感照片呈现出的城市板结现象

图5-3 植被化屋面
图5-4 植被化公路防噪墙

图5-3

图5-4

筑物大面积植被化，是将建筑物单一的结构维护功能，转变成同时具有光合作用的建筑物表面层。通过对植被覆盖层的植物和地面植物整合成植被走廊，形成城市冷桥空间，连接城外田园所产生冷空气的地区。为被高密度硬化建材覆盖的中心市区，提供舒适的新鲜空气，减少城市热岛影响。

为了改善一个小生态气候以及城市水环境的贯彻实施，建筑物大面积植被化是在对植物社会学、地理学和城市生态学的分析基础上，以构建城市生态立法和行政纲领为有利契机，是对法制建设以及行政工作手段的综合效益的回顾与展望的有效的考验。建筑物大面积植被化能得以贯彻实施，也是上述诸多要素的综合作用的结果。"城市建筑环境植被化"是以城市生态工程的一项可持续的城市发展为目标，并基于国家经济发展和资源状况，切实可行的城市生态工程科研项目。它结合并运用生物或植物技术对城市进行城市设计、建筑设计和景观设计，进而在城市中实施，旨在改善城市生存空间的气候、空气卫生状况，并且部分地消解城市污染问题。

在德国，所有85%的建筑物表面的植被化都受到国家法律保护。它们在生物和准生物领域与城市建筑领域相结合方面已完成了许多研究课题。我们在德国访问期间，其成熟的技术、工艺和大量的研究成果都给我们留下了十分深刻的印象。德国的经验在中国的许多地区都具有相当的适应性，是值得我们借鉴学习的。

回顾历史，发达国家在"城市化"进程中也同样出现过城市"水泥化"不断蔓延的状况，城市边界无控制地不断向外扩张，所导致的"城市板结"现象也存在过。以德国为例，其每年被建筑所吞噬的良田面积就高达2000hm^2。从生态学角度来看，这是一个十分值得关注的大问题。针对发展和环境保护两者的矛盾，德国科技界制定出了"建筑物大面积植被化"这一城市生态工程方案。它的提出本身就是对已往"建筑罪孽"的反叛，无疑是人类修复建设性破坏的一剂良药（图5－1、2）。

针对城市建筑和城市发展是有意识

或无意识的破坏自己所生存的自然和人文环境的问题上，"建筑物大面积植被化"则是一种在发展中改善环境的有益尝试。在城市化过程中，它是一项运用城市生态工程和景观生态学的科学原理，为城市核心地区的可持续发展提出的革命性的城市生态宣言（图5－3~5）。

德国从很早以前就开始了对"建筑物大面积植被化"的探讨和研究。建筑师拉比兹·卡尔，早在1867年巴黎的世界博览会上，就展现了他创作的"屋顶花园"模型，在当时引起了极大的轰动。柏林在1920年起就完成了大约2000个屋面的植被化工程。1927年，在柏林的卡斯达特超市连锁百货公司4000m²的屋顶上，创造了当时世界上最大的屋顶花园。此后，德国一直保持着在这个技术领域中的领先地位。时至今日，全德国有近1亿m²、首都柏林近45万m²的建筑物屋顶已被植物覆盖，许多建筑表面完成了立体植被化。

总之，面对急速发展的城市化潮流，在固有的城市空间中急需解决的问题有：城市"空间板结"——亟待软化；城市环境污染——亟待净化；城市景观混乱——亟待美化；城市形态破碎——亟待整合；城市原有物种消亡——亟待拯救……在城市建筑物的垂直面、水平面、倾斜面上的运用与其基础相适应的植被技术体系——"建筑物大面积植被化"技术体系，为上述诸问题提供了一个解决方案。

第二节　国际经验

一、按照德国的经验，城市建筑环境大面积植被化有十大生态功能

1.大面积植被化改善城市小气候

将"防暑"变为"消暑"，有效地控制城市热岛效应，改善城市小气候（图）。

由于城市空间的板结，针对其导致的城市温室效应和城市热岛现象，利用植被光合作用的特性，"建筑物大面积植被化"能够有效地调节城市核心地区的二氧化碳气体浓度，调节空气温度和湿度，改善城市环境的小气候（图5–6、7）。

2.将雨水还给大自然

雨水落在植被化屋面上，50%～90%将会被植被的根系所吸收所储存，通过植物光合作用所产生的驱动力，植物泵可将大部分积水蒸发，剩余的小部分通过檐口和落水管排除。这部分雨水一部分可以直接返还自然地面补给地下水，另一部分可以排给社区水面形成城市生态循环链。同时，这个措施将大大缓解城市排水管网不足的压力，节约城市市政管网的建设投资。

3.凝结城市粉尘、吸附城市有害物质，锐减城市大气污染

建筑物大面积植被化可以用其大面积的植被叶面吸附大气中的10%～20%的粉尘污染，还部分地吸收空气和雨水中所含的硝酸盐或其他有害物质。植被生长还可以大量地消除碳氧化合气体适放出氧气，改善城市空气质量。那些被吸收和凝结的污染物将被植被作为营养所利用和吸收。

4.改善在强烈日照和急剧温差等自然力作用下，城市建筑物防水材料快速老化的问题

强烈的辐射热，冰雹的袭击，严寒或酷暑所造成的戏剧性的巨大温差变化，都会加速防水层建筑材料的老化，严重的损坏建筑屋面质量。当屋面防水层结构被置于植被化的覆盖层下时，因受到植被层的保护，建筑材料的寿命将会大大增加，因此也可以大大减少城市建筑一般性维修费用。

5.吸收部分城市噪音，降低噪音对城市生活的干扰

建筑物大面积植被化的植被叶面分布是多方向性的，对从一个方向来的声波起发散作用。其软质覆盖面与建筑外表面之间形成的夹层，可以有效地消耗城市噪音能量，吸收部分噪音，降低噪音对城市生活的干扰。被自然化的建筑可以改善其反射3db，并可以提高8db防噪层的防噪效率。尤其是地处空中走廊或舞厅等的娱乐设施所在，或是在所在地的强烈噪声源旁的建筑都有较强的防噪要求，植被化的建筑可以充分体现出其防噪的优越性。

6.为再塑城市生态链创造环境基础

建筑物大面积植被化建立的人造生态小环境，为城市小生物提供了可生存空间。甲虫、蜘蛛、蚂蚁、蠕虫和蜗牛等昆虫或其他小生物，都可以在建筑物大面积植被化的集床上建立自己的家园，建筑物大面积植被化为他们提供了生存空间，而他们又为飞禽鸟类提供了食物

图5-5

图5-6

图5-5 城市广场绿化
图5-6 柏林波茨坦广场建筑群体的大面积植被化
图5-7 屋面植被化所创造的小环境
图5-8 植被化道轨轨基
图5-9 柏林居住建筑院落里的立体植被化

图5-7

图5-8

图5-9

来源，建筑物大面积植被化弥合了生态圈内的食物链。

7.作为一种城市消防措施

针对飞星失火或强烈的辐射热所引起的火灾现象，建筑物大面积植被化不失为一个好的防范措施。

8.为城市建筑穿上了一层绿色外装，成为建筑物的附加保温层

由于植被叶面的向阳面和背阳面有着明显的温室效应，利用这个特性，植被叶面好像为城市建筑穿上了一层绿色外装，这件外套成了建筑物的附加保温层。通过这个措施，可以改善建筑保温性能，同时还减少城市能源消耗和因能耗所产生的环境污染问题（图5-8、9）。

9.软化城市“水泥化”所造成的城市僵硬的形象

大面积植被覆盖层，可以为城市建筑穿上五颜六色的外衣，软化目前城市建筑的僵硬感。随着四季的变化，大面积的植被饰面，可以在大格调和谐统一的前提下，大大美化城市，城市的面貌将丰富多彩，城市空间将充满诗情画意。

10.城市建筑屋面将被再次开发和利用。作为城市立体空间休闲场所或空中菜园

从“屋顶花园”到“屋顶咖啡厅”、“屋顶游乐场”，“建筑物大面积植被化”为公民提供了更加多种多样的立体空间活动场地。在需要时屋顶还可以为城市提供

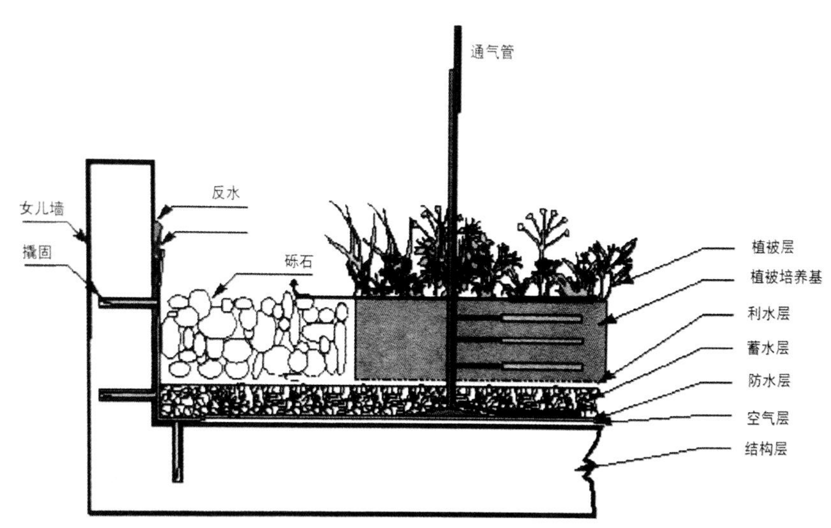

图 5–10 植被座床的建筑基层构造示意图

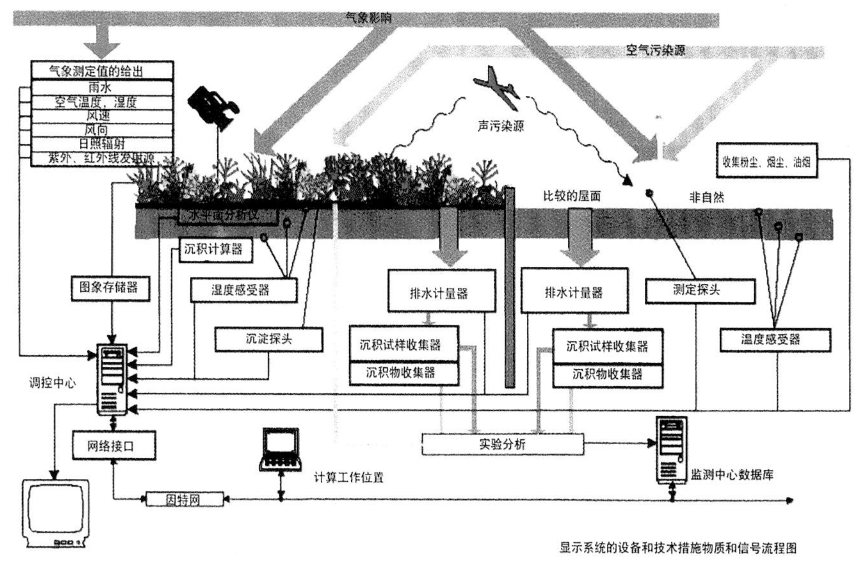

图 5–11 城市生态环境监测系统示意图

蔬菜、水果或变成屋顶操场。

二、屋面植被化与自然的绿化

建房必须偿还一定面积的绿化，这是德国许多地方的规定。偿还绿化有两种方法：一种是交钱由国家绿化；另一种是由建房者采取各种强化的绿化措施，如进行立体绿化来偿还。在生态村里扩大绿化的重要技术措施就是实现屋顶的绿化（植被化）。屋顶绿化有许多好处：夏天可以吸热防晒，对改善建筑屋顶的隔热性能有显著作用；冬天屋顶上的种植层，又起到了保温作用。屋顶植被化，不仅扩大了绿化面积，而且改善了建筑物的热工性能，起到建筑节能的作用。德国为解决屋顶的绿化问题作了大量的技术研究，首先是对绿化的植物品种进行了筛选，选出许多本地耐旱型植物。为使植物种植后能形成有活力的生态系统，植物品种要进行合理搭配，一般要多于9个种类。此外对屋面种植层的厚度、材料成分、构造措施也作了深入的研究。屋顶的种植层由小卵石、矿渣及陶粒等组成，一般约7～9cm厚。汉诺威市拉哈维森住宅区采用北欧的技术进行屋顶绿化，屋顶厚19cm，用塑料作防水材料。德国研制了可在30°～90°的坡度上进行种植的新技术，并有35种用于植被技术。屋顶绿化后，由于种植层有大量孔隙，下雨后可吸收50%的雨水，供屋顶植物使用，因此一般都不需要对屋顶植被进行专门管理。耐旱型植物很容易通过石子孔隙向下扎根，德国各地生态村屋顶上如不安装太阳能装置，就进行绿化，大大小小屋面上长满茂盛的绿草，这成了生态村住宅的一个特殊景观。

德国生态村里很难见到大量人工雕凿的绿化环境，而是展现出十分强烈的质朴、原始、自然的特点，这是我们所料未及的。

生态村每个住户庭前屋后的绿地一般由住户自己种植管理，公共绿地由社区共同管理。住户门前门后的小片园地栽满住户自己喜爱的普通花卉、草木，夏天葱葱茏茏的树木为小区带来一片片浓荫，充满了活力和生趣。生态村的许多户外活动设施和景观是居民协商后自己动手制造的，其中甚至包括小图书馆、儿童游戏场等。材料原始、制作粗糙、经济实用、朴素。

在生态村里没有像我国住宅区室外大面积铺砌的广场砖和花岗岩的情况。德国生态村环境景观中给人们印象特别

图 5–12 板结化城市与经过城市建筑物大面积植被化后的城市生态环境状况对比示意图
图 5–13 城市小巷绿化
图 5–14、15、16、17 生态村的屋面绿化

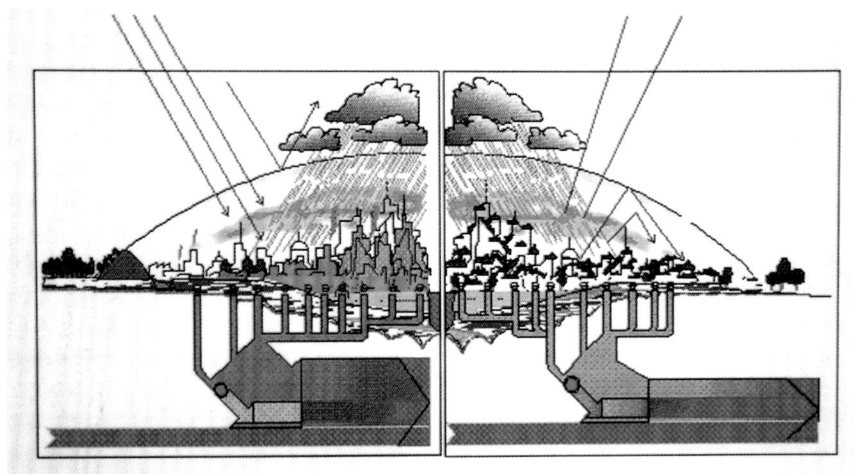
图 5–12

图 5–13

图 5–14

图 5–15

图 5–16

图 5–17

深的是长满野草的土水沟和开放着芦花的渗水池，这些水景呈现出的是原始和自然的美，成为生态村里的一道风景。

建筑物大面积自然植被化，能够有效地利用城市资源、亲和自然、保护环境、净化环境、美化环境，为城市生命种群提供了得以生存的小环境，为人们创造一种舒适、健康、安全、美好的城市生活空间。当然，面对城市化现象中如此错综复杂和多变的城市环境问题，不是仅靠一项举措就能够扭转的。城市问题的最终解决还要依靠人类理性的反思和发展科学技术来对城市环境进行综合治理，恢复和再生良性循环的城市生态。但无论如何，建筑物大面积植被化提供了城市生态的可实施性方面重要的例证，它证明人们能够运用生态学观念和城市生态工程原理，通过城市设计，并运用上述理论基础为开发出来的相应技术措施，有效地控制和改善城市发展，重新恢复良好的城市环境质量，再造我们理想的城市生存空间。它是生物科学与建筑科学结合的产物，是在城市化进程中的一场“生物学——建筑学”革命，是创建城市生态的一种有效途径（图 5–10～18）。

图5–18　绿化得十分美丽的广场，供人们休息

师生互动

学生：如何创建适合人居的绿色住区环境？

老师：绿色住区环境是一种以生态学基本原理为指导，进行规划建设和经营管理的城镇人居环境，是具有优化的生存条件和使人们能够持续健康发展的生活空间，是自然资源消耗少、能源消耗少、无污染、无公害、具有地方特色的高质量、高性能、高品位的住区环境空间场所。

中国高等院校

THE CHINESE UNIVERSITY

21 世纪高等院校艺术设计专业教材

建筑 · 环境艺术设计教学实录

CHAPTER 6

绿色材料的应用

第六章　绿色材料的应用

第一节　建材方面

一、TIM 材料

在建材方面，20世纪90年代国际上已采用一种透明绝热材料（Tran—sparent Insulated Material），简称TIM。它是一种透明的绝热塑料，可将TIM与外墙复合成透明隔热墙（Transparent Insulated WaLL，简称TIW）。TIW的前身是在漆成黑色的墙壁外再加上一层玻璃，其主要作用是减少因对流造成的热量损失，但热损失依然很高。TIW层是由保护玻璃、遮阳卷帘、TIM层、空气间层、吸热面层和结构墙体组成。TIM层做成透明蜂窝状，圆形的蜂窝状可最大限度地节约材料。蜂窝两侧粘有透明隔片，使蜂窝成密闭的透明孔，这样吸热面层不仅可以得到太阳辐射热，还可以得到TIM的反射能。TIM的在黑色吸热面外侧，在冬季可阻止吸热面向室外散热，在夏季可避免室外过多的热量进入室内。玻璃内的遮阳卷帘（卷帘外表面为高反射面）可调节抵达墙面的太阳辐射量。据统计使用TIM的建筑每年可节约能耗200Kw.h／m^2，能完全或部分地取消常规采暖。在20世纪90年代的德国，它的价格为900～1200马克／m^2（1马克≈3.65元人民币）（图6—1）。

二、玻璃材料

玻璃材料的保温技术也是生态建筑节能的关键之一。随着现代科技的不断发展，在这一领域陆续出现了吸热玻璃、热反射玻璃、低辐射玻璃、电敏感玻璃、调光玻璃、电磁波屏蔽玻璃等。设计人可将它们组合成复合的构造形式．来达到生态建筑的保温和采光要求。下面简要介绍几种先进的复合玻璃的性能：

1.吸热中空玻璃或热反射中空玻璃

吸热玻璃或热反射玻璃都是以吸收或反射的方式遮避太阳辐射热，但传热系数却很高。将这两种玻璃与普通玻璃组合，中间封入特种气体做成中空玻璃，其传热系数将大大降低。这种复合玻璃既能使太阳辐射热的进入得到适当控制，又有较好的保温性能。

2.低辐射中空玻璃

这种玻璃也是由低辐射与普通玻璃复合而成。由于低辐射中空玻璃对于太阳光的高透过率和对于长波辐射热的高反射率，使其具有极好的保暖性能，适合于以采暖为主的寒冷地区使用。

3.低辐射——热反射中空玻璃

将热反射玻璃放置在外侧，低辐射玻璃放置在内侧复合而成。它既能极好地遮避太阳的辐射热，又有极

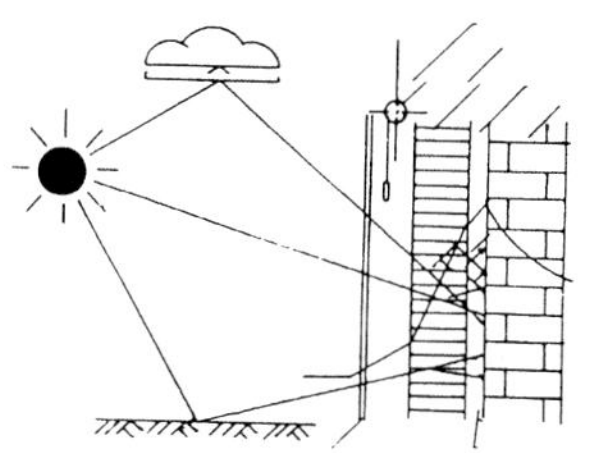

图6-1　TIM墙的保温隔热原理

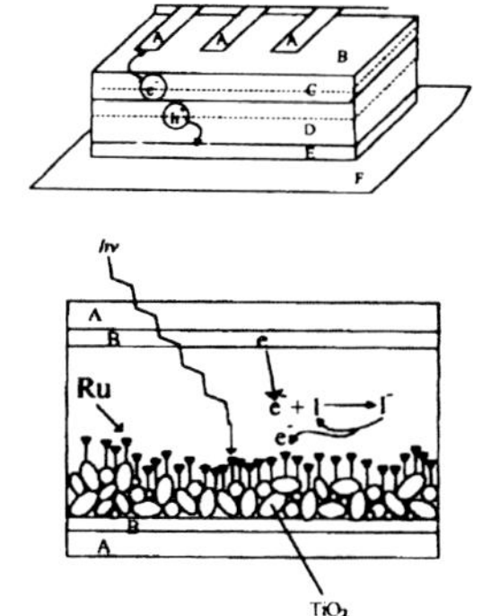

图6-2　二氧化钛太阳能工作原理

图6-3　日本利用太阳能集热系统的集合住宅

低的传热系数，是一种理想的组合。

4.硅气凝胶特种玻璃

硅气凝胶是一种聚合物，外观如同有机玻璃，轻质透朗而坚硬，是一种效能特别高的保温隔热材料。其保温性能比同样厚度的普通泡沫塑料大4倍，在未来的玻璃产品中掺入硅气凝胶，可使门窗的保温隔热性能大幅度提高。

三、太阳能光电材料

在建筑中利用太阳能电池发电为建筑提供能源，既无污染，又无噪音，并由可再生能源提供燃料，它的初始原型是1908年由美国发明家弗兰克·舒曼(Frank Schuman)发明的，目前已广泛运用于航天和电子装备上。但由于价格和效率的制约，在建筑中一直不能得到推广。在美国，普通电费才8美分/度，而太阳能发电成本为30美分/度；而德国用于建筑上的太阳能硅电池价格约为1500马克/m^2，每平方米的电池板每年可提供价值约75马克的电力，很不划算。要改变这种状况，首先要改进技术，大幅度地降低成本，还要通过国家出面进行政策上的干预和经济上的引导。太阳能发电目前仅在一些试验性的生态建筑中使用。位于瑞士洛桑的瑞士联邦技术研究所的格莱泽尔(Michel Gratzel)教授，在1991年仿照叶绿素的光合作用原理制作了第一个二氧化钛(TIO_2)太阳能电池，世人称之为"格莱泽尔电池"。这种太阳能电池估计可以使用20年。在阳光直射时，格莱泽尔电池的光电转化效率为10%；在阴天时，它的效率更高，达到15%，这是太阳能硅电池望尘莫及之处。据称，格莱泽尔电池的价格只有晶体硅太阳能电池的1/5。这是因为二氧化钛是一种很便宜的天然矿物，目前广泛用于制造牙膏和涂料（即钛白粉），据说建造1m²的二氧化钛薄膜只需人民币1.3元（图6–2）。

举世瞩目的悉尼奥运会的许多比赛设施中，也充分利用了太阳能技术，为奥运会的成功举办增光添色。在奥林匹克大道上，矗立着19座像起重机吊臂一样的奇怪建筑物——多功能塔，它们安装了1524块高效率的光伏电池板，每年可发电1673kw。除能够满足塔自身用电需要和路灯照明外，还可向当地电网售电。这套被命名为"奥林匹克大街太阳能发电系统"，获得了当地1999年度优秀工程设计奖。在运动员村的629栋住宅各自安装有光电池太阳能板，这些电池板与水平面约成8°倾角。在电池板的下面，装有功率为4kW的电流转换器，以便把太阳能电池产生的直流电转换为交流电。每块电池板的最大功率为60W。这套屋顶太阳能发电系统同样与地方电网联网。

日本通产省资源能源厅不久前决定，自2000年度开始着手太阳能发电系统制造技术的开发。要加速此系统的普及，必须大幅度改进现有系统的生产效率，确立低成本的制造技术。为此，在2000年度的预算方案中列入了12.4亿日元的投资。资源能源厅计划在2004年正式普及太阳能发电系统（图6–3）。

随着技术的日新月异，太阳能电池可与建筑材料和构件融为一体，构成一种崭新的建筑材料，成为建筑整体的一部分，如太阳能光电屋顶、太阳能电力墙（Powerwall）以及太阳能光电玻璃。这三种材料有很多优点：它们可以获取更多的阳光，产生更多的能量，还不会影响建筑的美观，同时集多种功能于一身，如装饰、保温、发电、采光等等，是未来生态建筑复合型材料。

1.太阳能光电屋顶

这是由太阳能瓦板，空气间隔层，屋顶保温层、结构层构成的复合屋顶。太阳能光电瓦板是太阳能光电池与屋顶瓦板相结合形成一体化的产品，它由安全玻璃或不锈钢薄板作基层，并用有机聚合物将太阳能电池包起来。这种瓦板既能防水，又能抵御撞击，且有多种规格尺寸，颜色多为黄色或土褐色。在建筑向阳的屋面装上太阳能光电瓦板，既可得到电能，同时也可得到热能。但为了防止屋顶过热，在光电板下留有空气间隔层，并设热回收装置，以产生热水和供暖。美国和日本的许多示范型太阳能住宅的屋顶上都装有太阳能光电瓦板，所产生的电力不仅可以满足住宅自身的需要，而且将多余的电力送入电网。

2.太阳能电力墙

电力墙是将太阳能光电池与建筑材料相结合，构成一种可用来发电的外墙贴面，既具有装饰作用，又可为建筑物提供电力能源。其成本与花岗岩一类的贴面材料相当。这种高新技术在建筑中已经开始应用，如在瑞士斯特克波思有一座42m高的钟塔，表面覆盖着光电池组件构成的电力墙，墙面发出的部分电力用来运转钟塔巨大的时针，其余电力被送入电网。

3.太阳能光电玻璃

在建筑中，当今最先进的太阳能技术就是创造透明的太阳能光电池，用以取代窗户和天窗上的玻璃。世界各国的试验室中正在加紧研制和开发这类产品，并已取得可喜的进展。日本的一些商用建筑中，已试验采用半透明的太阳能电池将窗户变成微型发电站，将保温、隔热技术融入太阳能光电玻璃，预计10年后将取代普通玻璃成为未来生态建筑的主流。随着现代科技不断发展，太阳能发电系统将在技术上取得突破，从而大大提高太阳能发电的效率，使它拥有无限广阔的前景，成为未来生态建筑不可或缺的一部分。今天的高新技术也许就是未来的普及技术。

除了太阳能，在世界范围内探讨的可再生能源利用还包括风能、地热能、潮汐能、生物质能等等。例如在丹麦，由于对利用风能、生物有机能及太阳能等的研究起步较早，可再生能源技术的发展较为成熟，已开始与传统能源进行竞争。丹麦《可再生能源发展技术（DPRE）》有力地促进了各种可再生能源的利用，这使得1980年可再生能源在其整个能源构成中仅占3%上升到了目前的12%。预计到2030年，这个比例将达到35%。其中，风能总装机容量达790MW。发电量现在已占电力消耗量的7%。到2030年，预计将达到50%。

第二节　其他方面

21世纪对发达国家来说又被称为"零排放"的新世纪。这一概念在日本受到高度重视，日本政府拟定了(循环型社会基本法)，已提交国会审议通过。其基本精神是尽可能地利用资源和能源，减少废弃物的排放，以改变现代工业文明的"大量生产、大量消费、大量废弃"的价值观，建立一个以"最佳生产、最佳消费、最少废弃"为特征的"循环型经济社会"。其理论根据可以说就是"零排放"概念，这一概念是设在东京的联合国大学1994年提出的，特别是对于制造业来说，就是应用清洁工艺，物质循环技术和生态产业技术等已有的现成技术，实现对天然资源的完全利用和循环利用，不向大气、水和土壤遗留任何废弃物。换言之，就是以最小的投入谋求最大的产出。构筑产业间的网络，将某种产业的废弃物或副产品作为另一种产业的原材料，这是"后工业社会"的发展方向。

日本已有27家企业的百余座工厂，如啤酒制造厂、水泥厂、造纸厂、电子零部件厂等，均实现了"零排放"。东京附近的山梨县有一个国母工业区，集中在那里的23家中小企业，从1995年起就以国母工业园区工业会为窗口，与大学、县等有关部门结成产、官、学零排放推进研究会，探索建立更大范围的"零排放"系统。在这里，各企业排出的废弃物经过回收和分类处理，提供给其他企业作原料。如废纸由造纸厂用来制造手纸；一般垃圾经过堆肥，供给县内果农作肥料；废塑料加工成固体燃料，提供给水泥厂作燃料，并还计划建立垃圾发电站等。日本目前"零排放"的企业还为数不多，但这是大势所趋，今后会有更多企业朝着这个目标迈进。前面介绍过的瑞典的"生态循环城"也是以"零排放"为其奋斗的目标。

从发达国家的经济结构来看，1993年美国的环保科技产值已达1470亿美元，超过了同时期计算机与制药行业的产值，被誉为"朝阳产业"。1992年德国有近5000家企业从事环保产品的开发与生产，产值均达到了800亿马克。从业人员近百余万。根据国际经验，为遏制环境恶化的趋势，必须保证使环境保护投资占当年本国国民生产总值的1%～1.5%；要使环境逐步改善，环境保护投资须占当年本国国民生产总值的1.5%～2.5%。

第三节 材料绿色化、技术集成化、成品产业化

建筑材料是生态村住宅建设的基础，德国各地区对建筑材料都有一定要求。慕尼黑市规划部门在地方"生态评价一览表"中规定不准用铝板和PC板，原因是铝材生产制造过程中耗能大，污染大。而由于德国近年绿化率高，木材丰富，国家鼓励使用木制品，木材作为生态性材料在生态村住宅中得到普遍使用。许多生态住宅都采用加工处理过的木材制品作建筑骨架、墙体、楼板等。在弗莱堡地区还采用一种用非烧制黏土制造的空心砖，这种黏土砖掺加了"强化剂"，有很好的强度，可砌筑建筑承重墙，如要废弃，便可以很快降解还原成黏土回到农田中。生态住宅中还大量的采用金属外墙皮，以减少人造化学物质的使用。许多钢阳台、楼梯都不刷油漆，为的是突现出银色的钢铁本色。德国对建筑材料中有毒化学物质的含量有严格规定，低蕴能的绿色建筑材料得到广泛运用。

德国生态住宅的建造技术，如复合墙体保温技术、屋面保温技术、太阳能装置技术、屋面植被技术、渗水池修建技术等等都可成笼配套，实现技术集成化。这些集成化技术，由于技术成熟，构造简便，十分有利于施工和生产。生态住宅采用集成化技术后，修建过程就比较简便。在弗莱堡的生态村施工现场，只有廖廖数人。

许多建筑构配件和门窗等在德国都已实现规格化、标准化、产业化，这为设计和施工带来了方便。由于批量生产，价格得到控制，质量也比较稳定。

产品产业化，使生态住宅从结构梁柱，到墙体、门窗、屋面，都有可供方便选择的标准系列的材料和产品。各类产品的安装也都有一套成熟的技术，施工操作简单，建造速度快，便于大规模生产。

第四节 几点启示

德国生态村也就是我们现在所说的生态住宅区，从1980年开始建设到现在已有20多年历史了。20年来，德国生态村建设蓬勃发展，越建越好，受到群众的普遍欢迎。其中，很多宝贵经验对我们来说都是一个很好的启示。

首先是政府对生态村建设政策上的支持，经济上的扶持，成为德国生态村得以快速发展的最重要的因素。德国许多地方均根据自己的情况制定了"生态评价一览表"，所有的投资者，购买土地时均必须签订这个"生态评价一览表"。尽管它不是法规，但它的地位相当于我国用地规划设计条件，属于必须执行的条

件。如慕尼黑的"生态评价一览表"中要求购房者必须收集使用雨水，必须要采用太阳能装置等。这些要求都含有某种强制的成分，建房者在房屋建成后，还必须向政府报告。这个"生态评价一览表"有强烈的导向性，借助政府行政力量的制约，对生态建筑的发展起了很好的推动作用。在经济上，政府出面扶持也是很重要的。如汉堡市每年都拿出120万马克鼓励支持居民安装太阳能装置，对建设生态村住宅也给予相应资金支持。房子建成审试后，如三年下来都能达到节能要求就算合格，之后可得到政府8000马克的补偿。政府通过政策进行导向和制约，通过经济进行具体扶持和奖励，使生态村建设得以快速发展。

其次，生态村建设要认真进行试点和科学研究，开发关键技术。生态村在清洁能源(如太阳能、风能)的使用上，在节能技术上，在绿色建材运用上，在减少污染上，都要全面进行试验，形成技术集成，使生态村成为新技术展示区，起到示范作用。

第三，生态村建设要讲究经济效益，注重实效。生态住宅要算细账，在能源上、水资源上、材料上与普通住宅相比究竟能节约多少F，有多少经济效益？这一点要认真分析核算。生态住宅不是豪宅，而是充满了节俭和可持续发展精神的建筑。寻找经济上的支撑点，使生态效益和经济投资得到平衡，只有这样才能推动生态村建设的发展。

中国是个发展中国家，目前在住宅区开发建设中，有些开发项目的建筑技术落后，但却一味追求豪华、铺张，还大肆做表面包装。这种浮华浪费的做法是一种不良倾向，它过多地耗费了国家宝贵的资源和能源，并加大了环境的污染。德国在生态村建设中表现出的注重技术、讲究实效、质朴自然的精神值得我们很好的研究和学习。

课后讨论题：四个Re原则的现实意义，以及它在建筑、环境设计中的必要性。

师生互动

学生：绿色住区环境形成的基本条件是什么？

老师：符合国家标准的整体生态环境质量，有较好的日照空气与通风条件，并远离释放有害气体的污染源和噪声源；

宏观上看应成为诸如水、食物、能源、交通等各种生态因子的集合，微观上来看给每个住区居民提供的生态条件是公平的；

建立以绿色为主的住区环境规划结构模式；

留出一定比例的"自然空间"；

应表现出对住区地域自然景观、自然生态及对人之外其他物种的尊重与关怀，对住区地域生物多样性的重视，尽可能地利用自然资源，如太阳能、风能、地热能与降雨为住区环境服务，采用的建筑材料等各种物质应具有对自然界和住区居民无害的"绿色"特征。

中国高等院校

THE CHINESE UNIVERSITY

21世纪高等院校艺术设计专业教材

建筑·环境艺术设计教学实录

可持续建筑操作理论分析

我国发展绿色建筑主要措施

通过整体设计提高建筑适应性

"未来系统"的最新计划

CHAPTER 7

绿色设计的发展

第七章 绿色设计的发展

21世纪是人类由"黑色文明"过渡到"绿色文明"的新世纪，在尊重传统的基础上，提倡与自然共生的绿色建筑将是21世纪建筑的主题。但要实现真正意义上的绿色建筑，我们仍然面临许多挑战。

首先是观念的转变。当前，接受绿色建筑概念的主要障碍来自于公众对其的模糊认识，认为建筑在建造、运行等环节如果采用绿色环保措施，必然会带来成本的大幅度提高。其实，一栋建筑在其50年的使用寿命周期内的各种费用的支出中，基建费约为13.7%（包括土建和设备部分），能源费约为34%。如果采用被动式太阳辐射供热、供冷和蓄能，与昼光照明结合的措施，可节省大量的能源，约占整个建筑寿命周期内20%～40%的能源费。也就说仅能源节约的一项便可占到总支出的6.8%～13.6%。同时，由于能源的节约，还可减少废热和尘粒的散发，降低由此带来的热岛效应。

因此，虽然采用绿色环保措施会使基建投资费用有部分的提高，但却能明显地降低运行成本，同时还可带来环境的持续改善。

第一节 "未来系统"的最新计划

英国"未来系统"建筑事务所的建筑概念，表面上看是从美学的角度出发，把独立的体积堆积在一起；但从根本上来说，"未来系统"是希望通过这种堆积，表现一个新的概念——适应并体现当今这个以高新科技为主要标志的新时代。

实际上"未来系统"事务所一直对当代建筑技术的发展、演变十分关注，但令人惋惜的是，新技术成果在当代建筑中经常被忽视，很少得到利用。卡佩里奇认为，"出现这种现象的主要原因是一些建筑事务所总是恪守旧的概念，而不乐于革新。"他同时还指出："在20世纪末的今天，人们仍像百年前一样设计施工，而且预计这种状况在短时间内不会有大的变化。而在设计的其他领域，人们却拒绝了'怀旧主义'和'后现代主义'的俗套，而致力于做那些复杂的研究，进行革新。"在建筑的工业化问题上，卡佩里奇还批评了一种说法，他说："一直以来，一种非常理想化的观念使我们相信，汽车工业的技术可以简单地套用在建筑设计上，但实际上，这是很难实现的，原因是多方面的，主要是因为主观因素和个人情感对建筑的影响远远超出了对汽车的影响。"

"未来系统"在建筑设计上绝不是墨守成规。当你第一次看到他们的作品时，会感到它充满了主观和个性。但实际上，作品的设计具有高度的逻辑性，并且是一种合理化之后的机械论。值得注意的是这种机械论借鉴了仿生学的原理和观点。具体地说，就是用一种相对简单系统下的自然程序来完成建筑作品。同时，他们一直努力实现一种建立在科学基础上的、天然的、经济的、节能型的建筑，抛弃建立在高消耗、高成本上的旧模式。"未来系统"崇尚生态学，这一点与卡佩里奇不谋而合。他认为生态学将决定我们的生活方式；改变我们的生活时尚；改变工程技术和建筑用途。但需要指出的是，"未来系统"的生态建筑并非一般意义

图 7–1 "生态圈"图中的连线所表示的是如何以不同的方式在建筑中降温

图 7–2 "生态圈"外观

上的生态学概念。它几乎不涉及创造绿色环境和"怀旧的自然浪漫主义"，他们的生态建筑更确切地说是一个以新技术、新材料和相关尖端科技研究为标准的新概念。无疑，"未来系统"使用了"高新生态科技"的某些理论。"高新科技"的定义是什么呢？20世纪20年代兴起的构成主义、新陈代谢论以及新天然建筑材料的发现和使用，在当时都可以被称为"高新科技"吗？今天类似于剧院、音乐厅、体育场的新颖设计也可以被称作"高新科技"吗？对此，"未来系统"做出了自己的解释："'高新科技'特别是'高新生态科技'是一个应当严肃看待的问题，一方面承认它的科学性和尖端性，另一方面要以慎重的态度来开发使用。""未来系统"对那些只强调建筑风格而忽视技术或过分使用"高新生态技术"的事务所提出了批评。因为对于生态学方面的"高新科技"研究，我们就像"依呀"学语的孩子，也没有完全掌握。可是，我们常常认为已经了解了生态科技的全部内容而不合时宜地滥用。其实真正的技术是巧妙、完整和复杂得多。那么"未来系统"运用的生态技术（或生态科技）是复杂的吗？其实，"诺亚方舟"的设计，代表了"未来系统"的最新研究成果，是对生态技术合理运用的最好例证。它的设计看起来是简单、合理的。具体体现在：①太阳能的合理使用；②供暖和通风换气系统；③匠心独具的雨水循环再利用系统等等。这些设施不是孤立的个体而是相互配合的整体。从建筑的结构体系到建筑的整体定位，以及建筑屋顶的设计都遵循着同一种有机的逻辑。

总之"未来系统"对建筑的诠释是非常有内涵的，它与现代建筑史上的"有机论"是截然不同的。"未来系统"所采用的技术并非是别出心裁，而是长期以来为人们所熟知的。它的革新只不过是从能源经济的角度，把自然机制同人工创造结合起来。另外，只要符合生态原则，即使是过去的技术，"未来系统"也会采用。"未来系统"还认识到，新生态技术实际上是受第一次工业革命的影响。目前，建筑的领域正在缩小，那么，建筑师这个行业会消失吗？"未来系统"为了解释和验证自己的创意，提出了一个观点：如果说建筑是一门艺术的话，那么波音飞机的设计师就是一个艺术家。今后"未来系统"还会提出其他新的建筑构想吗？

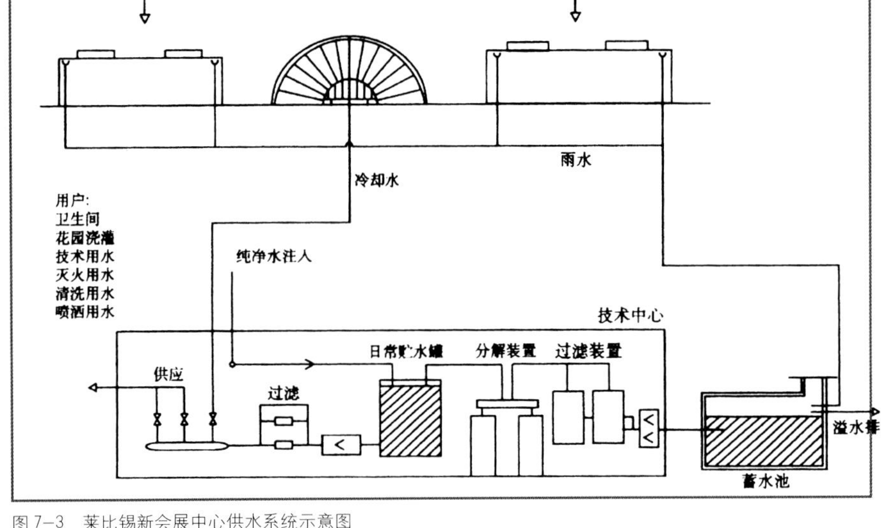

图 7–3　莱比锡新会展中心供水系统示意图

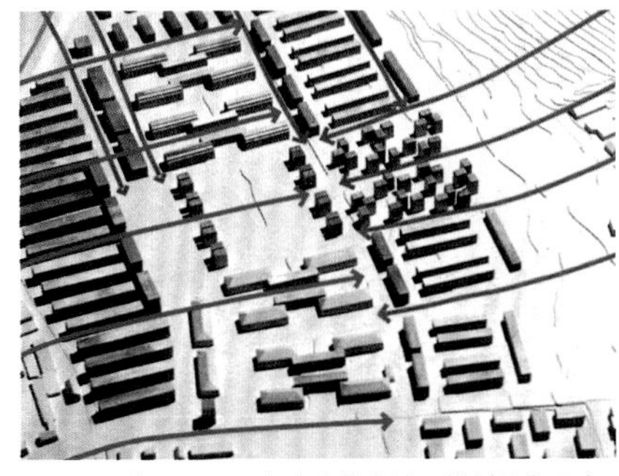

图 7–4　弗里堡——市哈依斯高地区规划风向示意

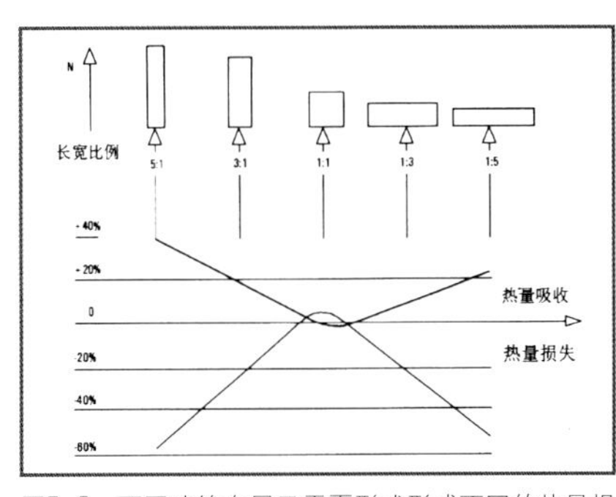

图7–5　不同建筑布局及平面形式形成不同的热量损失与盈余

第二节　通过整体设计提高建筑适应性

未来建筑设计中整体设计越来越重要，其特点在于全面协同与建筑相关的各个元素，其中，既有“生态圈”中的各种外部环境因素，像空气、太阳、土壤、雨水、植被等，也包括建筑本身形式定位的外围户结构等。只有综合研究了这些元素，才能达到减少不可再生资源的使用，充分利用可再生资源。

一、未来建筑的要求

当今社会，经济和生态正发生着巨大变化，在这个背景下，人们进一步深入思考未来的发展趋向问题。如何尽可能地节省自然资源，如何保护人类赖以生存的环境。这些问题在建筑设计中，自然而然地引发出智能化整体设计的观念。在发达的工业化国家，近40%的能源是在建筑中消耗的，经过粗略的估算，其中2/3～3/4可通过正确的、理想的建筑措施节省下来。这不仅对建筑设备技术具有新的意义，而且给建筑设计带来了新的概念——新技术和高品位的建筑设计融为一体。这种新的建筑设计概念引导人们以整体综合的设计取代现有的线性设计思维，以便酝酿设计出节省能源的建筑。

在从建筑设备和建筑本身发掘潜力的同时，建筑的使用者也发挥着重要的作用。通过对舒适性要求和建筑功能用途的适当调整，以及有意识的运行管理，可以大大减少建筑投资和能源消耗。

以一种新的俭朴“少就是多”命名的未来发展趋向，并不意味着要放弃目前通行的对舒适性的要求，而更多的是通过高质量的建筑设计和建筑构造，以降低建筑设备的使用数量。

综合设计和整体设计将在未来越来越重要，从而酝酿出整体性的解决方案，将建筑中用户的使用要求和自然界可再生能源的利用有机地结合在一起。新的趋势主要集中在：通过高质量的设备和建筑构件之间的全面协同，尽可能

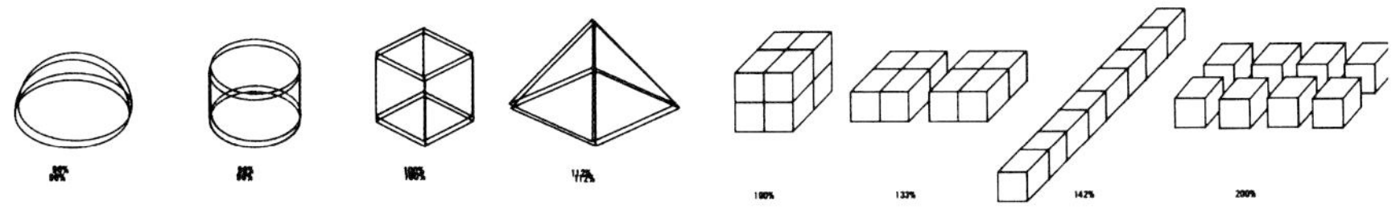

图7-6 建筑几何形式及结合与热耗之间的关系，表示的是建筑几何形式及组合与热耗之间的关系。

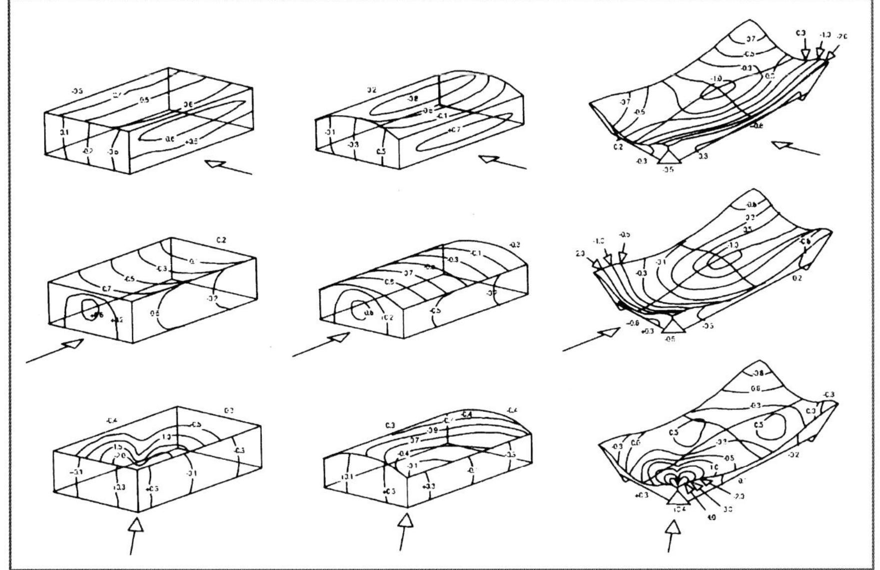

图7-7 三种不同建筑造型表面的正负气压差比较

图7-8 慕尼黑HL-Technik AG办公楼内景

地减少元生能源和灰色能源的使用，同时尽可能多地利用可再生能源。

二、生态圈

在酝酿建筑设计时，有"生态圈"中表现的联系应得到充分的重视。在这个"生态圈"中不仅可以清晰地看到重点分区，如外部空间、建筑体量和建筑设备等，同时还将各种降低设备投资和运行费用的可能性也归纳在其中。在具体实施上，每一个要素并不是像过去常常用在完成后的建筑上，而是融合在整个设计中。每个单独要素，如中庭、土壤、水面、大厅空间、构造、立面、屋顶和其他各种建筑设备均一样重要，并应得到同样地对待。它们应整体地、综合地引入到设计中。

三、外部环境

在进行建筑设备的设计时，外部环境所引起的作用应放在重要的位置来考虑。由土壤、绿化、水、空气等组成的外部环境，提供了多种多样的可能性，用以减少建筑设备的数量或功率，同时还可节省能源和运行费用。外部环境在供热和制冷方面均起着重要的作用。作为整个生态所涉及到的组成部分，外部环境将在未来建筑中发挥越来越多的作用。外界气流、地热资源、雨水等的利用及外部绿化也均属于外部环境。

1.外界气流

外界空气及气流连同它的能源潜力，是未来整体综合设计的最主要的组成部分之一，并相应地在实际中予以充分运用。对建筑物的设计原则上均可以自然通风，以减少由于升温、加湿、冷却所需的机械通风时间。通过二十五年来的不断运用，自然通风设计已不仅被建筑使用者所接受，而且还深受欢迎。根据数据记载，机械通风在冬季使用较多，在夏季则相对减少，在冬季机械通风可以高效率的回收热能。为了使建筑能得到自然通风，可使建筑物的形状及高度能有一系列的可能性，使建筑的正压、负压区得

图 7–9 瑞士巴塞尔 SUVA 办公楼外观

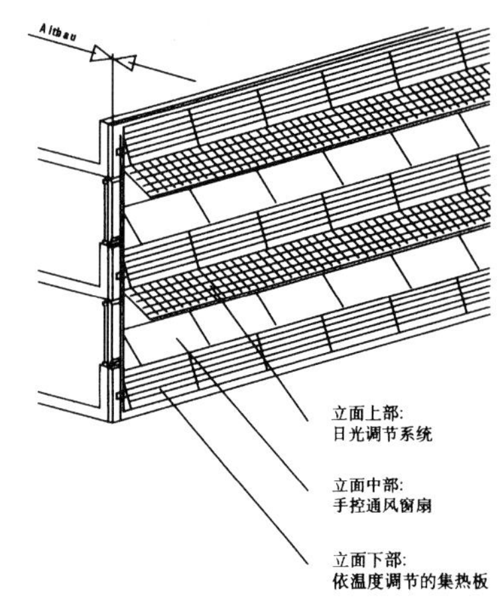

图 7–10 瑞士巴塞尔 SUVA 办公楼立面作法

以恰当使用，同时还应在建筑中充分利用热功学原理。

2.土壤

为了减少在使用制冷机时产生的冷能和通过加热设备形成的热能，在自然冷却和加热外还需要对地冷和地热加以利用。

在通过地下管道来制冷水时，应注意冷循环过程中的进水温度不要低于18°C，回水温度不高于22°C。利用地热意味着将建筑物排除的余热引入地下，地下热量的流动交换，在整个年度内应是总体平衡的。夏天，引入地下的热量在冬季又应是会在再地热利用时被消耗。如果我们将地下热量的流动功率按0.65w/m²计算，导管的间距平均为6m时，导管的热交换功率为20w/m。为了不使投资过高，导管的最大埋深不应超过100m。

3.雨水

洁净的饮用水是我们生活中最重要的而且是不可替代的物质之一。但是很多人并不知道，其在工作、生活中所消耗掉的很大一部分洁净水（约33%）是用来冲洗卫生间了，同时，建筑清洗、汽车清洗、花园浇灌等也正在消耗着大量的珍贵的饮用水。

经过调查研究，约有50%的饮用水可以通过雨水来代替。由此看出可节约用水的潜力有多大，这种“灰水”至少可以用于厕所冲洗、花园浇灌、建筑清洗等。饮用水在将来则应仅用于饮用、餐具、清洗及洗浴等。

在收集和应用雨水时应只采用屋面上的雨水，因为这样的雨水不会混入太多的不洁物质。雨水首先被导入一个配有沉淀池和紫外线照射装置的蓄水池，然后通过砂石过滤、分解等程序继续送往各用户。从长远的观点看，充分利用雨水资源是非常值得推荐的，因为它将节约大量珍贵的水资源。雨水不仅可以用来清洗，同时还可以冷却建筑及周围环境，具体实施时可通过以下几种途径：

——通过建筑周围的人工水面来进行蒸发降温；

——通过人工瀑布和喷泉可以提高蒸发降温的效果；

——通过细腻喷洒的水雾来冷却室外空气；

在具体实施时注意不要过度，以免

产生闷湿的感觉。

德国莱比锡新会展中心的玻璃大厅使用了雨水降温系统。在这个硕大的全玻璃大厅内，在盛夏季节不靠空调设备制冷的情况下，只靠在玻璃穹顶表面的喷洒蒸发冷却，便能使室内温度值比室外温度高1℃～1.5℃。这种设计构思不是单一的建筑师或空调工程师的任务，而是一种高度整体统一的设计和预先的总体构思。

4.室外植被

以正确的方式布置的植被会在盛夏的烈日下形成自然的阴凉，使得建筑外墙避免被曝晒而降低制冷量。室外植被应以落叶植物为主，以便于在秋天落叶后，冬季时建筑的被动式太阳能所利用。四季常绿的植物在这里是不适合的，因为它们只能满足夏季要求。室外植物还能同时使室内靠近窗户的部分光照强度降低。树木、灌木、草皮等还会给建筑使用者带来一种舒适的感觉，同时起到改善建筑物周围气候的作用。

四、建筑的形式和位置

在城市规划设计时就应将重要的生态观点引入其中，以达到城市空间的自然通风和降温。建筑物的高度和朝向定位还均应充分考虑到地区的主导风向因素，以便使整个新区能做到自然通风。

如果要使建筑物自然通风和建筑物吸热构件能自然冷却，就应在城市规划、城市设计时将这个想法融其中，以便使各种有意义的可能性不受限制。不同的建筑布局及平面形式将形成不同的热量需耗（冬季）和热量盈余。

1.降低热耗

降低热耗以及调整热量吸收不仅与建筑的朝向有关，同时还与建筑的形状、建筑的表面积和体量的比例关系密不可分。

2.自然通风的再完善

通过该图（图7—7）可以看出，右边的建筑形体最有利于自然通风。

3.降低技术设备消耗

在建筑周围设置水面，以利用水蒸发来降温就显得非常有意义。用于通风冷却吸入的新风，在被引入前便自然降低了温度。在建筑下部的地热交换导管应和热泵联系在一起，以便在冬季加热大厅的室内温度。人工水面同时还可以用来冷却建筑构件。通过折光板可将自然光更深的引入室内，充分地使用自然照明。所有的这些措施，均是在有意识地利用可再生资源，并以简化的技术手段减少设备，节省能源开支。

五、建筑和建筑结构

除了建筑的形式和位置之外，建筑结构、立面构造以及开敞空间的应用也均可发挥积极作用。

1.建筑材料的吸热降温

为了在夏天也尽可能地通过自然的办法来降低室内温度，利用混凝土的吸热性能将成为不可避免的问题，这项措施的应用可将制冷能耗降低30%。通过建筑师、结构工程师和设备工程师的共同协作，形成建筑体量吸热设计，以降低设备投资和运行费用。同时，建筑的空间质量还在主观及客观上均可得到很大改善，使室内实际温度与感受温度均可处于一种较理想的状态。

运用吸热降温技术的建筑在过去的几年中不断得以实施，每次均是以建筑师、结构工程师和设备工程师之间的协调合作而完成的。在进行这类建筑的设计时，整体的综合设计显得尤为重要。因为仅靠其中的一个工种是难以完成的。另外，在"吸热建筑"的设计中，还应根据实际情况考虑将建筑构件吸热后的自然冷却与其他降温技术结合起来。

2.立面——灵活的外表面

建筑立面在过去和现在大多由建筑师来确定。立面设计应尽可能地在满足使用者各种要求的同时，还要将这些要求和自然资源结合起来。建筑的立面不仅是室内和室外空间的分隔部分，同时还应满足许多其他功能，如：

——视线的联系

——引进日光照明

——自然通风

——保温隔热

——遮阳

——适宜的表面温度

——充分预防眩光

立面是热功舒适性、空气洁净度以及视觉舒适性的重要组成部分，像人的皮肤一样，建筑外立面应对室内外变化灵敏地做出反应。这要求设计者要有高度的创造性和革新性。然而，新立面带来相对高的投资使得许多想法难以付诸实施。通过运行过程中节省的开支来为新立面的昂贵投资辩护，总是显得苍白无力。所以在这个课题范围内还需一个更高层次的整体设计，以制定未来的解决方案。

3.开敞式室内（中庭）空间——灵活的缓冲过渡空间

如果要降低能源消耗，建筑中的开敞式空间将在特定的条件下成为一个有意义的补充。与这个开敞式空间相连的房间不仅可以减少一半的热量流失，同时还可以减少制冷需耗。开敞式空间特别适合于充分地利用太阳能，并将其功能在建筑物内部充分扩展。根据使用要求，还可将开敞式空间设计成室内花园，以进一步改善室内小气候。

开敞式室内空间还应尽量设计成为不需人工通风和降温的空间，从而降低投资成本。

由德国GMP建筑师事务所玛格教授和结构大师施拉赫教授合作设计的汉堡历史博物馆，其网式构架玻璃顶下方形成了一个开敞式空间，线状电加热器则结合在网架结构中，形成了一个造价低廉的临时加热装置。可在特别冷的天气下（一年约100h），该大厅由于太高的热量流失和高昂的加热费用等原因而被停止使用。

六、主动技术干预

在被动方案无法满足需要的时候，就需要主动技术的干预，起到辅助的作用。在今天，太阳能收集器和光电转化器暂时还属于来不及回收投资成本的技术手段。所以在常见能源的解决方法太麻烦的情况下，才通过先进手段将此技术付诸实施。应用风能则主要集中在充分合理解决自然通风方面，而不是在建筑上设立巨大的风力发电机。雨水的利用除了用做冲洗、清洗等用途外，还应有针对性地应用于冷却建筑构件。与热泵系统相结合地热能源利用，对未来有着深远的意义。关于地热资源利用的决策应尽早决定。对原生能源应充分提高其利用率，发电——供热联合系统将在未来的建筑节能运用方面发挥巨大的作用。由于热泵系统首先是利用自然能源，所以它也可作为整体综合设计的一部分。在与集热面结合后，热泵系统能很好地达到一个性能价格比。由于集热面位于建筑外立面，这就需要一个早期的整体综合设计（图7–1～10）。

七、结论

即使我们在自己的设计范围内为全球生态问题的解决，仅能做出很小的贡献，整体综合设计的方法，在未来的实践中也将是正确的。在强化后的环境意识和升高的能源费用作用下，欧洲出现了许多积极的可取的举措。这一点可通过西欧和北美人均能源消耗的比较中显现出来。在美国的人均能源消耗是西欧的近两倍。整体综合设计对发展中国家和准发达国家起着表率作用，因为这些国家有着与西欧国家类似的问题。整体综合设计的先决条件是要运用高度的智慧和无尽的创造力。遗憾的是，今天，这个先决条件与业主和发展商所提供的设计费很难协调在一起。

这种面向未来的设计方法无论对建筑师还是工程师都提出了新的要求和挑战，即跳出线型思维，进入整体综合思考。可以想象，年轻的建筑师、工程师在结束高等教育后，将会不再认为自己的职业教育已经结束，而是准备着在工作中不断学习提高，寻找针对未来的设计答案。

第三节　我国发展绿色建筑主要措施

一、节约能源

我国能源紧缺，而且能源的利用率低。例如，我国建筑能耗的平均能源利用率约为30%，是发达国家的三分之一左右。因此，我们必须重视建筑节能，促进传统能源的可持续利用，具体措施有：

1.提高能源效率

在建筑设计中可利用多种方法达到节能的目的：可根据基地的自然条件，充分考虑自然通风和天然采光的要求，减少空调和照明的使用；通过建筑外围护结构设计，多采用高效保温材料的复合墙体和屋面，以及密封性能良好的多层窗，以减少建筑运行能耗；还可多采用高效建筑供能用能系统及设备，限制低效供能用能系统设备；推行绿色照明工程。

2.开发新能源

积极开发利用新能源和可再生能源（如地热、太阳能、风能、生物质能），逐步改变目前我国已不可能再生的化石燃料为基础的不合理能源结构状况。

二、节约土地

我国地少人多，土地资源十分紧缺，仅为世界平均水平的三分之一。必须节约和合理利用土地资源，提高土地利用率。具体办法如下：

1.集约化利用土地

强调土地的集约化利用，合理规划农村住宅建设用地，积极发展小城镇。

2.合理规划

规划设计应将节约土地与高效利用土地相结合，有效利用有限的土地资源。

3.尽可能减少建筑物的体量以减少占地

4.合理开发利用地下空间

5.合理使用新材料

发展新型墙体材料和绿色高性能混凝土，限制使用或淘汰实心黏土砖，充分利用矿渣、粉煤灰等工业废料，保护土地资源，减少环境污染。

6.在建造中注意保护土壤

三、节约用水

水资源的短缺和水污染的加剧已经严重制约了我国社会经济的发展。据统计，全国600多个城市中有一半存在不同程度的缺水，每年因缺水而影响的工业产值就达2300亿元。城市污水的再生利用是开源节流、减轻水体污染、改善生态环境、解决城市缺水的有效途径。因此，必须节约宝贵的洁净水，大力推进雨、污水回用以缓解城市缺水危机，改善环境质量，促进水资源的可持续利用。具体如下：

1.改变用水方法

通过鼓励采用节水型器具，改变用水习惯和水价杠杆调节等方式，降低用水量。

2.雨水的再利用

强调屋顶雨水的收集和再利用，地面雨水可结合实际情况进行收集或通过采用可渗透的路面材料使雨水能渗入地层，保持水体循环。

3.施工节水

建筑施工过程要重视节水和对地下水的保护。

4.废水再利用

居住小区和建筑排水原位处理后回用于日杂生活、景观的绿地浇灌。

5.污水再利用

城市污水处理厂的出水经深度处理后用于市政杂用、景观用水和生态修复。

四、节约材料

建筑从建材的生产到建造，使用过程需要消耗大量的能源和资源，并且可产生大量的污染。在建造过程中，应尽量节省材料，多采用环保的、易降解的、可再生的材料或材料替代品。

(1) 调整和优化产业结构，淘汰落后的工艺和产品，提高劳动生产率降低资源消耗。

(2) 发展高强、高性能的材料，如绿色高性能混凝土，减少水泥和混凝土用量，消纳大量工业废渣，减少环境污染。

(3) 发展轻集料及轻集料混凝土，减少自重，节省原材料。

(4) 积极发展化学建材，以节能、节木、节钢。

(5) 在住宅建设中采用轻型钢结构体系，减少木材、水泥和黏土砖用量，有利于自然资源的保护。

五、废弃物利用

每年因新建、装修和拆除产生的建筑垃圾量非常大，基本用于回填。大量未经处理的垃圾露天堆放或简易填埋，占用了大量宝贵土地，并污染了环境。城市垃圾治理要以实现减量化、资源化和无害化为目标，强调综合治理，注重源头减量和综合利用，从而有效地控制污染，回收资源，实现环境资源的可持续发展。

(1) 首先应尽可能地防止或减少建筑垃圾和城市生活垃圾的产生。

(2) 提倡分类收集，对产生的垃圾尽可能的通过回收和资源化利用，减少垃圾处理量。

(3) 在分类收集的基础上采用适宜技术进行分类处理：对有机的易腐的垃圾采用厌氧消化技术（高效率产生沼气和优质肥料）或简易堆肥，积极发展生物处理技术；对混合垃圾进行焚烧处理或余热利用；尽量减少填埋处理，对已填埋气体要进行收集和利用，有效地控制和处理垃圾渗滤液。

(4) 对垃圾的流向要进行有效的控制，严禁垃圾无序倾倒。

(5) 尽可能地采用成熟技术，防止二次污染。

第四节　可持续建筑操作理论分析

作为21世纪人类所面临的巨大挑战，可持续发展这一理念所带来的环境运动将毫无疑问地逐渐深入社会生活的各个方面。由于建筑业本身所固有的纳能源消耗的性质，它将在实现可持续发展的道路中扮演重要的角色。以欧洲为例，建筑对环境的影响是约50%的能源消耗；40%的原材料使用；50%的水资源使用、80%的耕地丧失；50%的破坏臭氧层化学品的使用。再以美国为例，建筑业占全国每年总能量消耗的11.14%，大至为 2.2 × 1012kwh 的能量（7500 兆BTU），相当于2387亿升汽油的能量，或2.86 亿吨烟煤的燃烧热量。这其中的一半是新建房屋所消耗的能量（约为总能量的5.19%，其余的5.95%为非房屋建设，如公路、铁路、水坝、桥梁等，以及各类维护建设所致）。另外，伴随着各类建设还产生了大量的环境污染。对于建筑业本身对环境产生的负面效应，建筑界已有了相当的意识，认为通过合理的设计手段是完全可以减少建筑对环境的影响。研究表明，在概念设计阶段把建筑作为整体系统设计，并注重各子系统的相互关联，可以比一般建筑节省 50%～70% 的能量。其本质的目的在于从整体上，即从建筑的各个环节中减少对环境及其使用者的负面影响。其重点在于整体的节能与无害。整体节能与无害包含着在建筑生命周期的各个阶段的节能无害，即从土地开发、建筑布局、建材选择（包括其开采、加工处理、运输等各环节的资源及能量消耗）、建筑施工、建筑使用及维护，甚至于对建筑拆除的总体考虑。因此，从整体流程的角度并结合前文所述的转型过程的前提条件，许多所谓的可持续建筑在很大程度上是值得商榷的。它们在某些环节上的努力（譬如利用自然采光与通风，垂直绿化等等），并不一定代表整体可持续水平的提高，相反，有时大量的高能耗的建材及其施工强度反而会极大地抵消其积极的一面；另一方面，从社会的角度讲，虽然可持续发展的建筑可能从地域建筑的传统中获得灵感并加以延续，但为不加批判的继承，却会机械地分离地方的客观变化规律与环境营造传统，在历史的有限或被动条件下，所做出的选择往往需要在科学的分析下突破束缚而争取解放。外部的优良因素与地方具有生命力的传统的结合，往往会体现出优势，即老方法解决新问题与新方法解决老问题的结合。

综上所述，可持续建筑的操作应当立足于综合环境效益的提高基础之上，发展新的建筑语言，以提供人们一个经济、舒适，具有环境感与文化感的场所。概括地讲，可持续建筑的实践是高度的环境质量与环境敏感性，文化的繁荣、经济的可行性与经济发展共荣，以及生活质量的提高。遗憾的是，虽然环境运动的意识正在积极推进，但可持续建筑的行动却远未成为当今建筑的主流。客观地讲，可持续建筑的创作远不同于我们传统的建筑创作，它的理念基础应遵循于系统性、综合性、动态性的原则，在这种创作中所营造的一种复杂系统是多维性的。

因此，可持续建筑是被作为系统来设计的，并更多地被理解，成为能流的载体与调解器。其改革之处在于设计哲学与营造方法。评价标准的更新，包括系统化、定量化（模型化）、交叉化、信息化。可见，由于原创点的变化而正在引发的建筑领域中的绿色运动，它在新世纪中所可能带来的深远意义，包括整个人居环境水准的提高，将毫不逊色于历史中的任何建筑革新。遗憾的是，面对这场即将展开的革命，我们仍然在理论与操作性上缺乏系统化。现今，人们时常用来表述可持续建筑的是某种先见的建筑现象，比如中庭绿化、自然通风等，均是而非本质的、互通的、综合的考量。另外，就建筑流派而言，无论是基于后密斯技术美学表现出的"高技术"，或是以（批判）地域主义为指导的"现代乡土"，虽然它们都多少重叠于可持续建筑的内涵，但并不足以代后者。显然，我们需要为这场运动提供比较完善、系统化和更加理性的操作性坐标，以揭示可持续建筑的生成。

探寻可持续发展的建筑材料及其系统，选择建筑材料是建筑设计中重要的一环。可持续建筑的目标增大了建筑材料环节的难度和深度，因为与建材相关的每一环节，如取材、生产加工、分配、维护乃至拆除或废物处理等等都与能源和环境密切相关。其对环境的影响可分为几个不同的层次，一是难以治愈的全球性影响（如生物多样性的丧失，臭氧层空洞）；二是理论上可治愈但技术缺乏（如生态系统的恢复，对消耗的能源及原材料的更换）；三是可治愈可避免的（如对空气、水、土壤的污染）。实施有关建材方面的可持续发展的相关策略减少建材环节对环境的消极影响，无疑是可以完全做到的。这里包括：减少材料的使用量，如使用绿色的替代产品，提倡积极性的小型住房，提高建筑的多用途。高效的基础设施，更有效的结构设计，以及材料生产技术的革新等等；对材料的再循环和再利用。另外，减少生产材料的污染过程；以建材为基础，减少房屋系统的能量消耗；对建材能量消耗进行数量化研究，为选材提供借鉴等诸多方面，也是非常值得推广的方法。

中國高等院校

THE CHINESE UNIVERSITY

21世纪高等院校艺术设计专业教材

建筑·环境艺术设计教学实录

CHAPTER 8

重视环境、文化传统与生态平衡的高技派建筑

埃森 RWE 办公大楼，德国

莱比锡新会展中心玻璃大厅，德国

东京蒲公英之家，日本

柏林戴姆勒·奔驰办公楼，德国

汉堡伯拉姆费尔德生态村，德国

弗莱堡的生态小站，德国

霍普兰德太阳生活中心，美国

顿卡斯特"诺亚方舟"，英国

绿鸟，伦敦

"Z"计划，伦敦，图卢兹

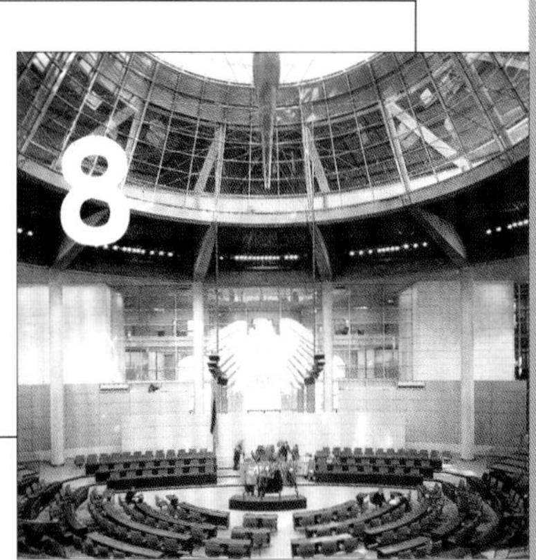

案　例

第八章　案　例

第一节　重视环境、文化传统与生态平衡的高技派建筑

高技派建筑已由单纯地重视建筑功能的灵活性和显示高科技艺术向重视环境、文化传统与生态平衡方面转化。以N·福斯特和R皮亚诺为代表的一批建筑师近年来的作品中，就不难看出这点，柏林国会大厦则是其生态建筑的突出代表。

20世纪70年代蓬皮杜文化中心在巴黎的兴建曾引起国际建筑界的广泛争论，80年代伦敦劳埃德大厦建成后由于查尔斯王子的严厉抨击，又掀起一场轩然大波。尽管科学技术日新月异，但高技派建筑却总是招来非议，留给人们的印象是破坏环境、耗费能源、造价过高等等。事实上，高技派建筑正在悄悄地变化，突出特点是逐步向重视环境、文化传统与生态平衡上转化。这是由于各种流派之间的相互学习，取长补短的结果，建筑流派的含义似乎日趋模糊。本世纪高科技在建筑上的应用定会有更大的发展，各种流派间的相互交融也是必然的趋势。

一、柏林国会大厦改建——生态建筑与民主的象征

柏林国会大厦始建于1894年，原名帝国大厦(Reichstag)，曾长期为普鲁士帝国议会服务。1933年2月27日希特勒利用所谓"国会纵火案"登上法西斯宝座，帝国大厦在二战期间又成了纳粹帝国的中心。1945年4月30日苏联红军攻克柏林，帝国大厦再遭破坏。东西德国合并后，如何处理这幢极具历史价值的建筑，已不仅是德国人民，而且是世界人民关注的焦点。

1992年经过公开的国际竞标，福斯特(N, Foster)和卡拉特拉瓦(S, Calatrava)提供的两个方案同时获得一等奖。但德国政府最终还是指定英国建筑师福斯特作为改建国会大厦的设计主持人。从实施方案的外观看，或许更接近卡拉特拉瓦获奖方案的构思，因为人们都希望保留对原有建筑外形的记忆。福斯特的原方案是在整幢建筑上加个半透明的罩，这种作法显然会使建筑面目皆非。福斯特新方案高明之处在于不仅保持了原有建筑的外形，而且使它变成一座生态建筑和德国民主的象征，使貌似简单的玻璃穹顶具有极为丰富的内涵。

福斯特曾在法兰克福的莱茵河畔设计过一座高层商业银行，当时就被认为是世界上第一座高层生态建筑，其周围有9个相当于4层楼高的温室花园。柏林国会大厦的改建使人们对生态建筑有了更深的理解——对自然资源的合理使用并进而达到生态平衡，具体表现在以下几点：

1.自然光源的利用

柏林国会大厦改建后的议会大厅与一般观众厅不同，主要依靠自然采光而且具有顶光。通过透明的穹顶和倒锥体的反射，将水平光线反射到下面的议会大厅。议会大厅两侧的内天井也可补充部分自然光线，基本上可以保证议会大厅内的照明，从而减少了平时的人工照明。穹顶内还设有一个随日照方向自动调整方位的

图 8–1　倒锥体可调镜面细部
图 8–2　议会大厅层平面
图 8–3　议会大厅自然采光的效果
图 8–4　穹顶大厅（右为倒锥体，厅为可移动遮光板）

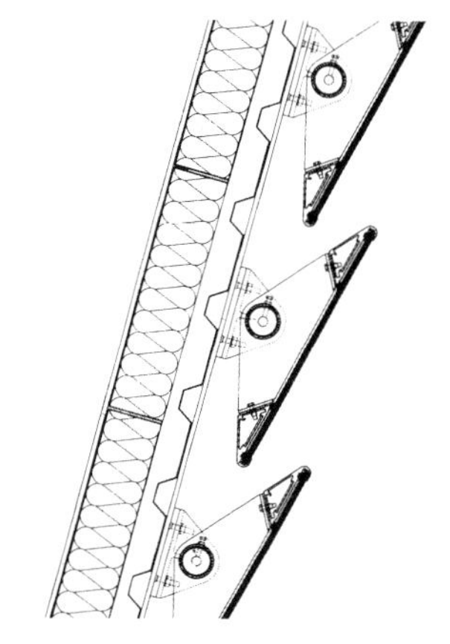
图 8–1

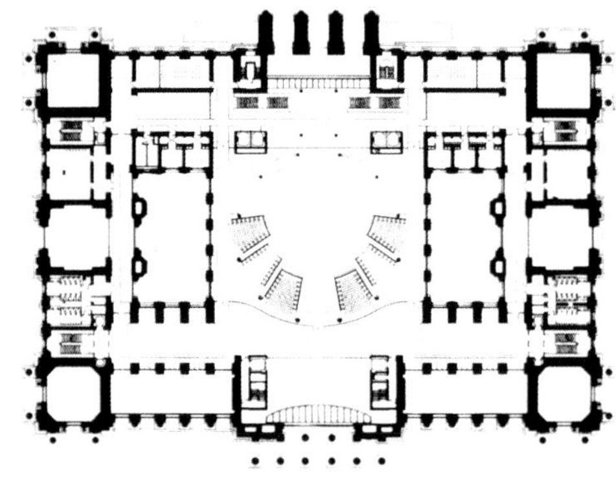
图 8–2

图 8–3

图 8–4

遮光板，遮光板的作用是防止热辐射和避免眩光。沿着导轨缓缓移动的遮光板和倒锥形反射体均有极强的雕塑感，有人把倒锥体称做“光雕”或“镜面喷泉”。日落之后，穹顶的作用正好与白天相反，室内灯光向外放射，玻璃穹顶成了发光体，有如一座灯塔，成为柏林市独特的景观。

2. 自然通风系统

柏林国会大厦自然通风系统设计得也很巧妙，议会大厅通风系统的进风口设在西门廊的檐部，新鲜空气进来后经大厅地板下的风道及设在座位下的风口，低速而均匀地散发到大厅内，然后再从穹顶内倒锥体的中空部分排出室外，此时倒锥体成了拔气罩，这是极为合理的气流组织。大厦的侧窗均为双层窗，外层

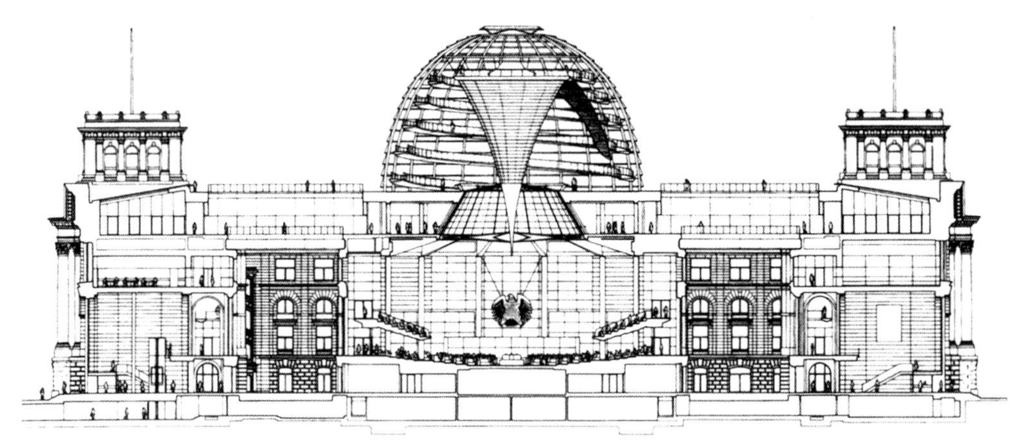

图8-5 南北向剖面

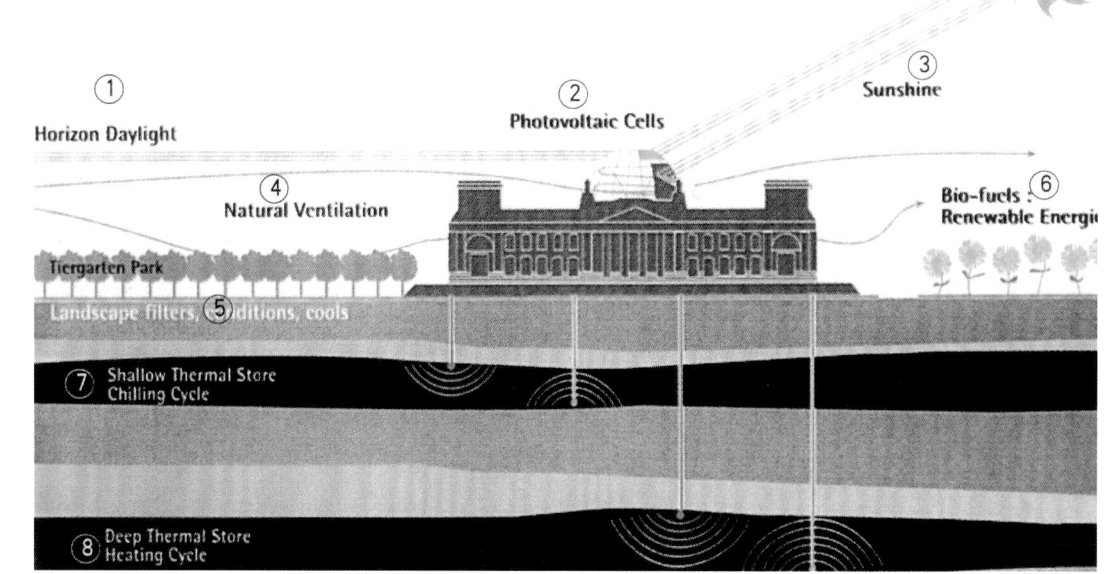

图8-6 生态建筑示意
1.水平日光
2.太阳能发电
3.日照
4.自然通风
5.绿化过滤、冷却空气
6.生态燃料更新动力设备
7.浅层蓄水层
8.深层蓄水层

为防卫性的层压玻璃，内层为隔热玻璃，两层之间为遮阳装置，侧窗的通风既可自动调节也可人工控制。大厦的大部分房间可以得到自然通风和换气，新鲜空气的换气量根据需要进行调整，每小时可以达到1/2次到5次。由于是双层窗，外窗既可以满足保安要求，内侧的窗又可以随时打开。

3.能源与环保

20世纪60年代的国会大厦曾安装过采用矿物燃料的动力设备，每年排放CO_2达7000t。为了保护首都的环境，改建后的国会大厦决定采用生态燃料，即以油菜籽或葵花籽中提炼的油作为燃料。这种燃料燃烧发电时相对高效、清洁，每年排放的CO_2预计仅440t，大大减少了对环境的污染。与此同时，会议大厅的遮阳和通风系统的动力来源于装在屋顶上的太阳能发电装置，这种发电装置最高可以发电40kw。把太阳能发电

图 8–7　曼尼尔博物馆外观（右侧为民居）

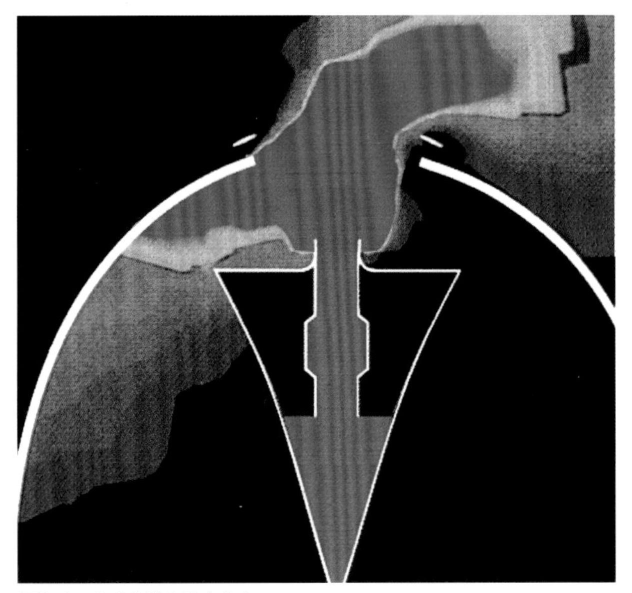

图 8–9　穹顶内温度静态分布

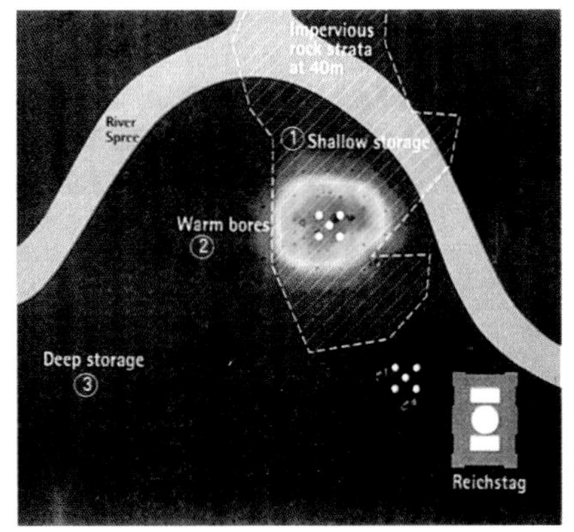

图 8–8　地下蓄水层分布
1. 浅层蓄水层
2. 钻孔
3. 深层蓄水层

和穹顶内可以自动控制的遮阳系统结合起来，其想法甚是绝妙。

4. 地下蓄水层的循环利用

在对柏林国会大厦的改建中，最引人注目的当属地下蓄水层（地下湖）的循环利用。柏林夏日很热，冬季很冷，其设计充分地利用了自然界的能源和地下蓄水层的存在，将夏天的热能贮存在地下冬天使用，同时又把冬天的冷量贮存于地下夏天使用。国会大厦附近有深、浅两个蓄水层，浅层的蓄冷，深层的蓄热，在设计中将它们充分地利用为大型冷热交换器，形成积极的生态平衡系统。

1999 年 4 月在国会大厦尚未正式启用前，其玻璃穹顶首先向全世界人们开放，参观者可以从正入口通过电梯直达屋顶。人们可以在宽敞的屋顶平台上眺望柏林市容，也可沿着螺旋坡道缓缓上升，既可俯视四周景色，又可欣赏厅内的“光雕”和川流不息、欢快的人群，昔日权力的象征已让位于民主和开放。其民主的另一层含义表现为市民可以在穹顶内和穹顶下的夹层大厅内俯视下面的议会大厅，它象征着：公众的权力高于那些应该向公众负责的政治家。在穹顶大厅内人们还会意外地发现由多块镜面组成的倒锥体，起着娱乐作用，人们通过移动位置便可以找到多个镜面反射出的自身形象。

二、高科技与传统文化和环境的结合

高技派建筑与传统文化结合具有其鲜明的特色。他们对高科技的运用不仅仅是为了表达艺术形象，而且还综合地解决了功能与工程技术问题，因此，更具生命力。

曾与罗杰斯合作设计过巴黎蓬皮杜中心的皮亚诺，从20世纪80年代起就已开始重视将高科技与传统文化和环境相结合，他在美国休斯顿设计的曼尼尔博物馆(Menil Museum)便是一个很好的例子。博物馆位于休斯敦一个综合性社区中心，该社区保留有大量的20世纪早期修建的民居，很有特色。近年来民居已被涂成灰色并带有白色的檐口及窗套，有些民居也改做行政办公和服务性设施。皮亚诺设计的博物馆选用了灰色调，并采取减小尺度的作法以保持与四周建筑的和谐。减小尺度的作法包括立面划分比例和增加四周环廊。在总体布局中形成以教堂、绿地和博物馆为中心的新的社区中心，因此有人称之为"村庄博物馆"，这与强调保护文化传统的地方主义或文脉主义的观点不谋而合。但是皮亚诺设计的核心思想还在于以一种新的结构体系综合地解决采光、通风、承重和屋顶排水等功能的工程技术问题，这种结构体系由钢筋混凝土、折光叶片与轻钢屋架共同构成。博物馆周边的柱廊不仅使建筑造型显得活泼一些，而且也为社区居民增设了人际交往的空间。

皮亚诺在新卡里多尼亚设计的特吉巴奥(Tjibaou)文化中心，更加鲜明地表达了尊重文化传统的倾向，他运用木材与不锈钢组合的结构形式，继承了当地传统民居——篷屋的特色，同时也巧妙地将造型与自然通风相结合。文化中心的总体规划也借鉴了村落的布局方式，10个接近圆形的单体顺着地势展开，根据功能的不同，设计者将它们分作三组并与低廊串连。文化中心的造型有些像未编完的竹篓，垂直方向的木肋微微弯曲向上延伸、高低变化，具有尚未建成的效果，使人联想到后现代建筑艺术常用的表达方式，它隐喻着事物的发展永无止境。特吉巴奥文化中心被美国《时代》周刊评为1998年十佳设计之一。

另一个与环境结合很有特色的例子是1994年建在巴黎的卡提尔现代艺术基金会办公楼，设计者是让·努维尔。这是一幢非常前卫的建筑，很难用笔墨形容，也很难用照片表达清楚。该场区原有一个以法国诗人Chateaubriand命名的花园，种有37棵大树，其中包括诗人亲自种的一棵香柏树，按照巴黎的环保规定均应予以保护。努维尔设计的独特之处在于不仅仅是将树木保护，而且充分予以展示，他沿街布置了几片8m高的布景式玻璃片墙，以替代原有的封闭式围墙。建筑物本身也是四面通透的玻璃墙，大树穿插在玻璃片墙和玻璃建筑之间。透过玻璃片墙看过去，树木经过玻璃的反射与折射，其光影的变化，既有橱窗效果，也有舞台效果，呈现出一种虚幻的、扑朔迷离的景象。

建筑平面规整、简洁，沿街的正面玻璃幕墙向左右延伸与独立的玻璃片墙相呼应。由于城市规划对高度的限制，建筑的大部分是在地下。地面层及地下一层为展厅，地下其余各层的布置是车库、仓库和机房。地上其他各层为基金会的办公用房。建筑背立面正中有三台观景电梯，既可解决垂直交通又可观景。两端的防火楼梯将建筑构图与人流疏散结合在一起。在总体布局中，建筑后面布置的露天剧场与观景电梯柜相呼应，由此可看出，这是艺术与功能需要的结合（图8–1～15）。

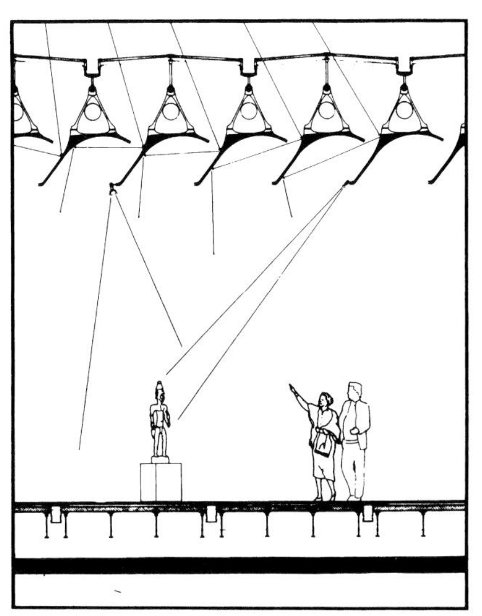

图 8-10 曼尼尔博物馆剖面局部——自然采光与人工照明结合

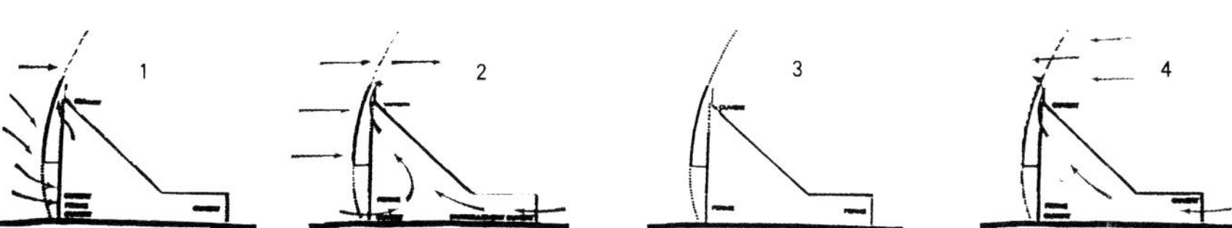

图 8-11 特吉巴奥文化中心气流分析
1.微风时气流
2.强风时气流
3.旋风时气流
4.反向风时气流

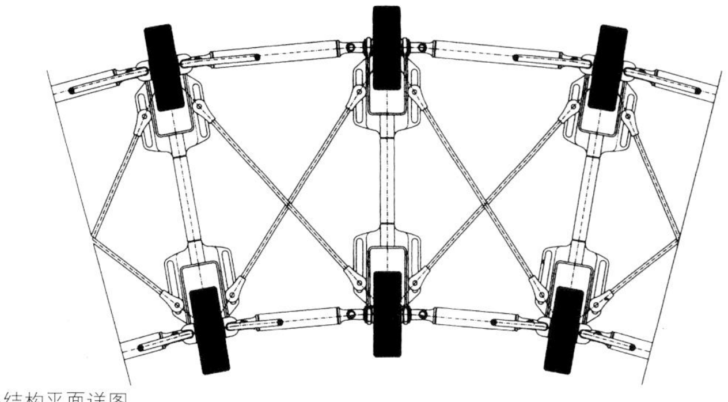

图 8-12 特吉巴奥文化中心结构平面详图

图 8-13 曼尼尔博物馆环廊（右边远处为民居）

图 8-14 特吉巴奥文化中心沿海景观

图 8-15 卡提尔现代艺术基金会办公楼外观

图 8–16　埃森 RWE 办公大楼的模型

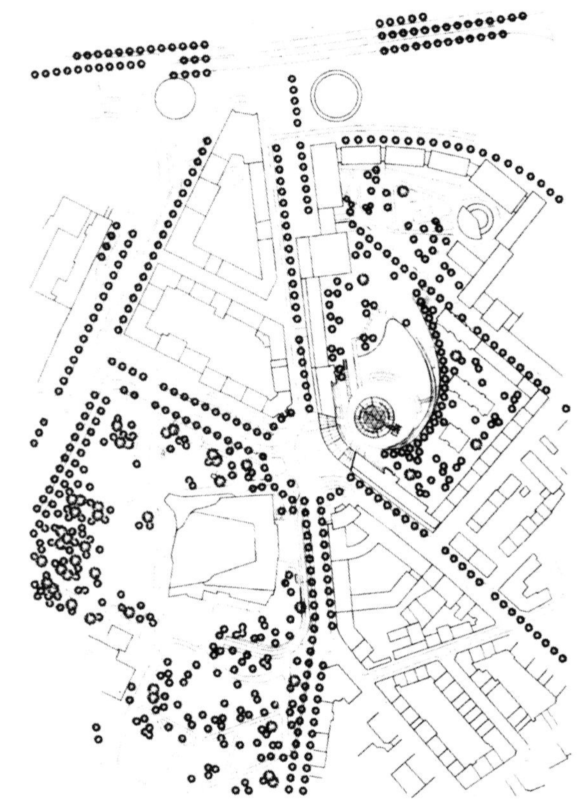

图 8–17　埃森 RWE 办公大楼的总平面

第二节　埃森 RWE 办公大楼，德国

设计：英恩霍文欧文迪克建筑设计事务所

在混乱的建筑群中，圆柱形的埃森RWE办公大楼，矗立在其自带的湖水和绿色花园的环绕之中，25m高的入口环形遮阳棚，使得该大楼整个形体在城市规划的意义上向外扩展，成为一个公共空间。

节约能源，首先在于大楼的形体及设备。圆形平面不仅有利于面积的使用，而且圆柱状的外形既能降低风压、减少热能的流失和结构的消耗，又能优化光线的射入。

透明玻璃环抱大楼，各种功能清晰可见：门厅，办公层面，技术层面，屋顶花园。垂直的交通网位于圆柱体外的长方形的电梯筒内，使人们可以轻松地在每一层辨别方向。塔芯一部分布置设备管道，另一部分则用作内部水平与垂直交通网的连接，如环形楼道等。固定外层玻璃墙面的铝合金构件呈三角形连接，使日光的摄入达到最佳状况。内走廊的

图 8–18　27 层屋顶花园

图 8–19　入口前庭和顶棚

墙面与顶部采用玻璃，使射入办公室的阳光再通过这些玻璃进入走廊，这既改善了走廊的照明状况又节约了能源。大楼的外墙是由双层玻璃幕墙构成，通过内层可开启的无框玻璃窗，办公室内的空气得以自然流通。30 层上的屋顶花园通过高矗的玻璃阻止风力，而得到保护。

大楼的技术设备是根据各种不同功能需要设计的，每个空间都可以按照各自的愿望进行调节，如间断通风或持续通风，照明的亮与暗，温度的高与低及遮阳的范围等。楼层的水泥楼板上还安装了带孔的金属板，使之达到能源存储的目的。

外墙双层安全玻璃中的外层厚度为 10mm，内外层玻璃间隔 50mm，用于有效的太阳热能贮备，同时也提供了节能的可能性。这座大楼 70% 是通过自然的方式进行通风的，热能的节约在 30% 以上。玻璃的反射系数为 0，它清澈如水。不同于一般玻璃幕墙建筑的是，它提供了一个从外向内观看的可能。重要的一点是建筑的整体形状是通过环绕的玻璃墙面来完成的（图 8–16～19）。

图 8—20　大厅室内

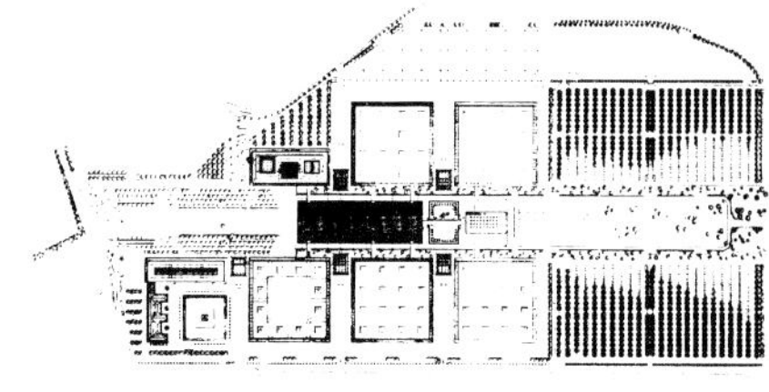

图 8—21　总平面

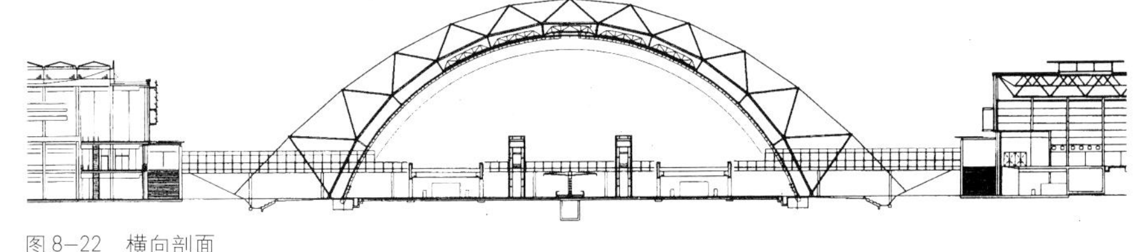

图 8—22　横向剖面

第三节　莱比锡新会展中心玻璃大厅，德国

设计：冯·格康、玛格和合伙人事务所，伊安·特西建筑师事务所

莱比锡位于原东德地区，从中世纪以来就是一个商业贸易中心。新会展中心是位于城市北部边缘地区的一座纪念性建筑。总部在汉堡的冯·格康、玛格和合伙人事务所赢得了新会展中心的设计竞赛，并承担了规划设计和部分单体设计任务。该方案巧妙地将各种功能，紧凑地组织在围绕着园林景观布置的数个展览建筑中，玻璃大厅位于中央。

玻璃大厅位于总占地为 27hm^2 的公园中心，是 GMP 事务所与总部在英国伦敦的伊安·里特西建筑师事务所合作的结晶。自从帕克斯顿水晶宫设计中采用了玻璃和钢铁以后，玻璃拱顶成为展览建筑常用的一种原型。莱比锡新会展中心玻璃大厅的设计则将透明和典雅推向了新的高度，而精美的细节设计将二者统一在一起。作为参观者接触的第一个部分，玻璃大厅留给人们一个进步和高效的印象。此外，所有的参观者都要经过该大厅去其他展厅，建筑平面流线清晰，功能灵活。

宽 79m，长 243m 的玻璃大厅能容纳 3000 人，是目前欧洲最大的钢和玻璃结构。拱顶的构造与格里姆肖设计的滑铁卢车站基本相同，只不过采用了标准的玻璃板材，从里面看，整个大厅就像无缝的玻璃拱（图 8—20～33）。

玻璃大厅的环境设计策略是保证冬季温度不低于 8°C，通过地板下的盘管加热。夏季利用盘管中流动的冷水降温，不过主要的降温手段是利用自然通风：拱的顶部打开，接近地面的玻璃板也开启，通过热压差促进自然通风。防止过热的措施是将南侧正常视线以外的玻璃上釉。

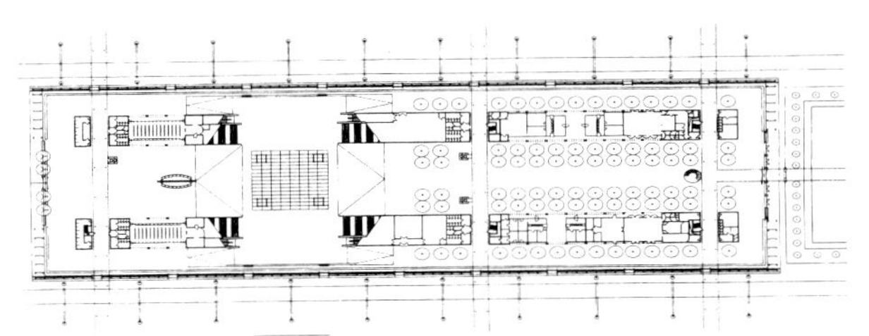

图 8–23 入口层平面

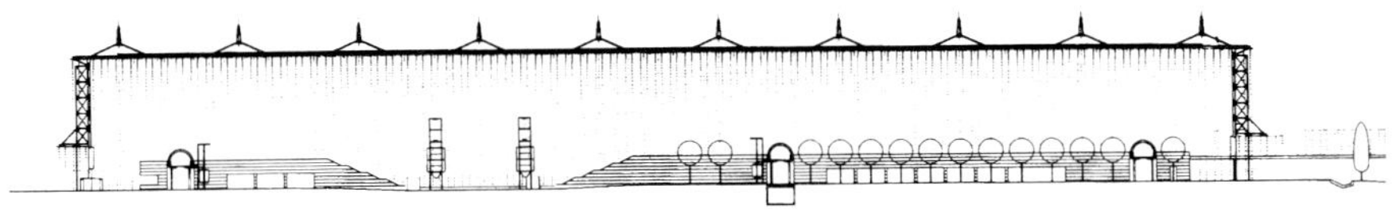
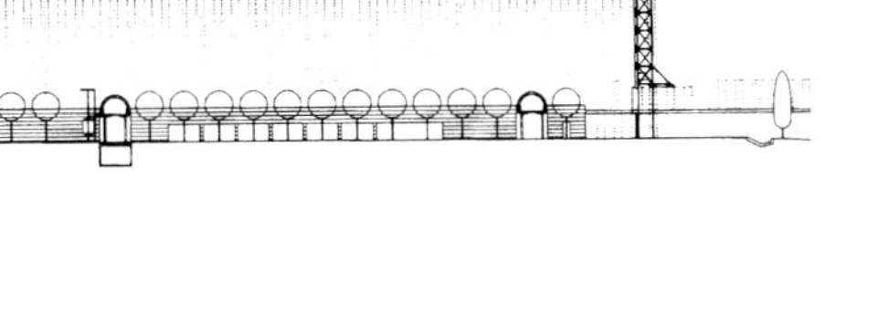

图 8–24 纵向剖面

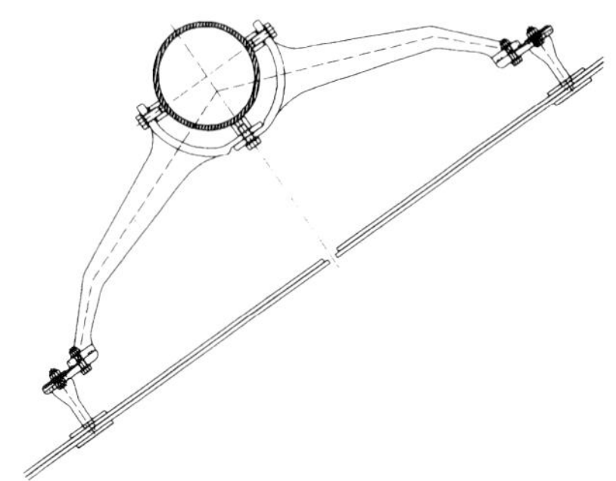

图 8–25 固定玻璃板的钢壁细部

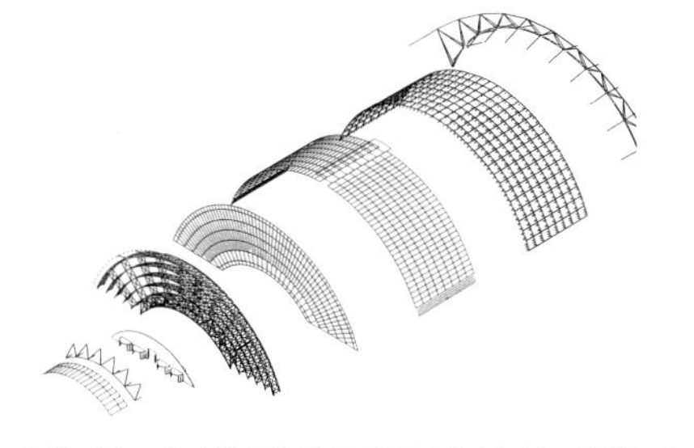

图8–26 玻璃拱顶构造示意图（从左至右：雨篷、入口、立面钢结构、玻璃板、屋顶玻璃板、点支撑构架钢架

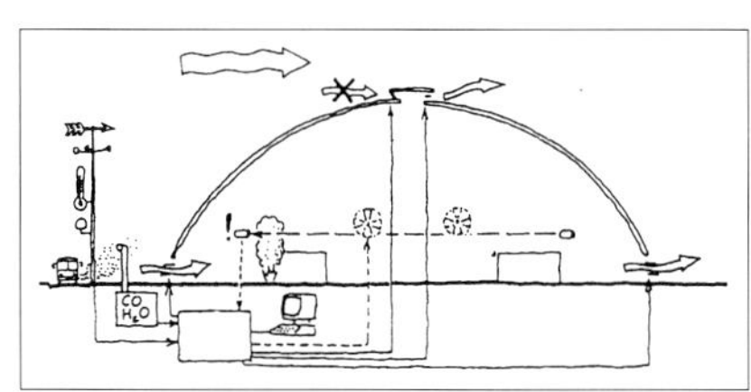

图 8–27 环境控制原则

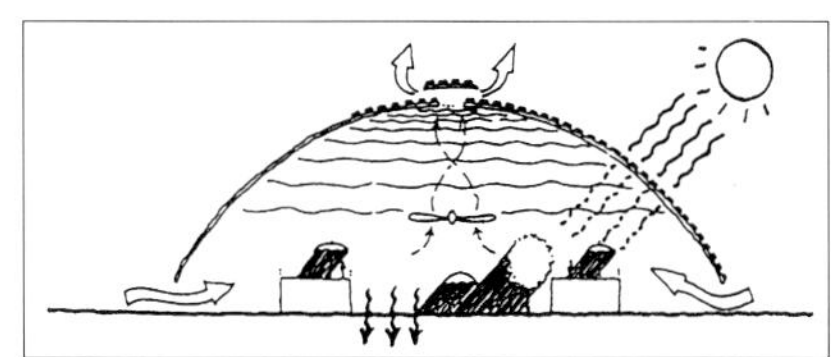

图 8–28 夏季通风遮阳

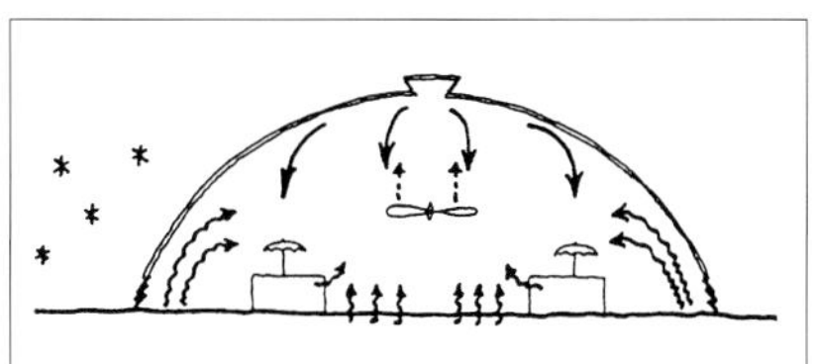

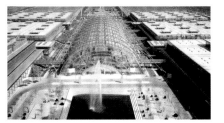

图 8–29 供热示意图

图 8–30 鸟瞰

图 8–31 水池、连廊

图 8–32 玻璃大厅细部

图 8–33 室内楼梯

图 8–34 玻璃外廊内景

图 8–35 种蒲公英时的外墙

图 8–36 外观

第四节 东京蒲公英之家，日本

设计：(日)藤森照信十内天祥士(习作舍)

位于东京国分寺市的蒲公英之家，近年来不仅是建筑界的热门话题，它同时也唤起了市民的好奇，人们争相前往一睹殊容。在一片绿草坪上坐落着的这座墙上开满蒲公英的住宅，是东京大学建筑历史教授藤森照信设计的自邸。构思来自多年来对于现代建筑如何与绿化共生的思考。他认为建筑屋顶绿化的设计中，人工(建筑)与自然(绿化)在视觉上是分离的，与其说是自然与建筑的共生，不如说是寄生，正如日本特有的"家内离婚"之现象。而建筑之中生长出自然，即建筑壁体的绿化才是人工与自然融合的正道。针对现代主义的Glass大厦，他提出Grass大厦的设想，即将摩天楼改变为"绿天楼"。并在报纸、杂志上提出"蒲公英饰面的超高层"。然而建筑师们无人响应，于是他将这一想法实践于1995年竣工的自邸中。

住宅主体为正方体，屋顶之四面坡在空中收束为一点，形成设计者希望的山形，使建筑"像从大地上生长出来一般"，把根扎在大地上。一层的南、西两面环绕着日本式的在木棂中嵌着小方格玻璃的外廊，夏天开敞，冬天关闭，形成日光室，同时也起到了室内外空间的过渡作用。

作为住宅主角的蒲公英，带状地种植在墙壁及屋顶上。稚嫩的黄花绿叶从灰紫调的石饰面板间探出头来，摇曳着春天。在钢筋混凝土结构上固定着石饰面板以及放置土壤的钢构架。为了解决土壤排水、通风及减轻结构自重等问题，特地选用了穿孔金属板材。

室内空间重温人类住居的原点"洞

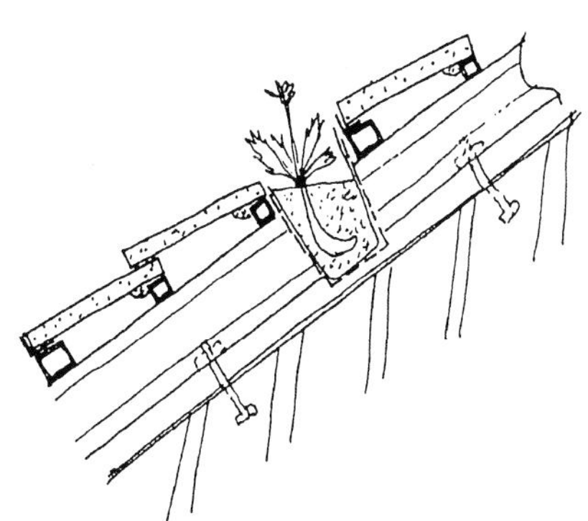

图 8–37 屋顶构造

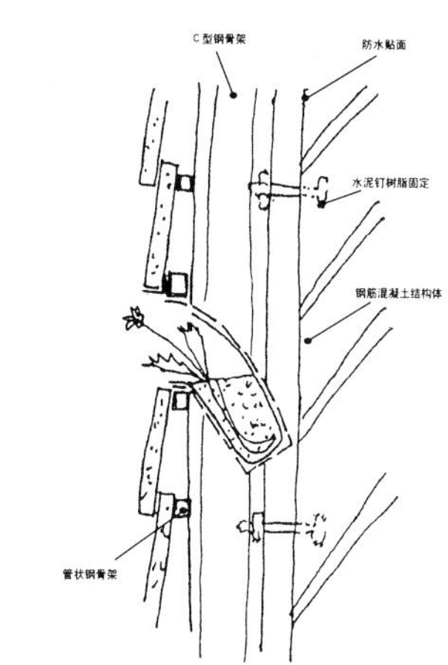

图 8–38 墙面构造

图 8–39 种“死不了”时外墙

图 8–40 和式主室

穴”的效果，探求与现代开放空间相反的自闭性。一层的起居室、客厅兼茶室的和式主室被设计成“木质的洞穴”。从地面、壁面到天花全部贴满木板条，板条之间衬有白色的石灰线。墙面仅设两个窗洞以追求室内光线明暗的剧烈变化。二层主卧室的壁体自然过渡到斜面天棚，形成浑然一体的洞穴式空间效果，由天窗洒下来柔和的阳光照在白中泛黄的墙面上。为了追求室内墙面的自然色彩及质感的柔和度，藤森特意模仿江户时代曾流行的土特产的石灰技术，在石灰中拌有煮透了的稻草末，达到了预期的效果。

在人的视线及触觉的范围内，蒲公英之家试图用天然建筑材料石、木、泥土及花草，在工业化都市的今天构筑温馨的家的氛围。进而在材料加工时留下“手痕”，石头是按天然层劈开的，木材也留下自然的边线及斧痕。即使使用工业产品时也刻意追求“手工味儿”，如使用定做的手工吹制的玻璃、金属器件等。白灰墙面最初抹得很光滑，在工匠午休时，藤森先斩后奏地趁湿用扫帚拍打抹面，使其肌理粗糙自然。因此竟然引起了以技艺精湛著称的工匠们的罢工。

建筑面积仅有 187m² 的蒲公英之家是藤森关于建筑绿化这一课题的最初的尝试。因此建成之后出现了一些意想不到的结果。预想中黄花满开的住宅在蒲公英结籽的时候又变成白绒绒的银色住宅。然而结果却是同一面墙上的花开谢时间不一，四面墙上开花的时间差别更大，北面开花的时候，南面已经谢得只剩叶子了，白绒绒的期待未能实现。然而，建筑与绿化共生的探索却预示着 21 世纪建筑的一种发展方向（图 8–34～40）。

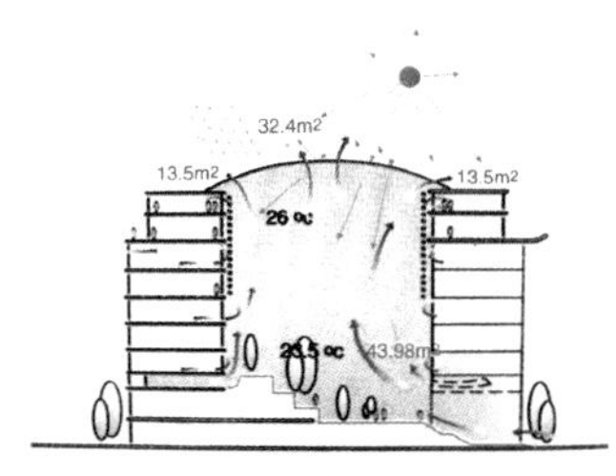

图 8-41 剖面自然通风示意图

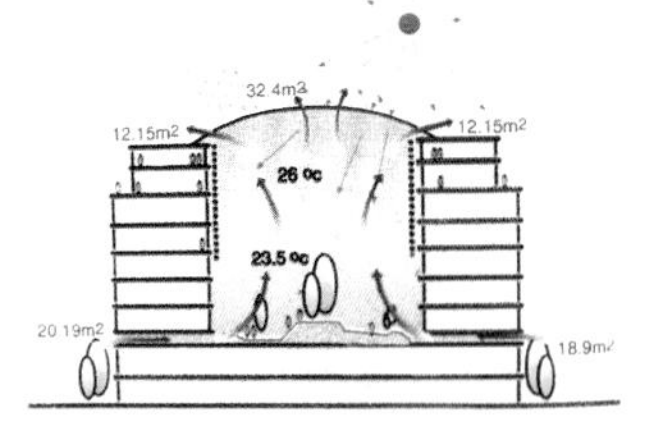

图 8-42 剖面自然通风示意图

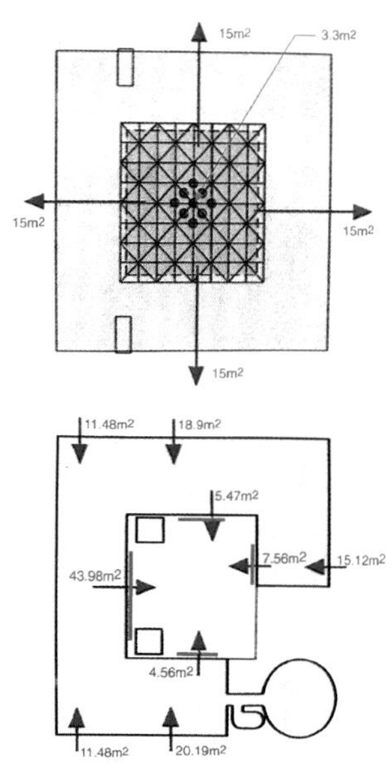

图 8-43 平面自然通风示意图

图 8-44 全景

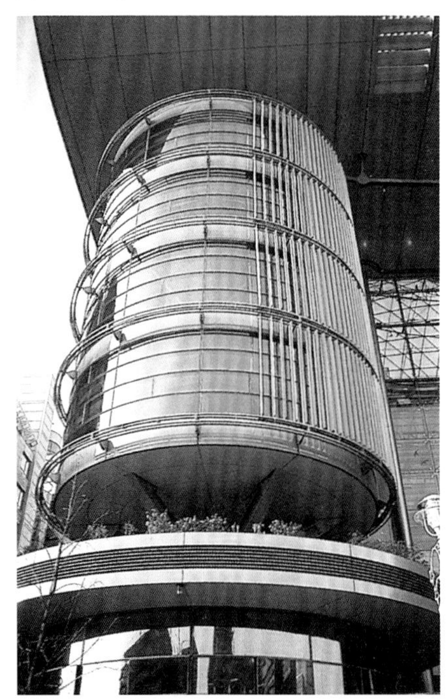
图 8-45 标志性光厅

图 8-46 疏散楼梯细部

第五节 柏林戴姆勒·奔驰办公楼，德国

设计：理查德·罗杰斯

坐落于柏林波茨坦广场上的三幢由罗杰斯设计的奔驰公司办公楼，以其低能耗的设计赢得了人们的广泛关注。每幢建筑都力图最大限度地利用太阳能，自然通风和自然采光，以建造一种舒适的、低能耗的生态型建筑环境。

东南方向的巨大开口成为这些建筑的重要特征。为了争取最大的采光量，开口宽度由下至上逐渐增加。转角的圆厅尽量的通透，以保证阳光可以直达中庭的深处。南向的坡地式绿色小环境提供了自然的开敞式气氛，并激励社会交往行为的开展（图 8-41～51）。

除了利用朝向外，设计者还考虑体量的通透和虚实搭配，并将视线由屏蔽

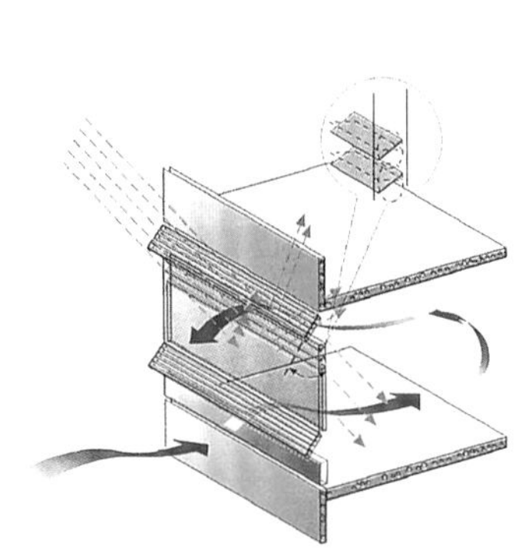

图8-47 通风示意

图8-48 剖面

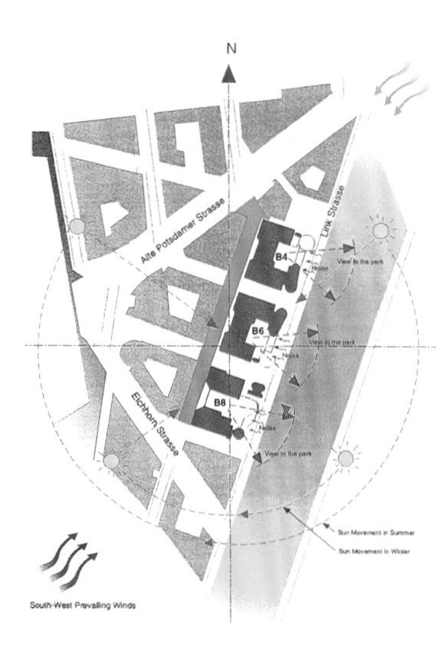

图8-49 总平面开敞式街块布局

图8-50 入口过渡空间大楼梯

图8-51 室内共享空间

到开放的纯美学观念上升到了一个更加技术化的层次。遮阳在这里不但再造了因时间而变化的空间感受，同时保障了太阳能被最大限度地加以利用。

在商业铺面（底层）与其上的办公部分之间有一个空气夹层，它调节了空气流动的规律，加上办公室可灵活开启的窗户和部分开敞的屋顶，使中庭形成了有效的"风管效应式"的自然通风系统，从而改变了中庭的小气候，结点和细部的设计也完全遵循上述原则，建筑外形与窗户的组合都以功能为前提，整个建筑像个功能极强的"工具箱"。

据统计资料显示，罗杰斯设计的这座办公楼要比目前柏林大部分经典办公建筑更为经济。比如人工照明减少35%，热耗降低30%，CO_2 排放量减少35%。

图 8–52 汉堡伯拉姆费尔德生态村

图 8–53 联排住宅太阳能集热板

图 8–54 植被化屋顶细部

第六节 汉堡伯拉姆费尔德生态村，德国

设计：LPSB 建筑事务所

在德国大约有 38%的能源消耗是在建筑采暖上。1994 年开始实施两个太阳能供暖的建设项目，其中位于汉堡伯拉姆费尔德的生态村是当时欧洲最大的项目，这个项目对于发展新型供暖能源具有积极意义，它以太阳能替代传统的天然气作为采暖的能源。

这套体系对以往的太阳能采暖体系做了多方面改进。实现太阳能供暖的先决技术条件是新建住宅有很好的保温特性。由于当地的平均太阳辐射状况不是很好，屋顶太阳辐射随季节而变化，因此，太阳能采暖的关键在于蓄热，生态村朝南屋顶的集热器总面积大约是3000m^2，它收集到的热量通过收集器网输送到供暖中心，在供暖中心用一个热泵传递到一个大蓄水池中，循环系统和集热器安装在125个住户单元的屋顶上，并与采暖中心联系，每一排住宅通过传热站传递和分配热量，暖气设施直接通过热网进入户内，而热水供应则通过一个约 30kw

图 8–55　雨水收集与生态溪

图 8–56　太阳能采暖供热中心

图 8–57　绿化与遮阳亭

的热交换器来完成。每个房间的供暖设施可根据需要自主控制，同时还能供应热水。热网通过温度自动控制系统进行综合调节。集热器设备采用平板式，根据建筑形式选择不同尺寸。

供热中心是供热系统的核心部分，这里有热量收集分配中心和控制系统，虽然空间不大，但是整个管网的热交换都是在此实现。在太阳辐射提供的热量不足时，启动电热交换器给热网补充热量，它由屋顶太阳光敏感元件来加以控制。

地下蓄水池体积 4500m^2，由钢筋混凝土建成，顶板和侧墙部分采用矿棉作为保温层材料，它的结构在很大程度上取决于当地的地质条件。

整个生态村花费了600万马克，其中 400 万用于建造收集器、蓄水池和热管网，平均每个住户单元花费 33000 马克，联邦政府承担了 50%的费用，汉堡市政府承担了 100 万马克。

除了太阳能采暖之外，汉堡伯拉姆费尔德生态村为了降低能源消耗和资源消耗，还采用了遮阳、屋顶植被化、雨水收集、强化墙体保温与蓄热相结合等技术措施（图 8–52～57）。

第七节　弗莱堡的生态小站，德国

设计：K·P·穆勒

弗莱堡市被称为德国的环保之都，许多重要的环保运动都由此地发起，街道一侧静静流动的清澈溪流在整洁的块石铺地映衬下显得静谧而富有生机，有轨电车的专用道也是绿草如茵。良好的生态环境体现了德国的环保传统。

1986年弗莱堡市本地的建筑师穆勒，为在弗莱堡市举行的巴登——符腾堡州园艺展而特别设计了一座小房子——生态中心或称生态小站。然而不幸的是，原来的建筑在建成8个月后，被一场起因不明的大火烧毁了。又过了5年，联邦政府有关机构（德国自然与环境保护协会）与弗莱堡市共同决定，要重建一座经过改进设计的新生态小站。现在的生态小站由坐落在一个小花园里的一所160m^{2}的建筑及其200m外的主花园组成，每个花园里都有一个小池塘。

建筑的主体是由一个隐藏在草坡之下的八边形圆厅构成的，圆厅的屋顶是用来自于黑森林的云杉木料层层升起抹角垒叠起来的。这种设计构思受印第安最大部落纳瓦霍人传统木构技术的影响，即顶部开洞，能够让火塘上空的烟气从那儿散出去。在这个设计中，开洞变成了金字塔形的玻璃天窗，从而使阳光能够透过天窗撒满房间。圆厅的周边是一圈附属房间：厨房、卫生间、办公室和一座冬季花园。朝南的冬季花园以玻璃为外墙，保证了植物生长终年都有阳光。屋顶表面被覆着青青绿草，建筑外连接着芳草萋萋的花园和一片有机蔬菜园圃。

独特的建筑形式与天然建材创造出一种特殊的氛围。与灰色的混凝土相比，生态小站那些土坯与砂岩组成的墙体产生出更令人愉悦的感觉。生态小站的建筑成为学习和了解环保与生态活动的最佳场所，其设计和建造的概念完全可以成为其他建筑的范本。

土坯（复合泥墙）是一种具有上千年使用历史的传统建筑材料，它不仅可以调节室内空气湿度，而且还能够积蓄热量，从而使阳光产生的热能得到最充分的利用。生态小站内部的承重墙是用厚度约为25.4cm风干土坯砖砌成的。在冬季花园中，南向的内墙是用大面包块状的土坯砖砌成，由此增加了墙体表面积，从而能储存更多的热量。东向的外墙是用墙泥、稻草和柳条组成的复合泥墙，适当使用一些石灰砂浆可以确保墙体发挥最大的蓄热特性。

在生态小站的建筑中，一些建材是从毁坏房屋中回收再使用的，例如附属办公室的窗户、木门等，曾经使用过的和预先成型的砂岩为室内环境增添了魅力。厨房装修使用了本地生长的松树和山毛榉树木料，家具使用的是岑树木料，木料中的油脂和蜡质散发出迷人的芳香，给人带来亲切自然的居家感受。

生态小站的能源概念基于一套完整的内容，这些概念同样可运用于其他建筑。在木屋顶里，使用绝热疏松体（由废纸轧制而成）起到绝热的作用。地板下有一层14cm厚的软木来防止热量散失。土坯墙同样可以用来隔热。

被动式的太阳能利用与结构形式结合成一体。例如，朝西的墙体虽然经受风吹雨淋，但接受日照的时间也长，25cm厚的特殊砌体可用来积蓄热量。室内也有接受太阳能量的大面积20cm厚的土坯墙，这种墙体表面不需要再做特殊处理，虽然表面是浅颜色的，还是能满足蓄热要求。

冬季花园朝向东南和西南，玻璃锥、玻璃廊以及朝西和朝西南的高窗为建筑获取最多的阳光，最大限度地积蓄太阳能。

生态小站的太阳能收集器是一个十分简易的系统，每个家庭都能以合理的价格在家里安装。即使在冬季，冷水也可被小幅度地加热，例如从10度加热到15度，这些热水可以用来洗澡或房间采暖。

生态小站的光电能系统是弗莱堡市第一个并入电力网的生态能源工程。生态小站生产的多余电能出售给当地电力供应商。因此，只要阳光灿烂，生态小站小小的太阳能发电站就能为弗莱堡市市民供应自然的能量。发电站由24组太阳能光电板组成，每组光电板上有36块光能电池，能够为生态小站提供高达1000W的电能。

1994年1月，弗莱堡市通过了一项新的法案，以鼓励使用作为未来新能源的太阳能。这项法规也使得生态小站获益匪浅，因为用电高峰时的电价较高，生态小站并入城市电网的电能可得到可观的差价。

生态小站采用的太阳能系统的价格大约为15000欧元。这比新建一个厨房或双车位的车库还便宜。

在冬季，生态小站由中央供热系统中的热水提供采暖，中央供热系统的能源来自燃气。嵌入土坯墙中的铜管将热量通过热水分配到房间各处，这些热水

图8-58　外观

图8-59　太阳能光电板

图8-60　鸟瞰

图8-61　剖面

图8-62　外观

充满在房间里的散热器中。散热器根据人们认为的舒适感觉来仔细排布。圆厅里的壁炉是烤面包用的，用木柴做燃料，热量储存在壁炉的厚墙中，并以3～4kWh的功率辐射到房间里，即使在炉火熄灭2天后还能感觉得到。

生态小站屋面上的雨水被收集到地下的一个水窖中，这些水用来冲洗厕所和灌溉冬季花园中的植物。

每年大约有10000多位到访者，包括了来自世界各地的各种家庭、青少年、学生和专家。他们来到生态小站，欣赏小屋与生机盎然的花园的迷人的气氛，研究自然与环境的保护。幼儿园和小学校的孩子们能够在生态小站这——"绿色课堂"中发现自然。儿童们在附近的池塘中发现蜻蜓蛹、青蛙和水虱，他们还时常来学习如何减少垃圾废物的生产或参与"光能日"活动。他们学习如何种植蔬菜，如何制作香草茶、香草奶酪以及如何搭建暖棚。

在"绿色课堂"中发现自然是弗莱堡市生态小站有关自然与环境的重要工作内容。超过150个小组和班级的孩子（大部分是学龄前儿童和小学生）每年都要到生态小站来，用他们的双手、心灵和智慧来体验自然，并把这种感受带回家。特殊的培训和特别的讲座形成了生态小站教育分部最与众不同的特色。

生态小站提供各种各样的信息，内容包括太阳能发电、生物学园艺技术、堆制肥料、生态建筑、公众活动及其他的由联邦政府发起的有关活动。圆厅（座谈区）可供出租，用以学术研讨和会议，特别是本地的21世纪议程会议。

将低技术与高技术综合使用的手段是德国生态建筑的普遍经验。好的建筑并不一定需要昂贵与奢华，而是要认真思考如何才是人类与自然和谐共享的桃花源境，从这小小的生态小站我们可以得到很多启发（图8-58～62）。

图 8–63 屋顶天窗

图 8–64 外观

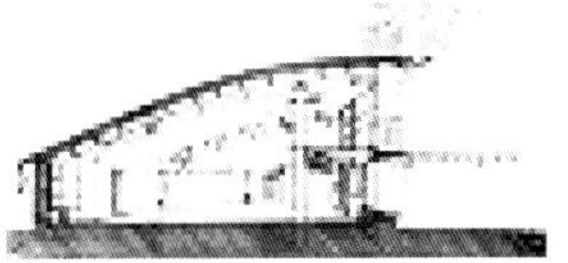

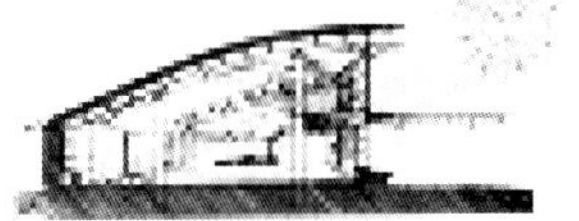

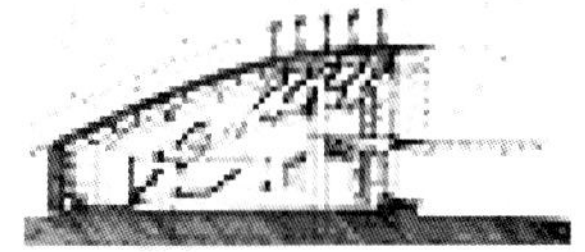

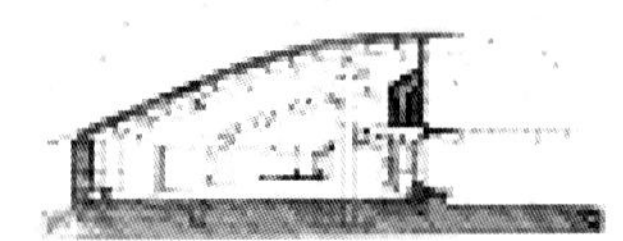

图 8–65 展示夏季白天、夜晚，冬季白天、夜晚环境设计分析

第八节 霍普兰德太阳生活中心，美国

1999 年，美国建筑师协会选择了 10 座本土建筑作为现阶段可持续建筑创作的范例，并把它们列为该年地球日十大绿色建筑，用以说明可持续发展的概念正在积极地和多渠道地深入建筑设计之中，其中列为首位的是位于旧金山以北霍普兰德山谷中的太阳生活中心（Real Goods Solar Livhg CenterHopland California，以下简称SLC）。该中心建于1996年4月，占地约 50000m²，是美国生态制品公司 RealGoods 的商品展示基地。总建筑师为伯克利加大建筑教授兼生态设计所主持人西姆·范·德·瑞（SimVanderRyn），并配合景观建筑师、建筑物理学专家等各专业小组共同完成。

譬如，SLC设计小组在设计前期就是通过对场所因素的整体分析确认两点因素作为突出考量的对象，即场所所在的冲击而成的平坦地貌，及其受相应地理影响而成的微气候。试验表明，场所地基含水量丰富的砂砾层可以提供充足的水体作为环境中温湿度的调节体，并满足景园中植被的需求。另外对场所微气候的详尽分析也是气候反应设计的关键。在气候上，霍普兰德山谷与邻近的湾区不同，它位于离海岸80km的内陆地区，与海洋间有丘陵所隔，年均降雨量99cm，且主要集中在冬季，夏季干燥炎热；年均风速 9.6km / h。这种区域微气候表明，在这样的地区风力发电的效果并不显著，但一年中长期的充足日照却为太阳能发

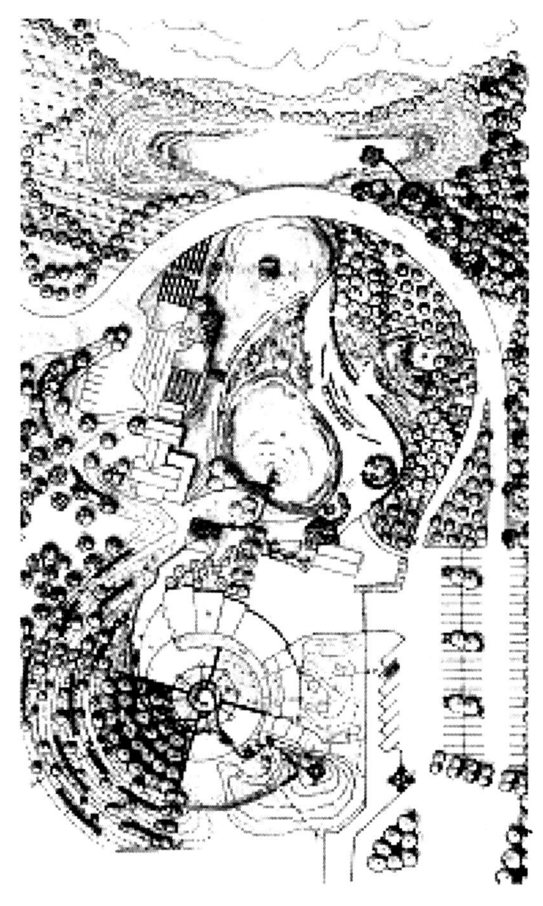

图8–66　SLC总平面

A展示　B观景日冕　C室外教育娱乐场　D更新能源控制室　E太阳能、风能发电基地

F防噪景观　G种植园　H水池　I生态池塘　J地方植物群落

图8–67　储藏用房

图8–68　建筑墙体剖面

电提供了优势。同时也表明，在设计策略中供暖同降温相比并非主要因素，原因在于这一谷地冬季气温温和，且白日的日照可以提供足够的冬季加热；然而对于夏季中38度的炎热天气，降温就显得异常重要。在SLC的设计中，遮阳(遮挡强烈的日同晒)、蒸发降温以及利用夏季凉爽的夜晚进行通风(由于该地区昼夜温差较大)，成为降温的主要手段。

另一方面，场所的景观设计也充分体现着可持续发展的思维，其概念集中体现为"Biophilia"，即对园艺学、植物学、自然历史、环境伦理学以及地方主义的综合认知。它具体表现在：①生态环境的多样性，促进生态网络系统的完善性；②具有生产与经济效益的景园，即景园经济化、田园化，力求美观、经济和实用。例如种植果树、草药等经济作物；③对原有地区自然生态环境的恢复，以形成动植物赖以生存的环境。SLC的主要方法是恢复地方性植物群落。同时，其灌溉系统也是绿色的，即利用太阳能作为动力驱动自洁自净的地上地下水循环系统(包括中水回收利用)，并为各类生物提供栖息场所。

实际上，对设计者而言，无论是表面上多么平凡的场所，在它的表象深处都存在着为可持续发展而设计的契机。对场所中宏观以及微观环境因素的创造性利用和升华往往可以取得巨大的效益，以提高整体环境的能量表现，舒适度、健康成分以及愉悦感，更重要的是促进个体环境对更大规模环境的贡献（图8–63～68)。

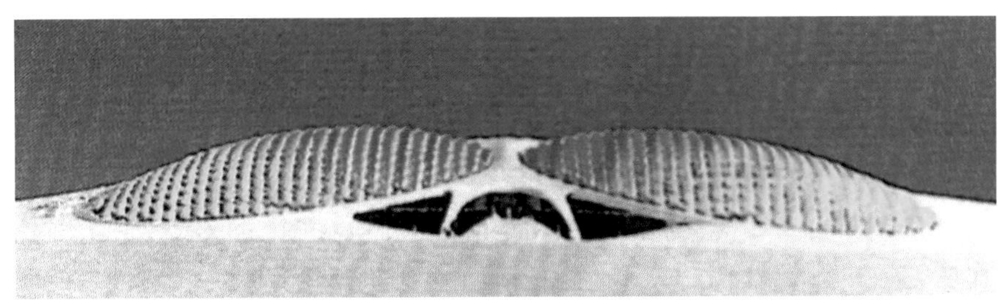
图 8–69 模型外立面

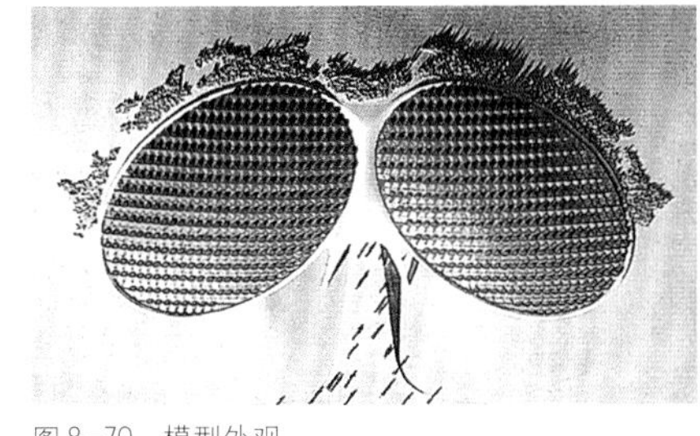
图 8–70 模型外观

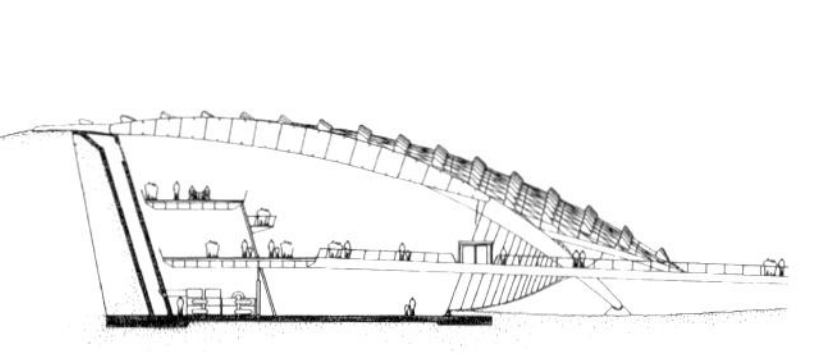
图 8–71 剖面

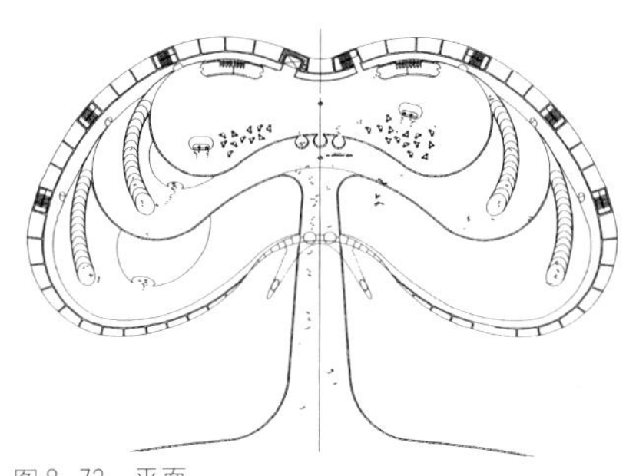
图 8–72 平面

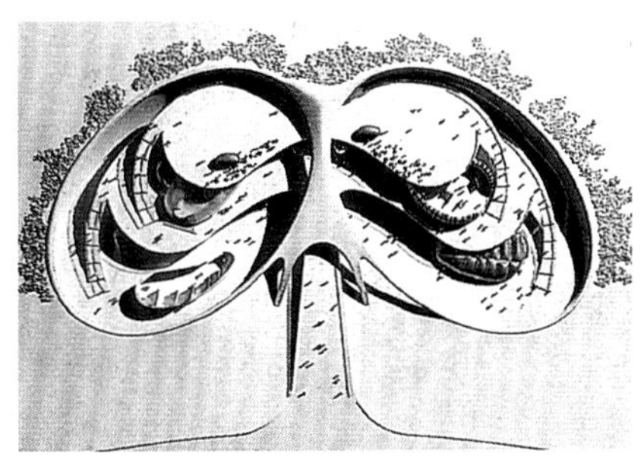
图 8–73 模型内部

第九节 顿卡斯特“诺亚方舟”，英国

“诺亚方舟”是集生态学展示中心和会议中心为一体的建筑设计。它占地10000m²，坐落在顿卡斯特郊区的一个旧矿址上。设计展现出生态学技术在建筑上的多种应用可能和巨大的开发潜力。对“未来系统”来说它是世纪性的技术成果，是受建筑界瞩目和表现力极强的新颖设计（图 8–69～73）。

建筑南面背靠一个悬崖。内部分为3层，外面被一对椭圆形屋顶覆盖着，如同两个蝴蝶翅膀。诺亚方舟整体结构简单，中央一根主梁搭靠在悬崖上。两个椭圆形屋顶的结构和功能却比较复杂，它们具有双层“皮肤”结构，即在三角形预应力混凝土和金属轻型结构上，铺设铝合金圆筒和太阳能集热板；第一层的圆筒是为了确保建筑的通风，第二层的集热板可以吸收太阳能，为室内供电与供暖。通风口被设计成圆形，一方面可以增加下面集热板的受光面积，有利于吸收太阳光线；另一方面有效地利用了自然光。通风与供热系统是相对独立的，其使用和控制受气候和季节的影响。比如，夏季屋顶会充分打开，排出室内废气，引入新鲜空气，达到天然空气调节的目的；冬季，太阳能集热板和天然气锅炉为室内提供热量。暖气用水大部分来自建筑物底部蓄水池中的雨水。

“诺亚方舟”的建筑结构使我们想起“未来系统”曾为法国图书馆提出过相同的结构设计和采用低能耗模式的建议。其实，法国图书馆的设计和“未来系统”的其他一系列设计概念是统一的，通过这一系列的设计，未来系统逐步提出并

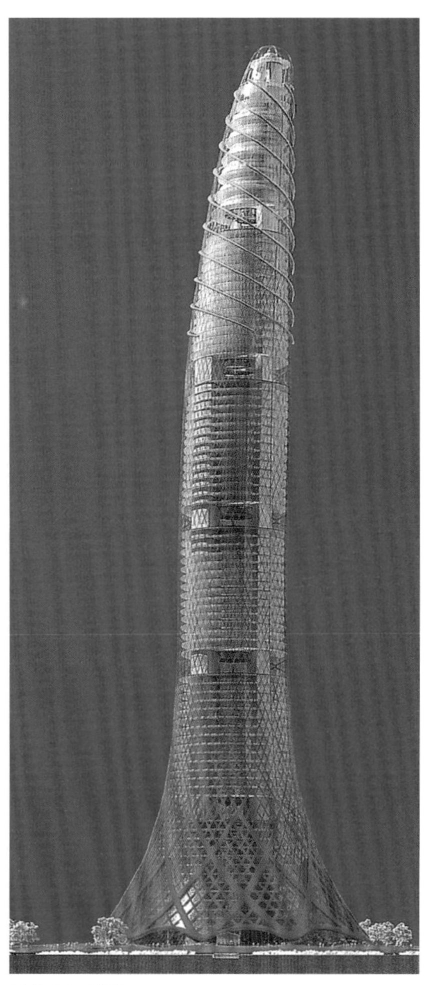
图 8–74　模型

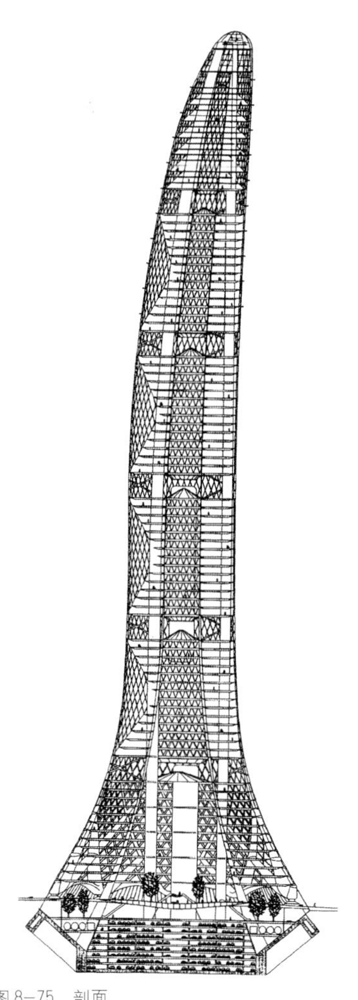
图 8–75　剖面

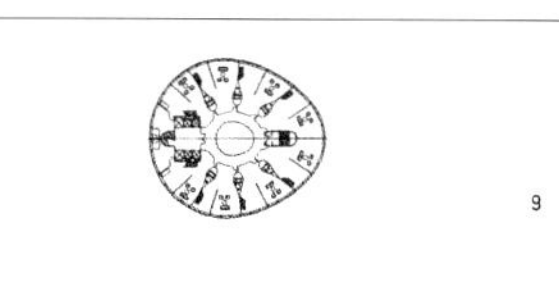

图 8–76　97 层平面（住宅）

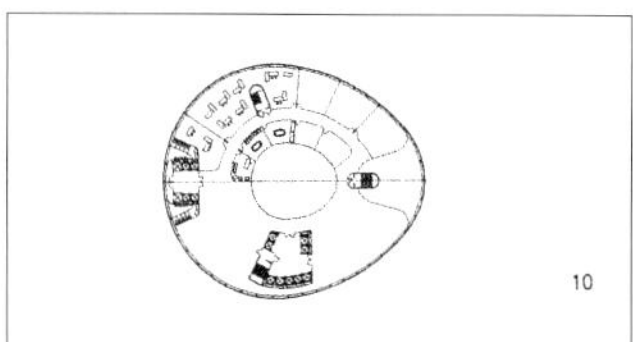

图 8–77　58 层平面（办公）

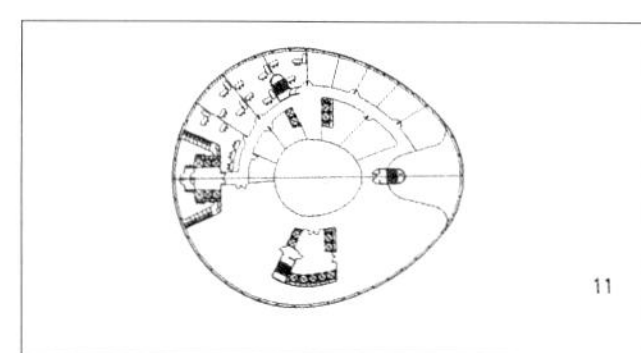

图 8–78　24 层平面（办公）

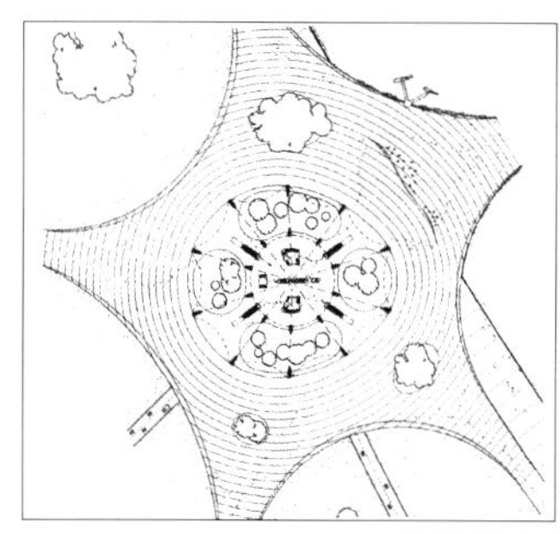
图 8–79　首层平面

确立了低消耗仿生学的建筑概念。

第十节　绿鸟，伦敦

体量庞大的摩天楼的节能效率较低是公认的事实。有时当室外温度达到 10°C 时，就需要启动空调制冷系统。"未来系统"希望通过绿鸟设计来改善摩天楼的这个缺点，并且探索通过在城市中心建设摩天楼来解决当代城市发展所遇到的问题：诸如能耗过高、交通混乱、无秩序发展以及社区荒漠化，人情淡漠等等。

城市尺度的综合摩天楼可以提供多种模式的生活，其间的工作生活环境也可以很舒适。节能策略和摩天楼的定位同其尺度有着密切的关系。"未来系统"认为最简便有效的方法就是设计新的结构体系和建筑体量，考虑立面的本质特征，充分利用摩天楼的高度，借助"烟囱效应"来解决自然通风系统。由此"未来系统"设计出一种新形式——最经济有效的节省材料，同时最大限度地考虑了空气动力学的原理——圆形平面，双曲线立面。不同层次的自动控制系统通过不同的颜色以及摩天楼顶端螺旋上升的形式表现出来。立面上镶嵌的光电池板能够为摩天楼提供必需的能源。"未来系统"正在进行的多项研究将证明这座摩天楼会在能源供应方面达到自给自足，同时也将纠正在摩天楼设计方面已有的一些错误观点（图 8–74～79）。

图 8–80　伦敦方案模型

图 8–81　伦敦方案模型

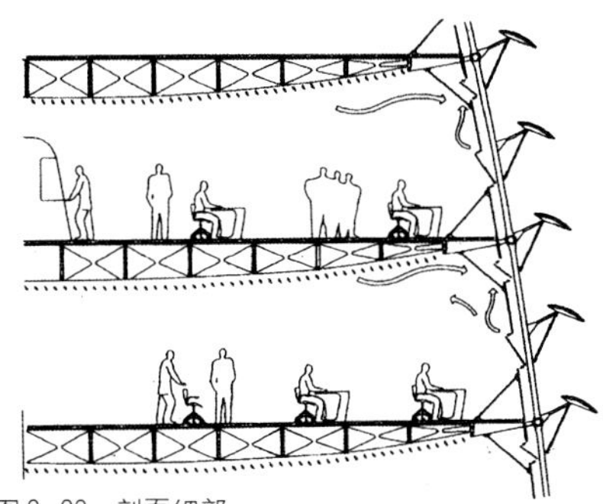

图 8–82　剖面细部

第十一节　“Z”计划，伦敦，图卢兹

这两个方案是欧洲一项研究计划的成果。这项计划是研究恶劣环境下的建筑设计，其中一个重要的问题就是如何解决空气污染对建筑的影响，同时也研究建筑材料的使用寿命，材料构造方式、回收利用的可能性以及它们对环境的影响。

考虑到伦敦与图卢兹的气候差异，“未来系统”设计了两个遵循同样的原理，但形式却不同的方案。两个方案都考虑了能源自给的措施——伦敦方案是用风力发电，而图卢兹方案则是利用太阳能。

伦敦方案是多功能的，建筑被分作两部分，中间的空洞安装风力发电设备。建筑迎向主导风向，保证能提供充足的风能源。

图卢兹方案是密集式布局，立面与屋顶都用来采集太阳能（图 8–80～87）。

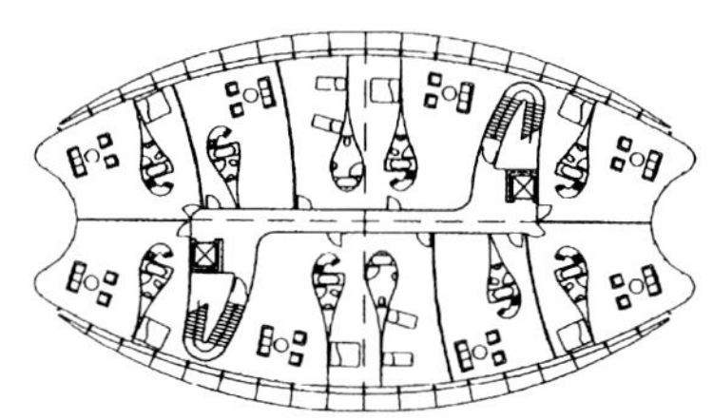

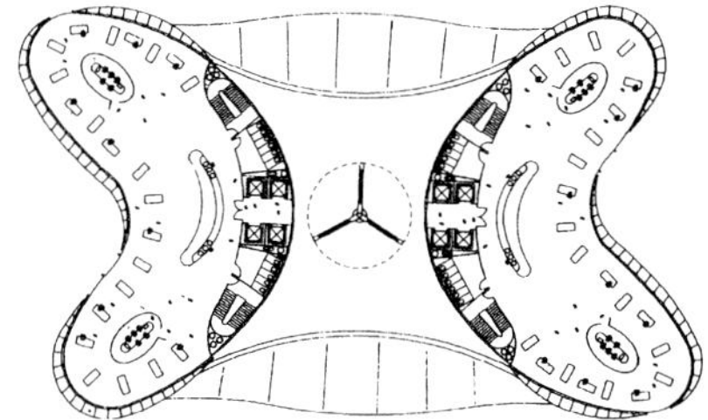

图 8—83　平面

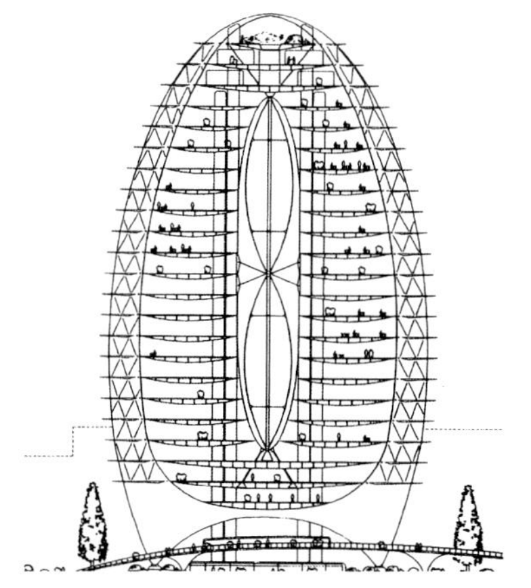

图 8—84　剖面

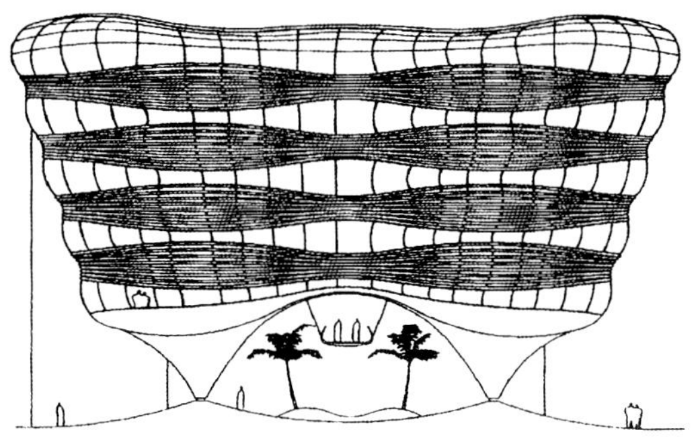

图 8—85　图卢兹方案里面

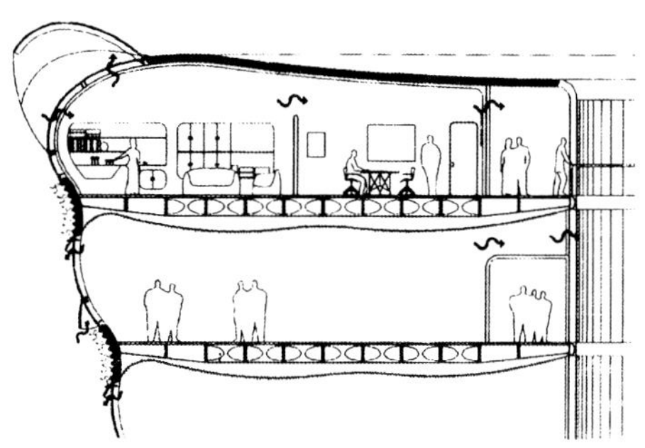

图 8—86　剖面

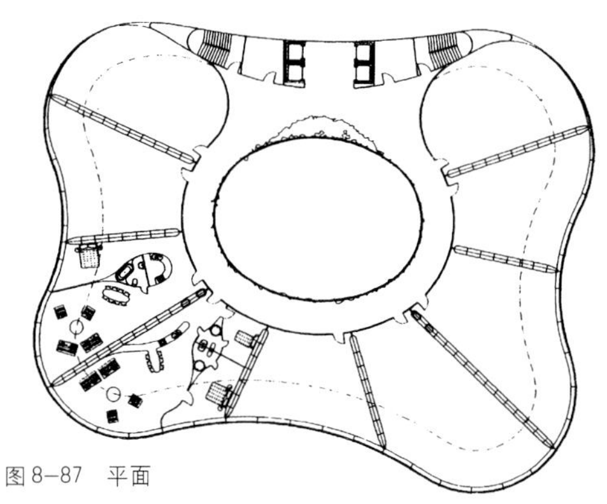

图 8—87　平面

结　论

在生态建筑中有下述 4 点是非常重要的：

（1）普及生态概念，强化生态意识，培训生态专业人才，建立生态示范工程，是推进生态建设必要的社会条件。

（2）政府的政策导向，法律法规的健全，评估标准的建立，生态规划的制定，是推进生态建设必要的法制条件。

（3）多方向的研究探索、多学科的交叉合作，发挥地方优势、发展适宜技术是推进生态建设的必要技术条件。

（4）研究和引进生态技术，加快成果转化，形成系统化的生态产业，是推进生态建设的必要物质条件。

保护自然是我们在任何时候都在提倡的生存原则，也是前面各项原则的提携者。而作为单独一项，主要是考虑许多城市中心缺乏绿地而造成的人类健康和心理压力等问题。一棵树的存在可以供养 4 个人的呼吸，再次提出树木（相对于草皮）在绿色环境中的重要性。并强调在大规模房地产开发中，应加强维护环境的法制监督。

西方发达国家在工业革命后的一段时间里，许多国家经历了一段破坏自然、盲目开发的过程。但两个多世纪以来，人口发展相对缓慢，以其先期发展占据了经济、资源优势。并且，早在19世纪花园城市和景观建筑等体现绿色环境的概念与实践也已经开始，到当代更有比较坚实的观念基础与实践条件。我国目前的建设状况，正为各方面都经常在说的一样：既是机遇，又是挑战。以我国的人口与资源相比，从当前世界经济、资源格局等各种因素来看，在环境问题上面临的挑战的因素是相当多的，如果不抓住机遇，将来的问题会很多。

我国的绿色建筑建设还处于初期研究阶段，缺乏实践经验，许多相关的技术研究领域还是空白。近年来，有关部门围绕着建筑节约能源和减少污染等方面颁布了一些单项的技术法规。建设部科技委员会已经组织了有关专家，制定出版了一套比较客观科学的绿色生态住宅评价体系——《中国生态住宅技术评估手册》。其指标体系主要参考了美国能源及环境设计先导计划，同时融合我国《国家康居示范工程建设技术要点》等法规的有关内容。这是我国第一部生态住宅评估标准，是我国在此方面的研究上正式走出的第一步。当然，绿色建筑评估是一个跨学科的、综合性的研究课题，为进一步建立我国完整的绿色建筑评价体系及评估方法，我们还需要借鉴国外先进经验，进行更加深入有效的探索。

绿色建筑是许多发达国家长期发展后进行理性反思的结果。我们是发展中国家，发展是主题，尽管推行绿色建筑面临许多困难，且任务又十分紧迫和繁重，但我们有许多有利条件：

（1）有中央的“可持续发展战略”指引。

（2）有《中国21世纪议程》的实施框架。

（3）有社会众多的有识之士的热心倡导和认真实践。

（4）有国际上各方面的成功经验可供借鉴。

（5）严峻的资源环境形势日益被各级领导和广大群众所认识和理解。

（6）有党中央和国务院的坚强领导，有各级党政领导的积极跟进。

课后思考题：补充绿色设计方法。以绿色设计的方法分析建筑3例，解析其绿色设计的方法。

师生互动

学生：建筑需要遮阳，室内不需要自然采光吗？

老师：有效的控制遮阳，对太阳的高度角和方位角进行准确的控制，可以在夏季降低室内温度，在冬季引入阳光，提升室内温度，达到节能效果。

学生：在绿色设计中，有很多种发电的方法，为什么建筑中风能发电使用较少？

老师：制约风能发电的弊端是致命的，首先它不稳定，要依靠风这种最难把握的能源。其次它的前期投入太大，几乎是火力发电的两倍，但是发电量却只是占总发电量的一小部分。折合起来风力发电的成本还是较贵的。再次风能发电需要特殊的气候和地理条件，一般地区难以实现，最后风能发电还有其噪音较大的弊端。所以风能发电目前不适合普遍使用。

中國高等院校

THE CHINESE UNIVERSITY

21世纪高等院校艺术设计专业教材

建筑·环境艺术设计教学实录

CHAPTER 9

教学实践与学生作品评析

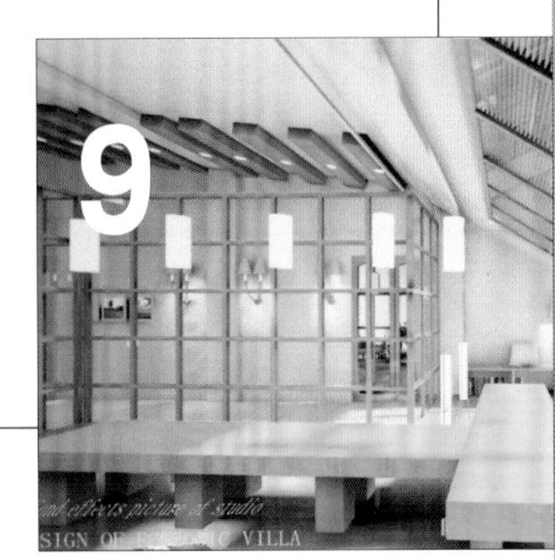

第九章　教学实践与学生作品评析

一、学生模拟课题作业点评

薛楠《多功能博物馆》

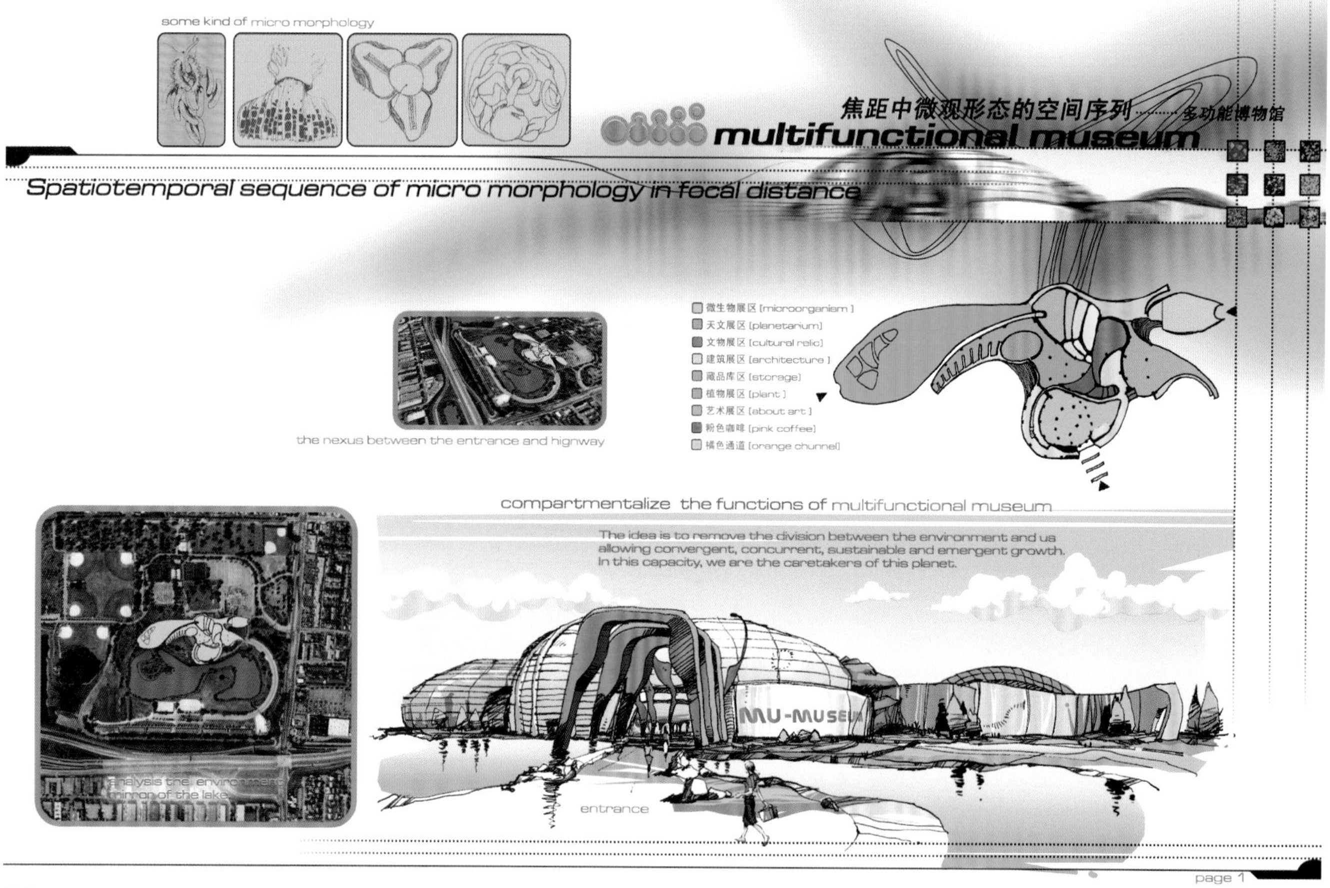

some kind of micro morphology

焦距中微观形态的空间序列………多功能博物馆

multifunctional museum

Spatiotemporal sequence of micro morphology in focal distance

微生物展区 [microorganism]
天文展区 [planetarium]
文物展区 [cultural relic]
建筑展区 [architecture]
藏品库区 [storage]
植物展区 [plant]
艺术展区 [about art]
粉色咖啡 [pink coffee]
橘色通道 [orange chunnel]

the nexus between the entrance and highway

compartmentalize the functions of multifunctional museum

The idea is to remove the division between the environment and us allowing convergent, concurrent, sustainable and emergent growth. In this capacity, we are the caretakers of this planet.

MU-MUSEUM

entrance

analysis the environment mirror of the lake

page 1

图 1

师生互动

学生：我国是发展中国家，绿色设计的方法还没有普及，我国的现状究竟如何？

老师：迄今为止，还没有一个国家像中国这样面临如此巨大的经济发展和保护环境的双重压力，既要保持连续二十多年年均9%的经济增长速度，又要遏制环境恶化的趋势。

2002年，全国环境污染治理投资占GDP的1.33%，比例之高在发展中国家名列前茅，但环境状况仍很严重。2002年，七大水系干流及主要一级支流的199个国控断面中，其中有5类及劣有5类水质断面超过50%；在重点监测的343个城市中，有三分之一以上的城市空气质量劣于三级。全国污染物排放总量远高于环境容量，国家环境安全形势严峻。

2003年夏季，中国17个省市拉闸限电；进入冬季以来，华东、华北、华南近10个省市拉闸限电，严重影响了居民生活和制约了经济的发展。2003年，全国用电增长速度高达14.7%。2004年中国能源消费和石油消费均将仅次于美国位居世界第二，30%以上的石油依赖进口。据测算，到2020年，中国石油对外依存度将高达60%以上，国家能源安全堪忧。

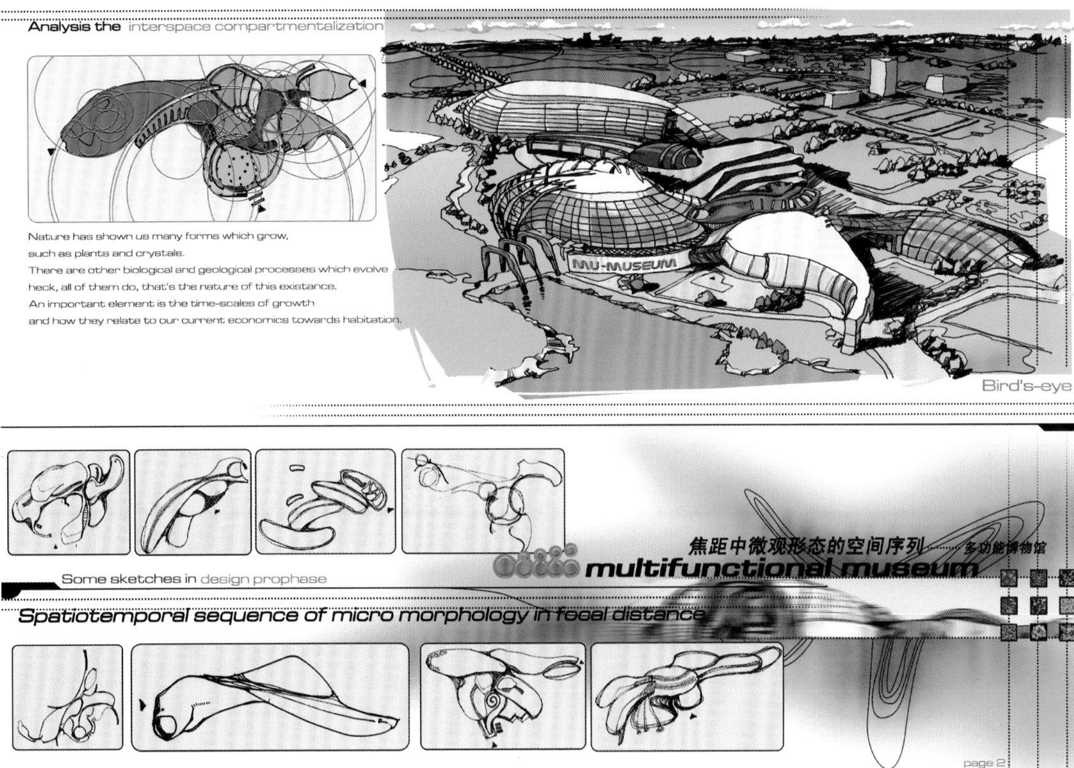
Analysis the interspace compartmentalization
Nature has shown us many forms which grow,
such as plants and crystals.
There are other biological and geological processes which evolve
heck, all of them do, that's the nature of this existance.
An important element is the time-scales of growth
and how they relate to our current economics towards habitation.
MU-MUSEUM
Bird's-eye
焦距中微观形态的空间序列……多功能博物馆
multifunctional museum
Some sketches in design prophase
Spatiotemporal sequence of micro morphology in fecal distance
page 2

图2

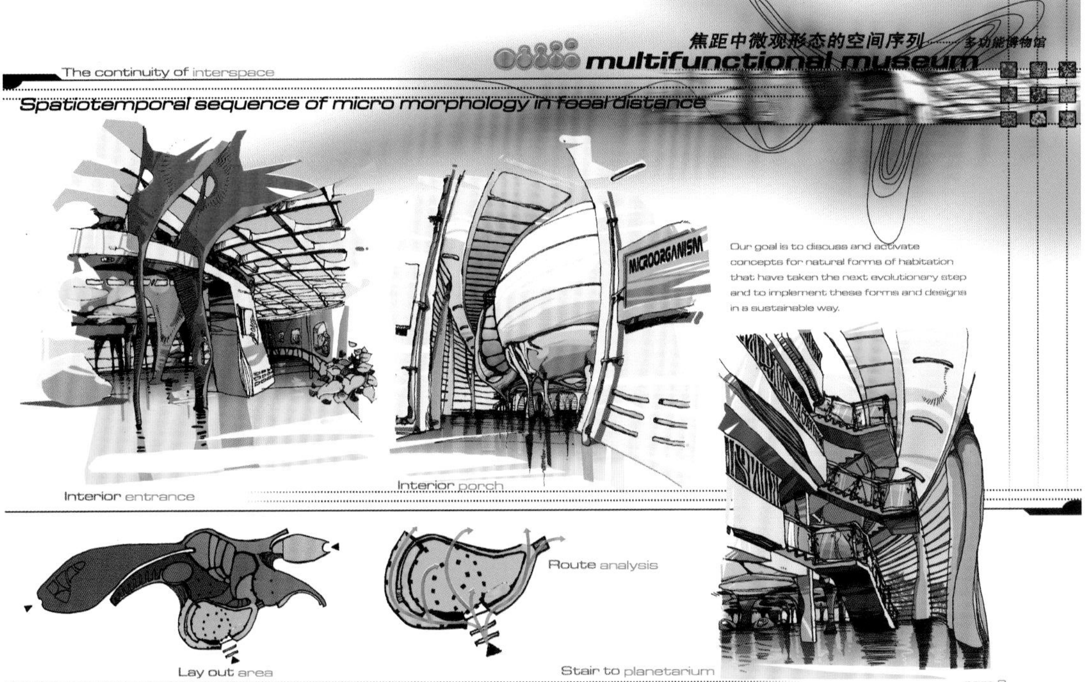
焦距中微观形态的空间序列……多功能博物馆
multifunctional museum
The continuity of interspace
Spatiotemporal sequence of micro morphology in fecal distance
MICROORGANISM
Our goal is to discuss and activate
concepts for natural forms of habitation
that have taken the next evolutionary step
and to implement these forms and designs
in a sustainable way.
Interior entrance
Interior porch
Route analysis
Lay out area
Stair to planetarium
page 3

图3

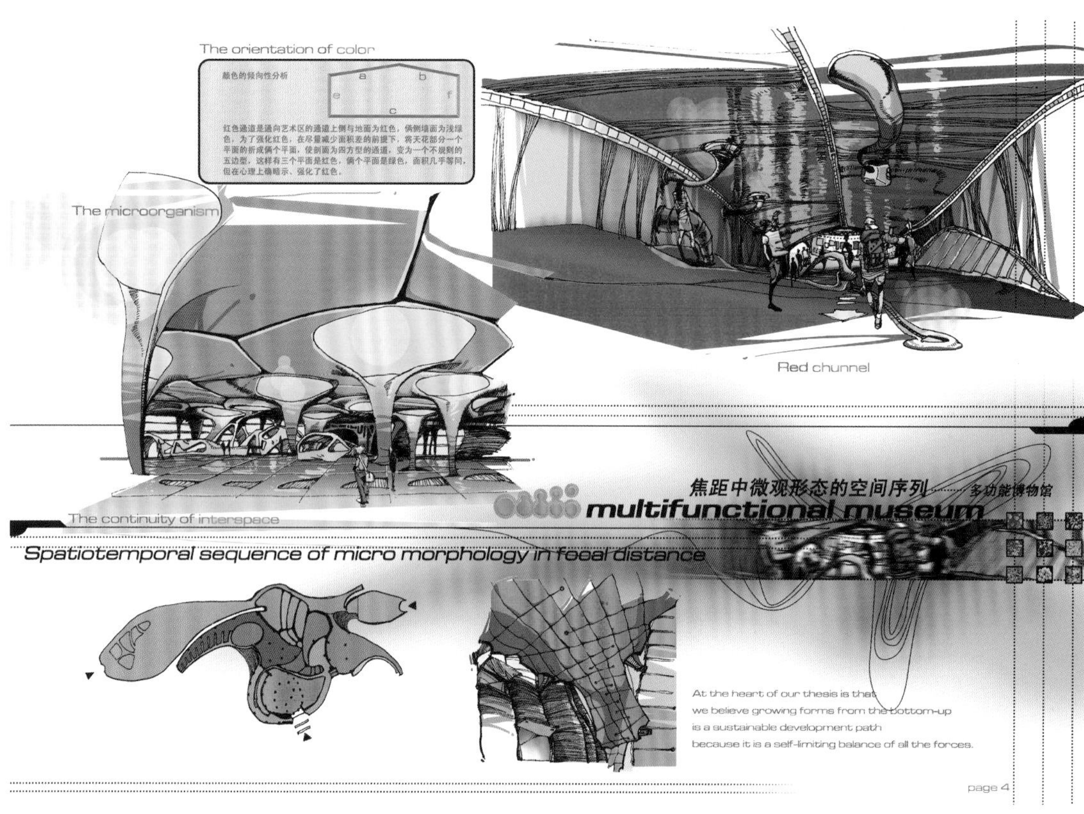
The orientation of color
颜色的倾向性分析
a
b
e
f
c
红色通道是通向艺术区的通道上侧与地面为红色，俩侧墙面为浅绿色，为了强化红色，在尽量减少面积差的前提下，将天花部分一个平面的折成俩个平面，使侧面为四方型的通道，变为一个不规则的五边型，这样有三个平面是红色，俩个平面是绿色，面积几乎等同，但在心理上确暗示、强化了红色。
The microorganism
Red chunnel
焦距中微观形态的空间序列……多功能博物馆
multifunctional museum
The continuity of interspace
Spatiotemporal sequence of micro morphology in focal distance
At the heart of our thesis is that
we believe growing forms from the bottom-up
is a sustainable development path
because it is a self-limiting balance of all the forces.
page 4

图4

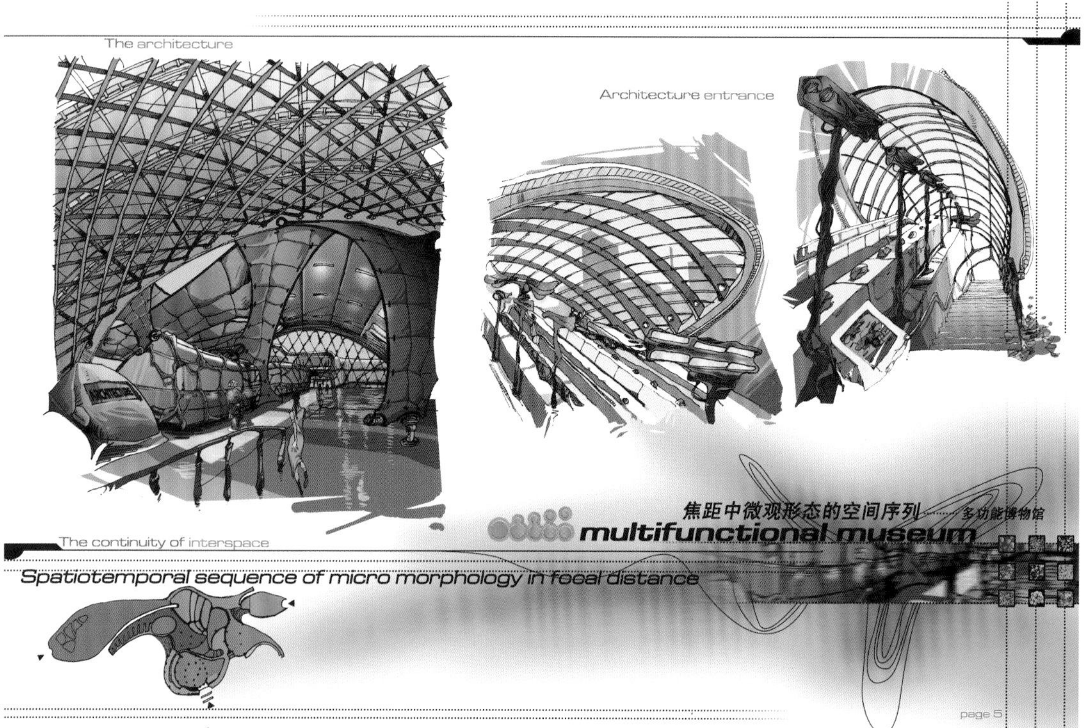
The architecture
Architecture entrance
焦距中微观形态的空间序列……多功能博物馆
multifunctional museum
The continuity of interspace
Spatiotemporal sequence of micro morphology in focal distance
page 5

图5

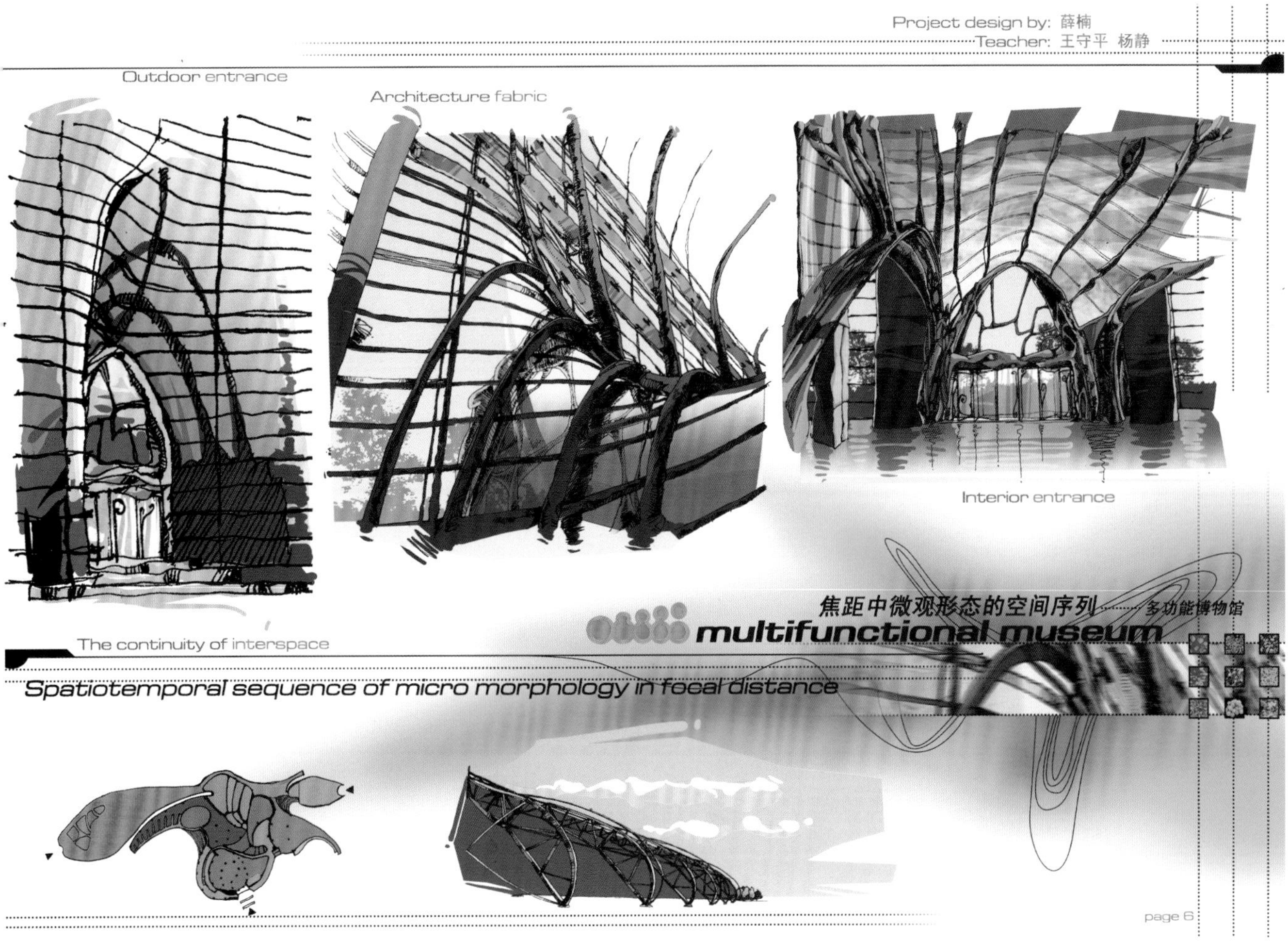

Project design by: 薛楠
Teacher: 王守平 杨静

Outdoor entrance

Architecture fabric

Interior entrance

焦距中微观形态的空间序列……多功能博物馆

multifunctional museum

The continuity of interspace

Spatiotemporal sequence of micro morphology in focal distance

page 6

图 6

师生互动

学生：绿色设计和景观设计的原理是否相同？

老师：二者既有联系又有区别，各属不同范畴。绿色设计在进行小气候的营造时多采用景观设计的一些手法，但并不是简单的景观美化。

学生：进行屋顶植被处理时应考虑哪些条件？

老师：屋顶绿化——天然的环境调节器，在实施中应该对植物种类的选择、土壤的厚度、建筑承重及屋顶排水等综合考虑。

建筑密集的地区比空旷的地区气温显得要高，特别是夏天由于缺水会出现令人难以忍受的高温，由于建筑物对反光的反射低，夜间降温减弱，因此会对人的健康产生长期的负面影响。而绿化地带和绿化屋顶，可以通过土壤水分和生长的植物降低 80% 的自然辐射，以减少建筑物所产生的负作用，成为天然的环境调节装置。

薛楠 《多功能博物馆》

评图：

图1：该学生的多功能博物馆（MU－MUSEUM）的设计灵感最初来源于电子显微镜下的细胞、藻类、寄生虫的肌理。电子显微镜让我们进入一个自然形体、结构和肌理的全新世界；为该设计带来了许多灵感。细胞分裂过程中的空间序列是很有趣的，发生在我们身边，甚至肉体当中，遥远而又近在咫尺，这是出于一种对生物形体最基本元素的一种尊敬。

整个室内功能划分大致如下1.主馆区（a 微生物区 b 植物区 c 建筑区 d 艺术区 e 天文区）；2.藏品库区；3.暂存库房；4.珍品库房；5.装具；6.熏蒸室； 7.陈列室；8.技术用房。

功能空间划分体现了高度的有机性，采用了大量的非对称形态和正圆的局部曲线作为空间划分的主要方法。整个室内空间充满了双曲线、抛物线和穹隆结构。各种曲线在每个空间中自由延伸、放射，隐喻了诸多生物形态，将之建筑化，用倾斜、扭曲、螺旋的柱体作为支撑，蕴涵着奢靡与神秘的混合情感。各种仿生形态主要用合成材料、木材、混凝土、塑料构成，大面积的不规则加热而成的凸凹玻璃，再进行非对称曲线的切割，其形态、质感与粗糙的混凝土形成了流动与静态的强烈对比。大量的半透明空间与室外光线对建筑形体的投影，互动成三维的动态空间。

图2：多功能博物馆的平面图是借鉴血液中血红蛋白分裂过程中的一幕。生物形态给予我们无穷的想象力，多变与重叠，统一与解构，在几微米的空间中得到了完美的诠释。整个博物馆的功能划分受到自然界和生物有机体的非线性特征和创造力的启示，整个博物馆是真正富有诗意的、激进的、特化的和富有环境意识的，它表达了场所、人与材料之间的和谐。

为满足环境、人员流量和使用功能的要求，博物馆设置了一个主入口和两个分入口，在两个重大回旋转折处，利用两侧建筑墙体作为支撑，用篷布结构设定了两个灰空间，供参观人群迂回和休息，洋红色的篷布与灰色的混凝土相互衬托，缓和了室内外空间的过渡。

图3：在室内的扭曲柱体由室内直接穿透屋顶延伸到室外，并如藤类植物一样附在建筑顶部，慢慢向建筑顶部的中心点消逝，同时室内的柱体仿佛插入土壤，在其他室内空间“破土而出”变为室内的装饰物件，体现了建筑伟大的生命力与连续性、有机性的整合。

入口区（entrance）是通向微生物区的室内入口，由四根不规则的柱体支撑，其形态是在电子显微镜下兔子耳朵上的虱子的前腿得到的启发。柱体上端直接延伸到室外大门的结构上，使室外到室内有了一定的向导性。进入大门右侧有一个快捷通道，通往“红色通道”间的通道的左右墙体上有很多放大100倍的微观形态的模型。

天文展区（chronometer）用于所有宇宙天体的展览，顶层设有若干天文望远镜，供游客使用。

图4：主馆区即微生物区（microor－ganism），主要展出微观世界的形态，以及微观形态所衍生的各种设计领域的作品。二层以上是一个巨大的细胞形的游离建筑，好似一个正在分裂的细胞，底下支撑的柱体好似被分裂运动所撕裂的细胞膜。这样在平面与立面上也得到了有机的整合，整个区域用柱网支撑，除入口区两侧外几乎没有墙体，使得空间的相互融合性、连续性得到了加强。

红色通道（red chunnel）是通向艺术区的通道，上侧与地面为红色，两侧墙面为浅绿色，为了强化红色，其并没有减少绿色墙面的面积，而是将天花部分一个平面折成两个平面，使剖面呈四方形的通道，变为一个不规则的五边形通道，这样有三个平面是红色，两个平面是绿色，面积几乎等同，但在心理上却暗示、强化了红色。

粉色咖啡（pink coffee），这是一个介于室内、室外的模糊空间，用于参观人群休息的临时场所，设置了众多咖啡亭、快餐店等。在博物馆的藏品库区与天文展区之间也设有同样场所。

图5：建筑展区（architecture）及建筑展区的入口。整个展区采用多种试验性的建筑结构（木结构、纸结构、拉膜结构等）组成，也是一座临时建筑，随着建筑技术的发展，随时可更新、拆除、重建并展示试验性建筑结构。建筑展区的入口，根据原始地势的落差，采用电梯舒缓室内空间，也是博物馆重要入口之一。

图6：植物展区（plant），这是一个双层玻璃幕墙的空间，目的是调节室温，以供热带植物生长，内部种植大量濒危热带植物。

整座建筑主要是灰色的混凝土映衬浅绿色和深红色的多种材料构成，配合暖黄色的室内照明，活泼又不失严肃。扭曲、挤压变形和片断的形式也充溢着各种空间，这些自然界中的各种图案和形式，都是自然演化的内部法则和阳光、风、水这些外部因素共同作用的产物。

总评：

整体设计为微观生态造型（鸟的眼睛）。电子显微镜下的微观形态，是奇异的有机世界，以有机形态作为建筑设计的构成元素，是有机建筑的显著特征，自然是有机建筑基本的和无穷的灵感之源。任何活着的有机体，它们的外在形式与内在结构都为设计提供了无穷无尽的思想启迪。有机建筑的独特品质是在于它是一种连续的永无止境的过程，不断地处于变化之中。

建筑形态满足功能的要求在于建筑基地中预留可扩展空间的建筑生长。基地环境给建筑提供了生长环境，并设计出了功能与美化并存的湖水。形态的创意以自然的生态造型为主，挥洒自如，完美诠释了绿色设计的生长理念。

材料以钢、玻璃泡、木、塑料和拉膜结构等材料为主。满足了设计造型要求，符合了四个Re原则。自然采光的设计既满足了一般照明，又配合自然通风使空间呼吸通畅。

整个博物馆是真正富有诗意的、激进的、特化的和富有环境意识的，它表达了场所、人与材料之间的和谐。

师生互动

学生： 进行屋顶植被处理时还应考虑哪些条件？

老师： 屋顶绿化——建筑物的额外保护层，屋顶构造的破坏多数情况下是由屋面防水层温度应力引起的。通过冬夏两季温度变化引起屋面构造的膨胀和收缩，使建筑物出现裂缝，导致雨水的渗入。这样在20年后就得对建筑物进行整修。通过屋顶绿化可以调节夏冬的极端温度变化，不但不会对屋顶防水层有任何影响，反而对建筑物构件起到一个保护作用，屋顶绿化可以保护建筑物并且还可以延长其寿命。

屋顶绿化——附加的绿色平面空间，住宅附近的绿地给人们休闲活动带来了很多的方便，但是通常这样的开放空间造价十分昂贵，因为土地将占用很大一部分资金。屋顶花园则具有很大的优势，因为屋顶面积实际上是免费的，再加上少许的其他投入，就可以解决这个问题。屋顶绿化将成为一个低成本的附加绿色空间。

王瑾《生态别墅设计》

图1

师生互动

学生：建筑中较厚的混凝土墙体可以在夏季吸热，冬季保温。为什么目前绿色建筑不完全是采用这种材料来建造呢？

老师：材料和技术的发展，设计风格的多样，设计师的个性不同等都会对建筑本身产生不同的诠释。

学生：什么是小气候？

老师：由下垫面条件影响而形成的与大范围气候不同的贴地层和土壤上层的气候，称为小气候。根据下垫面类别的不同，可分为农田小气候，森林小气候，湖泊小气候等等。与大范围气候相比较，小气候有五大特点：

（1）范围小方向大概在100米以内，主要在2m以下，水平方向可以从几毫米到几十公里。因此，常规气象站网的观测不能反映小气候差异。对小气候研究必须专门设置测点密度大、观测次数多、仪器精度高的小气候考察。

（2）差别大，无论是前直方向或水平方向气象要素的差异都很大，例如：在靠近地面的贴地层内，温度在前直方向递减率往往比上层大2～3个量级。

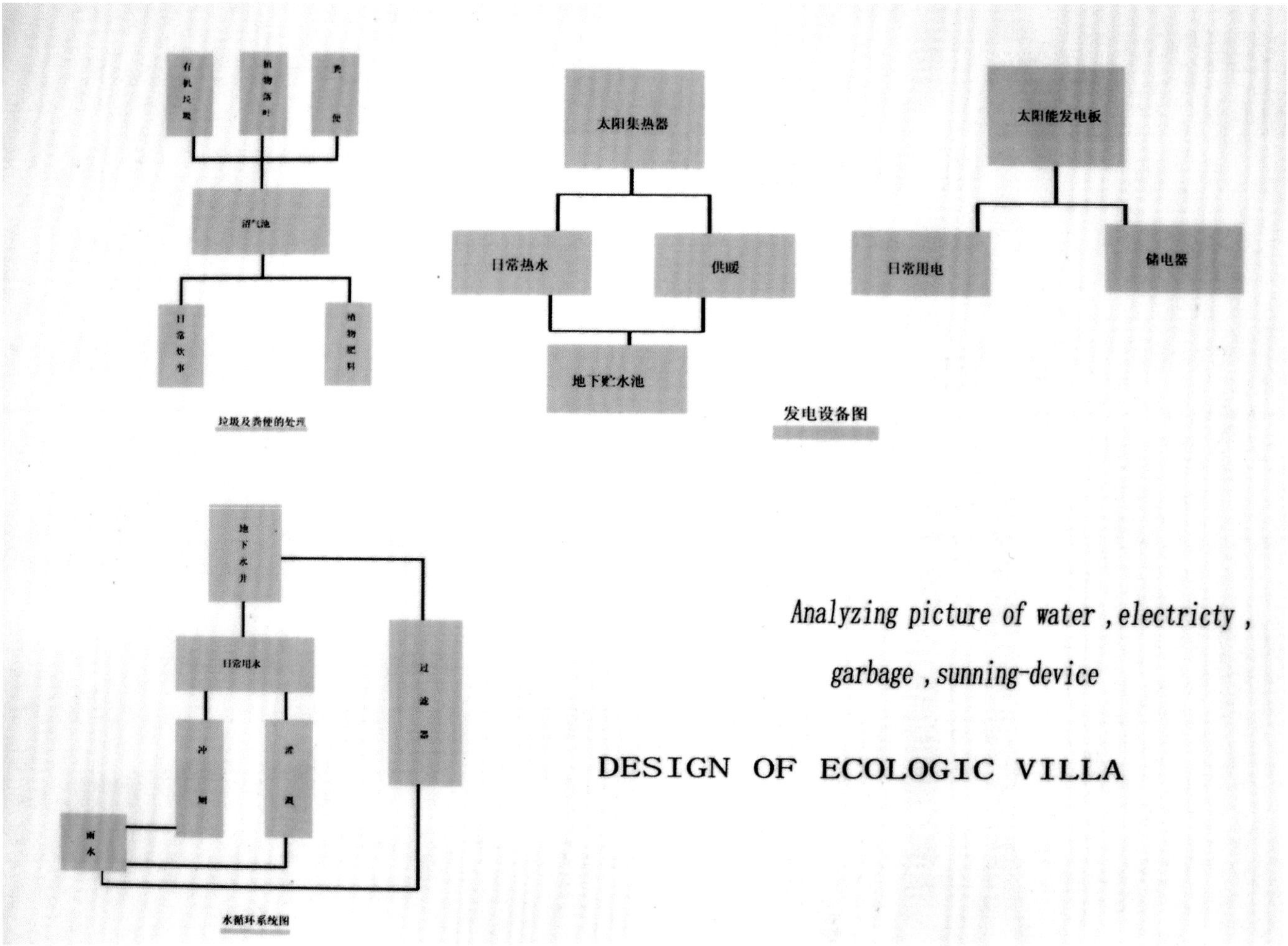

有机垃圾
植物落叶
粪便
沼气池
日常炊事
植物肥料
垃圾及粪便的处理
太阳集热器
日常热水
供暖
地下贮水池
太阳能发电板
日常用电
储电器
发电设备图
地下水井
日常用水
过滤器
冲厕
灌溉
雨水
水循环系统图
Analyzing picture of water , electricty , garbage , sunning-device
DESIGN OF ECOLOGIC VILLA

图 2

师生互动

(3) 变化快，在小气候范围内，温度、湿度或风速随时间的变化都比大气候快，具有脉动性。例如：M. N. 戈尔兹曼曾在 5cm 高度上，25 分钟内测得温度最大变幅为 7.1℃。

(4) 日变化剧烈，越接近下垫面，温度、湿度、风速的日变化越大，例如：夏日地表温度日变化可达 40℃，而 2m 高处只有 10℃。

(5) 小气候规律较稳定。只要形成小气候的下垫面的物理性质不变，它的小气候差异也就不变。因此，可从短期考察了解某种小气候特点。

由于小气候影响的范围正是人类生产和生活的空间，研究小气候具有很大实用意义。我们还可以利用小气候知识为人类服务。例如：城市中合理植树种花，绿化庭院，改善城市下垫面状况，可以使城市居民住宅区或工厂区的小气候条件得到改善，减少空气污染。

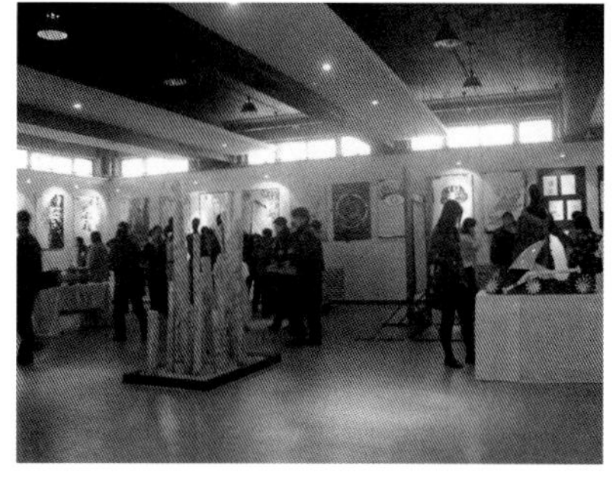

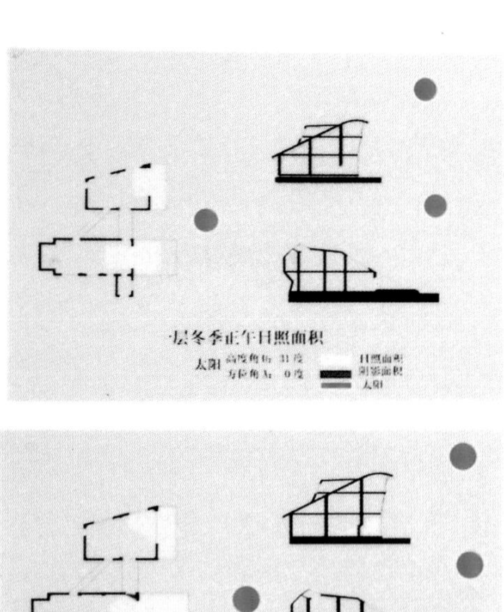
一层冬季正午日照面积
太阳 高度角H：31度
方位角A：0度
日照面积
阴影面积
太阳
一层冬季下午两点日照面积
太阳 高度角H：25度
方位角A：31度
日照面积
阴影面积
太阳

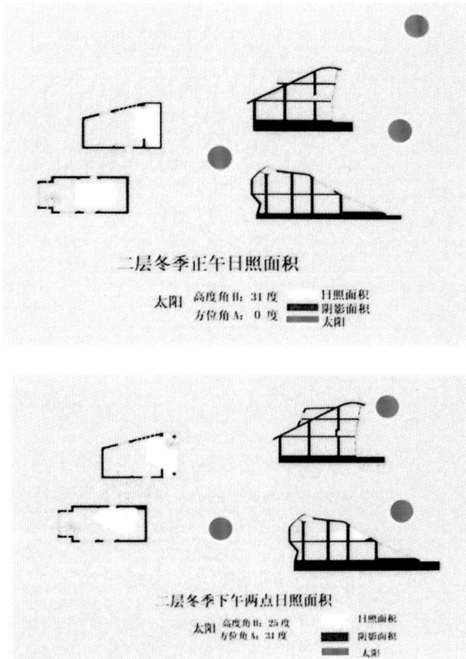
二层冬季正午日照面积
太阳 高度角H：31度
方位角A：0度
日照面积
阴影面积
太阳
二层冬季下午两点日照面积
太阳 高度角H：25度
方位角A：31度
日照面积
阴影面积
太阳

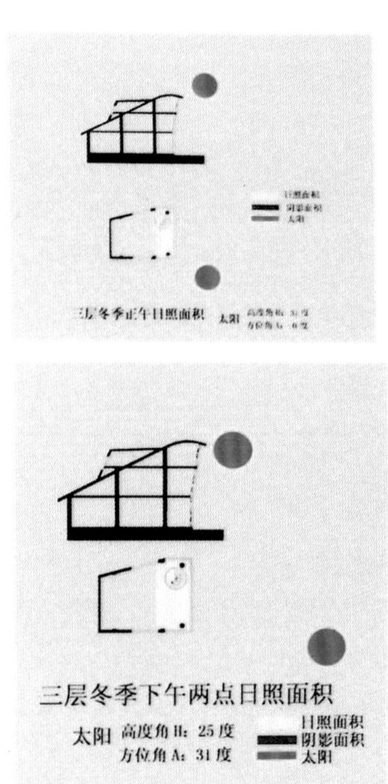
三层冬季正午日照面积
日照面积
阴影面积
太阳
三层冬季下午两点日照面积
太阳 高度角H：25度
方位角A：31度
日照面积
阴影面积
太阳

图3

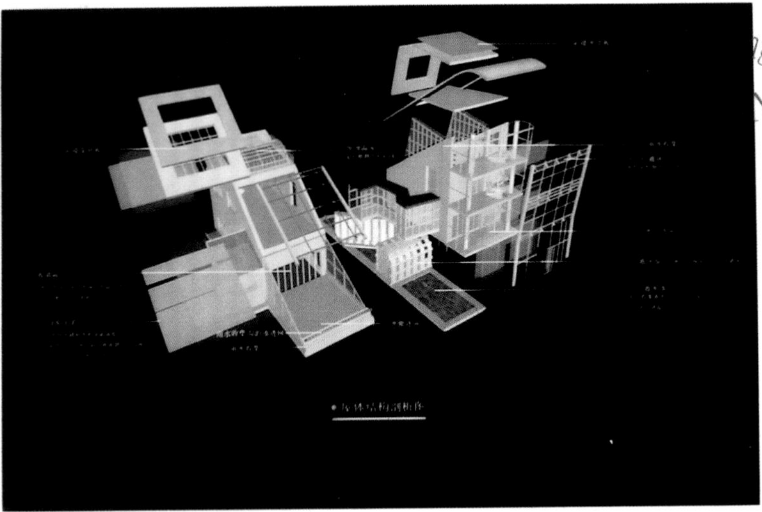
g of hotting-air picture
N OF ECOLOGIC VILL

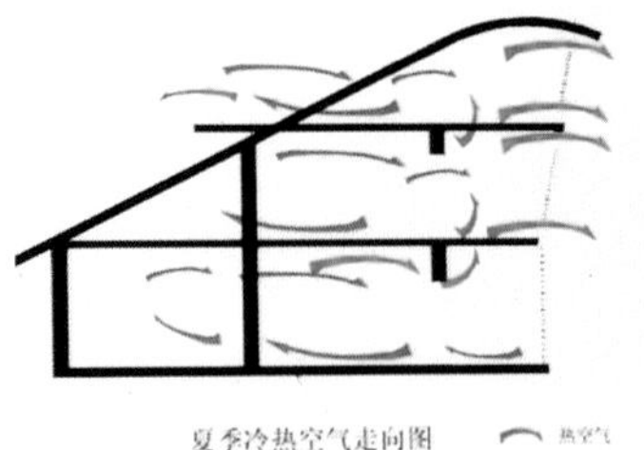
夏季冷热空气走向图
热空气
冷空气

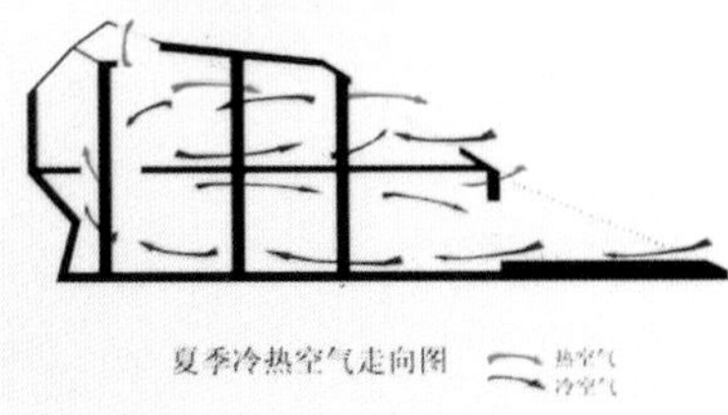
夏季冷热空气走向图
热空气
冷空气

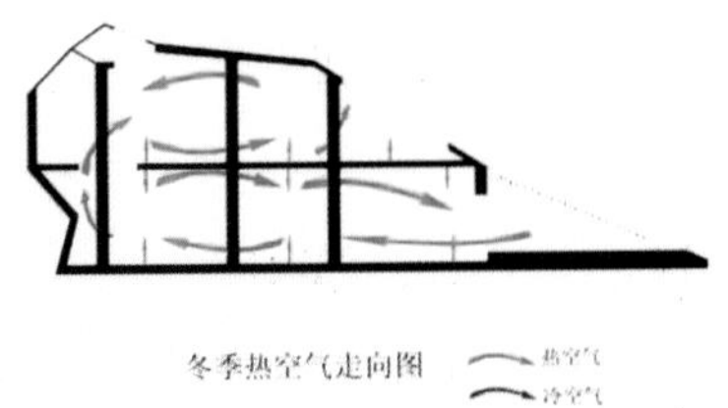
冬季热空气走向图
热空气
冷空气

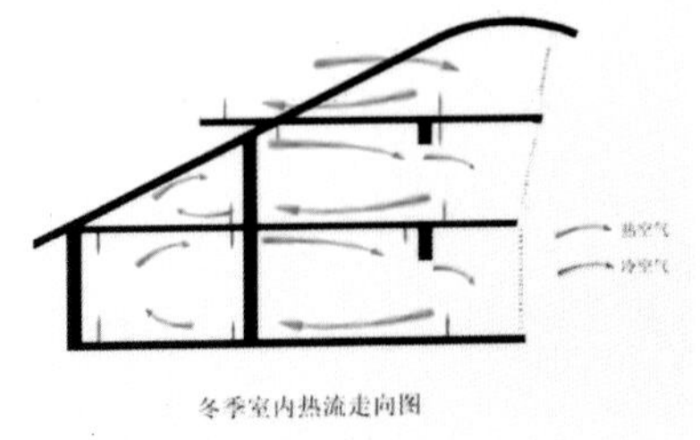
冬季室内热流走向图
热空气
冷空气

图4

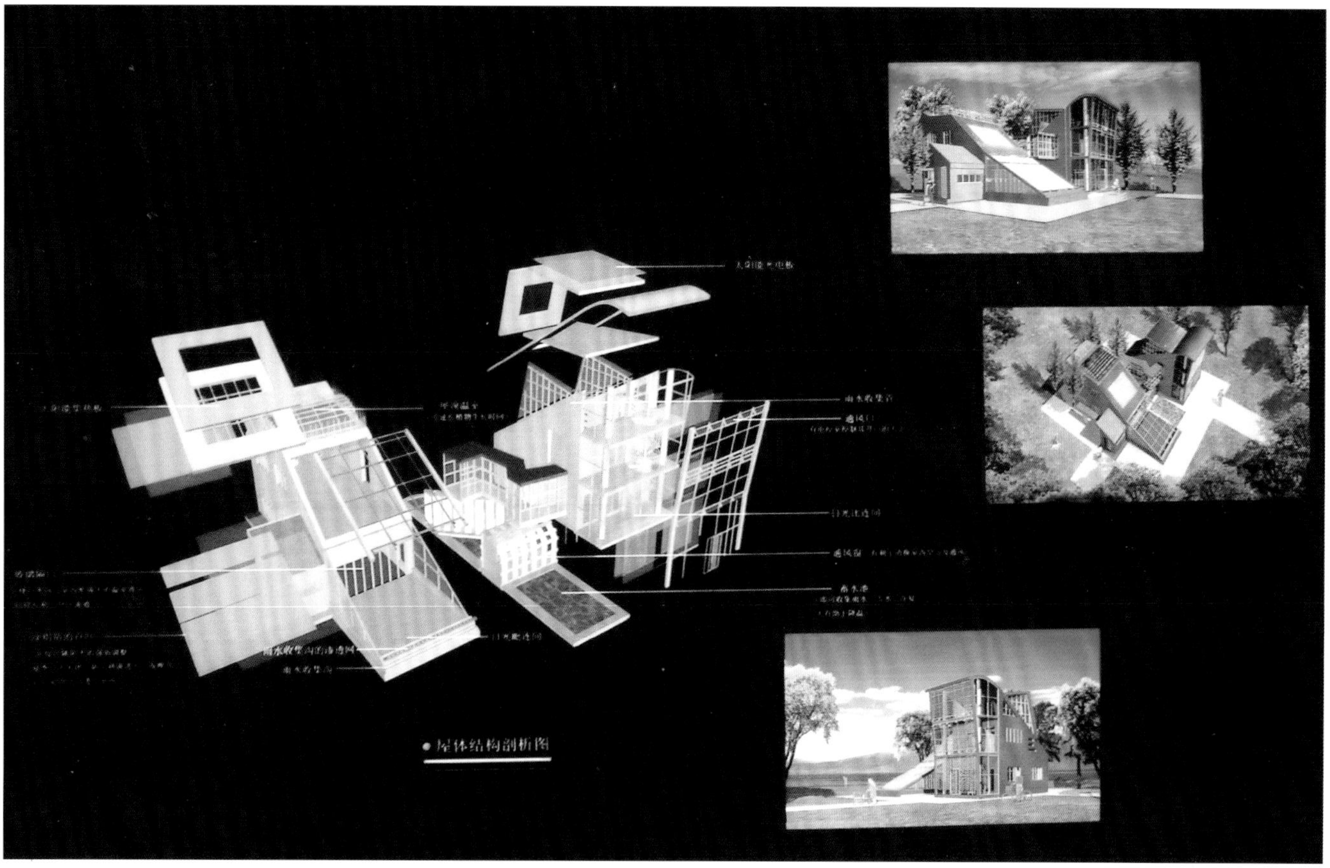

● 屋体结构剖析图

图 5

师生互动

学生：绿色设计是一种风格吗？

老师：绿色设计是一种方法。

学生：绿色设计的方法很多，如何在具体的设计中使用呢？

老师：要分析基地的气候及地理条件等，寻找最适宜的方法才能事半功倍。

绿色设计着眼于人与自然的生态平衡关系，在设计过程的每一个决策中都充分考虑到环境效益，尽量减少对环境的破坏。绿色设计的核心是"3R"，即Reduce、Recycle和Reuse，不仅要尽量减少物质和能源的消耗、减少有害物质的排放，而且还要使产品及零部件能够方便地分类回收并再生循环或重新利用。绿色设计不仅是一种技术层面的考量，更重要的是一种观念上的变革，要求设计师放弃那种过分强调在外观上标新立异的做法，而将重点放在真正意义上的创新上面，以一种更为负责的方法去创造。

Sound effects opicture of buliding
DESIGN OF ECOLOGIC
图6

Sound effects picture of buliding
DESIGN OF ECOLOGIC VILLA
图7

Sound effects picture of sleeping room
DESIGN OF ECOLOGIC VILLA

图 8

Sound effects picture of toilet
DESIGN OF ECOLOGIC VILLA

图 9

picture oftrysting place
DESIGN OF ECOLOGIC VILLA

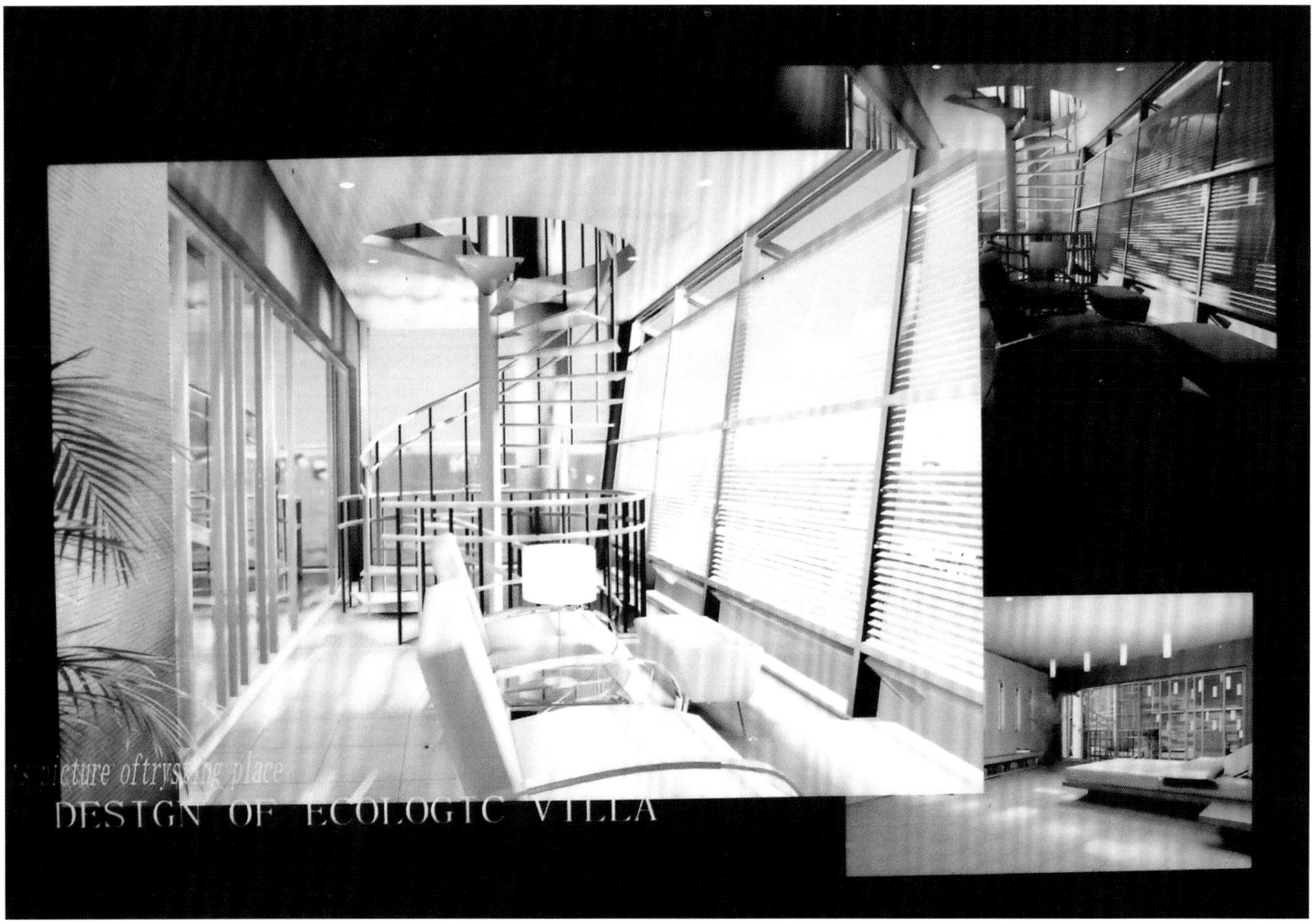

图 10

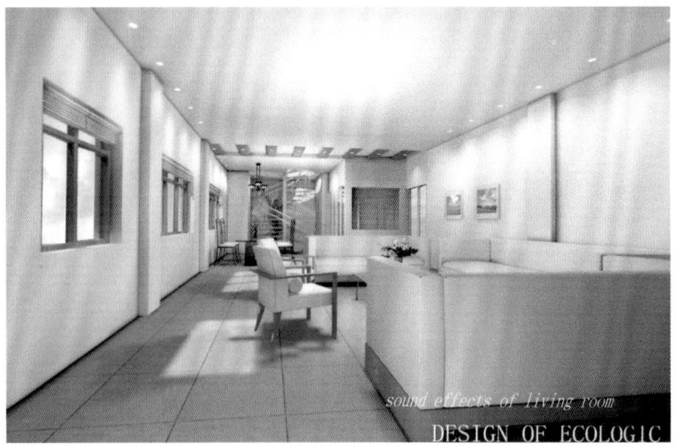

sound effects of living room
DESIGN OF ECOLOGIC

图 11

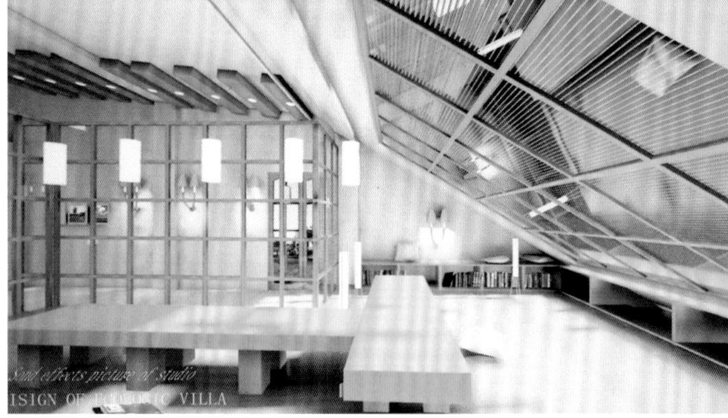

Sond effects picture of studio

图 12

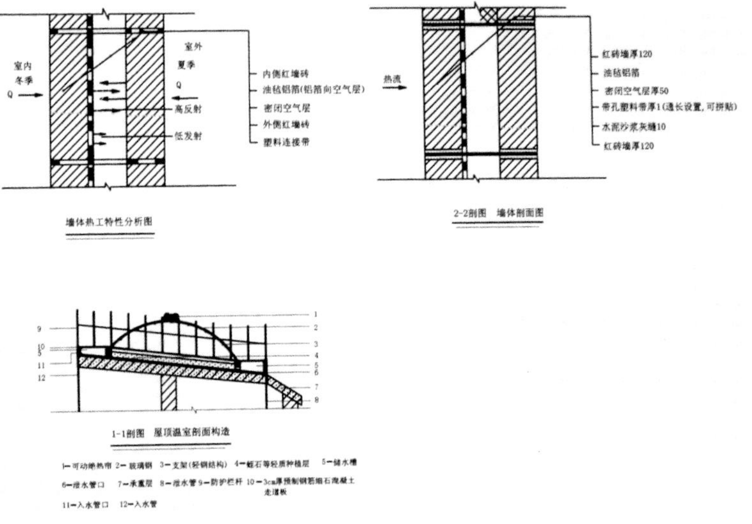
室内
冬季
Q
室外
夏季
Q
高反射
低发射
内侧红墙砖
油毡铝箔(铝箔向空气层)
密闭空气层
外侧红墙砖
塑料连接带
墙体热工特性分析图
热流
红砖墙厚120
油毡铝箔
密闭空气层厚50
带孔塑料带厚1(通长设置,可拼贴)
水泥沙浆灰缝10
红砖墙厚120
2-2剖图 墙体剖面图
1-1剖图 屋顶温室剖面构造
1—可动绝热帘 2—玻璃钢 3—支架(轻钢结构) 4—蛭石等轻质种植层 5—储水槽
6—排水管口 7—承重层 8—排水管 9—防护栏杆 10—3cm厚预制钢筋细石混凝土走道板
11—入水管口 12—入水管

图 13

图 14

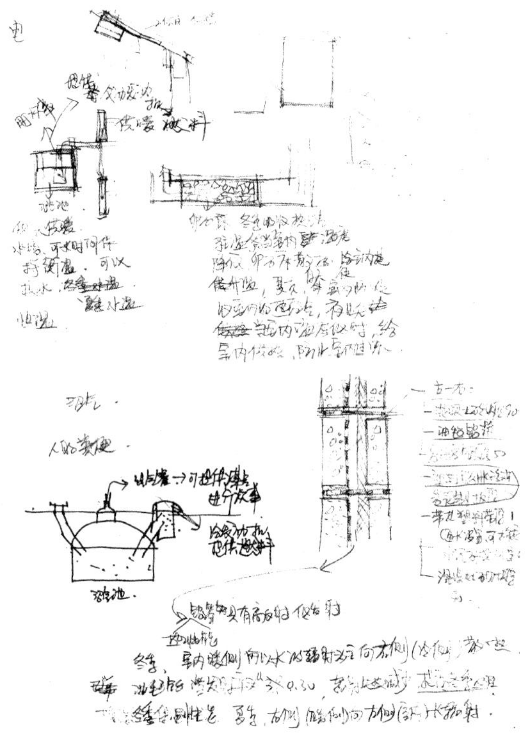

图 15

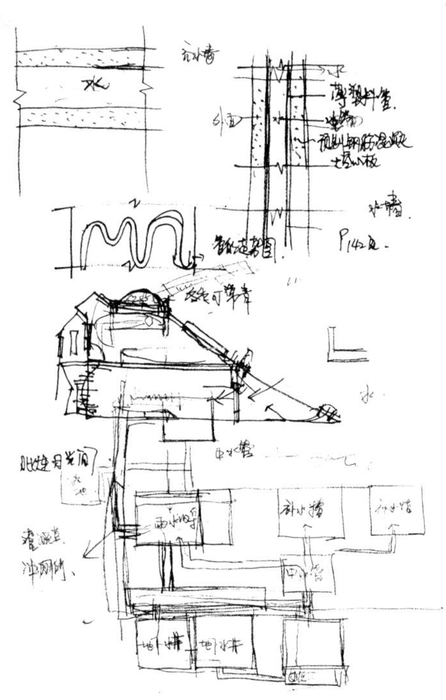

图 16

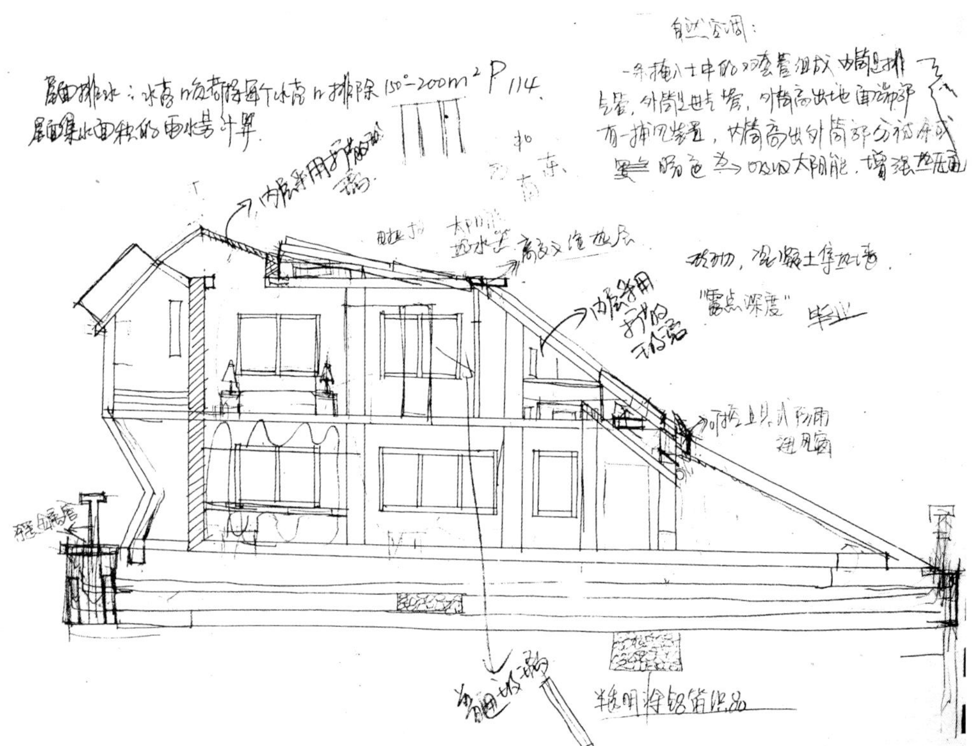

图 17

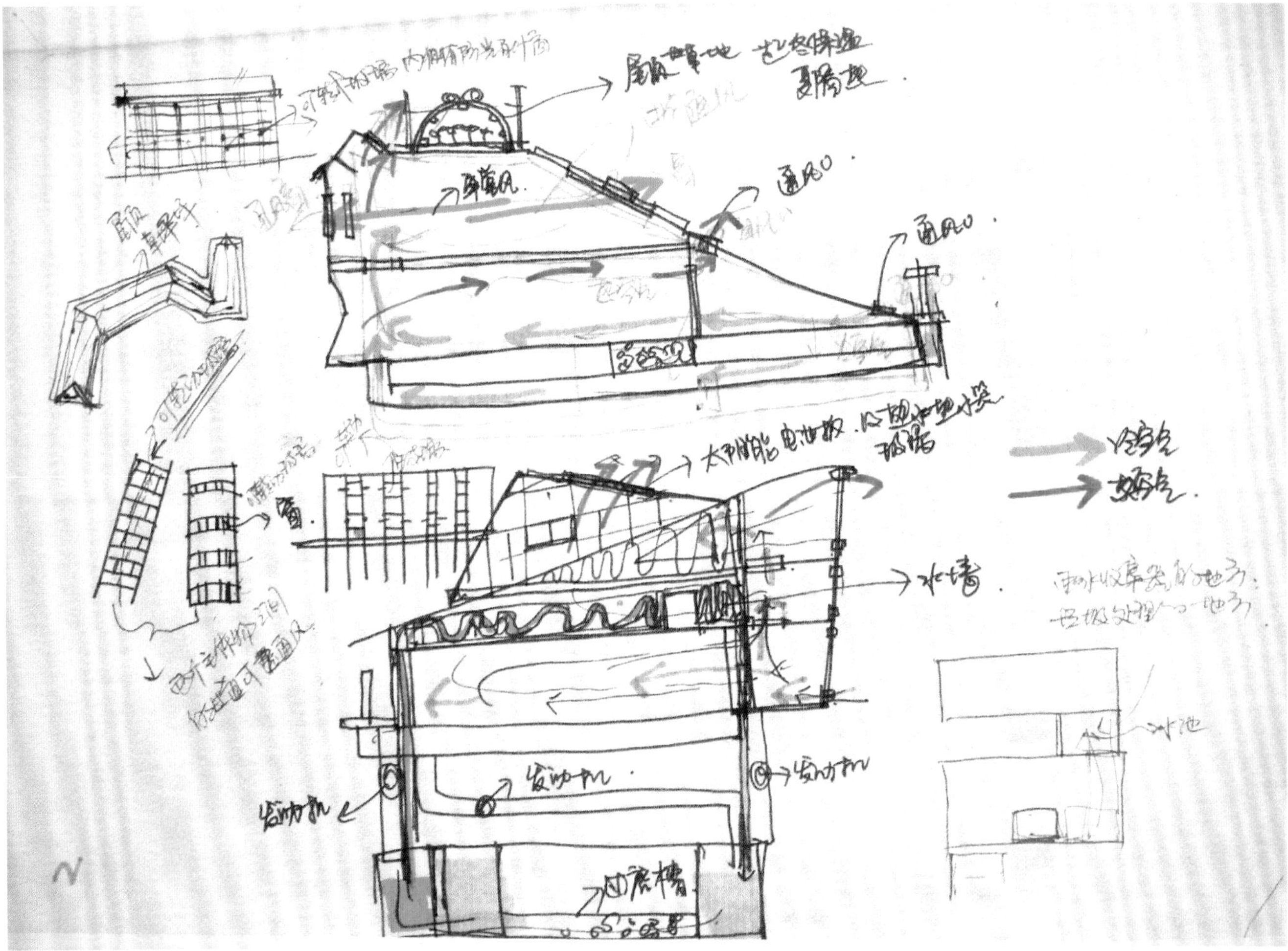

图 18

师生互动

学生：请介绍一下国内设计尤其是室内设计目前的发展现状及前景？

老师：绿色设计在现代化的今天，不仅仅是一句时髦的口号，而是切切实实关系到每一个人的切身利益的事。这对子孙后代，对整个人类社会的贡献和影响都将是不可估量的。

中国的现代室内设计真正起步应是在改革开放后的二十多年，一开始受传统观念的影响较大，表现为重视表面效果，侧重装饰。大多数设计师借助资料对中外传统及现代流派进行模仿，没有把自己的想法融合进去，造成了许多设计的雷同和一般化问题。经过二十多年时间，随着建筑、建材等相关行业的同步发展，众多设计师通过设计实践、研究，并吸取国外新的设计理念，已经取得了很大的发展和进步。现已涌现出了一批有实力的设计企业和高水平的设计师，他们不仅重视美学研究，而且还重视设计中的科技含量。既注重空间及综合功能设计，还追求人居环境的高品质。从目前情况来看，由于我们的设计队伍庞大，发展不平衡，国内的设计整体水平和国外相比还是存在很大的差距。面对人类生存环境存在的种种危机，应改变人们追求奢华的观念，逐步走向绿色设计，创造出具有中国文化特色的现代建筑、环境艺术设计文化，成为摆在中国建筑、环境艺术设计师面前的一项重要任务，因为这是中国建筑、环境艺术设计的唯一出路，也是世界建筑、环境艺术内设计的唯一出路。

王瑾 《生态别墅设计》

评图：

图1：运用绿色设计理念，力求创造一种全新的自然质朴的生活方式。

图2：三种绿色设计方法的分析图，沼气能的利用及垃圾的处理，水资源的循环利用，太阳能利用和建筑节能。

沼气能的利用及垃圾的处理：别墅地下设计了一个沼气池，沼气的原料由日常生活垃圾及人的粪便和植物的落叶提供。

水资源的循环利用：别墅两主体物之间设计了蓄水池，屋檐下安装了雨落管及过水沟。收集的雨水冲厕、灌溉及放入过滤池渗入到地下水井。

图3：日照分析图。南面的日光间使冬季保温、夏季的隔热性能得以增强，由于日光间具有温室效应，使整个别墅处于一个保温状态。

图4：通风示意分析图。分析了夏季和冬季空气走向的各自的特点。

图5：屋体结构剖析图。该别墅设计中尽量提高热工性能，减少热损耗、实现节能。普通别墅外墙的热阻系数0.885，而生态墙则增加到1.295，体积和重量则无变化。

图6、7：建筑外观效果。屋面植被化和自然的绿化。屋面绿化，夏天可以吸热防晒，冬天屋顶上的植被层又起到了保温的作用。屋顶种植层由小卵石、矿渣、陶粒等组成。为了延长植物生长的时间，屋顶建了一个温室。

图8～12：别墅内部设计。通过对屋内地面的地热技术处理，以保持室内温度的恒定。

窗户的传热系数为普通别墅的20%。该别墅的马桶下有一根较粗的管子，直通沼气池的原料管，经沼气微生物的分解，转化为沼气及发酵液，以提供日常的炊事燃料和室内植物的肥料。有机垃圾和无机垃圾分开放置。

图13：普通别墅外墙的热阻系数是0.885，生态墙则可增加到1.295，体积和重量则无变化。

图14～18：设计中的草图分析。草图的勾画对设计的过程和结果都极其重要。

总评：

太阳能利用和建筑节能：该别墅居住者所使用的能量的三分之二是由太阳能光电板装置产生的电力供给的。太阳能集热板与南面斜屋顶的设计融为一体，功能和形式结合巧妙。太阳能集热板用来加热循环水，水加热后被贮存在地下保温水池里。

该同学的生态别墅设计是对生态可持续住宅的进一步探讨，主要对太阳能利用，沼气能利用，节能节水，绿化及绿色材料进行了总的实验和研究。尽量达到“零能”建筑的标准。

该别墅总面积大约280多平方米，处于北纬34～36度之间，是太阳能较弱地区，该同学期望运用绿色设计的理念，将该建筑作为绿色设计综合运用的典范，创造一种全新的自然质朴的生活方式。

刘晓点《新型垃圾处理中心》

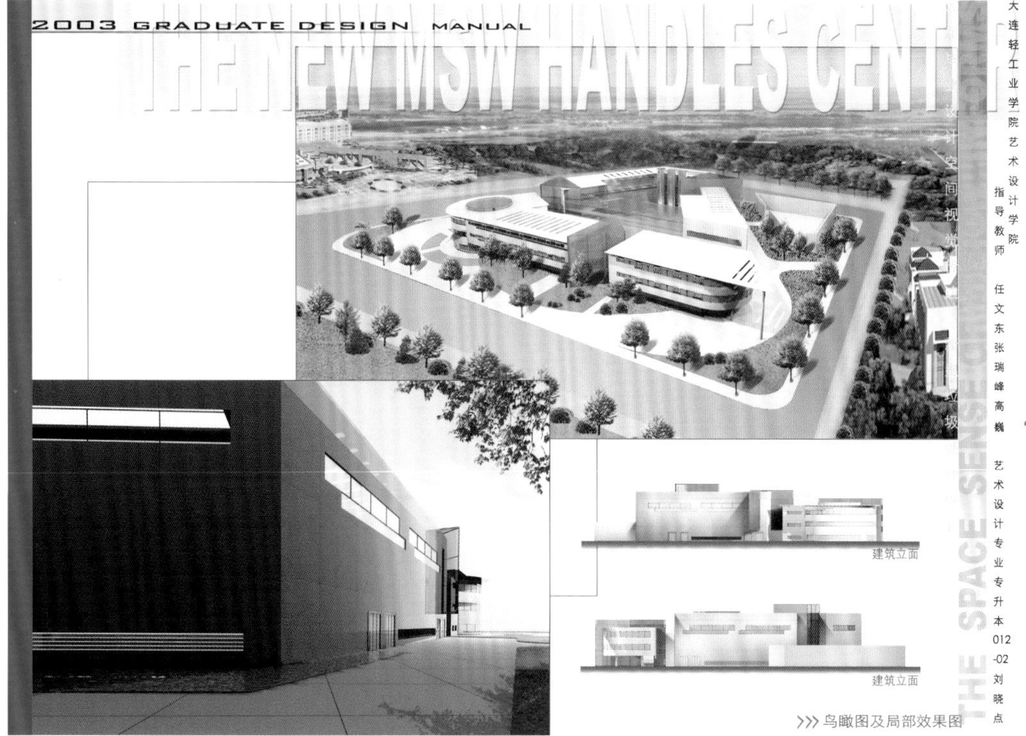

图1

2003 GRADUATE DESIGN MANUAL
THE NEW MSW HANDLES CENTER
垃圾堆肥处
厂区
办公区
宿舍区
设计说明
随着我国城市人口的猛增，城市生活垃圾造成的污染，困扰和制约着现代城市的可持续发展，对垃圾的有效回收和再利用成为一个新的课题。
本设计是针对这一问题兴建的新型垃圾回收处理中心。该建筑利用城市的循环再生材料建造，不仅可以有效回收处理城市垃圾，建筑本身也成为垃圾资源化处理利用的典范。
建筑主体平面采用世界通用三角形循环符号，不仅直接体现了建筑的性质，而且节约用地，在空间分割，日照与通风方面考虑其合理性。具有循环意义的建筑体按功能分成两个相互联系又相互区别的部分，办公区及职工宿舍设于东南面，一层部分架空，设为停车场。垃圾回收厂区采用先进硫化床技术，将回收可再利用的材料分类送往专门的处理厂，不可再生的垃圾进入焚烧系统，产生的热量用于发电，炉渣经过处理用于公路铺地，最大程度减少污染。
设计空间视觉传达
新型垃圾处理中心
大连轻工业学院艺术设计学院
指导教师 任文东 张瑞峰 高巍
艺术设计专业专升本012-02 刘晓点
THE SPACE SENSE OF VISION
▲ 主入口 用于办公车辆进入
办公楼与宿舍楼设在西南方向，利于日照采光
▲ 清洁车入口 用于运输垃圾及回收垃圾车辆进入．城市垃圾通过车辆直接进入厂房固定倾倒坑，经过机器破碎，筛子分选，将可循环的垃圾回收，运往专门的处理厂，剩余垃圾进入焚烧炉焚烧。
>>> 平面及设计说明

图2

二楼开畅式办公空间体现流通与整体感，简洁明快，减少过多装饰，采用可回收材料装饰。

图 3

接待区利用再生玻璃，金属作为隔断，墙面挂垃圾回收利用说明图

图 4

2003 GRADUATE DESIGN MANUAL
THE NEW MSW HANDLES CENTER
SPACE SENSE OF VISION INFORMS
2003届毕业设计空间视觉传达
新型垃圾处理中心
大连轻工业学院艺术设计学院
指导教师 任文东张瑞峰高巍
艺术设计专业专升本012-02 刘晓点
再生地毯
再生瓷砖
三楼经理室办公空间效果

图5

2003 GRADUATE DESIGN MANUAL
THE NEW MSW HANDLES CENTER
THE SPACE SENSE OF VISION INFORMS
2003届毕业设计空间视觉传达
新型垃圾处理中心
大连轻工业学院艺术设计学院
指导教师 任文东张瑞峰高巍
艺术设计专业专升本012-02 刘晓点
办公空间以蓝色与白色为主色调，采用可循环再生的垃圾材料在于推广它的广泛使用性。垃圾的资源化处理是城市可持续发展的重要保证。
三楼经理室办公空间效果

图6

2003 GRADUATE DESIGN MANUAL
THE NEW MSW HANDLES CENTER
2003届毕业设计空间视觉传达
新型垃圾处理中心
大连轻工业学院艺术设计学院
指导教师
任文东 张瑞峰 高巍
艺术设计专业专升本012-02 刘晓点
THE SPACE SERIES OF VISION INFORMS
废旧金属再生
玻璃碎片与混凝土淤渣再生地面
设计说明
办公楼一层没有架空部分设为圆形展厅，展示可循环使用的垃圾，及废旧材料做的艺术品。地面由玻璃碎片与混凝土淤渣再生的材料铺设。为体现循环意义，由废旧金属再生的材料螺旋式铺设。顶棚采自然光，中厅由废弃钢管，建筑垃圾拼集的雕塑。中间悬挂水晶球体，展示了一个被垃圾包围的地球。展厅对外开放，电脑屏幕用于说明有关循环再利用的内容，提高人们的环保意识。
>>>一楼展厅效果

图 7

2003 GRADUATE DESIGN MANUAL

THE NEW MSW HANDLES CENTER

2003届毕业设计空间视觉传达

新型垃圾处理中心

大连轻工业学院艺术设计学院

指导教师

任文东 张瑞峰 高巍

艺术设计专业专升本012-02 刘晓点

SPACE SERIES OF VISION INFORMS

再生刨花板展台

再生墙纸

>>>一楼展厅效果

图 8

图9

2003 GRADUATE DESIGN MANUAL

THE NEW MSW HANDLES CENTER

THE SPACE SENSE OF VISION INFORMS

设计空间视觉传达 新型垃圾处理中心

大连轻工业学院艺术设计学院

指导教师 任文东 张瑞峰 高巍

艺术设计专业专升本012-02 刘晓点

建筑立面 办公楼与宿舍楼由蓝色玻璃体连接，玻璃体一层设为通道，可供员工通行．两边为花房，将绿色引入室内。一层部分架空，既可作为停车场，又不阻碍通风，将办公楼与宿舍楼设于上风方，避免烟尘反向污染。楼梯设于玻璃体两侧，三个玻璃体指引入口方向。

>>>整体效果图

图10

2003 GRADUATE DESIGN MANUAL

2003届毕业设计空间视觉传达

新型垃圾处理中心

大连轻工业学院艺术设计学院

指导教师 任文东 张瑞峰 高巍

艺术设计专业专升本012-02 刘晓点

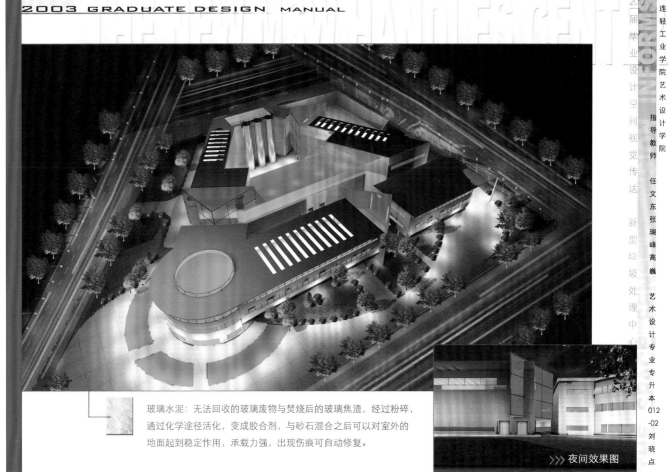

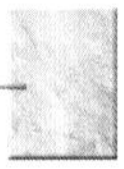

玻璃水泥：无法回收的玻璃废物与焚烧后的玻璃焦渣，经过粉碎，通过化学途径活化，变成胶合剂，与砂石混合之后可以对室外的地面起到稳定作用，承载力强，出现伤痕可自动修复。

夜间效果图

图11

师生互动

学生：作为设计师的我们，应该怎么做呢？

老师：记得有位设计专家曾经这么评价设计师，一个优秀的室内装饰设计师，除了要具有业务素质和创意灵感外，最重要的是敬业精神和责任感。从设计的角度，现在人崇尚自然环保，设计师在设计居室时除了功能和美观，也要从绿色环保着手，一是设计中选择绿色建材；二是设计时考虑节能等环保要求。设计师不但在设计方面要有责任感，更要从社会责任的角度理解一个绿色、安全、节能、环保的居室设计对家庭和整个社会的影响。

刘晓点 《新型垃圾处理中心》

评图：

图 1、2：循环再牛是新型垃圾处理中心的主要设计思想。循环是指事物周而复始的运动或变化。再生则是将旧事物赋予新的利用价值。该设计是通过对循环符号的使用，再生材料的利用，空间分割和花园式工厂的思想贯通。

首尾相接的三角形循环标志着产品材料的可循环使用性。在该设计中，主要建筑体平面采用循环符号，从外观上直接体现了工厂性质，即对城市垃圾的循环再生利用。三角形建筑可有效节约用地，分成两个相互联系又有区别的部分。办公区与职工宿舍建于上风方，朝向东南，利于日照采光。部分架空设为停车场，充分利用空间，又不阻碍风向流通。厂区设于下风方，避免烟尘的反向污染。各建筑单体间有蓝色玻璃体连接，入口处设于两侧。蓝色玻璃体建筑阻挡强烈日光的直射，使室内光线柔和。夜间玻璃窗自动打开，进行自然风的循环。

图 3、4：二层为办公区。平面布置体现循环流通的感觉。以蓝色和白色为主色调，减少过多的分割与装饰，使办公空间通畅简洁明快。从一层展厅的螺旋楼梯进入二楼一个圆形流通区，阳光通过三层的透明玻璃顶柔和的射入。圆形办公区分割成独立的办公室，经理室设在中央阳光充足的地方。走廊直对另一入口处，疏散路线明确。二层玻璃体是一个开放式的可供小型会议和休息的空间。会议桌采用三角形，与玻璃体的造型一致。接待区利用废玻璃与金属作为隔断。

图 5、6：三层为化学实验室，用于对垃圾材料的化验分析，提高垃圾资源的再生和综合利用水平。实验室与化验室分成两个独立封闭的空间，走廊位于建筑两侧。顶棚采用部分透明玻璃，采自然光。夜间也可开启通风。地面采用废轮胎再生地板。

图 7～9：办公楼一层展厅对外开放，除展示废旧物品拼集的艺术品外，本身是由垃圾回收材料装饰。地面由玻璃瓶碎片及钢筋混凝土淤渣再生的材料铺设。这种材料 95% 为玻璃瓶碎片及钢筋混凝土淤渣，再加入一定的硫化铁，硫酸钠和石墨以控制结晶的生成。该材料的弯曲强度是大理石的 1.65 倍，耐酸性则是大理石的 8 倍。

入口处地面由玻璃碎片铺设以展示新型材料的原料。为体现循环意义，由废旧金属再生材料螺旋式铺设。顶棚透明玻璃采自然光，展厅中央是废旧钢管与建筑垃圾拼集的雕塑。中央悬挂水晶球体，展示了一个被垃圾包围的地球。圆形展台为废玻璃再生材料，方形展架由再生刨花板所制，展示的都是废弃物改制的艺术品。入口处展示的建筑墙体由城市垃圾经过发酵与石灰等物混合烧制的墙体，具有隔音保温的功能。两边可活动的墙体用于悬挂回收利用的说明图，行人通过玻璃窗可以看到展示的图片。展厅设有多媒体屏幕，演示垃圾循环再利用的内容。展厅内的休息椅是对旧轮胎的再生利用。

图 10、11：外观及建筑夜景。厂房用于垃圾的回收处理焚烧。垃圾通过专用的垃圾运输车辆把从周围地区收集的生活垃圾和难处理的废弃物倒入垃圾储藏仓。它们通过漏斗进入生活垃圾分类系统。在此之前一直混在生活垃圾和难处理垃圾中的有价值的和有害的物质将被分拣出来。厂房通过建筑一层的排风口和条形窗通风，在不影响生产活动的厂区空地上植树铺设草坪，以调节空气减少污染，使工厂和地区环境相协调。

总评：

垃圾资源化处理是指把垃圾作为一种可循环和再生的资源加以回收和利用，对生活垃圾分类收集、分类处理，最大限度提高垃圾的再生和综合利用水平，同时把垃圾对环境的污染降到最低限度，使生活垃圾进入良性生态循环。

我国城市垃圾以每年 6%～8% 的年均速度增长，没有实行无害化处理的自然堆放和填埋的城市生活垃圾已成为我国环境污染的主要污染源。垃圾的污染日益困扰和制约着现代城市的可持续发展，对垃圾的有效回收再利用成为一个新的课题。一些资源家提出，生活垃圾是目前世界上唯一不断增长的潜在资源，蕴藏着丰富的再利用价值。该同学利用城市垃圾的循环再生材料建造的新型垃圾处理中心，以循环再生为主要设计思想，不仅可以有效回收处理城市垃圾，建筑本身也成为垃圾资源化处理利用的典范。

郭家锴

《空间实验室》

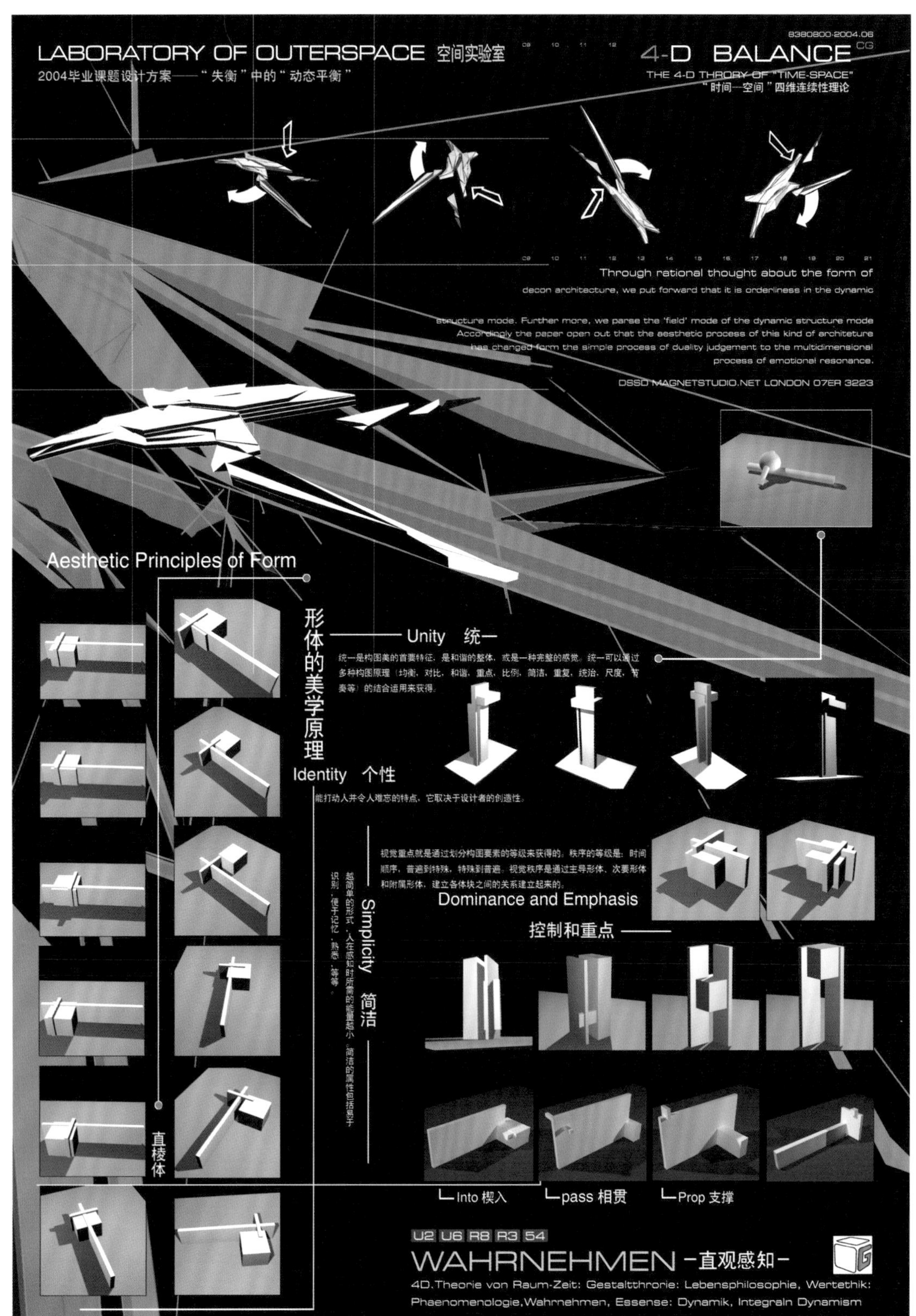
LABORATORY OF OUTERSPACE 空间实验室
2004毕业课题设计方案——"失衡"中的"动态平衡"
8380800-2004.06
4-D BALANCE CG
THE 4-D THRORY OF "TIME-SPACE"
"时间—空间"四维连续性理论
Through rational thought about the form of decon architecture, we put forward that it is orderliness in the dynamic structure mode. Further more, we parse the 'field' mode of the dynamic structure mode Accordingly the paper open out that the aesthetic process of this kind of architecture has changed form the simple process of duality judgement to the multidimensional process of emotional resonance.
DSSD MAGNETSTUDIO.NET LONDON 07ER 3223
Aesthetic Principles of Form
形体的美学原理
Unity 统一
统一是构图美的首要特征，是和谐的整体，或是一种完整的感觉。统一可以通过多种构图原理（均衡，对比，和谐，重点，比例，简洁，重复，统治，尺度，节奏等）的结合运用来获得。
Identity 个性
能打动人并令人难忘的特点，它取决于设计者的创造性。
Simplicity 简洁
越简单的形式，人在感知时所需的能量越小。简洁的属性包括易于识别，便于记忆，熟悉，等等。
视觉重点就是通过划分构图要素的等级来获得的。秩序的等级是：时间顺序，普遍到特殊，特殊到普遍。视觉秩序是通过主导形体、次要形体和附属形体，建立各体块之间的关系建立起来的。
Dominance and Emphasis
控制和重点
直棱体
Into 楔入
pass 相贯
Prop 支撑
U2 U6 R8 R3 54
WAHRNEHMEN -直观感知-
4D.Theorie von Raum-Zeit: Gestaltthrorie: Lebensphilosophie, Wertethik: Phaenomenologie,Wahrnehmen, Essense: Dynamik, Integraln Dynamism

图1

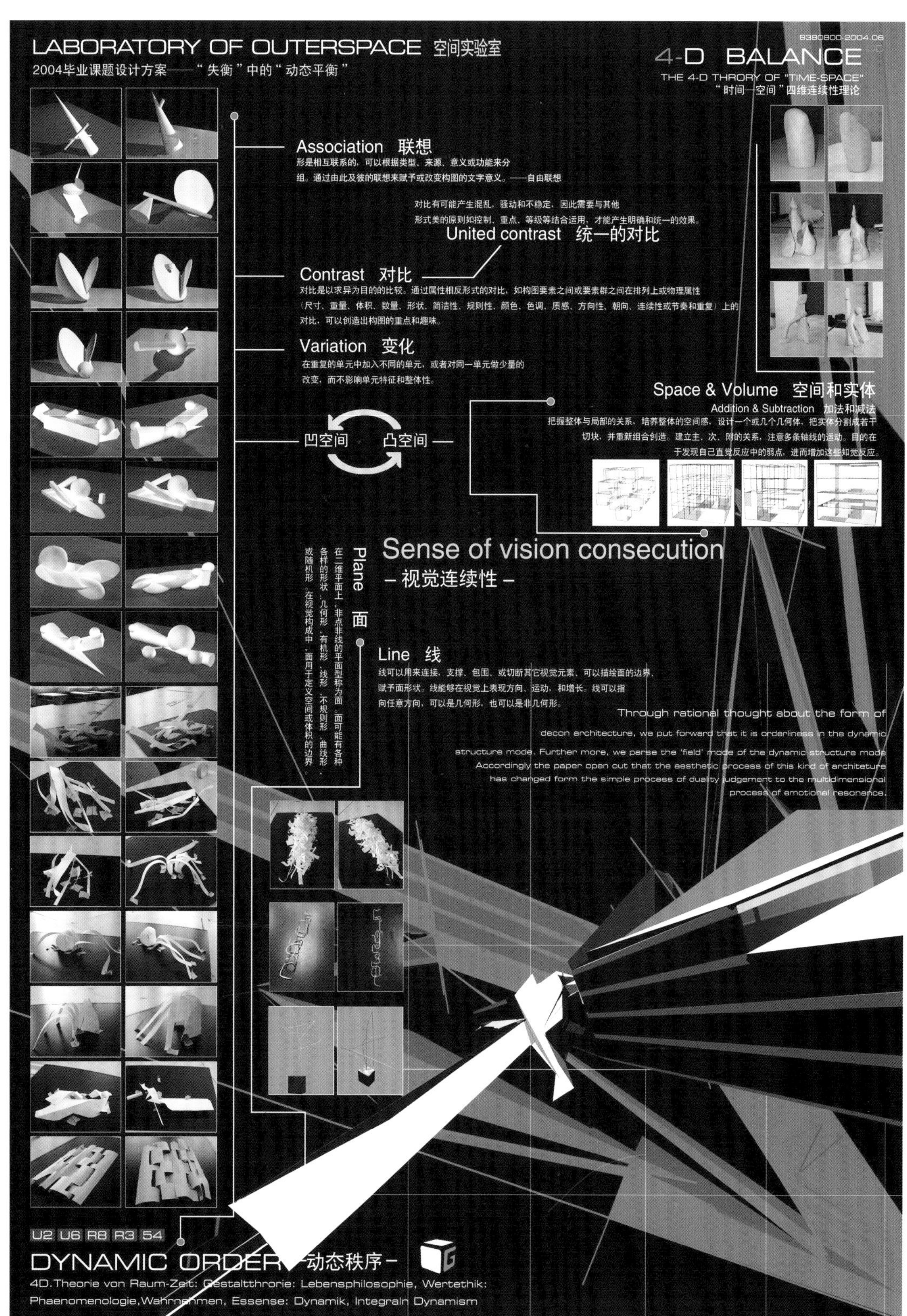

LABORATORY OF OUTERSPACE 空间实验室
2004毕业课题设计方案——“失衡”中的“动态平衡”
8380800-2004.06
4-D BALANCE
THE 4-D THRORY OF "TIME-SPACE"
“时间—空间”四维连续性理论
Association 联想
形是相互联系的，可以根据类型、来源、意义或功能来分
组。通过由此及彼的联想来赋予或改变构图的文字意义。——自由联想
对比有可能产生混乱，骚动和不稳定，因此需要与其他
形式美的原则如控制、重点、等级等结合运用，才能产生明确和统一的效果。
United contrast 统一的对比
Contrast 对比
对比是以求异为目的的比较。通过属性相反形式的对比，如构图要素之间或要素群之间在排列上或物理属性
（尺寸、重量、体积、数量、形状、简洁性、规则性、颜色、色调、质感、方向性、朝向、连续性或节奏和重复）上的
对比，可以创造出构图的重点和趣味。
Variation 变化
在重复的单元中加入不同的单元，或者对同一单元做少量的
改变，而不影响单元特征和整体性。
Space & Volume 空间和实体
Addition & Subtraction 加法和减法
把握整体与局部的关系，培养整体的空间感，设计一个或几个几何体，把实体分割成若干
切块，并重新组合创造。建立主、次、附的关系，注意多条轴线的运动。目的在
于发现自己直觉反应中的弱点，进而增加这些知觉反应。
凹空间 凸空间
Sense of vision consecution
– 视觉连续性 –
Plane 面
在二维平面上，非点非线的平面型称为面。面可能有各种各样的形状：几何形，有机形，线形，不规则形，曲线形，或随机形。在视觉构成中，面用于定义空间或体积的边界。
Line 线
线可以用来连接，支撑、包围、或切断其它视觉元素、可以描绘面的边界、
赋予面形状。线能够在视觉上表现方向、运动，和增长。线可以指
向任意方向，可以是几何形，也可以是非几何形。
Through rational thought about the form of
decon architecture, we put forward that it is orderliness in the dynamic
structure mode. Further more, we parse the 'field' mode of the dynamic structure mode
Accordingly the paper open out that the aesthetic process of this kind of architeture
has changed form the simple process of duality judgement to the multidimensional
process of emotional resonance.
U2 U6 R8 R3 54
DYNAMIC ORDER –动态秩序–
4D.Theorie von Raum-Zeit: Gestaltthrorie: Lebensphilosophie, Wertethik:
Phaenomenologie,Wahrnehmen, Essense: Dynamik, Integraln Dynamism

图 2

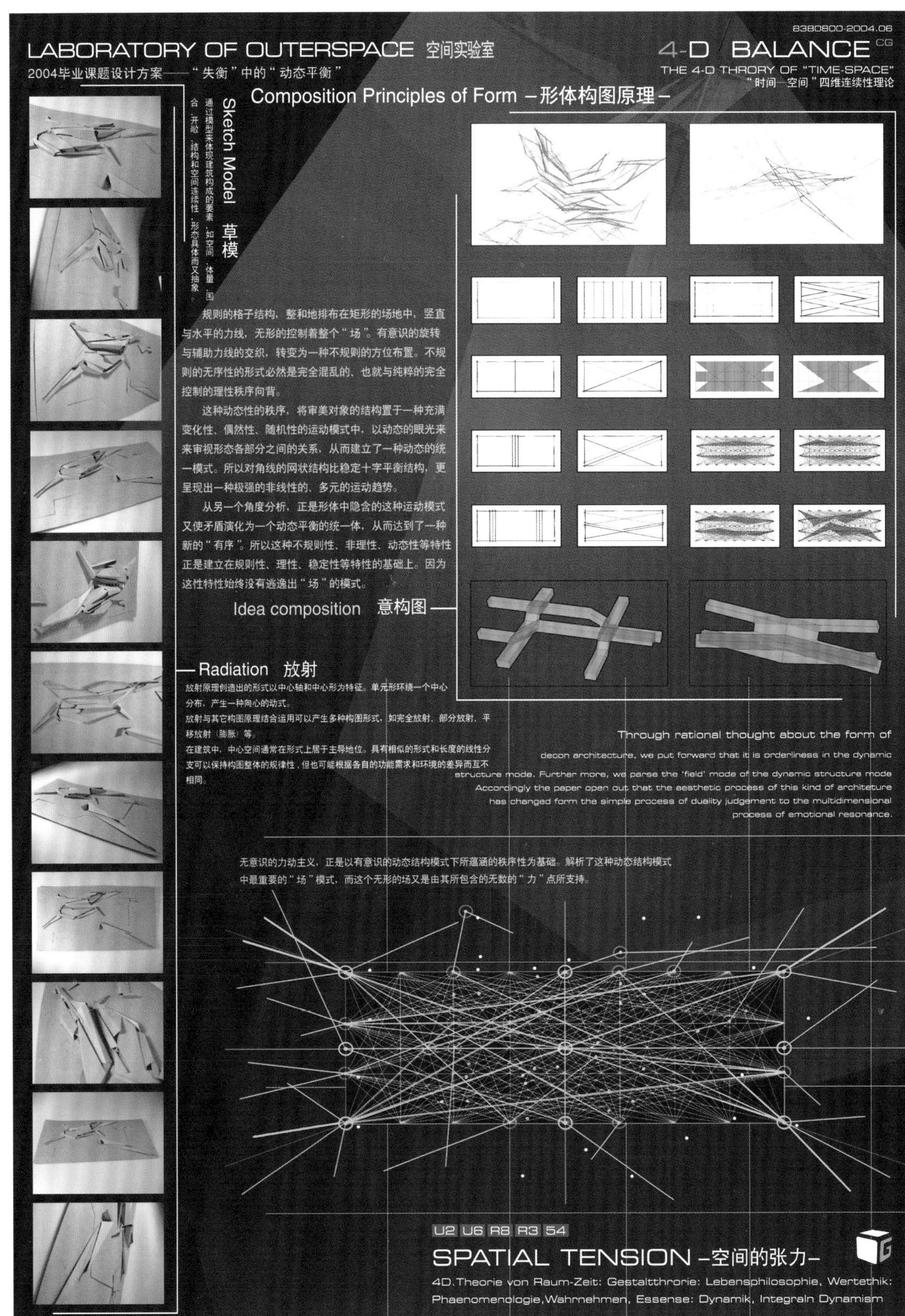
8380800-2004.06
LABORATORY OF OUTERSPACE 空间实验室
2004毕业课题设计方案——“失衡”中的“动态平衡”
4-D BALANCE CG
THE 4-D THRORY OF "TIME-SPACE"
“时间—空间”四维连续性理论
Composition Principles of Form –形体构图原理–
Sketch Model 草模
通过模型来体现建筑构成的要素，如空间，体量，围合，开敞，结构和空间连续性，形态具体而又抽象。
规则的格子结构，整和地排布在矩形的场地中，竖直与水平的力线，无形的控制着整个“场”。有意识的旋转与辅助力线的交织，转变为一种不规则的方位布置。不规则的无序性的形式必然是完全混乱的、也就与纯粹的完全控制的理性秩序向背。
这种动态性的秩序，将审美对象的结构置于一种充满变化性、偶然性、随机性的运动模式中，以动态的眼光来来审视形态各部分之间的关系，从而建立了一种动态的统一模式。所以对角线的网状结构比稳定十字平衡结构，更呈现出一种极强的非线性的、多元的运动趋势。
从另一个角度分析，正是形体中隐含的这种运动模式又使矛盾演化为一个动态平衡的统一体，从而达到了一种新的“有序”。所以这种不规则性、非理性、动态性等特性正是建立在规则性、理性、稳定性等特性的基础上。因为这性特性始终没有逃逸出“场”的模式。
Idea composition 意构图
Radiation 放射
放射原理创造出的形式以中心轴和中心形为特征。单元形环绕一个中心分布，产生一种向心的动式。
放射与其它构图原理结合运用可以产生多种构图形式，如完全放射、部分放射、平移放射（膨胀）等。
在建筑中，中心空间通常在形式上居于主导地位。具有相似的形式和长度的线性分支可以保持构图整体的规律性，但也可能根据各自的功能需求和环境的差异而互不相同。
Through rational thought about the form of decon architecture, we put forward that it is orderliness in the dynamic structure mode. Further more, we parse the 'field' mode of the dynamic structure mode Accordingly the paper open out that the aesthetic process of this kind of architeture has changed form the simple process of duality judgement to the multidimensional process of emotional resonance.
无意识的力动主义，正是以有意识的动态结构模式下所蕴涵的秩序性为基础。解析了这种动态结构模式中最重要的“场”模式，而这个无形的场又是由其所包含的无数的“力”点所支持。
U2 U6 R8 R3 54
SPATIAL TENSION –空间的张力–
4D.Theorie von Raum-Zeit: Gestaltthrorie: Lebensphilosophie, Wertethik: Phaenomenologie,Wahrnehmen, Essense: Dynamik, Integraln Dynamism

图3

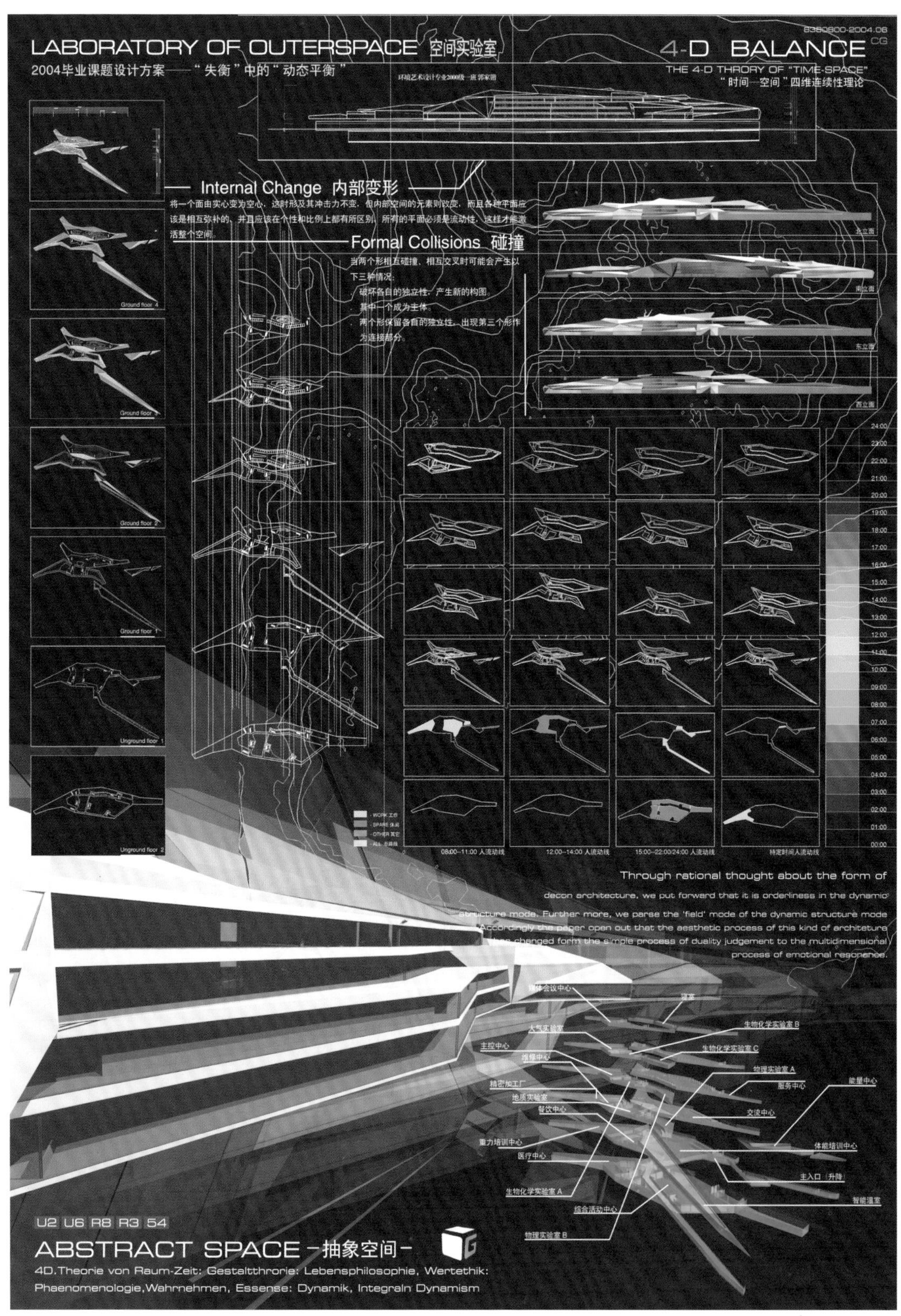
LABORATORY OF OUTERSPACE 空间实验室
2004毕业课题设计方案——“失衡”中的“动态平衡”
8380800-2004.06
CG
4-D BALANCE
THE 4-D THRORY OF "TIME-SPACE"
“时间—空间”四维连续性理论
Internal Change 内部变形
将一个面由实心变为空心，这时形及其冲击力不变，但内部空间的元素则改变，而且各种平面应该是相互弥补的，并且应该在个性和比例上都有所区别，所有的平面必须是流动性，这样才能激活整个空间。
Formal Collisions 碰撞
当两个形相互碰撞、相互交叉时可能会产生以下三种情况：
破坏各自的独立性，产生新的构图。
其中一个成为主体。
两个形保留各自的独立性，出现第三个形作为连接部分。
Ground floor 4
Ground floor 3
Ground floor 2
Ground floor 1
Unground floor 1
Unground floor 2
08:00--11:00 人流动线
12:00--14:00 人流动线
15:00--22:00/24:00 人流动线
特定时间人流动线
Through rational thought about the form of decon architecture, we put forward that it is orderliness in the dynamic structure mode. Further more, we parse the 'field' mode of the dynamic structure mode Accordingly the paper open out that the aesthetic process of this kind of architeture has changed form the simple process of duality judgement to the multidimensional process of emotional resonance.
大气实验室
主控中心
维修中心
精密加工厂
地质实验室
餐饮中心
重力培训中心
医疗中心
生物化学实验室 A
综合活动中心
物理实验室 B
生物化学实验室 B
生物化学实验室 C
物理实验室 A
服务中心
能量中心
交流中心
体能培训中心
主入口（升降）
智能温室
U2 U6 R8 R3 54
ABSTRACT SPACE -抽象空间-
4D.Theorie von Raum-Zeit: Gestaltthrorie: Lebensphilosophie, Wertethik: Phaenomenologie,Wahrnehmen, Essense: Dynamik, Integraln Dynamism

图4

22

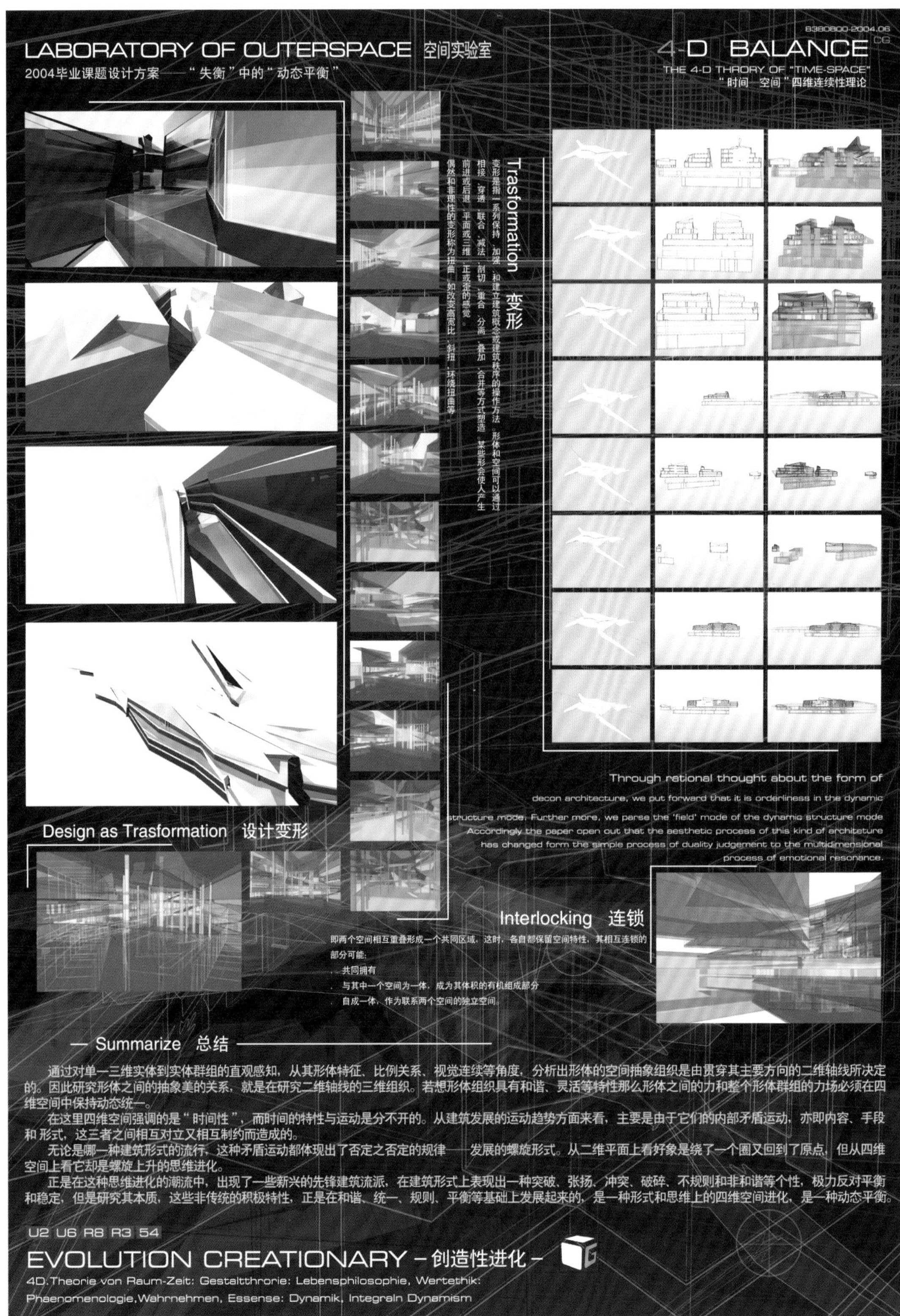

8380800-2004.06
LABORATORY OF OUTERSPACE 空间实验室
2004毕业课题设计方案——"失衡"中的"动态平衡"
4-D BALANCE CG
THE 4-D THRORY OF "TIME-SPACE"
"时间—空间"四维连续性理论
Trasformation 变形
变形是指一系列保持、加强、和建立建筑概念或建筑秩序的操作方法。形体和空间可以通过相接、穿透、联合、减法、剖切、重合、分离、叠加、合并等方式塑造。某些形会使人产生前进或后退、平面或三维、正或歪的感觉。
偶然和非理性的变形称为扭曲。如改变高宽比、斜扭、环绕扭曲等。
Design as Trasformation 设计变形
Through rational thought about the form of decon architecture, we put forward that it is orderliness in the dynamic structure mode. Further more, we parse the 'field' mode of the dynamic structure mode Accordingly the paper open out that the aesthetic process of this kind of architeture has changed form the simple process of duality judgement to the multidimensional process of emotional resonance.
Interlocking 连锁
即两个空间相互重叠形成一个共同区域，这时，各自都保留空间特性，其相互连锁的部分可能：
. 共同拥有
. 与其中一个空间为一体，成为其体积的有机组成部分
. 自成一体，作为联系两个空间的独立空间。
— Summarize 总结
通过对单一三维实体到实体群组的直观感知，从其形体特征、比例关系、视觉连续等角度，分析出形体的空间抽象组织是由贯穿其主要方向的二维轴线所决定的。因此研究形体之间的抽象美的关系，就是在研究二维轴线的三维组织。若想形体组织具有和谐、灵活等特性那么形体之间的力和整个形体群组的力场必须在四维空间中保持动态统一。
在这里四维空间强调的是"时间性"，而时间的特性与运动是分不开的。从建筑发展的运动趋势方面来看，主要是由于它们的内部矛盾运动，亦即内容、手段和 形式，这三者之间相互对立又相互制约而造成的。
无论是哪一种建筑形式的流行，这种矛盾运动都体现出了否定之否定的规律——发展的螺旋形式。从二维平面上看好象是绕了一个圈又回到了原点，但从四维空间上看它却是螺旋上升的思维进化。
正是在这种思维进化的潮流中，出现了一些新兴的先锋建筑流派，在建筑形式上表现出一种突破、张扬、冲突、破碎、不规则和非和谐等个性，极力反对平衡和稳定，但是研究其本质，这些非传统的积极特性，正是在和谐、统一、规则、平衡等基础上发展起来的，是一种形式和思维上的四维空间进化，是一种动态平衡。
U2 U6 R8 R3 54
EVOLUTION CREATIONARY －创造性进化－
4D.Theorie von Raum-Zeit: Gestaltthrorie: Lebensphilosophie, Wertethik:
Phaenomenologie,Wahrnehmen, Essense: Dynamik, Integraln Dynamism

图5

郭家锴 《空间实验室》

评图：

图1：形体的美学原理。通过直棱体间位置上的平行及垂直、支撑、锲入和相贯的连接方法进行构成。以理解简单轴线之间的关系，虽然简单直白，但具整体的约束力，是轴线的空间立体化，构建出模型的基本“力场”。帮助我们从宏观上把握几何特征性的整体统一，进而实现稳定向运动的过渡。

图2：视觉连续性。曲面体与直棱体相比，曲面体的稳定性不强，但更具动性和张力。直棱体＋曲面体，进一步研究动态结构的敏感性，既可以满足整体的平衡，又有个性的体现。空间线，线条在设计中有很多应用，它可以被采用来作为立体造型的轴，描述面和体，勾画轮廓和细节。构成，在构成设计中需要许多元素来表达构思，构成设计应该是抽象的，并且是富有感情的表现。凸面和凹面，探索单一的特定形式的各种属性，练习的目的是创造灵巧的形态。空间分析，研究空间就是在研究空间中平面的各种关系，它们是怎样互联的，因为我们所研究的空间，就是通过规则或不规则的面围合而成的。

图3：定稿意构。作为一种发射的意识流，液晶可以通过一种伸缩机制，反映出一种内在与外在，静态与动态，传统与技术糅合为一的意构。建筑形体的外结构线，在意构中成为“液晶”分子规则格局的意构之力或控制线。从图中可以看出该生空间构成的思考方法，及创作草模。规则的格子结构，整合地排在矩形的场地中，竖直与水平的力线，无形地控制着整个场，有意识的旋转与辅助力线的交织，转变为一种不规则的方位布置。不规则的无序性的形式必然是完全混乱的，也就与纯粹的完全控制的理性秩序相悖。

通过模型来体现建筑构成的要素，如空间、体量、围合、开敞、结构和空间连续性，形态具体而又抽象。

图4：抽象空间。内部功能分析，主入口、综合活动中心、智能温室、体能培训中心、能量中心、医疗中心、重力培训中心、餐饮中心、服务中心、物理实验室、生物化学实验室、地质实验室、维修中心、主控中心、精密加工厂、大气实验室、媒体会议中心、寝室区。

人流动线分析图，浅蓝色代表工作人群，深蓝色代表休闲人群，粉红色代表其他人群，黄色代表总路线。

图5：方案效果。该生研究的结果是一种创造性进化——意识力动网格模式。体现在建筑外部轴线、建筑剖面、建筑内部中。“意识力动”——主观模式的情绪流；“网格模式”——整个“场”被若干个小力场分解成空间的网格。整个模式色应用就是代表“力场”的“网格”，通过“心理力”的控制，重新分配组合。依据是场所的属性和心理力的大小。

总评：该生通过毕业设计来探讨“失衡”中“动态平衡”的问题。大学四年中所要学习的知识很多，而关键在于学习方法的获得。所以该生总结出要想掌握一套成熟而又明晰的设计思路，“基础”最重要。设计之初该生并没有一开始就定下来要做哪一种建筑形式，而是重新回到最原始的形体，通过最基本的美学、构图和变形原理，凭借所学知识，从形体感知到空间分析，经过了实体组织、实体抽象、空间激活、空间设计这样一个过程。认识到形体的创作就是在设计每一条决定形体位置的“轴线”。

通过对单一三维实体到实体群组的直观感知，从其形体特征、比例关系、视觉连续等角度，分析出形体的空间抽象组织是由贯穿其主要方向的二维轴线所决定的。由此总结研究形体之间的抽象美的关系，就是在研究二维轴线的三维组织。若想形体组织具有和谐、灵活等特性，那么形体之间的力和整个形体群组的力场必须在四维空间中保持动态统一。

因此该生设计中运用规则的格子结构，整和地排布在矩形的场地中，竖直与水平的力线，无形的控制着整个“场”。再通过有意识的旋转与辅助力线的交织，转变为一种不规则液晶虚构格局的方位布置。从而形成了一种放射构图，最终通过运用设计变形原理形成了一个动态视觉平衡的建筑簇群。

二、绿色设计课题实践实录

导言：

近年，在许多建筑出版物中，频繁地宣传绿色设计理念和建筑，帮助了生态和环保意识在年轻的设计师和学生们中的广泛传播。但是，建筑实例所展示的效果却很难让读者深入地了解设计者的意图和建设过程中的技术运用。

事实上，我们的研究领域一直在改变，绿色生态建筑不是一个一成不变的理想，而是伴随着科学和技术的发展而被重新界定和评价的不断演进的概念。对于环境艺术专业，我们这个课程的研究和教学计划，实践环节变得更加重要。

要求学生：

首先，使学生能够具备将绿色设计和生态理念的知识转化成建筑的想象力。一个良好的理论基础是必不可少的。其次，学生需要经验型的知识。从实地调研中通过直接的观察和测量，它可以告诉我们不同的技术在实践中应用的效果如何。第三，在不同的设计阶段，我们需要分析的工具和模拟的技术对生态性能进行预测，并在此基础上精细地调整和设计方案的比较。这些是许多在校学生最想得到帮助的地方，也是最不容易接触到和最复杂的部分。

实践地点的选择是在大连大黑石旅游度假村中的两栋别墅作为比较设计。该项目发挥余地大，现有别墅基础情况完全相同，更加有利于在建设过程中作以比较和研究。

项目名称：

大连大黑石旅游度假村生态别墅设计

地理环境：

大连大黑石旅游度假村位于大连市甘井子区营城子镇，占地7.6平方公里，距市中心30公里，距大连港40公里，距旅顺口区18公里，距大连开发区50公里，距空港18公里，是大连市旅游业开发较早的旅游度假村，目前已初具规模。

全景

大黑石有苍天恩赐的自然优势和得天独厚的7华里的黄金海岸线，160余处自然和人工雕琢而成的景观令人流连忘返。高18.8米的千手千眼双面观音菩萨青铜铸像屹立于北普陀山巅。仿汉唐文化迎宾牌楼，高19.9米，宽16.8米，巍巍耸立，无比壮观。仿明清文化海滨牌楼有清末王爷溥杰遗墨“乘龙游海”。传统文化区内，青石雕成的五百罗汉群，神态各异，栩栩如生。晚清文物青石雕成的两条腾飞长龙，长8米矗立于“双龙岛”上，有两艘豪华游艇穿梭往返迎送客人。有巧夺天工的“双龙岛”、“雄狮岛”、“神龟岛”、“灵龟探海”、“神象嬉水”、“母鹿救子”、“时珍忧世”等几十处礁石奇观。原辽宁省省长薄熙来亲笔题字“大黑石旅游度假村”。这里是一个不可多得的旅游盛地。

大黑石月亮湾浴场，水质清澄，滩缓沙纯，造型独特，长达120米永久性的避暑长廊中，摆放100多张大理石石桌石凳，可供上千人用餐休息，廊外骄阳似火，廊内清爽怡人。登高远眺，尽环山之华，绝渤海之秀，山海呼应，胜景无穷。

气候因素：

大连市气候宜人，冬无严寒，夏无酷暑，四季分明，具有海洋特点的温湿带大陆性季风气候。全年平均气温在10摄氏度左右，年降水量550～950毫米，其中60%～70%集中于夏季，多以暴雨形式降水，夜雨多于日雨。全年日照总时数为2500～2800小时。生活与居住环境十分优越，是我国最适宜居住的城市之一。

开发设想：

建设生态环保型别墅。绿色设计和生态理念必须贯彻整个设计过程。

每户建筑面积300～400平方米。每栋别墅2～3层。智能化、独立室温控制和污水处理。能源来自于太阳能及市电结合，满足用户日常需要及便利的要求。拥有花园、草坪、果树、家禽养殖。保证用户拥有较好观景条件。

设计构想和设计实施

考察定位：

从大连轻工业学院出发，经辛寨子到大黑石，车程约20分钟左右。沿路方向为旅顺北路，沿路是一派新型农村的景象。近两年政府投资加大，沿途有德国设计师设计的景观，大量植物的种植，使目前这条路成为大连的新景点，并有原始森林的味道，具有森林氧吧的功能。途中还经西山水库，那里是大连主要的淡水储备地。再经双台沟，便可看见标志大黑石旅游度假村的牌坊。大黑石旅游度假村不仅是旅游度假的好地方，其中还有很多大连著名的学校，包括辽宁省警官学校、大连南洋学校、大连枫叶学校，增添了许多人文气息。主干道的北侧滨海，南侧靠山。主干道的两侧有很多未建成或正在建设的别墅。由于得天独厚的条件，市政府的总体规划中将大黑石村定义为旅游度假村。

营城子镇

路景住宅

双台沟

大黑石旅游度假村

上山小径

辽宁省警官学校

南洋学校

枫叶学校

山上雪景

俯视基地

路景

正在施工的别墅

基地状况：

这个发展项目建在市郊的乡村山地上，是已搁置了十五年之久的简陋别墅。由于当时建筑内部未完工，室内全部裸露着毛坯，顶棚的灰色水泥留有胎膜痕迹，墙面用粗沙土红色砖砌筑。每户前院尚未分割整理，设施不完善，没有自来水管道和排水，用电也不方便，没有垃圾的回收和处理，无能源储备。周围没有明显的道路，整体还需规划，只有人们走出来的路，建筑内外均需重新打理。

基地环境

基地环境

基地环境

基地环境

基地雏形

基地雏形

基地雏形

基地雏形

1号别墅：

关键词——可持续发展、绿色设计方法

1．建造技术

木结构：

房屋由可循环利用的可持续材料建造，采用了维修费用低的白松实木作为室内设计的主材，以配合山顶别墅的风格。地面和顶棚为木材，天花造型较为突出，以足尺的木方原型，条形排列出序列感，不浪费材料。

三点好处：(1) 满足基本的形式感，体现空间感，遮挡顶部。(2) 为材料的再利用提供了一个很好的基础。螺丝钉卸后，可再次使用，改变其他造型。(3) 基本造型为二次设计提供了很好的基础，如可在现有基础上，加石膏板改变设计，木方起到了骨架的作用。天花设计有独到之处。

为配合整体设计，居室中的部分家具也由木方制作。如主卧室的床头设计，采用木方并排，宽度满墙，高度400毫米。次卧室床头的设计也运用简洁大方的造型。

二层天花

一层天花

二层主卧

一层客厅

装楼梯侧板

餐厅

楼梯

楼梯

楼梯

手工锯木方

墙面处理：

在内墙砖坯的基础上，用水泥砂浆做表面处理，并留有肌理的痕迹，显得自然纯朴，外面直接刷乳胶漆。使夏季热温被吸收，保持室内的凉爽。

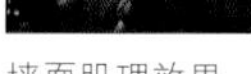
墙面肌理效果

二层一瞥

墙面肌理

二层休息区

首层空间

砖坯再利用

2．冬季取暖

大连属于海洋性气候，冬季最高温度在0摄氏度左右，最低温度零下13摄氏度左右。别墅周围并没有统一的供暖设备。房屋中的冬季取暖是个大问题，因为造价较高，独立的锅炉系统，太阳能供电需要进一步实现。在设计过程中的经费使用，也是必须要考虑的方面。一个成功的设计，必须包括合理而经济的造价，这也是绿色设计中需要考虑的一个方面。

首层卧室

园内雏形

院景太阳能利用

燃烧能源：

火炕的使用。山上的枯树枝可作主要的燃烧能源。

电能源：

城市电能和太阳能的同时使用。太阳能集热板可满足洗浴、清洁等实用功能。120升热水机可满足一户所需。配合电暖气和电吹风使用，提高室内温度。

太阳能利用：

白天大部分的热量靠太阳的辐射热量。建筑东南朝向，整个建筑分三层，每层阳光照射充足。为防西晒和散热，建筑西面开窗较少，一层有外廊，提供一处人们休憩的环境。

3．室内通风

南北开窗通风，完全不用人工降温，房屋西南侧有水池，夏季风从水面来，吹入室内清爽风凉。室内平面的布局，满足有序和多功能的利用。使人们达到正常的使用功能。

室内采光

室外

4．环境处理

水处理：

雨水收集。屋顶表面仍选用挂瓦的形式，将四面房檐滴落的雨水，滴进预先在地面建的蓄水池内，再由蓄水池流入房屋西南角的水池中，用于灌溉和牲畜的喂养。

饮用水。由于环境原因，山上停水现象时有发生，解决的方法是山顶建有水塔，供几家同时使用。另外，自家也可在地下室建立储水池，配以吸泵，无水时可提供基本饮用水．

海景

水收集

别墅外景

雨水收集

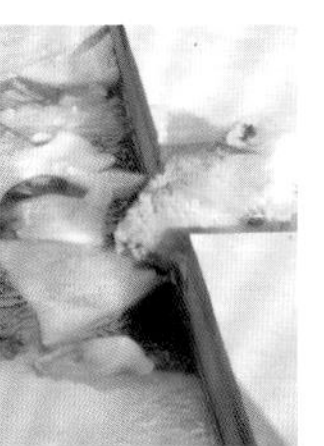
雨水收集

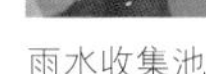
雨水收集池

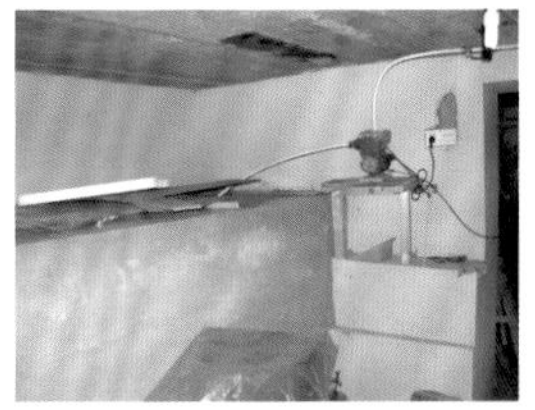
地下室水池

自吸泵

灰水循环系统：

为了节约用水，住宅采用灰水循环系统，即将浴缸、淋浴和洗手池的废水经过处理后，储存到外部储藏罐中作为冲厕用水。此外，还安装了节水马桶和节水龙头，使用水量降到最低。

种植、养殖：

园内种植观赏性植物和时令蔬菜水果。观赏性植物在夏季可为园内提供阴凉的去处，部分空间种植时令蔬菜水果，可自给自足。养殖家禽若干，可提供人们所需的蛋白质。周边环境还非常适合放羊。夏秋有大量的植物可供羊食用，池内养鱼，既可观赏又可食用。种植和养殖为忙碌的人们提供了许多生活的情趣。

家禽养殖

垃圾处理：

生活垃圾在山下有统一的城市管理收集地。人和家禽的粪便可通过渗水池，将污水和粪便做收集、沉淀处理，完成在春季的积肥，用做播种植物肥料。

储藏：

西北角建有地下室：30平方米左右，用于储水和冬季储菜。满足人们的需求。

采购：

每周日镇上还有集市可供采购。车程10分钟左右，比较方便。市内购买需1小时左右。

整个设计突出可持续发展和环保的理念，设计过程中多次尝试绿色设计的方法和理念。有些效果上还不完善，但却是从理念到实践的一次重要尝试。

二层休息厅

一层客厅

一层客厅

一层入口

一层楼梯

一层餐厅

二层休息厅

二层客卧

2号别墅：

关键词——废旧材料的再次利用

该别墅所处的自然环境优雅清静，在建筑东侧有茂密的树林。窗外的槐树林在斜阳下，光线缓缓洒入室内，形成独特的光影效果。在房间的一端堆积了原施工废弃的材料。如镀锌风筒、破碎的镜子、对不上牙口的陶制洗面盆和三合板的边条等。因此，设计选择利用废弃的材料组合新的视觉元素，以最低预算来营造一个外似简陋、内涵丰富的工作室兼居住空间。

1．空间设计

由于建筑呈长方形，横竖均为水平向度，水泥梁和砖墙组织或直线结构序列元素，只有楼梯是曲折状。设计师将楼梯改为与梁墙水平直线，加强了原有空间秩序。建筑共两层：一层将起居、工作、进餐、烹饪的多功能分区重叠在一个空间内，各分区既体现了各自不同的功能，同时依然保持了空间的整体感。地面用落叶松从入口的方向以直线和回游的铺设方式，暗示空间的流动方位和空间的穿越性，并将水泥地面分割出不同的功能区域。二层为居室，阳光、通风都非常好，可以俯瞰田间和果园的风光。

楼梯

楼梯

一层厨房一瞥

一层屋后

客厅俯视

楼梯一角

2．材料的再利用

整个室内的装饰没有采用踢脚线和天花线，更没有门窗套，仅用了一张木工板便完成了七个门口的制作。将破碎的镜片拉长，与洗面台尺度重组。粗糙的红砖墙和灰色的水泥台板强烈地烘托了光滑的白色陶制面盆。遵循同样的原则，用四节旧镀锌风筒连接成一个直线工作台。风筒内可放置各种图纸和工具，安置在空间中不但在视觉上而且在实质上相互联系。进餐区的天花用水曲三合板的碎边条以交叉的直线重叠。缝隙中透射出暖色的灯光。以落叶松胎板制成的楼梯踏步有节奏地通向二层。红砖墙壁嵌入不规则的木方，暗示着原建筑施工留下的痕迹。

餐厅天花

餐厅一瞥

一层卫生间

客厅一角

餐厅墙面处理

3．色彩的考虑

整个空间的用色上，以灰色水泥、土红色砖墙为空间背景。局部采用少量木制造型，尤其是对白色的运用十分节省。

阳光厅

客厅

4. 环境处理

绿地：

由于该户主在建筑北侧有大片可重置区域，所以建筑的南面选用了自然缓坡的形式铺设草坪，使院内整体视线通透。

水池：

设计师对院内水池的处理，很好地解决了美观和功能的结合问题。长方形的水池与通道垂直相贯，通道仿佛悬浮于水面之上，直通室内。设计简洁大气。池中养鱼供观赏，夏季时节，微风来临，可使房屋室内降温。功能审美兼具。

院落水处理

院落休息区

休憩玩耍：

在通道尽头，出现面积约20平方米的一块室外木质地板区。老人可以闲坐晒太阳；孩童可以毫无顾忌地玩耍；中年人可以下棋、品茶、聊天。充分体现了人与自然和谐的理念，绝对是院内的一道独特风景。

整个设计到施工非常顺利。从院子里的槐树到室内的一砖一木，都得到了很好的保护和利用。对普通人来说，是简陋，但对设计工作者来说，这是对改变传统别墅设计观念的一种尝试。

一层

一层厅

一层

一层入口

三、绿色设计课程教学任务书

（一）教学目的

人类对生态环境问题的关注才刚刚开始，对绿色设计的探索也仅仅处于初级阶段。同时，绿色设计的涉及面很广，是多学科、多门类、多工种的交叉，可以说是一门综合性的系统工程，它需要社会的重视，全社会的参与，决不是只靠几位设计师就可以实现的，更不是一朝一夕能够完成的，但它代表了21世纪的方向，是设计师应该为之奋斗的目标。作为环境艺术专业的学生，应掌握在实际设计中合理运用绿色设计的原则及方法。设计出更好的节能、节源的绿色空间。

（二）课程内容

1．概述绿色设计

a．严峻的现实

b．呼唤绿色设计

c．对环境“影响”最小的设计

绿色设计（Green Design）

生态设计（Ecological Design）

环境设计（Design for Environment）

生命周期设计（Life Cycle Design）

环境意识设计（Environmental Conscious Design）

2．绿色（生态）设计概念

a．绿色建筑的由来

b．绿色建筑概念

c．国际建筑界有关“生态建筑”的实践

3．绿色设计的方法

a．绿色设计的原则

b．四个“Re”原则

Reduce— 少量化设计原则

Reuse— 再利用设计原则

Recycling— 资源再生设计原则

c．绿色设计着眼点

4．绿色设计方法

a．太阳能技术在建筑中的应用

b．绿色设计中的自然通风

c．建筑中的雨水收集利用

d．建筑环境大面积植被化

e．绿色建材

5．绿色设计的发展

6．案例

（三）典型作业

给定基本尺寸，在建造的单体建筑中实现绿色设计

（四）考核方式

考察报告，大作业

（五）先修课程

环境艺术设计基础课程

（六）适用专业

环境艺术设计专业

工业造型设计专业

（七）参考书目

《绿色建筑》

《建筑设计指导丛书》

《世界建筑》

四、教学总体计划

教学课程总学时：四周（80学时）

课程名称：绿色设计

课程安排：

周　次	课　序	教学环节	学　时
第一周	1～5	讲授、考察	20

授课具体内容：

（1）讲课之前先请同学举例现实生活中的绿色理念，身边的绿色设计案例。

（2）图片赏析，美好的自然环境，人类发展带来的负面后果，人类觉悟努力的结果等。

（3）教师讲授绿色设计概述、绿色设计概念、绿色设计着眼点。

（4）课后思考题：收集你认为运用了绿色设计原理的作品，并加以说明。

（5）学生课余时间查阅资料，走出教室去考察，考察报告。

周　次	课　序	教学环节	学　时
第二周	6～10	讲授、查资料	20

授课具体内容：

（1）学生对自己的考察结果作汇报（增加学习的互动性）。

（2）教师讲授绿色设计的具体方法，太阳能技术、设计中的自然通风、雨水收集利用、建筑环境植被化、绿色建材等。

（3）课后讨论题：四个“Re”原则的现实意义，以及它在建筑、室内设计中的必要性。

（4）学生课余时间查阅相关资料。

周　次	课　序	教学环节	学　时
第三周	11～15	讲授、做作业	20

授课具体内容：

（1）教师讲授绿色设计的发展及典型案例。

（2）学生就所学所感进行讨论。

（3）课后思考题：补充绿色设计方法。以绿色设计的方法分析建筑3例，解析其绿色设计的方法。

（4）教师确定作业题，作业要求及规范。

（5）学生勾画草图，教师进行分别辅导。

（6）学生查阅相关资料。

周　次	课　序	教学环节	学　时
第四周	16～20	做作业、总结	20

授课具体内容：

（1）学生作业最后进行调整、制作、装裱。

（2）学生现场讲述自己的设计，教师根据此次作业出现的问题，进行总结。

（3）作业进行展示。

授课具体内容：

运用绿色设计的理念和方法进行单体别墅设计。

要求：

（1）自然条件分析图（气候条件分析图、地理分析图）。

（2）功能分析图（太阳能利用分析图、水循环分析图）。

（3）效果图、平面图（功能分析）、天花图、主要立面图及局部大样图。

DESIGN
AND APPLICATION

02

现代室内设计

陈 易 编著

目录 contents

前　言

PREFACE

在室内设计专业和建筑学专业的专业设计课程中，室内设计（即室内课程设计）占有相当重要的位置。作为室内设计专业的学生，此课程直接作用于其专业方面的能力的培养；对建筑学专业的学生而言，室内课程设计能促使其从内部空间的组织与再创造和具体的使用要求的角度，对建筑进行更深入的理解和认识。室内课程设计的学习过程中，还要综合运用建筑学原理、室内设计原理、人体工效学、建筑技术和建筑照明等相关其他专业基础课的内容，它综合反映了学生的设计素养和创作能力。若对室内空间没有正确的认识，要想成为一个真正合格的建筑师也是困难的。所以，室内设计这门课程对于室内设计专业、建筑设计专业和其他相关专业的专业设计能力的培养和熏陶，具有举足轻重的作用。

在实际的教学工作中，我们发现学生对于设计的理解，往往比较热衷于表面的形式。这一方面是因为美感的确是室内设计主要解决的问题之一；另一方面是由于学生对现实生活中的不同性质的建筑缺乏深入的了解，对于不同生活和场合的人的要求缺乏真正的理解；对于影响室内设计最终效果的技术、材料等因素也未能引起真正的重视。这样的结果就是设计流于表面的形式，而深度不足。现在重温室内设计的内涵和其应解决的问题，有助于把握设计的关键因素和形成正确的设计思维方式；也有助于设计学习过程中开拓创意的多种途径。

一、室内设计的内涵与特点

"室内设计是根据建筑物的使用性质、所处环境和相应标准、运用物质技术手段和建筑美学原理，创造功能合理、舒适优美、满足人们物质和精神生活需要的室内环境。"（《室内设计原理》来增祥、陆震纬编著，上册P10）

从表面来看，室内设计涉及的是建筑的室内部分，是在建筑设计完成以后，或者建筑物已建成以后，室内设计的工作才能开始。但事实上，现在大量建筑的方案初始阶段，建筑师对于建筑的公共部分的室内设计已经有所设想和规划。在一些建筑的招投标阶段，也明确要求同时出具某些空间的室内设计方案。建筑的根本目的是为人所用，倘若在建筑设计的方案阶段，对于内部的空间效果与形式风格没有一个基本的意向，那么设计的结果为什么是这样是好的就存一个疑问。建筑师的一个空间构架基本形成时，即要室内设计师提前介入，现在已成为新建建筑操作运作的方式之一。建筑语言也是室内设计语言的一部分，从这一角度来说，室内设计与建筑设计有一个相互整合的过程，它们的关系是交织在一起的。建筑设计与室内设计的界线是模糊的，这个模糊性反而能够导致空间更趋合理，平面功能更趋紧凑，建筑内外的关系更趋有机统一。因此，工作界限的模糊性是室内设计的第一个特点。

室内设计的第二个特点是关注整体秩序的控制。室内设计过程中，需要处理的元素和控制的因素是多样的。这些元素和因素包括：平面的布置、空间的处理、界面的细部、材料的选择、色彩的搭配、家具设计或选用、灯具的设计或选用、陈设设计和绿化设计等内容，还要协调这些元素与设备管线的关系。室内设计注重整体效果，从这个角度来说，设计师应该将工作一直延续到内部的标志设计，因为只要有一个方面的败笔就有可能对整体效果带来不良的影响。整体依赖于对设计元素和因素之间关系秩序的控制。这里所述的"秩序"即是对比与差别的视觉心理的强弱顺序关系。对于每一类元素或者某个因素来说，它本身就包含有秩序问题，比如空间有秩序，功能有秩序，细部设计有主从的秩序，色彩有强弱的秩序等等。对于这些秩序，一般还较易理解，但要理解和把握好这些秩序之间的秩序——整体秩序就不那么容易，需要仔细的揣摩和长期经验的积累。

秩序不是依靠简单的处理就能得到，更不是把这些元素、因素放在一起就自然而然地能够产生。它需要设计师有意识地主观地加以控制和调整才能得到，这种有意识就是设计师心中的"理想化"。这样说来，室内设计也应是一种将理想转变为现实的过程。有了这么一种理想的模式，它就能促使或者启发设计师在不利甚至于苛刻的条件下，产生许多灵感的火花，不断调整秩序之间的关系，抑制那些对整体效果产生影响的元素，使之成为理想模式的一个有机组成部分。"理想化"并不是异想天开，它要求设计师深入分析项目的客观条件和有关规范的规定，再结合设计师的情感意识后才能形成。所谓设计的个性，也就是这种"理想化"秩序的具体表现。

室内设计的另一个特点就是"细致"。因为所有的设计依据和设计原则的出发点就是"以人为本"，没有细致的功能分析和平面推敲，就没有符合人的行为模式的平面布局；没有细致的立面设计，就没有赏心悦目的视觉感受；没有与其他设备工程细致的协调工作，就没有真正舒适的环境。室内设计这种细致的要求，迫使设计师必须了解不同空间中人的不同行为流程和行为心理，掌握艺术的视觉心理特点，了解最新的设计流行趋势和材料信息，对各种新兴的工艺和构造有钻研精神，只有这样才能使你的设计成果真正体现出"以人为本"的设计精髓。

二、室内设计应解决的主要问题

对一个具体的设计任务来讲，主要面临的问题可归结为两大类：物质层面上的功能与技术问题和精神层面上的设计表现的形式。

室内设计将为人的生活和工作创造合适的环境作为最基本的任务，首先应解决的是功能问题。因此，在平面布局和流线组织上必须满足人的基本活动和业主的使用要求。要达到这一目的，须将设计师的设想、具体的空间设计条件和使用的要求有机相结合，不断地反复斟酌和比较。因为你面对的空间可能有很多的制约因素，有时你也可能对某个行业的服务流程不甚了解，这就要求设计师进行现场的调研和参观，把自己放在经营者和工作人员的角度来思考问题，这样，平面设计的成果才能真正符合实际使用的要求。

在功能技术方面要解决的第二个问题即是要协调好室内各种设备与设计效果之间的关系。对于一个大型的公共建筑室内设计来说，空调管线的布置、消防喷淋的位置有它们各自的技术要求和规范，这些设备管线又得占去一定的空间。所以，它们对于整个空间的设计有一定的制约作用，它们的位置对于相应的界面的形态和细部设计、色彩的搭配也会带来一定的影响。因此，在方案设计的初始阶段，将这些设备因素作为设计思索应对的问题，对于设计的深化是非常有必要的，也是提高工作效率的途径之一。

功能技术方面的第三个问题即应该对高新技术采取积极的接纳态度。日裔美籍建筑师雅马萨奇认为："充分理解并符合我们的技术手段的特点，如此才能在重建环境的任务中保持节约，才能使我们的建筑建立在进步的基础之上，并成为其象征。"新技术能带来便捷和新的视觉体现。如使用自动闭门器，当人经过时，门能自动开启和关闭；自动照明调光系统随着季节和日夜光照的变化，自动控制照明灯具的亮度和艺术效果。这些智能化的技术，不仅给人们带来了方便，也是环保节能理念的具体表现，也似乎显得人与设备的关系更加紧密和融洽。由于使用了高新技术，也增加了环境的安全系数，如在一些高档宾馆和写字楼里的特殊楼层，电梯里设置了自动识别系统，不刷卡就无法进入某些楼层。高新技术是无形的手，提升了使用者对室内环境的评价指数，也易使业主产生一种技术领先的自豪感，自然而然地就会使人们增加对设计的认同感。

室内设计仅达到功能技术方面的安全和合理的要求，还不能完全满足人们希望室内环境本应在精神上给予的关怀和认同，从这个角度来说，室内设计还必须具有与空间性质相适应的设计艺术形式。对于设计形式的创造，应以空间的性质为设计依据，以创造合适的室内氛围为目标；从平面限定、空间形态、细部、色彩、材料和照明等方面来推敲形式；以色彩、符号的象征和隐喻作用作为提升空间品质的方式。室内设计的形式是一种综合的效果，那么就应在学习过程中，逐步形成整体思维的方式。形式的创造有客观存在条件的一面，也有主观驾驭的一面，将此两个方面有机结合，才是创造设计形式的有效途径。

除了上述功能技术和设计形式两个主要需要解决的问题以外，还有一个造价控制问题。室内设计毕竟还是一个商业行为，一定的投资限额也决定了设计的标准高低。因此，设计师也必须以造价控制为依据，对所能运用的设计手法和材料的使用做出合理的规划，这样的设计，才能真正成为可以实现的项目。虽然说造价的控制对于我们目前的课程设计关系不太大，主要是为了使大家放开思路，教学要求不会在造价方面作过多的限制，但是，有这么一个意识，对于以后的工程实践还是非常有必要的。

三、课程设计的内容设置

一个合格的室内设计师既要能从建筑的宏观角度来考虑室内设计，也要善于从人的行为和视觉心理的方面来研究局部的细部设计；不仅能够用"大手笔"去表现建筑空间，而且也擅长用个性化的语言使空间赋予新的丰富的内涵。

室内设计课程以培养学生的基本素质为出发点，以形成正确的思维方式和掌握多样的研究手段为重点，以能适应今后的实际工作为目的。我们在日常的设计教学中所采纳的课题主要包括："民俗博物馆门厅室内设计"、"名家风范"、"行为心理"、"材料细部"、"艺术沙龙室内设计"、"旅馆大堂室内设计"和"毕业设计"等内容。

选择这些课题作为设计内容，不同的训练目的主要包括：有的侧重训练对某些设计方面的认识；有的强调对建筑与室内关系的认识；有的是关于设计的综合效果的控制；有的注重个性的张扬。通过这些不同的课程内容和目的，以使学生真正地加深对室内设计内在规律的认识。

为了提高学生对设计的兴趣和分析设计的能力，在整个设计教学过程中，宜采用不同的教学模式。如对于"行为心理"和"材料细部"等课程，强调现场调研；对于"旅馆大堂室内设计"这类专业性较强的课题，则采用由专业管理人员以讲座的形式并结合现场参观来进行。在有的设计课题开展之始，也要求学生撰写读书报告或调研心得，进行小组范围内的讨论，这样既锻炼了他们的口头评说方案的能力，又使得设计案例的信息来源更加广泛了。

围绕提高学生综合的设计素质和能力，在这些课题具体的设计过程中，应要求采用不同的设计方法与手段。如在"名家风范"和"艺术沙龙室内设计"等课题，强调用模型的手段来进行辅助设计；在三年级阶段注重手绘能力的培养；在四年级阶段设计的表现方法以计算机绘图为主。实践证明，用手绘和模型的教学方式，对于培养学生的空间思维能力是相当有效的，这种方式也易激发学生的创作灵感的显现；而熟练掌握计算机的绘图软件，对于丰富表达的手段，提高设计的精确性和效率，也是其他方法无法替代的。只有将这些方式纳入到整个设计教学的体系之中，使学生在设计学习的过程中，接触不同的表现手段和思考方式，才能把他们设计方面的潜能和特长给真正地挖掘出来。

作者简介

阮忠，生于1964年11月。1989年9月入同济大学攻读建筑设计及理论专业研究生，1992年3月毕业，获硕士学位并留校任教。主要担任建筑设计、室内设计以及建筑环境表现的教学工作。著有《建筑画原理与创作》、《室内环境透明水彩表现艺术》等书籍，并在专业杂志上发表了多篇论文，主持或者参与了多个建筑、室内和规划的设计工作。现为同济大学建筑系副教授。

黄平，1971年生。1995年建筑学专业本科毕业，获建筑学学士。1996年就职于同济大学城规学院建筑系，现为同济大学城规学院建筑系讲师。主要从事建筑设计和室内设计方面的教学与研究。在工程实践方面主要从事办公大楼、图书馆等大型公共建筑的室内环境设计。

陈易，同济大学建筑系教授，博士，博士生导师，国家一级注册建筑师，高级建筑室内设计师，意大利帕维亚大学访问教授，加拿大城市生态设计研究院成员，上海市建筑学会理事、上海市建筑学会室内外环境设计专业委员会副主任。发表论文几十篇，出版有《室内设计原理》、《建筑室内设计》等书籍。

室内设计的不同设计阶段
常用室内方案设计的步骤与方法
室内方案设计主要图纸的具体要求

中国高等院校
THE CHINESE UNIVERSITY
21世纪高等院校艺术设计专业教材
建筑·环境艺术设计教学实录

CHAPTER 1

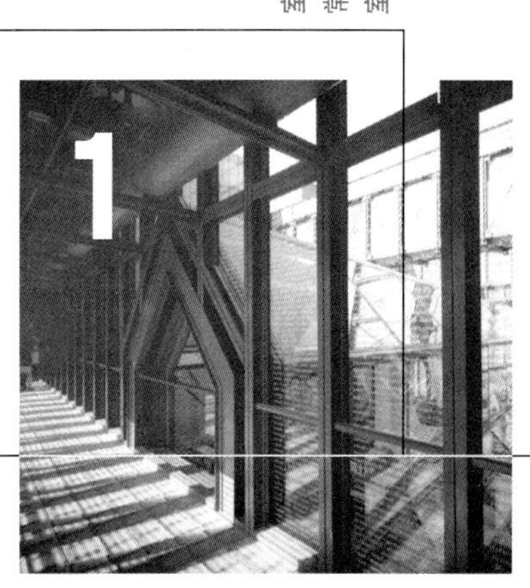

室内方案设计的步骤与方法

第一章　室内方案设计的步骤与方法

第一节 室内设计的不同设计阶段

与一般建筑设计过程一样，室内设计也可分为：方案设计、初步设计和施工图设计三个阶段。

一、方案设计阶段

方案设计是整个设计工作的基础，因为这个阶段的成果就是设计完成后项目的基本面貌。具体说来，这个阶段工作重点是要与业主进行沟通（或者通过设计任务书），理解和掌握业主对设计的基本意向和打算。在此基础上，设计师提出自己的创意和想法，明确设计风格的倾向。在综合分析了各种设计的条件以后，确定整个设计的平面布置，完成各主要界面的设计，并绘制主要室内效果图和制作设计所选用材料的实样展板，并要附上设计说明和工程的造价概算。

二、初步设计阶段

初步设计阶段主要是在听取各方面的意见后，对已基本决定的方案设计再进行调整，并对照相应的国家规范和技术要求进行深入优化设计。协调设计方案与结构、相关设备工种等的关系。同时，应该确定方案中的细部设计，如不同材料之间的衔接、收边、板材分格的大小等在方案阶段中未经深入考虑的细节问题，并要补齐在方案阶段未出的相关平面和立面等的图纸。

三、施工图设计阶段

施工图的深度和质量是影响最后设计效果的重要因素之一。此阶段的室内设计主要设计文件包括：详细的设计说明、施工说明、各类设计图表、施工设计图纸和工程预算报告等。施工设计图纸除了包括标注详尽的平面图、立面图和剖立面图以外，还应包括：构造详图、局部大样图、家具设计图纸等内容。另外，还须提供设计最终的材料样板。

对于一些规模较小的工程，为了缩短设计周期，往往由方案阶段直接进入施工图设计阶段，将初步设计需进行的深化调整工作与施工图设计阶段的工作一并进行，但在具体的工作步骤上，这种工作内容的区分还是存在的。

至于整个设计工作，并不是施工图设计的完成就意味着结束，设计师还需在工程进程中与施工单位进行设计交底，遇到具体的问题还需对设计进行变更设计，并协助甲方和建设单位进行工程的验收工作。

在日常的教学工作中，学生们常轻视构造课的学习，以为这些都是工程技术上的问题，似乎与方案设计中的想法与创意没有多大的联系。这是一个非常有害的偏见。因为作为一个设计师，若工作的深度仅停留于方案阶段，对施工图设计不甚了解，那么，他（她）的方案设计往往得不到很好的实施。同时，由于有这么一个缺陷，对于设计师本人来说设计也不能做到非常自信。因为，对于材料性能的制约或者细部构造不熟悉会渐渐地形成设计的桎梏，束缚你的〞手脚〞，不利于展开创造的翅膀，这是其一。其二是现代设计很多形式的趣味也来源于设计细部构造，构造也有比例和形式问题，忽略构造设计也就阻断了设计创意的一个重要源泉。

总之，对于一个学习室内设计的人来说，熟悉和掌握整个设计流程的每个环节是十分必要的，室内设计与其他相关辅助课程是一个有机整体，不能厚此薄彼，这样，才能有利于设计能力的真正提高。

第二节 常用室内方案设计的步骤与方法

凡做事都应讲究一个工作的方式和方法。在进行室内方案设计时，采用一定的方法与步骤有助于设计工作的开展，有利于设计思绪的展开；就设计本身而言，其有一个时间的限制，故采用一定的方法，对于提高效率，控制设计周期，确保成果按时按质地完成，也是至关重要的。

从整个方案设计的过程来看，它大致可分为四个阶段：设计概念的形成、方案草图设计、方案深化阶段和方案完成制作阶段。

在设计上，不能说存在一个唯一正确合理的答案，作为设计师，只能追寻一个趋于合理的并使业主能够满意的方案。如果在设计的概念上无休止地修改和调整，而不在深化上下一定的工夫，不能很好地协调设计概念与工程的实际状况可能存在的矛盾，即使有很好的创意，同样得不到理想的设计成果。反过来讲，在方案的深化阶段，能够很好地处理空间形态、细部设计和色彩等的关系，但在设计概念上没有创意，或者缺乏个性的特征，要使方案具有吸引力也是非常困难的。再进一步说，即使有了好的概念方案，也擅长解决具体的设计细节问题，但没有能力将方案表达好，那么，先前的工作也可能面临半途而废的窘境。所以，明确每个阶段的工作侧重点，采用合适的设计方式，合理分配作业时间，是方案能否顺利进行的关键所在。

一、设计概念的形成

概念是"反映客观事物的一般的、本质的特征"。所谓设计概念即是初步方案设计之前，设计师针对某个项目酝酿决定所采用的最基本的设计理念和手法。设计概念反映着设计者独有的设计理念和思维素质，它是对设计的具体要求、可行性等因素的综合分析和归纳后的思维总结。室内设计的设计概念涉及方案实施条件的分析、设计方案的目的意图、平面处理的分析、空间形态的分析和形式风格的基本倾向等内容。

一个成功的设计，这种设计的概念在最后的设计成果中往往是清晰可辨的。如让·努维尔(Jean Nonvel)在瑞士设计的Lucerne旅馆，将大幅图像照片用于客房顶面的设计。他在这里的基本设计概念就是想通过顶面的图像形成特定的客房氛围，乃至整个旅馆的设计风格，客房设计显得新颖别致，整个建筑的外立面在夜晚更具迷人的魅力。斯蒂文·霍尔设计的"艺术和建筑的临街展示厅"(Storefront for Art and Architecture)，为了突破空间的局限性，他在空间的处理上采用破墙借景的设计概念，不仅产生了空间的对话，而且也形成了犹如"装置艺术"的立面效果。那么，如何才能形成一个项目的设计概念呢？除了依赖于设计师的天分和涵养之外，从室内设计的设计概念所涉及的内容来看，善于和勤于现场调研就是一个重要的途径。

现场调研的广度和深度可根据具体设计的内容而定。大到所设计项目周边的环境，如城市风貌的历史及其演变过程，小到设计对象现存的尺度和结构状况；既可对实施的项目进行实地考察，也可以对相关的项目设计进行比较和研究。结合具体设计的使用要求，分析、比较各种思路和想法，就有可能提出可进一步发展的设计概念。

作为初学者可能对某一类的设计项目较陌生，在较短时间内也没有机会参观相似的项目设计。那么，查阅相关书籍也是一个方式。重要的是不仅要看设计案例的成果图片，而且要理解设计师的构思和想法，当然更加需要用所学的专业知识去自己辨别和分析，逐步形成作为室内设计师的设计思维方式，培养敏锐的感觉，这对于设计概念逐步的形成也必然是有裨益的。

要形成独特的设计概念，扩大知识面也是一个重要方面。如建筑师赫尔佐格和德梅隆在法苏霍兹(Pta-thenhclz)体育场的设计中，在立面的混凝土和玻璃表面上采用了印刷的技术，从而使原本虚实关系差别很大的材料，因为印有图案之后，这种对比被削弱了，在室内形成了"含混不清的匀质光线的效果"。如果赫尔佐格和德梅隆不了解这方面的技术，也就不可能有这么一个设计效果。从这个设计项目也可以看到，有的设计概念是以某个项目为媒介表现出来，但它未必一定和此设计具体的设计条件和要求有关联，设计概念也是设计师设计思想发展的产物，从某种意义上来说，它超越了具体设计的本身。

设计概念形成阶段的设计图纸没有必要涉及过细的具体设计内容，而是将重点放在概念形成的分析之上，反映的是整体的设计倾向。图纸上一时不宜表达的内容可以用文字予以提示，用特殊的线形说明流线和视线等的关系，用色块表示功能的分区，还可以用一些相关的图片来表现设计效果的意象。

设计概念的形成不是一蹴而就的，它是一个需要不断地反复斟酌的过程，一个由模糊至清晰的过程。安藤忠雄在论述建筑的构思时讲道："人如果满足现状就会止步不前，自己应该具有主动的思考能力，而且自己要能够冷静客观地思考，持有自我批评、自我否定的能力。"这么一种学习研究状态，对于概念设计阶段和接下来的方案草图设计阶段，都显得尤为重要。

二、方案草图设计

在设计概念的形成过程中，对于所要解决的具体问题还处于一个基本的估计阶段，当进入方案草图设计阶段，就要针对设计任务书上的具体要求进行设计。

在此阶段，应依照设计概念所定的基本方向对整个环境的平面、空间和立面等内容进行设计。设计是整体的效果，虽然是草图阶段，还是应对所选用的材料和色彩的搭配做出规划，甚至于有一些照明设计的内容，因为照明设计与最终环境气氛的效果和人对形式的知觉有密切的关系。

方案草图设计的成果要求：基本的平面设计和顶面设计、重要空间的小透视、主要立面图、分析图若干个以及文字说明等内容。

方案草图设计并非对设计概念不做调整。因为当进入具体设计阶段，也会发现原先的设计概念存在不合理，甚至于不可能实现的问题，随着工作的展开，觉得有更好概念应取代原有的想法，这时，应对原有的设计概念做出及时的调整和修改，以不影响下一步工作计划的实行。

三、方案的深化阶段

设计思考的整体性在整个方案阶段应是一直强调的问题，也就是说，平面、立面、家具、照明、陈设等因素都是相互关联的整体。在设计草图阶段，不可能都考虑得非常周到，但它们都已被纳入到设计的整体思维之中，到了方案的深化阶段，就必须将已经思考过的这些因素用具体的图纸或电脑模拟的效果予以表现出来，这样即能较直观地检查设计效果。

深化设计的阶段也是一个方案不断完善的过程。在这个过程中，要对平面的铺地进行设计，因为铺地是一种空间限定和引导人流活动的元素；还应对顶面进行深入设计，顶面也是空间限定和形式表现的重要元素，顶面上的灯、风口、喷淋等设备不仅有使用上的具体要求，其形式和位置也有一个美观问题，特别是灯具的形式和布置的方式对设计形式影响较大。

设计的深化不仅是将设计做得如何细致和全面，笔者以为还应从设计的某个侧面来思考元素之间的相互关系。"一个建筑要素可以视作形式和结构、纹理和材料。这些来回摇摆的关系，复杂而矛盾，是建筑手段所特有的不定和对立的源泉。"（摘自《建筑的复杂性与矛盾性》罗伯特·文丘里著）现在较盛行的旧厂房、仓库改建，将素混凝土、砖墙和型钢作为形式中的重要表现元素。随着这些改建而成的画廊、酒吧、艺术家工作室逐渐凝聚起的人气，使得这些材料成为先锋设计的象征，所以从设计元素的整合效果和多重角色来思考设计，也应是设计深化的重要方面之一。

深化设计的结果就是注重整体效果的前提下，在设计草图的基础上完善立面设计、色彩设计，完成家具的设计或者选型、绿化设计和陈设配置等工作。这个阶段的工作原则应是"宜细不宜粗"，因为只有这样，才能体现"以人为本"的设计精髓。

四、方案的完成制作阶段

方案的完成制作阶段，在课程设计中，也称作为"上板"，主要是依据设计任务书具体的图纸要求，完成正图的绘制。

通常的方案设计图纸内容主要包括：平面图、顶面图、立面图（或剖面图）、室内透视图、室内装饰材料实物样板、设计说明和工程概算等内容。

在学校的课程设计中，考虑到学生收集装饰材料样板较困难，即使有了样板，交图后保存也不方便，故要求同学将所选用的材料照片附在图上即可，至于工程概算不作为要求内容。

在上板阶段，建议同学先进行效果图制作。因为，效果图制作过程中，还能及时发现设计中存在的问题，特别是设计中材料的选择和色彩的搭配，通过效果图能帮助设计深化的工作，故先制作效果图，有利于其他图纸进一步完善。

对于图纸的大小和形式，一般采用A1的展板为主，或者A3的文本形式。平时课程设计以展板的形式为主，这样便于教学之间的展示和交流，毕业设计是展板与文本相结合，文本主要是为了评阅人士方便审阅。

五、方案阶段三种常用形态研究的方法

三种常用形态研究的方法是：徒手作图、模型制作和电脑三维模型。

在设计概念形成的阶段，徒手作图是经常被采用的方法。因为徒手作图方便，便于交流，能看得出设计的思考过程，有利于激发设计师的灵感。虽然有时草图由于多次的修改显现出模棱两可的感觉，但这种感觉有时也常给设计师以一种新的启示。

在方案的草图阶段，采用设计方法也常以徒手作图为主，并可结合模型制作。这里讲的模型主要是指用于空间形态研究的纸板、木片等材料制作而成的草模型。为什么要使用模型？因为即使徒手透视画或者计算机三维模型，都是从某个角度或一个角度接一个角度去审视设计，而往往不佳的视觉角度会被忽略，这也就会掩盖设计可能存在的问题。而真实的模型就不同了，可在短时间内进行多方位的比较研究，也易引导空间思维的深化。从表面上看，制作真实模型得花去一定的时间，但从笔者的教学结果上来看，设计的效率反而提高了。所以用徒手作图和草模型制作分析的方法对于方案草图设计的推敲是较适宜的。

当方案设计进入深化设计阶段和制作完成阶段，推敲和确定设计形态可主要采用计算机制图的方式。因为当前计算机的技术已相当发达，它不仅修改方便，定位精确，而且可调用大量的图块，使得设计人员从大量的重复劳动中解脱出来。有的设计软件如Skechup、3DS Max能较真实地模拟三维效果，有助于设计师对设计的效果做出及时的判断。若要对方案的色彩设计进行比较，计算机的优势则更易体现出来。只要对模型材料库中相应的材料样本设置加以修改，另一种色彩或材质组合的设计效果在短时间内即可自动生成，这对于方案的调整和优化是非常方便的。当然，在此阶段计算机也不能完全代替徒手，因为计算机只能协助作图，原始的创意还得依靠设计者本人，而徒手作图激发人的形象思维是计算机技术无法取代的。所以，在设计深化阶段，徒手作图方法仍有用武之地。

第三节 室内方案设计主要图纸的具体要求

一、主要的设计图纸

方案阶段主要的设计图纸包括：平面图、立面图、顶面图、剖立面图和透视表现画等。

二、主要设计图纸绘制的深度要求

1.平面图

方案阶段的平面图应能完整表现所设计空间的平面布置全貌。图纸应包括的主要内容有：建筑平面的结构和隔断、门扇、家具布置、陈设布

置、灯具、绿化、地坪铺装设计等。并应注明建筑轴线和主要尺寸，标注地坪的标高，用文字说明不同的功能区域和主要的装修材料。并应标注清楚立面和剖面的索引符号。常用比例为1：100，1：50。

2.立面图

立面图应表达清楚立面设计的造型特点和装饰材料铺设的大小划分。并应表达出与该立面相临的家具、灯具、陈设和绿化设计等内容。对于具体的饰面材料应用文字加以标注，应注明轴线、轴线尺寸和立面高度的主要尺寸。常用比例为1：20，1：50。

3.顶面图

顶平面图表达的内容包括：建筑墙体结构、门和窗洞口的位置、顶面造型的变化、安装灯具的位置（大型灯具应画出基本造型的平面）、设备安装的情况等。设备主要指的是风口、烟感、喷淋、广播等内容。并应注明具体的标高变化，用文字标注顶面主要的饰面材料，注明轴线和尺寸。常用比例为1：100，1：50。

4.剖立面图

剖立面图宜于表达清楚室内空间形态变化较丰富的位置。除了应画清楚剖切方向立面设计的情况外，剖立面图还应将剖到的建筑与装修的断面形式表达出来，标注要求同立面图。常用比例为1：20，1：50。

5.透视表现画

与其他设计图纸相比较，室内透视表现画以透视三维的形式来表达设计内容，它是将比例尺度、空间关系、材料色彩、家具陈设、绿化等设计要素，设计师所欲创造的形式风格给综合地反映出来。它符合一般人看对象的视觉习惯，正因为如此，在实际的工程方案设计中，它常作为与业主交流和汇报方案的手段。在方案设计的进展过程中，室内透视表现画也作为方案效果研究的方法之一；在方案设计完成制作阶段，则室内透视表现画作为最后确认设计效果的方法，也是评价设计成果的重要依据。

对于方案完成阶段的表现画来说，画面所表现的重点应放在：一是选取较全面反映设计内容和特点的角度；二是正确地表现空间、界面、家具、陈设之间的比例尺度和色彩关系；三是将材料的不同质感及相互对比的效果反映出来；四是照明设计的气氛；最后一点是画面效果也能展示设计师在形式风格上的价值判断。

室内表现画的常用表达手段有两种：一是手绘形式；二是电脑绘图形式。手绘形式的特点是生动和易产生个性化；电脑表现画的特点是精确、细腻，能产生逼真的效果，方便进行角度的调整，也易进行各种复合的效果操作。

设计要有深度，但这个深度要通过表现画的形式给正确地反映出来，这个深度除了是设计所包含的信息外，绘画本身塑造形象的方法对于表现画深度的表现也是举足轻重的。在手绘表现方面常用的形式：一是以线条表现为主；二是以明暗方法为主。对于以线条为主要造型手段的形式，应注重线条本身的特点，线条疏密关系的主观控制；以明暗为主的表现形式，则将重点放在整个画面明暗构成关系的处理，注重界面由于受到不同的光照所形成的横向或纵向的明暗渐变，有时对于一些重点的界面，这种渐变可略作夸张表现，使整个画面效果更趋生动。对于电脑表现方面，首先应该明确电脑是人为控制的，要想在电脑表现方面取得令人满意的效果，也要有较强的手绘功底。有了扎实的美术基础，才能能动地运用软件去控制画面效果。具体地讲，对于追求逼真效果的电脑表现画，亦可采用手绘明暗控制画面效果的原则方法，在灯光设置和参数的调整时，有意识形成整体画面的明暗变化，并结合后期制作，再对画面进行二次调整，以形成生动的明暗和色彩效果。

无论是采用手绘的形式，还是电脑绘图的方式，画面效果形成的关键之处还是作者采用怎样的理念去控制。若对艺术的视觉心理没有深刻认识，手绘的方法同样会产生呆板的效果；若能充分展开形式联想，不局限于三维软件本身所固有的那么几种效果，运用图像复合的形式，电脑表现画同样能使人耳目一新。

室内透视表现画是整套设计图纸的重点，它从一个侧面反映了设计者的审美倾向，是整个设计表达环节中最易产生视觉冲击的一部分。从课程设计这一角度来看，它也是学生设计能力的佐证。

一套设计的图纸除了上述主要内容外，另外还包括文字说明、反映设计意向的分析图和图像照片资料等内容。为了使这些内容有一个整体形象，就得对这些内容在图纸上的位置进行安排并对版面进行设计。图纸版面的设计目的是为了突出此设计的设计内容和设计特点，也为了使呈现的内容更具条理性。所以，在进行图纸最后制作前，应对图纸的版面、图纸内容的构图、图面色调、字体的选用等内容进行一番精心的设计。图纸版面是整个设计的“包装”，它对于学生完善视觉设计经验，从整体上提高设计能力，也是一个有效的训练途径。

版面设计是设计整体表现的重要部分，它也许有助于使设计在评阅过程中脱颖而出；也许能吸引评判者瞬时抓住设计最为华彩的部分；也许能使观者对设计展开新的联想；也许它使人们体验到设计师追求的艺术境界。

中国高等院校

THE CHINESE UNIVERSITY

21世纪高等院校艺术设计专业教材

建筑·环境艺术设计教学实录

室内设计与建筑设计关系的再认识

民俗博物馆门厅与部分公共空间室内设计任务书

设计作业点评

CHAPTER 2

课程设计——民俗博物馆门厅与部分公共空间室内设计

第二章 课程设计——民俗博物馆门厅与部分公共空间室内设计

第一节 室内设计与建筑设计关系的再认识

一、室内设计与建筑设计的关系

1.合理的室内空间是评价建筑设计的重要因素

现在建筑师介绍方案时，常用“以人为本”作为设计的宗旨。谈谈容易，仔细审视方案，未必都能反映他们所追求的目标。但不管怎样，建筑设计是给人居住和使用的，而不是仅仅看上几眼，满足视觉上的愉悦。现代建筑的大师早就将合理的功能与空间设计作为设计的主要内容。赖特在说到他的建筑观时曾讲到，“就有机建筑而言，我的意思是指一种自内而外发展的建筑，它与其存在的条件相一致，而不是从外部形成的那种建筑。”可见，他认为建筑形态的形成是通过由内到外的思维模式。标榜建筑是“居住的机器”的功能主义者，对功能与空间关系的合理性的推崇更是推向了极致。无论设计艺术的理念属于什么派别，对于空间和功能合理关系的追寻是建筑师的职责。因为建筑区别与其他艺术的标志之一是它的使用属性。有了不同类型的功能，就有不同类型的建筑；有不同类型的建筑，就能适应人类所要的不同类型的功能。

虽然路易·康称：“一座建筑应该有好的空间，也有坏的空间。”但笔者认为，这里所称的坏空间决不是空间干扰或者影响了内部空间的合理使用。他所指的是为了满足人的精神上对空间的期望，以部分次要的、无关轻重的空间衬托主体空间的特点。对于建筑，外在形式是吸引你去关注它，看它与环境的关系如何，而真正的评价是空间体验过程。体验即是看空间是否满足你的居住和使用要求；是否能使你的精神得到某种意义上的享受；是否能给你带来某种意外的想象空间，再由内而外地综合，得出一个结论和评价。这也就是说对建筑的评价不能沿用一般对绘画和雕塑那种瞬间的纯感性评价的方法。

我们在此分析一个实例，以加深对上述观念的认识。

由James Lngo Freed设计的美国大屠杀纪念博物馆坐落于华盛顿。它的两个出入口分别位于十四和十五大街。在十四大街的出入口是主出入口，主要共参观人员使用。人们从大街经过围廊到达小院，再由此进入门厅（图2-1）。这是个由阳光到阴影的过程，在心理上能产生一种敬畏、肃穆的感受。这种气氛在博物馆的整个参观过程中不时地能体验到。进入大厅后，天光经结构构件阻挡形成的阴影使得内部立面呈分裂的状态，立面中的细部符号和灯光的设计使人感受到集中营的苦难印记久久不能抹去。整个博物馆主要分为参观区和管理区两大部分。参观区主要包括：永久展区、另时展区、教育中心、纪念堂、剧院、影像室、纪念塔、书店和交通空间等；管理区包括：管理办公、图书档案、会议室等。主楼梯和三部电梯将观众区很好地联系成一个

图2-1 华盛顿大屠杀纪念博物馆入口

图2-2 华盛顿大屠杀纪念博物馆主展厅室内

图2-3 华盛顿大屠杀纪念博物馆局部鸟瞰

有机整体。而设于顶层的管理区有独立的交通体系。因此，内部功能分区和运作非常清楚。作为主展厅的见证厅总的高度越三个楼层面，内设一个楼梯，暗示着观众的参观流线。楼梯代表着空间的流动，在整个建筑中居主导位置（图2-2）。

内部的柱廊和墙体使得展区的布局关系清晰并形成空间的节奏感，既生动变化，又有不同的对景效果。从四层的永久展区通过玻璃长廊至纪念塔，你能见到主展厅的整个玻璃顶和架于其之上的服务于五层管理区的三个天桥（图2-3）。这里的二个元素——大展厅的玻璃顶、四层的长廊、五层的长廊——形成空间的紧张关系。特别是大展厅的两坡结构在与四层长廊相交处的结构暴露更强化了这种感觉（图2-4）。同时，雕刻有死难者和被毁城市名字的玻璃在阳光下形成的光影效果把这种悲愤的气氛推向了高潮。

从这个实例中，我们可以把合理的空间特征主要归纳为以下几点：

图2-4 华盛顿大屠杀纪念博物馆四层的玻璃长廊

(1)空间序列符合功能的逻辑关系。即设计的空间布局应能适应人的活动顺序，并在一定程度有一定的可变性。

(2)合理的面积分配。空间的大小应能符合人的活动要求。过大造成浪费，不足同样也不能满足使用要求。

(3)合理的开口位置。要进入空间，就必须有出入口。这个出入口位置一是取决于它与走廊的关系；二是要考虑如何使用内部空间。若其位置不当，则会形成内部空间不能经济和高效地使用。

(4)充分利用自然条件。就是要考虑自然的通风和光照。自然光不仅仅是光照的作用，从上述例子可以发现它还有形成一定的室内氛围的作用，有导向的作用，这在室内空间的布局时，就应慎重考虑。

(5)正确引导人的活动。充分理解不同空间对人活动的暗示作用。利用空间的“收放”变化和形态本身的方向性和性格特征，使之和人的活动相吻合。

影响建筑设计的因素有外界的环境，也有内部使用功能的要求。因此，设计的过程是一个由外到内，再由内到外的不断反复整合的过程。如文丘里在《建筑的复杂性和矛盾性》里所述：“建筑是在实用与空间的内力与外力相遇处产生的。这种内部的力外部环境的力，是一般的同时又是特殊的，是自己发生同时又是由周围状况规定的。”

2.合理的建筑设计是室内设计顺利进行的先决条件

在室内设计的诸多因素中，空间因素处于首要位置。因为内部功能的深化布置依赖于空间；设计形式的其他元素的组合也依托于空间。若建筑设计对于此部分内容作了合理的处理，那么，接下去的问题就容易找到答案了。

这里所说的合理的建筑设计是室内设计顺利进行的先决条件，就是指合理的建筑设计提供了一个顺利进行室内设计的平台，如合理的空间关系、自然的光影效果以及部分的立面效果。试想，若建筑设计的上述内容不尽合理，则必然影响室内设计的顺利进行和某些效果的产生。如建筑开窗的位置不合适，就对平面布置产生很大的干扰；在建筑立面上的开口不仅是日照的需要，还能形成对景，如室内设计师希望有对景的地方，但建筑设计所提供的开口位置不当或者根本没有考虑，那么，设计师可采用的设计语言就会受到束缚。

对于一些新建的建筑，外在的个性往往与其室内设计的特征有相一致的特点。以OMA在葡萄牙城市波尔图（porto）设计的音乐厅为例。建筑由似刀切削的多边形构成，似一颗宝石镶嵌在城市广场的一角（图2−5），外立面以素混凝土为主，以体现音乐的纯粹之美。

室内设计从入口门厅、主楼

图2−5 葡萄牙波尔图(Porto)的CASA DA MUSICA的外景

图2−7 CASA DA MUSICA的主楼梯

图2−6 CASA DA MUSICA的门厅

图2−8 CASA DA MUSICA的酒吧区

梯、酒吧到其他公共空间（图2–6～2–8），其内部形态的特征与外部形式保持了高度的一致性，使观众产生了表里一致所给予的心灵震撼。在这个实例里，笔者认为建筑设计与室内设计没有明确的界线，建筑设计包含了部分的室内设计，室内设计补充了建筑设计。

对于一个新建筑，建筑师有责任把业主的要求和室内设计完美地结合起来；对于一个老建筑的室内设计，设计的构思和创意必然要受原建筑的制约。

二、课程设计作业中的几个相关问题

1.入口门厅等的公共空间室内设计应是建筑设计风格的延续和发展

门厅作为进入建筑的第一空间，将它的设计风格定为建筑设计风格的延续是基于两个方面来考虑的：首先为了吸引人流的进入。门厅一般都比较通透和开放，风格采用延续的理念，是为了与外立面形成整体形象。其二，建筑周围是环境，环境中还包括其他许多建筑。人们的思维印象中也贮存着大量建筑的形象。一个建筑区别于它建筑主要不在于其包含多少变化，而是依赖于其个性和纯粹性，将门厅的形式风格延续建筑设计风格就是设计个性化追求的具体体现方式之一。

建筑的实体周围的空间，如门厅等的公共空间，其空间周围是界面，一个是表，一个是里。表里有别，因为作用和功能是相异的。在坚持"延续"的设计理念之下，也要注重"发展"。就是要使人在进入门厅之后，感到设计的形式在大致格调统一的前提下有多变化，产生新的视觉兴奋点，有一定的对比因素，不至于使人产生单调乏味、不过如此的印象。

门厅等公共空间的室内设计延续建筑设计的风格，具体手法可概括为以下几点：

(1)形态的延续。即室内空间形态的设计理念延续建筑设计的设计理念。

(2)材料选择的延续。用建筑外立面的相同或者相似的材料，或者能产生对比关系的材料作为室内界面饰面的材料选择。

(3)细部设计的延续。即室内细部设计的风格和建筑外立面的细部风格相统一。

(4)色彩上的协调。协调需要统一和对比。统一是为了延续某种色调，对比是为突出相应色彩的存在。

由扎赫·哈迪德设计的坐落于美国辛辛那提市的当代艺术中心（图2–9），入口门厅做得相当透明，室内与户外环境相互渗透融会。引人注目的是通向二层的斜坡和由地面慢慢卷起的侧墙（图2–10）。这个卷起的侧墙一直延伸到建筑的顶部，成为衬托不同层面斜坡的布置，并将它们整

图2–9 扎赫·哈迪德设计的"当代艺术中心"

图2–10 扎赫·哈迪德设计的"当代艺术中心"门厅

合统一在一起（图2—11）。这里有机的和不规则的形态构成方法与此建筑的外部立面设计的构成方法是一脉相承的；色彩上也撷取了外立面的色彩构成；在材料的选择上，哈迪德对地面、柱子、卷墙仍然延续对外立面材料的选择——素混凝土。使得整个门厅大堂及内部公共部分的室内设计与建筑设计的风格取得非常协调的整体感。

对于绝大多数欲突出建筑整体效果的，对门厅及公共部分采用是建筑设计形式的"延续"和"发展"的设计理念是较适宜的。当今，在对于有些旧建筑的改建中，设计师往往采用"发展"为主和"延续"为辅的策略。因为老建筑有它特有的历史价值，是城市的文脉，它的形象已同整个城市形象紧密地联系在一起。但它的内部设施与新的业主要求经常会产生矛盾，在这种情况下，有的设计师在尊重老建筑原有风貌的前提下，大胆运用对比元素，采用当代时尚的设计材料，使人在新旧对比中体验到一种新的形式组合，这在欧美地区及我国内地已有较多的成功实例。总之，针对入口门厅等公共空间的室内设计，在形式上采用"延续"和"发展"应把握一个"度"，这是创意的最初出发点，这是为了明确设计的思考方向，结果就易使室内设计与建筑建设形成有机的整体关系。

2.主要设计元素

明确设计元素是什么和起何作用有助于室内设计空间形态设计和环境平面布局。建筑设计过程中对室内空间的想象也是非常有必要的。

(1)墙：起空间围合作用。决定大的空间形态，如有玻璃部分，则应注意对景处理。

(2)柱：结构的作用。但在设计心理上，它还表现为一种空间限定作用。成排的列柱还有导向作用。柱的位置直接影响平面的功能细化和空间的丰富性，这在建筑设计中必须慎重对待。

(3)吊顶：对于顶面的不同处理，表现着不同的设计理念。如暴露管线不做顶的方式表现为"高技"的风格。因此，做不做吊顶和采用何种形式对设计风格影响甚大。吊顶的高低错落或者倾斜对于引导人的行为有一定的作用，对于不同空间的限定同样有较强的心理暗示作用。

(4)地坪：地坪局部的变化意味着不同的空间限定。如高差变化和局部的几何形变化。这种手法必须与整个平面的设计相对应，以引导人的行为。

(5)挑廊：指建筑上部出挑的走廊部分。它既是交通空间，本身又是一种造型形态，对于丰富内立面效果有一定作用，也增添了空间中不同楼层面人的视线的交汇机会，促成空间动态效果的产生。对出挑部分下面的空间也有限定作用。

(6)天桥：起贯穿建筑不同部分的作用。在空间限定上，它区分了上、下、前、后的空间，使空间形成了不同的进深效果。对于空间节奏的形成有一定的作用；对于体现空间的趣味性同样也有作用。

(7)灯具：照明作用。几何形态的灯具布置有限定空间的作用。下垂方式更是一种积极的状态。在布置上应与照射的对象取得对应关系。灯具形态和风格对设计风格的形成也有一定的作用。

(8）色彩：作用于室内气氛的形成。将不同元素用同一种色彩进行处理，或者同一元素用不同色彩来表现，如地坪、墙面和家具都用白色来装饰，给予人整合的效果；三个室内墙面的一面墙的色彩发生了变化，产生了"分解"的形式效果。这种"整合"和"分解"的效果会改变设计形式元素的视觉知觉的秩序，会对形式的体验产生重大影响，也是设计形式处理的重要手法之一。

3.空间完整和非完整性的效果分析

在室内设计的空间形态处理上，可以将形态一致分为完整和非完整两种表现形式。这里所述的"完整"是指完整形的空间处理。这种完整的空间一般常与规则的几何形和对称的平面布局相关，规则的几何形包括圆、方或长宽比较接近的矩形和正多边形等形状。它们具有简单明确的几何特征，在空间中有围合感，并在视觉上得到一定程度的圆满感。完整的空间处理给予人们是稳定的心理提示，似

图2-12 某公共建筑室内设计

图2-11 扎赫·哈迪德设计的“当代艺术中心”四层交通空间

乎提示动态中的停顿和休息。“非完整”是指那些几何特征不明确的形体或看似不规则的形态。它的心理提示则是动态的。“静”与“动”形式对比，引导人的行为。它不仅使空间丰富和变化，也强调了“停顿”的意义和场所感。“完整”空间往往表现为行为的“停顿”；“非完整”空间则常处于流动状态。

当设计师开始工作时，可先对功能所要求的“动”与“静”的空间进行分析，明确其中必须强调的空间是哪个部分，然后就可对其中不同的部分赋予不同的空间形态，并辅以不同程度的对景处理，形成“完整”和“非完整”的空间对比关系。图2-12中的地坪图案几何特征非常明确，它暗示动态空间中的停顿，使得空间的节奏显现出来。这时的主从关系非常清晰。在室内设计中，为了达到这种

图2–13 某办公建筑门厅室内设计

图2–14 某办公建筑室内设计

图2–15 某办公建筑室内设计

“完整性”，可以在顶棚的处理上加以呼应，包括灯具的处理。图2–13就是这种处理手法。矩形的地坪图案使得空间变得有序了，试想没有这图案会是怎样的效果？家具的几何布置，以及界面中的对景处理，显然使“完整性”部分更加突现，形成视觉空间的一个稳定的高潮。这就是一种秩序空间设计的方法（图2–14～2–16）。

图2–16 某办公建筑公共部分室内设计

第二节 民俗博物馆门厅与部分公共空间室内设计任务书

一、教学要求和目的

建筑的外在形式和内部空间是互为依存的。外在形式的设计依据一方面来自于外部的空间环境，另一方面也受制于内部空间。内部空间的设计也是有条件的，这主要是看其是否符合使用上的要求。但是，仅有合理的内部空间还是不够的，因为人是需要被感动的，所以内部空间还要给予人以创造性和感染力。从设计步骤上看，似乎建筑设计和室内设计是两个阶段，但从建筑设计整体角度来考虑，内部空间的一些设计元素有赖于合理的建筑设计。室内设计也可理解为是建筑设计的深化。它是以建筑设计为基础，进一步研究空间与人的行为关系，提出更细的空间设计。

本课程的建筑方案取自于三年级民俗博物馆的课程设计，其用意是让学生从内部空间的合理性、创造性的角度来审视原方案设计，并通过内部空间的创造调整原建筑设计，并完成室内设计，具体教学目的可归纳为：

1.进一步强调对外部空间和内部空间相互关系的认识。

2.掌握一般博物馆室内设计及相关的公共建筑室内设计元素的运用。

3.学习室内设计的设计方法和设计表现手段。

二、设计任务

1.对不尽合理的原设计进行平面和空间形态上的调整设计。

2.以观众人流活动为主的公共区域，如门厅、多功能活动场所等空间进行室内设计。总设计面积不小于300平方米，具体内容可包括服务咨询信息台、休息等候区、咖啡休闲区等，也可结合部分开放的展厅、庭院以及展品进行设计，并可结合每人各自的创意，增加设计内容。

三、成果要求

所有图纸均绘制在720×500毫米硬质纸上，数量不少于3张。

1.建筑一层平面1：200。

2.室内设计相关平面1：50（要求表达地坪材料）。

3.室内设计相关顶棚平面1：50。

4.建筑外立面1：200。

5.室内设计相关立面1：30。

6.剖面1：30。

7.详图两张以上1：5 或1：2。

8.模型1：100。

9.室内设计效果图或轴测表现图（彩色）两张以上。

10.表达设计意图的分析图和相关文字说明。

四、进度安排(见表2-1)

五、教学参考书目

1.《室内设计资料集》张倚曼、郑曙阳 主编 中国建工出版社。

2.《Architect 3-Twentieth Century Museums Ⅱ》Phaidon Press Limited 1999.

3.《New Offices》 Edited by Cristina Montes Harper Design International and Loft Publications 2003.

4.《建筑照明设计标准》中国建工出版社。

表2-1

	一	四
一	选题	讲课
二	建筑调整	模型
三	方案交流	讲课（原理）
四	方案设计	方案设计
五	交草图	深化方案（细部）
六	方案调整（材料、家具）	正草
七	讲评	绘制正图
八	绘制正图	交图

第三节 设计作业点评

1. 墙体、楼梯、顶面折板和玻璃是形成这个空间的主要造型元素。尤其是顶面的折板设计，由入口处上部起始到资料阅览室的侧面，再下倾和上翘，一直延伸至主楼梯的上部，其构成了整个空间形态的主体部分，虽然在平面布置上，入口大厅两个楼梯的主次关系上有点模糊不清，但顶面的折板设计多少弥补了这方面的不足。在细部设计方面，如主楼梯旁的墙体与地坪、顶面的衔接处理，铺地与空间限定关系的处理，说明作者对于设计的细节问题能进行深入和细致的思考。在材料的选择方面，也对设计的主题——表现民俗作了一定的回应（图2–17～2–22）。

图2–17 民俗博物馆门厅与部分公共空间室内设计之一 作者：朱海琴

UPS AND DOWNS

茂名北路吴江路民俗博物馆公共区域室内设计

设计者：建筑五班 朱海琴 / 指导老师：阮忠

光 石库门里弄之光的体验再现：

强调纵向实墙的封闭，横向玻璃的通透；
沿实墙设线形玻璃天窗，引入室外光。

实体 再现石库门的千回百转：

上上下下、折曲、正负交替的空间体验；
实墙、折板吊顶、楼梯的对话。

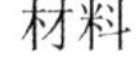

材料 追求浑然天成的强烈效果：

地面、折板吊顶、楼梯材质的统一；
实墙内外两侧材质的统一。

墙 现代语言再现传统元素：

有色差并凹进凸出灰白色砖砌墙；
打开窗洞，加强墙两侧对话，用窗套强调窗洞；
实墙上下两端顶与地面的强调处理，
追求向天空与大地的延伸。

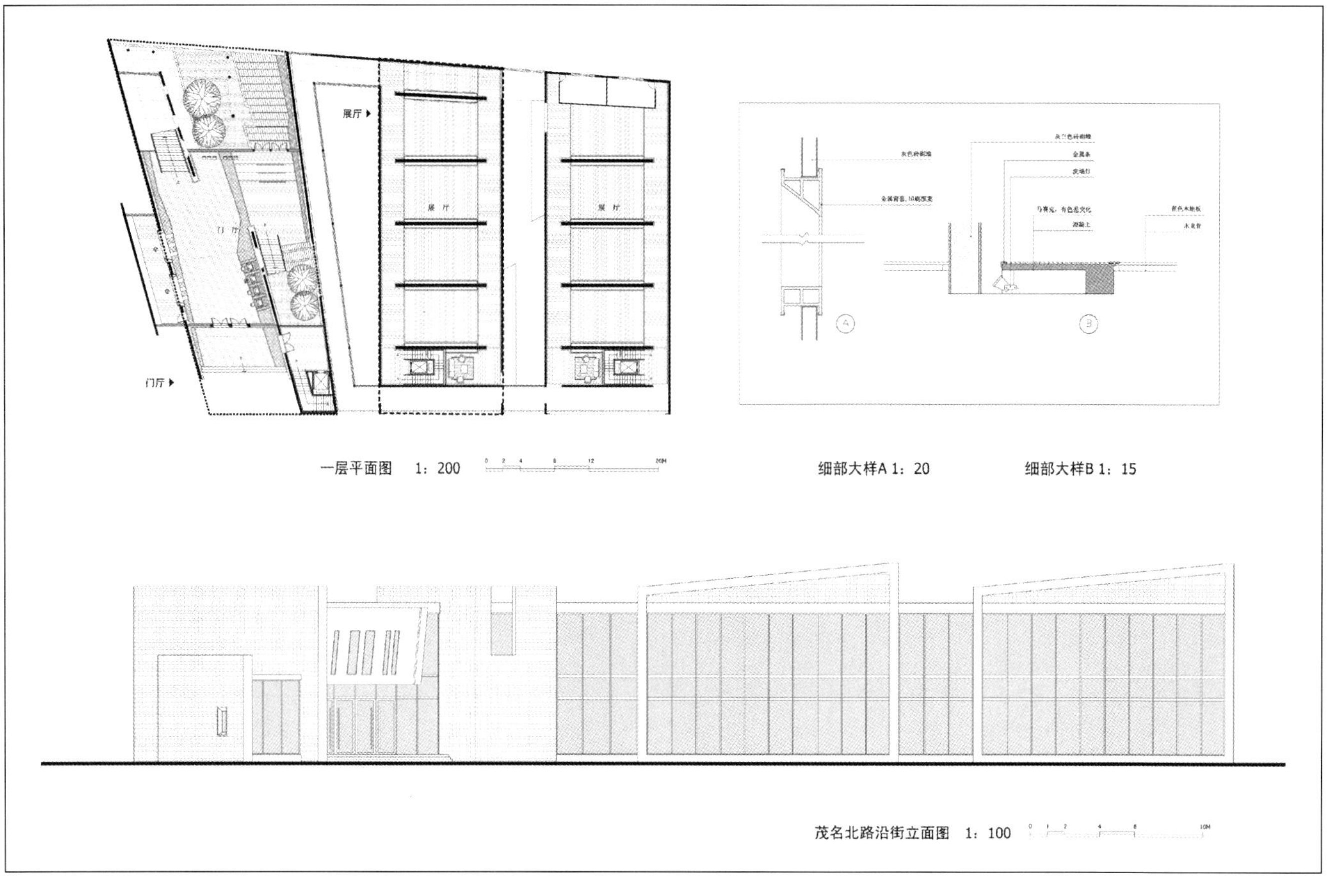

一层平面图 1：200

细部大样A 1：20

细部大样B 1：15

茂名北路沿街立面图 1：100

图2-18 民俗博物馆门厅与部分公共空间室内设计之一 作者：朱海琴

A-A剖面图 1:75

B-B剖面图 1:75

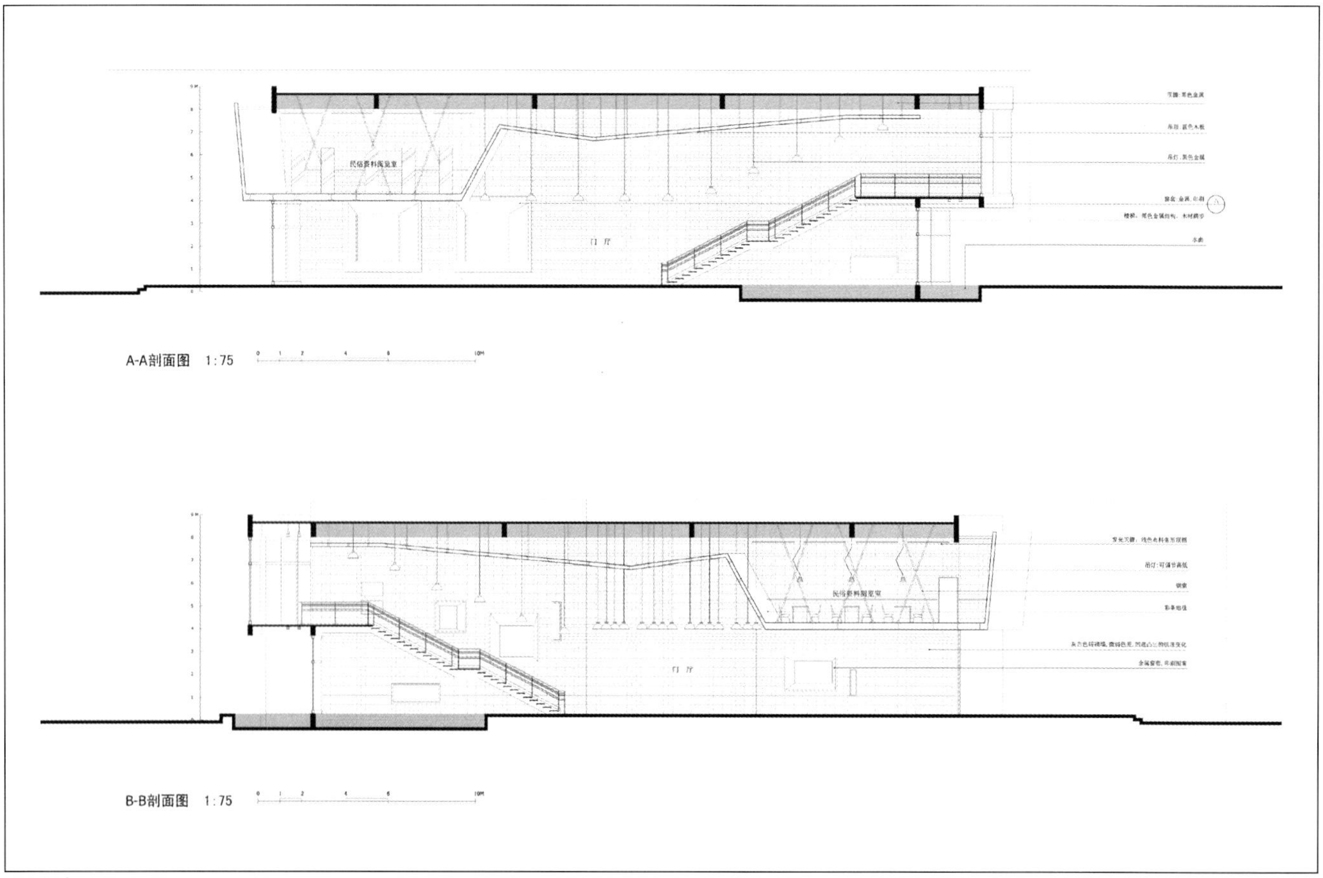

图2-19 民俗博物馆门厅与部分公共空间室内设计之一 作者：朱海琴

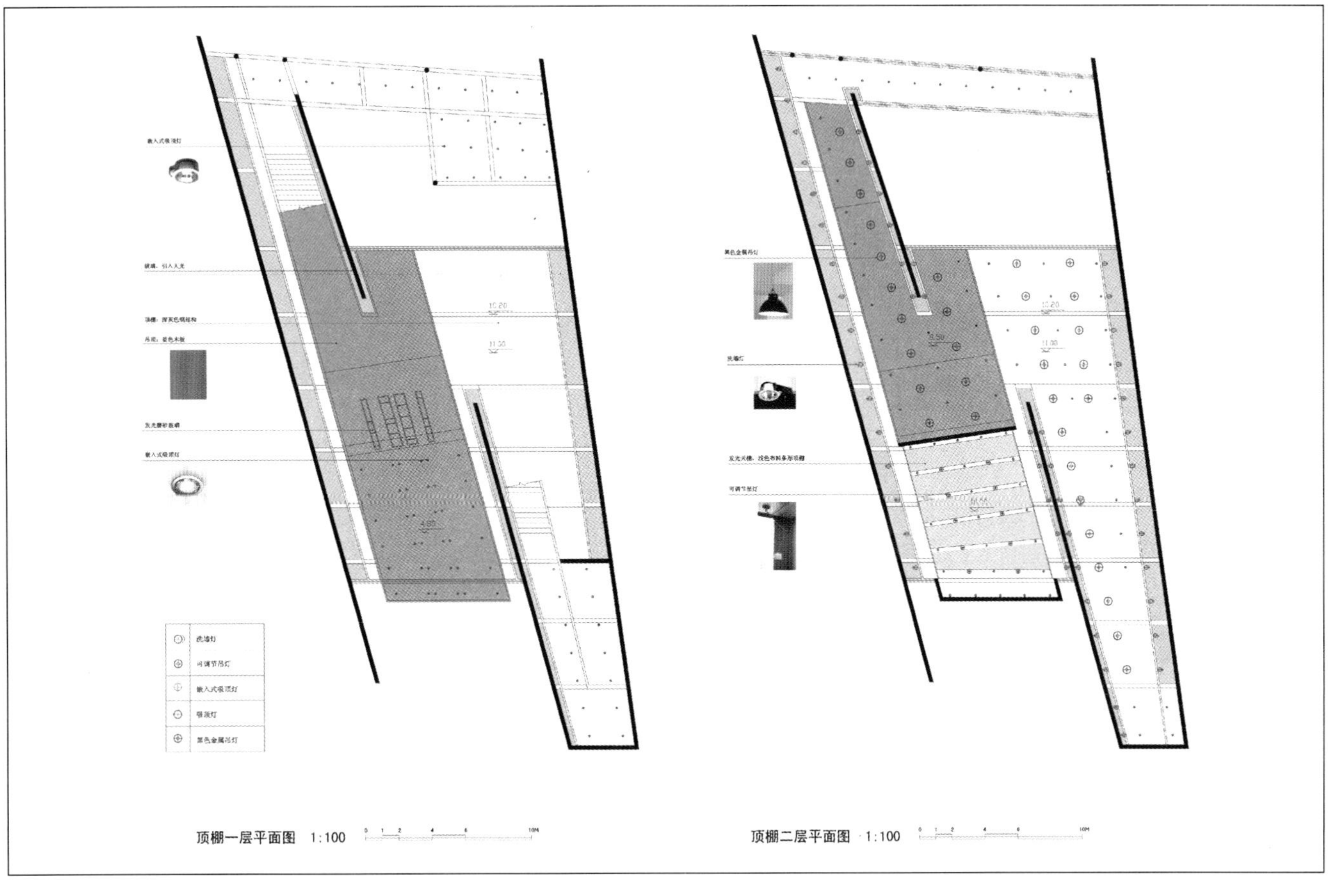

顶棚一层平面图　1:100

顶棚二层平面图　1:100

图2-20 民俗博物馆门厅与部分公共空间室内设计之一　作者：朱海琴

一层平面图　1:100

二层平面图　1:100

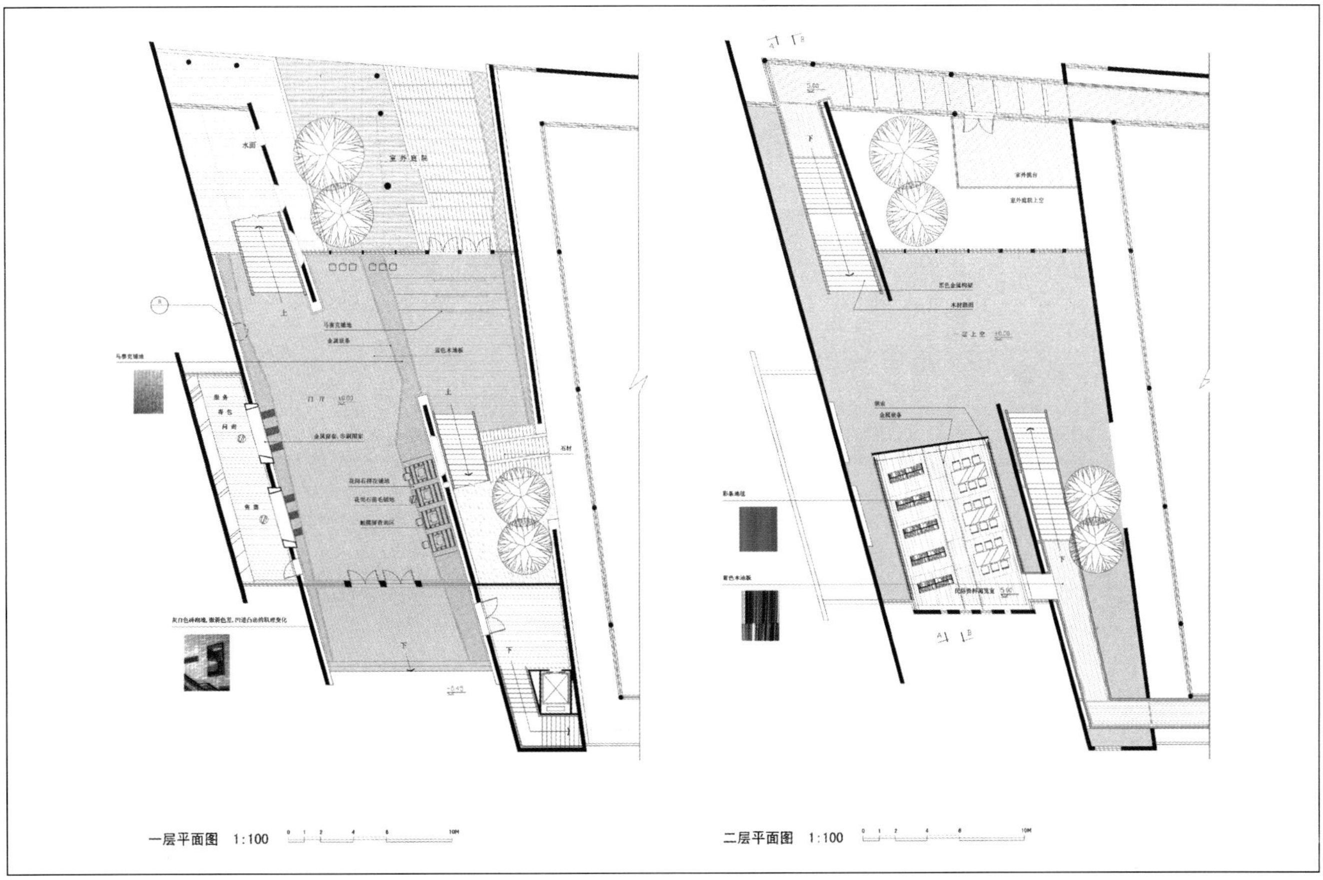

图2-21 民俗博物馆门厅与部分公共空间室内设计之一　作者：朱海琴

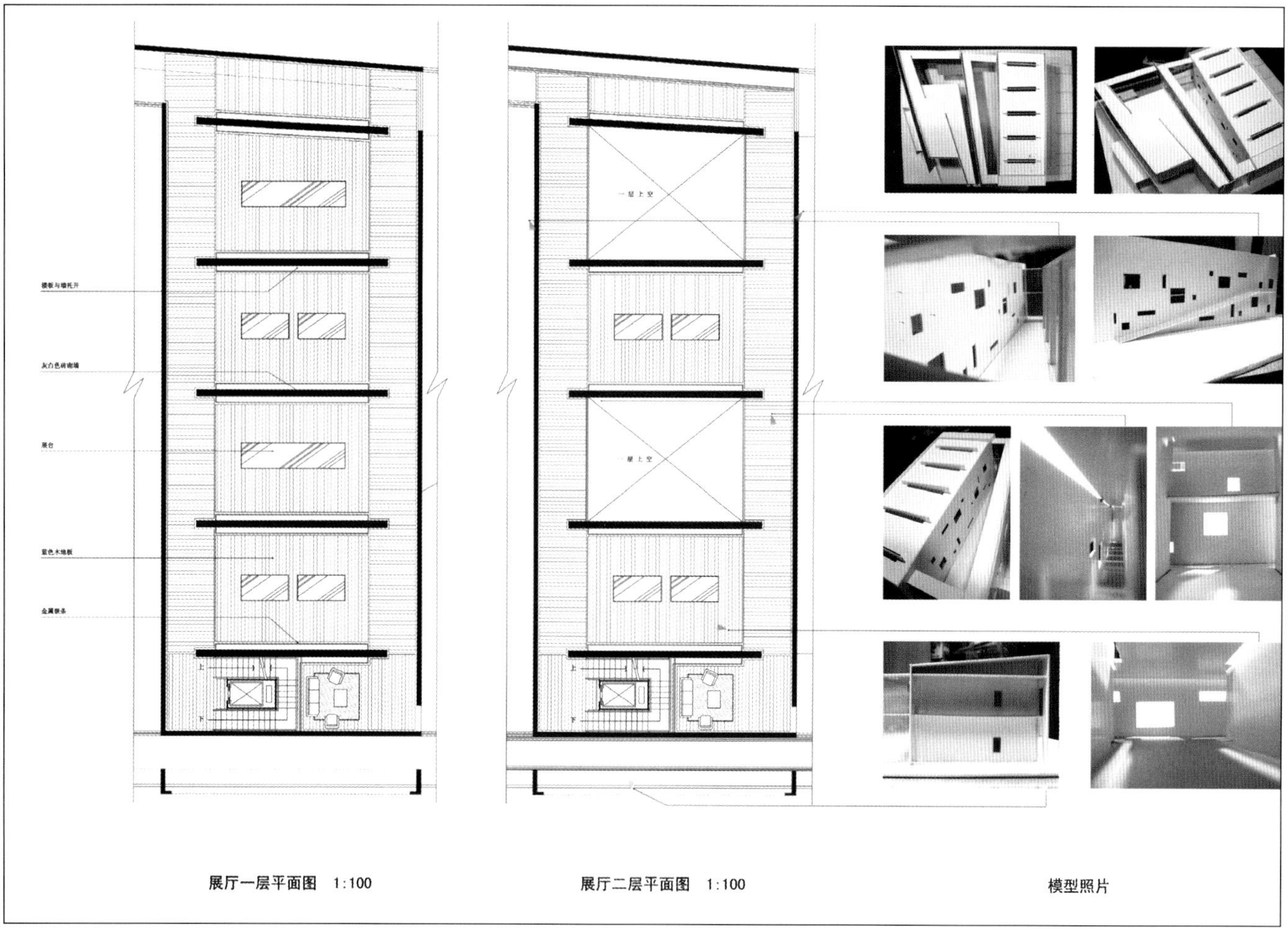

展厅一层平面图　1:100

展厅二层平面图　1:100

模型照片

图2–22 民俗博物馆门厅与部分公共空间室内设计之一　作者：朱海琴

2.作者将现代感、场景化、市井生活作为设计必须的立足点。对于民俗博物馆的参观对象和流线组织及可能存在的人的行为方式作了一定的分析，并以此为依据，在细部设计和家具设计上作了有益的尝试（图2–23～2–26）。

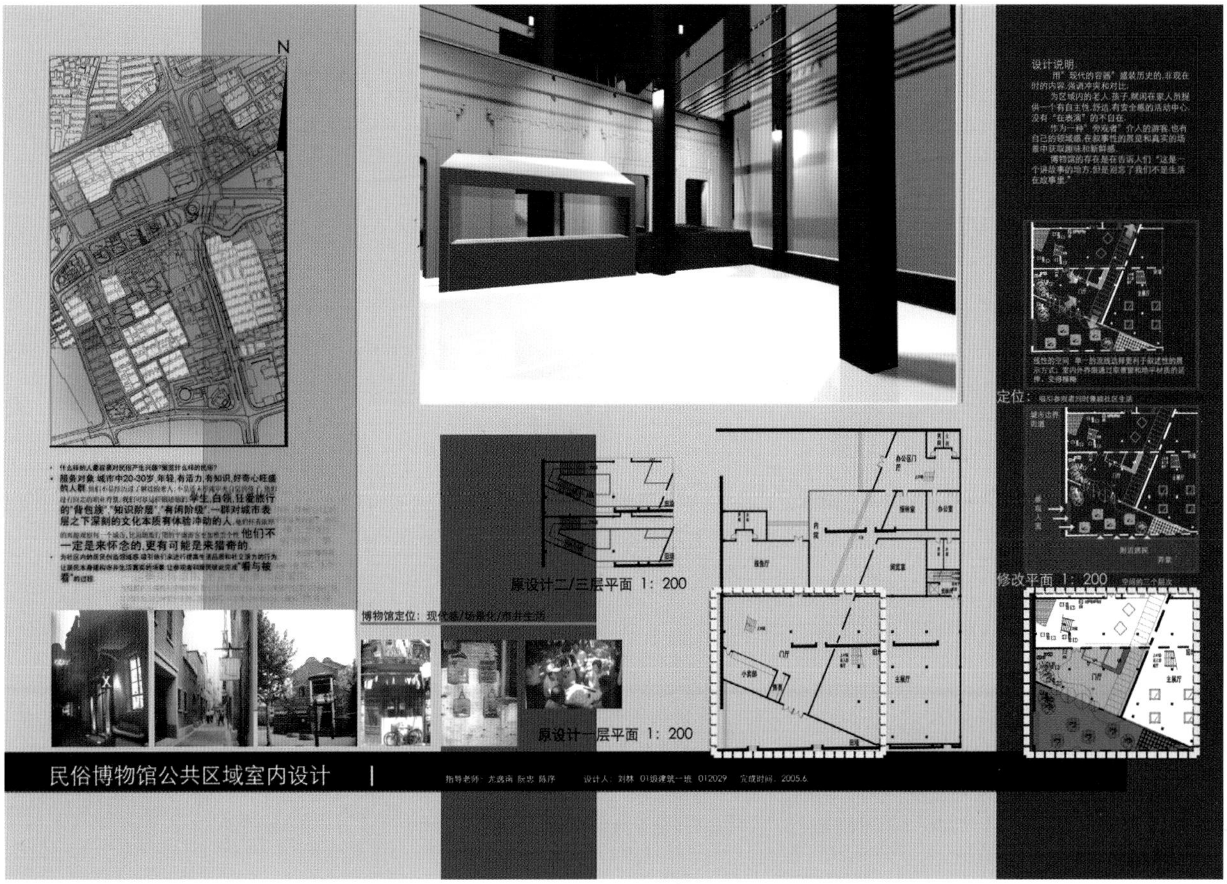

图2–23 民俗博物馆门厅与部分公共空间室内设计之二 作者：刘林

图2–24 民俗博物馆门厅与部分公共空间室内设计之二 作者：刘林

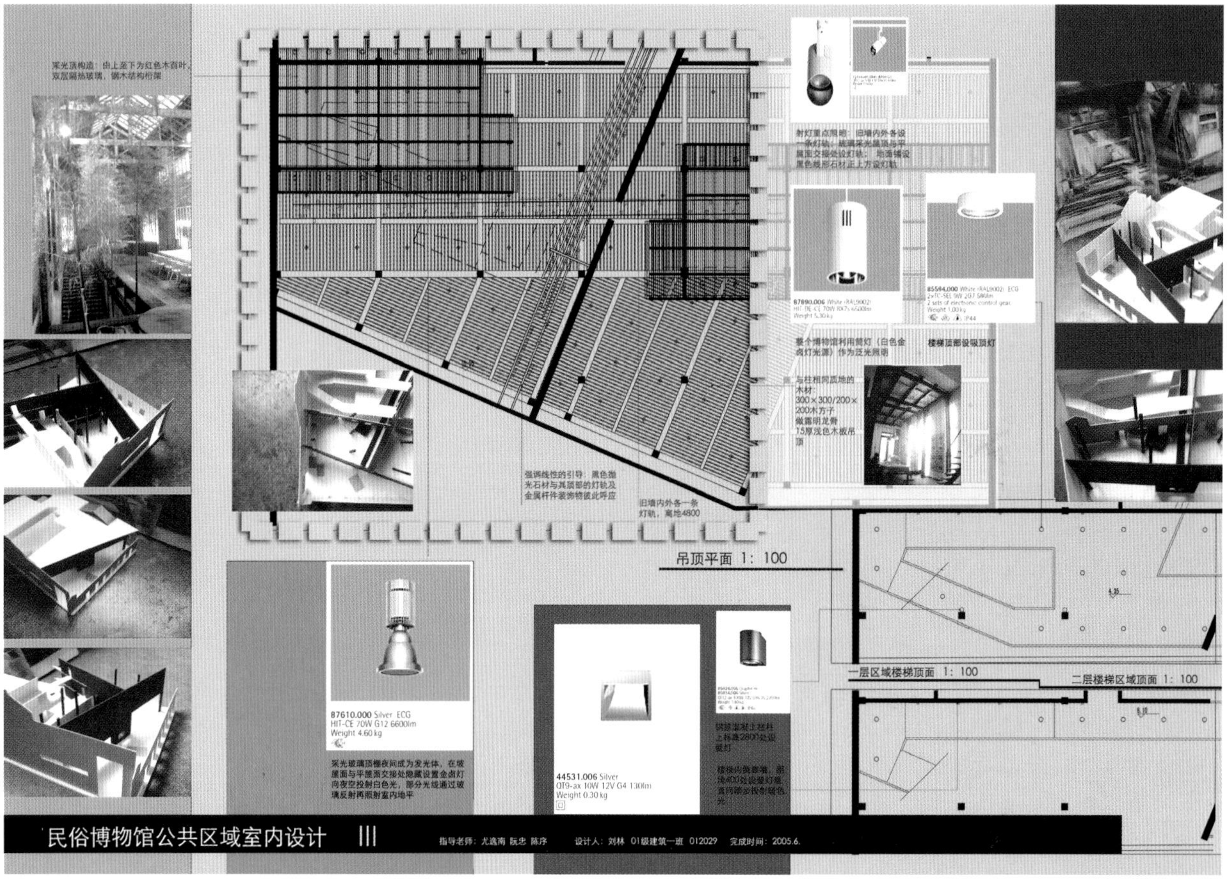

图2-25 民俗博物馆门厅与部分公共空间室内设计之二 作者：刘林

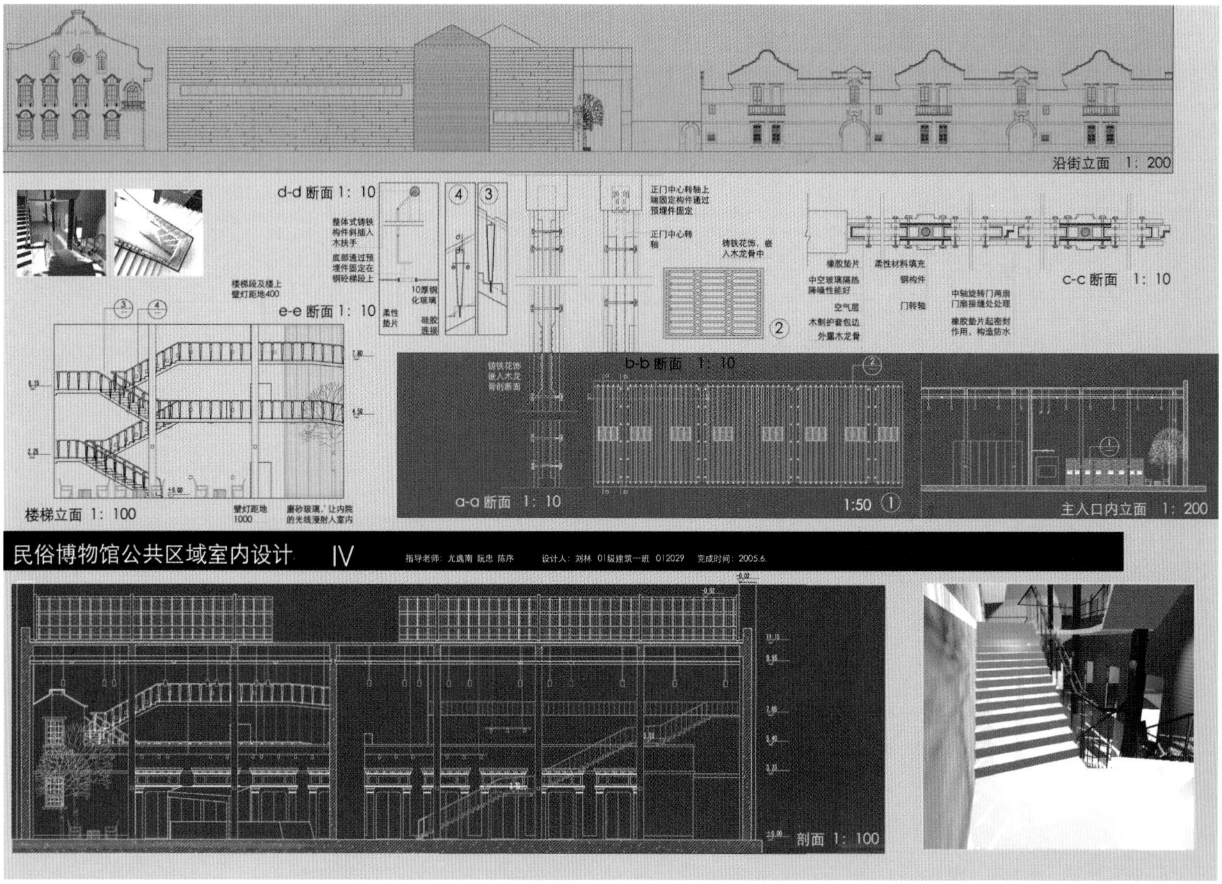

图2-26 民俗博物馆门厅与部分公共空间室内设计之二 作者：刘林

图2–27 民俗博物馆门厅与部分公共空间室内设计之三 作者：孙慧芳

3.博物馆不仅仅就是起收藏、研究和展示的作用，它应该能对该地区环境的质量和居民生活的品质带来积极的影响，此设计将博物馆的主体和对社会开放的部分分开，就是着眼于将博物馆成为社区公共活动的场所，有利于提升作为文化消费的博物馆的活力和商业上运作的可能性。门厅的设计符号取自于上海里弄建筑，并用现代设计的手法进行诠释。因此，整体的空间处理和细部设计与建筑周边环境有较好的协调关系，强化了设计的地域特征（图2–27～2–31）。

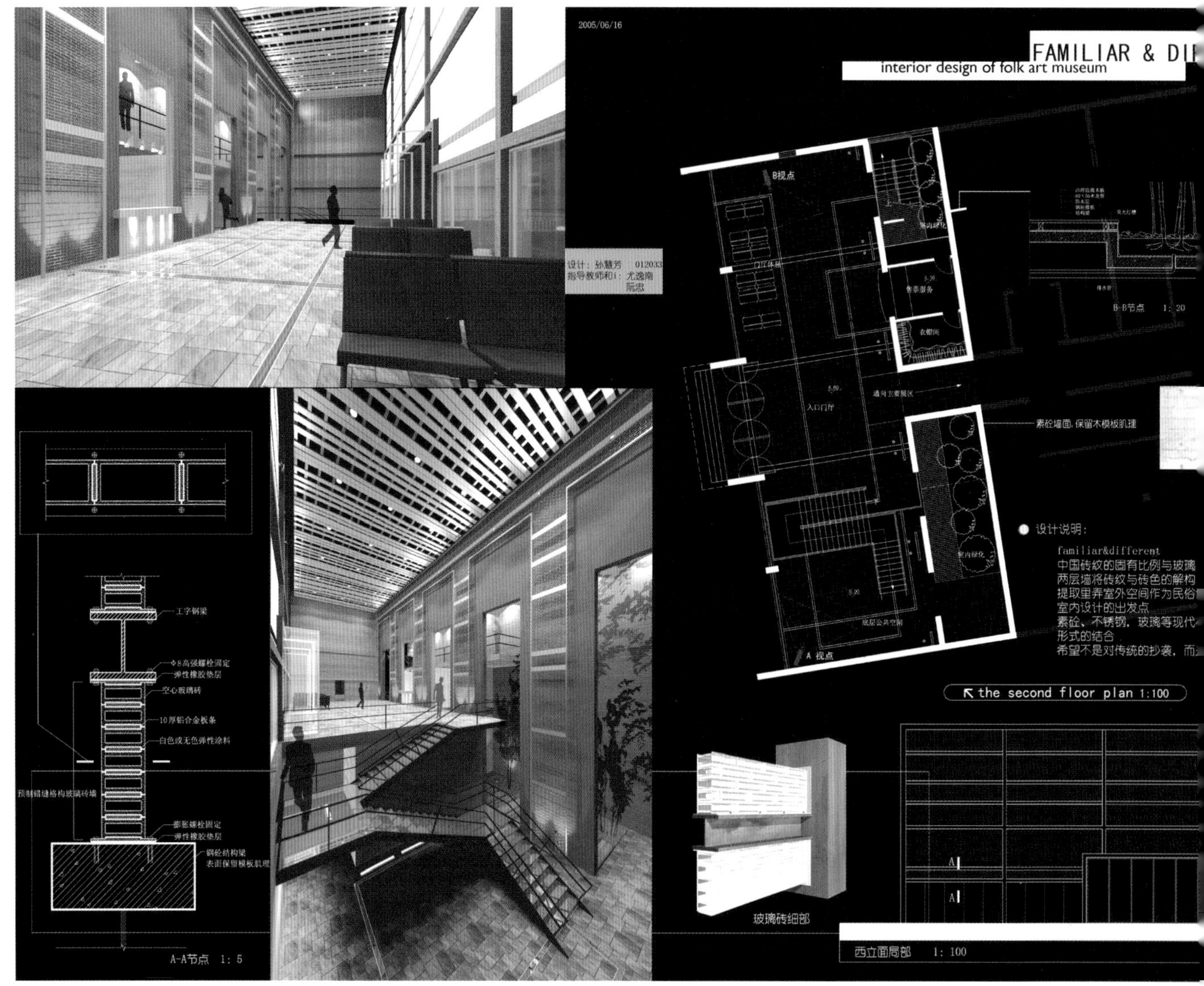

图2—28 民俗博物馆门厅与部分公共空间室内设计之三 作者：孙慧芳

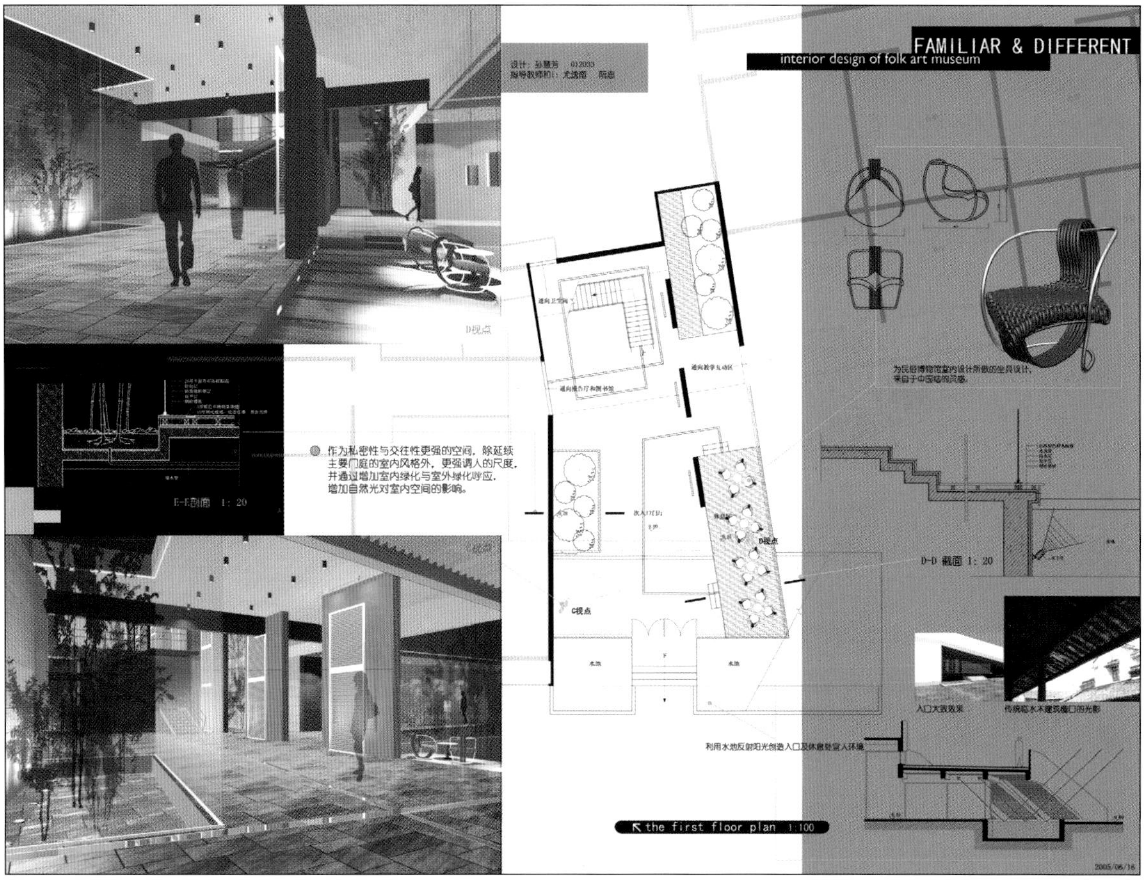

图2—29 民俗博物馆门厅与部分公共空间室内设计之三
作者：孙慧芳

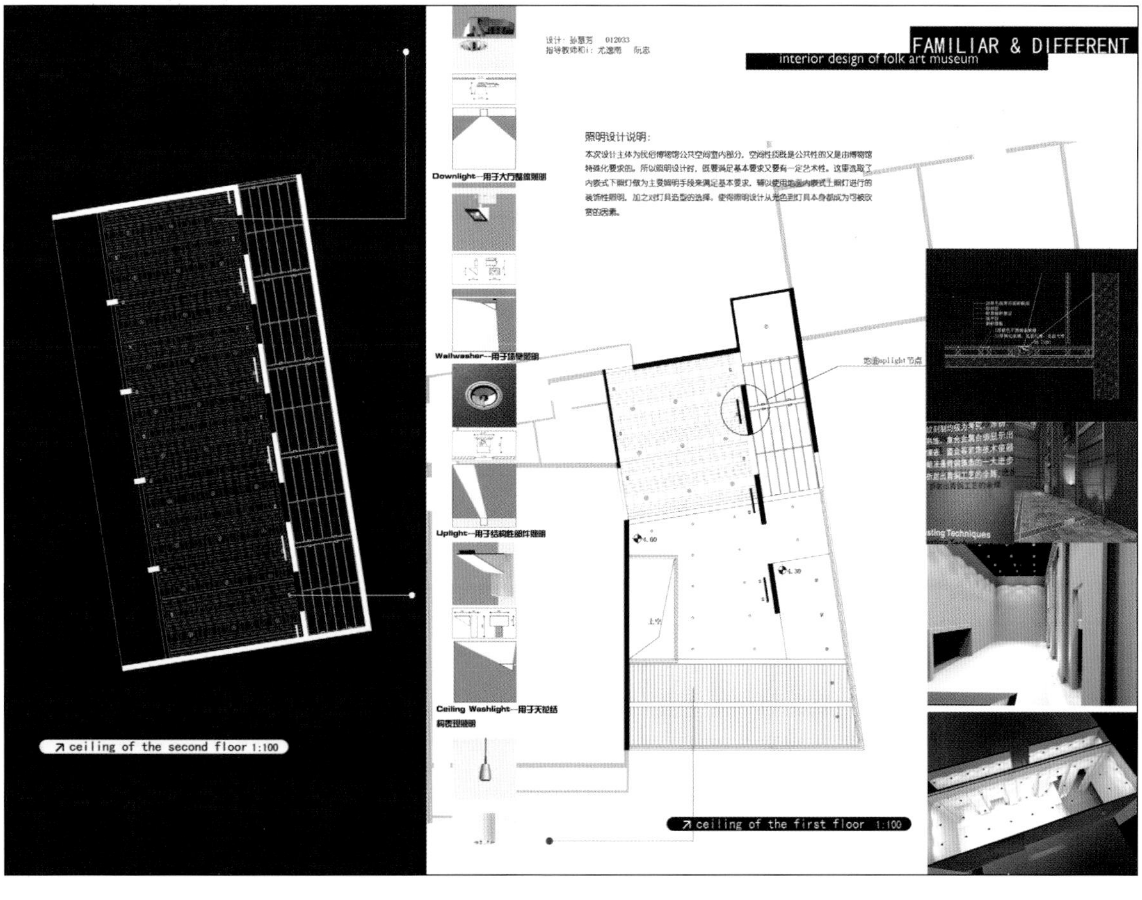

图2—30 民俗博物馆门厅与部分公共空间室内设计之三
作者：孙慧芳

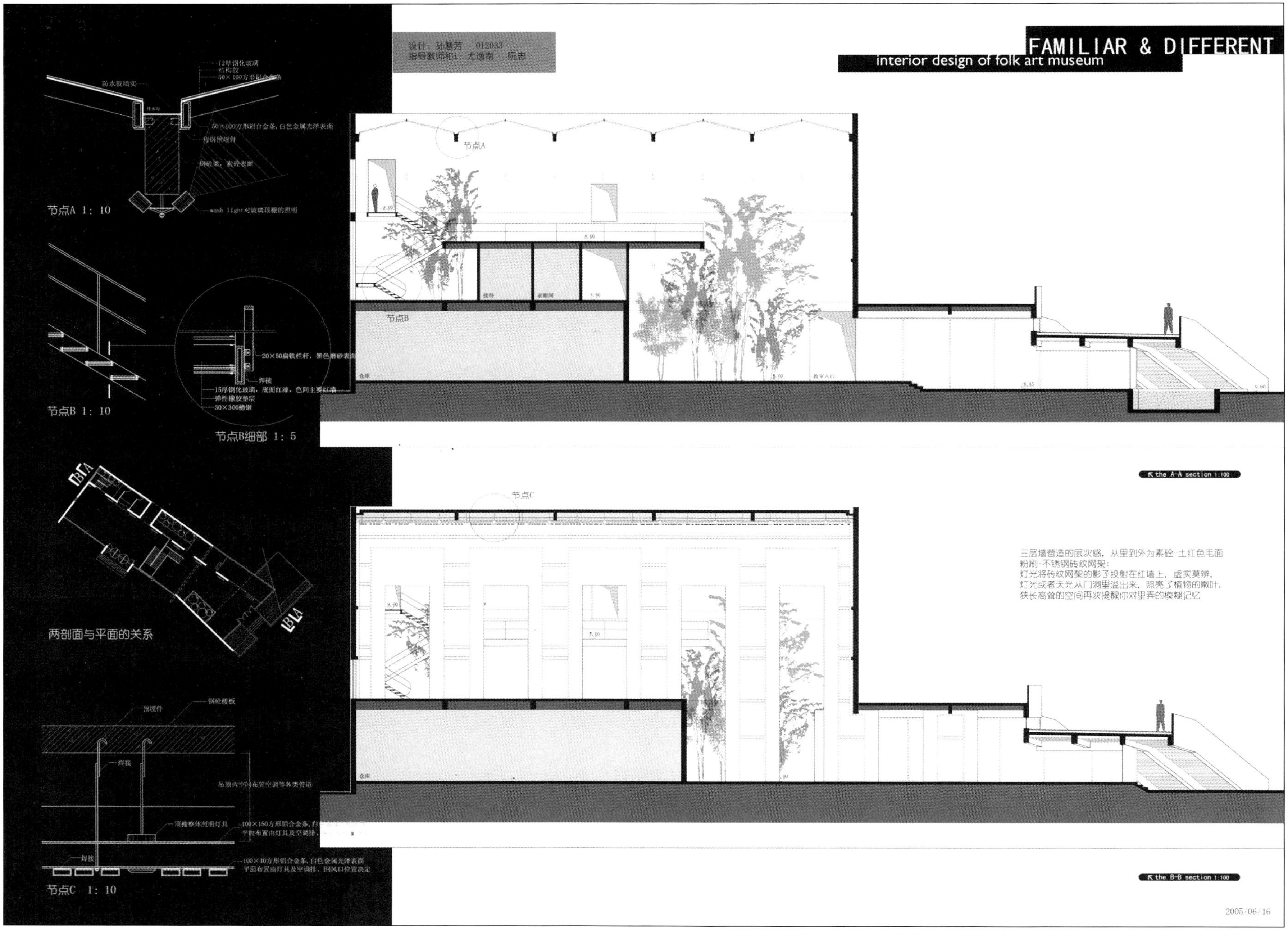

图2-31 民俗博物馆门厅与部分公共空间室内设计之三 作者：孙慧芳

中國高等院校

THE CHINESE UNIVERSITY

21世纪高等院校艺术设计专业教材

建筑·环境艺术设计教学实录

CHAPTER 3

近现代建筑与室内设计风格

名家风范作业任务书

设计作业点评

课程设计——名家风范

第三章 课程设计——名家风范

第一节 近现代建筑与室内设计风格

一、概述

诗经中说："他山之石，可以攻玉……"作为一名刚入门的学生，对各种风格、流派以及大师的作品进行分析，是研究建筑，学习设计的有效方法之一，这也是我们开设此课程的原因。对于什么是建筑，如何设计建筑，不同的设计者在不同的时期都会有不同的理解。面对同样的任务书，同样的设计条件，不同的建筑师也会得出不同的方案。设计师总是从空间、环境、技术、文化等方面入手或构思，但不同的建筑大师对建筑形态、材料、细部、符号的处理和运用都有各自不同的见解。而建筑发展的历史也是建筑师认识不断深入和创新的过程，而在这一过程中，建筑大师们扮演了重要的角色，对建筑的发展起到了推波助澜的作用。大师也如同明星一样，有着自己的追随者，同时，学生也会有自己仰慕的大师，这个作业也是想通过同学去阅读大师，了解大师的历史、文化背景以及成长道路，对作品进行分析、比较、提炼。从而最终的目的是运用到自己的设计中，模仿大师的手法完成一个设计。而不是仅仅停留在分析的基础之上。再有一点需要说明的是，尽管我们的专业是室内设计，但鉴于室内和建筑已密不可分的现代，以及建筑大师大多会涉及到内部空间，有的建筑大师不但涉及室内空间，还会深入到家具设计，甚至一些产品设计。如芬兰建筑大师阿尔托，所以学生可供选择的大师范围可以从早期现代主义建筑大师一直到当今如雨后春笋般涌现的有极强个性的大师。而为了给同学

图3-2 萨伏伊别墅

图3-3 杜根哈特别墅

一些启示，我想从建筑历史和风格流派的角度对大师们作一个简要介绍。就算这样，也是不能网络所有的设计大师的，同学在选择大师时，可选我在下面提到的，也可以选择我未能提到的。

二、现代主义运动时期的建筑与室内设计

19世纪中叶，随着工业革命的全力进行以及建筑材料——如玻璃、铸铁以及后来的钢材和钢筋混凝土，在质量、尺寸、价格等可利用性方面的加强，要求代表新时代的建筑作品的呼声也越来越高。伦敦水晶宫和巴黎埃菲尔铁塔就是这样应运而生的，尽管它们是工程师而不是建筑师的作品。而现代化建筑的产生除了技术层面的原因之外，还有着艺术和文化方面的原因。20世纪初，在欧洲和美国相继出现了艺术领域的变革，它完全彻底地改变了视觉艺术的内容和形式，出现了诸如立体主义、构成主义、未来主义和超现实主义等一些富有个性的艺术风格。在技术条件以及文化艺术方面的双重影响下，现代主义建筑随之发生。同时现代主义也成为室内设计的主流。

尽管在现代主义的旗帜下，集结了不同流派、不同创作倾向，但依然可见其风格方面的共性，即在纷繁的形态中，蕴涵着对功能和空间本质的追求。现代主义建筑强调建筑的使用功能，这种对建筑本质的认识是没有先例的，是人类建筑史上的里程碑。它把建筑形态要素间的关系简化为功能间的关系，讲求“形式追随功能”。体现对学院式形式主义和古典主义的反叛，使现代建筑更好地适应了人的生活要求，更重要的是它强调使用者本身的重要性。

图3-4 结核病疗养院

图3-1 包豪斯校舍

图3-5 结核病疗养院室内

1.国际风格

在1932年纽约举行的现代艺术博览上，一批命名为“国际风格”的作品有：格罗皮乌斯设计的包豪斯校舍（图3-1），柯布西耶的萨伏伊别墅（图3-2），密斯的杜根哈特别墅

（图3–3），阿尔瓦·阿尔托设计的结核病疗养院（图3–4、3–5）。这些建筑大多数使用网格状的柱子支撑楼板，空间由独立方式的隔断进行分割，建筑外观简洁，大的孔洞、门窗可以开在任意的位置，通过使用玻璃或者连续的水平孔洞来强调建筑与结构之间的彻底分离。国际风格是机器时代世界语言的代表，这个时期的建筑师逐渐摆脱了传统的建筑风格。

2.表现主义

虽然现代主义建筑的思想曾一度占据统治地位，便随着建筑设计的发展，对它的批评和挑战也随之而来。首先是表现主义。在第一次世界大战前后，表现主义运动在德国和荷兰处于活跃状态，门德尔松设计的爱因斯坦天文台就是其中最著名的成就之一。表现主义作品具有粗糙的或者曲线的特点，还经常被描述成“反理性的”，同时也表明这种形式具有表现情感特殊状态的能力，并常常夸张。爱因斯坦天文台，好像是从风景中长出来的一样（图3–6）。建筑物本身处在一种运动之中，尽管由于经济原因，原本在设计中的钢筋混凝土不得不大面积使用抹灰的砖砌体进行代替，但它依然表现出了独特的建筑形象。

3.阿尔瓦·阿尔托的自然主义

那些被我们奉为“国际风格”的大师，随着现代建筑的不断发展，也开始反省，发展他们的建筑观，例如阿尔瓦·阿尔托。由于芬兰经历第二次世界大战，于是他便到麻省理工学院授课，时间一直持续到战后。那时他开始有了发展更人性化的现代建筑的观点，并且提出应该使用工业手段来效仿那些木构架的、预制安装的建筑。从此，他开始回应有关技术性、人性化以及地域传统在建筑上的表达。1937年设计的玛丽亚别墅就是一个回归自然，现代与传统相结合的典范（图3–7、3–8）。在这个项目中，阿尔瓦·阿尔托把网格状分布的柱子转换成芬兰森林的抽象概念，吸收了芬兰当地传统建筑的语言。在这个建筑中，最基本的是对立柱的处理。柱网是有规律的，但正如阿尔瓦·阿尔托自己提出的：要避免建筑上所有的人工节奏。在玛丽亚别墅中的立柱没有彼此相同的，除了在书房中有一个钢筋混凝土的立柱之外，所有的立柱都是圆形剖面，而这些立柱都被赋予了个性，或者被漆成黑色，或者成对用藤条包装，或者用白桦木条包装，营造了一种抽象的芬兰松树林的氛围。而类似于树木一样的立柱使人联想起它们的自然起源，而且，阿尔托营造的“森林光线”更加强了这种感觉。所谓“森林光线”是在波浪形的隔板上创造出来的光线效果，玻璃与曲面板交替使用，所以，当太阳很低，或者使用人工照明时，向外投散的光线可以使人联想到阳光穿过树林的感觉。玛丽亚别墅就像是一幅抽象派的拼贴画，使人回归自然，体验到传统的芬兰建筑的蕴味。

4.有机建筑

现代主义的另一位大师赖特，在他的流水别墅中对国际风格也给予了生动的回应，并逐渐形成了自己的建筑风格，我们称之为“有机建筑”。它是一种有生命力的，由内到外的建筑，它的目标是奢华性，突出视觉和艺术的统一。在空间方面，强调自由性和开放性，同时关注材料的视觉特色和形式美。赖特一生一直受到大自然活动的吸引，对地理学的内容也十分感兴趣。所以，赖特在流水别墅的选址上就令业主吃惊。他把位置定在了地形复杂，溪水跌落形成的小瀑布之上。整个别墅利用钢筋混凝土的悬挑力伸出于溪流和小瀑布的上方，通过一段狭小而昏暗的门廊，到达了起居空间。空间中的壁炉向露台敞开，当你靠近时，就会被流水的声音吸引。壁炉建在一块巨大的岩石上，在闪着光的石板地面突显出来，就似溪流中的一块岩石。赖特把这个别墅形成“就像从悬崖峭壁中伸出来一样，通过混凝土楼板锚固在后面的石坪和自然山石之中”（图3–9、3–10）。

图3-6 爱因斯坦天文台

图3-7 玛丽亚别墅

图3-8 玛丽亚别墅室内

图3-9 流水别墅

图3-10 流水别墅室内

5.粗野主义

在第二次世界大战结束后，社会属于战后恢复期，急需大批住宅、中小学校以及其他可快速建造起来的中小型公共建筑。面对这种现象，一些建筑师认为建筑的美应以“结构与材料的真实表现作为准则”。我们把这种比较粗犷的建筑设计倾向称为“粗野主义”。它通常以表现建筑的自身为主，把混凝土的性能以及与质感有关的沉重、毛糙等特征作为建筑美的标准。在建筑材料上保持了自然本色，具有粗犷的性格，在造型上表现混凝土的可塑性，建筑轮廓凸凹强烈，屋顶、墙面、柱墩沉重肥大。勒·柯布西耶设计的马赛公寓被称为粗野主义达到成熟阶段的标志，也代表着勒·柯布西耶与他的战前国际风格的彻底决裂。马赛公寓全部用预制混凝土外墙面覆面，这与以往的建筑有所不同，这是一个私人集合住宅，被柯布西耶称为“垂直花园城”，每个家庭都有一个正面和两侧的私人阳台，有一条宽敞的走廊，即被勒·柯布西耶称之为内部大街，它能够为三个楼层服务。两层高的起居连着厨房，父母拥有一个洗浴套间，孩子们有自己的淋浴室，落地的玻璃窗可以使光线深入照射室内。

设计包含23种不同的基本单元，屋顶是一个游泳池，下面有开放的体育馆、跑道。向下两层是娱乐场所和托儿所，其余的公共设施占据了七层和八层一半的面积，包括储藏室、小型商场、餐馆和旅馆（图3−11）。从审美的角度来说，马赛公寓是柯布西耶的一个转折，以前表面光滑、纤细的柱子被遗弃了，而出现的是雕塑般强有力的外形和未加工的混凝土的粗糙。他所表现出来的态度被年轻一代的建筑师所吸收和发扬，他们开拓了一种粗野的新风格。英国批评家瑞纳·班海姆甚至将它归为新野兽派。

6.象征主义

马赛公寓中体现了柯布西耶建筑风格的转变，从战前的理性几何形状和光滑平整的墙壁设计变得突出粗糙甚至于雕塑般的外形，这个阶段柯布西耶对自然主义和神秘主义充满了热情，这点在法国的朗香教堂中达到了极致（图3−12、3−13）。教堂的外观看起来十分古怪，日光从天棚与墙壁的缝隙之间投射进来，朝南面的实墙是光线的主要来源，光线穿过大量不规则排列的、尺寸和样式各异的彩色玻璃窗照射下来。这个建筑被认为具有异教色彩。在1954年朗香教堂落成时，对主流的现代主义建筑思想产生了强烈的冲击。值得一提的是，当安藤忠雄游历欧洲，来到他倾慕已久的朗香教堂时，对里面的光环境却有些失望。这大概源于东西方文化的差异吧。此外朗香教堂让人联想起合拢的双手，浮水的鸭子，修女的帽子……所以在建筑风格与流派的划分中，又将其作象征主义的建筑作品。

象征主义作为一种流派，成为20世纪60年代较为流行的一种设计倾向，它追求建筑个性的强烈表现，设计的思想和意图寓意于建筑之中，能引发人的联想。萨里宁的纽约环球航空公司航空站（图3−14），伍重的悉尼歌剧院（图3−15），贝聿铭设计的香港中国银行大厦（图3−16），都称之为象征主义的作品。

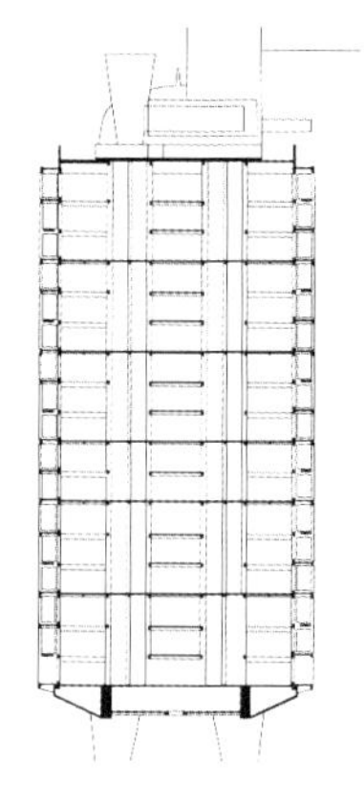
图3−11 马赛公寓剖面

图3−16 香港中国银行大厦

图3-14 纽约环球航空公司航空站

图3-12 朗香教堂

图3-13 朗香教堂室内

图3-15 悉尼歌剧院

7.密斯风格

自从密斯在巴塞罗那展览会德国馆的设计上向世人展示了前所未见的建筑风格开始，他那流动“空间的理念”以及“少就是多”的设计理念，有力地扩展了现代主义建筑的影响，在建筑界形成了自身的风格，我们称之为“密斯风格”。这种风格讲究技术的精美，强调简洁严谨的细部处理手法，忠实于结构和材料，要求功能服从于结构，强调建筑材料的“正确使用”。1928年设计的巴塞罗那厅，与传统的民族展厅不同，这里没有贸易展台，只有结构，一件雕塑和特别的家具——巴塞罗那椅，空间被处理成流动的。整个厅的承重结构只有八根十字形剖面的钢柱。尽管其中的一些墙还是扮演了承重墙的角色，但还是依然可以感觉到全新的建造方式和空间概念。在室内材料的选择时，使用了一些华丽的、反光的或者有清晰纹理的材料——石灰石、玛瑙石和两种绿色大理石以及不同种类的玻璃（图3-17、3-18）。几乎在同一时期，密斯还完成了杜根哈特别墅。生活区也如同巴塞罗那厅一样是流动的空间，先后完成的这两件设计作品是密斯打破功能主义的有效标志。而代表他“一无所有”艺术理念的极致表达则是在范斯沃斯住室设计当中（图3-19、3-20）。这个住宅的内部是一个开阔的空间，它没有被分割，只是通过随意布置的设施对空间进行细分。两间浴室，一个简单的厨房，还有一个壁炉，主人的私人空间只是采用幕帘围合。就像在杜根哈特别墅那样，由他设计的家具被精致地摆放在奶白色的地毯上。但由于它的开放性以及没有考虑气候的影响，业主对此并不满意，最终还因此起诉了密斯。另外一个体现“少就是多”的作品是伊利诺工学院的克朗楼，同范斯沃斯住宅一样，空间被包裹在钢和玻璃里面，通透的结构使楼内的人们可以欣赏到天空的风景（图3-21、3-22）。这个建筑物为对称式布局，预示着密斯的思想开始向更静态的、对称的新古典主义的设计方向发展。1954年设计的西格拉姆大厦就是佐证（图3-23）。对密斯来说，重复利用同一模块所带来的神秘和抽象，是非常适合现代城市的表现形式。在西格拉姆大厦的设计中，他把这种“重复”运用到了极致。

图3-17 巴塞罗那展览会德国馆

图3-23 西格拉姆大厦

图3-18 巴塞罗那展览会德国馆室内

图3-19 范斯沃斯住宅

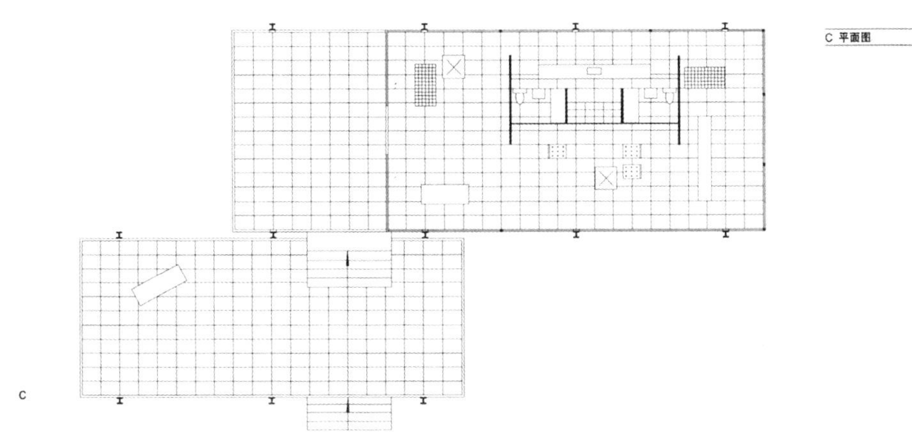

图3-20 范斯沃斯住宅平图

图3-21 伊利诺工学院的克朗楼

图3-22 伊利诺工学院的克朗楼室内

三、后现代主义及其以后的建筑与室内设计

现代建筑以功能和空间作为出发点，它注重功能和空间的结构关系，以一元代替多元，对地域的差别和文脉上的关联性较少地考虑。经过几十年的实践，人们逐渐发现：在自然与建筑之间的中介不仅是技术，还有人。20世纪50年代以来，后工业的信息革命改变着人们的观念，人们追求不只是技术，而更多是追求高技术和高情感之间的平衡。在这样一个时期，要规定一个包罗万象的统一形式是不可能的，多元化的发展是必然结果。

1966年美国建筑大师文丘里出版了《建筑的复杂性与矛盾性》，引起了建筑界的轰动，被认为是后现代主义的宣言。文丘里的理论颠覆了长期以来在建筑领域占据统治地位的现代主义设计规则，展示了设计新的空间和边界。耶鲁大学教授斯卡利认为它是自1923年勒·柯布西耶的《走向新建筑》出版以来，关于建筑创作的最重要的著作。20世纪70年代，理论家詹克斯在《后现代主义建筑的语言》中正式提出和运用了“后现代主义”这一词汇。建筑与室内设计领域的后现代主义表现文脉，隐喻与装饰，基本理念是追求设计的复杂性与矛盾性，后现代主义建筑与室内设计表现出了强烈的曲线形思维，使设计思考的层次和角度多样和复杂，并大量引用传统设计的部件。后现代建筑在建筑界的亮相，如文丘里的母亲住宅，总是以折中主义的风格出现的。而且常常带有古典主义的倾向，因此受到现代主义的批评。后现代主义的代表有前面提到的文丘里、詹克斯、格雷夫斯、路易斯·康和汉斯·霍莱因等。

汉斯·霍莱因生于维也纳，因为他一些前卫的使人惊讶的想法和在维也纳一系列富有创意的商店门面和室内设计受到关注。他最早的作品是位于科尔市场的一个小型蜡烛商店。令人喜欢的铝制门面，孔式入口，相匹配的成对的小型精致的橱窗看起来就像沙丁鱼罐头的金属盖一样自然。但是在内部，蜡烛那种看似神圣的展示方式又好像是对神殿的一种讽刺（图3—24）。

美国最有声望的后现代主义大师格雷夫斯设计的迪斯尼世界的天鹅旅馆和海豚旅馆以及他的波特兰市政大厦也是后现代主义的代表作品（图3—25、3—26）。天鹅旅馆和海豚旅馆如同其他后现代主义作品一样，这个设计也带有明显的戏谑古典主义的痕迹。先不说出现在建筑屋顶的巨大的天鹅和海豚，在内部设计上，格雷夫斯更是大量地选用了绘画，天花、墙壁到处充满着花卉，热带植物为题材的现代绘画，夸张的椰子树装饰随处可见。同样，古典的设计语汇自然充斥其中，这大概也为后来格雷夫斯转向新古典主义作了铺垫。

后现代主义拓展了设计的美学领域，是建筑与室内设计发展史上的一次重大突破。然而后现代主义的设计往往过于随意通俗，具有玩世不恭的倾向和忽视功能的倾向，慢慢地受到越来越多的批评和排斥。同时人们开始意识到现代主义建筑并没有也不可能彻底地消亡。于是建筑界对现代主义采取了重新认识的态度，用批判的精神，并不是全盘否定。承认其成就，对其不足进行反思和批判，寻找建筑更深层次的对人、对文化、对历史的关注。对于全世界而言，人们都在关注对自身的发展和生存状况，在20世纪后半叶，经济发展，物质繁荣，技术进一步发展。但是在70年代，这种工业化的成就受到质疑，能源危机，城市交通、环境的破坏，地域个性、传统文化的断裂与消失，都使得建筑师重新审视建筑创作。这个时期，并无英雄主义色彩，对历史的批判和反思，也没有一种思想和观念是占主导地位的。尽管如此，我们还是依然可对他们进行分类，尽管建筑师有时并不认同这种分类。这个时期出现的设计流派有：解构主义、新古典主义、新理性主义、新地域主义、新现代主义、高技派、白色派。

图3-26 波特兰市政大厦室内

图3-25 波特兰市政大厦

图3-24 汉斯 · 霍莱因的蜡烛店

图3-27 巴黎的拉维莱特公园

图3-28 巴黎的拉维莱特公园

1.解构主义

解构主义正式出现在20世纪80年代。从形式与审美方面而言，解构主义同20世纪初的构成主义美术相联系，表现空间与结构的运动、分裂、组合、激变等感觉。它解构完整与和谐的形式系统，在设计中追求散乱、动荡倾斜、失衡、残缺之类的感觉。解构主义的创作手法是各种各样的，如用分解和组合的形式来表示时间的非延续性，把建筑物“碎裂”后重新组合，通过层次、点缀、网格旋转、构成处理、增减等手法来表现间离。著名的解构主义建筑师是屈米和埃森曼。屈米的代表作品巴黎的拉维莱特公园（图3-27、3-28）。通过点、线、面的布置，渗透、置换、排斥一般大型工程的总体合成的限制，屈米认为这样就可以体现出“偶然”、“巧合”、“不协调”、“不连续”的设计思想，从而达到不稳定、不连接、被分裂的感觉。

彼德·埃森曼的威克斯纳视觉艺术中心（图3-29），是解构主义的又一创作。中心的规划方案在开始时没有一个详细的摘要和地点，彼得·埃森曼选择的地点是在相邻的建筑物之间进行建造。他称这个工程为“一个建筑物，一处考古之地，其主要部分是脚手架和景观”。彼德·埃森曼以特定的距离将场地内的其他元素组合起来，就如飞机跑道一样。在此基础上，又好像是在取笑传统的“文脉”关系，他设计了一种虚构的历史建筑的立面——想象中的“城堡”，它们由砖砌成并彼此分开。艺术中心的骨架由两套交叉的三度空间网格组成，连接着已建成的两个报告厅和拟建的艺术中心。两个平面网格以12.5°斜向交叉，与校园道路和城市街道保持一致，在整个建筑上采用了断裂和错动（图3-30）。

解构主义大师除了上面提到的两位，还有弗兰克·盖里，盖里住室、鱼味餐厅以及舍雅特、代广告公司总部都可以说是解构主义作品的代表作。

图3-29 威克斯纳视觉艺术中心

2.新古典主义

新古典主义作为西方当代建筑文化的主流，是后现代主义对古典主义发展的新形式。古典主义源于古希腊，古罗马，是西方建筑体系中最成

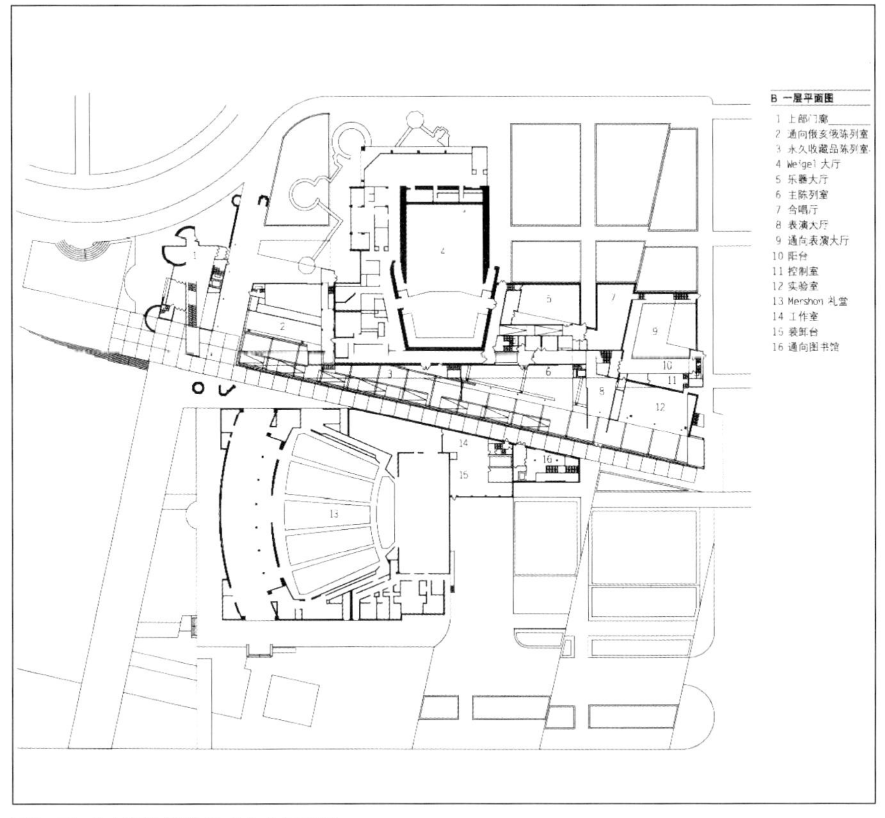

图3-30 威克斯纳视觉艺术中心平面图

熟、最完备的典范。新古典主义是对传统建筑语言的自由翻新，对古典装饰符号进行变形并加以运用。或者用现代材料和形式表达古典的细部。迈克尔·格雷夫斯是新古典主义的大师，迈克尔·格雷夫斯开始引起关注是在20世纪70年代，当时和理查德·迈耶、彼德·埃森曼一起被称为"白色派"，后来，又被公认为是后现代主义的领导人物。在设计风格上，有过多次跳跃性的变化，后来趋向于新古典主义，格雷夫斯自己的住宅就是一个例证（图3-31、3-32）。这个住宅不是一个新的建筑，而是对1926年时修建的家具仓库的全面改造。它那意式风格的正面和后面是非常传统的，而且由砖砌的延伸部分更是吸引了格雷夫斯。在1970年得到它之后，几乎是在十多年后才对这个建筑进行全面、彻底的改造。对称排列的房间、分段的窗户和托斯卡纳柱式，整个住宅的许多细部设计都是古典式的。而且这里不仅是格雷夫斯的家园，更是他个人家具的展示场所，而且这些家具也几乎都是新古典主义风格的。

除了格雷夫斯外，曾经风靡一时的KPF作品也带有新古典主义倾向，无论是建筑的外立面处理，还是室内装饰细部的处理，都是用现代的技术和材料来表达古典的意味。至今，仍是许多人模仿的对象，代表作如DG银行总部、波特兰美国联邦法院等。

图3-31 格雷夫斯住宅

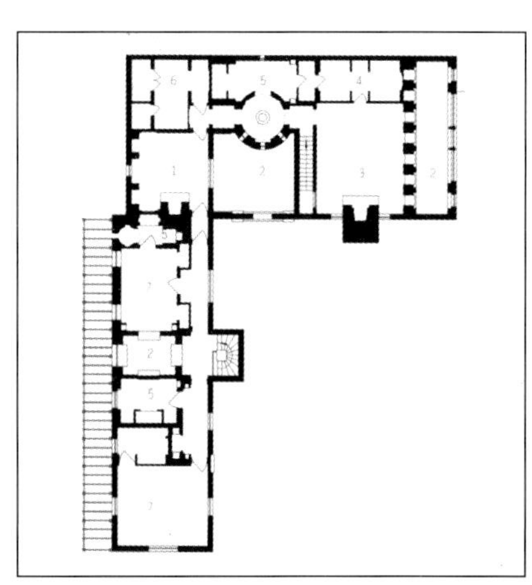

图3-32 格雷夫斯住宅平图

3.新理性主义

新理性主义是20世纪60年代流行于意大利的建筑思潮。其初衷是恢复城市的秩序和找回建筑的本质。由于工业化和功能性设计带来的毁坏性令人沮丧，新理性主义认为建筑本应回到以时代为荣的郊区模式和建筑形式，相信建筑的历史延续性，相信历史阶段所提供给设计的确定的、不变的东西。因此，可以从历史建筑中抽取出潜在的类型。这些类型的原型可以从建筑中寻找，也可以从其他物品，如咖啡壶、刀叉中寻找启发。尽管和新古典主义一样都是从古典形式汲取营养，但理性主义往往会传达一种超越现实、超越个人情感的极端的理性与冷静的氛围。代表建筑大师是阿尔多·罗西。罗西着眼于人类的共同经验，强调设计中对原始形态、历史记忆、种族记忆或心理经验的恢复及原型的重构。熟悉的形式和原型虽然具有恒定性，但是设计者可以赋予这些固定的形式以新的意义，"场所和物体随新意义的增加而变化"。熟悉的物体如谷仓、马厩、茅房、工场等，其形态已经固定，但意义却可以改变。罗西否定了现代主义关于"形式追随功能"的观点，认为应颠倒过来，使功能适配形式。一个典型的例子就是罗西的博尼基丹博物馆，该作品的灵感来自公共建筑、教会建筑和工业建筑。包锌的穹顶、烟囱般的交通体、方格玻璃墙和铁丝网拱，仿佛都在追忆这片土地作为制陶工厂的历史（图3-33）。在设计方法上罗西规定了具体的设计程序：①引用存在的建筑和片段。②图像类推。③换喻。④产生同源现象。在这套程式过程中，前提是对原型进行抽取、简化、还原和归类。都灵的CET办公大厦"曙光之家"临街而建，规矩的平面、坡屋顶、分段式的造型体现着对传统元素及历史记忆或形态的引用。但罗西进行了"换喻"，把建筑从历史的境遇中引向现实，宫殿式的原型转换为现代的办公大楼，使之生成新的意味及逻辑关系。但此建筑又是和原型"同源"的，在超越时空与原型进行对话与交流（图3-34）。

图3-33 博尼基丹博物馆

图3-34 都灵的CET办公大厦

图3-35 管式住宅

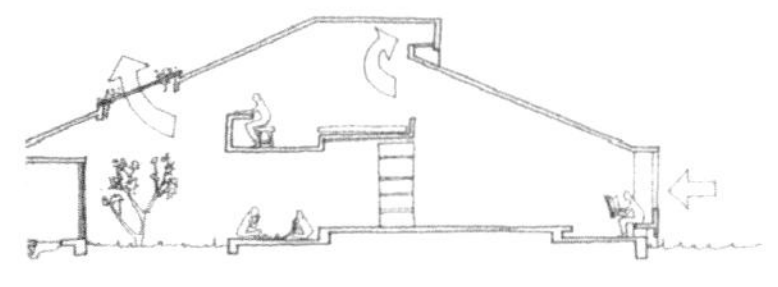
图3-36 管式住宅剖面示意图

图3-37 住吉的长屋外观

图3-38 住吉的长屋内庭

4.新地域主义

在整个世界范围的设计趋向形式大统一的局面，西方发达国家的各种建筑与设计样式被认为是时代与先进的模式，而被世界其他地区的设计师移植、模仿。地域或民族的建筑与设计正趋于消失。新地域主义就是在这样的背景下产生的。它强调表现地域的历史文脉和传统，表现地域设计的特性及差异性。他们所关注的传统内涵既指传统的建筑，也包括传统的工艺品、艺术品等非建筑物品。既表现传统的形式、结构和装饰，也表现出了传统的文化观念、风俗习惯和审美意识等。新地域主义代表的大师有印度的查尔斯·柯里亚和日本的安藤忠雄。

柯里亚曾在马萨诸塞州工科大学学习建筑，深受柯布西耶的影响，他将现代主义的原则与印度的风土和文脉进行了结合。柯里亚认为气候和风土对建筑有着直接的影响，是建筑形态不可忽视的重要参数。同时，他还注重表现地方深层的精神和文化的意义。他比较早的一个作品“管式住宅”就是一个被动节能建筑的实例，管式住宅的单元为18.2米长，3.6米宽，热空气随着倾斜的顶棚上升，从顶部的通风口排出，然后新鲜空气被吸入，建立起一种自然通风的循环体系。同时，通风还可以通过大门旁边的可调式百叶窗来控制（图3-35、3-36）。在这里出现的通风手法，在他后来的作品中曾多次出现。

安藤忠雄是一位自学成才的建筑师，他的作品具有强烈的现代主义的简化特征和地方文化的特点。“纯粹空间”是他设计的主要目标，他的作品最大限度地节约材料，通过单纯的形式表达复杂的空间效果，在原有自然环境的基础上，通过空间结构的转化达到与自然的统一。光线也是安藤设计思考的要素，在安藤的作品中，不仅表达一种物理环境，更重要的是表达精神的意义。另外，混凝土是安藤常用的材料，它体现了日本传统文化中的自然观。“住吉的长屋”是安藤重要的代表作，也是他自己比较喜欢的作品。在这个设计中，安藤运用了大阪传统民居“长屋”的形式，但用现代的理念和材料进行了置换。此建筑是一个独立的混凝土盒子，在中间开设了一个三分之一住宅面积的露天中庭，使看是封闭的房屋从内部获得了充足的光线，并于外部的自然相联系（图3-37、3-38）。

5.新现代主义

新现代主义是对现代主义建筑及室内设计理念与原则的继承与发展，在继承的同时，新现代主义设计摆脱了现代主义的局限，发展了现代主义的功能原则，重视人的感情需要，重视文脉传统，重视环境与生态保护等，新现代主义是一个大的、包容广泛的概念。白色派、高技派甚至前面提到的新地域主义以及解构主义建筑师的作品都归属其列，同时，我把当今最为耀眼的建筑师的作品也归入新现代主义作品，例如扎赫·哈迪德、雷姆·库哈斯、斯蒂文·霍尔、弗兰克·盖里、伊东丰雄和妹岛和式等等。

1972年纽约五位建筑师组织“白社”，发表了《五位建筑师》一书，这五位建筑师是：彼德·埃森曼、麦克尔·格雷夫斯、约翰·海杜克、理查德·迈耶和查尔斯·格瓦斯梅，他们推崇勒·柯布西耶的纯粹建筑，偏好白色，故又称为“白色派”。在所有的成员当中，迈耶是最具代表性的。他的代表作有亚特兰大美术馆，（图3-39）。

高技派经历了长期的发展历程，19世纪中叶的水晶宫可以说是高技派的典范，高技派的设计师推崇建筑或室内设计的高技术性与机器文明，认为技术是人类文明的基本部分。高技派的设计具有形式审美与建筑技术两个层面的含义。巴黎蓬皮杜文化中心是由意大利建筑师皮亚诺和英国建筑师罗杰斯设计的，是一种运用高技术建造的“化工厂”（图3-40、3-41）。它消除了石材、砖块所构成的传统的封闭性外观，柱、梁、楼板均为预制装配的钢构件，把交通、水、电等设备暴露在室外，纵横交错，与艺术宫殿大相径庭，给人以全新感受。另外的作品还有诺曼·福斯特的香港汇丰银行以及SOM的美国科罗拉多州的空军士官学院。

注重工业技术的最新发展，及时把最新的工业技术应用到建筑中去，将永远是建筑师的职责，问题在于是为新而新，还是为合理改进建筑而新。随着新技术尤其是高科技成果在设计和建筑中的广泛运用，产生了一些新的建筑类型，如智能化建筑、生态建筑、太阳能建筑等都与高技术的运用分不开。

毫无疑问，现代的建筑正在越来越多地挑战传统，部分原因是我们对传统太熟悉了，希望能打破，部分原因是我们这个时代有着令人迷乱的多变趋势和兴趣取向。雷姆·库哈斯发起对重力的挑战，他用“宽恕现状”的态度来对待这个浑沌世界。他承认自己的无能为力，只能专心扮演具有智能与爆破力的建筑突击队，诱发现代城市的内在矛盾与隐藏能量。而面对同样的世界，弗兰克·盖里采取了比喧嚣更喧嚣、比浮华更浮华的以毒攻毒的方式，以一种叛逆的形象出现，如他的毕尔巴鄂古根海姆博物馆（图3-42），却也能让投资者捧大把的钱来随他驰骋设计。而让·努维尔则一直痴迷于电影和使建筑物质化的可能性。在卢塞恩文化和会议中心，他实现了各空间之间的流动感，体现了他的想法，施于上空的屋顶也显示了对重力的挑战（图3-43）。赫尔佐格和梅德隆则把材料推向“一种极端的状态”，以此来展示它是源于功能上的应用，而非“原来所用”。而伊东丰雄则在仙台媒体中心尽力的表现非实质的“液态空间”（图3-44）。伊东丰雄在空间上追求巴塞罗那馆式的流动感，而在这里他要展现的是“不是流动空气的轻飘，而是稠密液体的厚重……它使我们感觉正在水下观察外界物体一样，更恰当地说，就像是处于一种半透明的状态。在此我们感受的不是空气的流动，而是在水下缓缓飘浮的那种感觉。”

如今，全世界的媒体都在关注这些明星建筑师，而建筑师也必须根据功能发展起特有的建筑风格，以便使他们有所不同，而且让客户感受到他们的可识别性。而媒体的发达拉近了我们和大师的距离，通过对大师的学习，归根结底是更多关注我们自己的设计。

图3-39 亚特兰大美术馆

图3-40 巴黎蓬皮杜文化中心

图3-41 巴黎蓬皮杜文化中心

 图3-42 毕尔巴鄂古根海姆博物馆

图3-44 仙台媒体中心

图3-43 卢塞恩文化和会议中心

第二节 名家风范作业任务书

一、教学要求和目的

1.适应从建筑设计到室内设计的过渡。

2.学习一位著名设计师的设计思想及设计风格，并将其运用于作业之中。

3.进一步熟悉室内设计的方法、步骤、内容及原则。

4.理解建筑设计与室内设计的关系。

5.熟悉通过模型进行室内设计构思，并用模型表达设计意图的方法。

二、设计任务

有一块30米×20米的基地（基地周边的环境可由学生自己设定），在该基地上拟建造一幢小型的建筑师俱乐部，面积约300平方米，层数由学生自定，内部至少有一间较大的空间及必要的功能性房间，如厕所、厨房及会谈空间等。

每位同学选定一位著名设计师作为学习对象，充分领悟该设计师的设计理念与设计手法，并将这些理念与方法贯穿于该俱乐部的建筑设计与室内设计之中。

整个教学过程与模型相结合，熟悉从草图到模型、构思到方案、调整到模型制作和图纸上版的过程。

三、成果要求

1.图纸部分

平面图1：50（含室内布置）。

平顶图1：100。

外立面图1：50（1个）。

剖面图1：50（1个，需表达出室内设计）。

设计说明须简要分析该著名设计师的设计思想与风格以及在自己作业中的运用。

2.模型部分

模型底板尺寸600毫米×400毫米，比例为1：50，材质自定。

模型以表达内部空间为主，应充分表达内部空间的组织、室内界面的处理与材质。

模型需同时表达出建筑设计的外立面及基地内的主要室外环境处理。

四、进度安排(见表3–1)

五、参考资料

1.介绍著名设计师的书籍与杂志。

2.有关室内设计的书籍与杂志。

3.有关模型制作的书籍与杂志。

表3–1

	一	四
第一周	发题、释题、查资料	查资料、构想
第二周	建筑设计思想、交建筑设计方案草图	建筑设计方案深化
第三周	建筑设计定稿、开始室内设计	室内设计方案草图
第四周	室内设计深化	制作成果模型
第五周	制作成果模型	调整设计、制作模型
第六周	图纸上版、制作模型	图纸上版、制作模型
第七周	图纸上版、制作模型	交成果

第三节 设计作业点评

1.该生从四个方面分析了西萨·佩里的建筑理论与设计手法，并将其运用于山地建筑师沙龙的创作中，整个设计的合理和地形契合，较好地体现了学习与创新的目的，模型制作精美，较完美地表达了设计构图（图3–45～3–49）。

2.该生从对包赞巴克的设计思想以设计手法入手，分析简明扼要，并能将大师的一些设计理念运用于沙龙的设计中，整个设计特别在空间及造型方面较好地体现了大师的风格，但模型的场景表达以及材质的表现力尚待提高（图3–50～3–54）。

3.通过对Gwathmey作品设计手法的分析，并能将其运用于自己的设计当中。但在内部空间氛围的营造上还需向大师学习，另外，分析的条理还需更明晰些（图3–55～3–59）。

图3–45 名家风范之一 作者：李一帆 艾琳

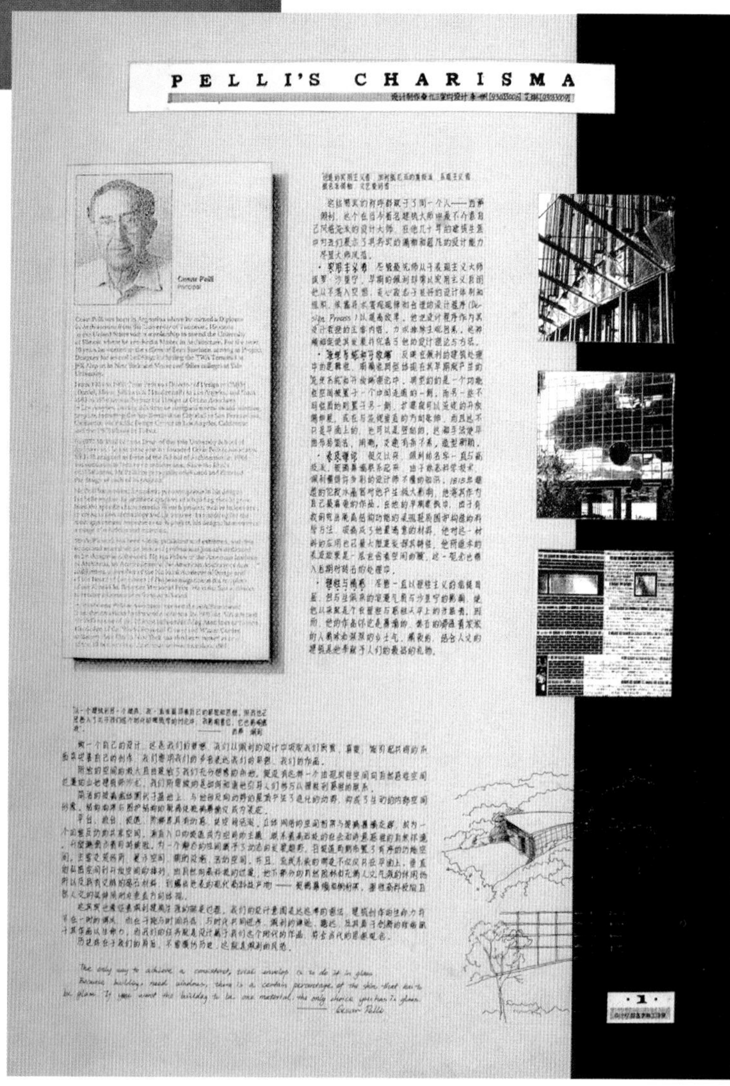

图3–46 名家风范之一 作者：李一帆 艾琳

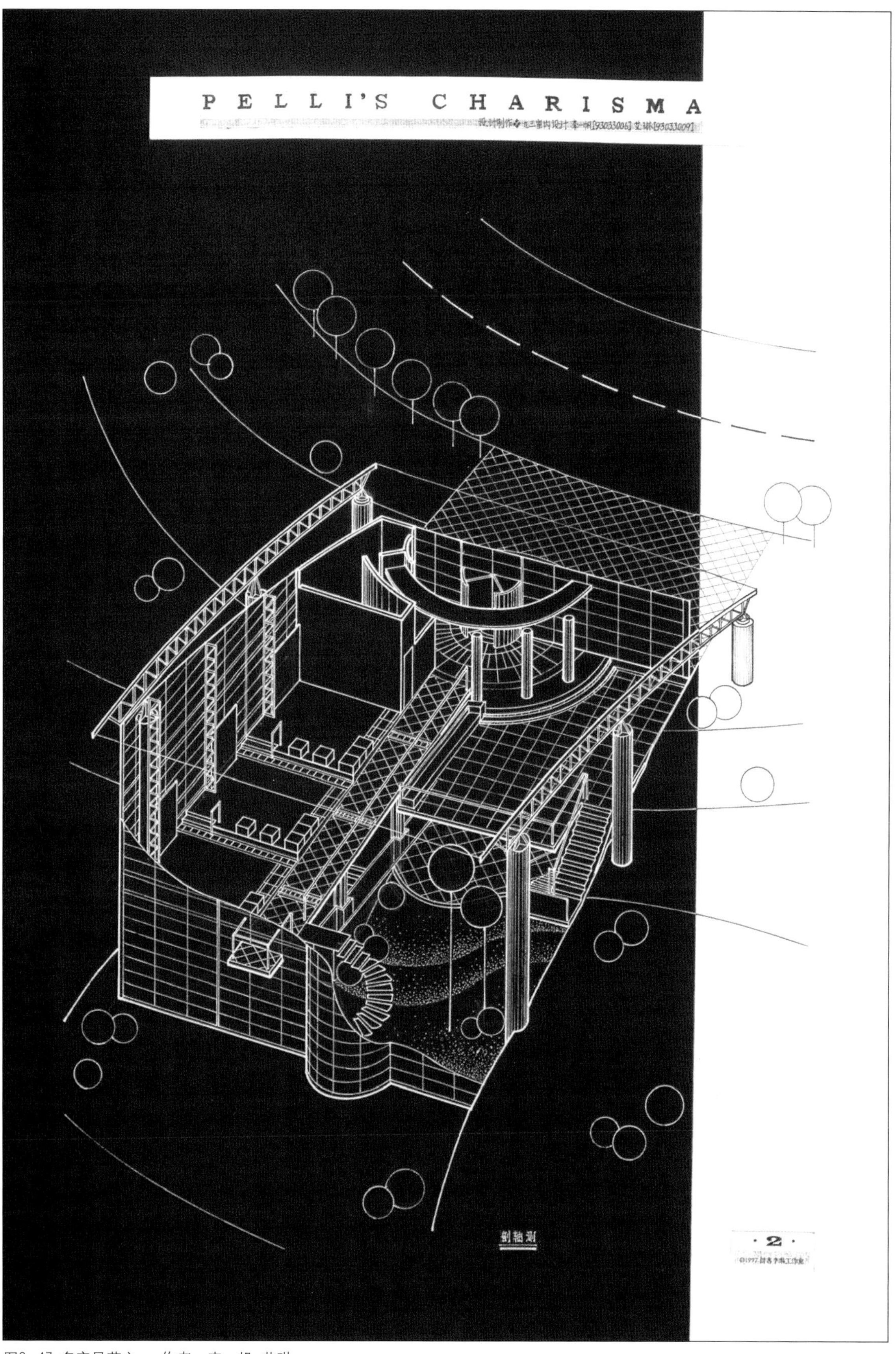

图3-47 名家风范之一 作者：李一帆 艾琳

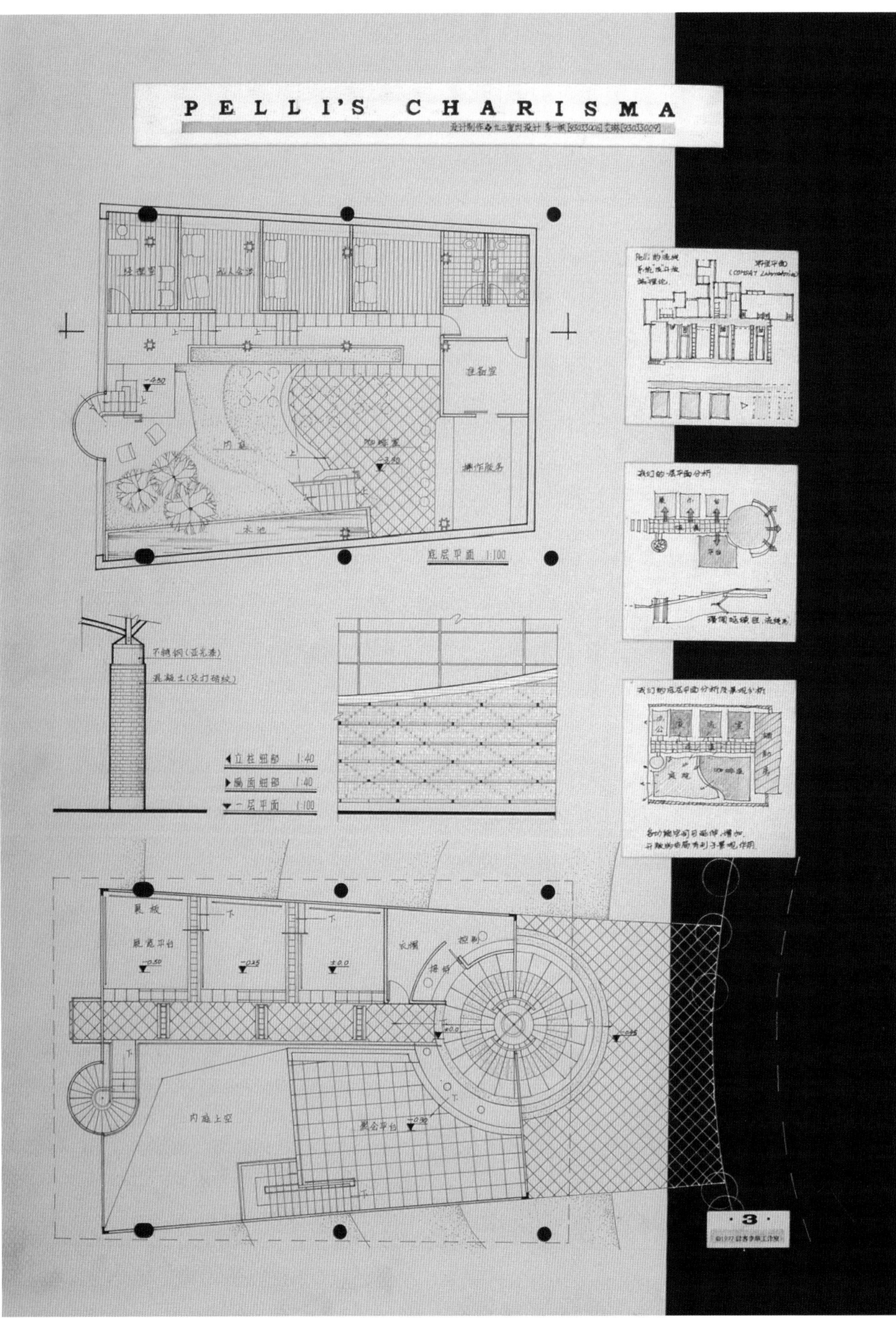

058

图3-48 名家风范之一 作者：李一帆 艾琳

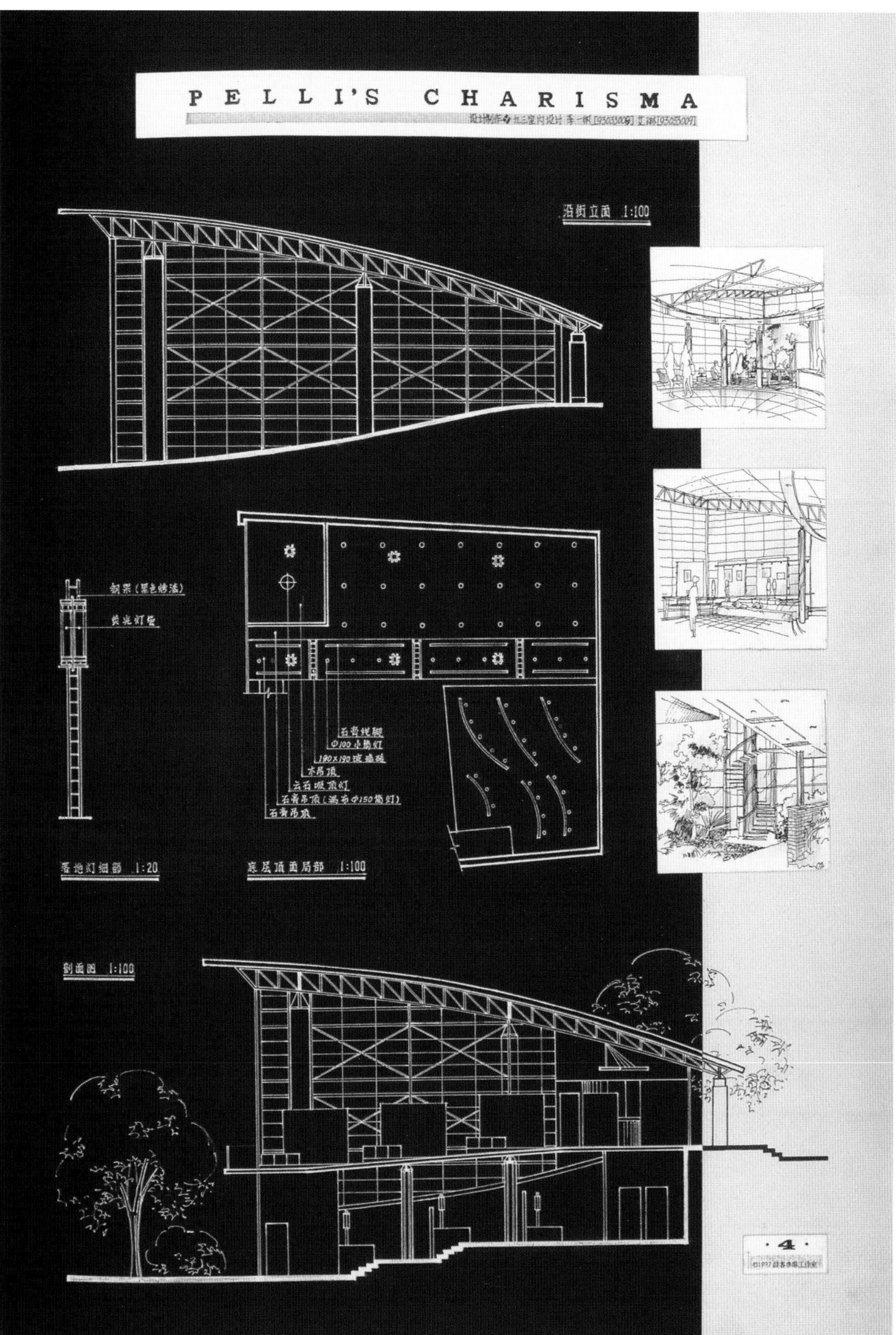

图3–49 名家风范之一 作者：李一帆 艾琳

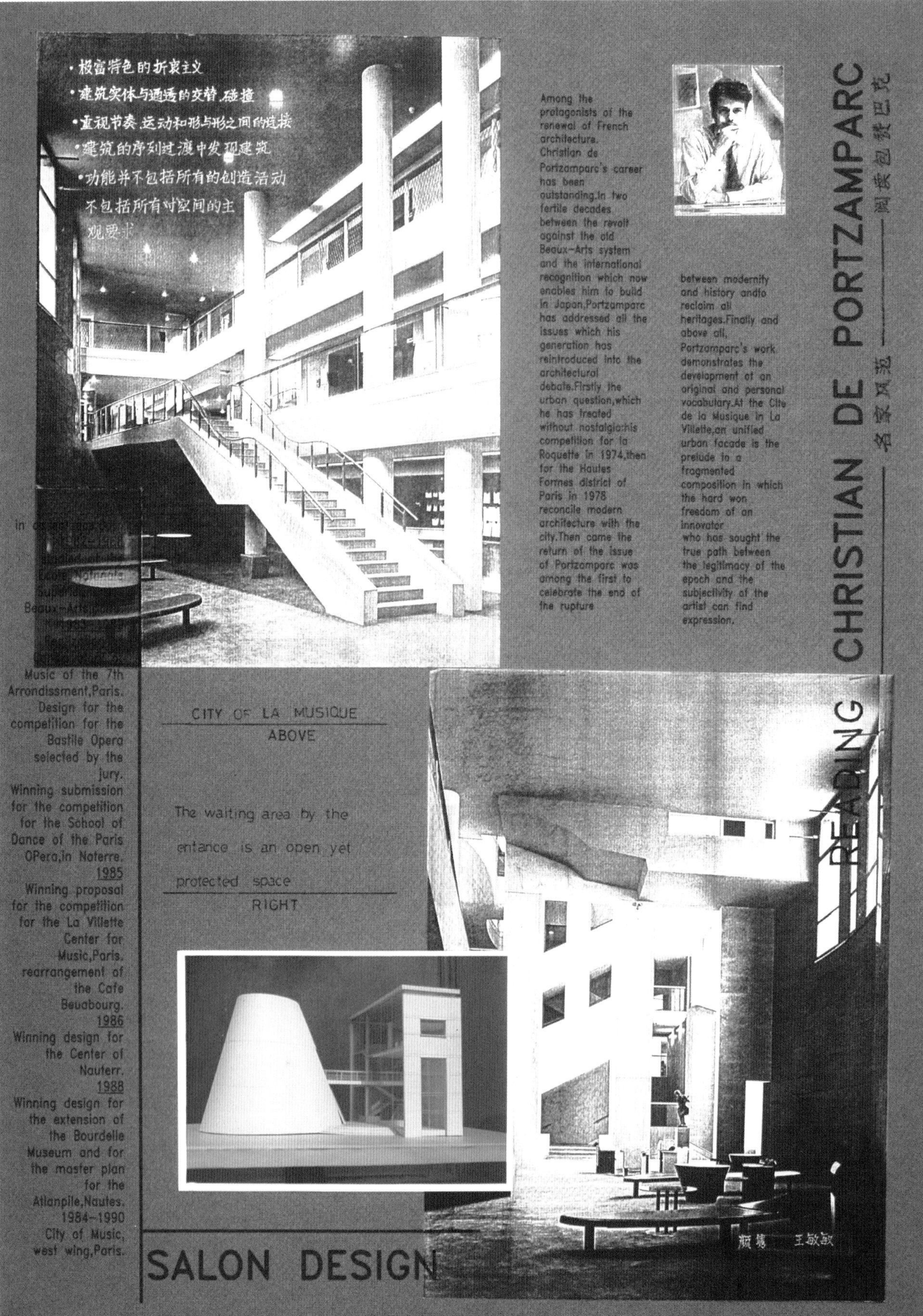

·极富特色的折衷主义
·建筑实体与通透的交替、碰撞
·重视节奏、运动和形与形之间的连接
·建筑的序列过渡中发现建筑
·功能并不包括所有的创造活动
不包括所有对空间的主
观要求
Among the protagonists of the renewal of French architecture. Christian de Portzamparc's career has been outstanding.In two fertile decades between the revolt against the old Beaux-Arts system and the international recognition which now enables him to build in Japan,Portzamparc has addressed all the issues which his generation has reintroduced into the architectural debate.Firstly the urban question,which he has treated without nostalgia:his competition for la Roquette in 1974,then for the Hautes Formes district of Paris in 1978 reconcile modern architecture with the city.Then came the return of the issue of Portzamparc was among the first to celebrate the end of the rupture
between modernity and history andto reclaim all heritages.Finally and above all, Portzamparc's work demonstrates the development of an original and personal vocabulary.At the Cite de la Musique in La Villette,an unified urban facade is the prelude to a fragmented composition in which the hard won freedom of an innovator who has sought the true path between the legitimacy of the epoch and the subjectivity of the artist can find expression.
CHRISTIAN DE PORTZAMPARC
名家风范——阅读包赞巴克
READING
Music of the 7th Arrondissment,Paris. Design for the competition for the Bastile Opera selected by the jury. Winning submission for the competition for the School of Dance of the Paris OPera,in Noterre.
1985
Winning proposal for the competition for the La Villette Center for Music,Paris. rearrangement of the Cafe Beuabourg.
1986
Winning design for the Center of Nauterr.
1988
Winning design for the extension of the Bourdelle Museum and for the master plan for the Atlanpile,Nautes.
1984-1990
City of Music, west wing,Paris.
CITY OF LA MUSIQUE
ABOVE
The waiting area by the entance is an open yet protected space
RIGHT
SALON DESIGN
颜隽 王敏敏

060

图3-50 名家风范之二 作者：颜隽 王敏敏

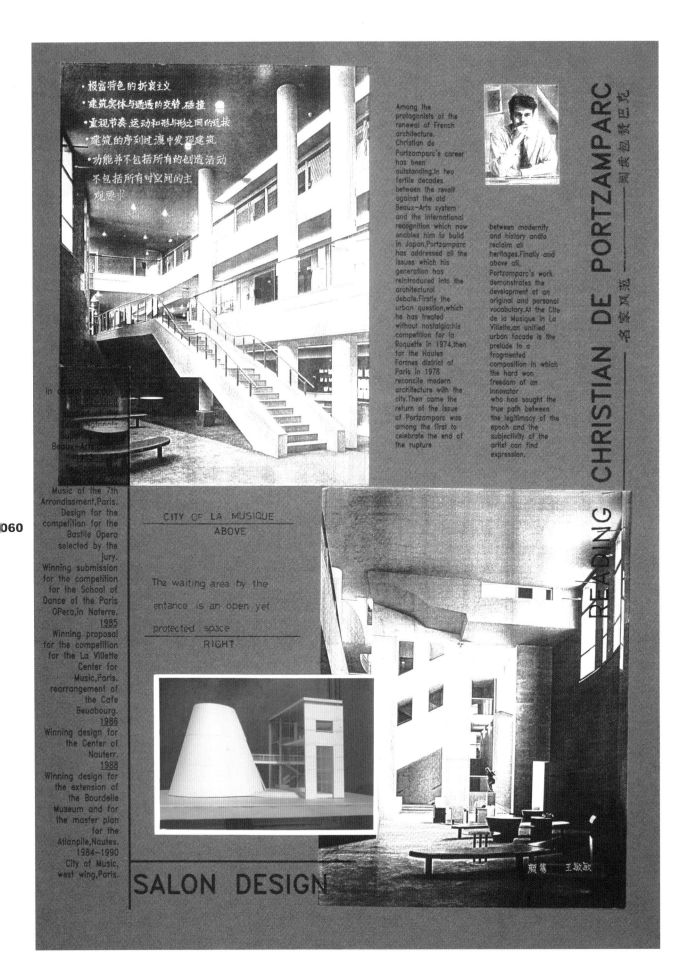

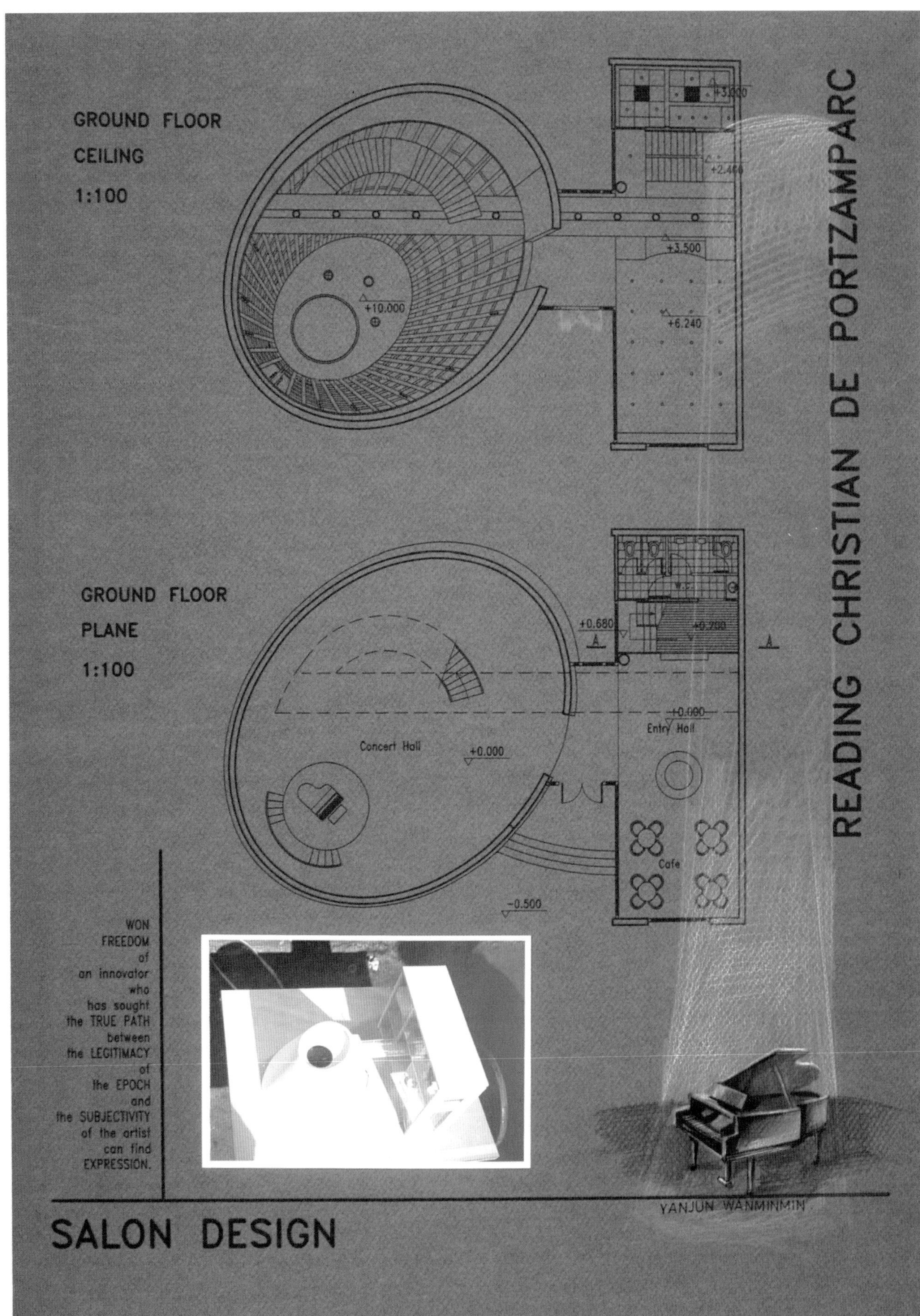
GROUND FLOOR
CEILING
1:100
+3.200
+2.400
+3.500
+10.000
+6.240
READING CHRISTIAN DE PORTZAMPARC
GROUND FLOOR
PLANE
1:100
+0.680
+0.200
+0.000
Entry Hall
Concert Hall
+0.000
Cafe
-0.500
WON FREEDOM of an innovator who has sought the TRUE PATH between the LEGITIMACY of the EPOCH and the SUBJECTIVITY of the artist can find EXPRESSION.
YANJUN WANMINMIN
SALON DESIGN

图3-51 名家风范之二 作者：颜隽 王敏敏

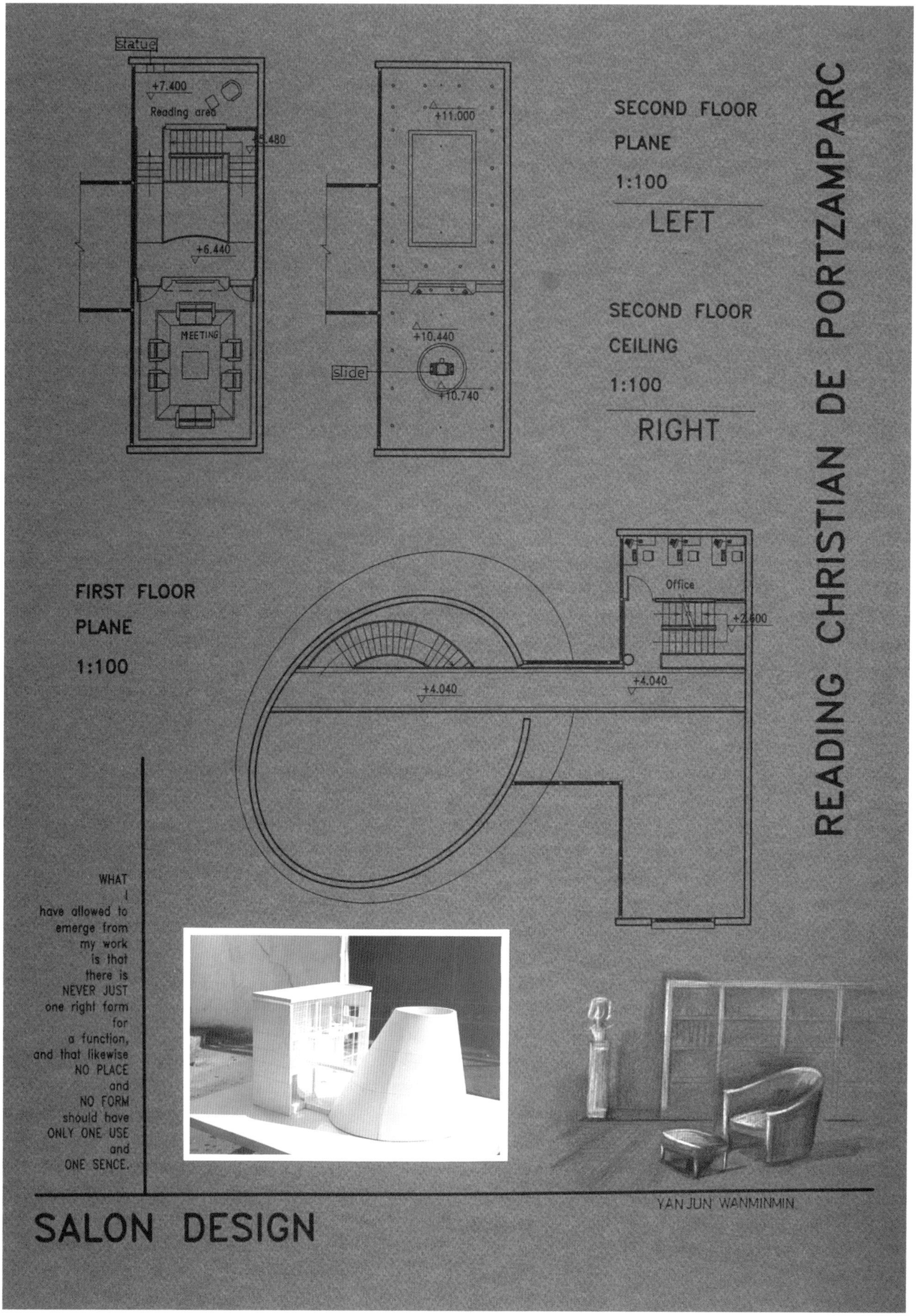

statue
+7.400
Reading area
+5.480
+6.440
MEETING

+11.000
+10.440
slide
+10.740

SECOND FLOOR
PLANE
1:100
LEFT

SECOND FLOOR
CEILING
1:100
RIGHT

READING CHRISTIAN DE PORTZAMPARC

FIRST FLOOR
PLANE
1:100

Office
+2.600
+4.040
+4.040

WHAT
I
have allowed to
emerge from
my work
is that
there is
NEVER JUST
one right form
for
a function,
and that likewise
NO PLACE
and
NO FORM
should have
ONLY ONE USE
and
ONE SENCE.

YAN JUN WANMINMIN

SALON DESIGN

图3–52 名家风范之二 作者：颜隽 王敏敏

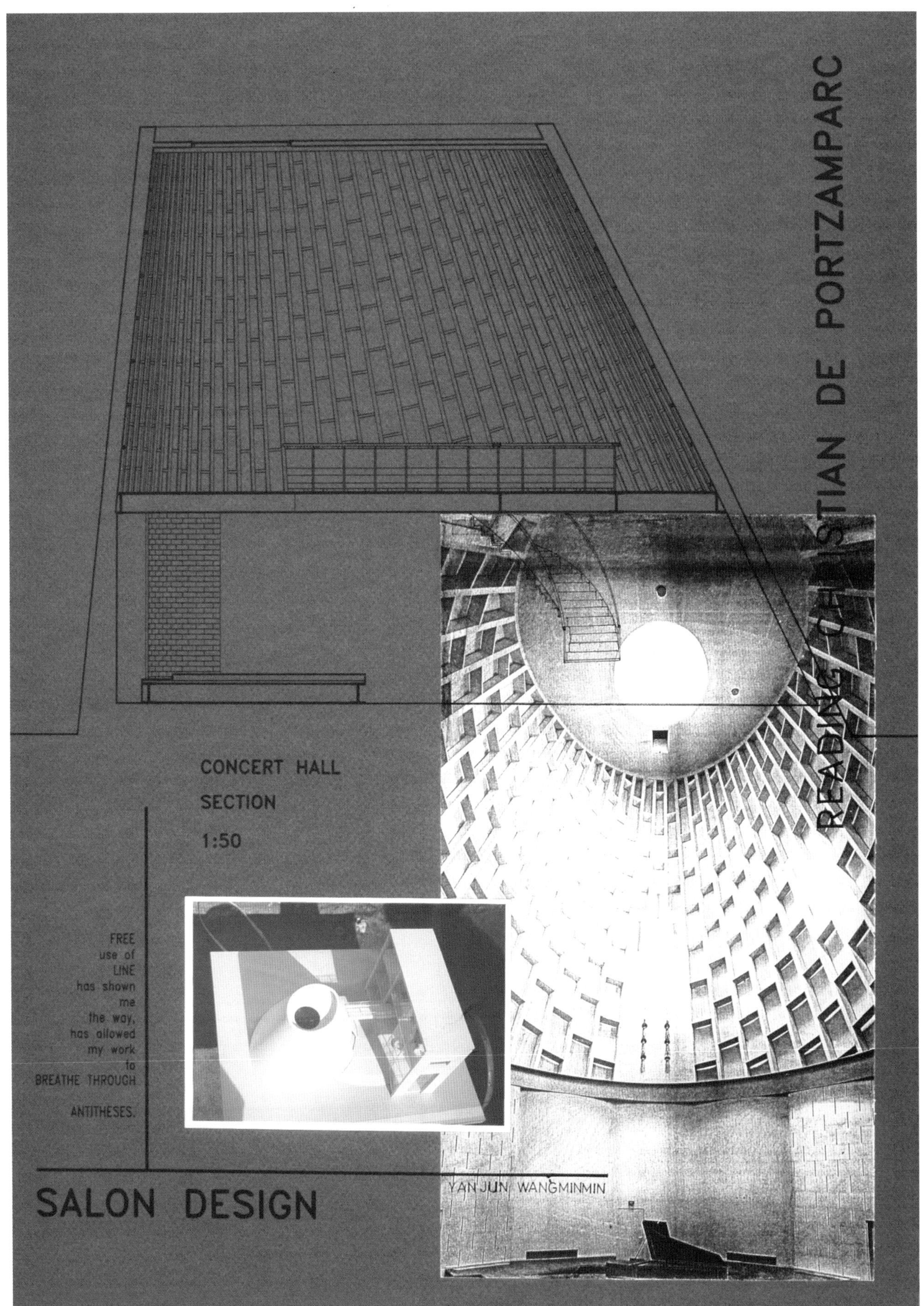
READING CHRISTIAN DE PORTZAMPARC
CONCERT HALL
SECTION
1:50
FREE
use of
LINE
has shown
me
the way,
has allowed
my work
to
BREATHE THROUGH
ANTITHESES.
SALON DESIGN
YANJUN WANGMINMIN

图3—53 名家风范之二 作者：颜隽 王敏敏

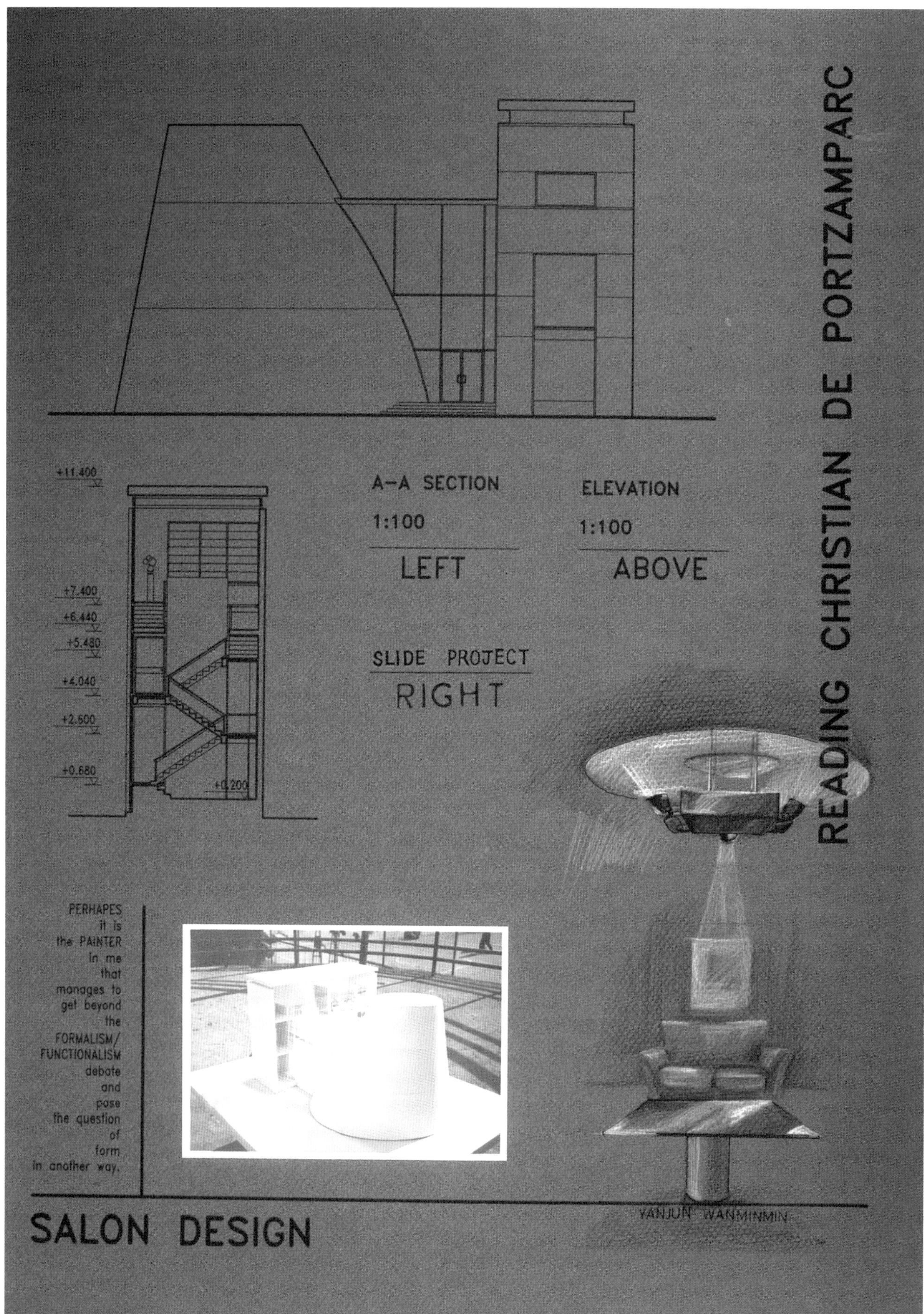
READING CHRISTIAN DE PORTZAMPARC
+11.400
+7.400
+6.440
+5.480
+4.040
+2.600
+0.680
+0.200
A-A SECTION
1:100
LEFT
ELEVATION
1:100
ABOVE
SLIDE PROJECT
RIGHT
PERHAPES
it is
the PAINTER
in me
that
manages to
get beyond
the
FORMALISM/
FUNCTIONALISM
debate
and
pose
the question
of
form
in another way.
SALON DESIGN
YANJUN WANMINMIN

图3—54 名家风范之二 作者：颜隽 王敏敏

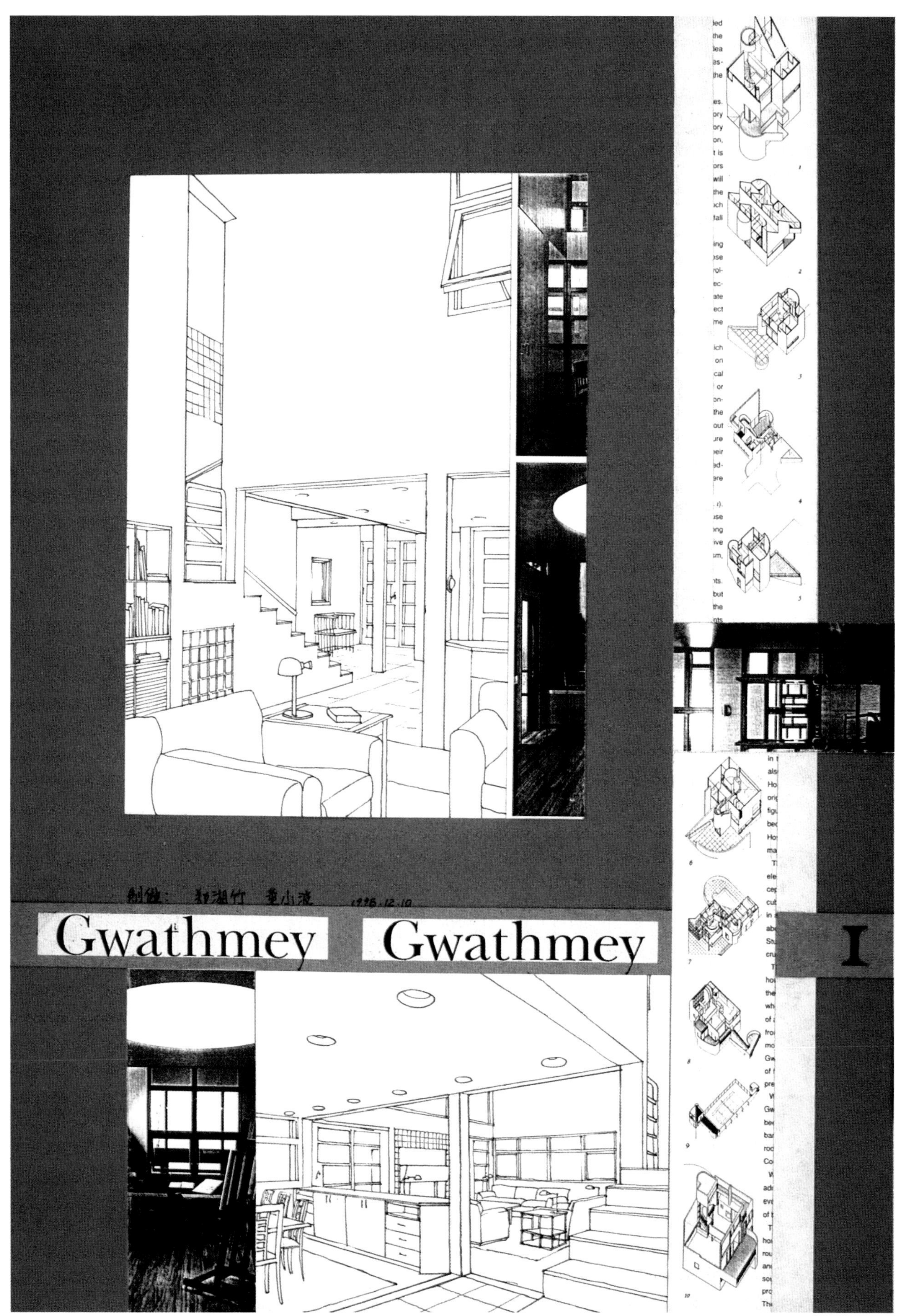

图3—55 名家风范之三 作者：郑湘竹 董小波

生动·纯洁
精致的现代主义风格
建筑是高度的艺术
有立体的人造物
运用自己的语言体系全
神贯注于空间秩序塑造
始终如一追求空间质量
将一系列独立而相关的
要素集合. 功能分区
塑造空间和处理光影的能
手. 将不同系统的网格叠
加. 将动势相反的平面并
列. 将水平与垂直空间交
叉. 直线的体块中不时穿插曲线的几何体.
通过越层与跃层流通空间的分层处理. 使
建筑不仅纳入外部空间. 而且获得一个高
质量的内部空间. 在阳光的照射下似有半
透明的感觉. 充满象征主义和神秘色彩
制做: 郑湘竹 董小波 1998.12.10
Gwathmey
Gwathmey
II
住宅均由几何形体. 光线和流
线所决定. 使用板块造型. 像
是微妙的几何游戏. 具有平静
的外表. 立面如纸般薄. 其平
整光滑的表面被黑色的洞点破
平面简洁紧凑. 充
满几何图形的特征
空间组织灵活明快
富有力量和动势.
对于复杂的空间相
关形式. 常着意加
以区分.

066

图3—56 名家风范之三 作者：郑湘竹 董小波

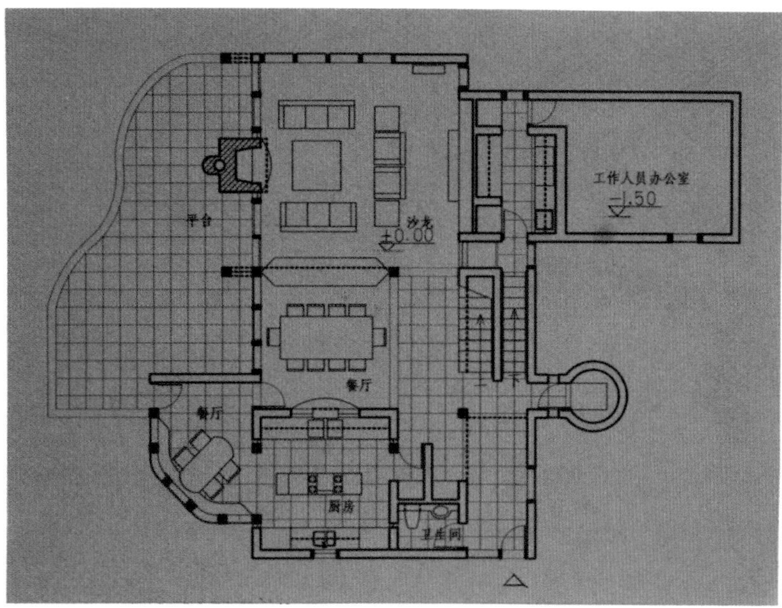

一层平面 1:100

二层平面 1:100

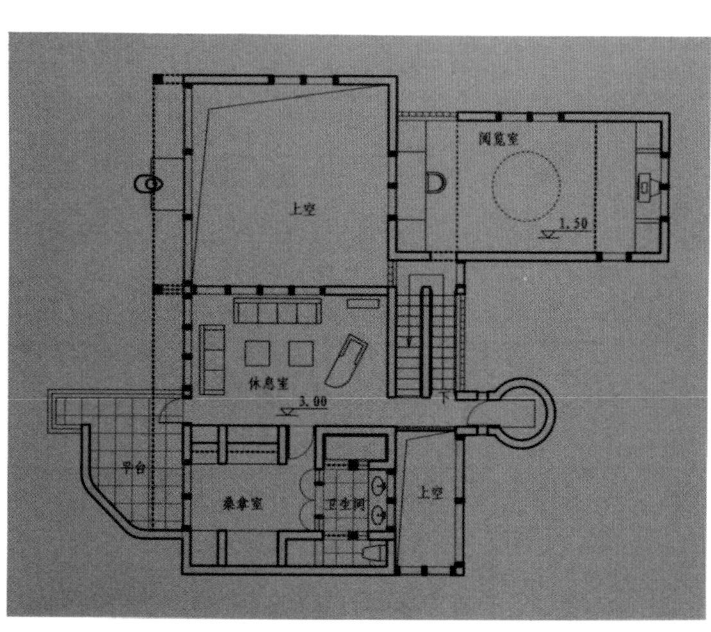

III

Gwathmey

制做：郑湘竹 董小波 1998.12.10

图3-57 名家风范之三 作者：郑湘竹 董小波

Ⅳ

剖面 1:100

沿街外立面 1:100

一层顶面 1:100

Gwathmey

制做 郑湘竹 董小波 1998.12.10

图3-58 名家风范之三 作者：郑湘竹 董小波

图3-59 名家风范之三 作者：郑湘竹 董小波

中国高等院校

THE CHINESE UNIVERSITY

21世纪高等院校艺术设计专业教材

建筑·环境艺术设计教学实录

行为心理学与室内设计

行为心理作业任务书

设计作业点评

CHAPTER 4

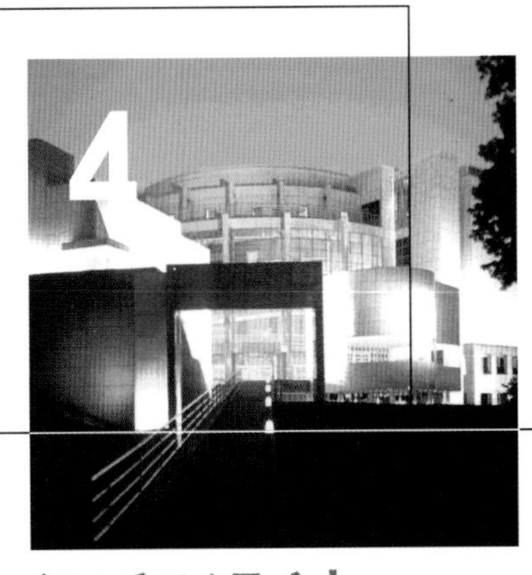

课程设计——行为心理

第四章 课程设计——行为心理

第一节 行为心理学与室内设计

一、人的行为特性

1.概述

如何对人们在室内的生活场所、环境和空间进行设计？如何考虑人的因素？对这个问题的回答，有的人想通过自己的工作经验和依赖直觉解决问题；而有的人将设计的程序模式化，采取所谓的按系统的方法进行规划与设计。无论采取哪一种途径，其构思决定和评价考虑的重要因素之一就是“人的行为”。就是说在设计空间过程中，一方面要预先想到使用者使用起来是否最方便；另一方面在进行设计方案的推敲时，像“功能分区”、“流线不交叉”这样一些问题一般也会很自然地被考虑到设计中去。

在设计中考虑人的行为因素自古就有，而对行为的研究成为一门科学则是在20世纪初。1924年美国科学院组织人员在芝加哥的霍桑工厂进行实验，以梅奥（MAYO）为首的一批哈佛大学心理学教授研究课题是：影响职工劳动效率的决定因素是什么？从而发现关键因素是人群之间的关系。发表了实验成果《工业文明中人的问题》，创立了“人群关系说”。从而奠定了行为科学的基础。而和我们设计相关的是环境行为学，它是行为科学的一个重要的分支。

人的行为看起来好像全都是无规律的行动，同时正是由于不同的个人行为的集合，才构成了社会生活。通过仔细的观察就会发现，人的行为其实是有一定的倾向和规律的。观察暂时的行为，会发现那里人们固有的特性。而从这些特性可以看出社会制度、风俗习惯以及城市的形态，或者影响建筑空间构成的一些因素。例如一面墙壁、一根柱子既能诱发行为，反之也能构成对行为的制约因素。总之，在空间中人的行为的集聚过程，内在的共同规律性或秩序，就是所谓的人在空间里的行为特性。

2.行为的定义

行为是为了满足一定的目的和欲望而采取的过渡行动状态，借助这种状态的推移可以看到行为的进展。为了完成这种行为，就要具备必需的功能空间。动作与行为相比，比较偏于生理的、身体的，相反行为则是意志决定的，多半含有精神的内容。虽然人体功效学的研究也都谈到行为，但是着重从动作方面进行研究。而行为科学的研究，则是着重从行为心理方面进行研究。

3.人的状态与行为

首先要指出，人的行为是通过状态来表现的。人的生活以及包围着它的社会每日每时每刻都在变化，没有一时一刻处于相同状态。这种状态变化在生活不发生故障的时候是正常的，或者叫做平常状态；当这种状态在生活中受到某些影响时，则会变为异常状态；而当异常状态进一步恶化，则表现出恐慌状态。这样，人在生活当中，存在着正常、异常、非常三种行为状态，并以各种状态表现其具有的行为特性。这三种状态是由于使状态变化的环境因素、行为因素接连不断地推移而产生的。

4.行为的把握

如何把握在空间里人的行为，我们认为可以从下列四个方面着手：空间的秩序、空间的流动、空间的分布以及空间的对应状态。所谓秩序，主要是指行为在时间上的规律性与一定的倾向性；流动则是指从某一点运动到另一点的（两点间的）位置移动；分布是说在某处确保其空间位置，或者说是空间定位；而状态则是说以什么样的心情进行活动的心理与精神的状态。

(1)空间的秩序

在具有一定功能的空间里，看得到的所谓人的行为，尽管每个人都不一样，但仍然会显示出有一定的规律性。

(2)空间的流动

在人的生活当中，按照行为目的改变场所的行动是频繁可见的。如在住宅里从一个房间到另一房间的移动；在公园里，从售票口—检票口—导游牌—游戏设施—休息处—别的游戏设施等一系列的移动。像这样由转移的行动所构成的序列流称为流动。通过观察可以发现，在空间里，这种流动量和模式具有明显的倾向性，这就是流动特性。人们重复沿着步行轨迹活动表现出来的就是“动线”，这是表示静态特性。可以在这个基础上把握流动途径、方向选择的倾向、途经的交叉点、建筑物入口处可见的候等行列情况以及随着时间而不断变化的流动状态。

流动是人们步行行动的中心。对这种步行行动进行观察，并根据对其进行定量性的表达，可以说明流动的特性。我们往往通过流动系数和断面交通量来进行表达。流动系数是表现人流性能的有效指标，表示在空间的单位宽度、单位时间内能通过多少人，是最明确表示人们与空间对应状态的关键性数值。

断面交通量是在单位时间内通过某一地点的步行者数量。知道了这个，空间的利用图形就明确了，就能够评价步行道路的宽度。在设计建筑物出入口的宽度时，了解断面交通量、高峰发生的时间、达到的大小程度，这是很重要的。

(3)空间的分布

人类情况不像在动物世界有“势力范围”那样清楚的界定。但是我们知道人们彼此之间的空间距离与当时的行为内容是保持一致的。在有一定广度的空间里，被人们所占据的某个空间位置，受到该空间构成因素如墙壁、柱等配置的影响，这是很明显的。掌握各人的空间定位，即把握人们在空间里的分布，可以通过现场观察去获得。如对交通终点广场、车站月台、旅馆的走廊、校园等地的等候行为与休息行为进行观察，便可获得人在空间中的分布情况。也可以通过切取某个时间断面，观察处于流动状态的人们在空间散布方式，也能掌握其分布的特性。得出的这种分布图形在比较狭窄的空间呈现线性分布，如步行道路（小路）、住宅区走廊、电车的座位、车站月台。在较宽阔的空间里，则呈现面状分布，如广场、建筑物内的门厅等。在建筑空间里，人的分布除了上面提到的呈现聚集的状态外，还存在任意分布的状态。而究竟是处于聚集还是处于任意分布，则取决于空间构成要素和同他人的距离这两个因素。

(4)与空间的对应状态

在某一个地点，人们与空间之间虽说是对应关系，但是不一定全都能定量地表现出来，空间带给人的心理感受却是可以描述的，愉悦的空间、沉闷的空间、动的空间、静的空间等等。

5.人的行为习性

在日常生活中，人们都带着各自的行为习性，当成为集体时，则以人群的习性表现出来。

(1)左侧通行

现在一般的城市街区右侧通行可以说是为了遵守面对汽车的交通规则，而在没有汽车干扰的道路和步行者专用道路、地下道、站前中心广场等地，在路面密度达到每平方米0.3人以上的时候，则常采取左侧通行，而单独步行的时候，沿道路左侧通行的例子则更多。这是因为我们身体存在左右不对称情况，大多数人在日常生活中表现为右利现象，如习惯于用右手。在人多的情况下，处于自我保护的本能，我们会把右侧暴露在外面，也就形成了左侧通行。这也造成了在公园、游园地、展览会场处，从追踪观众的行为并描绘其轨迹图来看，很明显会看到左转弯的情况比右转弯的情况要多得多。

(2)捷径反应

人们在清楚地知道目的地所在位置时，或者有目的移动时，总是有选择最短路程的倾向。所谓无意中确定下来的通过路线、上学路线往往就是人们无意中选择的近路。吉尔布雷斯称之为“动作经济原则”。这种现象在日常生活中也有不自觉的应用。例如伸手取物往往直接伸向物品，上下楼梯往往靠扶手一侧，穿越空地往往走斜线等，这些行为可称为捷径反应。有人调查在没有目的的闲逛时，人们往往首先选择下坡、下楼的方向。同时存在天桥和地道的情况下，多数人选择地道而很少人走天桥，实际上两者消耗的能量差不多。公共车辆和公共场所出入口处聚集人较多，也是捷径反应心理造成的。

紧张繁忙的交叉路口可以作为人们操近路习性，有效利用空间的最好的例证。在这里人们对于人行天桥的评价是不佳的，总感觉不但要被迫绕远到指定的位置，而且上下天桥楼梯还要消耗能量，所以在交叉路口人的穿越行为与交通管理者的意愿往往是相违背的。

(3)识途性

当不明确要去的目的地所在地点时，人们总是边摸索边到达目的地；而返回时，又追寻着来路返回，这种情况是人们常有的经验。当灾害发生时，本能的行为特性之一就是归巢本能，这也就是所说的识途性。为了保卫自身的安全，选择不熟悉的路径，不如按原来的道路返回，利用日常经常使用的路径便于安全逃脱。

(4)非常状态时的行为特性

人们在遇到紧急情况或灾害时所表现出来的行为状态我们称之为非常状态。这时候的行为特性表现为：躲避行为、向光行为和同步行为。躲避行为是说，当发觉灾害等异常现象时，为了确认而接近，一旦感觉到危险时，由于反射性的本能，会不顾一切地从该地向反方向逃逸的行为。而向光行为则是在眼前什么也看不清的时候，或者处于黑暗状态时，人们具有向着稍微亮的方向移动的倾向。

在非常状态时人们又会追随带头人，追随多数人流的倾向，人在遇到自己难以判断和难以接受的事态时，往往使自己的态度和行为同周围相同遭遇者保持一致，这叫同步行为。自我意识薄弱，对威胁和强迫的抵抗力较差的人，同步倾向很强，其表现多为被动的、受暗示的、服从权威的。一般女性比男性更容易采取同步行为。所以在发生灾难时，带头人冷静的判断力就显得十分重要。人类在亲密交谈或从事同一工作中，也会有同步现象，例如同行者步伐一致，交谈者姿势的一致等。人类的同步行为在人的社会学习，由“自然人”演化为“社会人”的过程中起到很大作用。

二、人的知觉特性

人类学家爱德华·T·霍尔(Ed-ward. Hall)在《隐匿的尺度》一书中，分析了人类最重要的知觉以及它们与人际交往和体验外部世界有关的功能。根据霍尔的研究，人类有两类知觉器官：距离型感受器官——眼、耳、鼻和直接型感受器官——皮肤和肌肉。这些感受器官有不同程度的分工和工作范围。

就我们现在的研究主体空间而言，距离型感受器官的特性对设计有着特殊的重要性。所以我们会从以下几个方面来了解人的知觉特性。

1.嗅觉

嗅觉只能在非常有限的范围内感知到不同的气味。只有在小于 1 米的距离以内，才能闻到从别人头发、皮肤和衣服上散发出来的较弱的气味。香水或者别的较浓的气味可以在2～3米远处感觉到。超过这一距离，人就只能嗅出很浓烈的气味。

2.听觉

听觉具有较大的工作范围。在7米以内，耳朵是非常灵敏的，在这一距离进行交谈没有什么困难。大约在35米的距离，仍可以听清楚演讲，比如建立起一种问答式的关系，但已不可能进行实际的交谈。超过35米，倾听的能力就大大降低了。有可能听见人的大声叫喊，但很难听清他在喊些什么。这时候的交流往往只能通过肢体语言了。如果距离达1 000米或者更远，就只能听见大炮声或者高空的喷气飞机这样极强的噪声。

3.视觉

视觉具有更大的工作范围，可以看见天上的星星，也可以清楚地看见已听不到声音的飞机。但是，就感受他人来说，视觉与别的知觉一样也有明确的局限。

4.社会性视阈

在500～1 000米的距离之内，人们根据背景、光照，特别是所观察的人群移动与否等因素，可以看见和分辨出人群。在大约100米远处，在更远距离见到的人影就成了具体的个人。所以0～100米这一范围可以称之为社会性视阈。下面的例子就说明了这一范围是如何影响人们行为的。

在人不太多的海滩上，只要有足够的空间，每一群游泳的人都自行以100米的间距分布。在这样的距离，每一群人都可以察觉到远处海滩上有人，但不可能看清他们是谁或者他们在干些什么。

在70～100米远处，就可以比较有把握地确认一个人的性别、大概的年龄以及这个人在干什么。这样的距离常常可以根据其服饰和走路的姿势认出很熟悉的人。70～100米远这一距离也影响了足球场等各种体育场馆中观众席的布置。例如，从最远的坐席到球场中心的距离通常为70米，否则观众就无法看清比赛。

距离近到可以看清细节时，才有可能看清每一个人。在大约30米远处，面部特征、发型和年纪都能看到，不常见面的人也能认出。当距离缩小到20～25米，大多数人能看清别人的表情与心绪。在这种情况下，见面才开始变得真正令人感兴趣，并带有一定的社会意义。一个相关的例子是剧院。剧场舞台到最远的观众席的距离最大为30～35米。在剧场中，一些重要的感情都能得到交流。尽管演员能通过化装和夸张的动作等方式来“扩大”视觉表现，但为了使人们完全理解剧情，观众席的距离还是有严格限制的。

如果相距更近一些，信息的数量和强度都会大大增加，这是因为别的知觉开始补充视觉。在1～3米的距离内就能进行一般的交谈，体验到有意义的人际交流所必需的细节。如果再靠近一些，印象和感觉就会进一步得到加强。

5.距离与交流

感官印象的距离与强度之间的相互关系被广泛用于人际交流。非常亲密的感情交流发生于0～0.5米这一很小的范围。在这个范围内，所有的感官一齐起作用，所有细枝末节都一览无余。较轻一些的接触则发生于0.5～7米这样较大的距离。

几乎在所有的接触中都会有意识地利用距离因素。如果共同的兴趣和感情加深，参与者之间的距离就会缩短，人们会走得更近或在椅子上向对方靠拢，气氛就会变得更加“亲切”和融洽。相反，如果兴致淡薄了，距离就会拉大。例如，谈话进入尾声，距离就会拉大。如果参与者之一希望结束交谈，他就会后退几步。另外，语言也反映了接触的距离与强度之间的联系，比如“亲近的朋友”、“近亲”、“远亲”、“与某人保持一段距离”等说法。

距离既可以在不同的社会场合中用来调节相互关系的强度，也可用来控制每次交谈的开头与结尾，这就说明交谈需要特定的空间。例如，电梯空间就不适合于邻里间的日常交谈，进深只有 1 米的前院也是如此。在这两种情况下，都无法避免不喜欢的接触或者退出尴尬的局面。另一方面，如果前院太深，交谈也无法开始。

6.社会距离

动物有领地的概念，人也有“个人空间”，这一空间随着环境、社会文化和背景而发生变化。当个人空间受到侵犯时，人们会有回避、尴尬、狼狈等反应，有时还会引起不快。

(1)亲密距离

指与他人身体密切接近的距离，共有两种。一种是接近状态，指亲密者之间发生的爱护、安慰、保护、接触、交流的距离。另一种为正常状态（15～75厘米），头脚部互不相碰，但手能相握或抚触对方。在各种文化背景中，这一正常亲密距离是不同的，例如美国人认为，在公众场合下与非亲密者要避免出现上述两种亲密距离，所以在拥挤的电车、地铁中，当不得不进入这种距离范围时，会有相互的躲避行为，如：身体尽量少动；当身体与他人相触时，马上缩回；视线投向远方而不看附近的人等。

(2)个人距离

指个人与他人间弹性距离，也有两种状态。一种是接近态，是亲密者允许对方进入的不发生为难、躲避的距离，但非亲密者（例如其他异性）进入此距离时会有较强烈反应。另一种为正常态（75～100厘米），是两人相对而立，指尖刚能相触的距离，此时身体的气味、体温不能感觉，谈话声音为中等响度。

(3)社会距离

指参加社会活动时所表现的距离，它的两种状态是接近态为120～210厘米，通常为一起工作时的距离，上级向下级或秘书说话便保持此距离，这一距离能起到传递感情的作用。正常态为120～360厘米，此时可看到对方全身，有外人在场继续工作也不会感到不安或干扰，为业务接触的通行距离。正式会谈、礼仪等多按此距离进行。

(4)公众距离

指演说、演出等公众场合的距离，其接近态约360～750厘米，此时须提高声音说话，能看清对方的活动。正常态7.5米以上，这个距离已分不清表情、声音的细致部分，为了吸引公众注意，要用夸张的手势、表情和大声疾呼，此时交流思想主要靠身体姿势而不是语言。

第二节 行为心理作业任务书

一、教学要求和目的

1.在设计中树立以人为本的理念。

2.了解行为心理学的相关内容以及对设计的影响。

3.了解综合分析的研究方法。

二、设计任务

从大量人的行为范畴中提炼出对具有普遍意义和研究价值的具体行为和心理状态，它们分别是：运动和停留、兴奋和沉闷、高效和休闲、安静和喧闹，要求运用所学的知识综合分析，收集完成六个以上（包括六个）设计技法的简图示意，并配以文字评述。

三、成果要求

图纸规格为A2，具体表现手法不限。

四、进度安排（见表4-1）

五、参考书目

1.《建筑环境心理学》常怀生著，中国建筑工业出版社。

2.《交往与空间》杨·盖尔著，何人可译，中国建筑工业出版社。

3.其他有关行为心理学的资料。

表4-1

	一	四
第一周	发题，讲课	查资料
第二周	读书报告交流，初步确定作业主题	设计深入
第三周	绘图	绘图，交成果

第三节 设计作业点评

1.该生运用环境设计的各个要素包括空间、色彩、光线、家具、材质等对命题对行分析和比较，较全面地整理出该命题所要求的研究范畴，今后可在此基础上进一步归纳和总结，可形成相对完整的理论体系（图4—1、4—2）。

2.该生从空间特征、光色运用、材料表情以及色彩性格等方面对让人兴奋的空间和让人沉闷的空间中具体手法的运用作了分析，体现了较强的分析、归纳的能力（图4—3～4—5）。

3.该生通过丰富的实例，提出由于设计手法的不同，从而导致空间氛围有安静和喧闹之分，对设计手法作了细致深刻的分析，资料丰富详实（图4—6～4—10）。

4.该生从心理学的角度入手，对紧张和舒适进行了描述，并通过三个实例提出了：舒适和紧张两种情绪都是我们内心需要的，而也正是利用空间中的紧张感，激发了人的活力，从而更加凸显空间。观点独特，分析深刻（图4—11、4—12）。

图4—1 行为心理作业之一 作者：李岚

图4—2 行为心理作业之一 作者：李岚

图4-3 行为心理作业之二 作者：颜隽

兴 奋

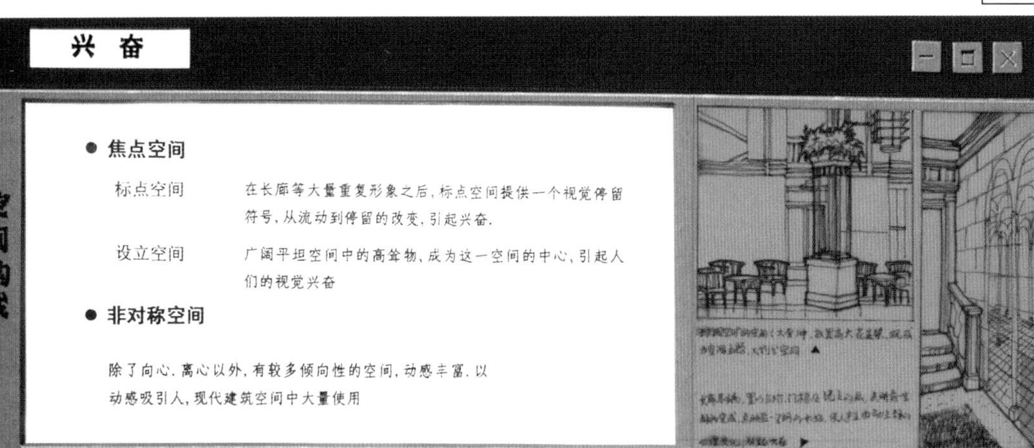

空间构成

● 焦点空间

标点空间　在长廊等大量重复形象之后，标点空间提供一个视觉停留符号，从流动到停留的改变，引起兴奋。

设立空间　广阔平坦空间中的高耸物，成为这一空间的中心，引起人们的视觉兴奋

● 非对称空间

除了向心、离心以外，有较多倾向性的空间，动感丰富，以动感吸引人，现代建筑空间中大量使用

面的艺术

● **趣味性的面**　界面处理时采用有趣的图案，或引起人们的联想或点明空间主题。

● **重复与变异**　大量重复元素中的变异元素，引人注目。

● **图案化的面**　用明确的几何图案、浓烈的色彩，使空间活跃，并给人们以强烈的感受。

光的影的运用

● **强烈的光影对比**

"黑夜中的一点灯光，给夜行者以兴奋和温暖。"

● **光怪陆离的光色**

● **灯具的运用**

凭借灯具及与其他装修构件的组合（如柱式、绿化、水体）呈现多姿多彩的艺术效果。

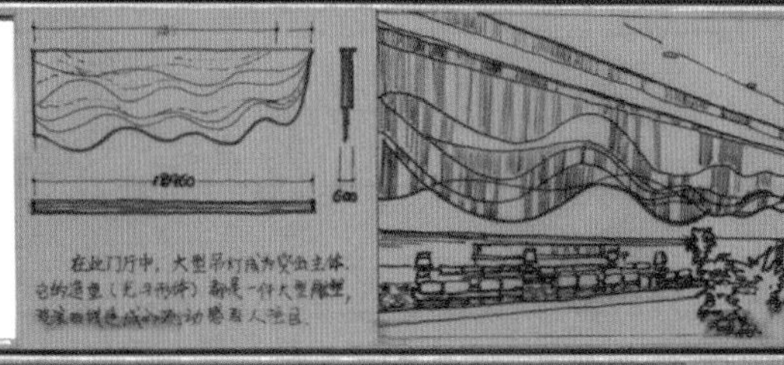

材料

● **光滑的材料**　镜面材料反射光影，增加空间的活泼感、流动感。而对比强的多种材料的组合也丰富了界面

● **生命材料**　如木材、砖块等材料有自然气息，充满生命力，会使空间的更有生机。

色彩

● **强烈的对比**

色相对比　补色对比时，色相不变，彩度增高。如"万绿丛中一点红"。

明度对比　明度不同的二色相邻，在低明度的衬脱下，高明度更亮，引起兴奋。

彩度对比　高低彩度相邻，彩度高的更鲜艳，成为人们的兴奋点。

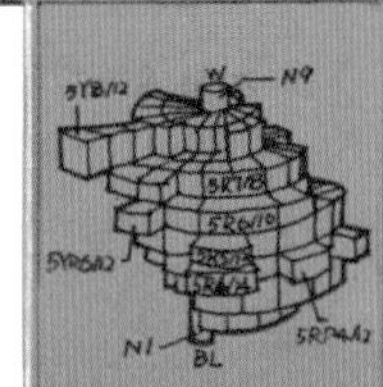

● **兴奋色**

在单种色彩中，红、黄、橙色的刺激强，给人以兴奋感，因此称为兴奋色。

摆设与装饰

● **自然景物**

利用植物、水景等特有的自然曲线、多姿的形态、柔软的质感、悦目的色彩和生动的影子，打破建筑直线形的生硬感，柔化空间。

● **象征性中心**

如放置摆设的壁炉或神龛，自然成为空间的重点，往往是使用者赋予其意义的。

● **怪异的装饰物**

突破常规的装饰可吸引人的注意力。

行为 • 心理　PREVIOUS　NEXT

图4-4 行为心理作业之二 作者：颜隽

沉 闷

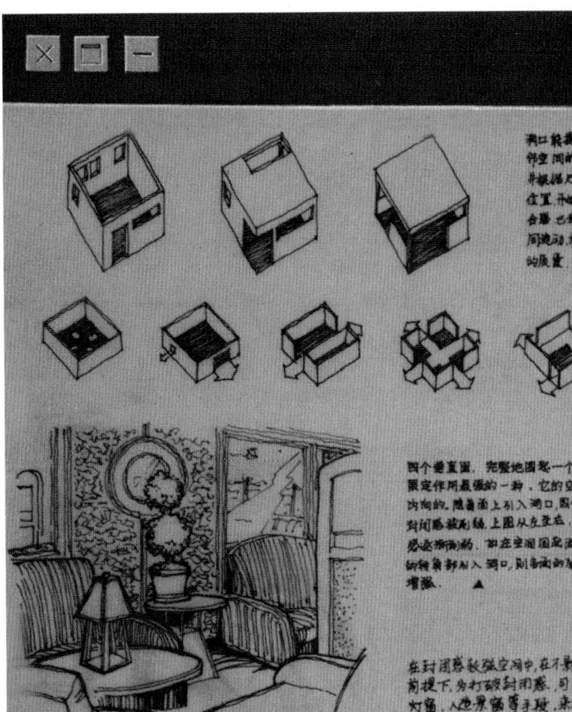

封闭空间

- **封闭空间**

用限定性比较高的围护实体(承砖墙.轻体隔强等)包围起来的、有很强隔离性的空间.其性格是内向的、拒绝的、具有很强的邻域感.安全感和私密性.与周围环境的流动性较差,易引起沉闷感.

- 洞口的处理
- 面的处理
- 听觉

太过安静的空间也让人感到压抑,消音室就是一个极端的例子.

- **摆设**
  - 缺乏自然景物的空间,缺少生机和活力.
  - 摆放比例匀称.简洁的饰物,沉闷感较强.

色彩

- **近似调和**

运用同一和近似调和,会有统一感和调和感,但缺乏变化.如运用一定的对比能获得较好的效果.

- 色相调和
- 明度调和
- 彩度调和

- **沉着色**

蓝.青绿.蓝紫色的刺激弱,给人们以沉静感.

- **视认性低的色彩**

不可清楚辩认的色称为视认性低的色彩.这是由于背景色与其对比弱的原因.

光

- **昏暗灯光** 昏暗的灯光效果创造了安静的空间.
- **柔和的光色** 光影效果弱,对比不强的空间

材料

- **无生命材料**

混凝土等材料不如木材砖块类材料有自然气息,材料缺乏生命力,会使空间的生硬.沉闷感增加.

- **粗糙的材料**

就单一材料而言,未抛光石材等粗糙的材料给人们以沉重感.实在感,较为沉闷.

构成

- **空间的对称性** 较少倾向性,采用四面对称或左右对称,达到静态的平衡.
- **空间的体量** 如由于面积过大而层高过低或由于尺度失调等原因引起空间的压抑感.
- **空间重复性** 空间内某些元素重复过多而引起人们厌烦如过长的走廊等线性空间,易引起沉闷感.

PREVIOUS

行为 • 心理

图4-5 行为心理作业之二 作者:颜隽

安静与喧闹

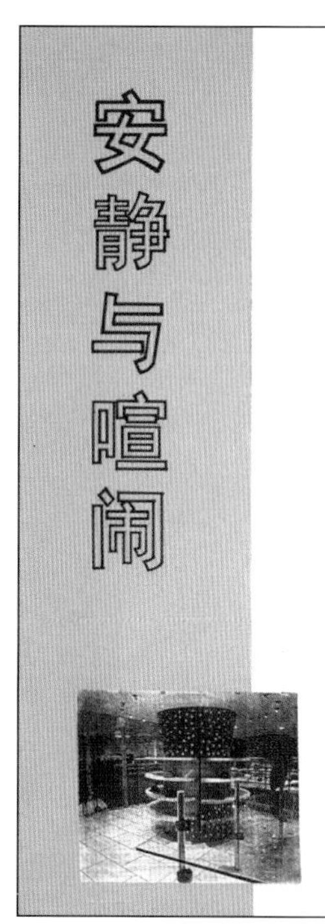

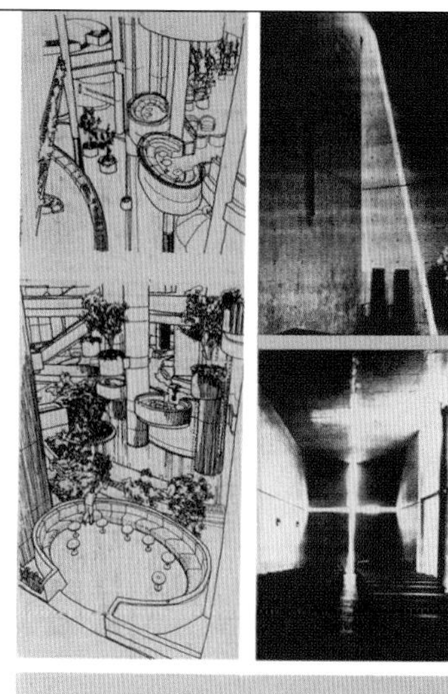

图4-7 行为心理作业之三 作者：王静

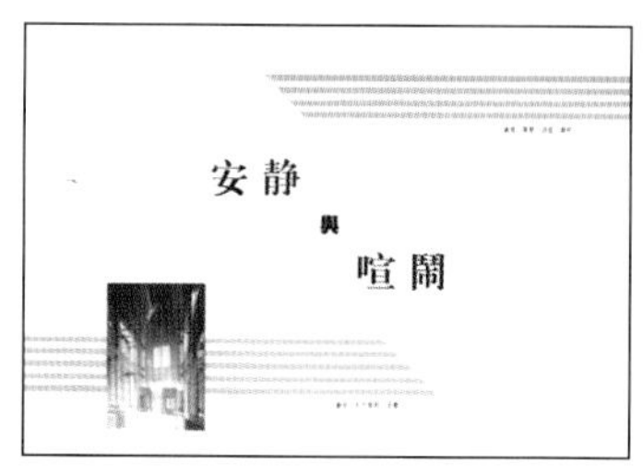

图4-6 行为心理作业之三 作者：王静

安静与喧闹

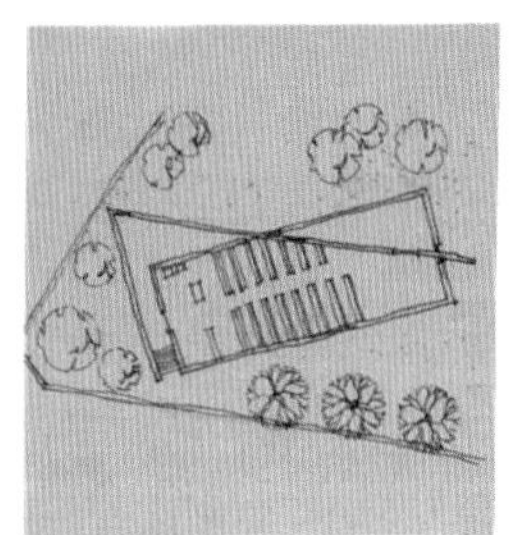

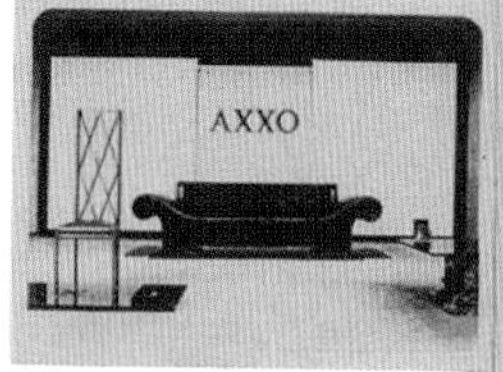

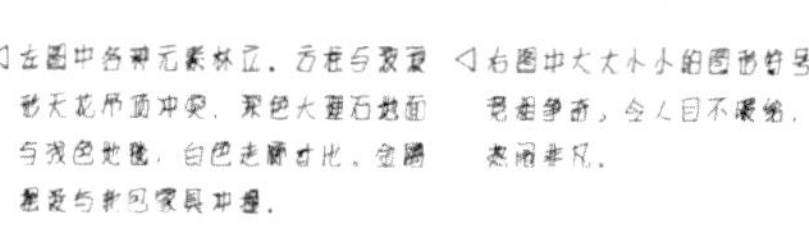

图4-8 行为心理作业之三 作者：王静

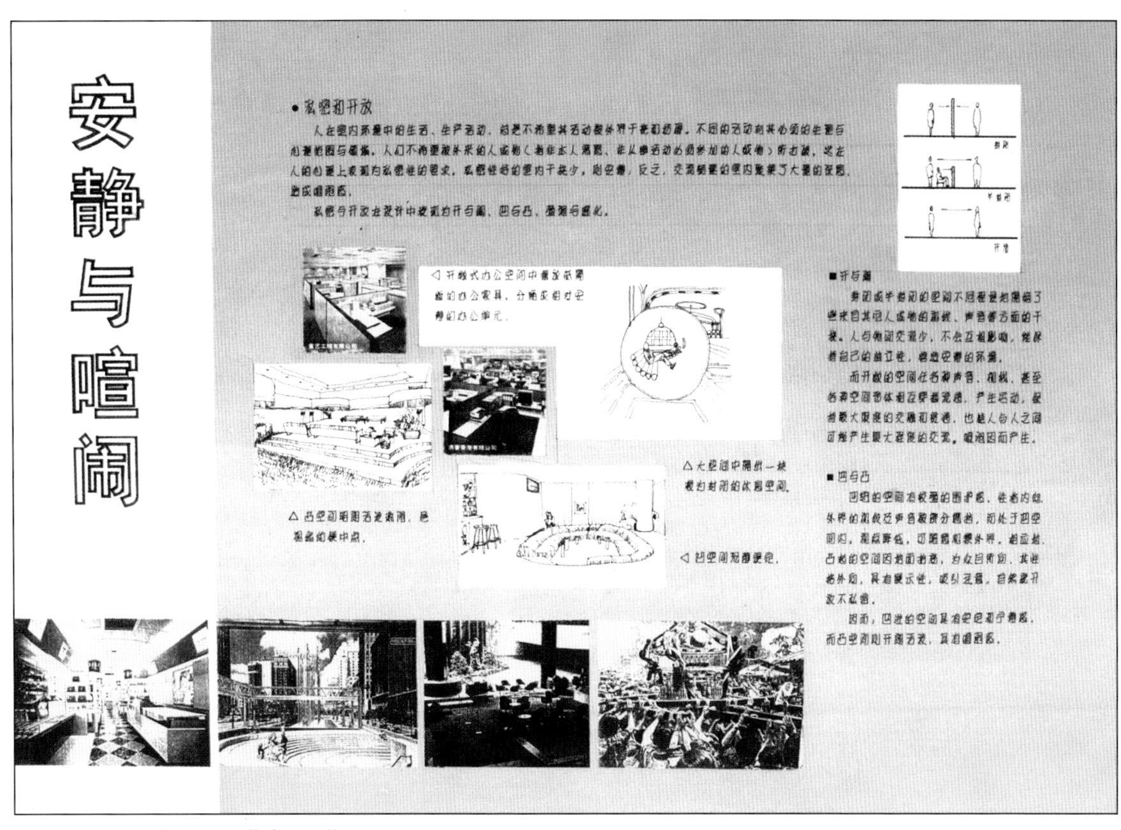

图4-9 行为心理作业之三 作者：王静

安静与喧闹

强调与虚化

人很容易受暗示。一旦有一个趣味中心，人就会很自然地趋向那儿，并由于人的从众心理和聚集效应，导致趣味中心处人群集中，形成一喧闹的环境。因而在需要引起喧闹的地方布置能引人注目的装饰，重点强调该区域，或利用人的趋光心理，重点照明该处，刺激人使之兴奋，达到喧闹的效果。而在其余部分减少照明，淡化装饰，虚化该环境，人们处于其中，所受刺激少，要求运动的心理弱于对安静休憩的要求，心境平和而安宁。

非理性的心理诱因

然而，并非完全能用理性的概念来说明与解答安静或喧闹环境的必然关系，人还同时受到某些记忆、天性等控制。红色为主基调的摩托化餐厅同样能引起喧闹的行为和心理。因为对人来说，红色象征着热烈而喧嚣，蓝色意味安静、宁和。轻柔的小夜曲让人想起幽静的月夜；狂躁的摇滚乐叫人激动疯狂。

△巧妙地利用光影，强调和虚化不同区域

▽轻柔的室内乐营造安静气氛。

安静与喧闹是对立统一的，"空谷鸟飞绝"这种超自然的安静温馨只能出现在诗句中，而在现实生活中，"明月松间照，清泉石上流"反而能衬出环境的安宁。

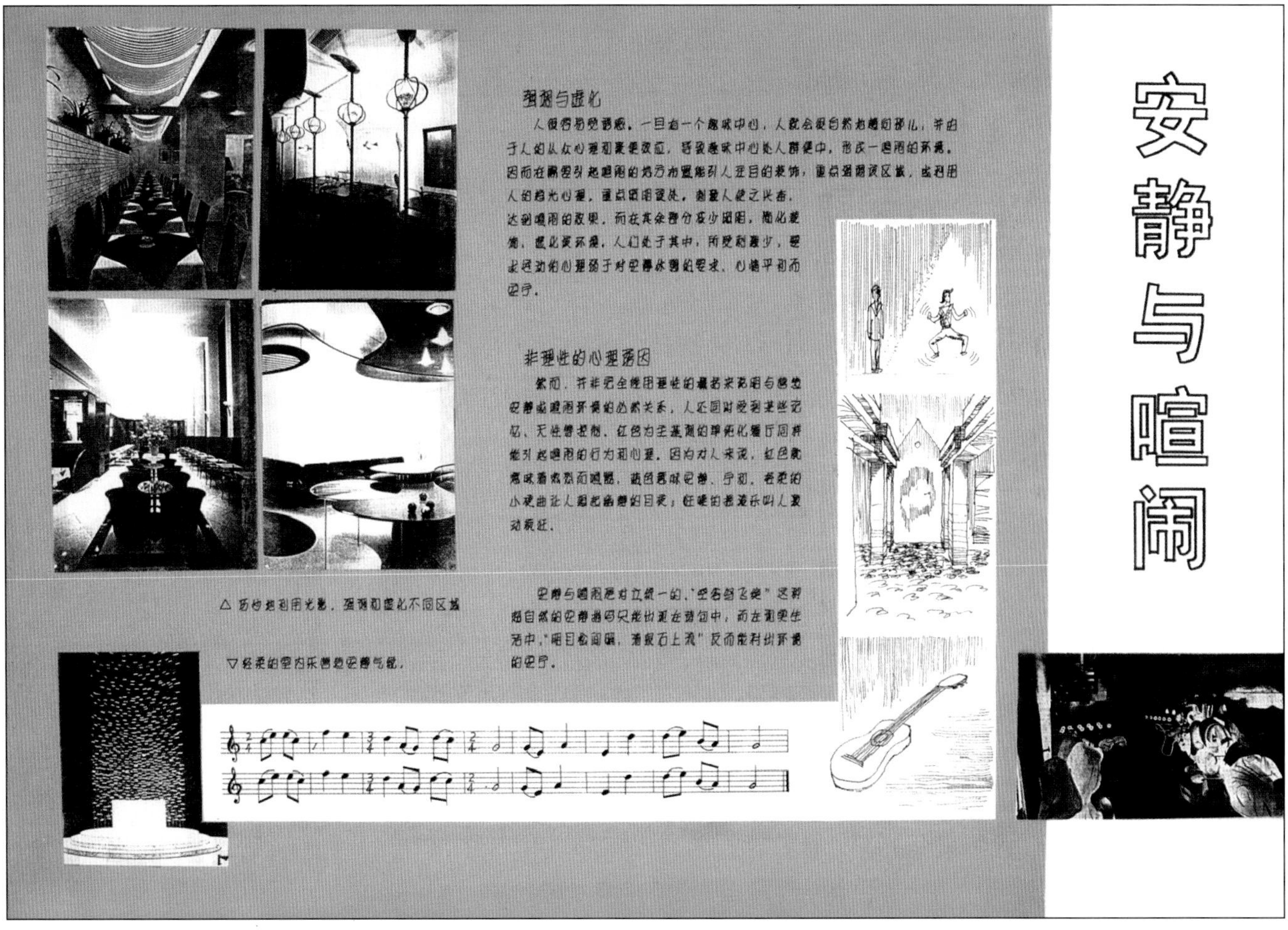

图4-10 行为心理作业之三 作者：王静

舒适与紧张

人的心理 / 人的行为 / 空间之质 / 空间之意

人与环境关系环

由此图可以看到一个空间的特质或者说某种空间内相对客观的本质情绪会影响到人的情绪。空间的情绪由空间的质(即组成空间的一切界质)及空间的意(即空间的氛围)组合而成，空间的意会影响到人的心理感受，而人的心理感受直接影响人的行为。人的行为直接在空间的界面上展开，因此它又影响到空间之质，空间之质直接影响空间之意，如此周而复始，形成整个空间的全部。

- 行为心理与空间之关系
- 以弗洛伊德的本我自我超我理论来认知舒适与紧张
- 最终认知舒适与紧张的非矛盾性引向设计上的相互协作

九四室内 陆嵘

98.10.1

心理入点：舒适与紧张

1. 人无意识中的舒适与紧张

舒适：绝对意义的舒适即为圣光，即为圆。

目标减弱 ↑ ↓ 目标增强

紧张：圣光的打破，圆的尖锐化最终导致紧张。

舒适 ➡ 不安 ➡ 紧张

趋向一

圆空间的运用

舒适(无目标) ➡ (强目标)紧张

趋向二

基辅特里波里——新石器时代村落

原始的村落通常会分布成圆形，这是在一种无意识状态下自然形成的。因为圆的无趋向性恰好顺应了原始本我对于舒适的需求。随着社会的发展，圆形村落的打破，阶级的分化，分布会逐渐显露它的趋向性，从此人类之间的关系出现了紧张化。

2. 人前意识中的舒适与紧张

人前意识中对舒适与紧张的理解是基于自我意识的基础上的，这对于如何理解具体空间的情绪起着至关的作用。

在前意识中我们认为舒适的条件是：
- 和谐
- 均衡
- 适度
- 可预见

形态：和谐 / 冲突(折直线与圆曲线相对冲突)　舒适 ↓ 紧张

扩展：色彩冲突，气质冲突。

在前意识中我们认为紧张即舒适的打破，其条件是：
- 冲突
- 失衡
- 过度
- 超预见

量：均衡 舒适 ↓ 失衡、紧张

包含：面积失衡，体量失衡。

对舒适与紧张的自我认识

对舒适与紧张的本我认识

宗教中利用本我认识中的紧张以示对神的敬畏·强目标性

图4-11 行为心理作业之四 作者：陆嵘

宽窄适度(舒适) → (紧张)宽窄过度

在体量、数量、长度、面积、色彩、明亮度等各个方面的过度处理都会导致紧张感的产生。

适度与过度

可预见(舒适) → (紧张)超预见

预见性可否

九四室内 陆嵘 指导教师 易晓文 席少

3. 人意识中的舒适与紧张

意识是对表象最直接的感受，在现实的空间中，我们不可能将对感官刺激的种种感受分开去审美，诸多因素共同参与、彼此协作，而人在超我意识中会寻找到合于自身的平衡点。

- 没有绝对舒适的空间，没有绝对紧张的空间

舒适：盲目 困乏 不期而至

紧张：兴奋 清醒 相约而来

舒缓紧张 打破沉闷 新平衡点

舒适与紧张相协作

心理学基础：

弗洛伊德将人的精神划为三方面，即无意识、前意识、意识。将人格分为三方面，即本我、自我、超我。
- 无意识：潜在的意识趋向，无法感知的原动力。
- 前意识：能成为表达的可能的感识。
- 意　识：最为直观表象的感知。

透过本我的原动力，寻找心理行为的起因。通过自我的可控制，理解表达原动力的方式。以超我的意识认识情绪的多重需要，平衡人与空间，达到最佳点。

某游泳池中心

对舒适与紧张的超我认识

最终我们在超我的境界中意识到，舒适与紧张本生并不矛盾，我们的审美需它们的融合，因为这两种情绪我们内心深处都需要。

现实分析：

从某种程度上说，该泳池中心庞大而富有张力的支柱和天棚，显示了一种紧张感，上大下小的支柱有失稳倾向，但正是这种因素激发了人的活力。

众所周知该美术馆可以说成为一条上升的画廊，若展开其廊，必定是一条长度过度的廊。中庭望去一条螺旋线没有断点，令人感到有些紧迫，但这种延绵不绝的生长力着实令人欣赏。

古根汉姆美术馆内庭▲

平整的墙突然裂了，这不是我们所能预见的，瞬时的紧张感更提了我们的兴趣，最终形成的虽然不能称为舒适，但我们却可以说感觉好极了。

休林珠宝店门面

舒适与紧张

行为心理

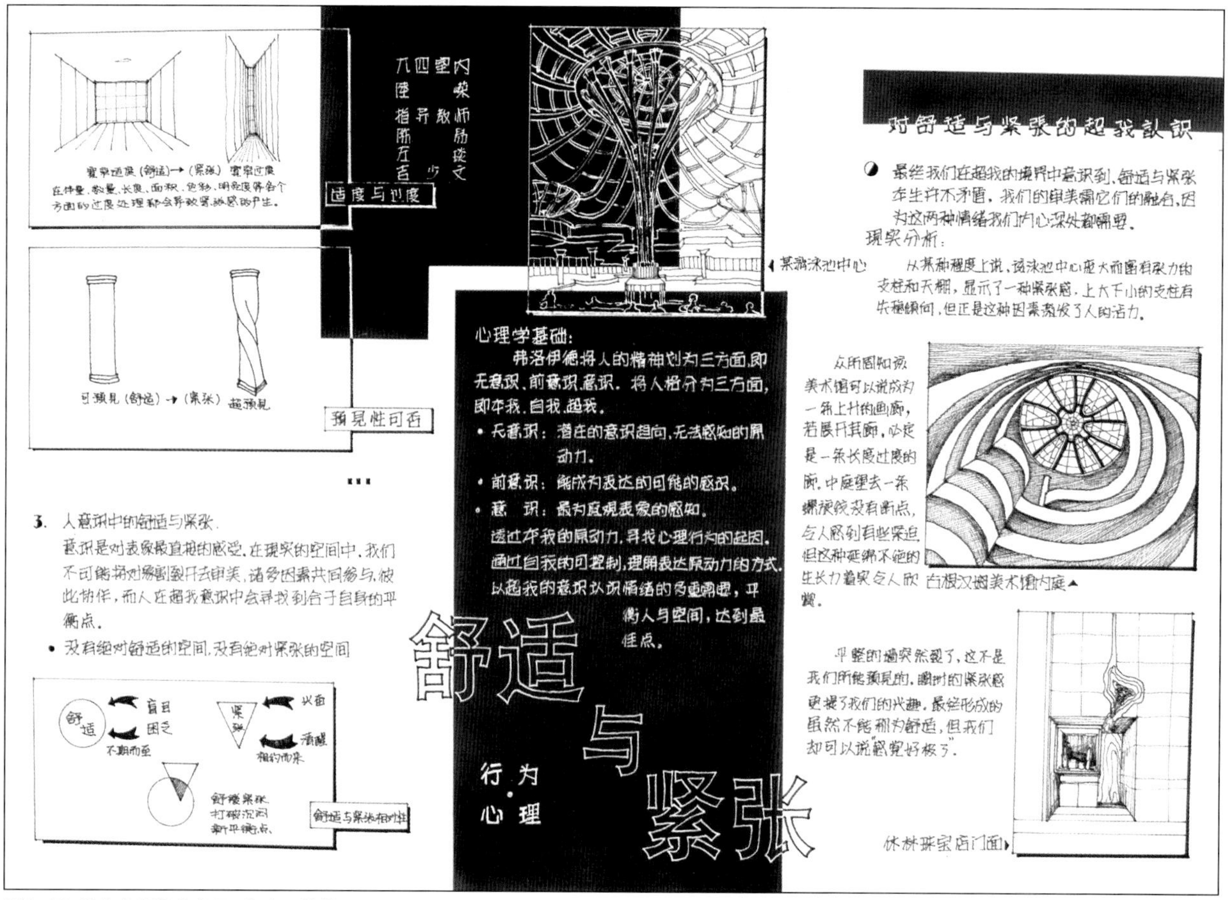

图4-12 行为心理作业之四 作者：陆嵘

中国高等院校
THE CHINESE UNIVERSITY
21世纪高等院校艺术设计专业教材
建筑·环境艺术设计教学实录

细部研究
材料细部作业任务书
设计作业点评

CHAPTER 5

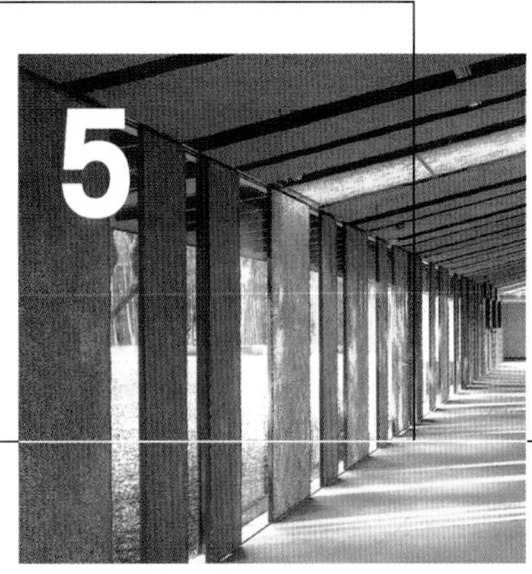

课程设计——材料·细部

第五章 课程设计——材料·细部

第一节 细部研究

一、何谓细部

要使一个室内设计获得美学趣味，细部感觉是不可缺少的部分，它对于审美选择和复杂的评论过程来说都是基础，在设计师的头脑中，从未把“细部感觉”单独作为一个可分割的部分存在过，那么“细部”是什么呢?茶壶是细部吗？凹雕，木模的压制图案是细部吗？如果它自身不是一个小而完整的形式，是一种细部吗？人们应该如何理解细部？是按照构成它的更多细部么？可见这是一个永无止境的过程。

1.面临的问题

建筑风格和建筑师的设计理念成为大众关注的焦点，同时也是设计的核心。因为对于大多数人来说，抽象的概念比建造的技术更为有趣和时尚，而理所当然的细部设计受到了轻视。另一个方面，在设计过程是缺乏对细部的深思熟虑，一种错误的想法就是认为细部的设计仅仅是展现个人设计的技巧。其实一个真正细部的实现并非完全由坐在办公室里的建筑师和工程师决定的，它需要多方的配合与合作，包括材料供应商、生产厂家，甚至技术工人等，所以细部设计是一个交流共享的过程。而且应把它看做是合作和集体劳动的成果。例如，隈研吾在做那须历史探访馆时，为找到一个方法来制作自重很轻的、可动的遮光板，就是经过和泥瓦匠的多次探讨，进行了无数次的试验，终于发现可以把稻秸草用建筑胶粘结在强化合金铝材料上，做成了干鱼片一般奇异质感的可移动遮光板墙，板墙轻巧异常，一只小指头就可以移动（图5-1）。

2.细部的意义

对于细部的理解和细部的手法，是构成室内设计实践的一个基本特征。对于那些细部有生机，就算有些不胜完美的想法和构图也是可以被接受的。然而，虽具有完美的比例而细部却粗制滥造，却往往是令人生厌的。和建筑比起来，室内设计在这点上尤其突出。另一方面，感受一个好的设计，细部感觉也是最突出的。例如，人们都比较喜欢的老房子，往往喜欢的不仅是它优美的比例，更多的是窗子的线脚，精致的砖工和门框，以及它的铁栏杆和地面上踏步的铺贴肌理等细部中蕴涵的历史感。

细部重要的第二个原因就是细部处理，或许是设计师能强制实现的东西，空间布局和设计风格往往受那些超越设计师控制能力之外因素的影响，也就是说会受到使用功能、建筑

图5-1 那须历史探访馆

图5-2 马德里的puerta America酒店的地下停车场

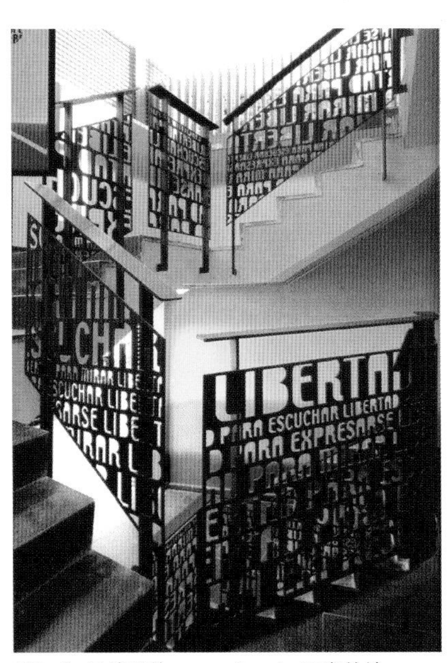

图5-3 马德里的puerta America酒店的地下停车场

设备、业主需求的限制。然而细部却依然处于设计师的权限之内，通过研究细部，设计师可以将那些常见的乏味的体量赋予优美和人性。意大利著名设计师特里萨为马德里的puerta America酒店设计的地下停车场就是一个明显的例子，设计师一改传统停车场给人的乏味和厌恶感，营造了一个可爱的充满情感的空间，原先很难在空间等方面有所设计，而往往呈现黑灰沉闷的地下停车库顿时变得十分抢眼，瞬间就可以抓住人们的眼球（图5-2、5-3）。

第三个原因是细部在视觉方面作为整个设计传达的一个典型符号，以某种特定语言同用户、社会、评论家进行信息交流。而且细部融于环境并反映产生它的文化背景。同样是对光线的处理，勒·柯布西耶设计的现代主义的经典之作朗香教堂中光线的主要来源是南面的实体墙，墙面上不规则地布置尺寸不同、样式各异的窗户（图3-13)。它体现了勒·柯布西耶提出的Modulor，有着不可思议的逻辑，这些窗户上镶嵌着他本人手工绘制的富有庄重和自然色彩的玻璃。勒·柯布西耶自己形容这个教堂为“一个富有热情的思想浓缩”。而安藤忠雄对它的评价则是：“光来自所有方向，掴打着我的身躯，充满剧烈与暴力的光……”这使得他在一个小时内便逃离现场，而这种失望让安藤深深怀念起日本的传统住宅，“光源是从下反向照射，屋檐和拉门将直射光遮住，自回廊下和庭院进行反射，将人温柔地包围着”。这种感受的差异正是文化背景不同造成的。而这种东方情结使得安藤作品根植于日本传统的“静”，表达一种近乎禅意的空间。如他的“光之教堂”和“水之教堂”（图5-4、5-5）。同样是对传统符号斗拱的运用，冯纪忠先生设计的松江方塔园何陋轩和安藤忠雄在西班牙塞维利亚设计的日本馆，也体现了不同文化背景对细部设计的差异，方塔园以质入手，利用材料的更替来反映时代的发展痕迹，钢制构件在这里并不刻意地描绘斗拱形象，而是一种神似模拟（图5-6）。而在日本馆安藤用简洁的形体来衬托着木质类的斗拱构件，从现象上讲，仿佛也是一个类似的模拟构件，但实际上是一个经过理性剖析而后经过几何简化过的产物（图5-7）。

第四个原因是细部设计会决定一个建筑的风格。按照一般的设计程序，首先是由总图决定布局，然后再平面图，最后细部决定。而隈研吾在谈到他作“石材美术馆”时，实际上思绪出现时的顺序是反差的，

图5-4 水之教堂

图5-6 松江方塔园何陋轩

图5-5 光之教堂

图5-7 日本馆

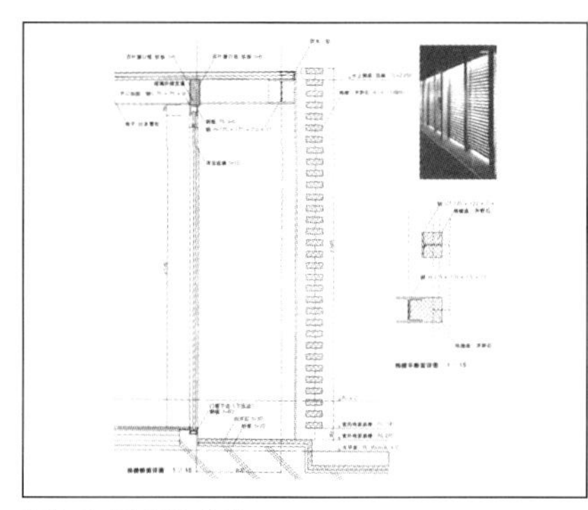
图5-8 石材美术馆

图5-9 石材美术馆

先是从细部入手。在一开始时，他就有用石材来做格栅的想法，于是问施工方：“石头能做格栅吗？”在得到肯定的回答时，就开始研究石格栅的模型，研究如何来处理光的细部，并由此来决定格栅的间隔，以及将它用在哪一部分合适，这样逐步呈出现大的建筑。如果按照惯例来做的话，也就只能重复已有的细部来做建筑了，那么创新性和新意就会消失殆尽（图5-8、5-9）。

二、细部产生的部位

作为室内设计的空间形象语言，构造与细部无疑是最能体现设计概念和方案表达的，由界面围合的室内空间犹如搭建的一座新舞台，如果只有布景、道具和演员，这台戏是唱不起来的。即使所有的配置都已齐全，过长的剧情没有细致的情节铺垫也是极不耐看的，装修的细部亦是如此。一个没有细节的界面也是经不住看的，装修的构造与细部在室内设计中，发挥着非常重要的传承转合作用。而细部发生的部位通常为结构构件、围合界面和过渡界面。

1.结构构件的构造细部

结构构件的构造细部是针对界面而言的，古今中外的室内空间，大量的文章都作在门窗和梁柱上，结构构件中的构造细部在不同界面与构件的组合中呈现出来。界面的材质与工艺对此类构造细部影响巨大。另外，构造细部的样式同时传达着空间的概念主题，后现代建筑所体现的隐喻性和象征性就是通过某种传统建筑的斗拱、室内天花的藻井、古希腊罗马柱式的柱头等成拱券进行体现的。图5-10所示某餐厅的天花设计。

除了结构构件本身的细部外，结构构件的穿插方式也是细部，采用不同的穿插方式反映出的设计思想也是不同的。图5-11强调垂直性与向上的联系，在现代建筑中极为普遍，它是包豪斯学派和勒·柯布西耶提倡的结果，强调干净利落与结构的纯洁性，例如在密斯的巴塞罗那厅中柱子与墙就是这种连接方式，而图5-12则强调梁柱之间的过渡物，这种方式在装饰性风格的建筑中很普遍，如赖特在橡树公园的联合教堂室内充满新装饰主义的风格，就是这种对柱子和梁的处理方式（图5-13）。而图5-14这种方式主要强调柱子向上的趋势，仿佛可以向上扩散至无穷。伊东丰雄在仙台媒体中心将这一点做得很彻底（图5-15）。

图5-10 某餐厅的天花

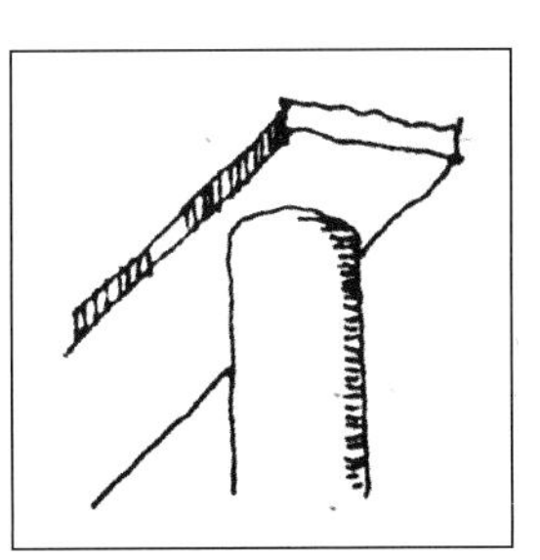
图5-11 穿插方式

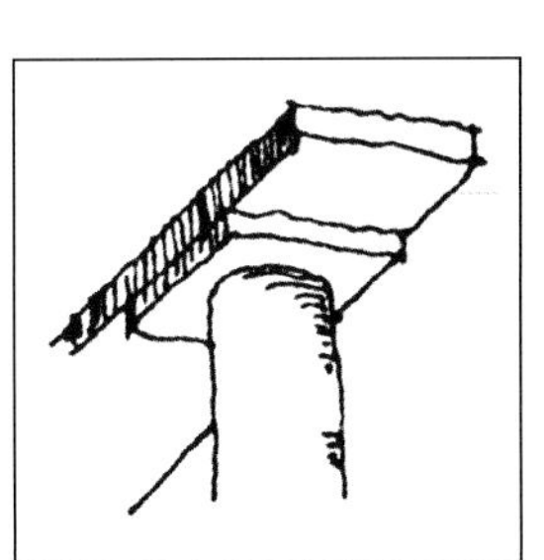
图5-12 穿插方式

图5-13 橡树公园的联合教堂

图5-14 穿插方式

图5-15 仙台媒体中心

2.围合界面的构造细部

一个室内空间由天花板、地面、墙面等界面构成，从人的知觉特性角度看，人们往往会忽略单纯的面，但有时我们需要强调界面的细部，以抓住人的眼球。这里所说的围合界面具体是指地面、墙面、顶棚在内的典型室内界面。要做好围合界面的构造细部设计，需要对材料的特质作深入的推敲。不同的材质有不同的视觉表达语汇，涂料、木材、金属、石材、玻璃、陶瓷不同的材料传达不同的美感。石材是最古老的承重结构材料，由它砌的承重墙、柱、拱券形成的视觉效果是其他材料所无法替代的。以前石材给人的感觉总是厚重的、有分量的。但日本建筑师隈研吾在他的石材博物馆中通过细部的处理，完全打破了石材在人们头脑中的固有形象，用石材设计出了清闲、通风透气的建筑。他第一种处理方法是把截面为40×120毫米截面的石材构件，横向贯穿在1500毫米间距的石柱之间，形成了石头格栅，让石材也产生了以前只能用木材或金属才能达到的肌理效果。第二种处理方法把厚50毫米，进深300毫米的薄石材层层叠砌起来，抽掉对结构不会产生影响的部分，让光线进入，空气流通。而且还在部分的孔穴里嵌入了6毫米厚的云石，这样光线通过云石被粉碎成金点，散在房间里面，而玻璃很难达到这样的效果（图5–17、5–18）。有时，一个界面的围合不止一种材料，而是两种甚至更多的材料进行组合。那么，对于材料之间的连接过渡处理便是细部中的细部了。传统手法在处理两种材料的衔接时，往往采用线脚作为过渡。而现代设计的手法也往往是引入第三种材料作为过渡，这点在接下来还会提到。图5–16所示为纽约名叫POP Burger餐厅，在界面的处理上就运用了多种材质，营造了一个热闹的餐饮空间。所以，在设计时可根据设计氛围对材料作不同的细部处理。

另外比例尺度也是围合细部设计中的重点。不同造型的采用，横竖比例的选择，细节尺寸的确立，却要经过立面作图的反复推敲决定。而具有雕塑感强的细部造型则需要采光与照明设计整体考虑。

3.过渡界面的构造细部

过渡界面是指不同方向的界面之间以及不同材料界面转换处的构造细部。在室内设计构造细部的概念中，过渡界面的构造细部应该说是细部之中的细部，它在连接不同的界面，形成室内空间主体形象起着十分重要的作用，室内的六个界面都有可能成为各自不同的六种形态，能否组成一个完整的室内空间形象就在于过渡细部的处理，过渡界面的构造细部设计手法有：并置、加强、减弱。并置的手法比较适合于同种材料的连接过渡，这种方法在地面设计中较多地运用（图5–19）所示的马德里的puerta America酒店入口。加强的手法形式不同，线脚处理，如踢脚线、檐口线、窗楣线、门套线的处理可以理解成为一种加强方式（图5–20）所示的某酒店大厅。而图5–21所示的某住宅室内则是对门洞空间的延续，使得界面的过渡得到了加强。减弱的方法主要是利用界面空间的不同离缝，通过虚空的距离，以尺度控制和光影处理达到过渡的目的。图5–22所示的某住宅室内和图5–23所示某美术馆的墙面和顶面的过渡处理手法都是通过留一段距离，运用光影效果进行过渡。

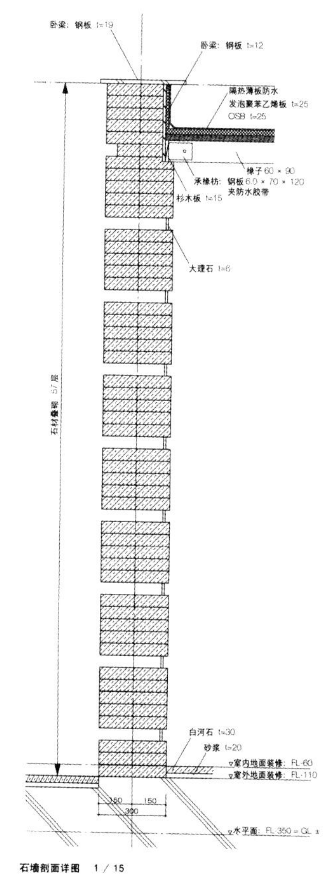

图5–16 POP Burger餐厅

图5-17 石材美术馆

图5-18 石材美术馆

图5-19 马德里的puerta America酒店入口

图5-20 某酒店大厅

图5-21 某住宅室内

图5-22 某住宅室内

图5-23 某美术馆

三、影响细部设计的因素

细部设计需要借助已有的建筑构造知识来了解隐藏于建筑表象之内深层次的东西，我们还需要广泛地阅读，增加建筑构造的知识和独立思考的能力。在进行设计时，我们需要考虑的因素是：

1.如何构造？

2.节点功能如何？

3.是否需要什么特殊标准？

4.节点功能和构造方面的关系如何？

5.是否易于维护？

6.是否易于更换（在设计和服务的后期）？

7.建筑拆除或重建时，哪些材料还可再利用，可利用的程度如何？

四、学习途径

1.向名作学习

著名的设计师或者工程师作品永远是很好的学习榜样，从别人的项目成果中学习是一个重要的学习途径。学习著名的设计师或者工程师的作品以及口碑优良的建筑，并将工程项目作为最好的实践资源。这些是非常重要的，同时也是激发灵感的，但是也要注意，并非所有作品的细部都是因地制宜的，也有许多著名的建筑境遇不佳，渗漏或者难以维护和使用，这一点常常被人们忽略。所以，我们还需要认真分析失败的建筑和组合，从中吸取教训，避免犯同样的错误，这也是非常有效的方法。

2.向平凡作品学习

知名设计师作品仅是建筑群中的一小部分，同样具备专业知识而未为人知的普通设计师完成的却是大部分的建筑。尤其是关于现有建筑改造工程的建设中，更是主要由大量各专业的设计师、建筑师和商务人员共同完成的。这些平凡的建筑提供了丰富的经验，一个高品质建筑，如果细部处理不严密的话将会出现渗漏，难以维修。我们的周围就有不少这样的建筑，它们作为观察和反馈对象更易于认识并具有同样警示作用。

3.从工地中学习

没有任何设计能够天然而成，设计总是通过不同的专业技术员合作完成的，由单个人完成是不可能的，必须学习观察别人做的。由于安全问题以及工地的管理，进入工地进行现场学习变得越来越难了，但或许可以通过课堂教学录像或者视频来学习，这也或许是我们今后教学尝试的方向。与施工者和验收者交谈能获得关于复杂构筑组成的有效信息，这对于我们的学习非常有用，而且容易和实际相结合。通过观察、记录、分析和反馈，对于设计完美细部方案是非常有帮助的。

4.从专业设计单位学习

专业设计单位是一个连续学习的地方。作为初学者，应当观察、模仿有经验的设计师，学习他们的工作方法和习惯。从最有经验的设计师那里学习最好的方法，但是如何知道他的方法就是最合适的方法呢？我们是否有能力和勇气去质疑在设计室或者工地上所见到的？所以必须坚持质疑为何做如此的细部设计，并将其作为以后项目进程的一部分，成为持续学习过程的一部分。

5.从大学或者学院中学习

教育是调查、研究和试验的学习时期。设计、施工和组织管理是负有责任并且影响商业声誉的活动，承包商也会不太情愿采用新方法或者新产品。时间有限，进程必须跟进，所以细部设计必须第一次就完全正确，而且实际上也难以找到更多的时间去探索多种途径，因为时间就是金钱。由于对费用和时间的苛求，设计方案和工程组织无法尽善尽美，也不会有太多的时间去创新。而学习过程中，犯了错误最多就是分数降低了，没有人会因此受到惩罚或有金钱方面的损失，没有人会为此丢掉工作。如果我们不得不花费额外的时间来寻找最佳的解决方案，那么就是牺牲个人时间甚至睡眠时间而已。

第二节 材料细部作业任务书

一、教学要求和目的

1.加深对材料的认识。

2.了解材料的过渡、收头等构造部位。

3.提高选用材料的技巧和方法。

二、设计任务

在上海落成的公共建筑中选择一个有特点的细部节点，对材料的运用以及构造尺度进行研究，绘制若干个细部节点图，要求标明材质、尺寸和构造做法。

三、成果要求

图纸规格为A2。

四、进度安排（见表5–1）

五、参考书目

1.《Detail 建筑细部》杂志。

2.有关材料和节点设计的书籍和杂志。

第三节 设计作业点评

1.对上海博物馆展厅内的若干细部进行了调研，并在此基础上分析了细部设计与整体环境设计中的关系，提出了细部即是“兴奋点”的观点，加深了对细部设计的认识与理解（图5–24、5–25）。

2.娱乐城通常是视觉信息繁多的场所，通过对不同场景材料的分析，得出了材料也有着性格上的差异性，也就是会带给人不同的心理感受，加深了对不同材料表现力的认识（图5–26、5–27）。

3.文化类建筑的材料细部除了满足功能需求外，更要体现出文化气质。该生以上海博物馆和上海图书馆为研究对象，通过对材料细部的分析，表达了对文化建筑的理解（图5–28、5–29）。

4.该生以南京路花旗银行的营业厅为观察对象，从细部分析和表达上体现出该生比较扎实的施工图绘制基础及对材质的理解能力（图5–30、5–31）。

表5–1

	一	四
第一周	发题，讲课	查资料，实地参观
第二周	参观报告交流，初步确定细部内容	推敲细部构造做法
第三周	绘图	绘图，交成果

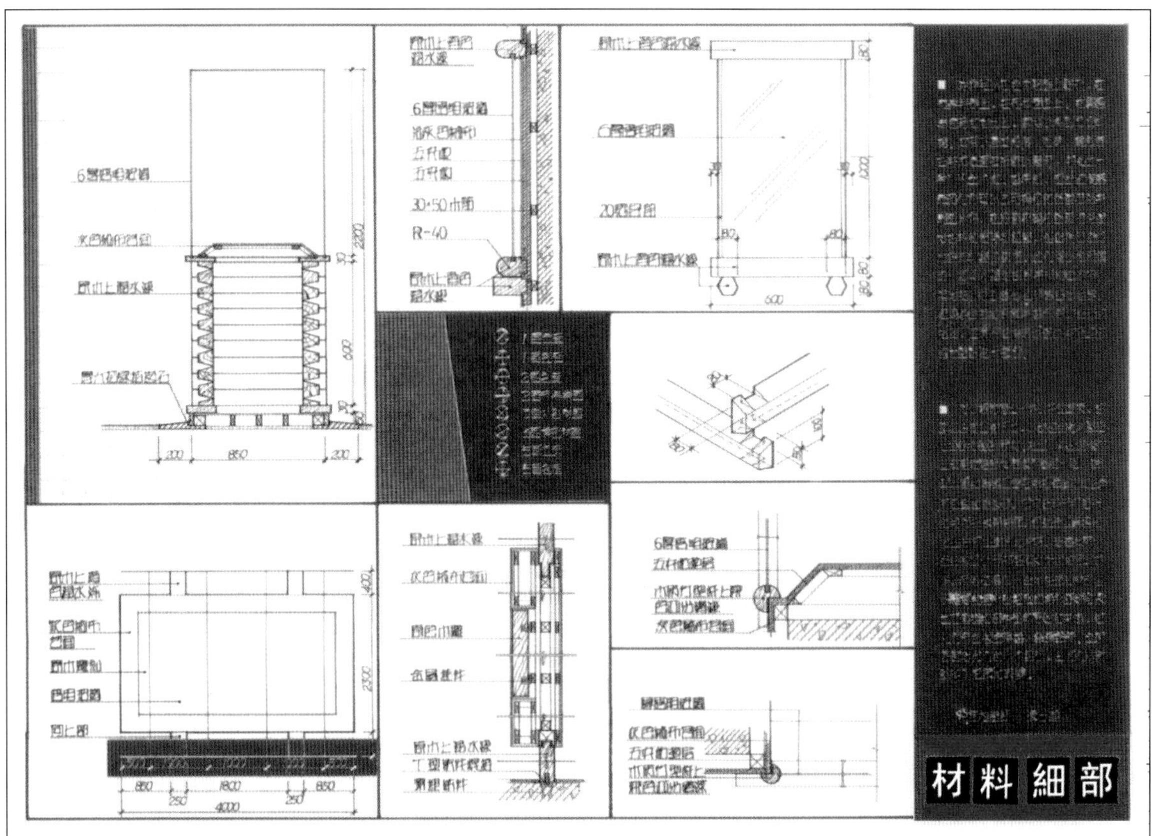

图5-24 材料细部作业之一 作者：张士谊

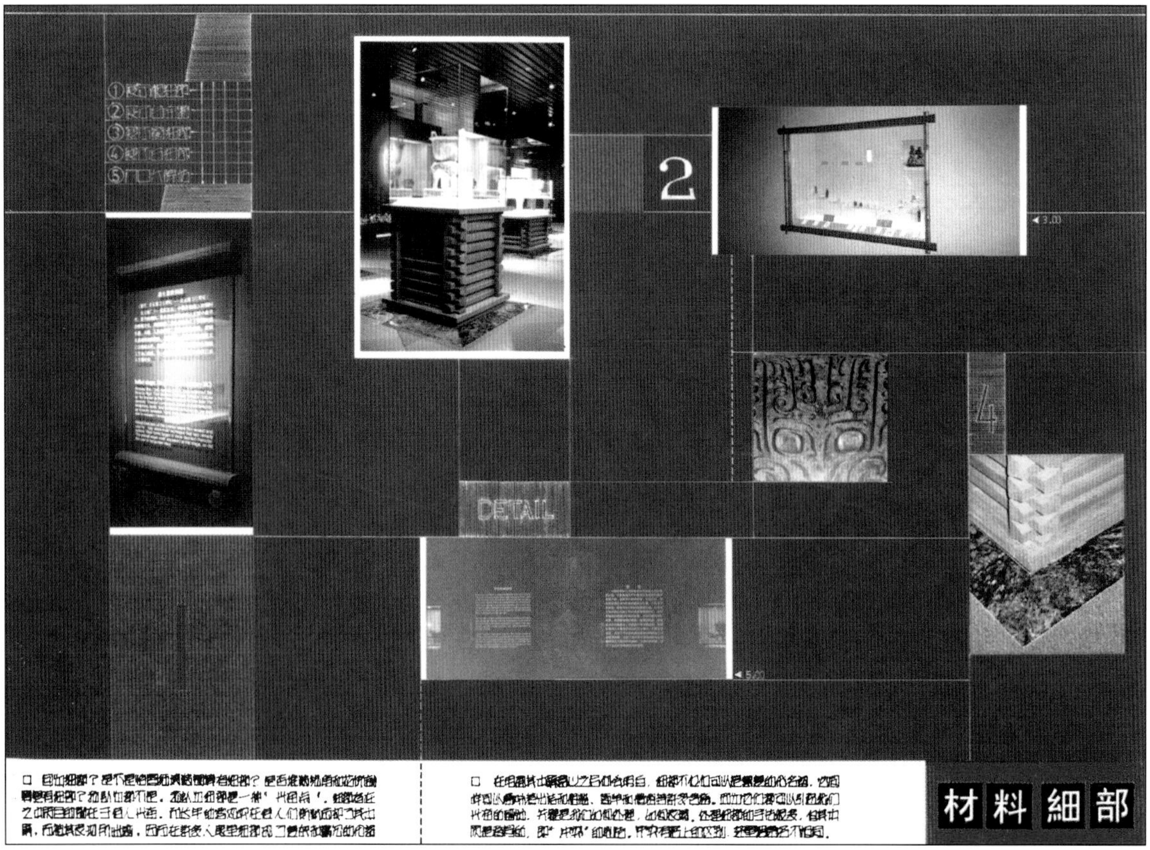

图5-25 材料细部作业之一 作者：张士谊

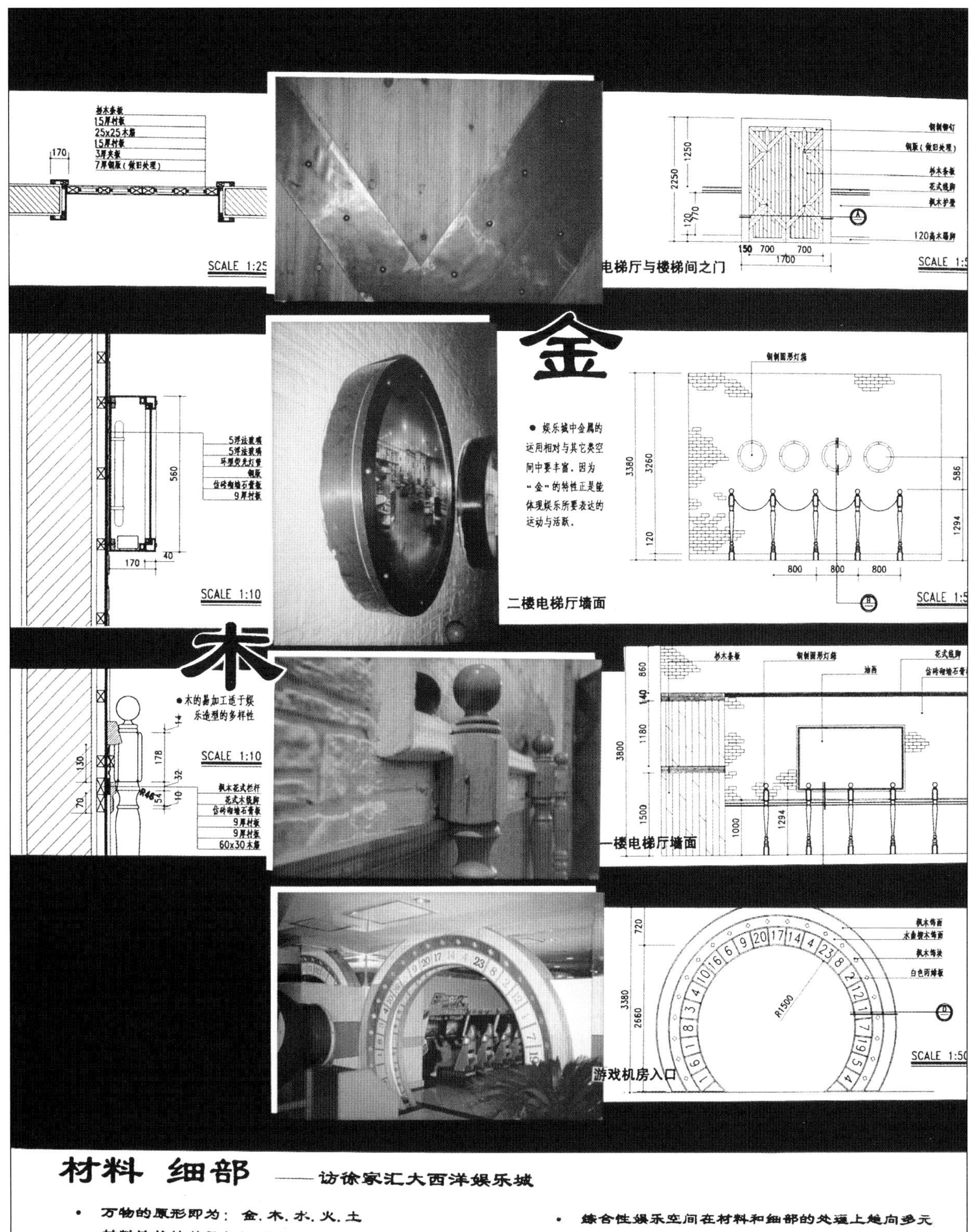

图5-26 材料细部作业之二 作者：陆嵘

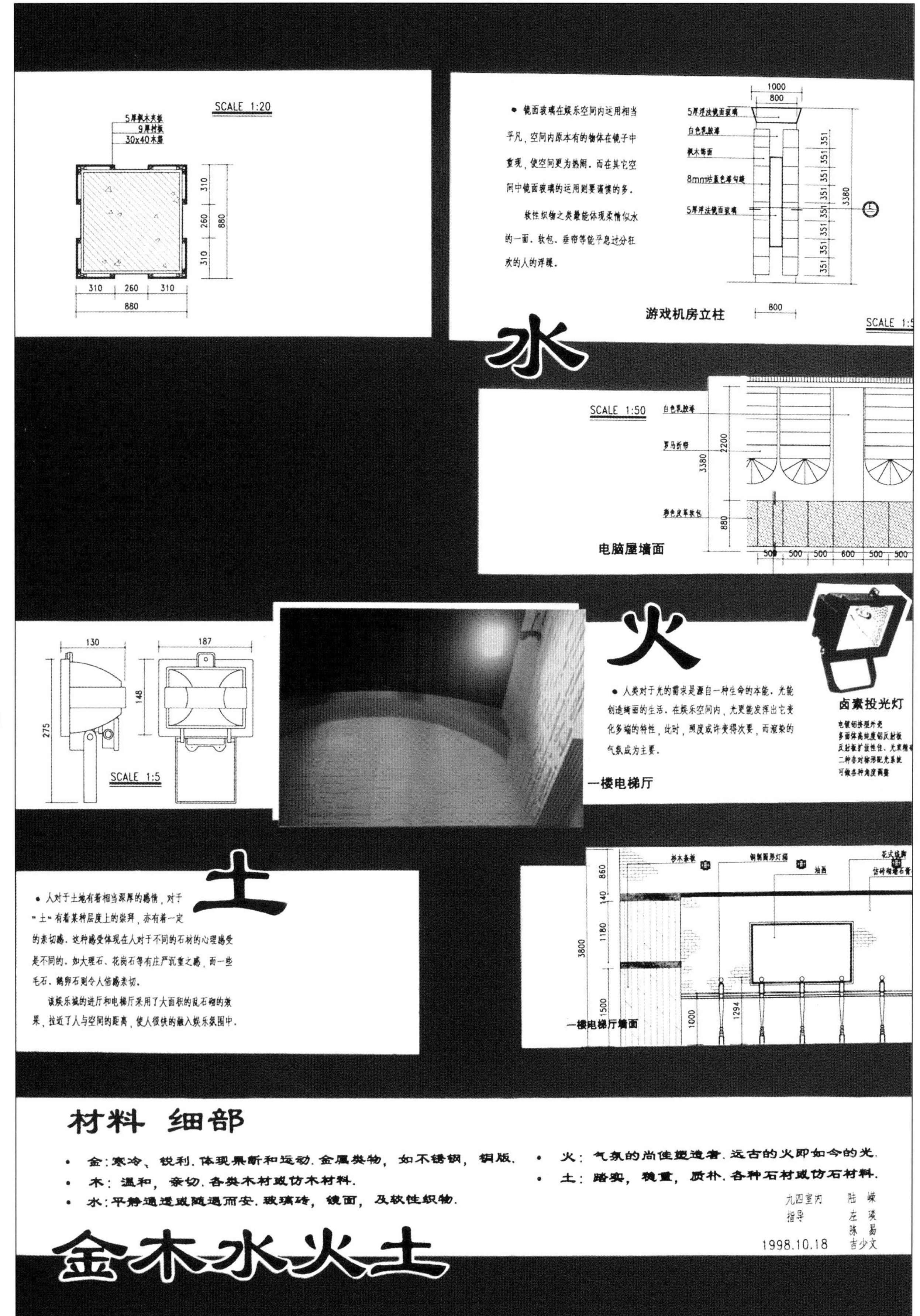

SCALE 1:20
5厚枫木夹板
9厚衬板
30x40木龙
● 镜面玻璃在娱乐空间内运用相当平凡，空间内原本有的物体在镜子中重现，使空间更为热闹。而在其它空间中镜面玻璃的运用则要谨慎的多。
软性织物之类最能体现柔情似水的一面，软包、垂帘等能平息过分狂欢的人的浮躁。
游戏机房立柱
水
SCALE 1:50
电脑屋墙面
火
● 人类对于光的需求是源自一种生命的本能。光能创造绮丽的生活。在娱乐空间内，光更能发挥出它变化多端的特性，此时，照度或许变得次要，而渲染的气氛成为主要。
卤素投光灯
一楼电梯厅
SCALE 1:5
土
● 人对于土地有着相当深厚的感情，对于"土"有着某种层度上的崇拜，亦有着一定的亲切感。这种感受体现在人对于不同的石材的心理感受是不同的。如大理石、花岗石等有庄严沉重之感，而一些毛石、鹅卵石则令人倍感亲切。
该娱乐城的进厅和电梯厅采用了大面积的乱石砌的效果，拉近了人与空间的距离，使人很快的融入娱乐氛围中。
一楼电梯厅墙面
材料 细部
• 金：寒冷、锐利，体现果断和运动，金属类物，如不锈钢，铜版。
• 木：温和，亲切，各类木材或仿木材料。
• 水：平静通透或随遇而安，玻璃砖，镜面，及软性织物。
• 火：气氛的尚佳塑造者，远古的火即如今的光。
• 土：踏实，稳重，质朴，各种石材或仿石材料。
九四室内 陆嵘
指导 左琰
陈易
吉少文
1998.10.18
金木水火土

图5-27 材料细部作业之二 作者：陆嵘

◀ 上海博物馆家具展厅

该指示牌运用了中国古典家具的手法，从"前言"就将人领入了中国古代古色古香的氛围之中．加上青花瓷器的花盆，和展出的明清家具非常统一．

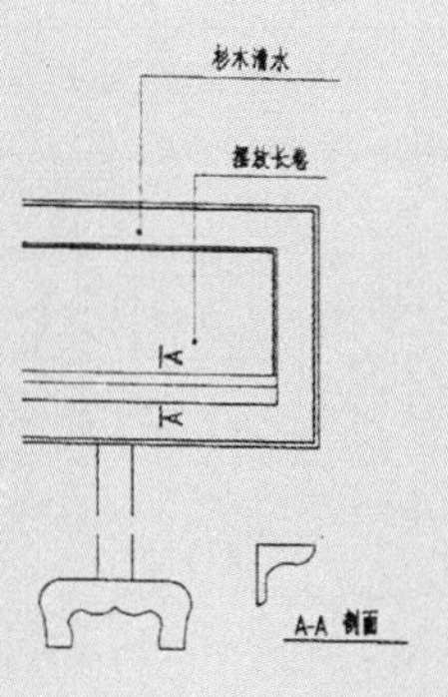

上海博物馆中国画展厅 ▶

▲ 中国画展示台

◀ 上海图书馆电梯厅

简洁而不简单是这一电梯厅的最大特色．仅用爵士白．老米黄．不锈钢等几种材料，利用材料之间的对比体现文化品味及现代感，特别是标牌运用了折线的不锈钢，使人联想起翻开的书页．

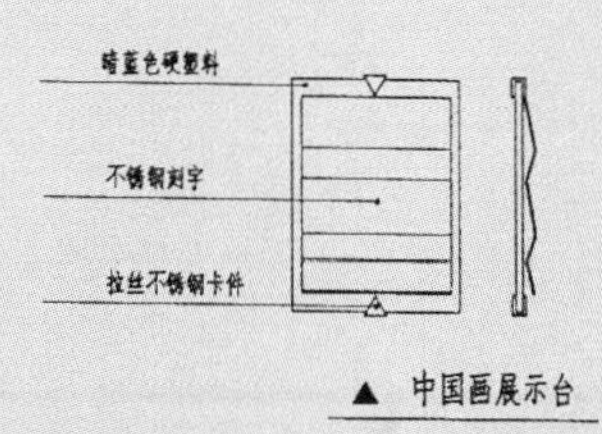

▲ 中国画展示台

◀ 上海图书馆走廊

—— 楼层指示牌

运用不锈钢．硬塑料等材料，创造了一个新颖别致的小品．折线不锈钢更象一本翻开了的书．体现了现代感．

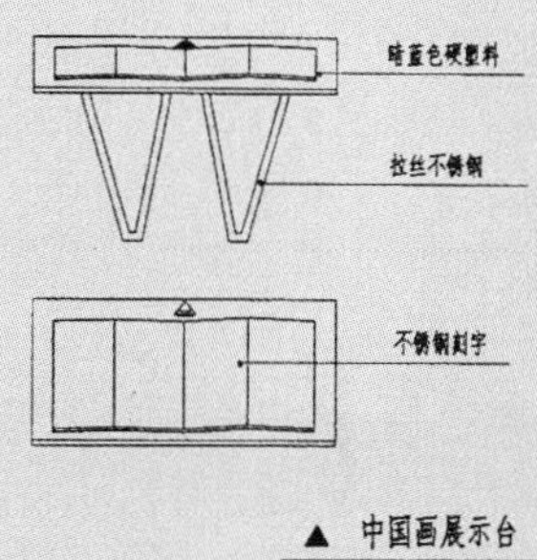

▲ 中国画展示台

◀ 上海博物馆青铜器展示厅

该展厅大量运用粗糙木质，用昏暗的暖色灯光，以暗绿色调创造一个古朴自然的"青铜"世界．此处"前言"，运用玻璃这以现代材料，与后部的粗糙木雕做对比，象两扇移开的现代大门，窥测远古时代的秘密．

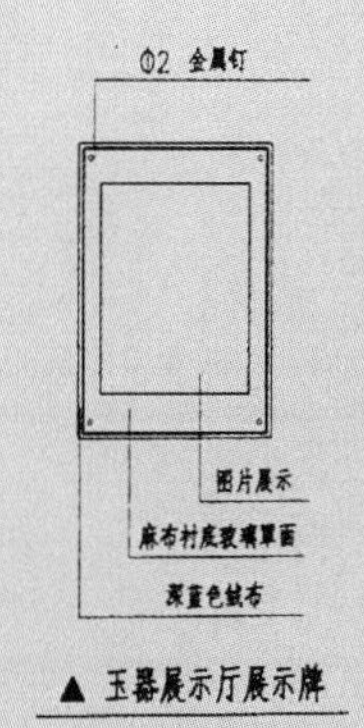

▲ 玉器展示厅展示牌

MATERIAL AND DETAIL MATER

九四室内　　颜隽　1998.10

图5-28 材料细部作业之三 作者：颜隽

◀ 上海图书馆入口大厅

——螺旋楼梯处墙面

运用材料的对比——老米黄与爵士白拼花,形成冷暖.明暗对比,两种石材又与不锈钢扶手.标牌对比,以表现它既是现代的,又是历史的.特别是爵士白上的雕刻文字,更显文化品味.

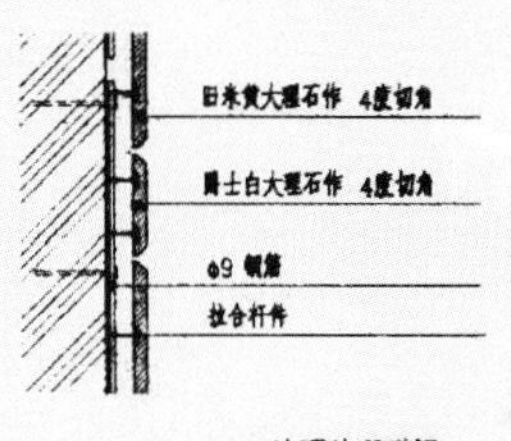

▲ 墙面处理详图

扶手详图 ▶

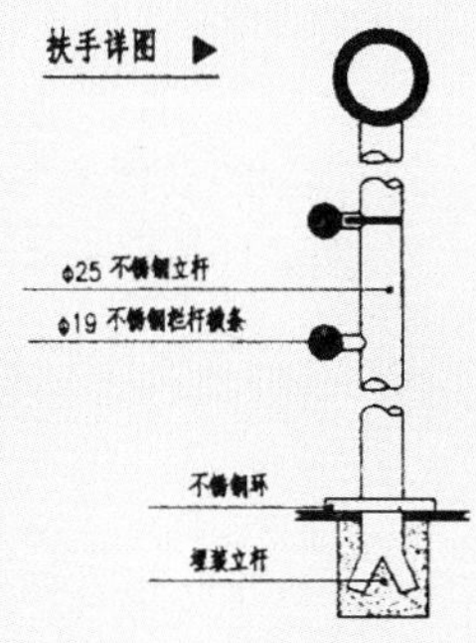

◀ 上海图书馆外墙面

利用面砖的不同,形成肌理花纹.与凿毛混凝土和光混凝土形成对话.点出上海这一具有中西合璧的文化特点.

● 同样的手法还可见与上海申报馆地面处理及上海图书馆检索大厅的立面处理.可见,利用如此手法的材料对比,面处理.可见多用于文化类建筑中.

◀ 外墙面详图

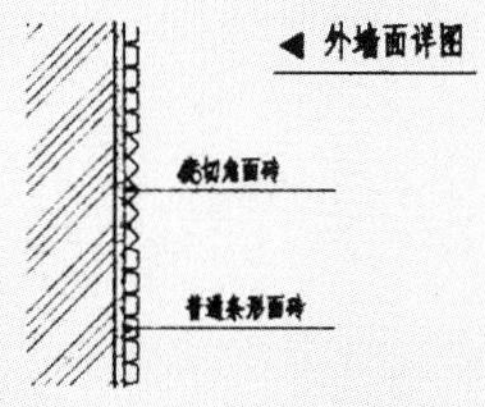

▼ 外墙面详图

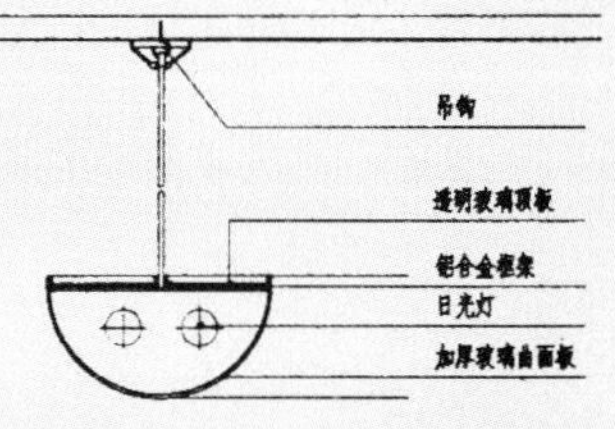

◀ 上图古文献检索大厅

"草色新雨中,松声晚窗里."
作者也想在这里创造这样一番意境吧.
花坛将大玻璃窗外的景色引入室内.
顶棚上的灯具设计,既照顾到了图书馆照明的特点又给人以新意.

▶ 上图检索大厅陶面装饰

MATERIAL AND DETAIL MATER

九四室内　颜隽　1998.10

图5-29 材料细部作业之三 作者:颜隽

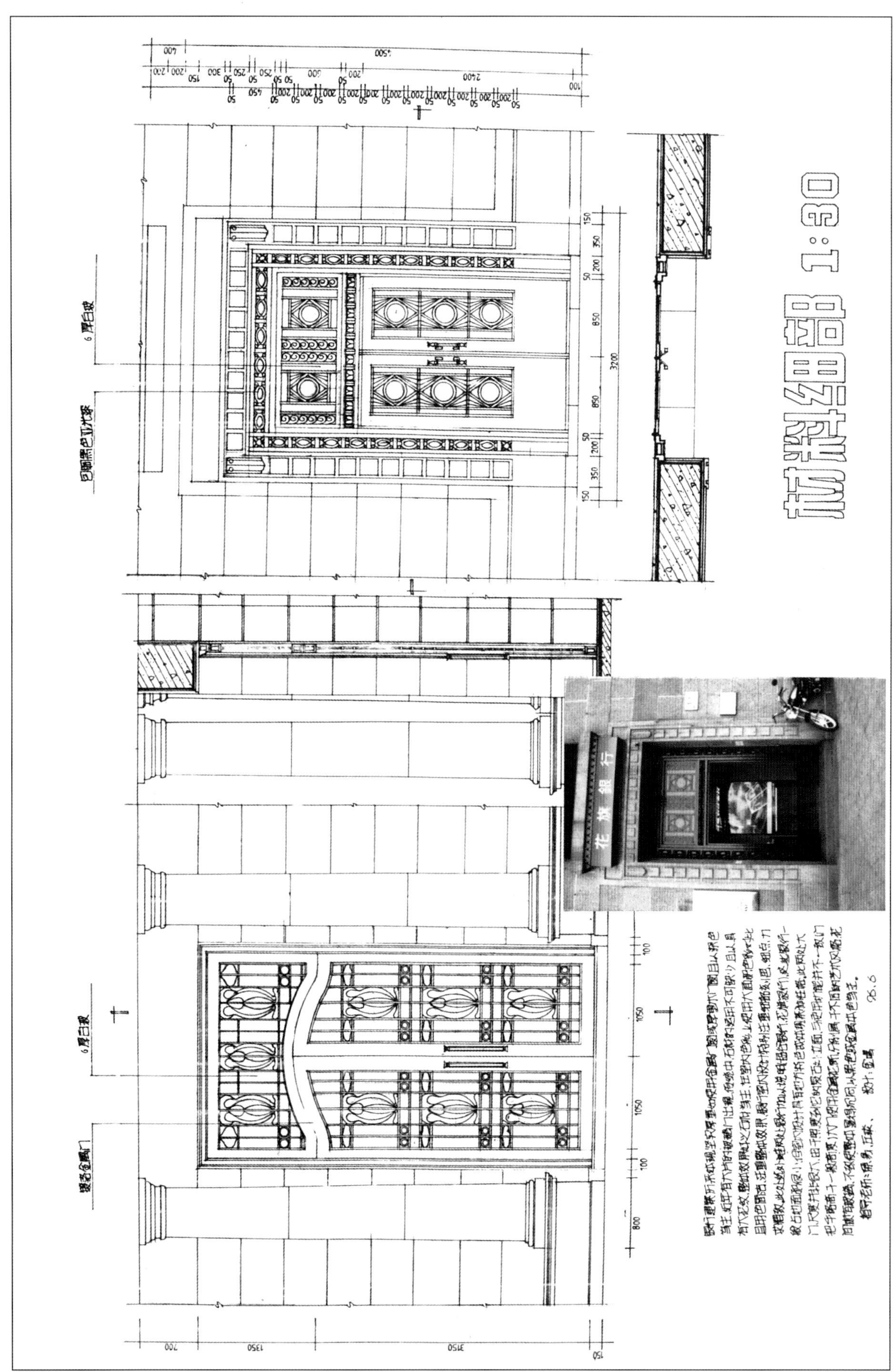

图5-30 材料细部作业之四 作者：金鸣

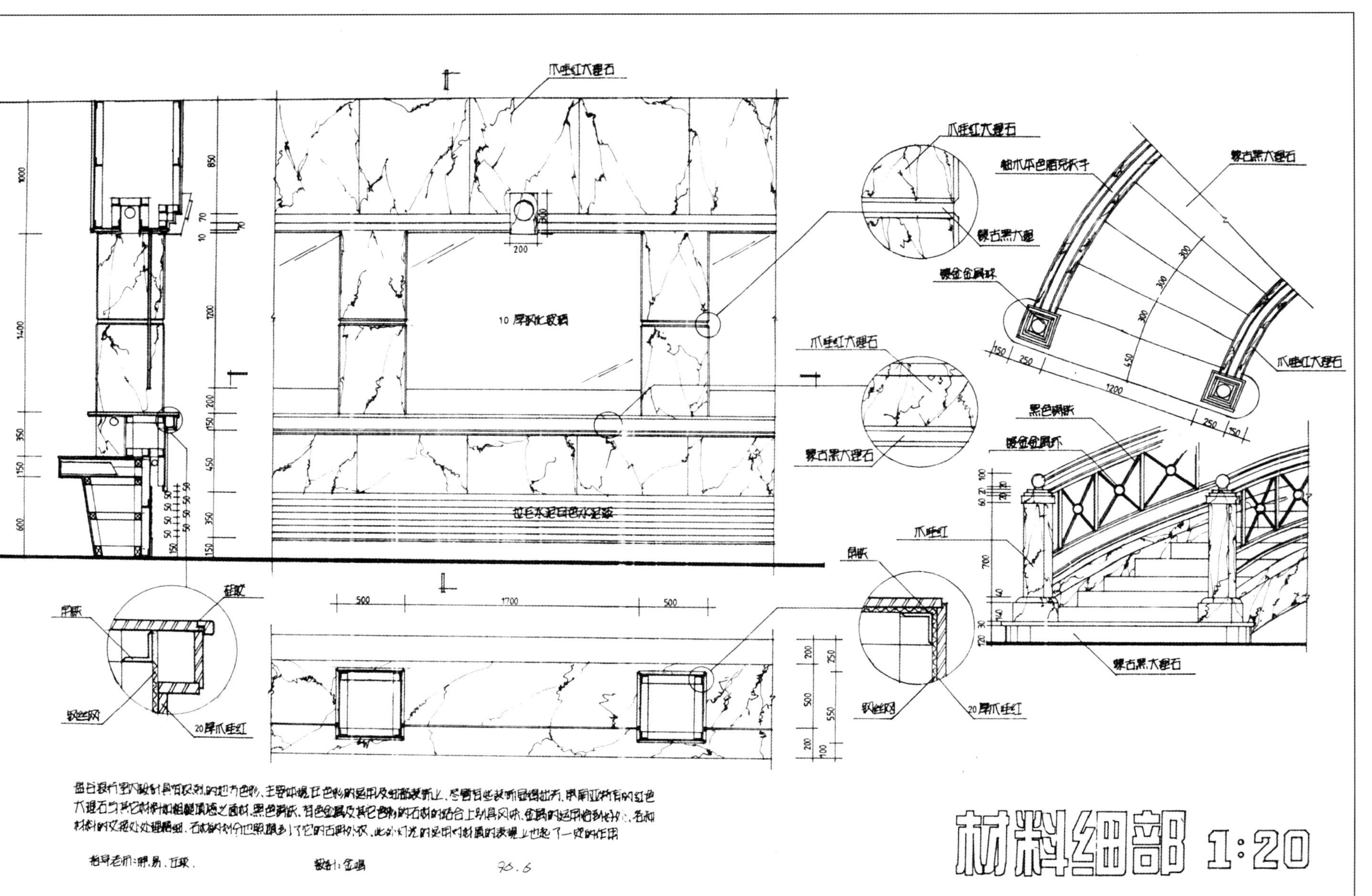

图5-31 材料细部作业之四 作者：金鸣

中国高等院校

THE CHINESE UNIVERSITY

21世纪高等院校艺术设计专业教材

建筑·环境艺术设计教学实录

CHAPTER 6

室内设计中的个性

艺术沙龙室内设计任务书

有关课程调研的基本说明

设计作业点评

课程设计——艺术沙龙室内设计

第六章 课程设计——艺术沙龙室内设计

第一节 室内设计中的个性

对于设计个性的追求，能使我们的环境呈现出丰富多样的风格和形式。同时，它也是人们崇尚新事物本能的具体表现。个性，即事物的个别特性。对于室内设计来说，个性是设计师依据设计的条件和目的，结合自我的设计理念，创造性地运用空间、界面、家具、色彩、材料等设计语言，形成有别于其他设计的设计效果。

一、室内设计中个性的来源

撇开经济因素对设计的制约作用，影响室内设计个性的因素主要来自于三个方面：设计师、业主和被设计的客观环境的具体要求。

设计师的艺术观和对室内设计基本认识对设计个性的形成具有关键作用。试想一个受传统思想束缚，对未来生活方式缺乏憧憬的人怎么能提出一个具有一定前瞻性的平面布局呢？一个对艺术形式规律没有深刻理解，因循守旧，怎么能对设计语言采取独辟蹊径的处理方式呢？应该说，人的根本需求是在不断变化着，新颖的形式能引起视觉的愉悦，一个室内设计师，只有具备了这样创造的个性，才能使得设计表现出个性倾向。

但是，室内设计的个性不能仅仅依赖于设计师的"个性"张扬，它还要受到设计目的的制约和业主态度的干预。

不同的设计场所有不同的使用目的和要求。一个特定的目的使用场所也就规定了个性的"方向"和"鲜明度"的范围。设计师只有将他的一些想法融合了这种"度"和"势"的规定性，他的这个"个性"表现才有可能付诸实现。譬如要设计某地方风味的餐厅，若完全忽视特定地域的造型符号和色彩搭配的习俗，则会对营造特定用餐环境和顾客欲从异域文化中得到特殊的体验带来负面的影响。具体的设计环境有不同的服务对象。对象的不同年龄、文化层次也同样会影响设计师在对个性的倾向和个性"度"的把握。这好比是春节联欢晚会，导演不可能都将节目安排成一些年轻人特别热衷的流行歌舞，他还要兼顾老年人、青少年、不同民族的欣赏习惯。对于室内设计个性方向的决定也是同样道理，依据不同的服务内容和服务对象来决定设计个性的倾向，对于商业的运作来说也是必然的要求。

对于设计的个性，业主的因素同样也不能小觑。他的接受和排斥对于

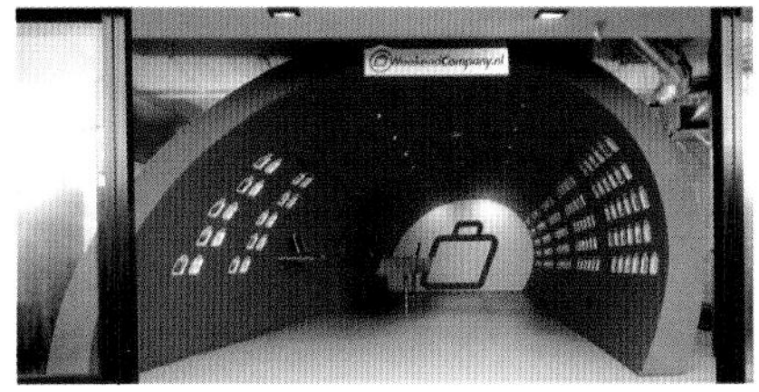

图6–1 某旅行社设计

图6–2 某音像制品商店室内设计（一）

图6–3 某音像制品商店室内设计（二）

图6–4 阿姆斯特丹某餐厅设计

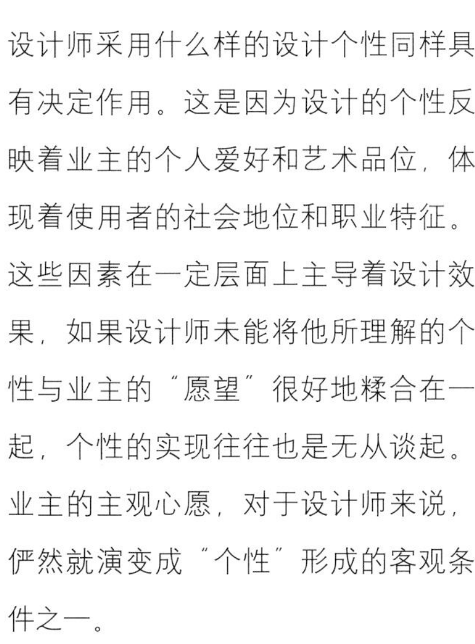

设计师采用什么样的设计个性同样具有决定作用。这是因为设计的个性反映着业主的个人爱好和艺术品位，体现着使用者的社会地位和职业特征。这些因素在一定层面上主导着设计效果，如果设计师未能将他所理解的个性与业主的“愿望”很好地糅合在一起，个性的实现往往也是无从谈起。业主的主观心愿，对于设计师来说，俨然就演变成“个性”形成的客观条件之一。

人是需要表现自我的，人的心中也应有理想。室内设计个性的张扬就是人的这种内在需要的有机结合。对室内设计个性的追求使我们生活的环境避免单调乏味，也是设计的意义和价值所在。

二、室内设计个性的表现

室内设计个性的表现与多种设计因素和方法相关，其中比较具有代表性因素和方法主要包括：空间形态、特殊的造型细部设计、化解设计矛盾的处理方式、色彩设计、光环境设计、材料的使用和设计符号的隐喻象征作用。

1.个性与空间形态

对于空间设计而言，符合实际使用上的要求应是基本的第一要求。当功能得到满足以后，用几何特征明显的形态去包容空间，往往能使整体的设计个性化效果非常显著。

图6–1是一个旅行社的设计。平面布置主要分成两大块：右侧为主要营业区，左侧是办公区。右侧的营业区设计成隧道状，并用橘红色强调这个非同寻常的形态。为了显现它的与众不同，设计师精心地将此形态略微向右倾斜一点。弧形立面上，用背面透光的方式陈列着旅行目的地的介绍，它与正立面的半透光墙一道形成设计的“透气孔”。显而易见，简洁的形态成为设计最具个性化的部分。

在荷兰建筑师雷姆·库哈斯设计的葡萄牙波尔图（Porto）的CASA DA MUSICA中，建筑外形上的斜面和切角自然而然地就将内部空间塑造成非规则的形态，室内设计的其他元素则是顺势而为，一切表达的主题和特点就是空间形态的本身（图2–6、2–7）。

2.个性与特殊的造型细部设计

除了要使空间满足使用上的要求外，设计师还得对室内的立面、家具、灯具和陈设等元素进行具体的设计。对于这些元素富有创建的定义和形式上的处理，同样也能构成整个设计个性的主导因素。

图6－2是一个销售CD的商店设计。此设计的立面和陈列架的设计均是呈扭动状的曲线密集排列。这些弧形的组织形态与展示陈列巧妙地结合在一起，同时还能引发人们对音乐旋律的节奏和流畅乐曲的联想。在整个设计中，这些立面和家具无疑是整个设计个性的主角（图6–3）。

图6－4是阿姆斯特丹的一个餐厅设计。餐厅那些富有阿拉伯风格的灯具和家具上的软装饰，由于表面图案的节奏和韵律，形成了设计的个性特征，令人流连忘返。

3.个性与设计中的特别处理

对设计的欣赏不仅仅就是看看而已，实际上，对设计评价的另一个因素就是使用过程中的体验。要知道，室内设计是有条件的，它不是完全依照室内设计师的主观设想，有时设计师为了满足使用上的要求，需要对布局进行仔细的盘算；对于有些制约条件，还要依靠设计师大胆的创意。对于这些，也不无反映了设计师的智慧和价值，同样也表现了设计本身的个性和特点。

坐落于纽约布鲁克林Rotunda画廊，长宽比约为1：2，短边临街，面积约为180平方米。为了应付不同人流量的要求，在主入口处设置了一个可以旋转的隔断。若要接待像画展开幕式这样大量的人流要求，就开启此隔断，使其可以和向上的楼梯侧面齐平（图6–5、6–7）。在日常，画廊的观众一般都是零星进出的，在这种情况，就关闭此隔断，观众就从靠侧墙的楼梯进出。这样就形成了一个完整的展示空间。隔断的开合变化，使观众在同一空间享受不同的空间体验，自然而然就使画廊赋予了不同的个性色彩（图6–8）。

让·努维尔设计的Lucerne旅馆半地下空间的公共餐厅部分也表现了其化“障碍”为“个性”的才智。将半地下空间用作公共餐厅一般是不适宜的，当空间条件有限制的情况下，采用适当的方法同样能取得良好的效果。在此设计中，虽然将酒吧的地坪抬高1.2米，以使地下餐厅有了一丝可以享受自然光的间隙。但可以想象，那么一种高窗效果，对于用餐者的环境来说，还是非常不够理想。让·努维尔将酒吧的沿街部分后退且前倾，再将餐厅的外墙内侧中部也处理成朝上倾斜，在这个斜面安装了两面成一定角度的镜面玻璃。这样，室外的景色通过两次反射进入了用餐者的眼帘。仿佛使下沉的空间“浮”出地面，压抑、封闭的感觉被大大削弱了，还应指出，街景的反射是通过相互成一定夹角的镜面反射的，这样，产生的图形有了变形和拼贴效果，形成了抽象的组合效果，增强了设计的趣味，而这也恰恰构成了这个设计个性的重要方面（图6–9、6–10）。

4.个性与色彩设计

凡评判任何造型艺术，色彩的表达都是一个重要方面。因为通过色彩的色调和色彩的象征性能使人感受特别的环境氛围，同时，色彩也是人们认识把握事物的线索。另外一个方面，色彩也有一个形态，它的形态和其依附的形体有时分，有时合。通过色彩能将两个不同的元素在视觉上整合为一个整体；通过色彩也能在一个元素上分离出多个小元素。色彩的这种把形态分离和整合的视觉心理感觉会极大地改变人对形态元素原来归属的判断，从而亦使形态元素在视觉心理进行了重构组合，这种重构的效果往往就是设计个性的所在。

墙面、地面、服务台原本属于不同的元素，在图6–11中，通过深蓝色将这三个部分有机地整合为一体，并与白色的展示墙面、吊顶构成了别致的图形构图，遂产生了别致新颖的效果。

图6–12是一个办公楼的门厅设计，在柱子的侧面采用了高纯度色彩的条形图案装饰，并用背光的手法使其在相对稳重的色彩陪衬下显得极为醒目。在元素对比的秩序关系中，它显然被重点强调了，这样，也就与常规的视觉经验形成了反差，设计的个性也就形成了。

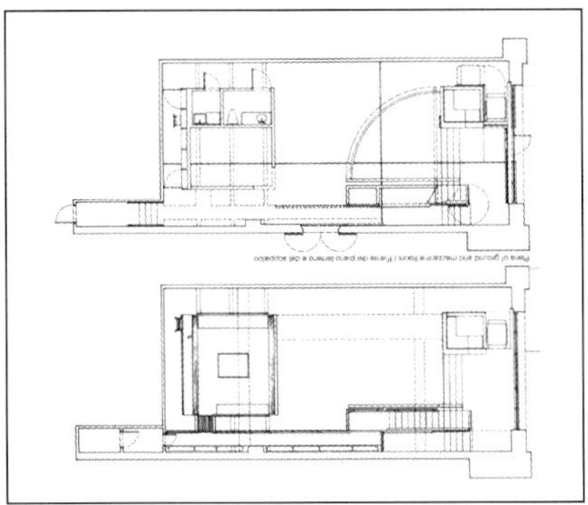
图6-5 纽约布鲁克林Rotunda画廊平面

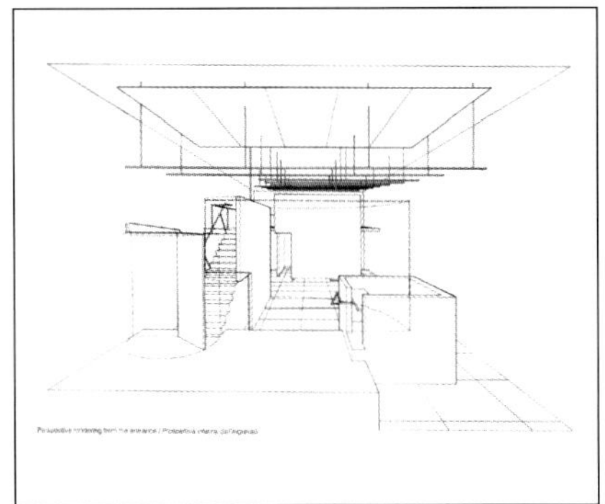
图6-8 纽约布鲁克林Rotunda画廊室内透视图

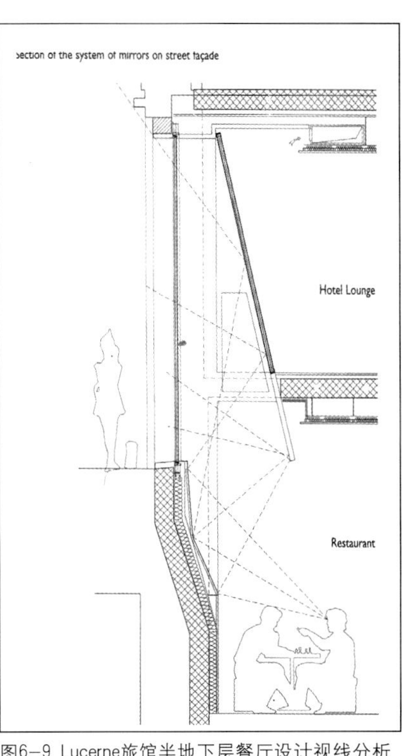

图6-9 Lucerne旅馆半地下层餐厅设计视线分析

图6-6 纽约布鲁克林Rotunda画廊室内场景(一)

图6-12 某公共建筑门厅设计

图6-7 纽约布鲁克林Rotunda画廊室内场景(二)

图6-10 Lucerne旅馆半地下层餐厅设计

图6-11 某钟表店室内设计

图6–13 WMA工程咨询公司芝加哥办公室室内设计

图6–14 某酒店的酒吧设计

5.个性与光环境设计

从图6–12的例子中可看到，个性的建立仅仅依赖于色彩本身还是不够的，因为凡对色彩的感知是靠光线的照射。光的强烈、色温以及灯具的类型会使我们对观察和感受色彩的效果产生重大影响。所以，色彩设计一定要结合光环境设计综合考虑。同时，室内照明本身也能促使设计个性形成。因为灯光的色温是构成空间色调的主导因素之一，这是其一；第二，通过光源不同的安装方式和光源的选择可以改变设计元素的“图与底”的关系和“主次”关系。通常，我们所熟知的槽灯在室内环境中常常起到间接照明的作用，对于槽灯所处界面的形体来说，还会形成新的“图底”关系。第三，聚光灯的照射对象和那些自发光的界面元素易形成环境中的视觉高潮，改变并主导了设计元素之间的秩序关系，遂也对设计个性产生影响。

图6–13是WMA工程咨询公司在芝加哥的办公室室内设计。斜向的线形直接照明和墙上多个并置的间接照明构成了这个设计的主要特色。

图6–14是一个酒店的酒吧设计，立面后的背光设计强调了家具和立面的对比效果，自下而上的光的语言使得习惯了自上而下强弱褪晕变化的视觉心理产生了新颖的个性色彩。

照明引导人的视线移动，照明又宛如设计师手中的一支画笔，通过改变界面的明暗变化和主次关系，将个性赋予了室内环境。

6.个性与设计材料的关系

从本质上来讲，装修的材料才是设计师真正的语言。因为，任何环境设计最终的结果都要具体落实到怎样使用材料。当今的技术和加工条件，使得我们能使用的设计材料比任何时期都要丰富且质量更好。材料中所含的技术成分代表现代性，时常还融合时尚的观念，使得我们在设计时，不能仅仅将材料作为造型表面的覆盖物，而应将它视为整个设计价值的表现。这是当代艺术注重材料传递观念的具体表现，因为材料的肌理本身和人为的安排、组织所产生的观感刺激是其他效果无法替代的。当材料的这种特性被作为设计的主要方面来展现时，材料的表现似乎就是设计个性的主角。

图6–15是纽约的一个咖啡馆设计。设计师运用“房中房”的设计理念，将顾客就座区限定在内部的主体箱形的空间之中，这个主体箱形的立面覆盖着纸板箱纸为主的材料。将不锈钢做成纵向有序、横向随机的分隔，再在这分隔块状之间填充硬纸板横截面外露的纸条，形成了非常别致且朴实的效果，也营造了特有的咖啡馆氛围。

7.个性与设计符号

室内设计的个性表现在具体的形式处理手法之中，也同样彰显在设计符号包含的寓意之中。

设计符号是环境建构中具有某种象征性的设计词汇。通过设计符号，使环境注入了表面形式以外更加深刻的意韵和内涵。设计符号不仅能诠释不同功能性质的室内环境，而且在精神层面上使环境满足了人们不同状态下的情感需求，这也能引导人的情感步入创造者认同的状态，以促使商业目标的实现。

余秋雨先生在《艺术创造学》中认为："艺术符号既要抽象而通用，又要常换常新，使欣赏者永远保持审美愉悦……"笔者认为，他的这种观点对于室内环境中的符号创造不无启迪。因为室内设计的符号就是一种艺术符号，认识到符号创造的"常换常新"的要求，就要求设计师将符号的创造和运用与具体的环境和当代人的审美倾向相结合，"笔墨当随时代"，这样才能使设计既表现出对经典文化的继承一面，同时又具个性色彩。

设计符号是多样的，因为凡是已被人们认可的具有一定意义的东西都可能作为设计符号被运用到环境设计中。当然，有时设计符号需经过"变形"，使对象"陌生化"，才能使符号散发出真正的魅力，促使人对符号展开联想，从而体验真正的环境意义。

奥地利建筑与室内设计师汉斯·霍莱因（H.Hollein）设计的奥地利旅行社代理机构（图6–16、6–17）。该设计运用了大量变形的符号，比如露出中央不锈钢材料的半截柱子、金灿灿的棕榈树、悬挂于服务台上的呈雕塑状的织物、印度亭子、飞翔状的超比例飞鸟图和船舷栏杆等等。这些符号元素既调动了顾客的好奇的兴趣，又传递了这个环境的服务内容，让人回味无穷，浮想联翩。设计由符号形成的个性也是十分鲜明。

环境的意义和气氛是设计效果的重要内容，从这点来看，设计也是个性符号运用和创造的过程。对于具体设计来说，我们对于每一个具有符号意义的设计元素都应深思熟虑，因为它建构了环境的意义，也造就了设计的个性。

设计的个性是多种因素的综合反映，对于如何处理这些因素的关系，这就要求设计师把握一个"度"，只有明确了设计的主要矛盾、主要倾向，才能整合好这些因素，使得设计的个性真正地得到彰显。

图6–15 纽约某咖啡馆设计

图6–16 奥地利旅行社代理机构室内设计（一）

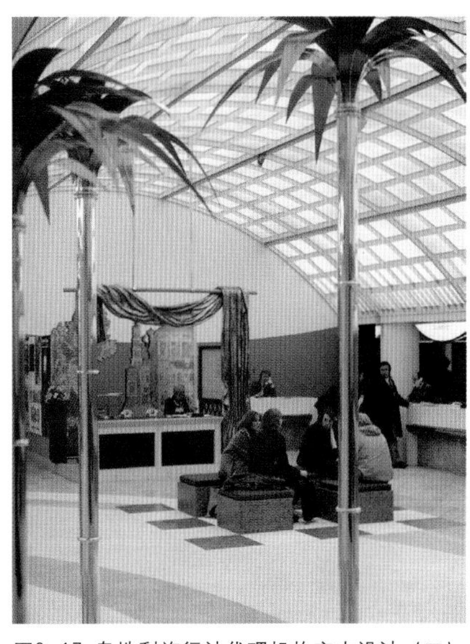
图6–17 奥地利旅行社代理机构室内设计（二）

第二节 艺术沙龙室内设计任务书

一、教学目的

建筑的一般意义在于能满足人的基本使用要求，然而其特殊的意义是不同的建筑具有不同的功能要求，如果将同类的建筑细分，则不同层次的建筑也需要不同样的个性与之相吻合；建筑为人服务，可是不同的人对建筑有不一样的要求，不一样的建筑吸引着不一样的人群。这就使得建筑个性的创造成为一种必然的要求。

个性是人追求差异的结果，是室内设计艺术性的具体体现。对室内设计个性创造的关注，促使当今设计不断向多元化和更新颖的风格转变。它也成为了衡量设计师能力的标准之一。因此，设计个性的塑造应是室内设计学习的重要内容。

在本课程的学习过程中，应将重点放在以下几点：

1.通过调研了解现代画廊与酒吧设计发展的趋势，研究设计个性与环境本身的关系。

2.深入研究设计个性的形成与空间、界面、家具、色彩、材料和照明设计等的关系。

3.学习利用模型制作进行室内空间设计。

4.掌握一般餐饮空间和展示空间的室内设计规律。

5.系统学习室内设计的设计步骤及表达方法。

二、教学内容

设想在上海茂名路一带有一26.4×9米的矩形建筑，现欲将其改造成一处艺术沙龙。

1.建筑环境：该建筑位于上海淮海路茂名路一带，周围是成熟社区，环境幽静。服务对象以白领及中高收入者为主。

2.建筑概况：该建筑沿街面，两侧是其他建筑，后面有一小门。沿街为26.4米（四开间，每开间6.6米），进深9米，总高度9米。建筑物为钢筋混凝土框架结构，梁高0.8米。

3.改造要求：要求将该建筑物改造成一处艺术沙龙，内容包括咖啡酒吧和画廊两部分，具体面积的划分及风格由设计者自定。在改造中，咖啡酒吧部分考虑设男女卫生间各一间，男女服务员更衣室各一间（5平方米/间），后勤用房一间（20平方米）；画廊部分设储物用房一间（15～20平方米），办公室3间（10平方米），VIP室一到二间；在建筑的后部可设辅助出入口一个。

改造过程中，应该考虑消防等建筑规范要求。

三、设计进度及成果要求(见表6–1)

四、图纸（A1）内容包括

1.效果图三张（外立面、一层内部空间、二层内部空间）。

2.各层平面图（含铺地设计1：50）。

3.各层顶面图1：50。

4.主要立面图1：50或1：30。

5.若干节点详图，比例自定。

6.创意说明。

7.模型照片（两张）。

表6–1

阶段	内容	时间
1	调研，收集资料	1周
2	方案设计	4周
3	装修材料及细部调研	1周
4	调整方案	1周
5	上版	2周

第三节 有关课程调研的基本说明

“从实践中来，到实践中去”，善于调查研究，善于从真正的环境中去发现问题，寻找问题的答案，对于弥补学生缺乏有关的生活体验是非常重要的。

一、调研的目的

一般的学习过程是听教师讲，或者自己看书本，相对来说，这些多是学习理性思维的成果。与之相比较，现实中的设计要感性和生动的多。书本上的设计原则和一组照片很难将这样真实的效果完全给呈现出来，总会有这样或那样的缺陷和不足，通过调研，目的之一就是为了真正加深对书本上的和平时上课论述的设计理论的认识。

第二，课程设计的基地调研是寻找设计依据的方法。因为设计依据除了业主的要求和国家的相关规范以外，像建筑周边的人文环境和现存的空间条件这些因素，通过现场的观察和思考，往往能够得到很新鲜的感性认识，更利于启发设计概念的形成；通过基地周边环境的调研，能明确可能存在的消费群体和主要的人流方向。这些因素对于设计功能的定位、形式风格的倾向，都具有一定的参考作用。

第三，为了进一步了解和熟悉设计的内容。

二、调研的内容

本设计名为“艺术沙龙”，是将画廊和咖啡酒吧作为一个组合体来思考。早在18世纪的伦敦，咖啡酒吧就是社会名流、艺术精英们纵论天下事、畅谈前卫文化的地方。如今，它也是中外文化交流的“窗口”；是人们、特别是年轻人调节情绪的休闲去处，它折射出一个城市的活力。因此，一直以来，咖啡酒吧的室内设计非常重视文化内涵和个性的张扬。将画廊作为此设计的组成部分，是为了更加突出此设计的一种文化定位，将艺术爱好者作为主要的服务对象。针对不同的设计内容，本课程的调研内容主要包括两个方面：咖啡酒吧和艺术画廊。

对于咖啡酒吧的调研工作主要应该包括这些方面的内容：

1.此设计外围的人文环境；

2.主要的消费群体；

3.平面布局的特点；

4.服务的流程；

5.构建形式风格的元素；

6.主要家具的式样与基本尺寸。

调研艺术画廊应特别关注以下几个问题：

1.当代画廊与传统美术馆展示内容相区别的地方；

2.展示空间的基本尺度要求；

3.展示空间照明的基本方式和照度要求；

4.不同的展示空间是如何表现其个性的。

三、成果要求

调研报告的文字不少于1 500字，图片若干张。装订成A4文本形式。

第四节 设计作业点评

1. 作者调研的对象是坐落于上海南京东路先施大厦十二层的顶层画廊。报告从旁观者、管理者、后台老板、设计者等四个部分所收集到的资料对画廊的风格特征、经营管理、商业运作作了较详尽的论述和精彩的点评。整篇报告所收集的图文资料较全面，版面形式较别致。另外，作者对所涉及人物漫画式的肖像画，也为整篇报告平添了一抹亮色（图6－18～6－22）。

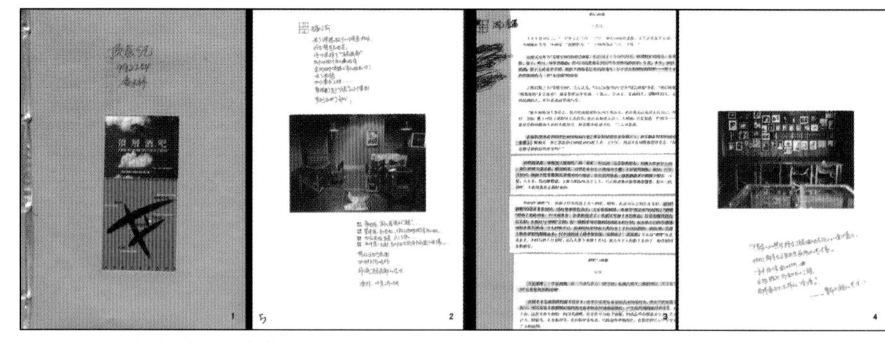

图6－18 调研报告 作者：凌琳

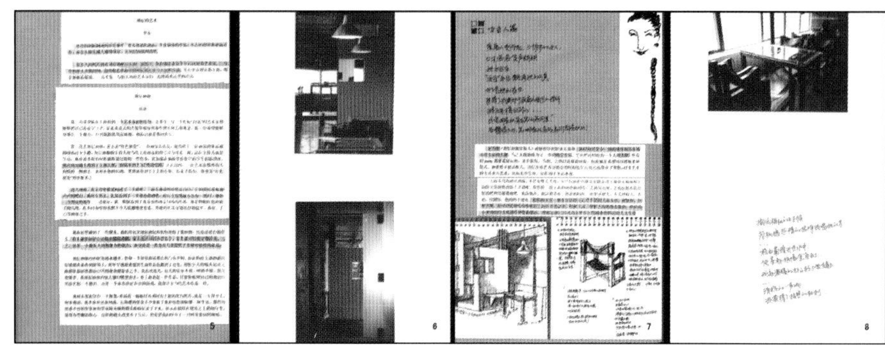

图6－19 调研报告 作者：凌琳

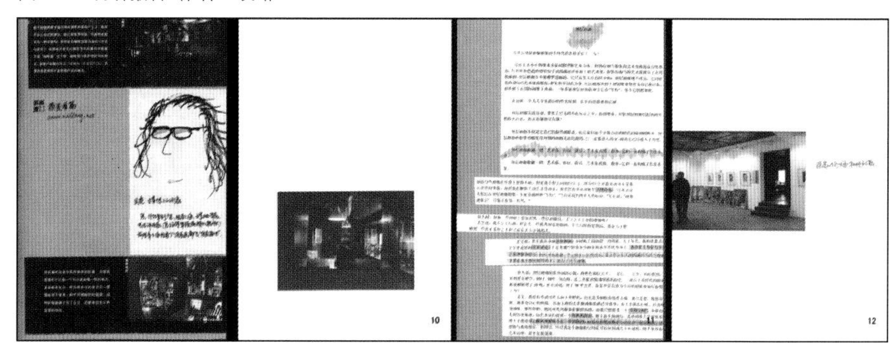

图6－20 调研报告 作者：凌琳

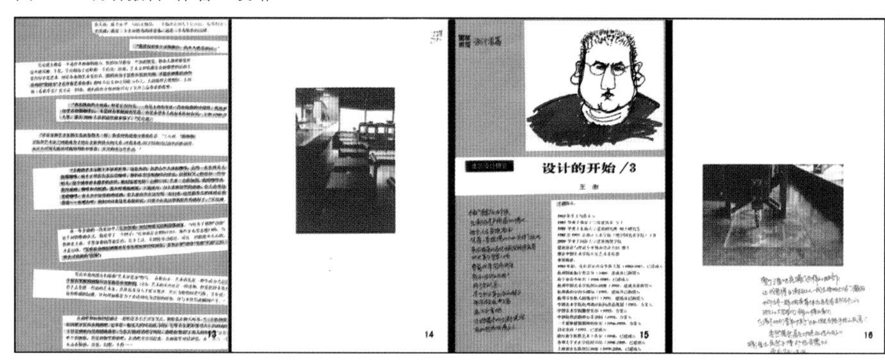

图6－21 调研报告 作者：凌琳

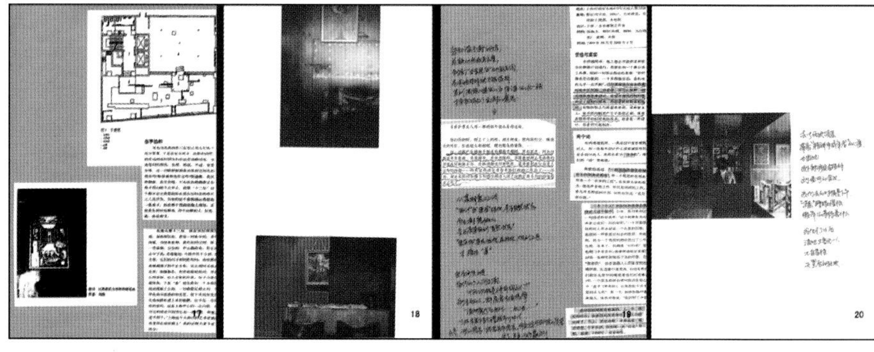

图6－22 调研报告 作者：凌琳

图6-23 艺术沙龙室内设计之一
作者：欧沺震（新加坡）

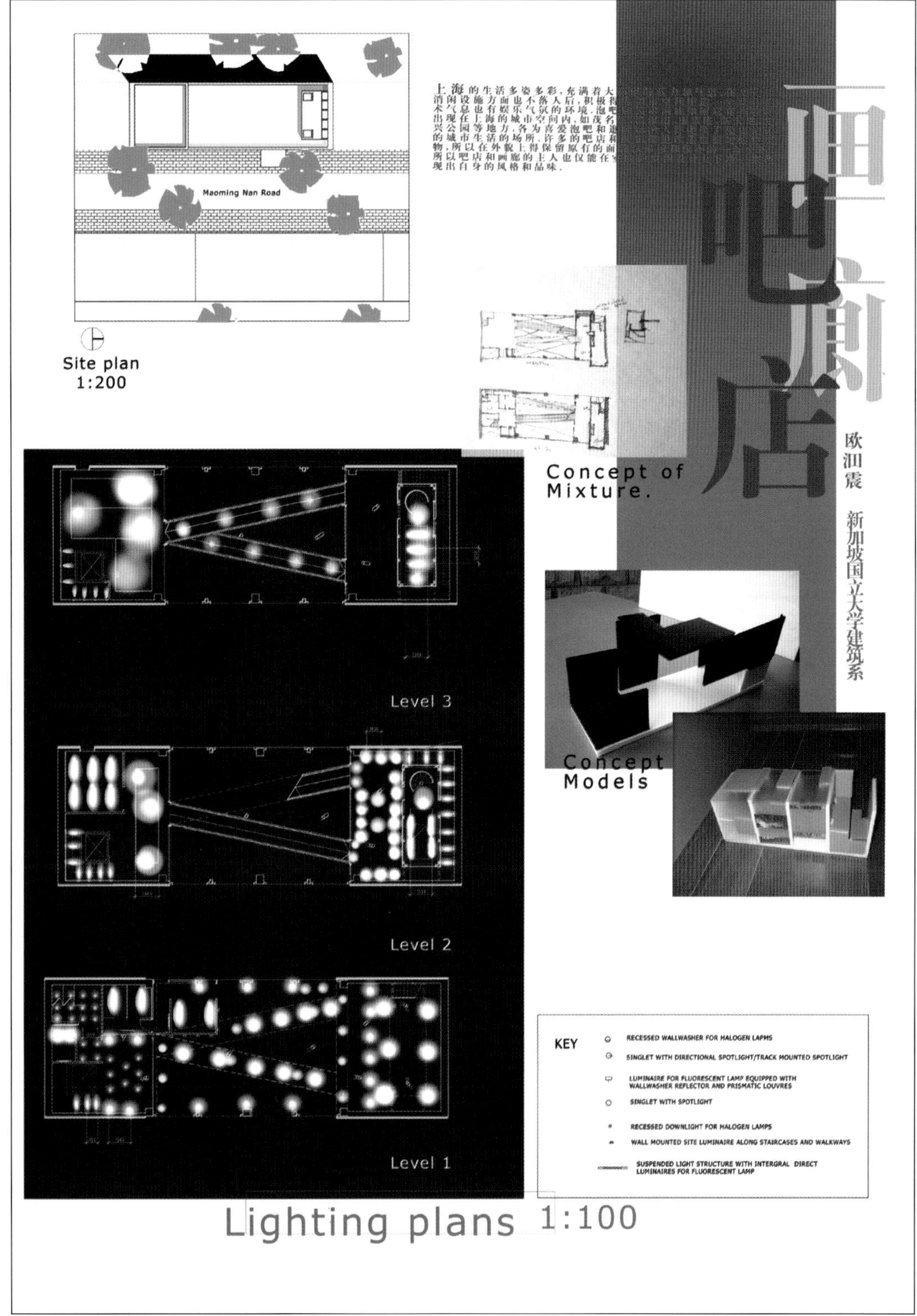

2.将酒吧放于中间两个开间，两侧两个开间是画廊；酒吧台置于一层，两侧的画廊是三层布局。通过上部连廊将画廊连接成一个整体，通过这个连廊，画廊与酒吧共同构成一个完整的商业运作空间。在一层的右侧设置了多功能空间，为举行某些活动和扩展某部门空间成为一种可能。不足之处是进入画廊主体部分的主楼梯和电梯的位置太靠里面，以至于人员活动的流线有一定的交叉和互相干扰(图6-23～6-26)。

Interior perspective of cafe/bar

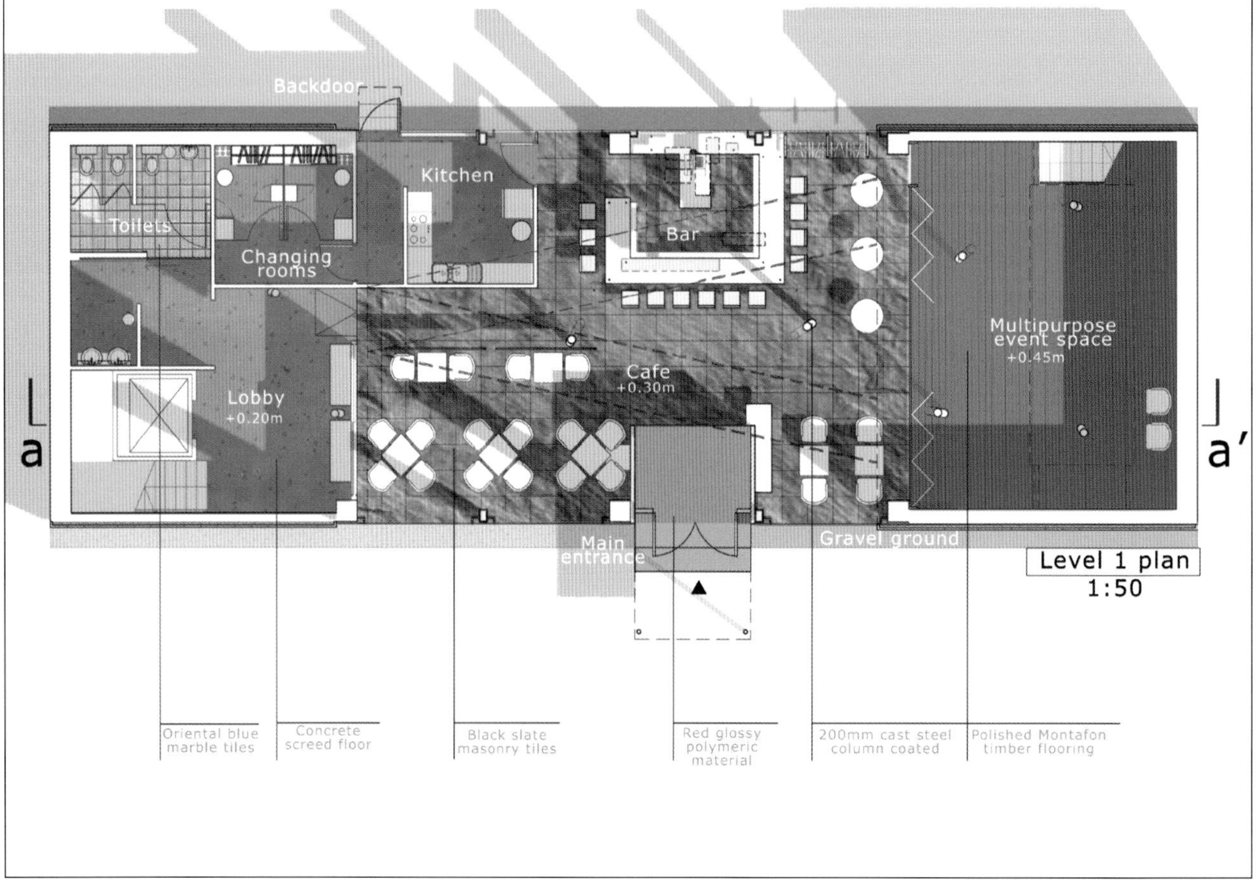

Backdoor
Toilets
Changing rooms
Kitchen
Bar
Cafe
+0.30m
Lobby
+0.20m
Multipurpose event space
+0.45m
a
a′
Main entrance
Gravel ground
Level 1 plan
1:50

Oriental blue marble tiles
Concrete screed floor
Black slate masonry tiles
Red glossy polymeric material
200mm cast steel column coated
Polished Montafon timber flooring

图6–24 艺术沙龙室内设计之一 作者：欧油震（新加坡）

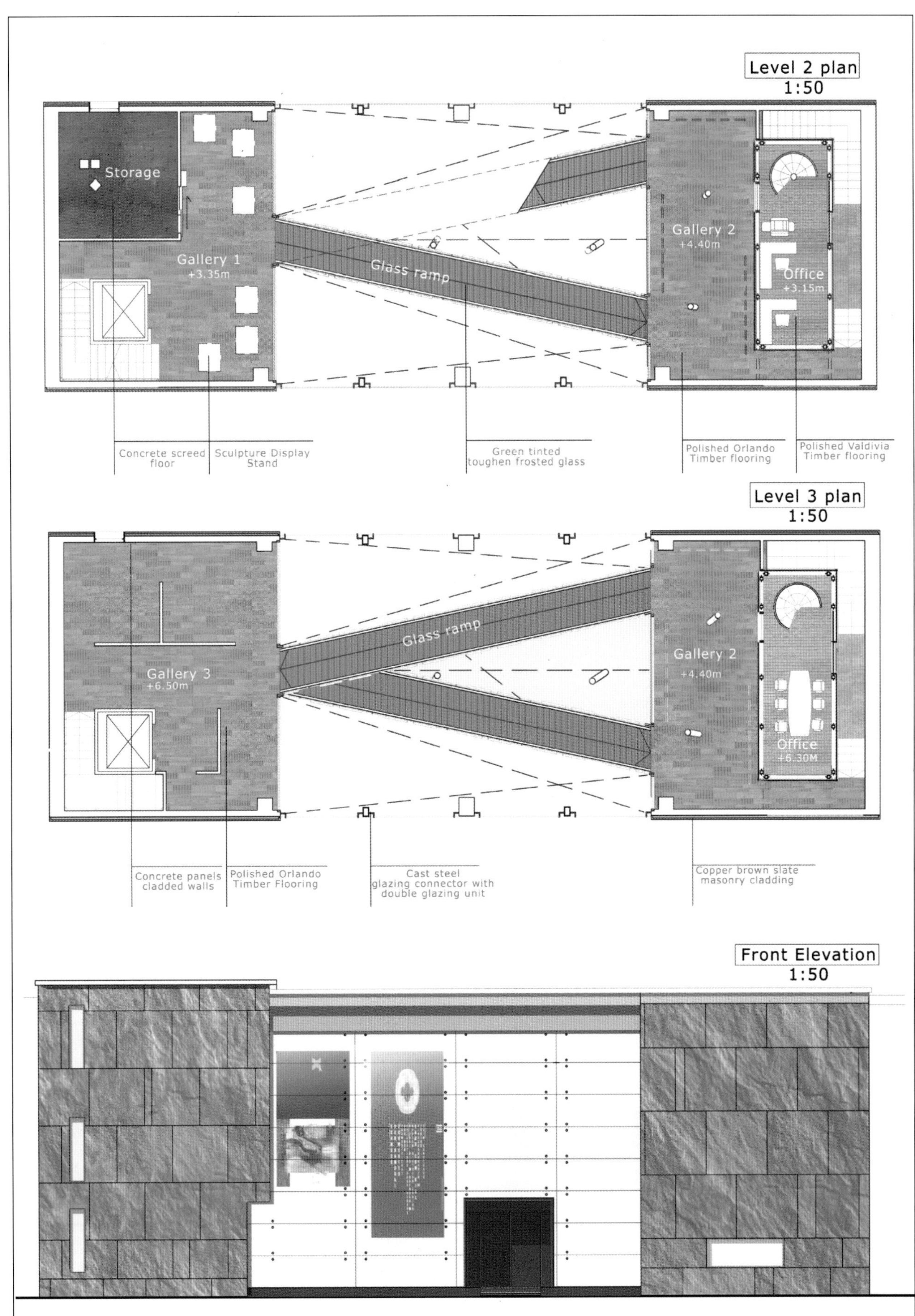

图6–25 艺术沙龙室内设计之一 作者：欧油震（新加坡）

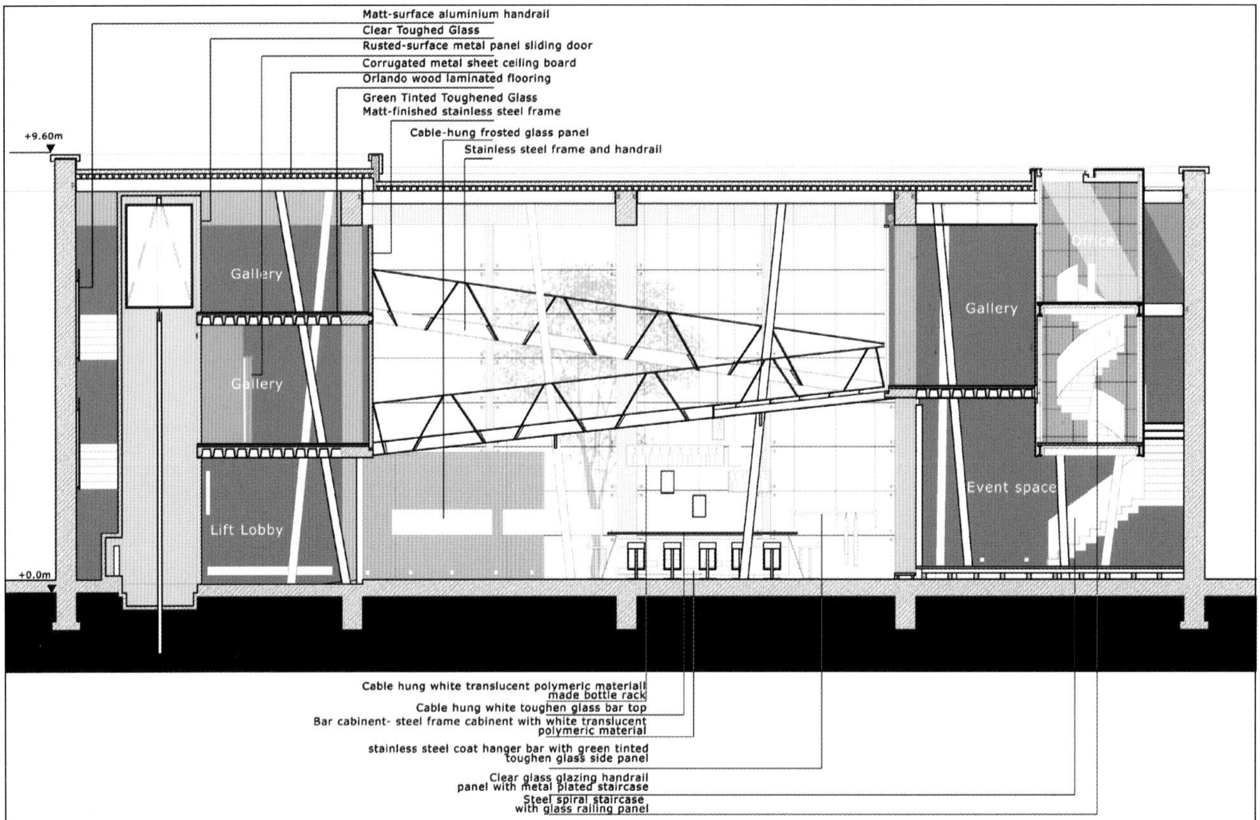

Matt-surface aluminium handrail
Clear Toughed Glass
Rusted-surface metal panel sliding door
Corrugated metal sheet ceiling board
Orlando wood laminated flooring
Green Tinted Toughened Glass
Matt-finished stainless steel frame
Cable-hung frosted glass panel
Stainless steel frame and handrail

+9.60m

Gallery
Gallery
Lift Lobby
Gallery
Office
Event space

+0.0m

Cable hung white translucent polymeric materiall made bottle rack
Cable hung white toughen glass bar top
Bar cabinent- steel frame cabinent with white translucent polymeric material
stainless steel coat hanger bar with green tinted toughen glass side panel
Clear glass glazing handrail panel with metal plated staircase
Steel spiral staircase with glass railing panel

SECTION AA'
1:50

Interior perspective of Level 3 Gallery

图6–26 艺术沙龙室内设计之一 作者：欧洄震（新加坡）

3．运用两个以上贯穿的空间，使得下部酒吧和上层画廊有了交流；空间形态组合中采用轴线变化的手法，使人感到艺术创造需要的那种活力和环境所给予的轻松、休闲的氛围。

整个平面功能的设置考虑得较细致和完整，整体风格较简洁，略显不足的是：一层的地灯设置没有展示与环境的要求相结合，一些细部的设计还需进一步深化调整（图6－27～6－31）。

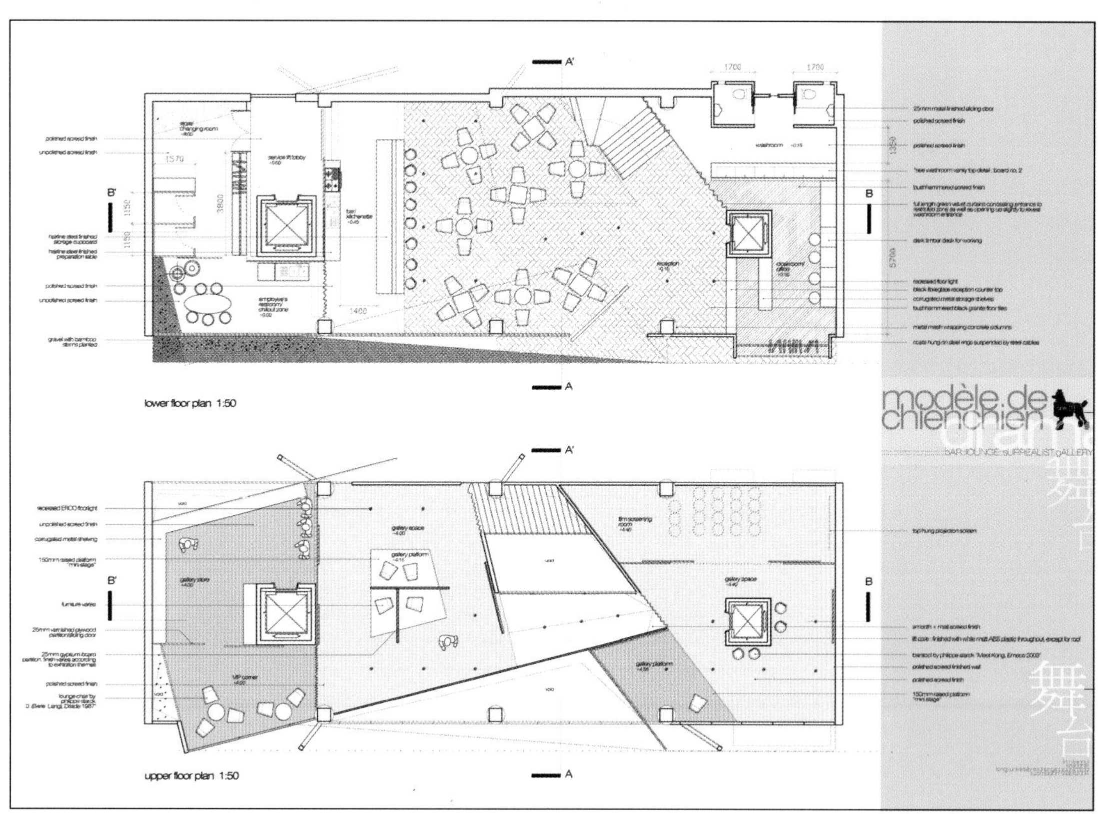

图6－27 艺术沙龙室内设计之二 作者：林雯慧（新加坡）

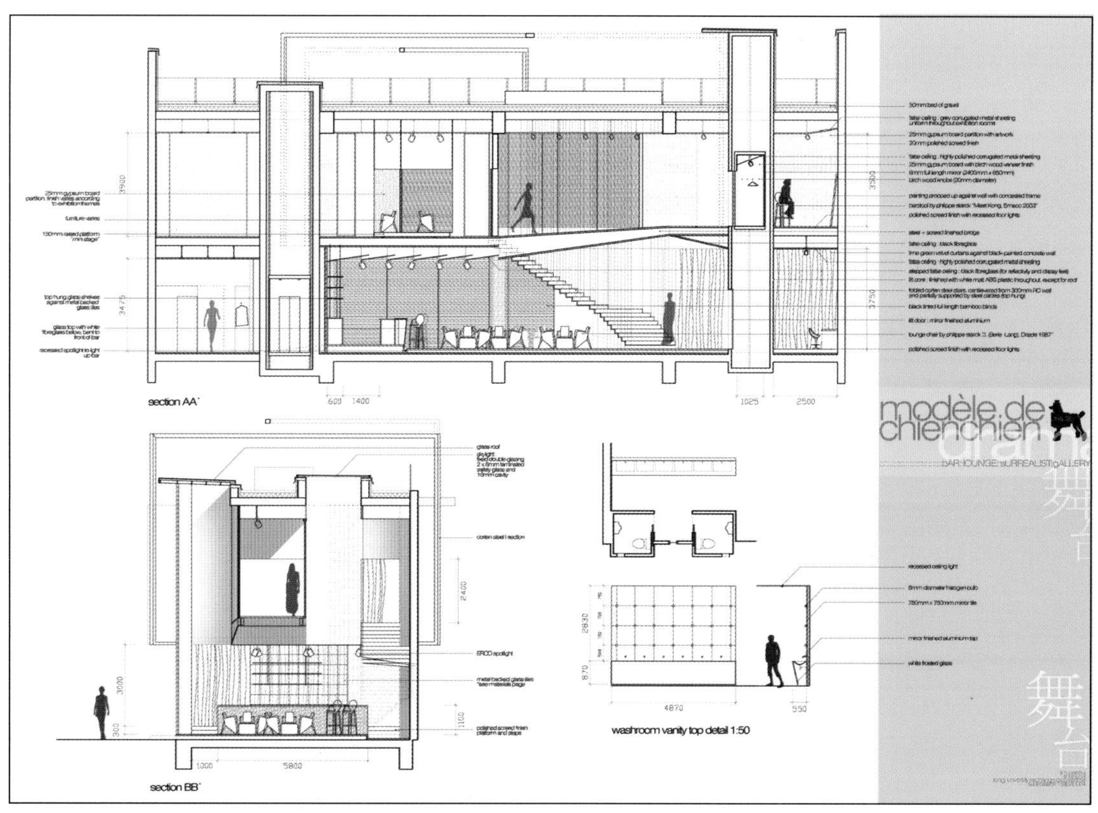

图6－28 艺术沙龙室内设计之二 作者：林雯慧（新加坡）

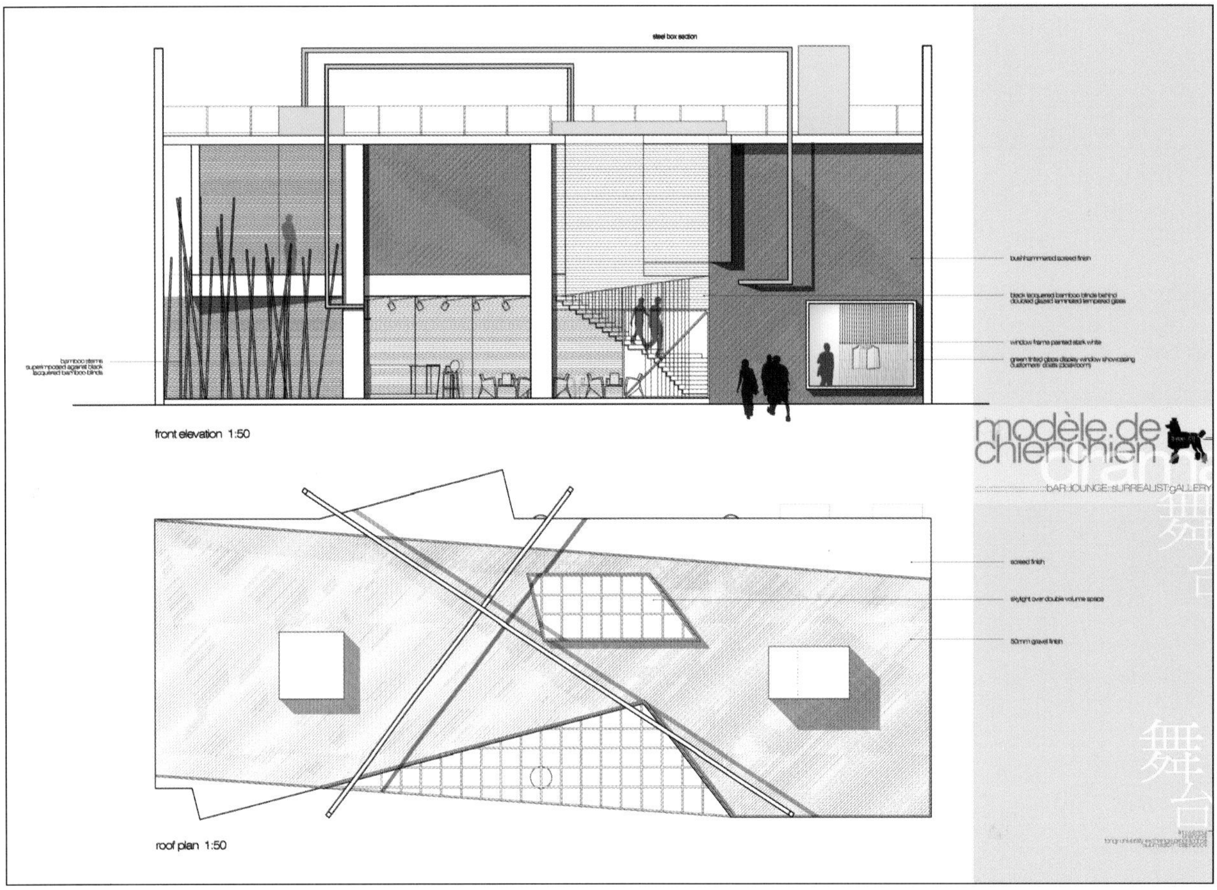

图6-29
艺术沙龙室内设计之二
作者：林雯慧（新加坡）

图6-30
艺术沙龙室内设计之二
作者：林雯慧（新加坡）

图6-31 艺术沙龙室内设计之二 作者：林雯慧（新加坡）

4.将窗口作为设计的主题。通过这些窗口，使得内部空间形成丰富多变的对景效果；通过这些窗口，内部的画廊展示、咖啡酒吧的景致与光怪陆离的街景形成互动。设计对于材料与人的行为方面的设想和自然光照效果的预想也是可圈可点的，对于立面设计上的材料及细部设计还缺乏深入的思考（图6－32、6－33）。

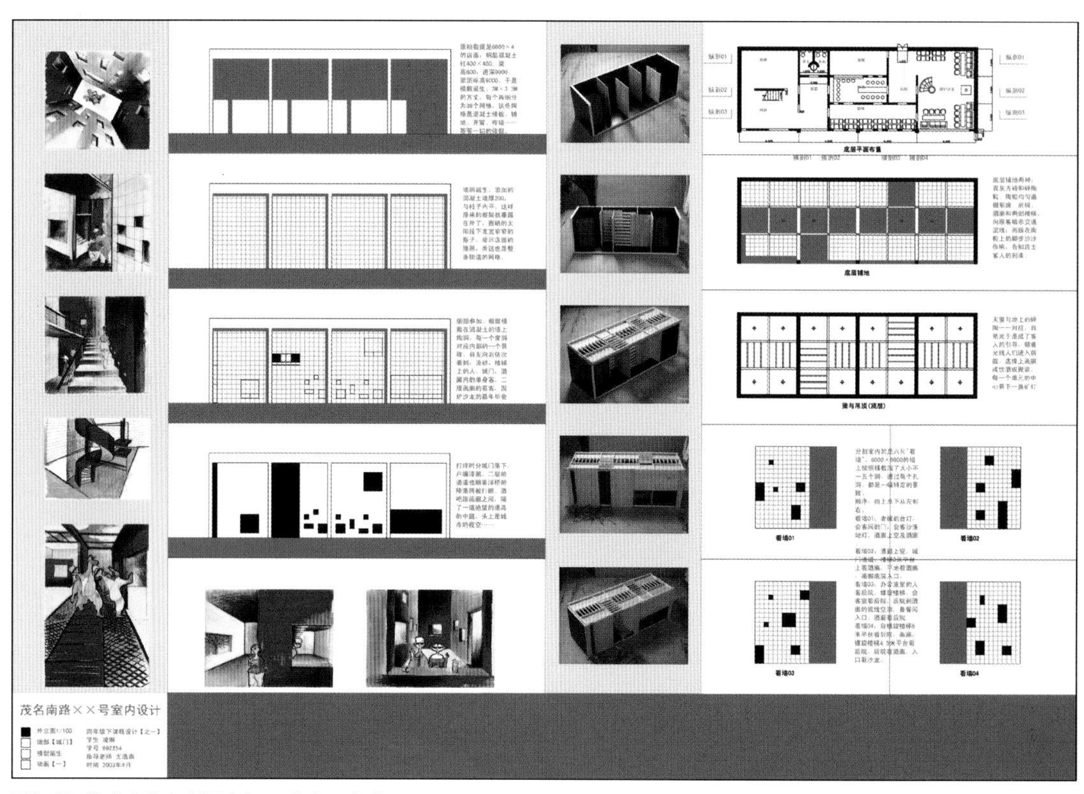

图6－32 艺术沙龙室内设计之三 作者：凌琳

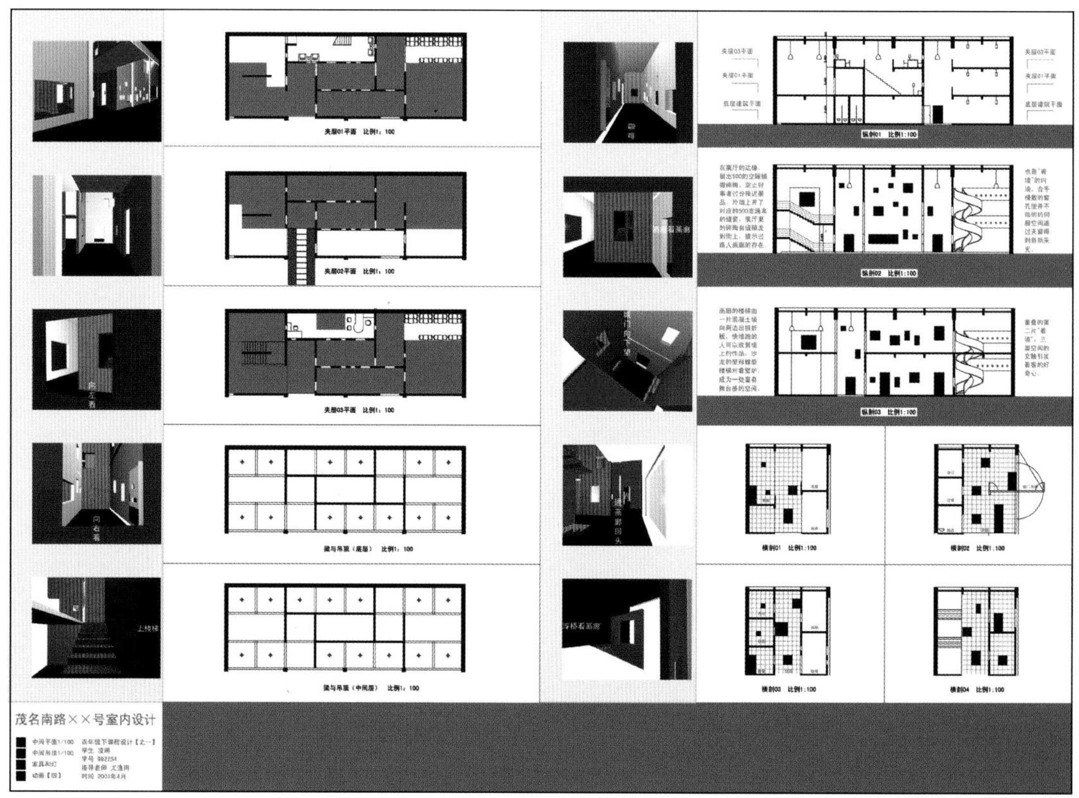

图6－33 艺术沙龙室内设计之三 作者：凌琳

5.空间的丰富与变化是这个设计的主要特点。另外，设计所运用的符号较时尚，细部设计深入。利用不同材料之间肌理的对比和虚实变化，以反映现代室内设计的特点。楼梯部分既是不同空间的连接体，又是设计表现的重点，体现了作者对设计语言有较强的把握能力。此设计的表现也较完整。不足之处是外立面所使用的语言过于丰富，反而削弱了个性（图6－34～6－36）。

图6－34 艺术沙龙室内设计之四 作者：全健儿

金属楼梯透视图

入口楼梯透视图

一层平面图 1:50

二层平面图 1:100

材质列表		灯具列表
1. [illegible]大理石	11. 水泥砂浆粉刷	a. 直径 230 白炽灯
2. 钢筋混凝土楼板	12. 暗红色木质装饰板	b. 黑色金属射灯
3. 黑色瓷砖铺地	13. 暗红色条形木吊顶	c. 灯槽内嵌白色荧光灯
4. 黄玉石铺地	14. 矿棉吸声板	d. 直径 150 白炽吊灯
5. 铁锈红米黄大理石	15. 暗红色木质吊顶	e. 艺术吊灯
6. 墨绿色瓷砖铺地	16. 米黄色彩钢板吊顶	f. 直径 180 内嵌白炽灯
7. 白色瓷砖铺地		g. 直径 190 白炽吊灯
8. 深咖啡色马赛克墙		h. 直径 150 内嵌射灯
9. 型钢楼梯		i. 灯槽内嵌咖啡色荧光灯
10. 水泥砂浆粉刷拉毛		j. 直径 290 白炽吊灯

室内一角透视图

艺术沙龙设计

顶层平面图 1:100

咖啡厅顶层平面图 1:100

设计者：全健儿

指导教师：阮忠

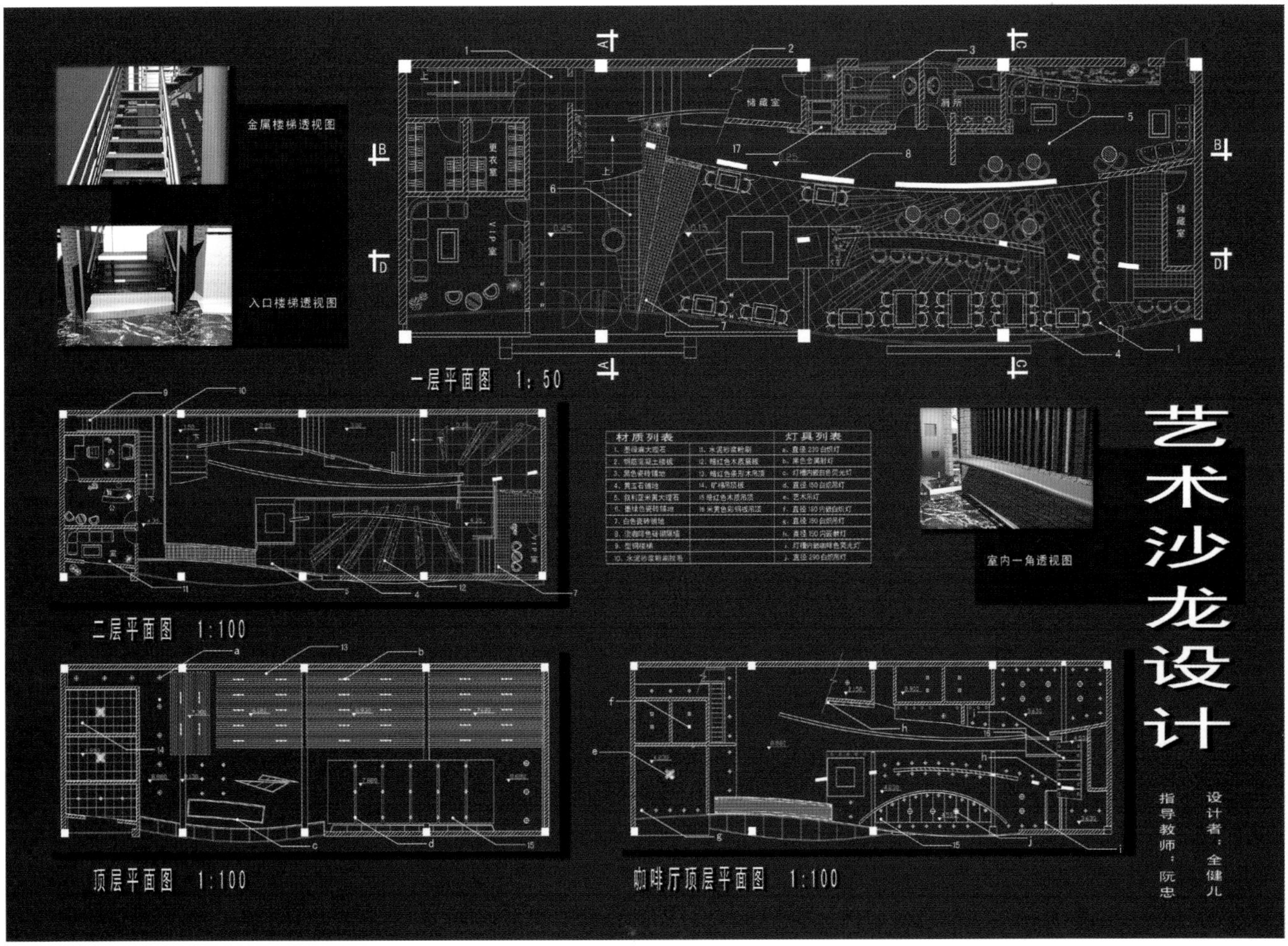

图6－35 艺术沙龙室内设计之四 作者：全健儿

艺术沙龙设计

设计者：全健儿

指导教师：阮忠

透视图

设计说明

清新的外轮廓透露出时代的气息，现代艺术与安逸的休憩空间的和谐共生是本设计的特点之一，而在内部空间的塑造上，则融入了更多优美的曲线，正如时间长河在安静的流淌。

粗糙的砖砌弧墙与光华的大理石之间形成了鲜明的对比，扶手栏杆连续伸展，若隐若现，穿插不绝，人在其中就更能够感受到时间延伸的痕迹，体味过去与现在的不同滋味。

展示空间自咖啡厅起就已展开，伴着弧墙，展转而上，直至从一楼升腾而起的展示大柱前嘎然而止，形成了完整的参观流线，更使得人们能够在休憩的同时获得完整的艺术享受。

这样的流线使本设计在不知不觉中产生多样的共享空间，上下融合，左右贯通，空间统一而充满情趣，比较妥善地整合了两种不同功能的空间。

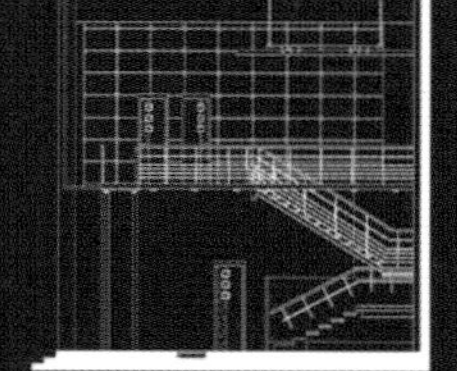

A-A 展开内立面 1:100

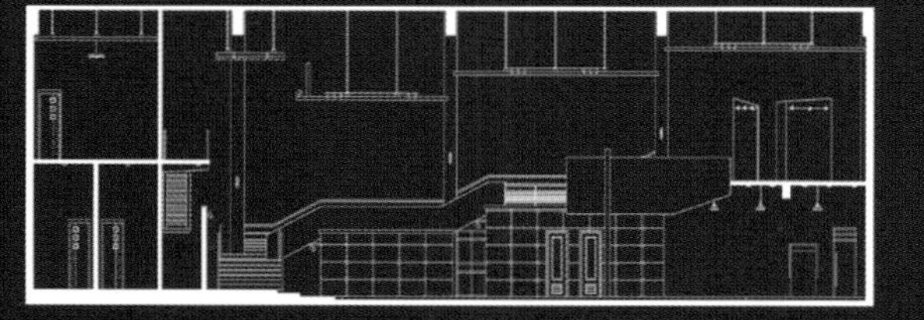

B-B 展开内立面 1:100

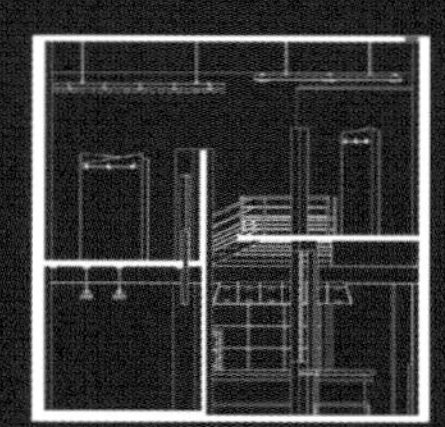

C-C 展开内立面 1:100

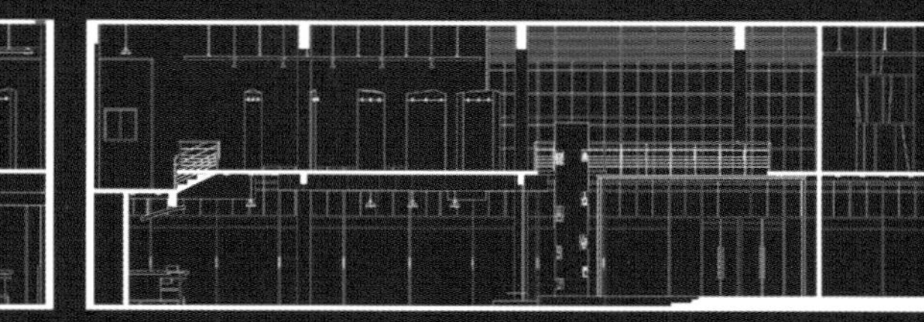

D-D 展开内立面 1:100

图6-36 艺术沙龙室内设计之四 作者：全健儿

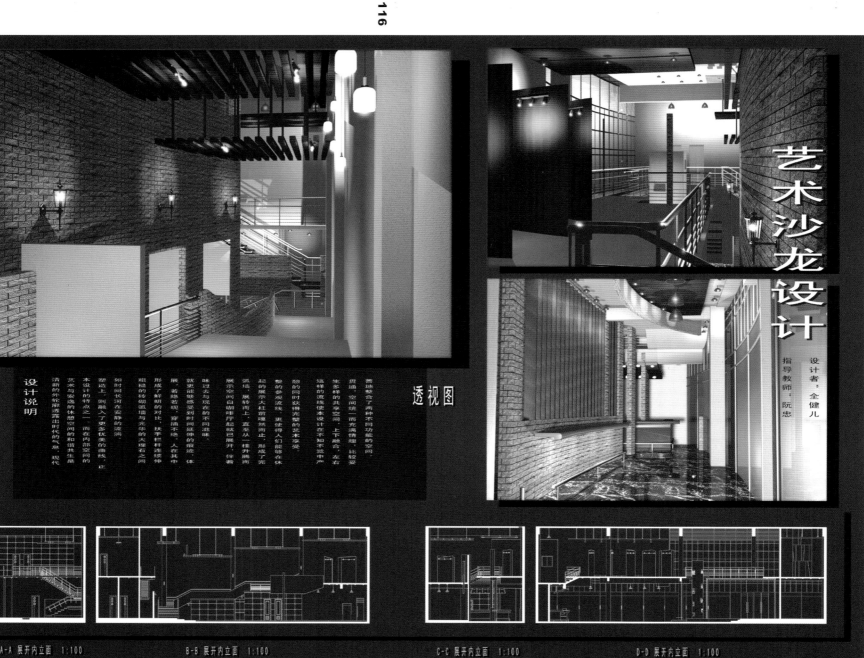

中国高等院校

THE CHINESE UNIVERSITY

21世纪高等院校艺术设计专业教材

建筑·环境艺术设计教学实录

- 影响旅馆室内设计的因素
- 旅馆大堂室内设计
- 旅馆大堂室内设计任务书
- 设计作业点评

CHAPTER 7

课程设计——旅馆大堂室内设计

第七章 课程设计——旅馆大堂室内设计

第一节 影响旅馆室内设计的因素

一、不同的设计理念

“给顾客一个美好的经历，但无需过高的花费。”

——阿姆斯特丹友好集团公司

“酒店是一个拥有自己的个性特征，但又充满温馨的地方。它们犹如是朋友的房屋，有好客的情调。在那里，朋友欢迎你，照顾你；它们知道你的品位，使你感到回家的感觉，但又不显枯燥。”

——silken集团

“我们试图唤起一种未知的感觉——神秘而唯一，我们希望在下一个千年中彻底改变人们对旅馆的体验。”

——让·努维尔（建筑师）

“使顾客耳目一新并提升旅馆作为生活的剧场。”

——UNA Hotel集团

以上是世界著名旅馆管理公司和设计师对当代旅馆室内设计所采取的设计理念。其中既坚持为顾客提供一流的服务和“宾至如归”等一贯的设计理念，又提出了“个性化体验”的新内容，折射出时代所要求的多样化的旅馆室内设计的要求。

旅馆是旅游饭店的一种称谓，就是“能够以夜为时间单位向旅游客人提供配有餐饮及相关的住宿设施”。按不同的习惯，它也被称为宾馆、酒店、旅社、宾舍、度假村和俱乐部等。曾经的豪华旅馆在人们的印象之中就是动用昂贵的装饰材料和夸张的装饰，或者就是人们心目中的所谓“正统”的样式，但是这种现象正在逐渐变化。以舒适和个性化，呈现愉悦的氛围，和使用新技术和新材料正成为当代旅馆、酒店设计的主流。全球化并不意味着标准化，尊重地域文化是一个大的趋势。为了吸引来自世界各地的旅游者，在注重生活舒适便利的同时，更应在设计上注重本地特色和民族性的弘扬。一味模仿，随波逐流，不仅有违设计的精髓，也不利于在商业上的运作。

与此同时，明确旅馆、酒店不同的服务对象的期望，也有助于建立正确的设计理念。对于大多数以商务为主要目的的人员来说，他们往往更加热衷于那些已是熟悉的而不是那种陌生风格的旅馆酒店，因为他们的主要目的不是旅游，而是希望熟知的旅馆能为他们的商务目的提供不出意外且稳定的服务；而那些短期度假的人则对具有地方特色的旅馆有兴趣，因为他们希望能在繁忙的工作之余，在新的环境中，使人的心理得到彻底的放松和休息。对于他们来讲，也许此地是平生第一次到来，特色是最感兴趣的。正因为有如此不同的目的，针对商业高度发达的城市中心的旅店和在度假胜地的酒店，以及其他不同类型的旅馆应采取不同的设计策略。

进入20世纪末，旅游业日益成为一个国家或地区经济发展的支柱产业，在如何吸引更多游客的竞争中，原创和变化显得更为重要。将传统美学融合当代的时尚，注重和环境的协调关系，注重技术含量的体现是当代旅馆、酒店设计的关键所在。

二、国家《旅游饭店星级的划分与评定》条例对室内设计的导向作用

《旅游饭店星级的划分与评定》以下简称《评定》，是我国专门针对旅游饭店管理和建设的权威性指导性文件。它对规范服务内容，提升服务质量，起到了巨大的作用。《评定》主要内容包括：国家标准、设施设备及服务项目评分表、设施设备维修保养及清洁卫生评定检查表、服务质量评定检查表、服务与管理制度评价表等文件。这些文件条例对于设计师从诸多方面了解饭店、酒店的运行具有非常好的借鉴作用。同时，条例对于设计所涉及到的相关内容作了非常细化的规定，它不仅使设计的内容更具针对性，而且对于评价设计效果也具有一定的指导意义。

相对而言，《评定》中的国家标准和设施设备及服务项目评分表对于室内设计的开展具有直接的指导作用。国家标准部分对于一星至五星级饭店的总体要求和各个相关部门的服务应有的具体内容和质量都作了较为详细的规定。考虑到本课程设计是有关旅馆大堂设计的内容，现将《评定》国家标准部分中三星级、五星级饭店前厅的具体内容摘录如下，以备设计参考。

1.三星级饭店前厅的基本要求

(1)有与接待能力相适应的前厅。内装修美观别致。有与饭店规模、星级相适应的总服务台；(2)总服务台各区段有中英文标志，接待人员24小时提供接待、问询、结账和留言服务；(3)提供一次性总账单结账服务（商品除外）；(4)提供信用卡结算服务；(5)提供饭店服务项目宣传品、客房价目表，所在地旅游交通图、所在地旅游景点介绍、主要交通工具时刻表、与住店客人相适应的报刊；(6)24小时提供客房预订；(7)有饭店和客人同时开启的贵重物品保险箱。保险箱位置安全、隐蔽，能够保护客人的隐私；(8)设门卫应接员，16小时迎送客人；(9)设专职行李员，有专用行李车，18小时为客人提供行李服务。有小件行李存放处；(10)有管理人员24小时在岗值班；(11)设大堂经理，18小时在岗服务；(12)在非经营区设客人休息场所；(13)提供代客预订和安排出租汽车服务；(14)门厅及主要公共区域有残疾人出入坡道，配备轮椅，能为残疾人提供必要的服务。

2.五星级饭店前厅的基本要求

(1)空间宽敞，与接待能力相适应，不使客人产生压抑感；(2)气氛豪华，风格独特，装饰典雅，色调协调，光线充足；(3)有与饭店规模、星级相适应的总服务台；(4)总服务台各区段有中英文标志，接待人员24小时提供接待、问询和结账服务；(5)提供留言服务；(6)提供一次性总账单结账服务（商品除外）；(7)提供信用卡结算服务；(8)18小时提供外币兑换服务；(9)提供饭店服务项目宣传品、客房价目表、中英文所在地交通图、全国旅游交通图、所在地和全国旅游景点介绍、主要交通工具时刻表、与住店客人相适应的报刊；(10)24小时接受客房预订；(11)有饭店和客人同时开启的贵重物品保险箱。保险箱位置安全、隐蔽，能够保护客人的隐私；(12)设门卫应接员，18小时迎送客人；(13)设专职行李员，有专用行李车，24小时提供行李服务。有小件行李存放处；(14)有管理人员24小时在岗值班；(15)设大堂经理，18小时在岗服务；(16)在非经营区设客人休息场所；(17)提供代客预订和安排出租汽车服务；(18)门厅及主要公共区域有残疾人出入坡道，配备轮椅，有残疾人专用卫生间或厕位，能为残疾人提供必要的服务。

在《评定》的设施设备及服务项目评分表部分对不同星级饭店的相应最低总分数作出了明确的规定。对于不同大项、分项、次分项和小项应得分数也作出了规定。这些规定对于从硬件上控制饭店的质量具有重要的作用。表7–1是有关饭店前厅的部分内容：

表7–1

	设施设备及服务项目评分表	各大项总分	各分项总分	各次分项总分	各小项总分	计分
3	前厅	59				
3.1	前厅公共面积（不包括任何营业区域的面积，如总服务台、商场、商务中心、大堂酒吧、咖啡厅等）		8			
	不少于1.2m^2/间客房或不小于400m^2					8
	不少于1.0m^2/间客房或不小于350m^2					6
	不少于0.8m^2/间客房或不小于300m^2					4
	不少于0.6m^2/间客房或不小于250m^2					2
	不少于150m^2					1
3.2	地面装饰		10			
	优质花岗岩、大理石或其他高档材料（材质高档，色泽均匀，拼接整齐，装饰性强）					10
	普通花岗岩、大理石或其他材料（材质一般，有色差，拼接整齐，装饰性强）					7
	优质木地板（材质高档、色泽均匀、地面有线条变化）或满铺高级地毯					5
	普通木地板或水磨石					2
3.3	墙壁装饰		8			
3.3.1	材料			6		
	优质花岗岩、大理石或其他高档材料（材质高档，色泽均匀，拼接整齐，装饰性强）					6
	优质木材或高档墙纸（布）（用优质木材装修，立面有线条变化；高档墙纸包括丝质及其他天然原料墙纸）					4
	普通花岗岩或大理石					2
	墙纸或喷涂材料					1
3.3.2	艺术装饰			2		
	有壁画或浮雕或其他美术品装饰					2
	有艺术装饰					1
3.4	天花		5			
	工艺精致，造型别致，格调高雅					5
	工艺较好、格调一般					3
	有装饰					1
3.5	灯具		6			
3.5.1	档次			4		
	豪华灯具					4
	高级灯具					2
	普通灯具					1
3.5.2	照明			2		
	照明良好，设计有专业性，充分满足不同区域的照明需求					2
	照明一般					1
3.6	贵重物品保管箱		5			
3.6.1	数量			2		
	不少于客房数量的15%					2
	不少于客房数量的8%					1
3.6.2	不少于3种规格			1		1
3.6.3	位置隐蔽、安全、能保护客人隐私			1		1
3.6.4	饭店和客人可以同时开启			1		1
3.7	由客人自行开启存放的雨伞架		1			1
3.8	有中心艺术品，形成良好的文化氛围和感观效果		2			2
3.9	总服务台		3			
3.9.1	装饰			2		
	装饰精致，格调高雅					2
	装饰一般					1
3.9.2	中英文标志规范，显著			1		1
3.10	有委托代办服务（“金钥匙”）		2			2
3.11	旅游信息电子查询设备		1			1
3.12	前厅整体舒适度		8			
	区域划分合理，方便客人活动					2
	各部位装修装饰档次匹配；自然花木修饰美观，摆放得体，令客人感到自然舒适					2
	光线、温度适宜，无异味、无烟尘、无噪音、无强风					2
	色调、格调、氛围相互协调					2
3.13	商店、摊点置于前厅明显位置，严重影响气氛					−4

通过以上这些数据，读者不难发现《评定》中，设施设备及服务项目评分表的具体内容对于设计内容的控制、质量的要求以至于整体效果应达到的感觉都罗列出具体的要求，并通过分值表示出此项在整体标准中的权重，这些对于设计师在设计中抓住主要矛盾，使设计更贴近服务，接轨国际标准具有指导和实践意义。

但此部分的内容也有些不尽合理。比如表中装修材料用得越贵重，分值也就越高的观点笔者就不敢苟同。材料的使用与设计的档次、风格和形式有密切的关联性，但这与贵重与否不一定有必然的因果关系。豪华的材料由于不恰当的搭配，也会显得俗气平庸；而价廉的材料通过合理的搭配也有可能显得非同一般而且高贵。对于强调材料色泽均匀的要求，笔者认为也不够贴切。因为有的效果就是追求材料之间有色差反而显得更加有意味而自然。所以，对《评定》此部分有些内容的提法还是有待商榷的。但无论怎样，《评定》的内容对于从事旅馆设计的建筑师和室内设计师具有很高的参考价值。

三、影响旅馆室内设计的其他相关因素

从一般的角度理解，室内设计应是在建筑设计完成以后再开始进行的，但对于新建的旅馆酒店来说，室内设计的介入往往是在建筑设计的过程中就已开始了。道理是由于旅馆的投资者和经营者可能是两个不同的单位。当经营者接手旅馆以后，经营者会以自己的管理模式和要求，对设计的内容和装修提出更加具体的要求，此时建筑设计即使已进入施工图阶段，甚至有的项目已开工建设，在条件允许的情况下，业主也会要求设计单位进行修改。

旅馆管理公司提出的设计要求是从具体的商业运作和效益要求来考虑设计总体上应采取的理念和对策。与之相比较，设计师对市场变化的信息是较匮乏的，对旅馆的管理缺乏深入的了解，所以管理公司的要求对设计具有积极的指导意义。另一方面，每个旅馆管理公司对所管理的旅馆一般都有一个较统一的风格要求，有些甚至具体到用色系列和织物的图案，对于那些具体的要求，室内设计师在方案的初期就应将之作为设计的依据来对待。

在此笔者摘录Meridian管理公司对于旅馆大堂设计的要求，以备参考：

1.大堂和接待区必须与入口相邻，接待区应与入口处于同一楼层面；

2.大堂创造居住的感觉，有“宾至如归”的气氛，而不仅是创造一种高大和纪念性的效果；

3.强化开敞空间，对外有良好的景观，尽可能少的障碍物，譬如过分厚重的窗帘、非常低的吊顶、扶手等等；

4.总的设计个性特点由当地的工艺品、艺术家的原作和家具构成，复制的和混合风格应尽可能避免，空间尺度应能适合私人的居住要求；

5.装饰的补充——高质量的家具、镜子、地毯、雕塑、银器，放有鲜花的展台应尽量布置在入口附近；

6.避免使用深颜色；

7.高档的材料尽可能受到自然光的照射，流线的指向、招牌和装饰的强调用人工照明；

8.电器多回路，并将开关设在总台；

9.接待功能、相聚、信息传递和活动的结合点是大堂的主要功能；

10.前台是宾馆所有服务的中心点。能见到客人的到来，客人进入旅馆更能一眼看到总台，总台必须标志清楚和有良好的照明；

11.大堂是多种服务的起点。

由此可见，将旅馆管理公司对设计的基本要求纳入设计最根本的依据之中，对于旅馆硬件达到一定的服务水准，提高未来商业运作的效率是至关重要的。同时，对于建筑空间现已存在的空间特点的表述，如何化解结构上可能存在的限制和制约，也是设计师在设计过程中必然需要花精力去解决的问题。设计是有条件的，这种条件还来自于空调、水、电等设备管线对空间设计的限制，如何将这些限制条件、空间的形态设计和界面细部设计有机地相结合，也同样是设计创造性的表现。当然，整个工程的造价和工期限制也同样会对设计带来重大影响。

总之，旅馆是含居住、餐饮、娱

乐、商务等多种功能的综合体，服务的对象层次范围广，流动性也大，为了营造一种具有个性的，并能服务于大众的环境气氛，设计师必须将自己的创新理念与国家规范和旅馆管理者的具体要求有机结合，重视和认识现存建筑空间和建筑技术对设计的制约作用，并把这种要求和制约作为创作真正的立足点之一。

第二节 旅馆大堂室内设计

旅馆大堂是顾客接触旅馆的第一室内空间，它是旅馆前厅部的主要工作场所，它的环境质量和服务质量是整个旅馆形象的重要标志。由于其突出的功能位置，较高大的空间和体量，往往成为旅馆室内设计的重点。

一、旅馆大堂室内设计的主要内容及其相互关系

将自己比作是客人、管理者、或者是内部的工作人员来理解和梳理设计的内容，顺着他们在大堂环境中各不相同目的的思路，就自然而然得出大堂应该包括和应布置的内容有：客人出入口、团体进出入口、总台、会客休息场所、大堂副理办公桌、行李房、商务中心、保险箱室、通向客房及其他场所的电梯厅、前厅办公室、卫生间以及酒吧或自助餐厅等内容。

它们的相互功能关系见图7–1。

二、设计的基本要求

从旅馆的室内设计言，一个良好的旅馆大堂总体上应该达到下列要求。

1.清晰的功能与流线

入口门厅、总台区、前台办公区，保险箱室、大堂副经理座位、电梯厅、大堂酒吧等相关功能空间分区应明确，流线之间互不干扰且衔接合理。

2.完善的服务设施

总台的位置能兼顾其与出入口和电梯厅之间的关系。在其前方有足够的等待服务的空间，总台的长度应与旅馆的规模相匹配，前台办公区应紧邻总台布置；贵重物的保险箱室宜尽可能靠近总台，这样能方便管理；大堂卫生间应设在较隐蔽且方便使用的位置，卫生间的门不应直接对着大堂，并应设置专供残疾人使用的卫生间；旅馆必须有完善的标志设计，引导顾客到达不同的区域。另外，为了营造特定的气氛，大堂还应结合平面功能的安排，布置一定量的绿化和艺术品，这对于大堂的设计以至旅馆整体形象会产生重要的影响，亦是室内设计不可或缺的内容。

3.鲜明的风格特征

旅馆大堂是顾客进入旅馆的第一空间，因此，鲜明的风格特征有助于迅速地在顾客的心目中竖立起一个形象。形象的特征犹如一个无声的广告：告诉顾客旅馆遵循的服务理念和服务品质；也能引发顾客的好奇心，唤起兴奋的情绪，促使业主商业目标的实现。

三、旅馆大堂的总台设计

大堂中的家具主要包括：大堂的总台、大堂副经理办公桌、大堂副经理办公椅、放艺术品的桌或台、休息区的桌椅、大堂酒吧的吧台和客人的桌椅等等。家具的布置在一定程度上会引导人的行为，因此，家具的平面布置应依据大堂整个功能分区安排和分区内服务流程的要求进行设计，形式风格应与整体要求相吻合，在选材上应注意要易清洁。

在整个大堂室内设计所包括的家具之中，总台应是一个设计重要内容。这是因为大堂的总台是为客人提供住宿登记、结账、问询、外币兑换等综合服务的场所。它是整个旅馆服务的中枢。由于其突出的位置和体量，往往成为大堂视觉的焦点，它的形式和细部设计对于整个大堂设计的形式风格也至关重要。

我国《旅馆建筑设计规范》一、二、三级旅馆总台的长度按0.04米/每间计，当超过500间客房时，超过部分按0.02米/每间计。国外设计公司，如喜来登设计与开发国际公司对总台的长度也做出了一定的规定：当房间是200间时，总台长度为8米；当房间数为400间时，总台长度为10米；当房间数为600间时，总台长度为15米。总台两端不宜完全封闭，目的是为了工作人员随时为客人提供个

性化服务。

总台的高度分为三个部分：顾客区约为1.05～1.10米；服务书写区约0.9米；设备摆放区的高度视实际使用情况而定。

总台一般由若干个相同的工作单元组成。每个工作单元通常应包括：一台电脑、一部电话机、一台账单打印机和一组抽屉柜等。

总台典型的平面和剖面如图7–2、图7–3所示。

四、旅馆大堂的照明设计

旅馆大堂照度应控制在200Lux～300Lux之间。200Lux作为功能性的照度要求，在作业区的照度应在300Lux左右。在大堂中需要重点照明的位置包括：总服务台，这里有登记作业的需要；休息坐席区域，这里偶然要进行阅读；放置艺术品的地方和电梯厅等需要引人注目和引导人流的地方。

在大堂室内设计的照明方式中，除了直接照明外，常运用间接照明的方式——灯槽——使界面呈现不同的层次和搭接关系，对于拱托气氛、营造温馨、浪漫的情调亦是比较有效果的。根据设计的风格和功能上的需求，大堂照明所采用的灯具形式主要包括：嵌入式筒灯、射灯、槽灯、水晶吊灯、定制灯具和壁灯等。

安装在灯具上的光源主要有：白炽灯、节能灯、卤钨灯、金卤灯、荧光灯以及LED等。

五、旅馆大堂的装修材料

旅馆作为公共建筑，在选择材料上除了应与设计的效果和使用功能相吻合外，还应考虑到防火、坚固、耐磨和易清洁的特点。按照国标《建筑内部装修设计防火规范》中有关"高层民用建筑内部各部位装修材料的燃烧性能等级"对高级旅馆门厅等位置的材料燃烧性能规定为：顶棚–A、墙面–B1、地面–B1、隔断–B2、固定家具–B2、窗帘–B1、帷幕B2、家具包布–B2、其他装修材料–B1。所以常用的装饰材料主要包括：天然石材、各种金属、玻璃、各种石膏板、水泥板、复合板、经阻燃处理的木材和经阻燃处理的各类织物等。

明确每个界面的防火等级要求和可能选用的材料品种，对于方案决策时，推敲细部，估计效果的可操作性是非常有帮助的。因为设计效果取决于材料的性能和其本身基本构造要求，从某种意义上讲，材料决定了效果。在方案阶段对材料特性的正确认识，也有助于以后的进一步深化设计。

六、介绍几种出自不同设计理念的旅馆大堂室内设计

1.豪华经典型

对奢华、豪华的理解每个人不尽相同，但大多数人将具有中外古典风格的室内设计认作为豪华的象征，因为曾几何时，它们代表着权力和

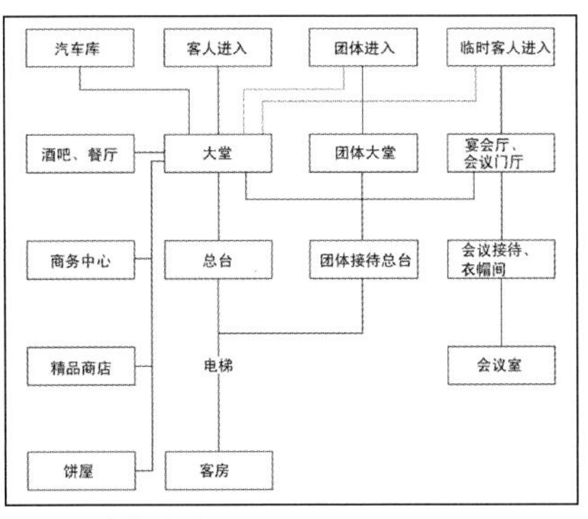

图7–1 功能关系图

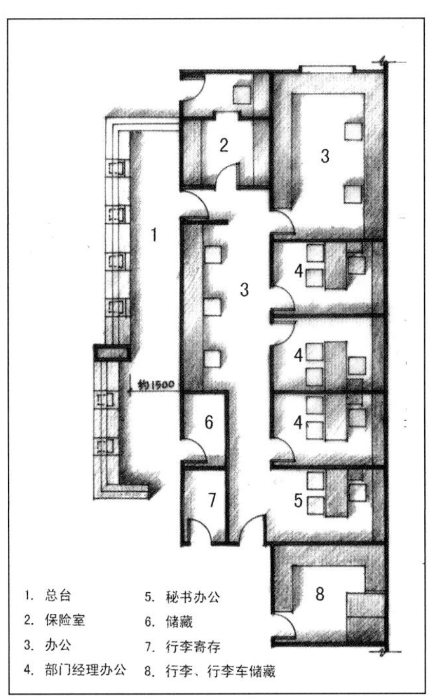

图7–2 总台及相关部门平面

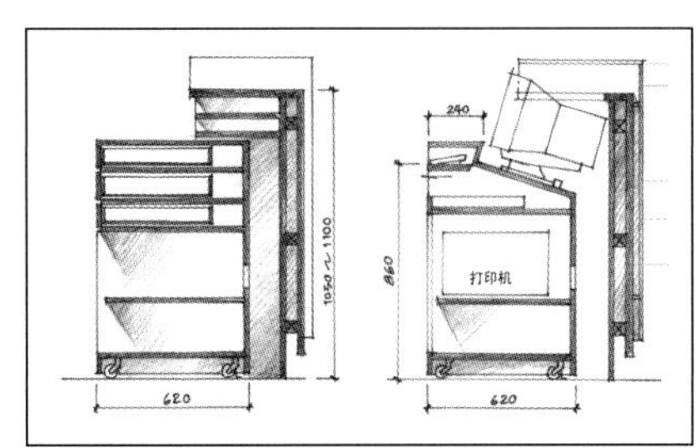

图7–3 总台剖面示意

图7-4 香港某宾馆大堂设计

图7-5 Gran Domine旅馆窗外的古根海姆博物馆

图7-6 Gran Domine旅馆外立面

 图7-7 Gran Domine旅馆大堂设计

图7-8 Gran Domine旅馆大堂设计

图7-9 某旅馆大堂设计

地位，是贵人的生活方式。这种形式为何至今没有引起视觉疲劳，一方面它们凝聚着古人对美的认识；另一方面，人们希望通过与这种环境的对话和拥有，以表达对经典艺术的认同，和生活品位上的高追求。因此，在当代旅馆大堂设计中，为了营造豪华氛围，将古典风格的设计符号作为主要的形式语言就是其中一种主要方式。图7-4在界面的收边处采用了古典线脚的处理手法；地坪材料的镜面反射呈现晶莹剔透的效果，再结合色彩的有机搭配、艺术品的点缀，使整个设计尽现雍容、奢华的氛围。

2.地域文化型

就旅游者来说，对地域文化的关注是共同的心理特征。所谓地域文化型的旅馆大堂室内设计，就是运用空间、界面细部、装饰符号、色彩、材料等设计语言，表现一种独特的地方特征和文化环境，使人备感独在异乡的新鲜感和不同文化的熏陶。坐落于西班牙城市Bilbao的Gran Domine旅馆与盖里设计的古根海姆博物馆临街相望。古根海姆博物馆成为影响旅馆设计的重要因素（图7-5、7-6）。从建筑的外立面和室内立面来看，你无不感到这种影响所在。设计的概念是以旅馆参与城市活动为主线，旅馆被认作为城市的一个地标。在整个设计中，也许最具象征性的元素是金属状网结构内填鹅卵石所组成的巨型雕塑，其高度几乎与中庭一样，设计师Javier Mariscal想借此来表现Bilbao（城市名）的性格——“另类”和“超前”（图7-7、7-8）。笔者认为这正是这个室内环境的深层意义所在，它象征着一种地域文化精神。

为了彰显地域文化，应该重视周边的建筑风格与环境对室内设计形式的影响，在选用家具与艺术品时，也尽量使用能体现出地方的特色和风格。图7–9中造型、色彩之间的相互关系、灯光所形成的干净的“白”，再结合素雅的地毯图案将日本风格体现得淋漓尽致。

3.简约型

面与面的交接是那么的纯粹和直率，为了突出建筑本身的特点，那些纯装饰的手法被避免了，从覆盖界面材料的排版拼接上透视出了设计师欲从简洁中体现出一种精致。整个风格是前卫的，但又是优雅的。这就是柏林Grand Hyatt旅馆大堂给我们留下的印象（图7–10）。设计的细部没有强光影的对比效果，但它更多的是呈现现代工业文明的成果，形式是简约的，但同样也透射出一种高贵的气质。

4.明晰的设计意象

当技术发展到21世纪，我们可用于设计的语言和材料的多样化是前所未有的。设计师的任务之一就是如何在浩繁的语言和材料中选择适合个体设计的元素。同样，有很多感觉值得去尝试，但对于一个特定的设计，设计师必须对多个感觉进行筛选和梳理。有时只须清楚一种方向，是纯粹的，无需用过多的语言变化，同样能产生难以忘怀的感觉。

捷克首都布拉格的Andel's旅馆所表现的设计意象，就是那种似乎看得真切，但又存在某种距离的意味。如果要用形象一点的语言来形容，就是“飘”和“雾里看花”的感觉。总台下的槽灯使服务台“浮”了起来；围合在沙发休息区的薄纱、主楼梯旁的磨砂状半透明玻璃、酒吧台的磨砂遮光玻璃、健身房玻璃隔断后的纱帘、餐厅的蚀刻玻璃一起共构了一种轻灵而神秘的设计美感。同时，在部分立面上镶嵌了高纯度的色块，它们和地面的矩形发光灯带一起构成了视觉的兴奋点，这样的对比组合，使得形式元素之间的秩序非常简洁明晰，易使人们留下深刻的印象（图7–11～7–15）。

5.特别体验型

螺旋状的入口形态、螺旋状的酒吧座位区，把你引领进浪漫之旅（图7–16）。这是意大利城市佛罗伦斯的Una Hotel Vittoria的门厅给你留下的印象。螺旋状的造型从顶面一直延续

图7–10 柏林Grand Hyatt旅馆大堂设计

图7–12 布拉格的Andel's旅馆室内设计

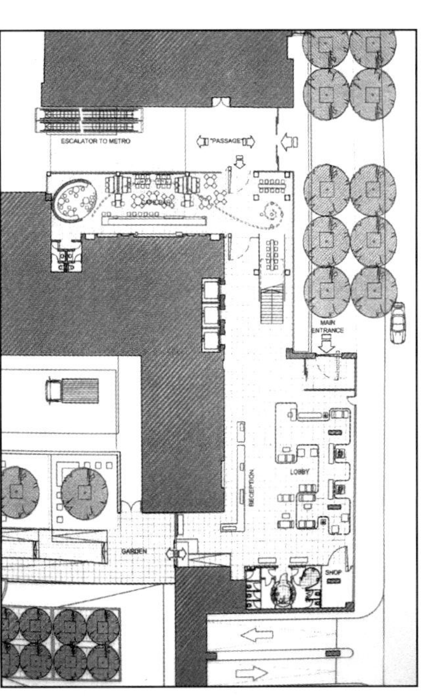

图7–11 布拉格的Andel's旅馆一层平面

图7–13 布拉格的Andel's旅馆室内设计

至服务台，确立了作为主角的位置。紫色、淡紫色、白色、淡橙色交替包围着你。随着空间的变化，这些因素唤起你不同的情感。设计的主题在过道、上网的桌子、餐厅的墙面和大餐桌中得到了延伸。精彩的形体和色彩搭配透射出现代设计的理念和高技术的含量，使真正经历过其中的旅游者难以忘却（图7－17、7－18）。

七、旅馆设计风格的整体性

对于一个旅馆，由于其中包括着丰富多样的功能空间，它们之间若没有相互协调的关系，没有突出或者强调的部分和特点，这样就削弱了整个旅馆室内设计的整体性，或者削弱了整体效果的倾向性，这样的设计就不可能使顾客在记忆中留下深刻的印象。

塑造旅馆设计整体性的关键是把握好两点因素，其一是贯彻管理公司对设计的基本要求。因为旅馆管理公司的基本设计要求就是设计的基本倾向和框架，在设计过程中，将这些要求融合进具体的形式处理，就易使设计产生统一的整体效果。

其二，整体性不是同一性。在强调整体风格的同时，也注重人对不同性质空间有不同的风格要求，但要处理好主次关系、变化和呼应的关系。旅馆本身也是一个商业综合体，多样性的空间要用不同的形式风格去演绎，但突出强调公共性的空间形式，如大堂、不同层面的过渡空间、走廊等，运用它们对于客户的接触频率和其本身的分布广度建构设计风格的整体效果。同时，在营造各自相对独立的空间设计风格时，充分关注形式的衍生变化和呼应效果，对于旅馆整体设计风格的形成也是有益的。相对来说，客房在旅馆中所占的比例高且它本身的重复性的特点，若它的设计所运用的元素与大堂等的公共空间能形成呼应或者具有内在的统一性，那么，整体性的设计效果则易自然而然地形成。

Hotel Q是德国柏林的一家精品旅店，设计师通过形态的切割和弯曲完全改变了一般常人所理解的空间标准，取而代之的是连绵不断的流动的空间。元素的构建逻辑即是切割和扭曲：一个倾斜的表面既是一个分割墙，同时又是一个可使用的家具；一个被抬起的地坪是一个通道，也可理解为建筑表皮受挤压的结果。常规的体验知觉消失了，代之以空间暧昧的阅读。从门厅的接待、酒吧、水疗中心和客房设计，你可以感到设计符号整体统一和衍生变化，这种手法是形成这个设计整体个性化的基础，也真正体现了设计者给游客〝一个可以居住的、有新的内涵的世界，是新生活的邀请〞的设计理念（图7－19～7－21）。

图7－15 布拉格的Andel's旅馆室内设计

图7－14 布拉格的Andel's旅馆室内设计

图7－16 意大利城市佛罗伦萨Una Hotel Vittoria室内设计

图7-17 意大利城市佛罗伦萨Una Hotel Vittoria室内设计

图7-18 意大利城市佛罗伦萨Una Hotel Vittoria室内设计

图7-19 德国柏林Hotel Q室内设计

图7-20 德国柏林Hotel Q室内设计

图7-21 德国柏林Hotel Q室内设计

第三节 旅馆大堂室内设计任务书

一、教学目的

旅馆是一个综合性的商业建筑，它有居住功能、会务功能和餐饮功能，也有休闲娱乐功能。这些又构成一个整体的服务功能。这个整体功能的开端就是旅馆的大堂。大堂作为旅馆的第一室内空间，含接待、分流、会客、餐饮及商务等功能。通过本设计掌握多功能的空间形态处理；大堂又是旅馆形象的象征，通过本设计掌握当代旅馆大堂设计的形式语言；旅馆设计还必须了解和考虑管理者的经营理念，因此，通过本设计，学会在一定条件的制约下，充分运用设计元素和其他相关因素，表现设计的文化内涵和个性特征，以创造适应当代人的审美品位的、有趣的、温馨的环境。

在设计过程中，通过对建筑本体空间形态、对景、自然环境下的光影关系的分析，深刻理解建筑设计的过程是室内空间创造的过程；从室内设计的角度反思建筑设计，是深化建筑设计的有效途径。此外，本课程设计应关注与思考解决的问题还包括：

1.建筑构成元素与室内空间形态的关系。2.建筑的性格与室内空间再设计的限度。3.建筑设计的风格与室内设计风格的关系。4.室内设计的细部对整体室内形式的构成的作用与影响。5.多种设计思维与表达的方法。

二、设计条件与内容

所设计的宾馆地处上海市繁华的中心城区，周围商业设施齐全，有相当数量的五星级的酒店。从总体上讲，本设计宾馆所提供的服务设施并非齐全，但在设计理念上应追求个性和精致，以显现独特的风格和形式。提供宾馆主要的建筑设计电子文件。具体设计的内容如下：

1.平面设计必须包括：接待总台、电梯厅、大堂经理座、大堂休息（小于80平方米）、服务办公用房（约30平方米）、咖啡酒吧（200平方米左右）、公共厕所一套、标准客房一套，其余关联内容自定。

2.详细设计位置：大堂公共空间部分、电梯厅、酒吧和标准客房（二选一）。

三、图纸要求

1.平面图（包括家具、地坪分格并注明材料）1：50。2.顶面图（含灯具、喷淋并注明材料）1：100。3.立面展开图（大堂、电梯厅、酒吧或标准客房，均需注明材料和主要尺寸）1：50（主要），其余1：100。4.局部详图（注明材料）1：20或1：50。5.表达设计意图的图解或文字说明 。6.彩色表现图两张以上（大堂大部、电梯厅局部、酒吧或标准客房，大小约A3）。7.图纸尺寸：720×500毫米（不少于三张）。

注：以上图纸电脑与手工绘制均可。交图时，电脑绘图的需附电子文件。

四、进度计划(见表7–2)

五、教学参考书目

1、World Space Design

2、Global Architecture 7（Commercial Spaces）

表7–2

	一	四
第一周	发题	讲课
第二周	交流	构思草图
第三周	交一草	讲评、深入设计
第四周	深入设计	深入设计
第五周	交二草	讲评、调整
第六周	调整设计	正草图
第七周	确认正草图	上版
第八周	上版	交图

第四节 设计作业点评

1.此设计引入了“房中房”的设计理念。室内的“房子”以匣子的形式出现，而这些匣子将宾馆大堂的主要内容包容其中，如服务接待、大堂休息、精品商店、大堂酒吧等。这样就形成了明确的功能序列感，设计主题的重复也使得整个设计的形式感表现得非常强烈。不足之处是整个设计照明部分应根据不同的功能要求和形式要求增加一点变化，从顶面设计的灯的布置来看，灯具的形式和排列也略显乏味（图7—22～7—24）。

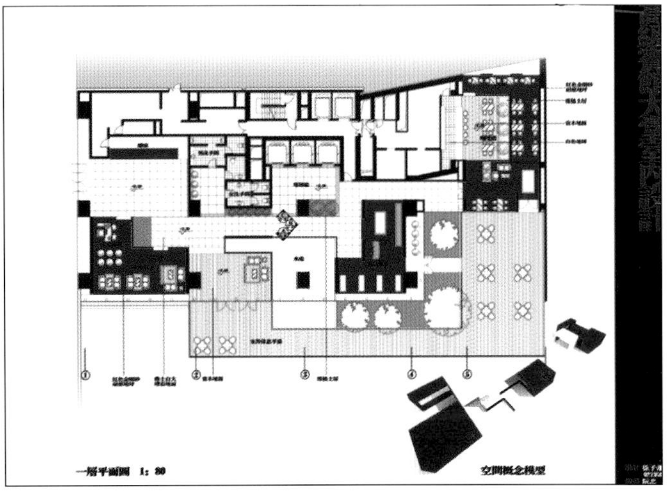

图7—22 旅馆大堂室内设计之一
作者：徐子迁

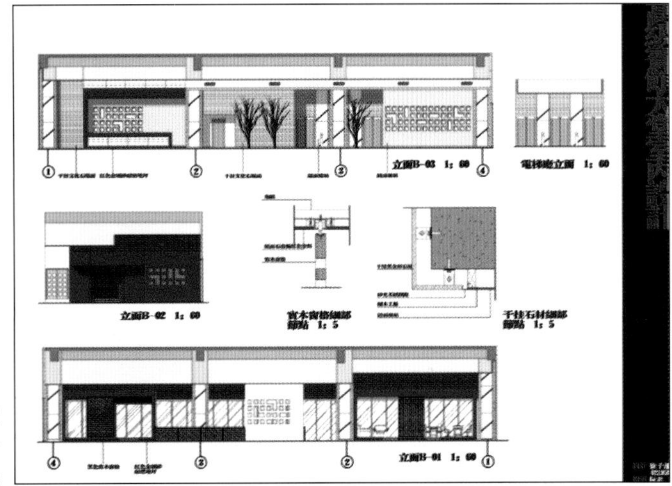

图7—23 旅馆大堂室内设计之一
作者：徐子迁

图7—24 旅馆大堂室内设计之一
作者：徐子迁

2. 将光怪陆离的树的剪影和影子的抽象变形作为设计装饰的主题，并且运用这种图形的尺度形成了良好的视觉效果。在不同的功能区域，运用这种图形的连续性使空间形式得到了整合。与此同时，通过铺地的变化，使得整个空间的平面分区和限定清晰，玻璃隔断和地面的一体化连续图形，也使整个形式显得别致新颖。在客房设计时，也运用了这个设计主题，因此，作者对于整体宾馆的形式风格是有一定考虑和设想的。家具不仅具有使用功能，其形式也对整个设计的形式和风格产生重要的影响，显然，作者在对于家具形式的思考未达到应有的深度（图7–25～7–27）。

图7–25 旅馆大堂室内设计之二 作者：张婷婷

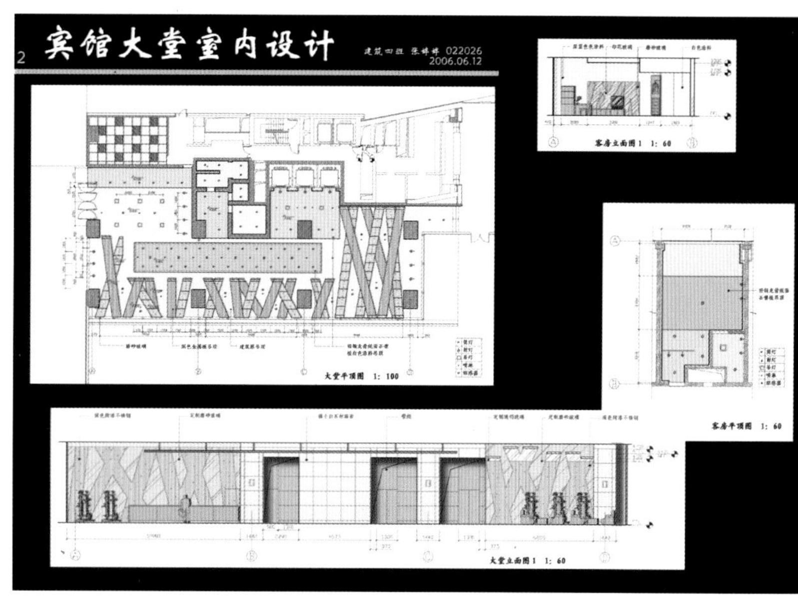

图7–26 旅馆大堂室内设计之二 作者：张婷婷

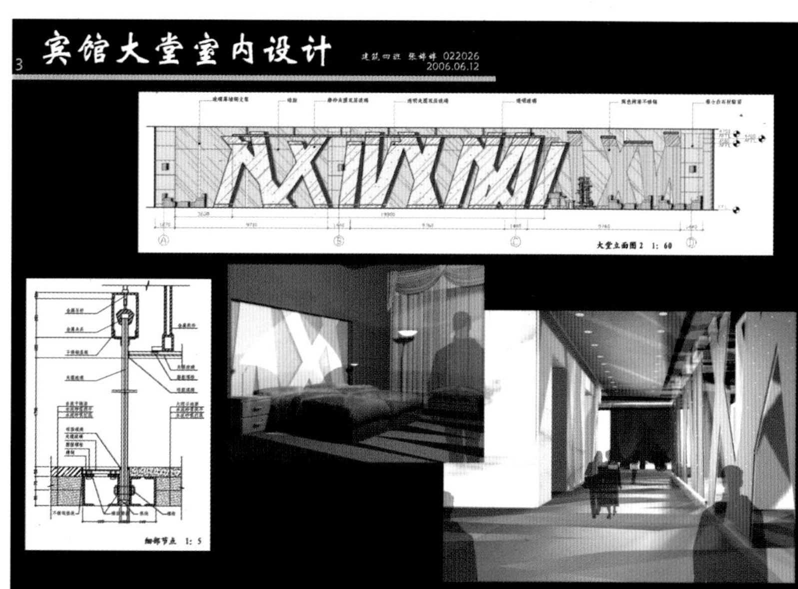

图7–27 旅馆大堂室内设计之二
作者：张婷婷

3.整个设计功能分路清楚的，通过地坪铺地的变化和顶面灯具的排列处理暗示着主要人流的方向。为了寻找空间的秩序感，增加了列柱，以使这种元素在形态的创造上发挥更加强烈的作用，但也在一定程度上干扰了总服务台的功能要求。作者以一系列的水平向薄板、构架、发光壁龛、墙体肌理的变化、界面色彩的对比为语言，使得整个设计的形式具有一定的特色。但在色彩的处理上，纯度过高，略带“火”气（图7–28～7–30）。

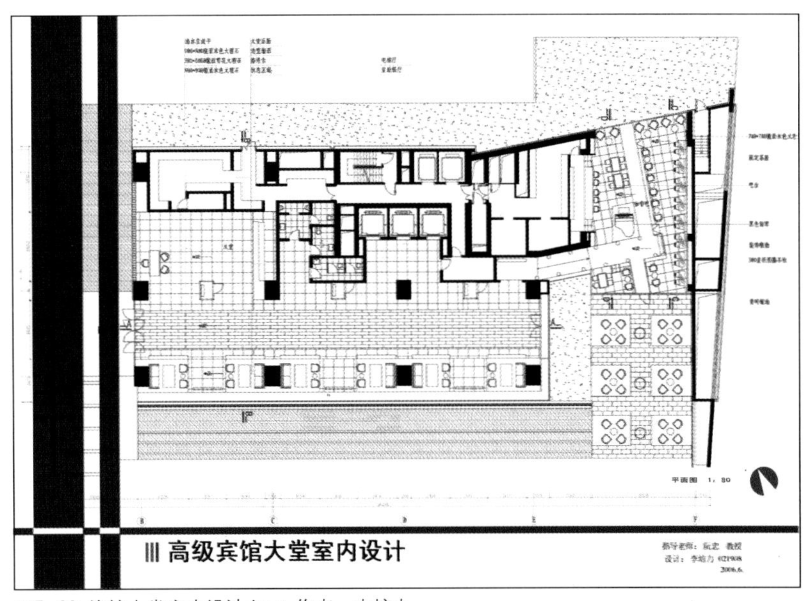

图7–28 旅馆大堂室内设计之三 作者：李培力

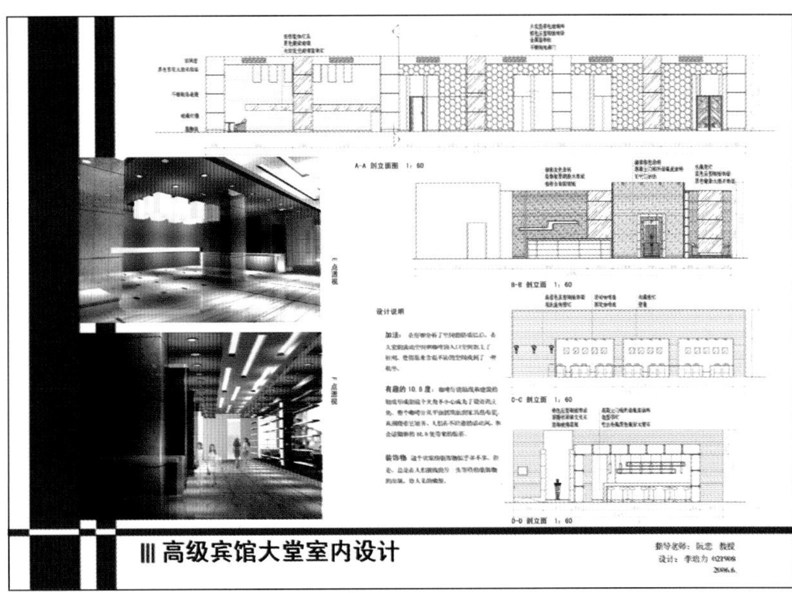

图7–29 旅馆大堂室内设计之三 作者：李培力

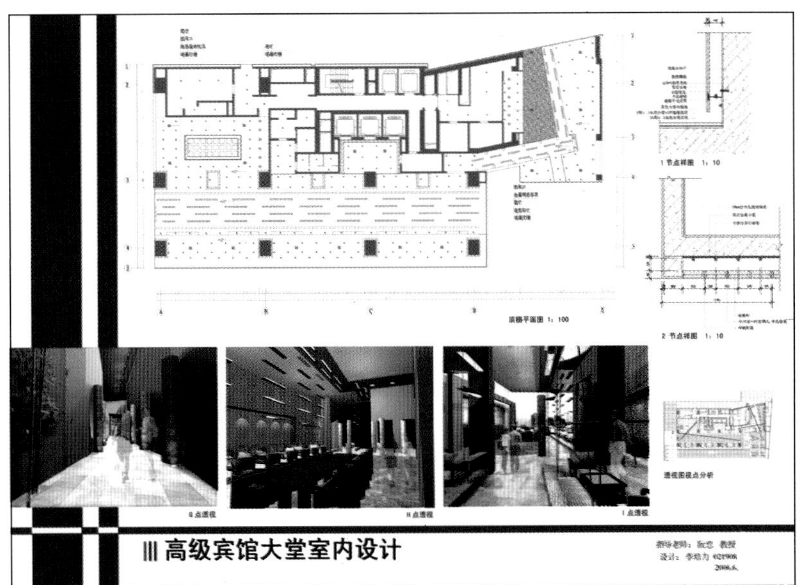

图7–30 旅馆大堂室内设计之三
作者：李培力

中国高等院校

THE CHINESE UNIVERSITY

21世纪高等院校艺术设计专业教材

建筑·环境艺术设计教学实录

CHAPTER 8

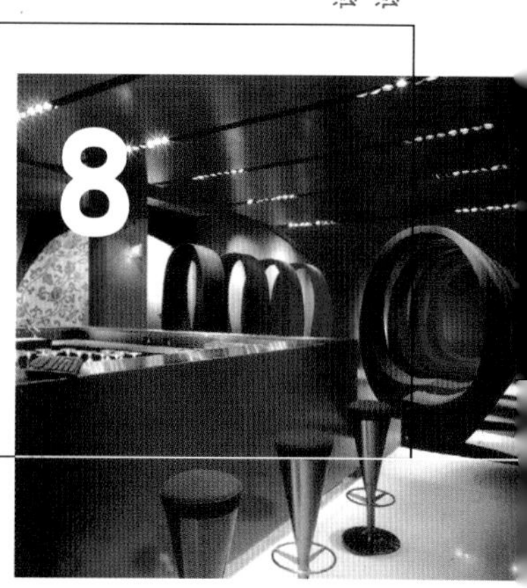

课程设计——毕业设计

设计任务书与教学目标

设计作业点评

第八章 课程设计——毕业设计

第一节 设计任务书与教学目标

一、教学目标

毕业设计安排在最后一个学期进行，由前期准备、毕业设计、毕业设计答辩等部分组成，是学生在校完成学业的最后阶段，是由学习阶段走向工作岗位之前的重要过渡。

毕业设计的主要教学目的在于：在综合运用各个教学环节中已学的理论知识和实践知识的基础上，通过毕业设计进行综合训练，培养学生调查研究、查阅文献资料、收集并运用资料的能力；培养学生分析制定设计方案，包括进一步处理好建筑与环境、功能与技术、设备与空间造型之间关系的能力；培养学生深入建筑细部设计，更好地掌握图纸表达和文字表达的能力；培养学生独立工作和协同工作的能力；培养学生初步进行科学研究的能力。

毕业设计的选题一般为比较复杂的中型、大型建筑的室内外环境设计，在符合教学要求的前提下，尽可能面向社会、面向生产实践。利用实际工程项目，培养和调动学生的学习积极性和主动性，增强学生的责任感，激发学生的创新意识，提高理论联系实践的能力。在教学中，可以采用“请进来”与“走出去”相结合的方法，动用社会资源共同辅导毕业设计及进行毕业设计答辩。

二、教学任务书

1．毕业设计课题

本毕业设计的课题是：无锡市大成巷商业步行街室内外环境设计。

大成巷位于无锡市崇安区中心，东侧与中山路相交，西侧与解放北路相交，占地长度约400米，街宽14米左右。该巷的北侧是三个已经开发建成的居住区，南侧地带正处于规划阶段，街的南侧还有一处保护建筑。按照规划要求，大成巷将建成为一条商业步行街，经营内容以高档和休闲服装为主。大成巷北侧有两条支路（姚宝巷、黄石弄），各长约100米。根据要求，本次设计的范围为：

(1)沿大成巷南侧新造建筑物的方案设计（新中润集团服装市场、连元街小学沿街建筑物、文化局水利银河艺术团地块的建筑物）。

(2)沿大成巷北侧、部分南侧及两条支路部分店铺的立面改造。

(3)大成巷路面的环境设计（含两条支路，主要内容有：地面铺装、绿化布置、小品布置等）。

(4)部分建筑的室内设计（如：保护性历史建筑的室内改造、高档咖啡馆的室内设计、高级时装店的室内设计等）。

(5)大成巷沿街的夜景规划。

2. 教学目的

在遵循毕业设计总体教育目标的基础上，将着重培养学生以下几方面的能力：

(1)实地调研能力（通过现场走访、调查、参观等方式实现）。

(2)资料查阅能力（要求学生通过图书馆、网站等收集资料，其中包含专业外语能力的训练）。

(3)资料分析能力（要求学生对资料进行整理分析，并撰写调研总结报告）。

(4)语言表达能力（通过方案介绍、口头汇报等方式强化学生的语言表达能力与沟通能力）。

(5)团队协作能力（通过团队的合作、讨论和协调，培养相互协作的精神）。

(6)综合处理复杂工程的能力(希望通过这一综合设计，提高学生处理综合性工程的设计能力)。

(7)熟练掌握环境设计、室内设计的能力（希望通过这次毕业设计使学生更全面地掌握这方面的知识与能力）。

3.图纸成果要求

每位同学的最终图纸量不少于六张A1图纸（不含效果图和分析图）。其中：室外部分（含：沿街建筑规划设计、立面改造、室外环境设计等）由集体统一分工完成；室内部分则每位同学完成一个单体的室内设计。

(1)室外部分的主要成果要求如下：

a.总平面图、总体分析图、总体构思说明。

b.沿街立面图。

c.各建筑单体平、立、剖面图、效果图。

d.立面改造图。

e.步行街地面铺装图。

f.步行街建筑小品图。

g.步行街效果图。

(2)室内部分的主要成果要求如下：

a.平面图。

b.平顶图。

c.内立面展开图、剖视图。

d.室内效果图2～3张。

表8–1

时间	教学内容	成果
第一周	发题、讲解、现场参观调研	
第二周	寻找资料、开始构思	
第三周	构思（室外部分）	交一草
第四周	深化构思（室外部分）	
第五周	深化构思（室外部分）	交二草
第六周	调整设计（室外部分）	
第七周	调整设计（室外部分）	交正草
第八周	完成室外部分的设计	
第九周	同上	交正图(室外部分)
第十周	准备中期检查	完成中期检查
第十一周	构思（室内部分）	
第十二周	同上	交一草
第十三周	深化构思（室内部分）	
第十四周	同上	交二草
第十五周	调整设计（室内部分）	
第十六周	同上	交正草
第十七周	上板（室内部分）	
第十八周	上板（室内部分）	交正图（室内部分）
第十九周	毕业答辩	完成答辩
第二十周	成果整理	

e.若干节点详图。

f.材料样板。

g.设计说明和构思。

4.其他成果要求

(1)调研报告：结合设计任务，每位同学独立完成，字数在4 000左右。

(2)专外翻译：专业外语翻译，每位同学独立完成。英文单词3 000–5 000个，希望能结合毕业设计题目，寻找相应的外语资料。

上述成果采用A4纸装订成册，外语翻译需附原文。

5.进度安排(见表8–1)

6.应收集的资料及主要参考书目

(1)应收集的资料(图纸部分)

a.现状实测电子地形图。

b.大成巷地区规划红线图（电子文件）。

c.沿街建筑的底层及相关层平面图（电子文件）。

d.沿街建筑立面施工图（电子文件）。

e.大成巷的管线资料。

f.沿大成巷已有规划的情况。

(2)收集的资料（文字部分）

a.规划局和建设单位的要求。

b.沿街有关单位的要求和设想。

(3)主要参考文献

a.徐磊青、杨公侠编著，环境心理学，上海：同济大学出版社，2002.6。

b.钱健、宋雷编著，建筑外环境设计，上海：同济大学出版社，2001.3。

c.刘永德等著，建筑外环境设计，北京：中国建筑工业出版社，1996.6。

d.Michael Gage，Maritz Vandenberg著，张仲一译，城市硬质景观设计，北京：中国建筑工业出版社，1985.3。

e.Fredderik Gibberd著，程里尧译，市镇设计，北京：中国建筑工业出版社，1983.7。

f.同济大学等编，城市规划原理，北京：中国建筑工业出版社，1981.6。

g.中国城市规划学会等编，城市广场(1)，北京：中国建筑工业出版社，2000.9。

h.中国城市规划学会等编，城市广场(2)，北京：中国建筑工业出版社，2000.9。

i.中国城市规划学会等编，商业区与步行街，北京：中国建筑工业出版社，2000.9。

j.陈易著，建筑室内设计，上海：同济大学出版社，2001.4。

k.来增祥、陆震伟编著，室内设计原理，北京：中国建筑工业出版社，1997.7。

l.曾坚等编著，现代商业建筑的规划与设计，天津：天津大学出版社，2002.9。

m.盛恩养主编，娱乐空间，贵阳：贵州科技出版社，2001.4。

n.Cristina Montes编著，张海峰译，咖啡厅设计名师经典，昆明：云南科技出版社，2002.9。

第二节 设计作业点评

参加本毕业设计作业的同学有：王杉（女）、江海、顾蔚文（女）、张云杰、章琴（女）、裴科奥（老挝留学生）。建筑设计、绿化设计和室外环境设计由集体分工统一完成，室内设计则由每位同学完成。这里选取集体成果和一位同学的个人成果进行讲评。

一、集体成果

本毕业设计是一综合性较强的作业，涉及的内容比较多，包括：建筑设计、绿化设计、室外环境设计、室内设计等，整体的设计构思和特点简要介绍如下。

1.总体设计构思

(1)创造多功能的步行环境改造后的大成巷将以经营精品服装为主，兼有休闲娱乐等功能。考虑到大成巷临近连元街小学和大量高档住宅，所以经营的休闲活动以咖啡、茶座等为主，不设饭店等餐饮设施，尽量保证环境的优雅和安静。

考虑到道路的现状，仍保留明珠广场和银仁花园等处的车辆出入口。但平时将通过管理，鼓励机动车辆从支路出入。

(2)创造宜人的步行尺度

设计中尽量创造良好的步行尺度。街宽（街道两侧建筑物之间的距离）保持在14～15米；不设人行道，整个路面采用同一平面（设有排水坡）。

大成巷南侧为二到三层的新建建筑，局部为五层建筑，北侧基本是一到二层的店铺和后退的高层住宅，尺度比较亲切宜人。南侧建筑的界面部分突出原规划红线，以形成丰富的街景和轮廓变化。

（3）创造休闲的商业街气氛

在具体设计中，在原路面中心线偏北地带布置了一条“设施带”，其上设有座椅、售货亭、遮阳棚架、废物箱、树池等小品。这些小品既活跃了气氛，同时也为人们提供了很多服务设施。

步行街的地面采用毛面花岗岩铺地，形成大气优雅的气氛；“设施带”的地面采用印度红光面花岗岩铺地，但表面作防滑处理。

整条步行街上设置若干节点空间，成为人们聚会休闲的场所，起到丰富景观的作用。在设置节点空间时，将注意视线对景，强调各种景观的互相渗透。

（4）塑造相应的人文景观

大成巷具有一定的历史文化底蕴，连元街小学是一座百年名校，张謇读书处和顾毓秀读书处都有一定的历史文化内涵，因此如何在设计中体现一定的文化氛围就成为一个值得思考的问题。通过对顾毓秀读书处的保留、通过相应的地面铺装和雕塑小品处理，尽量反映出一些文化气息，塑造一定的人文景观，使游客在休闲逛街之时，也能体会到一些文化氛围，勾起人们对历史的回忆。

2.若干节点设计构思

(1)新中润广场

新中润广场位于大成巷与中山路相交处，为了形成一定的集散空间，建筑物适当后退道路红线。同时为了与步行街的尺度相呼应，建筑物沿大成巷部分为三层建筑，体量亦尽量采用分散处理的原则，减少对大成巷的压抑感。

根据业主要求，建筑物内部采用小店铺和步行廊的布局。一到二层为商业，三层主要为咖啡，四到六层为办公。

(2)顾宅及室外空间

顾宅是一历史名人建筑，在设计中考虑予以保留和改造。在改造中，吸收了欧洲常用的改造方式，对保留部分和新建部分作了不同的处理。原有建筑保留其风格，新添部分则采用现代风格，两部分相得益彰、互相衬托。

经过改造后的顾宅底层可以作为茶座、二层则可以作为学校的小型展示馆。顾宅底层设想作为营业性场所对公众开放，二层则归学校使用。结合顾宅对面的绿地，顾宅前面设置了一处小广场，广场铺地采用青砖侧铺，绿地背面设有喷泉水幕，绿地内可以布置历史名人的塑像，这一区域可以成为人们交流、休息、回味历史的场所，具有较强的人文景观特点。

(3)大成巷与姚宝巷交接处

大成巷与姚宝巷的交接处是一个重要节点，在设计中结合连元街小学沿街建筑作了处理。充分考虑大成巷及其姚宝巷的视觉效果，通过中轴线、“门”式交通空间和若干小品的处理，尽量使之成为一个视觉焦点。同时，设想通过上下人流的涌动，营造繁华的商业气氛。

至于该处教学楼的北立面，建议采用淡化处理的原则，使之成为沿街建筑的背景，尽量突出沿街建筑的完整性。

(4)与西河花园相对处

西河花园是一处高档住宅区，住宅区内有一棵千年古树和一系列水景观。为了达到借景的目标，在千年古树对面的连元街小学沿街建筑上，设计了大平台，在大平台上布置咖啡和茶座。设想人们可以一边品尝咖啡、一边欣赏古树，在繁忙的都市中，回味历史，体会片刻的宁静。

(5)大成巷与黄石弄交接处

大成巷与黄石弄交接处也是一个节点，考虑到黄石弄今后有通车的可能性，因此仅在地面上作了铺地变化，以起到丰富地面铺装的作用。

为了与附近现有建筑（西河花园和银仁大厦）呼应，一方面对现有的锦绣花园会所作了立面改造，使之具有明显的现代风格。同时新建的文化局建筑亦采用幕墙玻璃，使之尽量与周边建筑形成一个整体。

(6)其他

除了上述节点之外，还有几个需要重点处理的地方。在姚宝巷、黄石弄与县前西街交接处，也应该在人行道上设置小品或雕塑，以吸引县前西街的人流进入大成巷步行街。

大成巷与解放北路交接处，由于考虑到有车辆进出，因此交接处不设小品，通过改造后，锦绣花园前的一排灯柱吸引人流。大成巷与中山路交接处主要通过设置广场形成开阔空间吸引人流，广场的边缘处可考虑间隔设置石球或矮石柱，并附以地灯照射。

3.绿化设计

大成巷虽然地处闹市，土地资源十分宝贵，但在设计中仍然尽量设置一些绿化，以起到柔化硬质空间的作用。

(1)面状绿化

保留顾宅对面的一块绿地，使之成为面状绿化。该绿地上有两棵参天大树，能够为广大游客提供遮阴，绿地内将设置历史名人雕塑。

绿地的背面设有喷泉水幕，水幕将与音乐、灯光和雾气相结合，突出水体的动感效果，形成灯火辉煌、烟雾缥渺的感觉，丰富步行街的景观效果。

(2)线状绿化

绿化的“线形”布置主要表现在若干固定行道树和活动行道树、设施带的遮阳棚架，以及有些建筑屋顶的下垂形绿化上，希望通过线状绿化强调方向性，柔化硬质景观。

(3)借景构思

受地形和条件的限制，步行街上不可能有大量绿化，因此在设计中还采用了借景的手法。通过设置二层平台，借取西河花园内的绿色景观。西河花园内有一棵千年古树，并设有水景观，在步行街设计中尽量借取居住区的景色丰富步行街的景观效果。

(4)零星绿化

步行街上设有活动花坛，其中可以布置点缀耐阴花灌木及草木花卉，成为时花花坛，达到“小处添趣”的效果。

4.照明设计

(1)照明设计原则

大成巷全长约400米，两侧景观及建筑的设计效果比较精致，建成后将成为崇安区重要的休闲旅游场所。夜景设计需要同时考虑功能、美观和节能等多方面的因素。

为晚间交通和活动提供必要的功能性照明是夜景工程的首要目的。大成巷的功能性照明主要由设施带上的路灯提供，同时两侧店铺橱窗内的灯光也将提供补充照明，尽量在道路的纵深方向产生视觉引导效果。

结合建筑设计的要求，在几个景观节点重点表现。此时，照明的目的主要是为了满足夜晚交流活动的需要，重点是创造亲切、宜人的照明环境，照明的设计将更富艺术化。这时将根据建筑空间的高低错落和围合延伸，在不同的位置分别采用庭院灯、座灯、投光灯、草坪灯、地埋灯等景观照明灯具，在整个视觉空间形成一个完整的照明效果。在不同的高度内通过亮度中心的改变，营造出活跃的气氛。

绿化的照明设计也是不可缺少的部分，将结合植被的特点，采用地埋灯、投光灯和草坪灯的组合，表现植物在晚间的优美姿态。

灯光对于形成商业气氛也有重要作用，将通过内光外透、广告灯箱等手法形成灯光璀璨、晶莹透亮的夜景效果。

(2)灯具选择原则

所选灯具将既需满足照明功能的要求，又在造型上与灯具所处区域的功能、建筑特点相协调，使灯具在白天也成为一道特殊的景观。同时，灯具选型也将考虑节能、安全、环保、价廉等要求。

(3)照明控制原则

大成巷的照明方案将考虑照明控制的策略问题。从节能的角度出发，把整个夜景的照明控制模式确定为：重大节日开启全部灯光设备；平时开启大部分灯光设备，包括功能性照明和部分景观照明设备；深夜开启少量灯光设备，主要为功能性照明设备及部分橱窗内的灯光。

当灯全部打开时，将显现出整条步行街辉煌的夜景，届时华灯齐放、溢彩流光；部分开灯则在保证基本的功能性照明前提下，重点突出有特色的几个建筑节点和小品；深夜的时候则主要是以功能性照明的路灯及部分橱窗内的灯光为主（图8-1～8-12）。

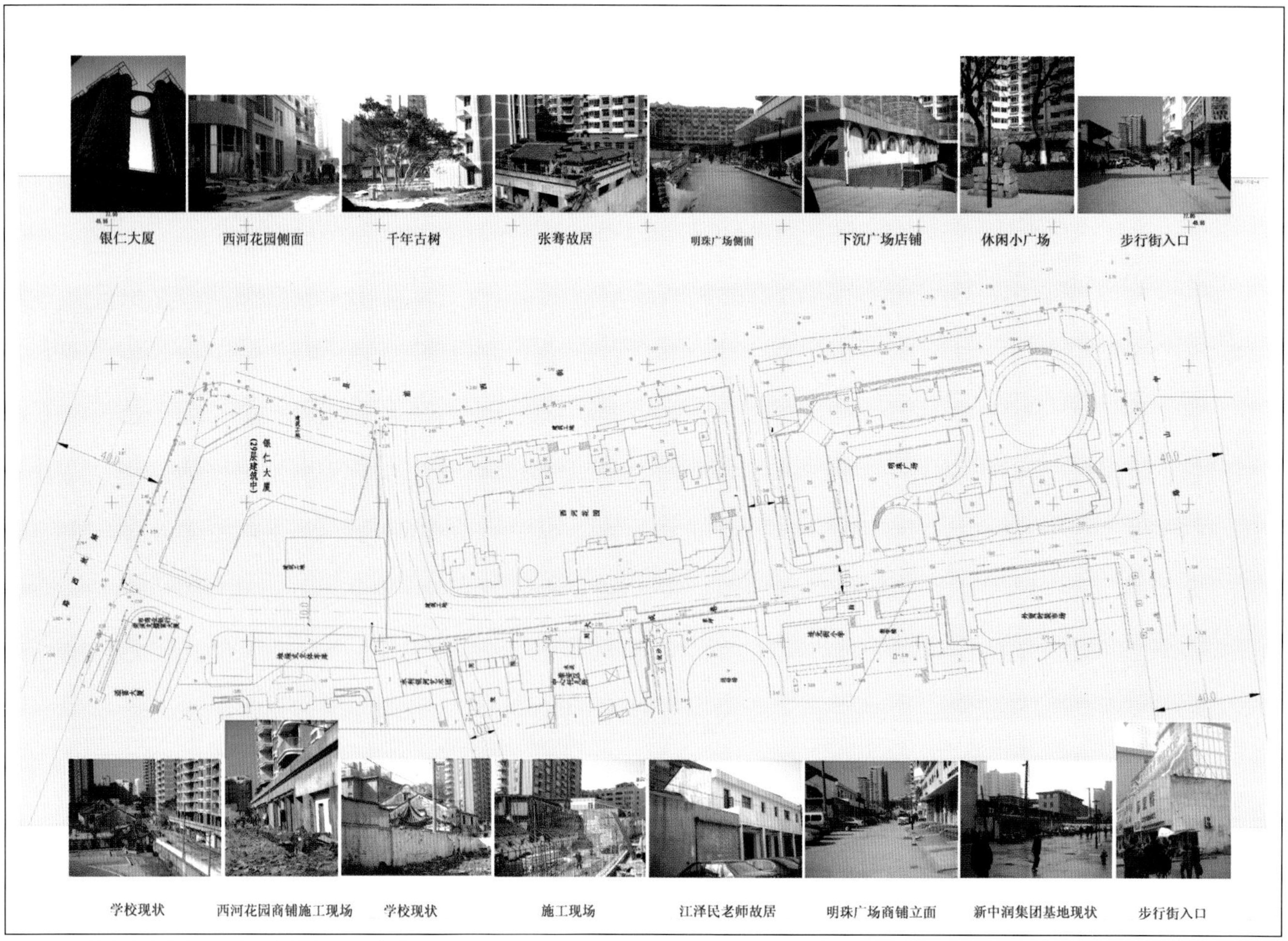

银仁大厦
西河花园侧面
千年古树
张骞故居
明珠广场侧面
下沉广场店铺
休闲小广场
步行街入口
学校现状
西河花园商铺施工现场
学校现状
施工现场
江泽民老师故居
明珠广场商铺立面
新中润集团基地现状
步行街入口

图8-1 无锡市大成巷商业步行街设计方案(步行街现状图)

总平面图 1：300

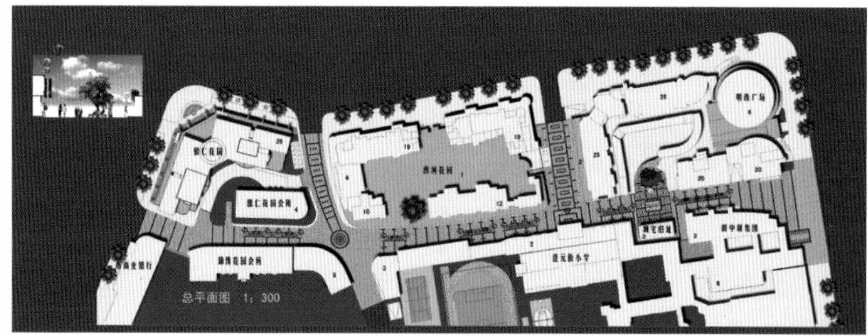

图8-2 无锡市大成巷商业步行街设计方案(步行街总平面图)

步行街构思分析图
步行街人流分析图
步行街景观分析图

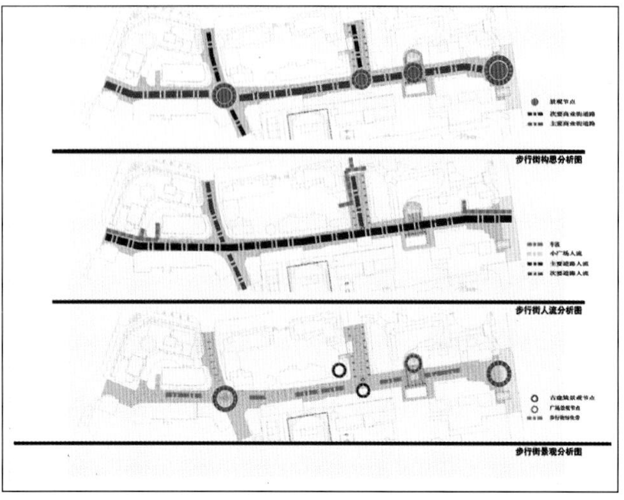

图8-3 无锡市大成巷商业步行街设计方案

(步行街构思分析图、人流分析图、景观分析图)

图8-4 无锡市大成巷商业步行街设计方案(步行街沿街立面图 南、北沿街立面)

图8-5 无锡市大成巷商业步行街设计方案(东端入口店面改造)

图8-6 无锡市大成巷商业步行街设计方案(中段绿地)

图8-7 无锡市大成巷商业步行街设计方案(中段店面 西河花园店面改造)

图8-8 无锡市大成巷商业步行街设计方案(步行街东端效果图 新中润广场效果图)

图8-9 无锡市大成巷商业步行街设计方案(步行街中段效果图 连元街小学沿街效果图)

图8-10 无锡市大成巷商业步行街设计方案(步行街西端效果图 文化局建筑沿街效果图)

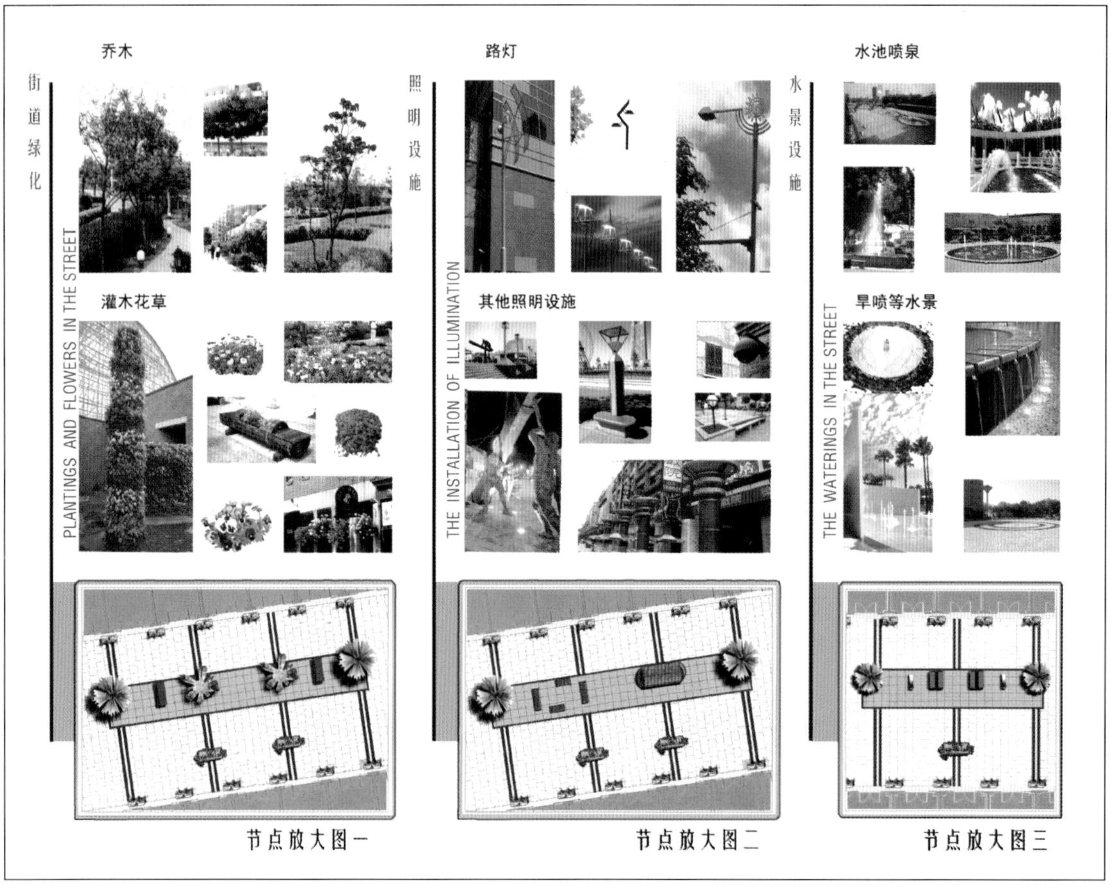

街道绿化

PLANTINGS AND FLOWERS IN THE STREET

乔木

灌木花草

节点放大图一

照明设施

THE INSTALLATION OF ILLUMINATION

路灯

其他照明设施

节点放大图二

水景设施

THE WATERINGS IN THE STREET

水池喷泉

旱喷等水景

节点放大图三

图8-11 无锡市大成巷商业步行街设计方案(步行街若干铺装节点图、街具设施意向图 植物、水景、照明设施)

图8-12 无锡市大成巷商业步行街设计方案(步行街街具小品意向图 座椅、垃圾箱、电话亭、购物亭、雕塑等)

二、个人成果

参加毕业设计的每位同学的工作量，既包括集体分工统一完成的内容，又有学生独自完成的内容。下面介绍王杉同学的工作内容。王杉同学负责完成的集体图纸包括基地概述、设计说明、总平面图、步行街道路标高及剖面图、步行街绿化分布图、步行街售货亭座椅分布图、步行街照明设施分布图、步行街若干铺装节点图、街具设计（售货亭、花池、广告牌）等。王杉同学独自完成的个人设计内容包括网吧、咖啡厅的室内设计（图8—13、8—14）。

王杉同学平时学习认真主动，能熟练运用基础知识，全面完成任务；能协助指导老师做好小组的协调管理工作，履行组长的责任；王杉同学还能熟练翻译专业外语，熟练运用电脑，图面效果较好。

王杉同学的设计有明确的构思，有较好的深度，涉及范围亦较广；王杉同学制图清晰，工作量饱满，图面质量较好；在整个毕业设计过程中，态度端正，刻苦努力。设计中的主要不足之处在于：街具设计尚缺乏统一感；彩图中没有提供室内设计的平面图、平顶图、立面图和剖面图。

在毕业设计答辩时，王杉同学能在规定时间内完成介绍，方案介绍清晰，语言流畅，回答问题简要准确，效果较好。

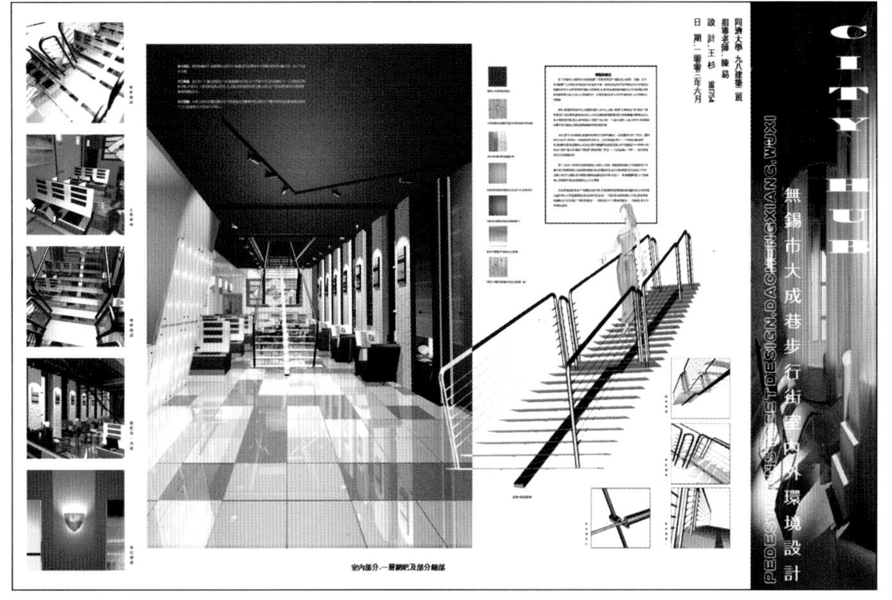

图8—13 一层网吧室内设计图及部分细部处理图

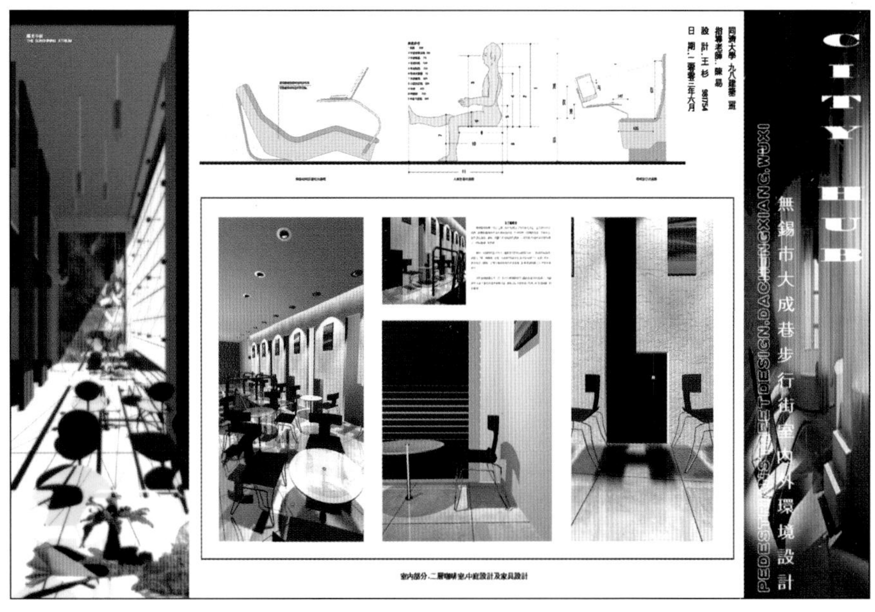

图8—14 二层咖啡室、中庭室内设计及家具设计

后 记

忙碌了一年半，终于看到了胜利的曙光。

这次编撰《室内设计》一书，为了完整体现教学目标，我们将历年做过的课程题目进行了梳理和精选，从而确定了本书的框架。其宗旨是通过这些不同的课题，使学生对室内设计的主要内容有一全面的认识；学习设计中不同的研究分析方法；理解方案设计应有的深度，掌握方案的表现手法，从而全面提升学生的创造能力。

每当整理这些学生作业，不禁使我们想起来增祥教授、庄荣教授对我们的教诲，现在这个课程构架就是当年由他们创立的；当然，这些教学成果也离不开同济大学建筑与城市规划学院、建筑系领导们的支持，同时也凝聚了我们教学同仁的辛勤劳动，在此向他们表示衷心的感谢；此外，辽宁美术出版社的领导和编辑也对本书的出版提供了大力支持，在此也表示由衷的谢意。

一年半以来，虽然我们竭尽全力，但由于有的资料已经遗失，或没有电子文档，再加上时间和水平有限，本书一定存在这样或那样的不足，恳请同行不吝赐教。

希望本书能对我国室内设计教学的发展具有一定的参考价值。

本书编写的具体分工为：绪论、第一、第二、第六、第七章由阮忠编写，第三、第四、第五章由黄平编写，第八章由陈易编写。

编者

2007年2月27日

DESIGN AND APPLICATION

03

城市广场设计

文增著　编著

目 录

绪 论

城市的发展离不开城市广场，因为城市广场在城市中具有特殊的地位，它既是城市对外开放的窗口，又是城市整体形象及面貌的客观反映。现代社会正在由工业文明向生态文明高速地转化着，可持续发展思想在世界范围内得到共识，已成为各国发展决策的理论基础。因此，在这一背景下，城市广场设计的成功与否，直接关系到城市整体形象的提升和城市现代化、国际化的发展进程。所以，对城市广场设计这一课题的探讨与研究显得尤为重要。

本人编写此书基于两方面考虑,一方面是我国城市广场设计目前还存在着许多不尽如人意的地方,往往表现为：城市规划设计、建筑设计、环境艺术设计三者之间各唱各的戏，相互冲突。笔者认为城市广场设计是一综合的系统工程，它不仅包括城市规划、建筑设计和环境艺术设计，而且还包含了环境行为心理学、人机工程学及环境保护等自然科学和社会科学涉及的所有研究领域。另一方面,此书尝试打破传统的教学方法,通过从理论到实践,从启发式到讨论式的一整套循序渐进的教学方法，培养学生的设计思维方法以及观察事物的准确性,如何发现问题和解决问题的办法,使学生毕业后能够独立胜任实际工作,成为国家优秀的复合型设计人才。基于此，本人力求将与城市广场设计相关的学科联系起来，从整体角度进行研究并结合课堂教学讲义，整理和收集了大量的学生作业，根据实践经验，以现代环境科学研究成果为指导，对城市广场设计进行了总结和探讨，希望以此能整理编写出一本体系相对科学完整、内容较为丰富翔实的城市广场设计教学参考书。

该书共分为六章，其中第三、四、五章是全书的重点。第三章和第四章着重阐述了城市广场设计和城市广场客观要素设计的基本原理，有助于学生按照正确的理论进行广场设计。第五章是根据教学实践，以理论讲授、课堂教学要求、教学计划及学生作业——从草稿到完成的整体过程为依据而编写。希望通过推出这一新的教学方法，起到抛砖引玉的作用，能够对广大读者有所帮助。第六章是结合国内外广场设计的实例,对城市广场空间设计的特点进行分析和总结，着力讲述如何才能更好地创造理想的广场空间，最终实现城市广场设计与所处环境的和谐统一。在此值得一提的是，历届环境艺术系本科学生经过在校努力学习，均给此书留下了勤勉的作业。另外，还要感谢文蕾同学为本书拍摄了大量国外城市广场照片，并帮助绘制插图、整理图片等。对辽宁美术出版社的关心和支持也深表谢意。

因时间仓促和学识有限，难免有片面与不当之处，望多多谅解。

第一章

城市广场的定义与分类

本章要点

- 广场的起源及定义
- 广场的分类
- 广场的性质
- 广场的组成形式

第 1 节 广场的起源及定义

欧洲“广场”源于古希腊，最初广场的出现,是由各种建筑物围合而成的一块空旷的场地或是一段宽敞的街道。据史料介绍：广场应始于公元前5世纪，成型于公元前2世纪前后。当时广场的功能主要是人们进行集会和商品交易，其形式较杂乱，很不规则。此后，经过逐渐演变为城市生活中心，成为人们当时进行约会、交友、辩论、集会的场地，同时也是体育、节庆、戏剧、诗歌、演说等比赛的舞台。广场成为当时城市的象征。

如著名的雅典卫城，其形式顺自然地形演变而成，呈不规则形。在功能上，是当时的市政机构向公民宣读政令、公告和公民集聚议论政事的场所，也是人们从事商品交换的集市。

由于历史和文化背景的不同，我国古代城市广场与欧洲城市传统意义上的那种称为“市民中心”的城市广场有很明显的区别。我国古代城市广场的起源可追溯到原始社会，如半坡村人将小型住宅沿着圆圈密集排列形成一块中间空地，即广场的雏形。

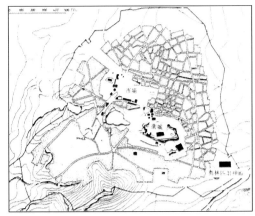

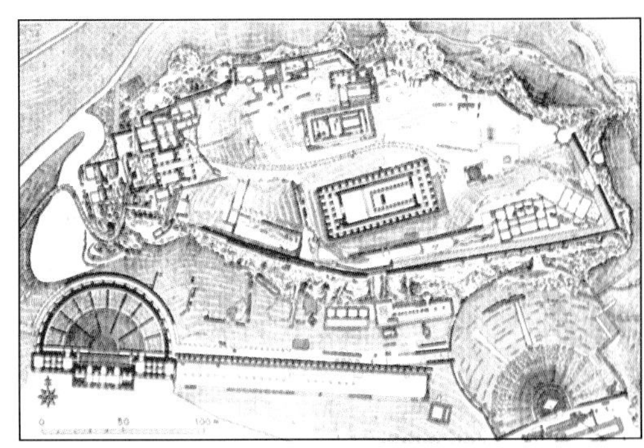

雅典卫城平面图

我国原始社会半坡村部落

雅典卫城

第 2 节　城市广场的分类

一、按广场性质和功能分类

按照城市广场的性质可分为：集会游行广场、纪念广场、休闲广场、交通广场和商业广场等。但这种分类是相对的，现代城市广场许多是多功能复合型广场。

1.集会游行广场

早在古希腊时期就出现了集会游行广场，例如，古希腊的纪念性神庙建筑和雅典卫城，既是祭祀神灵的殿堂，又是公共集会的场所。再例如，古希腊的政治集会广场阿戈拉和意大利罗马集会广场，构成了古代都市政治、经济、宗教活动的中心，国民可以在此参加游行集会、发表演说等活动。阿戈拉广场由许多与建筑物相连的柱廊环抱形成四边形，是世界闻名的古建筑环境之一。

集会游行广场，一般位于城市主要干道的交会点或尽端，便于人们方便到达。广场周围大多布置公共建筑，除了为集会、游行和庆典提供场地外，也兼有为人们提供旅游、休闲等活动的空间。平时又可起到组织城市交通的作用并与城市主干道相连，满足人流集散需要。但一般不可通行货运交通、设摊位进行商品交易，以避免影响交通和噪音污染。广场上通常设绿地，种植草坪、花坛，形成整齐、优雅、宽旷的环境。例如北京天安门广场、苏联莫斯科红场。

1. 天安门
2. 毛主席纪念堂
3. 人民英雄纪念碑
4. 人民大会堂
5. 革命历史博物馆
6. 正阳门
7. 箭楼

北京天安门广场平面图

宽敞开阔的某市政广场

苏联莫斯科红场

2.纪念广场

从文艺复兴盛期到巴洛克风格晚期（16世纪至18世纪），对广场的观念和广场的建造有了根本性的改变。这时期，广场的修建充分体现了君权主义的建筑思想，表达了对君主专制政权的服从，广场成为统治者个人歌功颂德的场地，纪念广场得以发展。历史上的城市纪念广场，可以说一开始就是当权者控制的舞台，同时这个舞台也真实地记录了一个城市的政治与社会变迁的历史。现代城市的纪念广场多以历史文化遗址、纪念性建筑为主，或在广场中心建立纪念物，如纪念碑、纪念塔、纪念馆、人物雕塑等，供人们缅怀历史事件和历史人物。纪念广场因其性质决定，从而必须保持环境幽静，所以，选址应考虑尽量避开喧闹繁华的商业区或其他干扰源。纪念广场一般宜采用规整形，应有足够的面积和合理的交通，与城市主干道相连，保证广场上的车辆畅通无阻，使行人与车互不干扰，确保行人的安全。广场还应有足够的停车面积和行人活动空间。主题性纪念标志物应根据广场的面积确定其尺寸的大小。广场在设计手法、表现形式、材质、质感等方面，应与主题相协调统一，形成庄严、雄伟、肃穆的环境。例如：气势磅礴、雄伟壮观的法国皇家广场及位于南锡的斯塔尼斯拉斯广场。斯塔尼斯拉斯广场建于1761年至1769年，由路易十五的岳父、波兰国王洛兰公爵斯塔尼斯拉斯主持建筑的皇家广场。19世纪时改以建造者的名字命名，并以其雕像取代了路易十五的雕像。同样，巴黎旺多姆广场是以纪念路易十四为主题而建的纪念广场。

巴黎旺多姆广场，为了表达对君主专制政权的服从，广场中心建立路易十四的雕像

奥地利纪念性广场

米兰教堂前广场

ENVIRONMENTAL DESIGN

德国纪念性广场

欧洲某纪念性广场

意大利威尼斯圣马可广场，建于 14~16 世纪，是一个由三个梯形空间组成的复合广场，广场宽旷的空间为市民提供了集会的场所

ENVIRONMENTAL DESIGN

3.休闲广场

休闲广场是集休闲、娱乐、体育活动、餐饮及文艺观赏为一体的综合性广场。欧洲古典式广场一般没有绿地，以硬质铺地为主。现代城市休闲广场体现人性化，遵循“以人为本”的原则，以绿为主，给人以静谧安逸之感。合理的绿化，起到了遮阳避雨、减少噪音污染的作用，改善广场小气候。走进广场人们仿佛置身于森林、草原、湖泊之中。只见天空风筝争奇斗艳，水池中各种鱼儿欢快地游玩，绿阴下，长凳旁，人们愉快地交谈着。形成了人与自然相互交融的城市风景画。广场中应设置各种服务设施，如厕所、小型餐饮厅、电话亭、饮水器、售货亭、交通指示触摸屏、健身器材等。还应设置园灯、椅子、遮阳伞、果皮箱、残疾人通道，配置灌木、绿篱、花坛等，处处体现以“人”为中心，时时为“人”服务的宗旨。利用地面高差，绿化，雕塑小品，铺色彩和图案地等多种设计组合，进行空间的限定分割，达到空间的层次感，以满足不同文化、不同层次、不同习惯、不同年龄的人们对休闲空间的要求。许多广场常与公园绿地相通，交相辉映。广场尺寸不宜过大，如果尺寸不当就很难达到好的艺术效果，同时也会使广场缺乏活力和亲和力。

北京西单文化广场，广场总占地面积2.2万平方米，其中广场占地1.5公顷，绿化面积占70%。合理科学的设计，最大程度地减缓了交通压力，广场为三层复合式，采用地下、地面、地上三层通道空间将地铁与公共汽车站相连接，使在广场休闲的人们不受交通和噪音的干扰。

新西兰奥克兰女王广场，建座椅等公共设施，体现“以人为本”的设计理念

意大利威尼斯圣马可广场，以石材铺地，广场中间无绿化，但人与鸽子在广场中和谐相处，构成了广场景观的重要组成部分

ENVIRONMENTAL DESIGN

北京西单文化广场是典型的集绿化、休闲、交通为一体的综合性广场

北京西单文化广场雕塑

北京西单文化广场，采用地下、地面、地上三层空间，减缓了交通压力，为人们创造了舒适安全的休闲空间环境

北京西单文化广场，合理的绿化，不仅起到了装饰美化广场的作用，而且还起到了减少噪音污染、改善广场小气候的作用。为广场休闲的人们提供了良好的空间环境

ENVIRONMENTAL DESIGN

鞍山站前广场是以购物、娱乐为主的休闲广场，占地面积为34600平方米，其中绿化覆盖面积为2400平方米。广场中央为造型新颖的装饰雕塑，排列整齐的树阵和座椅，为人们休闲撑起一把把遮阳伞。增强了人与自然的亲和力，充分体现了“以人为本”的设计原则，最终达到尊重并满足人的生理及心理上的需求

德国斯图加特商业街休闲广场

奥克兰　New-Manket商业街休闲广场

丹东市站前广场，起到了多种交通会合与转换的作用，并为旅客提供了休息的空间环境

中国某交通广场，可以看出，交通广场是城市交通的命脉

4.交通广场

交通广场是城市交通系统的重要组成部分，是连接交通的枢纽。例如，环形交叉广场、立体交叉广场和桥头广场等，其主要功能是起到合理组织和疏导交通的作用。设计交通广场时，既要考虑美观又要观照实用，使其能够高效快速地分散车流、人流、货流，保证广场上的车辆和行人互不干扰，顺利和安全地通行。广场尺寸的大小，取决于交通流动量的大小，交通组织方式和车辆行驶规律等。20 世纪欧洲城市广场较侧重于考虑交通的便利，广场起到了改变城市交通结构，使之成为网状交通的作用。

交通广场可分两类，一类是起着城市多种交通会合和转换作用的广场，如站前广场是综合火车、公交车、长途客车、出租车、私人车辆及自行车等诸多交通工具的换乘枢纽。如何处理好人流、车流的中转，是一个重要的问题。因此，应尽量将人行道与车行道分离，确保行人安全、车辆畅通无阻。设置交通指示标牌、道路交通标线等交通诱导系统，快速分流车辆。站前广场的交通秩序主要取决于各类停车场规划的好与坏。应将停车场设置在广场的外围，站前空地作为行人广场，避免车与人相互干扰，发生交通堵塞。广场的面积大小取决于车辆和行人的数量。站前广场是一个城市的窗口，也是一个城市的标志，反映了一个城市的整体形象，因此，交通广场的设计起着重要作用。广场应与周围建筑相协调、相配合，使其具有表现力，使人们留连忘返，留下深刻而美好的印象。

ENVIRONMENTAL DESIGN

另一类是由城市多条干道交会处所形成的交通广场。这种交通广场起着向四面八方高效分流车辆的作用，所以，设计广场道路的宽窄、转角时要科学、合理，确保车辆的安全行驶。由于其往往位于城市的主轴线上，也就决定了它的造型、绿化等美观问题的重要性。绿化设计应采用矮生植物和花卉为主（北方城市最好采用四季长青植物，在冬季也能有较好的装饰作用），保证驾驶员的视野开阔。除了配以适当的绿化装饰外，还可以设置有鲜明代表性的地域性标志建筑、雕塑并配置喷水池等。

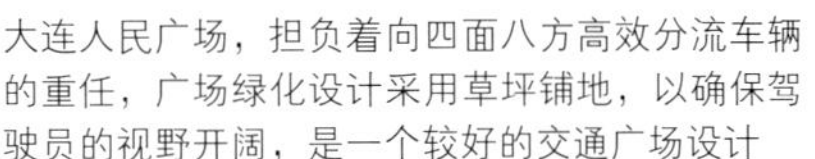

大连人民广场，担负着向四面八方高效分流车辆的重任，广场绿化设计采用草坪铺地，以确保驾驶员的视野开阔，是一个较好的交通广场设计

大连中山广场与法国巴黎星形广场的设计相似。以中山广场为中心，由多条道路向周围辐射组成，起到了快速分流，保证车辆畅通无阻的作用，将城市交通网络有机地组合在一起

鞍山站前商业广场的设计，既可供观赏，还方便了人们在附近购物、候车、小憩

哈尔滨市建筑艺术广场以圣索菲亚教堂为中心，视野开阔，它独有的魅力，吸引了很多人

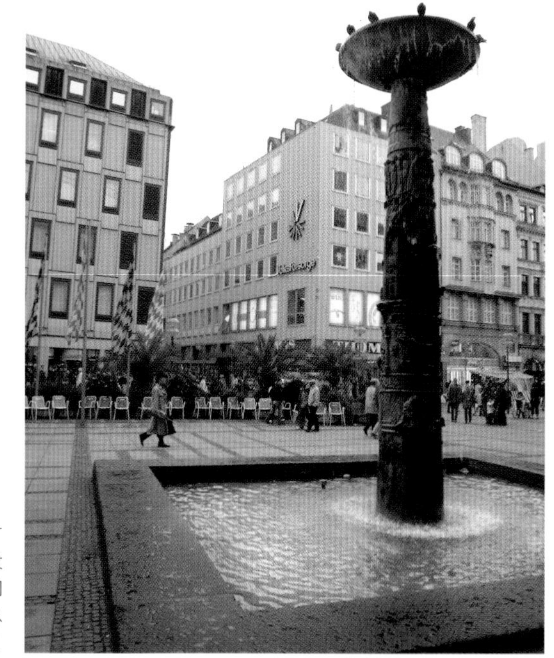

欧洲商业广场座椅的设置，为人们购物后休息提供了方便

5.商业广场

商业广场是指位于商店、酒店等商业贸易性建筑前的广场，是供人们购物、娱乐、餐饮、商品交易活动使用的广场，其目的是为了方便人们集中购物。它是城市生活的重要中心之一。广场周围的建筑应该以其为核心，这样不但可以使整个商业广场凝集人气，还可以显示整条商业街欣欣向荣的景象。

商业广场的交通组织非常重要。交通犹如城市的大动脉，应考虑到由城市各区域到商业广场的“方便性”、“可达性”。广场周围的交通应四通八达。为了避免广场受到机动车的干扰，保证人们在购物前后有个安静舒适的休息环境，可设地下车道，并与广场周围车道相连接。保证人流、货运通道、公交车通道、消防车通道、私家车及各种其他机动车通道等不同性质的交通流动线分区明确、畅通无阻，以满足人们对现代生活的快节奏的需求。可以说商业广场是一座城市商业中心的精华，直接反映了城市经济、文化发展的水平。商业广场的花草树木的配景也不容忽视，合理的草木设置不仅能丰富城市的节令文化，而且增加了城市的趣味。广场环境的美化程度好与坏是设计中重点考虑的因素。可以将自然景观引入到广场设计当中，例如大量引入树木、花卉、草坪、动物、水等自然景观。当然，公共雕塑（包括柱廊、雕柱、浮雕、壁画、小品、旗帜等艺术小品）和各种服务设施也是必不可少的。优秀的设计可以创造出各种宜人的景象，使人们驻足停留，乐在其中、轻松享受安逸的休闲时光，从而形成一个生机勃勃的城市商业休闲空间。

商业广场的“亮化”，是广场景观的延伸。“亮化”可以使商业广场的夜景空间富有层次感，并且达到重点突出的目的。五彩缤纷的广场夜景，使城市商业中心的繁华得以充分地展现，也营造了人们活动与交往的空间，丰富了人们“夜生活”文化。

ENVIRONMENTAL DESIGN

大型繁华商业区广场

欧洲某商业广场的星期天
很多欧洲广场在周日设置临时花市，供人们在休闲时观花和购花

美国加州某商业街广场

德国柏林某商业广场，为人们提供了一处以喷水池为中心的休憩场所

ENVIRONMENTAL DESIGN

巴黎星形广场是由多条街道交会的巴黎凯旋门

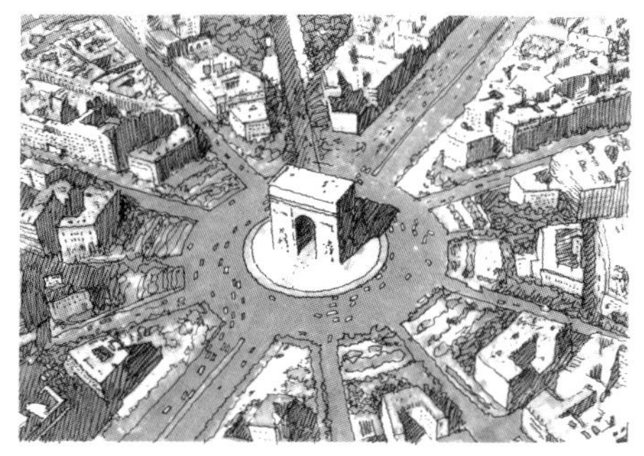

意大利西耶那市政厅广场，呈半圆形

二、按广场平面组合形态分类

广场形成的形态，因受观念、历史文化传统、功能、地形地势等多方面因素的不同影响，所以，形成的形态也不同。广场的形态可分三类：一类是规则的几何形广场，二是不规则的广场，三是复合型广场。

1.规则的几何形广场

规则的几何形广场包括方形广场（正方形广场、长方形广场）、梯形广场、圆形（椭圆形、半圆形）等。规则形状的广场，一般多是经过有意识地人为设计而建造的。广场的形状比较对称，有明显的纵横轴线，给人们一种整齐、庄重及理性的感觉。有些规则的几何形广场具有一定的方向性，利用纵横线强调主次关系，表现广场的方向性。也有一些广场以建筑及标识物的朝向来确定其方向。例如天安门广场通过中轴线而纵深展开，从而造成一定的空间序列，给人们一种强烈的艺术感染力。

巴黎协和广场是巴黎最大的广场，位于巴黎主中轴线上。广场中间竖立了一座高 23 米，具有三千三百年历史的埃及方尖碑，四周的八座雕塑，象征着法国八大城市。中世纪意大利西耶那市政厅广场，广场呈半圆形，从 13 世纪起经过对景观不断的改造，使得广场典雅大方，驰名世界。

巴黎星形广场，修建于 19 世纪中叶。围绕著名的凯旋门一周并以其为中心，由 12 条道路向四周辐射组成。因其从空中鸟瞰，形如星状，所以称为星形广场。每当夜幕降临，这里将燃起不灭的火焰，以此来纪念法国大革命。沈阳五彩斑斓的市政府广场将金碧辉煌的文化路立交桥、宽广的黄海路贯穿为一体，形成沈阳的亮点。

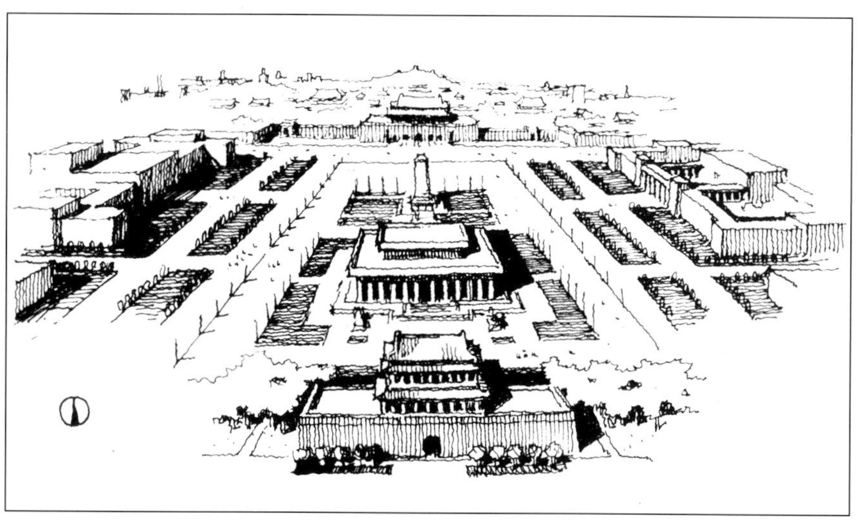

北京天安门广场形状呈方形，通过中轴线而纵深展开，创造出一系列空间环境

ENVIRONMENTAL DESIGN

广场形状呈圆形
的欧洲某广场

几何化规则形广场

欧洲圆形广场

ENVIRONMENTAL DESIGN

俯瞰圣马可广场

2.不规则形广场

不规则形广场，有些是人为的，有意识地设计的，是由广场基地现状、周围建筑布局、设计观念等方面的需要而形成的；也有少数是非人为设计的，是人们对生活不断的需求自然演变而成的。广场的形态多按照建筑物的边界而确定。位于地中海沿岸的阿索斯广场，顺自然地形演变而成，呈不规则梯形。

被全世界人们称作欧洲客厅的威尼斯圣马可广场，充满了人情味。可人的尺度及不规则的空间使人们感受到舒适与亲切。

大连虎雕广场，是辽宁省著名景点之一。广场中央是以形态各异的群虎雕塑为主体。广场呈不规则形，给人们一种新颖奇特的感觉。

大连虎雕广场，是辽宁省著名景点之一。广场中央是以形态各异的群虎雕塑为主体。广场呈不规则形，给人们一种新颖奇特的感觉

ENVIRONMENTAL DESIGN

被全世界人们称作欧洲客厅的威尼斯圣马可广场，充满了人情味。可人的尺度及不规则的空间使人们感受到舒适与亲切

广场形状呈方形

中国济南泉城广场，是复合型广场，图为主广场局部

3.复合型广场

复合型广场是以数个单一形态广场组合而成，这种空间序列组合方法是通过运用美学法则，采用对比、重复、过渡、衔接、引导等一系列处理手法，把数个单一形态广场组织成为一个有序、变化、统一的整体。这种组织形式可以为人们提供更多的功能合理性、空间多样性、景观连续性和心理期待性。在复合形广场一系列空间组合中，应有起伏、抑扬、重点与一般的对比性，使重点在其他次要空间的衬托下，得以足够的突出，使其成为控制全局的高潮。复合型广场占地面积及规模较大，是一个城市中较重要的广场。例如大连胜利广场，占地面积147000平方米，中心广场北部为娱乐广场，南部为体育场。在处理手法上将主广场与子广场串联融合，体现了空间、视觉和功能的效果转化。兴城市中心广场，占地52800平方米，绿地面积18646平方米。中心广场是由广场的演出台、兴城市标志性建筑、广场音乐观水台、光之路、健身场、休息区、绿化景观区等部分组成。全新的设计理念，成功地将美丽的兴城景色如诗如画般地展现在人们面前。

欧洲某复合型广场，采用重复的组织手法，形成有序的空间组合

欧洲某复合型广场，主次空间组合得当

ENVIRONMENTAL DESIGN

欧洲某复合型广场，采用对比、重复、引导等一系列手法，体现空间和视觉效果的转化，将主广场推向高潮

组合有序的欧洲某复合型广场

欧洲某复合型广场，由数个不同广场空间形态串联而成，体现了复合型广场空间的多样性

ENVIRONMENTAL DESIGN

三、按广场的组成形式分类

广场的组成形式可分为平面型和立体型。平面型广场在城市空间垂直方向没有高度变化或仅有较小变化，而立体型广场与城市平面网络之间形成较大的高度变化。

1.平面型广场

传统城市的广场一般与城市道路在同一水平面上。这种广场在历史上曾起到过重要作用。此类广场能以较小的经济成本为城市增添亮点。

奥地利某广场

新西兰 Albert Park 广场

新西兰 Albert Park 广场

某平面型广场

ENVIRONMENTAL DESIGN

欧洲某平面型广场

葫芦岛市某居民小区广场

欧洲某广场，采用简洁的形式，创造了宁静优雅的空间环境

ENVIRONMENTAL DESIGN

2.立体型广场

今天的城市功能日趋复杂化，城市空间用地也越来越趋于紧张。在此情况下，设计家开始考虑城市空间的潜力，进行地上、地下多层次的开发，以改善城市的交通、市政设施、生态景观、环境质量等问题，于是就有了立体型广场的出现。由于立体型广场与城市平面网络之间高度变化较大，可以使广场空间层次变化更加丰富，更具有点、线、面相结合的效果。立体型广场又分为上升式和下沉式广场两种类型。

(1) 上升式广场 上升式广场构成了仰视的景观，给人一种神圣、崇高及独特的感觉。在当前城市用地及交通十分紧张的情况下，上升式广场因其与地面形成多重空间，可以将人车分流，互不干扰，极大地节省了空间。

采用上升式广场，可打破传统的封闭感觉，创造了多功能、多景观、多层次、多情趣的“多元化”空间环境。

上升式广场的设计，采用多层次、多功能的空间环境组合，极大的节省了城市用地并使广场空间环境更富于变化

美国旧金山市中心高台式广场
美国旧金山广场，采用斜面阶梯将广场地面一步步举起，利用绿化构成一幅与自然相互融合的图画

济南泉城上升式广场

苏联卫国战争纪念广场
乌克兰卫国战争纪念广场，位于风景如画的基辅市郊，广场以纪念性雕塑为中心，广场气魄雄伟，在离城市很远的地方都可看到它，是典型的高台纪念型广场

ENVIRONMENTAL DESIGN

（2）下沉式广场 下沉式广场构成了俯视的景观，给人一种活泼、轻松的感觉，被广泛应用在各种城市空间中。下沉式广场为忙碌一天的人们提供了一个相对安静、封闭的城市休闲空间环境。下沉式广场应比平面型广场整体设计更舒适完美，否则不会有人愿意特意造访此地以及在此停留，所以下沉式广场舒适程度的好坏是非常重要的，应建立各种尺度合宜的“人性化”设施（如座椅、台阶、遮阳伞等），考虑到不同年龄、不同性别、不同文化层次及不同习惯人们的需求，建立残疾人坡道，方便残疾人的到达，强调“以人为本”的设计理念。下沉式广场因其是地下空间，所以要充分考虑绿化效果，以免使人感到窒息，产生阴森之感。应设置花坛、草坪、流水、喷泉、林阴道等。下沉式广场的可达性也是同等重要，应考虑到下沉广场的交通与城市主要交通系统相连接，使人们可以轻松地到达广场。例如大连胜利广场，占地面积147000平方米，呈下沉式主广场与平面子广场串联成一体，形成了序列性空间，体现了空间、视觉和功能的效果转换，给人以耳目一新的感觉。

利用台地、水体、绿化的交叉变化，给活动于其中的人们以安静、舒适之感

此下沉式广场，利用向心形图案铺地，不但产生很强的内聚力，还使简单的形态感觉上更为丰富

ENVIRONMENTAL DESIGN

下沉式广场，不仅与城市主体空间垂直方向形成较大的落差，而其重点在于利用广场多种元素，如喷泉、叠水、草坪、台阶、林阴步道等组合，营造出丰富多彩的可人的城市空间环境

第二章

中西方历史城市广场空间形态的发展过程

本章要点

- 欧洲城市广场的发展
- 中国古代城市广场的发展
- 广场未来发展趋势

第 1 节 欧洲城市广场的发展过程

在公元前750~前800年，古希腊的城市就已形成。随着社会生产力的发展、城市的形成和社会分工的出现，城市居民需要特定的空间去进行交易、集会和思想文化交流，促使城市广场不断向前发展。广场同时承担了商贸、集会、宗教仪式等活动。到了古罗马时期，广场的建设达到了一个高峰，广场的类型逐渐多样化，在内容和形式上不仅继承了古希腊城市广场的传统，而且在其城市性方面更有所发展。广场的建筑更强调了人们用来进行商品交易的市场、举行宗教仪式活动的神庙及各类市政机构用于处理政务的建筑。而这些构成广场外围界面的建筑物或构筑物，本身又是连接周围街坊的重要组成部分，例如典雅幽静的皇家广场,宏伟庄重的共和广场。广场的类型同时也出现了方形、圆形等规则形广场。欧洲广场由最初的宗教中心发展为集商业、文化、休闲、景观、集会、表演等多功能为一体的综合性场所，但在

处理复合型广场空间上还存在着许多不足，城市广场与城市空间缺乏整体的联系性。

文艺复兴时期的广场，占地面积普遍比以往广场的占地面积要大，提倡人文主义思想，追求人为的视觉秩序和雄伟壮观的艺术效果。城市空间的规划强调自由的曲线形，塑造一种具有动态感的连续空间。这个时期的广场类型，多为对称式。根据文艺复兴时期的审美标准和设计原理，“利用几何形状、轴线和透视原理来‘规矩’原本不规则的空间，用柱廊等建筑词汇来统一广场外围的建筑立面，以及用雕像等来建立空间内的视线焦点（focal point）等”（引自叶珉《城市的广场》一文）。新建广场讲究采用三度空间的规律进行设计，即三一律。广场尺度的大小、景色的配合、周围建筑物的形式、格调要做到内外结合，虚实相济。广场的功能使用上表现为公共性、生活性和多元性。这一时期的杰出代表有意大利的西耶纳、佛罗伦萨和维罗纳等广场。

到了巴洛克时期，广场的设计理念发生了很大的变化。广场中央多设立雕塑、喷泉或方尖碑，更加强调空间的动态感觉。较为侧重考虑交通便利，城市广场的道路出口最大程度上与城市里的主要道路连成一体，广场不再单独附于某一建筑物群，而成为整个道路网和城市动态空间序列的一部分。例如罗马波波罗广场，广场呈长圆形，有明确的主轴和次轴线，中央建有方尖碑，与罗马的主要街道相连。这方面具有代表性的还有罗马圣彼得主教堂广场、法国南锡广场。

到了现代，由于社会生活方式的变化和经济技术水平的提高，人们对广场的依赖越来越强烈。并且今天的情况和以往有很大的不同，在人流、交通、建筑等方面都发生着质的变化。城市广场设计重视综合运用城市规划、生态学、建筑学、环境心理学、行为心理学等方面的知识，现代城市广场的发展追求功能的复合化、布局的系统化、绿化的生态化、空间的立体化、环境的协调化、内容与形式的个性化、理念的人性化。可以说城市广场代表一个城市的重要标志。

第 2 节　中国古代城市发展过程

我国城市广场发展较晚，由于历史文化背景不一样，广场的类型也不尽相同。广场的功能多为进行商品交易,根据《周礼·考工记》的记载：“匠人营国，方九里，旁三门，国中九经九纬，经涂九轨，左祖右社，前朝后市。”我国早在春秋战国时期就已有了较为完整的城市规划，形成了一整套基本布局的程式，对市场的规模和位置做出了严格规划。并且这种城市规划思想一直影响着古代城市广场的建设，例如，天安门广场在这方面具有代表性。早在明清时期天安门广场就按照礼制秩序将建筑群左右对称地布置在中轴线上，这种空间组合，起到了广场与建筑群之间相互对应、吸引、陪衬的作用。唐长安城的规划同样也是沿中轴线两边设有东市、西市。当时逛街是人们的一种休闲方式，街道空间也是人们作为交往活动的场所，也可以说早期的市场即广场的雏形。

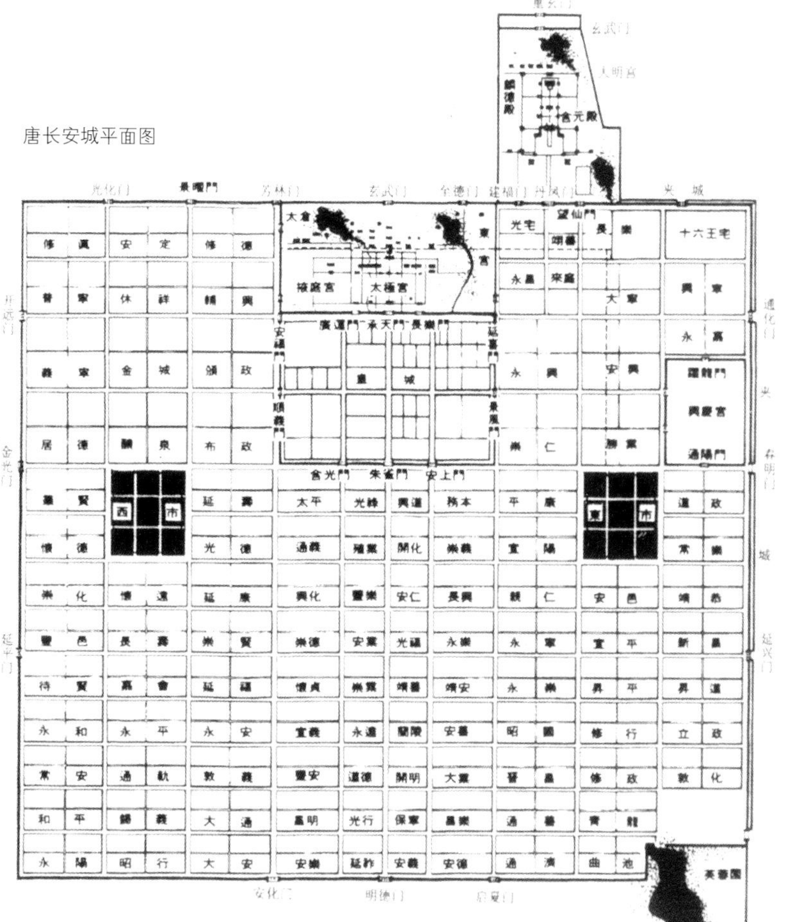

唐长安城平面图

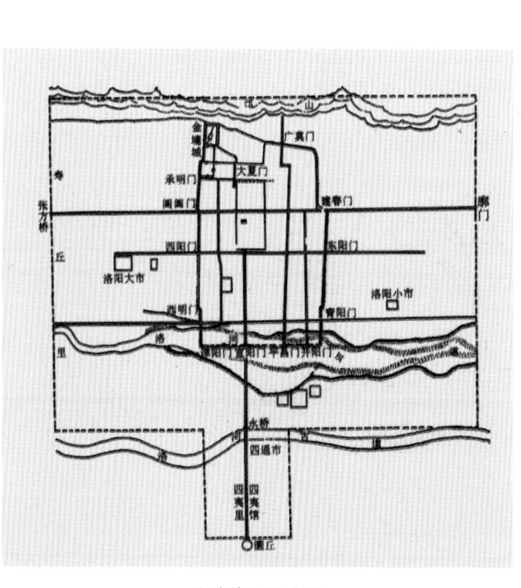

北魏洛阳平面图

第3节 城市广场未来发展趋势

根据联合国上个世纪末的预测，到本世纪世界人口将有一半居住在城市。世界上将出现20多个人口超过1100万的大城市，其中17个将在发展中国家。城市人口的迅速增长导致发展中国家大城市的不断增多，此外全球人口的膨胀，也为城市化迅速增长创造了外部条件。城市空间用地紧张及资源短缺，汽车等交通工具的日益增多并充斥整个城市通道，造成交通阻塞，空气污染严重，道路和停车场占地面积增大等一系列问题。不具特点的城市，使人们感到“千城一面，似曾相识”，单纯追求气派、宏伟、规整、几何形的大型广场和景观大道，试图以此解决社会问题，改变城市面貌，势必影响城市的活力和可持续性发展。美国简·雅歌布在《美国大城市的生长与消亡》一书中指出：“规划迄今为止最主要的问题，是如何使城市拥有足够的多样化性质。”城市广场作为城市整体空间环境中的重要组成部分，是一个城市的窗口和标志，直接反映一个城市特有的景观和文化内涵。广场的多样化和个性化是保持城市的生命力和可持续发展的关键。以往城市广场无论其功能、内容和形式都越发突显得跟不上历史前进的潮流，探索未来城市广场发展的趋势是全世界各个国家共同面对的重要研究课题。从城市广场发展方面看，未来的城市广场发展呈必然趋势：

一、城市广场空间多功能复合化和立体化

广场是多元文化的物质载体。而城市空间用地紧张，交通阻塞等问题的日趋严重化及人们在城市空间活动的舒适度需求指数的不断提高，越发突显城市空间潜力开发的紧迫性，利用空间不同形态和不同层面的垂直变化，如园林式、草坪式、下沉式、上升式、水景式，形成多层次复合式立体空间格局的广场，解决城市空间用地紧张、交通阻塞等问题，使人们在城市空间中获得自由、轻松、亲切感和活动的安全感。因为只有功能复合化和立体化，才能适应人们各种行为活动的需求，充分地体现对人的关怀。解决社会问题，使城市具有较强的吸引力。

二、城市广场类型多样化和规模小型化

城市广场设计将打破一座城市仅建设少量的大而空的广场的传统形式，通过增加广场的数量，满足各种不同文化、年龄和层次的人的各种各样的需要，以占地面积少的中小型广场唱主要角色，如街心广场、小型商业区广场、居民区广场等，由此使广场真正拉近与人们的距离。通过建设均匀分布的道路网络，方便人们从各个不同方向、距离到达广场。

三、追求城市空间的绿色生态化

由于城市人口的不断增长，形成了大量钢筋水泥林立的密集型高层住宅及高架桥，使得整个城市被水泥钢筋包裹着，城市空间拥挤不堪，令人窒息。人工建筑的比重日益增大，属于自然的成分逐渐减少，一座座高楼大厦令人骄傲的拔地而起却吞没了以往美丽的天际线；一条条宽阔马路的出现方便了人们交通的同时却拉开了人与人的距离，并以高速发展着，噪声、灰尘、汽车排出的尾气威胁着人们的健康，所以，人们越来越认识到人类在追求高度物质和精神文明的同时不可缺少绿色生态化和温馨的人性环境。追求城市空间的绿色生态化、人性化已成为全人类共同奋斗的目标，因此，作为城市空间中的“绿肺”——城市广场的规划和设计应努力追求在设计理念上应该尊重人性，从而重视自然、再现自然和创造自然。

四、保护历史文化传统　突出城市地域文化

保护地域历史文化传统特色，注重城市广场文化内涵并将其融入到设计构思中已成为城市可持续发展的重要条件，同时也是关系到一个城市是否能够长久繁荣昌盛的关键，因此，这是得到人们共识的设计方向。

第三章 城市广场设计的基本原则

本章要点

- 城市广场设计的基本原则是"以人为本"
- 关注人在广场空间中的行为心理
- 挖掘地域文化　彰显广场个性
- 走可持续发展之路
- 突出广场的主题思想

第1节 "以人为本"的原则

城市的发展，历经了中世纪、文艺复兴到工业革命的漫长的历程，城市广场的形式及其设计原则也一直伴随着城市社会生活的变迁不断地变化。以往中世纪的宏伟、庄严、象征中央集权政治和寡头政治的"君主权利至上"的设计方法，具有强烈秩序感的城市轴线系统，由宽阔笔直的大街相连接的豪华壮阔的城市广场，为极少数贵族们的生活带来了满足和快乐，也提供了一种前所未有的城市体验，当时的这种设计理念迎合了贵族和统治者的心理需求。到工业革命时期，由于城市经济功能的膨胀，"技术至上"的设计理念大行其道，使人们仅看重物质化的城市形态、结构和城市空间而忽视人的生活和情感需求，忘记了城市广场最终是城市人民的广场。城市广场的设计、布局、规模、设施及审美性均应以满足广大人民的需求为衡量标准。随着时代的进步，21世纪的设计理念更趋向于"以人为本"的设计原则，将尊重人、关心人作为设计指导思想落实到城市空间环境的创造中。

处处体现"以人为本"的广场设计

无障碍的小路设计

第 2 节　关注人在广场空间中的行为心理

人在广场空间中，其生理、心理与行为虽然存在个体之间的差异，但从总体上看是普遍存在共性的。美国著名心理学家亚伯拉罕•马斯洛关于人的需求层次理论认为："人类进步的若干始终不变的、本能的基本需要，这些需要不仅是生理的，同时也是心理的；人们对需求的追求总是从低级向高级演进，而最高的层次是自我实现和发展。"我们将这一理论概括起来可分四个层次：第一个层次是生理需要；第二个层次是安全需要；第三个层次是交往需要；第四个层次是实现自我价值的需要。马斯洛这一关于人的需求层次理论，为我们提出了人的重要性。城市广场设计是为人设计并为人所使用的，所以，应把"尊重人、关心人"作为城市广场设计的宗旨。那么，怎样满足各个层次人的需求呢，研究者认为，人的空间行为概括起来可分：

一、群聚性

人都愿意往人群中集中，不同文化、年龄、爱好的人相聚在一起，在广场空间中，人们可能出于同一行为目的或具相同行为倾向的人三三两两地聚集在一起。人活动时有以个体形式的出现也有以群体形式出现的，按人数分为：

1.个人独处　一人独处，活动范围小。如看书、休闲、健身等，个人独处一般需要相对较安静的空间。

2.特小人群　一般以 2~3 人为一群，活动范围较小，. 如下棋、谈话、恋爱、争斗、看书等，这部分人群占广场空间人数的多数。

3.小人群　3~7 人为一组，活动范围较大。如聚餐、祭祀、运动、小组活动等。

4.中等人群　7~8 人不超过 10 人，活动范围更大。如开会、聚餐、健身、娱乐等。

5.较大人群　几十人以上，一般多见于有组织的活动，如健身、开文艺晚会、商业促销等。

广场聚集的人群，各有不同的群体人数、组成方式、活动内容、参与程度、公共设施使用情况等。从活动的性质上分又分有目的和无目的、主动参与和被动参与，如在广场进行有目的的主动表演、集体健身等，跟随人群不知不觉介入，围观某一事情等。分析和研究人在广场空间中的行为心理，为我们设计提供了"以人为本"的依据。

在广场的绿阴下人们三三两两地聚在一起闲谈和乘凉

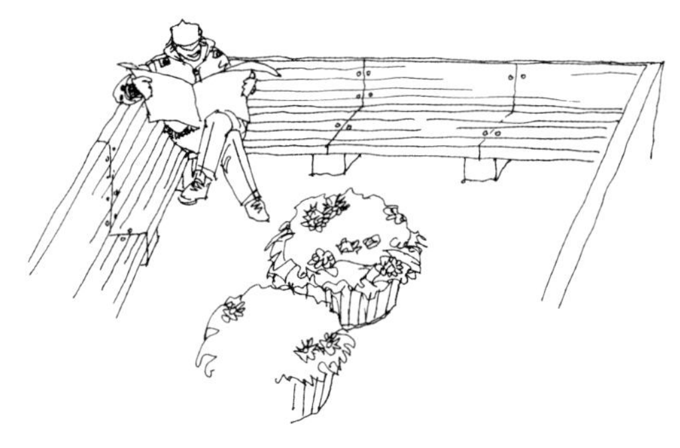

独处时人们喜欢在相对安静的地方驻留

ENVIRONMENTAL DESIGN

二、依靠性

人在环境中并不是均匀散布的存在，总是偏爱在视线开阔并有利保护自己的地方逗留，如大树下、廊柱旁、台阶、墙壁、建筑小品的周围等可依托的地方集聚，这一行为心理可能源于我们人类祖先，在野外活动时为了安全一般很少选择完全暴露的空间休息，他们或找一块岩石，或找一个土坡，或以一棵树木作为依靠。心理学家就人的“依靠行为”有更深刻的阐述：“从空间角度考察，‘依靠性’表明，人偏爱有所凭靠地从一个空间去观察更大的空间。这样的小空间既具有一定的私密性，又可观察到外部空间中更富有公共性的活动。人在其中感到舒适隐蔽，但决不幽闭恐怖。”因此，在广场设计中应充分考虑到人对空间“依靠性”的要求。使人们在广场空间中，坐有所依、站有所靠。

三、时间性

人在环境中的活动受到时间、季节、气候等方面的影响，通过观察可以发现，人们在空间中一天的活动变化、一周的变化乃至一年的变化，每个季节的差别都不一样。另外，人对时间的使用，还受到文化差异的影响，据研究显示：“美国文化中并无午睡的习惯，而西班牙人却要午睡几个小时。”时间要素会对人们的活动产生影响，如夏天的广场，烈日炎炎，人们尽量避开中午时间外出活动，一般利用早晚时间到广场散步和锻炼。在烈日下，人们都躲避在有遮阴的地方休息。在数九严寒的冬季，人们又都愿意逗留在温暖的阳光下。忙碌了一天的人们，到了夜晚在广场柔和的灯光下翩翩起舞。所以，我们在设计时，根据人的心理需求，尽可能地使广场具有舒适性、安全性，满足人们在时间上的各种需求。

一面墙作为依靠

一根柱子作为依靠

以树或建筑物为依靠

人在外部空间环境中的依靠性示意图

ENVIRONMENTAL DESIGN

在吧台，陌生人之间都愿意相互保持距离

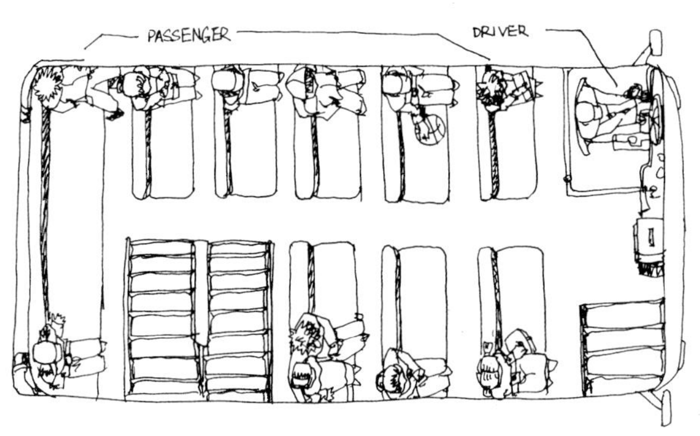

公共汽车中，人较少时，人们会如图而坐

停留在电线上的小鸟，彼此之间也都保持一定距离

个人空间限定示意图

四、领域性

领域性是人类和动物为了获得食物和繁衍后代等对空间的需求特征之一。人类和动物从占有领域的方式和防卫的程度及形式上都有着本质上的区别，人类的领域性不仅体现生物性而且体现社会性，如人类除了对生存需要、安全需要外，更需要进行社交，得到别人的尊重和自我实现等。在环境中领域的特征和领域的使用范围也比动物复杂得多。奥尔特曼认为：“领域表明了个体或群体彼此排他的、独立的使用区域。”阿尔托曼也对领域提出了定义：“领域性是个人或群体为满足某种需要，拥有或占用一个场所或一个区域，并对其加以人格化和防卫性的行为模式。”综上所述，领域具有排他性、控制性和具有一定的空间范围。如人们愿意与亲人及朋友拥有一个相对安静并且视野开阔的半封闭的空间领域相聚，借以增加亲和的气氛，避免完全暴露在无遮挡的空间领域，受到陌生人打扰。同时人们喜欢相互交往，但并不喜欢跟陌生人过于亲密。如果广场中供人们休息的服务设施，如座椅安排的距离过近，没有间断性，必然会导致应该保持适当距离的一般性交往的朋友和保持较远距离的陌生人交往处于过近距离强迫交往状态。广场的领域性正是反映了人们生理、心理需求，所以，我们在设计时要充分考虑到广场的空间层次、人们行为的多样性及广场的使用性质，创造出具有“人性化”的层次丰富的广场空间。

五、人际距离

我们日常生活中离不开人与人的交往，无论与陌生人还是与熟人之间都保持着恰当的距离和正确的交往方式，如果有一方首先破坏了这种距离，就会令双方感到尴尬和不安。人类学家赫尔根据人际关系的密切程度、行为表现来划定人际距离。他将人与人之间的距离划分为：密切距离；个人距离；社交距离和公共距离四种。

ENVIRONMENTAL DESIGN

1.密切距离 当两人之间的距离为0~45cm时，称为小于个人空间，这时相互可以感受到对方的辐射热和气味。这种距离的接触仅限于最亲密的人之间接触，适合两人之间说悄悄话、爱抚和安慰。如热恋中的情人、夫妻之间、亲人之间的接触。在广场中如果两个陌生人处于这种距离时会令双方感到不安，人们会采取避免谈话、对视或者避免过近距离贴身坐在一起，以求心理的平衡。

2.个人距离 如果两人距离为76cm~122cm时，与个人空间基本吻合。人与人之间处于该距离范围内，谈话声音适中，可以看到对方脸部细微表情，也可避免相互之间不必要的身体接触，多见熟人之间的谈话。如朋友、师生、亲属之间的交谈。

3.社交距离 社交距离范围为122cm~214cm，在这个距离范围内，可以观察到对方全身及周围的环境情况。据观察发现，在广场上人比较多的情况下，人们在广场的座椅休息相互之间至少保持这一距离，如少于这一距离，人们宁愿站立，以免个人空间受到干扰。这一距离被认为是正常的工作和社交范围。

4.公共距离 公共距离指366cm~762cm或更远的距离，这一距离被认为是公众人物（如演员、政治家）舞台上与台下观众之间的交流范围。人们可以随意逗留同时也方便离去。

分析研究人的行为心理，对于广场设计有很重要的参考价值并且为我们提供了设计的依据。当然鉴于不同国家、民族文化、宗教信仰、性别、职业等因素，人的行为心理的表现也不相同。

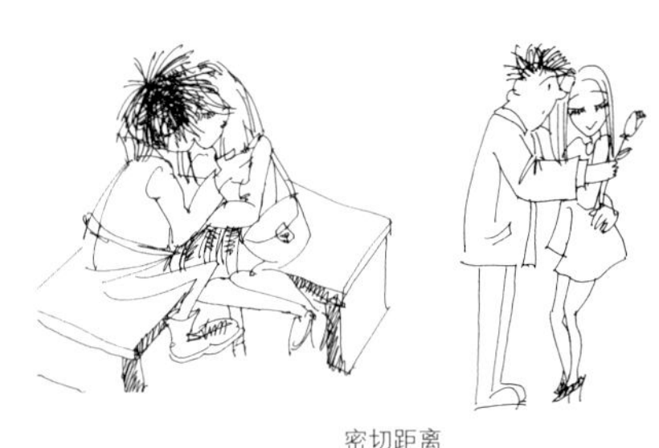
密切距离

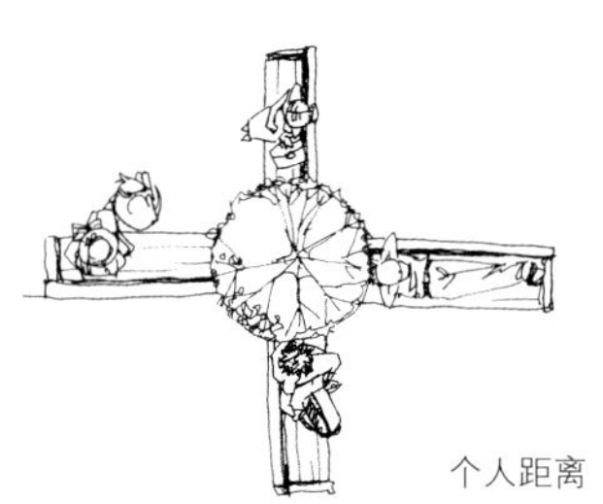
个人距离

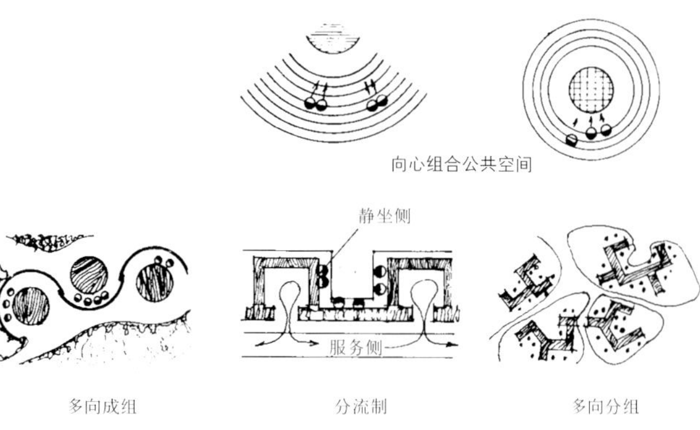

人在外环境中的公共距离示意图

第3节　挖掘地域文化彰显城市广场的个性

地方特色包括两方面，一方面是社会特色；另一方面是自然特色。首先城市广场设计要重视社会特色，将当地的历史文化（如历史、传统、宗教、神话、民俗、风情等）融入到广场设计构思当中，以适应当地的风土民情，突显城市的个性，避免千城一面、似曾相识的感觉，区别于其他城市的广场，增强城市的凝聚力和城市旅游吸引力，给人们留下个性鲜明的印象。如哈尔滨市因其历史的原因，使这座城市的建筑独具特色。庄严雄伟的圣·索菲亚教堂、造型奇特的俄罗斯木屋、典雅别致的哥特式楼宇、豪华的欧式建筑……不禁令人赞叹。

哈尔滨市建筑艺术广场设计，突显这一历史文化特性，广场采用规整式布局，以圣·索菲亚教堂为中心，以其独特的魅力，显示了哈尔滨市的风貌，提高了该城市的文化品位和知名度。

其次自然特色也是不可忽视的，要尽量适应当地的地形地貌和气温气候。不同的地区、气候、地势、自然景观均有所区别，每一个城市广场的面积大小、形状、道路交通、周围建筑、日照、风向等各种因素也各不相同，我们设计时，要考虑该城市的地形地貌特征，利用原有的自然景观、树木、地势的高低起伏考虑广场的布局和形式，将广场巧妙地融入到城市周围的环境中，达到“虽由人作、宛自天开”的效果。可采用梯阶、平台、斜坡等手法，增加其层次感，或利用空间组合和标识物的造型以突出地域特征。追求地域的认知感，使广场具有“可读性”和“高度印象性”，成为一个城市的象征。根据不同的地区气候，在设计城市广场时，应注意北方日照时间短，冬天气候干冷，选择树种要耐寒冷，四季不易落叶。广场座椅不应以石材为主，以免冬天坐起来不舒服，可选用木质材料。如采用喷水池，应考虑冬天滴水成冰的寒冷气候，适当可利用硬质小品进行美化。对于南方城市广场，因气候炎热，要选择一些高大的树种，起到为人们避暑纳凉的作用。以往的“低头是草坪，平视见喷泉，抬头见雕塑，台阶加旗杆，中轴对称式”的千篇一律，手法单一，没有个性的广场是没有亲和力和生命力的广场。所以，城市广场设计的一草一木，一砖一石都体现对人的关怀，适应人的感受。

广场中设置了许多风格各异的座椅，供人们休息

新西兰奥克兰广场中，建有代表当地土著文化的雕塑，鲜明地突出了新西兰的历史文化

ENVIRONMENTAL DESIGN

大连“海之韵”广场，是一个结合地形地貌而设计的典范。广场占地面积 3.8 万平方米，背山临海，追求自然，返璞归真的风格特色

结合地形，依山而建的广场设计方案

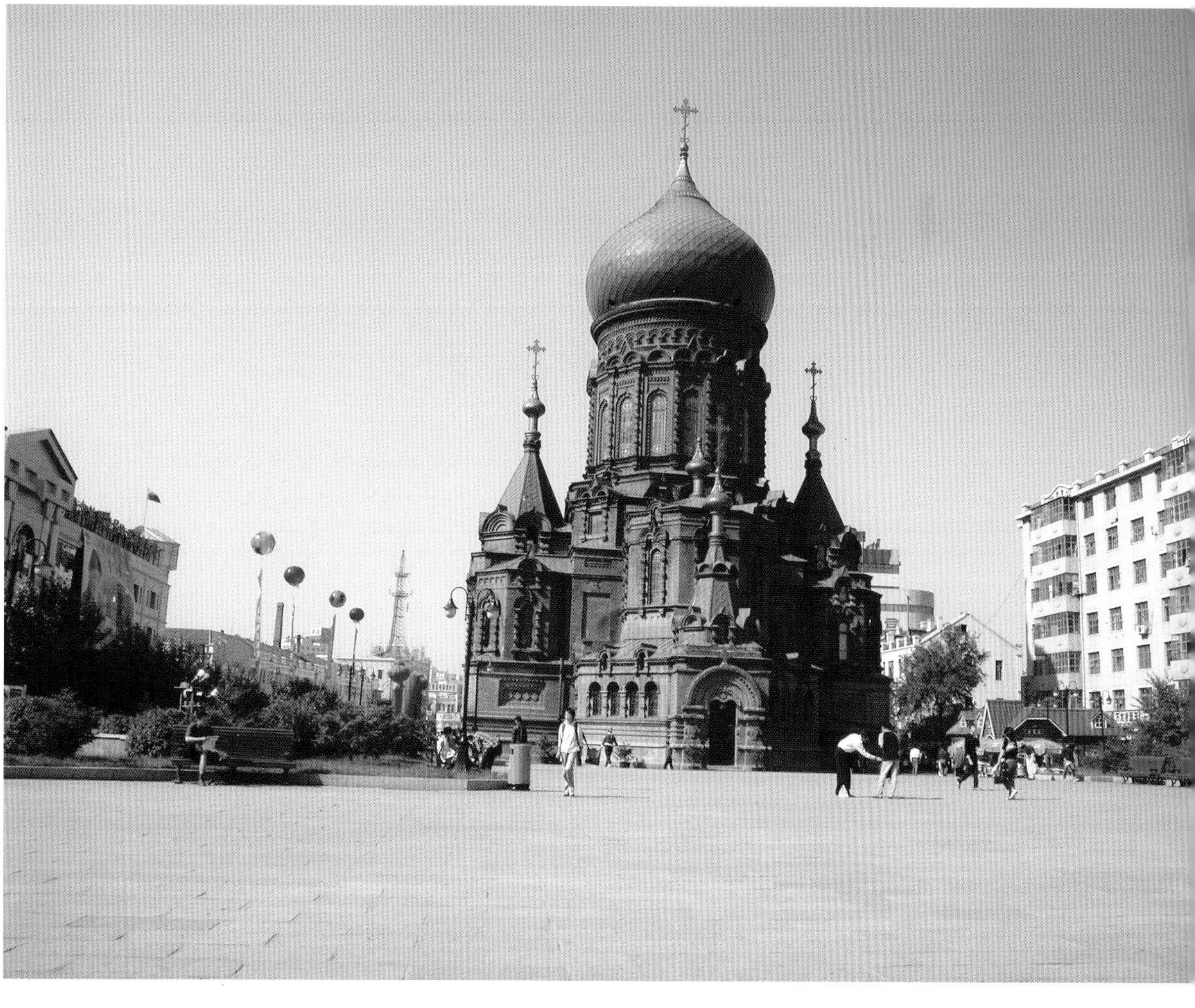

哈尔滨建筑艺术广场，显示了历史文化特性

ENVIRONMENTAL DESIGN

丹东滨江广场，以鸭绿江为背景，构成了特有的广场景观

第 4 节 追求经济效益走可持续发展的道路

城市广场被人们称为："城市的客厅，市民的起居室。"我们在进行广场设计时，不但要满足人的需要和宜人的生态环境，还要考虑经济效益。一个成功的城市广场，可以带动广场周边的旅游、生态、商业、交通的发展，为经济发展提供良好的外部环境，创造可观的经济效益，并可提升城市的知名度，利于城市现代化、国际化的进程。据专家统计："上海市规划局对本地园林绿地所带来的产氧、吸收二氧化硫、滞尘、蓄水、调温进行量化，发现每年的绿化效益竟达 89.49 亿元。"所以设计时，应注重经济效益、社会效益，不但要注重近期利益还要注重远期效益，以局部利益和整体利益兼顾为原则。不可仅为片面地追求经济效益而破坏生态环境，应为我们的子孙后代留下一个良好的可持续发展空间。应充分考虑广场的性质和使用功能，切不可将交通广场设计成为休闲广场，这样不仅不会疏导交通，反而因人流拥挤，使得交通堵塞，影响货流、物流的运转，造成经济损失。广场的布局要合理，不可将广场设在远离人烟的城市郊外，人们难以到达的地方，应设在城市中心或者街区中心，交通发达的地方。在广场的周围可设置人们需求的经济项目，并使效益与市民的公共利益相平衡。广场并非越大越好，要根据地区及使用功能的不同，合理规划广场规模的大小，否则一味的追求规模宏大气派，不但不能提升广场的经济效益，还会给人们造成空旷、冷清、荒芜，甚至恐惧的感觉。此外，如果密集的居民区已经形成，没有可规划的大量场地用于建造大型广场，则不可强迫式地修建广场，从而迫使大量市民被迫动迁到其他地方，造成经济损失和土地资源的浪费，使得自然生态资源遭受破坏。国外的一些广场，虽然广场空间不算大，但功能明确，目的性强，使人感到亲切和自然，充分体现人情味。

位于沈阳南北金廊轴线上的沈阳市政府广场像一颗闪亮的珍珠，占地面积为 66280 平方米，广场中央建有"太阳鸟"主题雕塑，蕴涵着沈阳源远流长的历史文化，每天的人流量可达到万人以上，也带动了周围的房地产业的发展。生态优先是现代城市建设的重要原则,应结合广场的不同功能，设计多种绿化空间，提高城市的环境质量，最大化的发挥生态效益。

利用原有地势交叉，将广场竖向递减层次，形成丰富的台地变化

ENVIRONMENTAL DESIGN

新西兰 New Market 广场中心的绿化花坛，以具有历史特征的文物为陪衬，既美化环境，又突显了历史

新西兰奥克兰图书馆前广场，设置了座椅，以满足人们休息的需要

新西兰奥克兰某广场，宜人的尺度设计，使人感到温馨而亲切

第5节 突出主题思想使城市广场颇具吸引力

表现体育内容为主题的广场

无论是什么类型的城市广场，都应有其主题。不同类型的广场设计主题不同，按其使用功能也有不同的定位。如纪念广场、休闲广场、交通广场、商业广场等。不同的国家、民族、地域都有不可替代的广场形态和形式，皆因其地形地貌、历史文化、风土人情各具特色。例如，欧洲各国的广场，或是朴实亲切、或是庄严理智、或是动人浪漫，都会令人们流连忘返并留下永久的记忆。我们在给城市广场定位前，首先应对该城市自然、人文、经济等方面进行全面的了解，并通过提炼和概括，推敲出能够反映该城市的地域性、文化性和时代性的主题和将要采用的风格。

有准确定位的主题广场，也是具有鲜明个性的广场。在广场的特色形成中，广场的“符号”如雕塑、铺装、喷水池、公共设施、亮化、绿化等方面设计的成功与否，同样也起着关键性的作用。设计的创造灵感应源于当地的地域、民俗风情、历史文化和经济状况等。成功的广场雕塑不仅给人们以强大的感染力，而且也是广场主题的体现。不同时期赋予设计者不同的要求和内容。如欧洲中世纪的城市广场雕塑，是以展示君主的个人雕像，宣传君主制统治为主题的雕塑。现代广场雕塑题材丰富，有体现人间亲情“母子情”，有追求回归自然和休闲娱乐的“垂钓”、“下棋”等。另外，广场的雕塑、铺装、喷水池、公共设施等的材质选用，应避免“千篇一律”地采用磨光大理石、玻璃钢等，如护栏、垃圾箱、电话亭等在造型上也应有独创性。

总之，城市广场设计应突出城市地域性、文化性、时代性、整体性、艺术性和趣味性。只有准确定位的广场才能够很好地反映城市的脉络，才能有特色和内聚力与外引力。

以历史事件为题材的欧洲某广场

鞍山的胜利广场，是一个主题明确的广场，以雕塑表现“鞍山在我心中、我为鞍山奉献、鞍山为我自豪”的鞍山人精神

美国华盛顿越战纪念碑的设计，主题明确，构思独特。以19个与真人尺度相似的士兵群雕，坐落在一片开阔的草坪上。设计者巧妙地利用一年四季的气候变化，真实地再现当年战争的残酷性，表现了“战争对于生命的摧残”这一主旋律

第四章 城市广场的客体要素设计

本章要点

- 广场周边建筑组合关系
- 广场道路的设计
- 广场合理的绿化
- 广场的色彩运用
- 广场的水体设置
- 广场的地面处理
- 广场的小品设计

第1节 广场与周边建筑组合关系

城市广场是由周边建筑为背景围合而形成的，这些周边的建筑不仅构成了广场的要素，也使广场成为视觉焦点，形成了广场的空间界限，同时周边的建筑和景观也体现了一个城市的特点并潜藏了丰富的城市生活内涵，广场和周边的客体要素密不可分，成为空间结构的一个重要组成部分。所以，设计城市广场时，不仅要考虑广场的主体本身，广场的周边客体要素也应同时予以考虑。

广场空间只有围合界面都处于封闭时，才能给人们一种整体感和安全感。封闭性广场大多是由周边的建筑物围合而成。广场的空间尺度与周边建筑物的高度均影响广场的围合感。另外，广场的角部处理也是形成围合的关键。

一、广场周边建筑界面高度与广场的空间尺度

关于这方面已有众多专家的理论与实验，依据多数专家的理论，作以下介绍：

当周边围合的建筑界面高度为H,人与建筑物的距离为D，在D与H的比值不同的情况下围合的程度也不相同。

当D:H=1，即垂直视角为45°，这个比例，是全封闭广场的最小空间尺度，可观赏到建筑细部，同时也是观赏建筑物单体的极限角度。可以产生良好的封闭感，给人一种安定感，并使广场空间具有较强的内聚性和防卫性。小尺度封闭空间广场多见于庭院广场及欧洲中世纪的一些广场。

当D:H=2，即垂直视角为27°，这个比例是创造封闭性空间的极限。但是，作为观赏建筑全貌，此角度较理想。

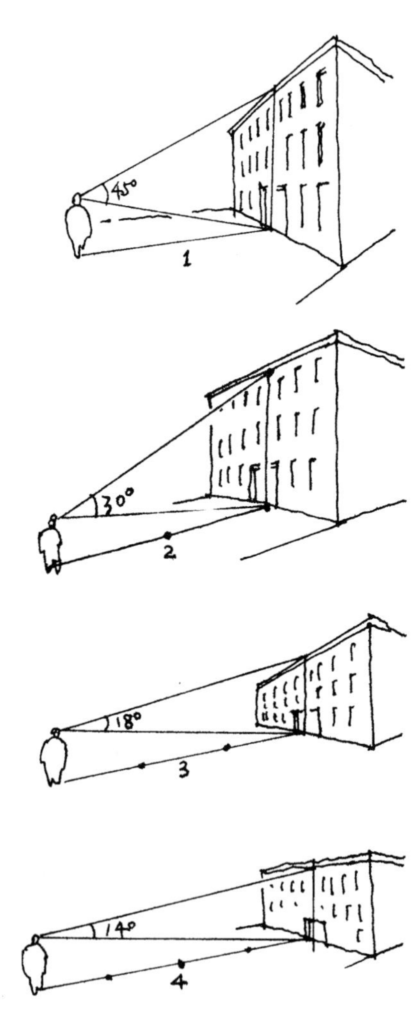

建筑高度与广场宽度比值示意图

ENVIRONMENTAL DESIGN

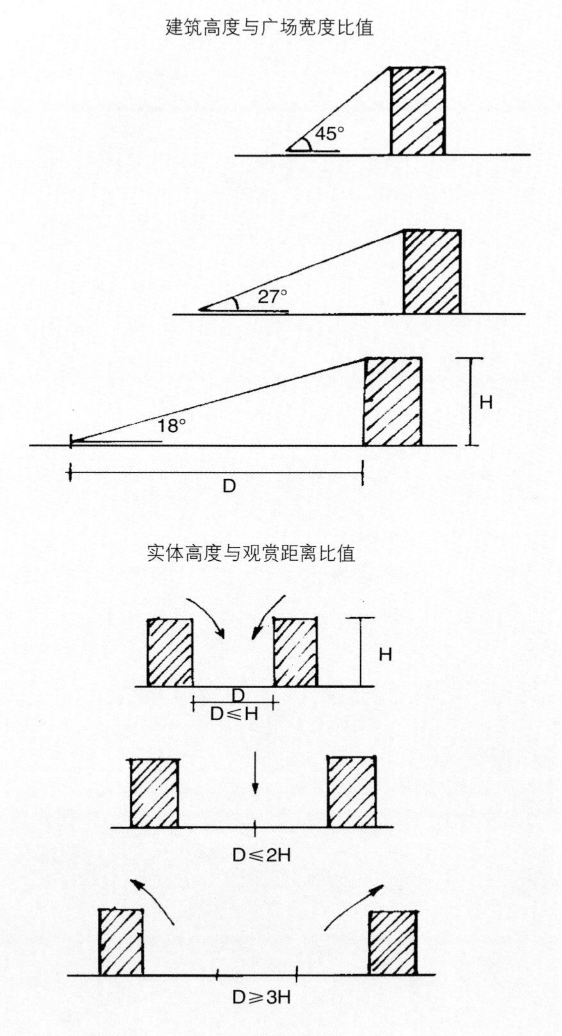

建筑高度与广场宽度比值

45°

27°

18°

H

D

实体高度与观赏距离比值

H

D

D≤H

D≤2H

D≥3H

当 D:H=3，即垂直视角为 18°，这时观赏到的不仅一个建筑物，还可以观赏到建筑群的背景。如果低于 18°时，广场周边的建筑立面如同平面的边缘，起不到围合作用，广场的空间失去了封闭感。使人产生一种离散、空旷、荒漠的感觉。目前国内有一些超大型所谓现代城市广场，给人一种大而空，冷漠的缺乏人性化的广场空间。

按照阿尔伯蒂设计理论所推荐的最大尺度：

周边是三层楼的广场，广场面积应是 73~91 平方米。

周边是四层楼的广场，广场面积应是 97~109 平方米。

周边是七层楼的广场，广场面积应是 137 平方米。

好的城市广场设计，不仅要求周边建筑物具有合适的高度和连续性，而且要求广场的面积要合理。如果广场面积过大，周边的建筑高度又过矮，容易造成与周边建筑物关系脱节，难以形成封闭性的空间。反之，如果广场面积过小，周边建筑过高，广场虽有围合性，又会给人一种压抑感和不安全感。

另外，我们在设计时，政府的有关规定也是重要依据，不可盲目设计。以下是建设部等四部委 2004 年 2 月份对城市各类广场的用地面积做出明确规定："小城市和镇不得超过 1 公顷，中等城市不得超过 2 公顷，大城市不得超过 3 公顷，人口规模在 200 万以上的特大城市不得超过 5 公顷"。

ENVIRONMENTAL DESIGN

二、广场空间的角度处理

广场空间角度的处理，对于广场的围合效果同样也起着关键作用。广场围合界面开口越多，围合的效果就越差，周边建筑物多而高并且广场空间封闭性好，围合的感觉就越强。当然，随着时代的发展，人们对空间的认同也在不断的变化，但其宗旨还应是以人为本。

下面就一些常见的广场空间组合关系做以分析：

1.四角封闭的广场空间

a.道路从广场中心穿过四周建筑

此种设计，虽然四角封闭，但因其道路以广场中央为中心点穿过四周建筑，使得广场空间用地零碎，被均分为四份，造成了广场整体空间被支解的局面，因此很难达到内聚力的效果。为了避免广场的整体空间被分割，应尽量使广场周边的建筑物形式统一，可在广场中央安置较宏伟的雕塑，借以加强广场空间的整体性。

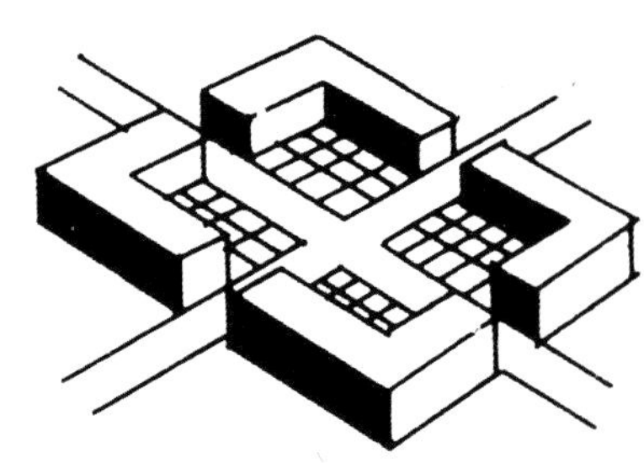
广场与建筑组合关系
道路从广场中心穿过四周建筑

b.道路从广场中心穿过两侧建筑

与上述相同，四角封闭，道路仍然穿过广场中央，将广场一分为二，广场整体空间被打破，形成了无主无从的局面。

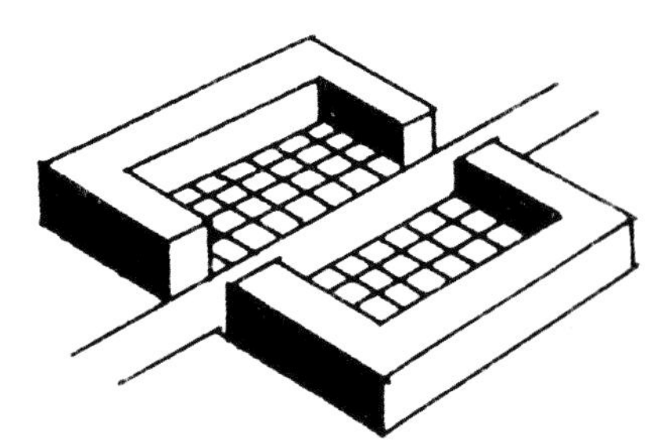
广场与建筑组合关系
道路从广场中心穿过两侧建筑

c.道路从广场中心穿过一侧建筑

当道路从建筑的一侧进入广场，虽然四角依然呈封闭状，但显示了主次关系，使得广场具有很强的内聚力，是较封闭的一种形式。

2.四角敞开型广场空间

a.四角敞开格网型广场空间

四角敞开型广场空间，多见于格网型广场。格网型广场由于道路从四角引入。缺点是道路将广场周边建筑四角打开，使广场与周边建筑物分开，导致了广场空间的分解，从而削弱了广场空间的封闭性和安静性。

b.四角敞开道路呈涡轮旋转形式

以涡轮旋转形式穿过广场，这种广场的特点是当人们由道路进入广场时，可以以建筑墙体为景。虽然是四角敞开，但仍然给人们一种完整的围合感觉。

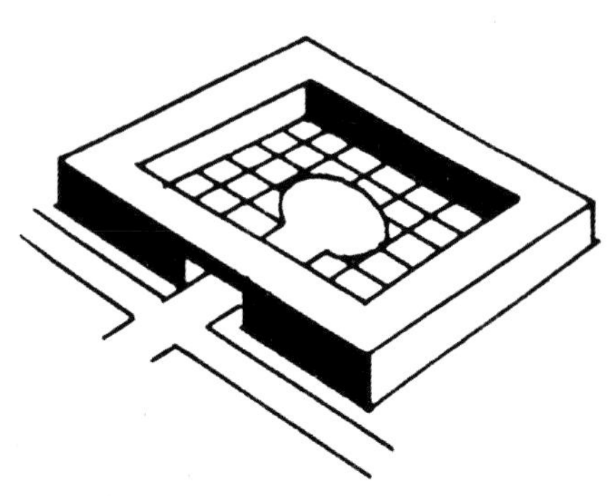
广场与建筑组合关系
道路从广场中心穿过一侧建筑

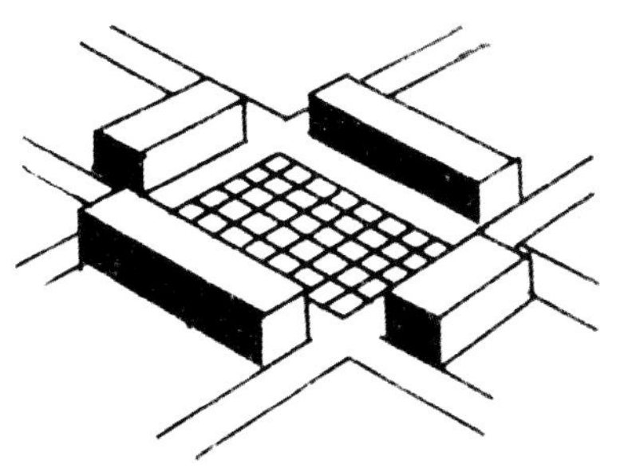
广场与建筑组合关系
四角敞开式广场空间

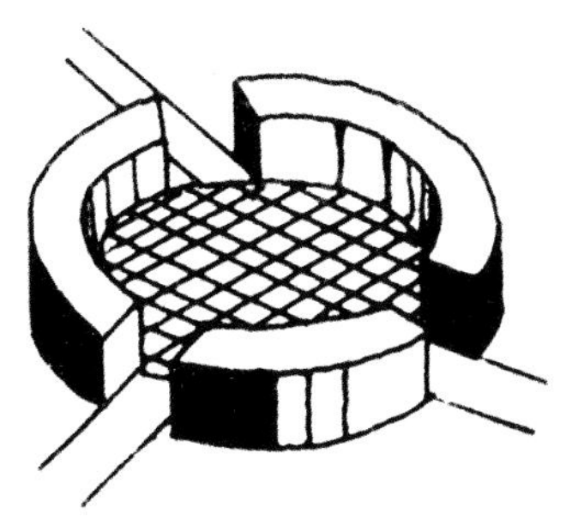
广场与建筑组合关系
四角敞开道路呈涡轮
旋转形式

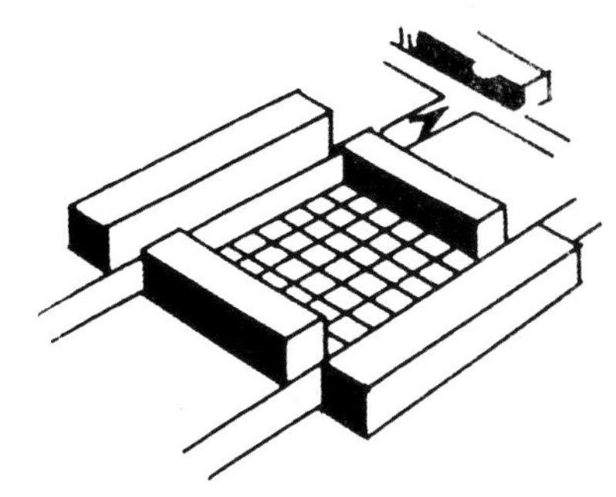
广场与建筑组合关系
两角敞开的半封闭广
场空间

c.两角敞开的半封闭广场空间

当四周围合的界面其中一个被道路占用，就形成了两角敞开的半封闭广场空间。在半封闭空间中，往往与开敞空间相对的建筑起着支配整个广场的作用。此建筑又称为主体建筑。为了加强广场的整体性和精彩感，可以采用在广场中央安置雕塑并以主体建筑为背景。此类广场是较为常见的设计，它的优点是，当人们由外面进入广场空间时，既可以欣赏广场内的主体建筑宏伟壮丽的景观又可以观赏广场外的开敞景色，也属于封闭性广场中的一种。这类广场在国内外有许多例子。

威尼斯圣马可广场就是这方面很好的例子，圣马可广场具有良好的围合性，广场与周边建筑设计风格和谐一致，使人感受到强大的广场凝聚力及精美建筑的艺术性。

d.圆形辐射状广场空间

圆形围合界面广场空间，一般均有多条道路从广场中心向广场四面八方辐射。有较强的内聚力。

巴黎星形广场会合 12 条大道，建筑围绕着广场周边布置，形成圆形围合界面。以凯旋门为中心，将所有的建筑紧紧地吸引在广场周围。大连中山广场，是圆形围合界面的广场，共有 10 条道路通过广场中央向周边辐射，达到了广场与周边建筑共存的境地。此广场是集文化娱乐兼交通道路引导为一体的复合型广场。

e.隐蔽性开口与渗透性界面

广场与周边建筑的另一种围合关系，是通过拱廊、柱廊的处理来达到既保证围合界面的连续性，又保证空间的通透性。设计最完美的形式出现在古希腊和古罗马时期。实践证明人们并不总是希望在完全封闭与外界隔离的空间里逗留，在追求安静和安全的情况下，又愿意与广场外界保持联系。此种设计给人们的这种心理要求提供了可能性。古代希腊人利用规模宏大的柱廊作为广场的围合界面，一排排整齐有节奏感的石柱将空间紧密地围合在一起，这种强烈的视觉冲击力，在给人们带来了装饰美感的同时又保持了极大的围合性和完整性，更重要的是使空间具有通透性。此外，柱廊式广场功能的另一个优点是，可以起到通风避雨和遮阳的作用，特别是在气候炎热的地方，尤为适合。这方面可供参考的例子有许多，最具代表性的是著名建筑师伯尼尼设计的罗马圣彼得广场，广场为梯形加椭圆形，长 340 米，最大直径为 240 米，周围采用罗马塔斯干柱廊环绕。人们站在广场中不禁为它的宏伟壮观而感叹。为它精湛动人的艺术而折服。

ENVIRONMENTAL DESIGN

三、广场整体空间组织

在广场设计中，不应仅仅考虑孤立的广场空间，应将与广场有关联的城市各种因素进行全盘考虑和设计，视广场设计为整体空间设计中不可分割的一个部分，将几个不同形式的公共空间组合成一组完整的广场空间。有些公共空间之间的形式是有规则的，也有些公共空间之间的形式是无规则的，使其成为城市中有序的有方向性的整体空间，这方面欧洲城市广场空间组织可堪称为典范。罗马圣彼得广场，采用轴线的手法，将圣彼得大教堂、列塔广场、方尖碑广场、鲁斯蒂库奇广场串联起来，构成有序完整的组群空间。法国南锡广场、星形广场也是很好的范例，利用轴线的设计手法，将每一个广场都与主轴线密切结合，形成了一个个感人富有变化的序列空间。

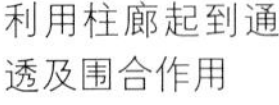

利用柱廊起到通透及围合作用

罗马圣彼得教堂广场，采用罗马塔斯干柱廊围合而成

第 2 节　广场与周边道路组合关系

通向广场的道路的连接关系及与广场连接的角度可分为：

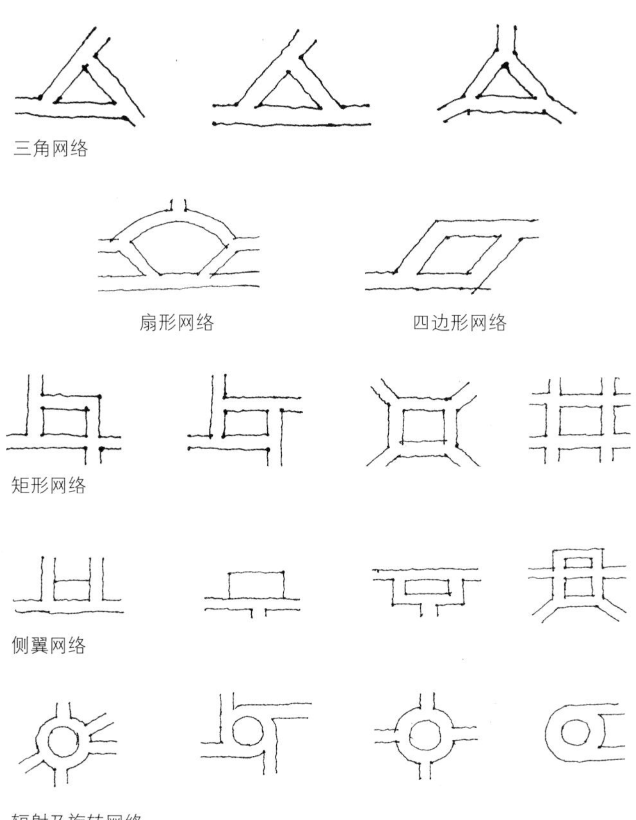

广场周边道路的布局以及道路的特征（包括：方向性、连续性、韵律与节奏等），都直接影响到城市广场的面貌、功能和人们活动的空间环境，道路是广场周边众多制约广场因素之一。城市广场道路的设计应以城市规划为依据，依靠广场的性质等因素来进行全盘考虑。

彭一刚先生在《建筑空间组合论》关于城市外部空间的序列组织中谈到：城市外部空间程序组织的设计应首先考虑主要人流必经的道路，其次还要兼顾到其他各种人流活动的可能性。只有这样，才能保证无论沿着哪一条流线活动，都能看到一连串系统的、完整的、连续的画面。他将外部空间序列组织概括如下：1.沿着一条轴线向纵深方向逐一展开；2.沿纵向主轴线和横向副轴线作纵、横向展开；3.沿纵向主轴线和斜向副轴线同时展开；4.作迂回、循环形式的展开。

利用轴线组织空间，给人以方向明确统一的感觉，可以形成一整套完整而富有变化的序列空间。迂回、循环形式的组织空间，如同乐曲，给人一种可以自由流动的连续空间感。强调动态视觉美感。

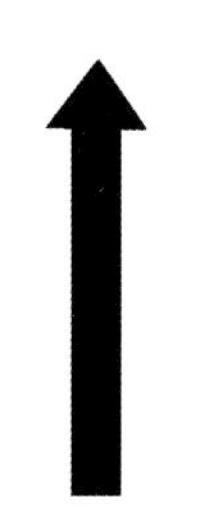
沿着一条轴线向纵深方向逐一展开

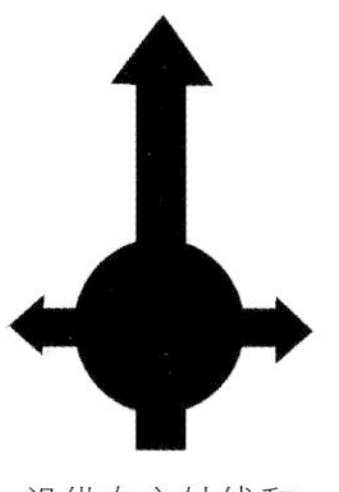
沿纵向主轴线和横向副轴线作纵、横向展开

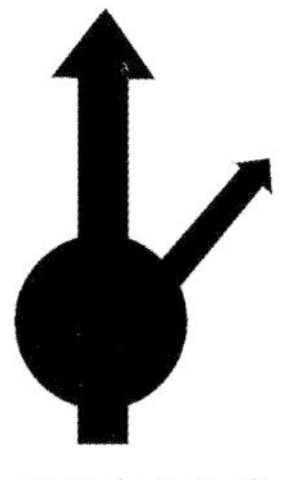
沿纵向主轴线和斜向副轴线同时展开

作迂回、循环形式的展开

第3节 广场绿化

完整的城市广场设计应包括广场周边的建筑物、道路和绿地的规划设计。广场绿化设计和其他广场元素一样，在整体设计中起着至关重要的作用，它不仅为人们提供了休闲空间，起到美化广场的作用，而更重要的是它可以改善广场的生态环境，提供人类生存所必需的物质环境空间。

经过科学实验证明“大气中的氧气主要由地球上的植物提供，一棵树冠直径15米，覆盖面积170平方米的老桦树，白天每小时生成氧1.71公斤；每公顷树林每天供氧10~20吨。”

绿化覆盖率每增加10%，气温降低的理论最高值为2.6%，在夜间可达2.8%，在绿化覆盖率达到50%的地区，气温可降低将近5℃。

由此可见，广场绿化的重要性。广场绿化要根据广场的具体情况及广场的功能、性质等进行设计。如纪念性广场，它的主要功能是为了满足人们集会、联欢和瞻仰的需要，此类广场一般面积较大，为了保持广场的完整性，道路不应在广场内穿越。避免影响大型活动，保证交通畅通，广场中央不宜设置绿地、花坛和树木，绿化应设置在广场周边。布局应采用规则式，不宜大量采用变化过多的自由式，目的是创造一种庄严肃穆的环境空间。目前广场的功能逐渐趋于复合化，虽然是性质较为严肃的纪念广场，但是人们在功能上也提出了更高的要求。在不失广场性质的前提下，可以利用绿地划分出多层次的领域空间，为人们提供休息的空间环境的同时也丰富广场的空间层次。为了调解广场气氛及美化广场环境，可配置色彩优雅的花坛、造型优美的草坪、绿篱等。避免有些广场为了在冬天也有绿化效果，绿化千篇一律采用大量的常青翠柏，每当人们走进广场就犹如走进烈士陵园，使人们感到过于压抑、拘谨和严肃。

休闲广场的设计应遵循“以人为本”的原则，以绿为主。广场需要较大面积的绿化，整体绿化面积应不少于总面积的25%，为人们创造各种活动的空间环境，可利用绿地分隔成多种不同的空间层次，如：大与小、开敞与封闭等空间环境（如私密的情侣、朋友等的交谈），满足人们的需要。绿化整体设计可采用栽种高大的乔木、低矮的灌木、整齐的草坪、色彩鲜艳的花卉，设置必要的水景及放养小动物等。从而产生错落有致、参差多变、层次丰富的空间组合，构成舒展开阔的巧妙布局。当人们走进广场仿佛置身于森林、草地、湖泊之中。享受在鸟语花香的人间天堂里。合理绿化，不但可以美化广场环境而且还可以起到为人们遮阳避雨、减少噪音污染、减弱大面积硬质地面受太阳辐射而产生的辐射热，改善广场小气候的作用。

交通广场的功能主要是组织和疏导交通，因此汽车流量非常大，为了减少汽车尾气和噪音污染，保持广场空气清新，实践证明种植大量花草树木可以达到良好的吸尘减噪的效果。另外，设置绿化隔离带，可采用一些低矮的灌木、草坪和花卉，树高不得超过70cm，以避免遮挡驾驶员的视线，保证行车安全，可以起到调节驾驶员和乘客的视觉作用。绿化布局应采用规则式，图案设计应造型简洁、色彩明快，以适应驾驶员和乘客的瞬间观景的视觉要求。广场中央可配置花坛起到装饰广场的作用。

ENVIRONMENTAL DESIGN

绿化组织形式可分为：规则式与自然式两种形式。

规则式组织特点：庄重，平稳。但是如果处理不当，易造成过于单调的感觉，应适当加以变化。

自然式组织特点：生动活泼，富有变化。处理不当，易造成杂乱无章的效果。应考虑适当统一树种、花种，将色彩统一在总色调之内。不建议在交通广场上使用，因车速高，不利于人的视觉转换，给人们造成不安全的感觉，所以一般不采用自然式组织形式。

我国目前大部分城市都确定了市花和市树（哈尔滨市——丁香、上海市——白玉兰、沈阳市——玫瑰、洛阳市——牡丹、广州市——红棉……沈阳市——油松、厦门市——凤凰树、武汉市——水杉、宜兴市——香樟树……），市花和市树代表一个城市的地域文化，也成为一个城市标志植物。广场作为城市的窗口，栽种市树、市花是必不可少的。科学绿化，结合当地的气候、气象、土壤等情况，栽种花草树木，不应仅为了美观，将南方热带的植物引入寒冷的北方，否则，会造成昙花一现的效果。

交通广场的绿化，采用草坪和低矮的树木，起到美化环境、缓解架驶员和乘客视疲劳的作用

新颖独特的广场绿化造型

ENVIRONMENTAL DESIGN

奥地利萨尔斯堡米拉贝尔花园广场局部
精致的奇花异草为广场绿化增添了美丽丰富的表情

奥地利萨尔斯堡米拉贝尔花园广场
利用乔木、灌木、花草等，大面积覆盖广场周边，使得整个广场空间更加妩媚动人

ENVIRONMENTAL DESIGN

欧洲某广场
色彩优雅的花坛，造型别致的绿篱，为广场增添了无限生机和感染力

ENVIRONMENTAL DESIGN

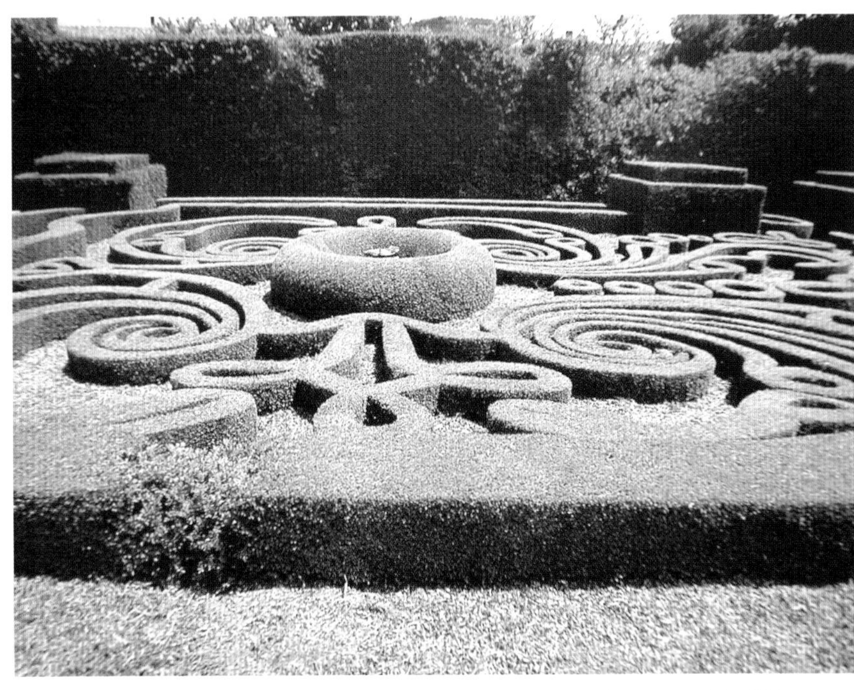

欧洲某广场
利用灌木修剪出整齐的几何图案，看上去如同立体绒绣一般

广场绿化一角

奥地利萨尔斯堡
米拉贝尔花园广场

绿化图例图示标准

序号	名称	图例	说明
3.1.1	规划的建筑物		用粗实线表示
3.1.2	原有的建筑物		用细实线表示
3.1.3	规划扩建的预留地或建筑物		用中虚线表示
3.1.4	拆除的建筑物		用细实线表示
3.1.5	地下建筑物		用粗虚线表示
3.1.6	坡屋顶建筑		包括瓦顶、石片顶、饰面砖顶等
3.1.7	草顶建筑或简易建筑		
3.1.8	温室建筑		

序号	名称	图例	说明
3.2.1	自然山石假山		
3.2.2	人工塑石假山		
3.2.3	土石假山		包括“土包石”、“石包土”及土假土
3.2.4	独立景石		

水　体

序号	名称	图例	说明
3.3.1	自然形水体		
3.3.2	规则形水体		
3.3.3	跌水、瀑布		
3.3.4	旱涧		
3.3.5	溪涧		

小品设施

序号	名称	图例	说明
3.4.1	喷泉		仅表示位置，不表示具体形态，以下同也可依据设计形态表示
3.4.2	雕塑		
3.4.3	花台		
3.4.4	坐凳		
3.4.5	花架		
3.4.6	围墙		上图为实砌或漏空围墙；下图为栅栏或篱笆围墙
3.4.7	栏杆		上图为非金属栏杆；下图为金属栏杆
3.4.8	园灯		
3.4.9	饮水机		
3.4.10	指示牌		

绿化图例标准，引自中华人民共和国行业标准 CJJ67–95《风景园林图例图标标准》

绿化图例图示标准

工程设施

序号	名称	图例	说明
3.5.1	护坡		
3.5.2	挡上墙		突出的一侧表示被挡土的一方
3.5.3	排水明沟		上图用于比例较大的图面 下图用于比例较小的图面
3.5.4	有盖的排水沟		上图用于比例较大的图面 下图用于比例较小的图面
3.5.5	雨水井		
3.5.6	消火栓井		
3.5.7	喷灌点		
3.5.8	道路		
3.5.9	铺装路面		
3.5.10	台阶		箭头指向表示向上
3.5.11	铺装场地		也可依据设计形态表示
3.5.12	车行桥		也可依据设计形态表示
3.5.13	人行桥		
3.5.14	亭桥		
3.5.15	铁索桥		
3.5.16	汀步		
3.5.17	涵洞		
3.5.18	水闸		
3.5.19	码头		上图为固定码头 下图为浮动码头
3.5.20	驳岸		上图为假山石自然式驳岸 下图为整形砌筑规划式驳岸

植物

序号	名称	图例	说明
3.6.1	落叶阔叶乔木		3.6·1–3.6·14 中 落叶乔、灌木均不填斜线； 常绿乔、灌木加画 45 度细斜线。 阔叶树的外围线用弧裂形或圆形线； 针叶树的外围线用锯齿形或斜刺形线。 乔木外形成圆形； 灌木外形成不规则形乔木图例中粗线小圆表示现有乔木，细线小十字表示设计乔木。 灌木图例中黑点表示种植位置。 凡大片树林可省略图例中的小圆、小十字及黑点
3.6.2	常绿阔叶乔木		
3.6.3	落叶针叶乔木		
3.6.4	常绿针叶乔木		
3.6.5	落叶灌木		
3.6.6	常绿灌木		
3.6.7	阔叶乔木疏林		
3.6.8	针叶乔木疏林		常绿林或落叶林根据图面表现的需要加或不加 45 度细斜线

绿化图例图示标准

序号	名称	图例	说明
3.6.9	阔叶乔木密林		
3.6.10	针叶乔木密林		
3.6.11	落叶灌木疏林		
3.6.12	落叶花灌木疏林		
3.6.13	常绿灌木密林		
3.6.14	常绿花灌木密林		
3.6.15	自然形绿篱		
3.6.16	整形绿篱		
3.6.17	镶边植物		
3.6.18	一、二年生草本花卉		
3.6.19	多年生及宿根草本花卉		
3.6.20	一般草皮		
3.6.21	缀花草皮		

(续)

序号	名称	图例	说明
3.6.22	整形树木		
3.6.23	竹丛		
3.6.24	棕榈植物		
3.6.25	仙人掌植物		
3.6.26	藤本植物		
3.6.27	水生植物		

枝干形态

序号	名称	图形	说明
4.1.1	主轴干侧分枝形		
4.1.2	主轴干无分枝形		
4.1.3	主轴干无多枝形		

第4节 广场的色彩

任何一个城市广场的色彩都不是独立存在的，均要与广场周边环境的色彩融为一体，相辅相成。广场设计应尊重城市历史，切不可将广场的色彩与周边的建筑色彩相脱节，形成孤岛式的广场。所以，正确运用色彩是表现城市广场整体性的重要手段之一，成功的广场设计应有主体色调和附属色调。一般欧洲城市广场周边的建筑大部分都不是与广场同时期完成，因历史的原因，有些建筑历经百年、千年甚至更多的年代完成，逐渐形成了封闭围合式广场，广场的周边建筑已经和广场构成了密不可分的统一整体。周边建筑色彩本身积淀着城市的历史文化。为了保护历史的文脉，显示历史的原貌，应尽量保持原建筑的传统色彩，以显示该城市的历史文化底蕴。被誉为世界广场设计经典的“欧洲最美丽的客厅”圣马可广场，其地面铺装与周边的建筑均采用石材质，形成了统一和谐的米黄色主旋律，使人们感受到如画般的广场景观和城市悠久的历史文化底蕴。

广场色彩应决定于广场的功能和性质，例如纪念性广场，色彩一般应凝重些，给人以庄严、稳重的感觉。色相不可过多，避免给人一种杂乱无章，眼花缭乱的感觉。商业广场可以色彩变化丰富些，以适应商业广场的性质（利于促进消费，激发人们的购买力）。休闲广场的色调应给人以温馨、舒适、充满文化底蕴的感觉。

广场色彩标志着一个城市的现代精神文明水准，由于现代城市广场采用的新材料、新技术、新工艺等五花八门，构成城市广场的因素又是多方面的（自然的、人工的、固定的、流动的），所以，如果不进行色彩统一规划和设计，而是随心所欲地乱施色彩，就难以形成广场统一和谐的格局。美国色彩学家阿波特认为：色彩的统一性、一致性便构成了和谐的性格。怎样在缤纷繁杂的色彩中达到和谐统一的目的，主要应从以下两方面进行考虑：1.广场与周边自然环境色彩的统一。2.广场元素之间色彩的统一。只有色彩和谐的广场才能体现城市的现代文明程度，才能使人们感受到欢快和愉悦。

巴黎圣母院前广场，以米黄色石材为主调

ENVIRONMENTAL DESIGN

威尼斯广场

整体色彩统一的
巴黎卢浮宫广场

广场路面色彩与自然环境相和谐

圣彼得广场
大多数广场主调的形成，多以材料自身色彩质地为依据，构成稳定朴素的色彩风格

广场的整体色彩和谐统一

以当地的特有石材原色形成主色调的欧洲广场

第5节 广场水体

卢森堡的广场喷泉

具有亲水性的广场

水被人们誉为“生命之源”，人们需要水，就像需要阳光、空气、食物一样。假如没有水，地球上的一切生命都无法存在，可见人类对水的依赖性有多么大。水除了在生态、气象、工程等方面有着不可估量的价值外，还对人们的生理和心理起着重要的作用。

人类从古至今就对水有强烈的偏好，只要一有机会人们就会亲水、近水、戏水，与大自然接近。水的状态又给人以不同的心理感受：静态的水给人以宁静、安详、轻松、温暖的感觉；动态的水给人以欢快、兴奋、激昂的感觉。无论是涓涓的流水声，还是惊涛拍岸的撞击声，都是那么令人陶醉……

同样城市广场因为增加了水元素的内容，不但可以活跃广场的气氛，还可以丰富广场的空间层次。“水体是城市广场设计元素中最具吸引力的一种，它极具可塑性，并有可静止、可活动、可发音、可以映射周围景物等特性”，概括起来可分为两种形式：

一、水为主体造型方式

如可以用人工造景的方法：模拟自然界中的瀑布、涌泉、喷泉、激流等，“喷泉不仅仅是复制自然，而是将人对自然的体验引入城市环境中来”，增添城市广场中的情趣。

大连海之韵广场，依山而建的人工瀑布，气势磅礴，给人以强烈的震撼力。

ENVIRONMENTAL DESIGN

鞍山胜利广场——音乐喷泉围绕在主体雕塑的周围，在电脑程序的控制下，时而细雨轻烟，缥缈迷离；时而水柱冲天，美不胜收，形成了动与静的对比

欧洲某广场

ENVIRONMENTAL DESIGN

慕尼黑某广场夜景

巴黎协和广场
法国巴黎协和广场的喷泉，节奏优雅而缓慢，犹如奏起的小夜曲

欧洲某广场
广场中央的喷泉与四周的喷泉疏密有致，人与水相映成趣

ENVIRONMENTAL DESIGN

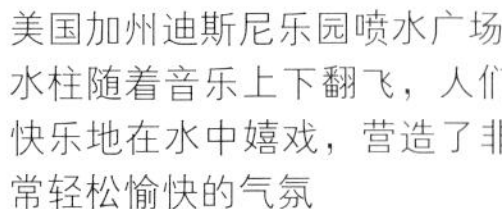

美国加州迪斯尼乐园喷水广场水柱随着音乐上下翻飞，人们快乐地在水中嬉戏，营造了非常轻松愉快的气氛

欧洲某广场

水花变化丰富的某广场喷水池，水柱可呈涌泉、冰山、云雾等多种效果

宁静优雅的音乐喷泉

ENVIRONMENTAL DESIGN

二、水与其他环境或个体相结合方式

国内外有许多广场是利用地形地貌修建而成，如滨海广场、滨江广场、滨湖广场等。如意大利圣马可广场，广场一侧临水。大连星海广场，犹如广场与大海连为一体。使人们面对辽阔无际的大海，感到心胸无比开阔。沈阳五里河公园广场将广场一侧引入河水中，给人以触手可及的感觉，为人们提供了亲水的极佳环境。

法国枫丹白露

广场一侧深入水中，满足人们的亲水心理

利用地形地貌而设计的水体

广场一侧临海

美国加州旧金山海滨广场——广场与大海融为一体

广场一侧临海

第6节 广场地面铺装

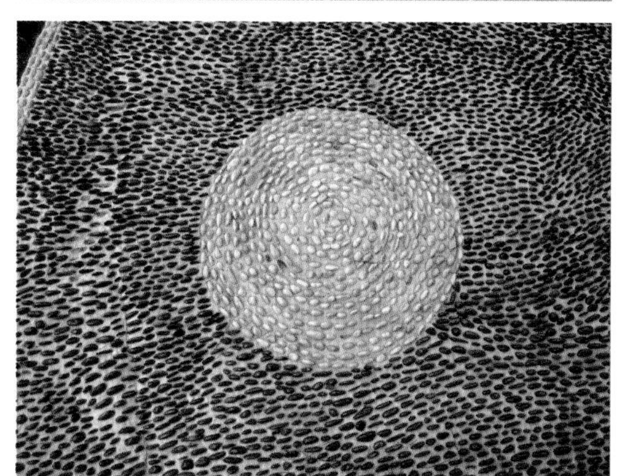

铺装是城市广场设计中的一个重点，广场铺地具有功能性和装饰性的意义。首先是在功能上可以为人们提供舒适耐用（耐磨、坚硬、防滑）的广场路面。利用铺装材质的图案和色彩组合，界定空间的范围，为人们提供休息、观赏、活动等多种空间环境，并可起到方向诱导作用。其次是装饰性，利用不同色彩、纹理和质地的材料巧妙组合，可以表现出不同的风格和意义。

广场铺装图案常见的有规则式和自由式组织形式。规则式有：同心圆、方格网等组织形式。同心圆的组织形式给人一种既稳定又活泼的向心感觉。方格网的组织形式给人一种安定的居留感。自由式组织形式给人一种活泼，丰富的感觉。根据广场的不同性质和功能采用不同的组织方式，可以创造出丰富多彩的空间环境。

常见的铺装地砖形状有：矩形、方形、六边形、圆形、多边形。矩形地砖具有较强的方向性，可有目的的用在广场的道路上，起到引导人们方向的作用。六边形和方形没有明确的方向感，所以应用较广泛。圆形可赋予地面较强的装饰性，但因为它的拼缝处理较难，所以不宜在广场上大面积使用，可在局部采用起到装饰的作用。

地砖表面质感有光面、凹凸粗糙和有纹理等形式。应根据人们使用目的和舒适度来决定采用何种形式，如广场供人们行走的路面尤其是坡路，不宜采用表面过于光滑的地砖，以免雨天和雪天路面太滑人们行走不便。相反，如果广场路面过于凹凸不平，也会减低人们的舒适度，凹凸的路面会磨损人们的鞋底，使人们走起路来很费劲。

地砖表面质感的选择既要考虑人们的使用功能又要考虑视觉效果（远看、近看的效果都应考虑）。

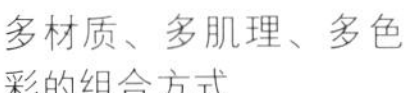

多材质、多肌理、多色彩的组合方式

别有特色的路面设计

同心圆式

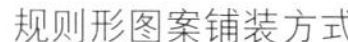

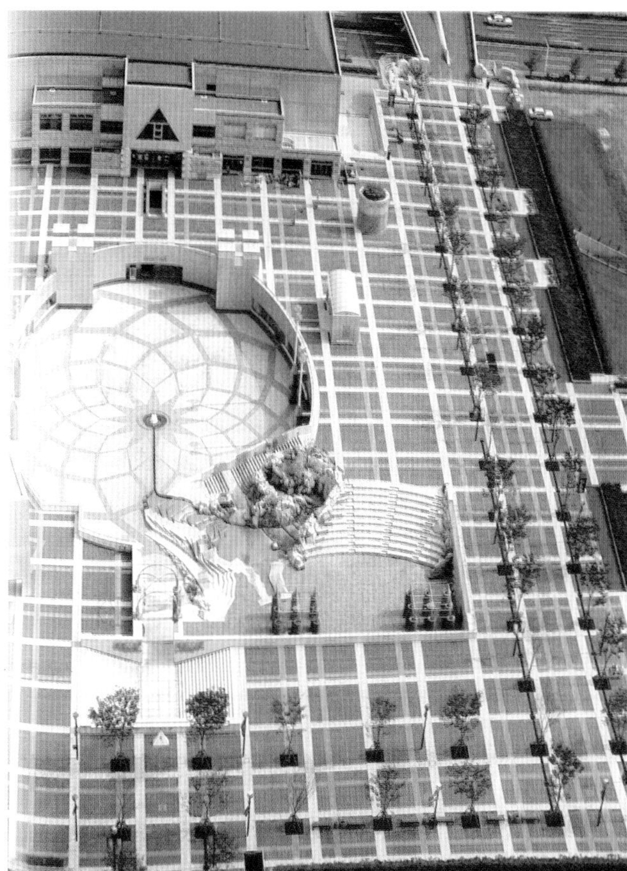

规则形图案铺装方式

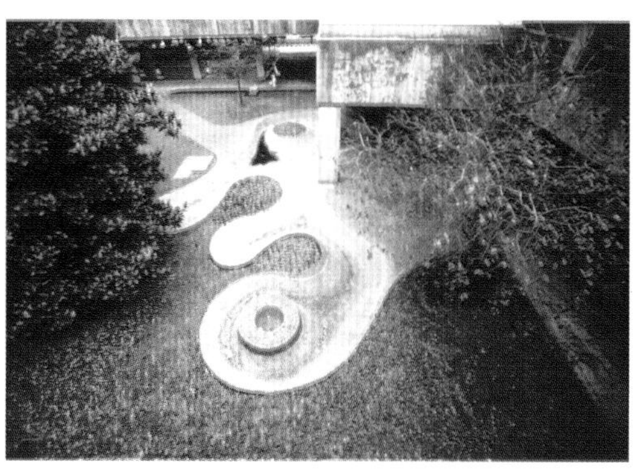

规则形与不规则形图案对比方式

自由式图案铺装方式的某休闲广场

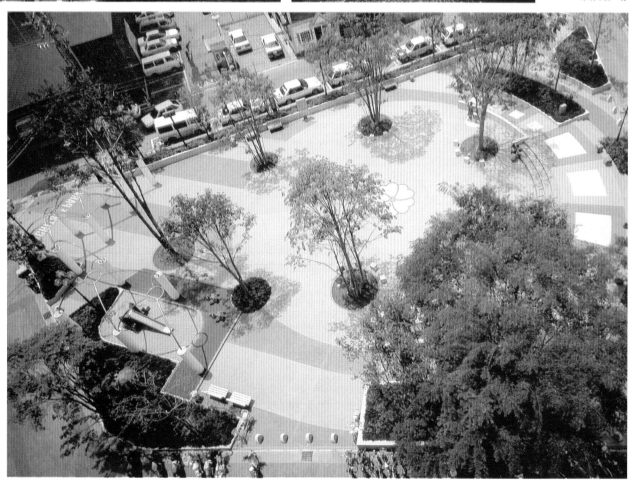

第 7 节 广场小品

小品可称为广场设计中的"活跃元素"，它除了起到活跃广场空间、改善设计方案品质的作用外，更主要的是它是城市广场设计中的有机组成部分，所以广场小品设计的好坏，显得尤其重要。城市广场小品在满足人们使用功能的前提下也可满足人们的审美需求。满足人们使用功能的广场小品如座椅、凉亭、柱廊、时钟、电话厅、公厕、售货亭、垃圾箱、路灯、邮筒等；满足人们审美需求的广场小品如雕塑、花坛、花架、喷泉、瀑布等。另外还可以利用广场小品的色彩、质感、肌理、尺度、造型的特点，结合成功的布局，创造出空间层次分明，色彩丰富具有吸引力的广场空间。

广场小品设计应能体现"以人为本"的设计原则，具有使用功能的小品如座椅、健身器材、电话亭等的尺寸、数量以及布局，应能符合人体工程学和环境行为学的原理。一般来说人们喜欢歇息在有一定安全感，具有良好视野并且亲切宜人的空间环境里，不喜欢坐在众目睽睽之下毫无保护的空间环境里。

小品色彩，处理的好可以使广场空间获得良好的视觉效果。中国有一句俗语："远看颜色，近看花"，色彩很容易造成人们的视觉冲击，巧妙的运用色彩可以起到点缀和烘托广场空间气氛的作用，为广场空间注入无限活力。如果处理的不好易产生色彩杂乱的效果，产生视觉污染。小品的色彩应与广场的整体空间环境相协调，色彩不能过于单调，否则将造成呆板的效果，使人们产生视觉疲劳。小品色彩应与广场的周边环境和广场的主体色相协调。

纪念性的雕塑小品

德克萨斯州威廉姆斯广场

ENVIRONMENTAL DESIGN

古典建筑环境中的现代雕塑小品

与周围环境相和谐的雕塑小品

小品造型要统一在广场总体风格中，要分清主从关系。哲学家赫拉克利特指出："自然趋向差异对立，协调是从差异对立而不是从类似的东西产生的。"所以小品的造型要有变化且统一而不单调，丰富而不凌乱。只有这样才能使广场具有文化内涵，风格鲜明，有强烈的艺术感染力。

正如每一座城市都有自己的形象一样，每一个城市广场也应有自己的主题，雕塑小品在城市广场中担负着重要角色，对于广场形象的塑造，起到了画龙点睛的作用。将艺术美、生活美、情感美融为一体，它们是广场的灵魂，吸引了人们，感染了人们。

城市广场雕塑小品的主题确定应能反映一个城市的文化底蕴，代表一个城市的形象，彰显一个城市的个性，能给人们留下深刻的印象。广场雕塑小品作为公共艺术品，影响着人们的精神世界和行为方式，体现着人们的情趣、意愿和理想，把握住积极进取的主格调。

雕塑小品是三维空间造型艺术，为人们在空间环境中，从多方位观赏提供了可能性，所以，它涉及的环境因素有很多。1.雕塑小品的设计应注重与广场自然环境因素相协调，应考虑主从关系，使代表广场灵魂的雕塑小品在杂乱的背景中显现出来。2.雕塑小品与人的距离关系，人是广场的主体，雕塑小品与人的距离远近是关系到小品是否能够完整地呈现出来的关键。人在广场中一般成动态时候较多，所以要考虑雕塑小品大的形与势，不可仅仅注重局部的刻画，所谓"远观其势"就是要看远距离的效果。3.雕塑小品与周边环境的尺度关系，首先要考虑雕塑小品本身各部分的透视角度，其次，要注意雕塑小品与广场环境的尺度。如果广场面积过大，雕塑形体过小，会给人们一种荒芜的感觉。如相反，则会给人们一种局促的感觉。所以，要正确处理好雕塑小品的尺度问题。4.雕塑小品的观赏角度。雕塑小品因是三维空间的造型艺术，人们可以从多角度去欣赏，所以，雕塑小品各个角度的塑造要尽可能的完美，为人们提供一个良好的造型形象。

ENVIRONMENTAL DESIGN

与广场整体风格一致的小品

德克萨斯州威廉姆斯广场水体与群雕的有机结合

与现代建筑和谐统一的“现代”式雕塑小品

欧洲某广场的
雕塑水体小品

一把把遮阳伞，
为广场的人们带
来了丝丝凉爽

广场边一处安静的角落

新西兰 Takapuna 广场，家长可坐在长椅上一边享受清新的空气，一边照料做游戏的孩子

第五章 教学总体计划和课堂作业

本章要点

- 课题式教学计划
- 分周的教学计划
- 教学的进展安排
- 学生应掌握的设计知识
- 学生优秀作品点评

ENVIRONMENTAL DESIGN

教学总体计划

教学课程总学时： 五周（80~105学时）

课程名称： 城市广场设计

时间程序

第一周

（1）教师授课。

（2）查阅资料。

（3）学生走出教室，到不同环境中去考察，理解和消化教师授课的内容；可用摄影、速写等方法为以后草图收集素材（重点考察：休闲广场、交通广场、商业广场、纪念性广场）。每组根据考察的内容，写出报告书一份。

第二周

（1）各组学生回到教室，综合汇总考察情况，提出问题，由教师进行总结回答问题。

（2）教师确定作业题目。

（3）学生画草图。

（4）分组进行草图评比。

（5）教师根据学生草图情况，选出问题较多和可行性较强的草图，利用抓两头带中间的方法，确定草图方案，为后几周作业确定方向。

第三周

（1）教师根据每一学生的具体情况，分别进行辅导。

（2）评选出设计构思、进展较好的作业。教师做小结。

第四周

（1）教师分别进行辅导。

（2）辅导重点放两头，对成绩较好的作业进行拔高，带动中间成绩。

（3）作业进行展示，学生讨论，进行评比，教师评定。

第五周

（1）作业最后进行调整，教师根据作业收尾出现的问题，进行总结。

（2）全部作业进行展示。

（3）教师综合评定（学生作业构思、听课出席、作业进展等情况）。

（4）装裱，完成阶段。

教材分析

（一）教学目的

教学总体计划 ENVIRONMENTAL DESIGN

通过课堂讲授、学生分组讨论、到实地广场空间环境中去考察、定期小结、作业展示等较完整系列的教学方法，使学生了解中西方城市广场的起源及艺术的特征，认识中西方不同历史时期的城市广场设计指导思想，了解未来城市广场设计发展总趋势，掌握城市广场设计的基本原则，培养学生正确构思和创作的能力。激发学生对城市广场设计的认知。

（二）教学内容提要

1.城市广场起源及定义

2.城市广场的分类

3.历史上中西方城市广场空间形态的发展过程

4.城市广场设计的基本原则

5.城市广场客观要素设计

（三）教学重点与难点

教学重点

第四章与第五章作为本教材的重点，主要阐述了城市广场设计的基本原则和城市广场客观要素设计，通过第四章和第五章的讲授，训练学生按照正确的理论原则指导广场设计。

教学难点

分析中国的国情，如何反映历史文化底蕴，设计有中国特色的“以人为本”的城市广场。

教　　具

教师范画、学生作业照片、中外名作图片、幻灯、投影仪等。

作业要求

第一周

要求学生查阅大量中西方城市广场的资料并走出教室，到不同环境里去观察不同类型、性质的广场，然后学生分组进行讨论，每组提交书面报告一份。

第二周至第四周

要求每人确定平面草图 3~4 张，广场元素草图 8~10 张，每人定稿一套（其他草图评分时作为参考）。

第五周

绘制完成。

ENVIRONMENTAL DESIGN 分周教学要求及教学计划进展情况

第一周

教学要求

学生根据教师所讲授的城市广场设计内容，分组到不同环境里去考察并结合所查阅的国内外有关书籍，理解和消化教师课堂里所讲授的理论，收集广场设计的素材。

考察形式

学生分组，每组 15~20 人，根据考察内容，每组分别提交书面考察报告一份。

考察内容

1 组考察休闲广场

考察要求

（1）休闲广场功能及公共服务设施情况。

（2）休闲广场形式。

（3）人在外部空间环境中的行为心理。

（4）休闲广场目前现状和尚不完善的情况。

2 组考察交通广场

考察要求

（1）要求区别交通广场的种类、形式。

（2）交通广场功能、实用、美观、经济和持久性等问题。

（3）交通广场目前现状和尚不完善的情况。

3 组考察商业广场

考察要求

（1）注意区别商业广场与休闲广场之间的性质和功能。

（2）观察和记录商业广场的各种公共服务设施，哪些能体现“以人为本”的设计原则。

（3）商业广场目前现状和尚不完善的情况。

4 组考察纪念广场

考察要求

（1）观察和记录纪念广场的占地面积和使用情况。

（2）纪念广场的性质和功能与休闲广场性质和功能有何不同。

（3）纪念广场目前现状和尚不完善的情况。

作业：报告书（略）

第二周至第四周

教学要求

各组学生回到教室，汇总考察情况，教师根据学生所提问题的代表性、典型性、普遍性进行综合回答问题。然后，根据学生对各种性质的广场设计理论的理解和消化，提出更高的教学目标，要求学生总结城市广场几种类型的性质和功能，设计复合型城市广场，以适应未来城市广场功能多样化、个性化的发展趋势。

教学目的

尝试打破传统教学方法。整个教学方法，从理论到实际、从讨论式到启发式通过循序渐进的方法，培养学生的设计思维方法以及观察事物的准确性，如何发现问题和解决问题的办法，以适应将来毕业后社会实践工作新的挑战。

课　　题

复合型城市广场设计（包括广场元素设计）。

作业要求

每人平面草图 3~4 张，广场元素草图 8~10 张，每人最后定稿一套。

ENVIRONMENTAL DESIGN

第二至第四周的休闲广场四种方案草图

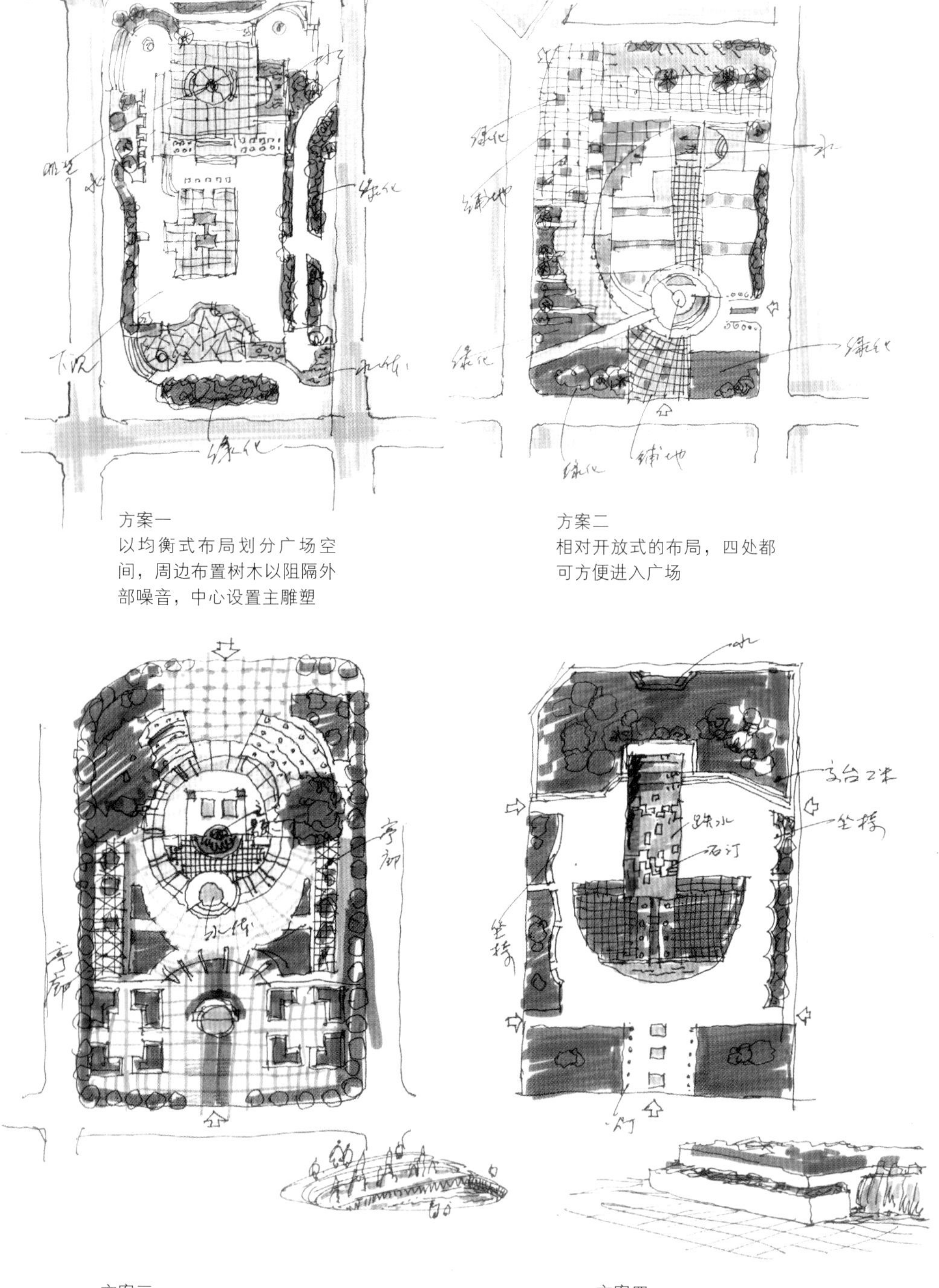

方案一
以均衡式布局划分广场空间，周边布置树木以阻隔外部噪音，中心设置主雕塑

方案二
相对开放式的布局，四处都可方便进入广场

方案三
中轴对称式布局中心下沉，配以广场各元素，使之更富变化

方案四
以高台绿化及大面积水体为主题的广场设计方案

休闲广场四种方案草图（第2~4周）

草图阶段的构思过程，首先确定大的风格，大的总体平面部局与功能分区。在第二周至第四周末，学生必须完成较成熟的草图 3~4 张，由教师审定和指导。

第二至第四周的广场元素草图

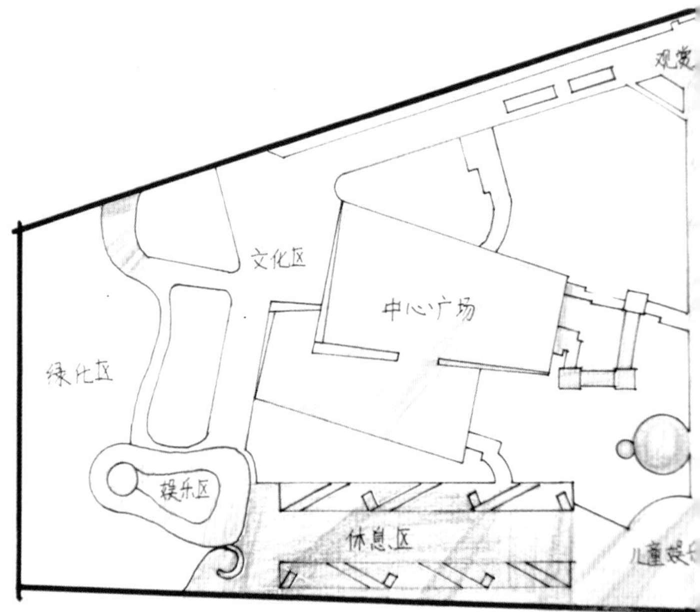

ENVIRONMENTAL DESIGN

第二至第四周的广场元素草图

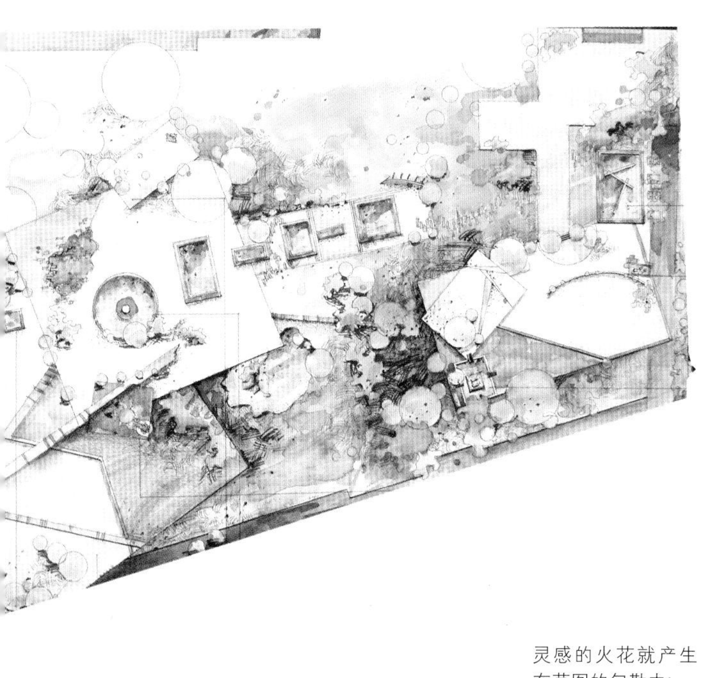

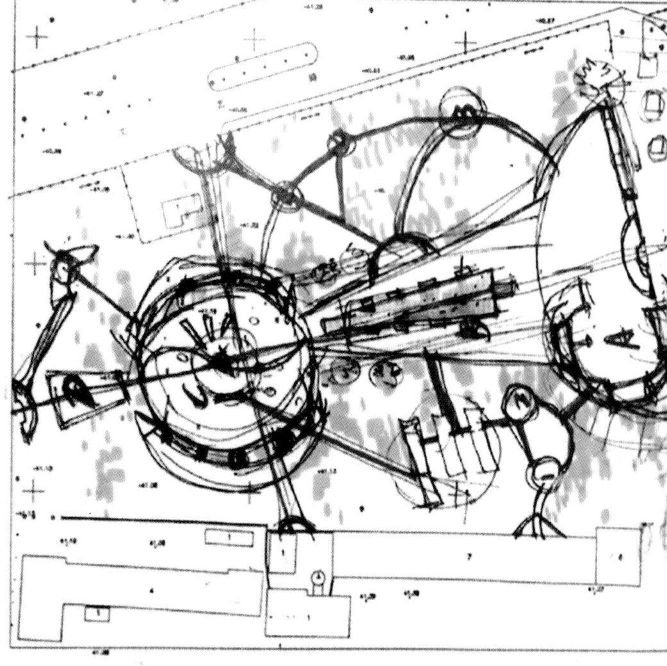

灵感的火花就产生在草图的勾勒中

座椅、花坛、照明于一体的设想

在草图阶段中，除对平面的经营之外，自然会有一些主要景观及小品的形象会在脑中浮现，可以同时将其初步想法画出，帮助构思，修正风格定位。

ENVIRONMENTAL DESIGN

第二至第四周的广场元素草图

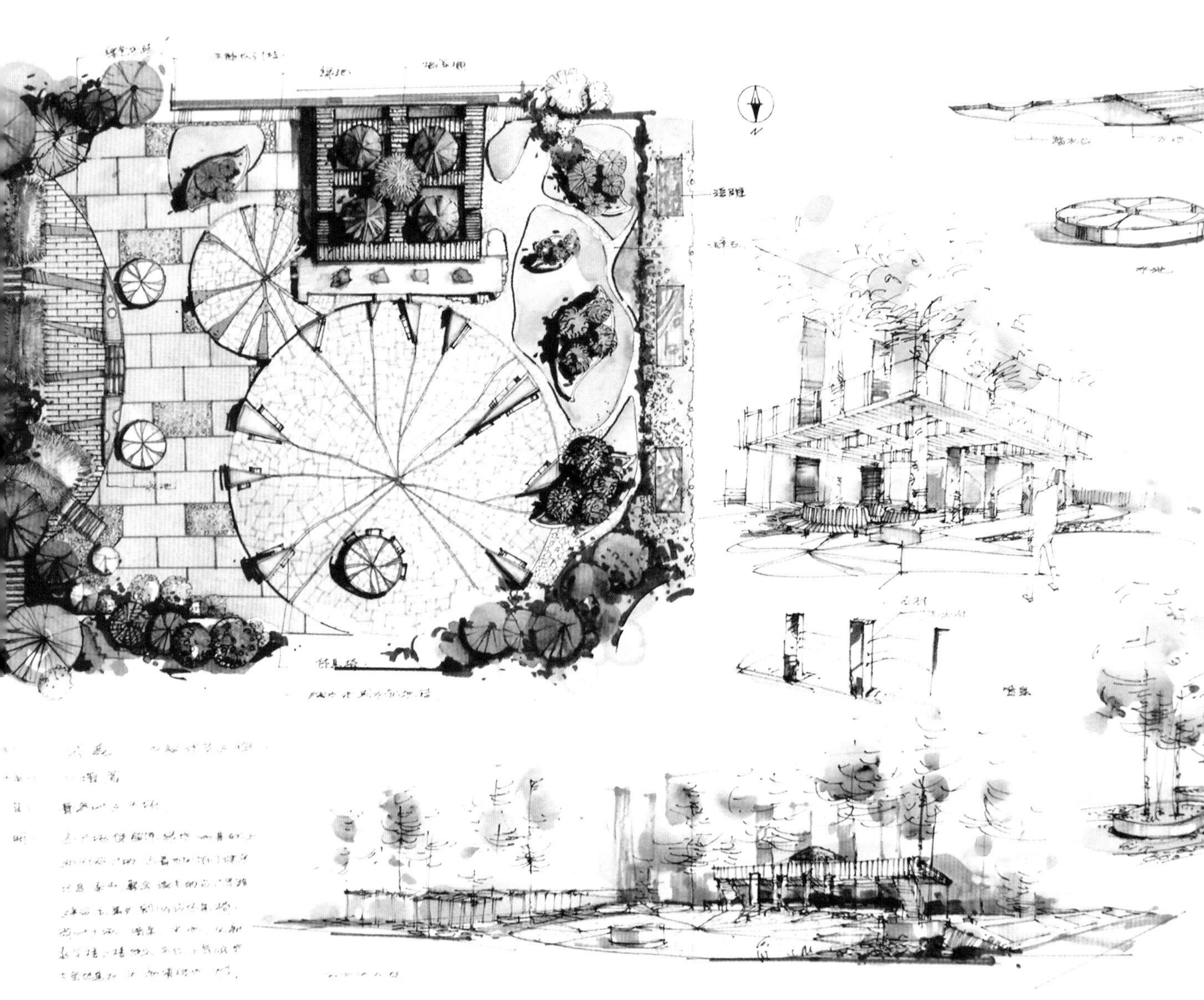

ENVIRONMENTAL DESIGN

第二至第四周的广场元素草图

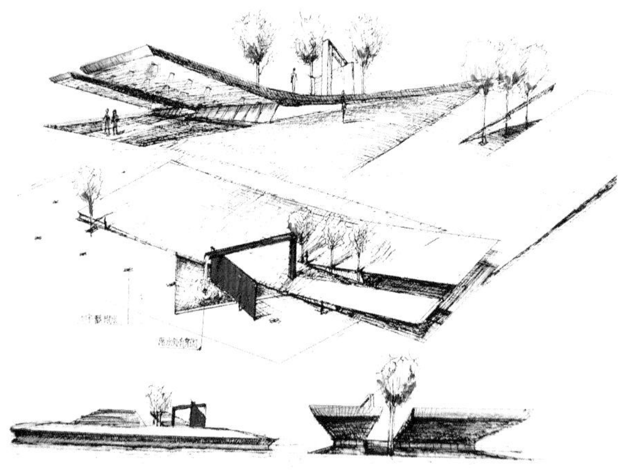

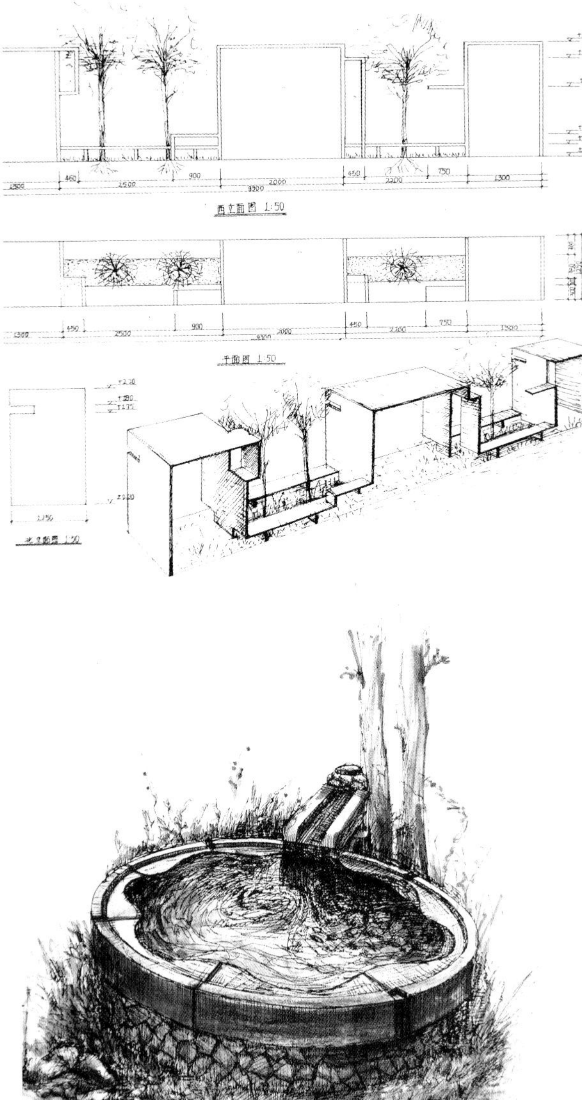
西立面图 1:50
平面图 1:50

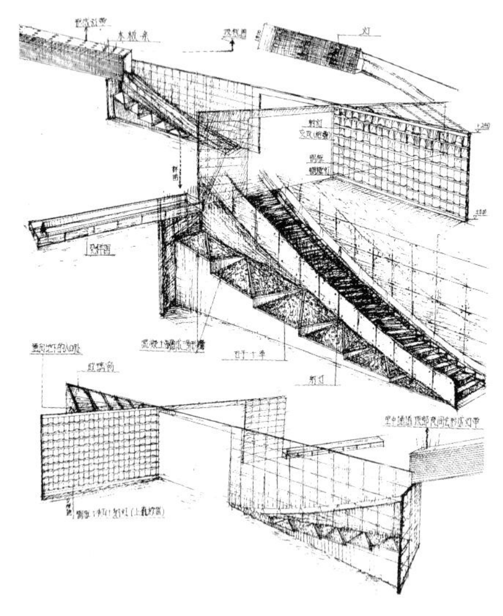

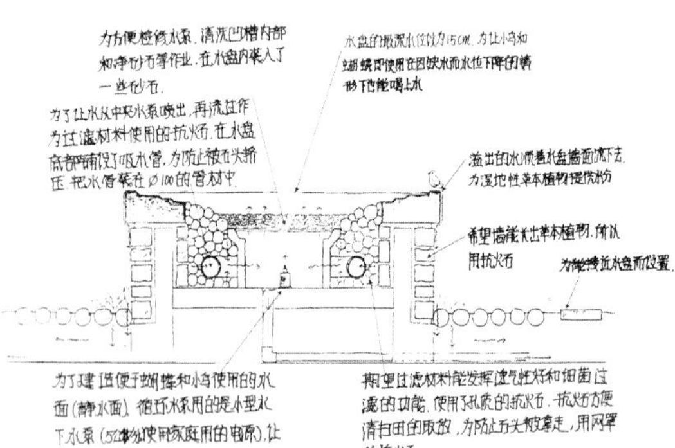
为方便检修水泵、清洗凹槽内部和净砂石等作业，在水盘内装入了一些砂石。
水盘的最深水位设为15cm，为让小鸟和蝴蝶即使用在因缺水而水位下降的情形下也能喝上水
为了让水从中央水泵喷出，再流过作为过滤材料使用的抗火石，在水盘底部铺设了吸水管，为防止被石头挤压，把水管装在 ø100 的管材中。
溢出的水顺着水盘墙面流下去，为湿地性草本植物提供水分
希望墙能长出草本植物，所以用抗火石
为能接近水盘而设置。
为了建造便于蝴蝶和小鸟使用的水面（静水面），循环水泵用的是小型水下水泵（52瓦，使用家庭用的电源），让水慢慢循环。
期望过滤材料能发挥透气性好和细菌过滤的功能，使用了孔质的抗火石，抗火石方便清扫时的取放，为防止石头被拿走，用网罩住抗火石。

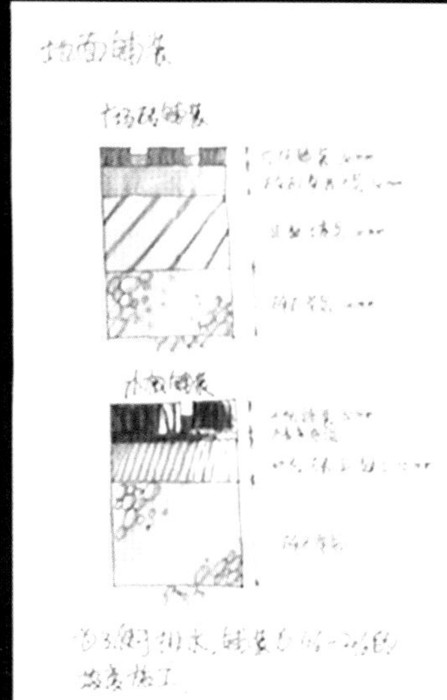

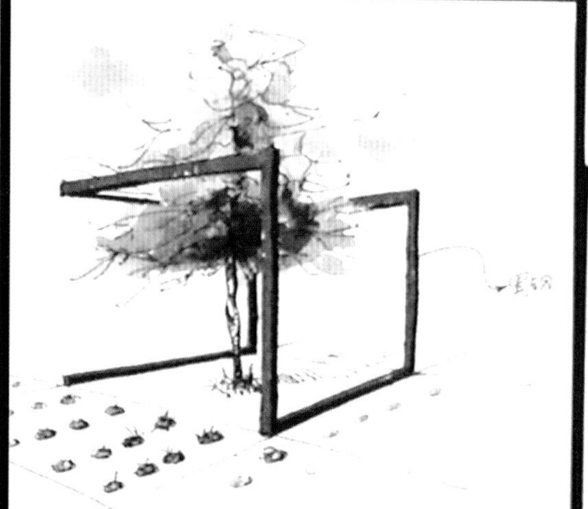

ENVIRONMENTAL DESIGN

第五周完成稿

第五周作业完成

作业要求

每人2张，其中包括：广场平面图、剖面图、小品。以手绘为主。

作业规格：A1图纸

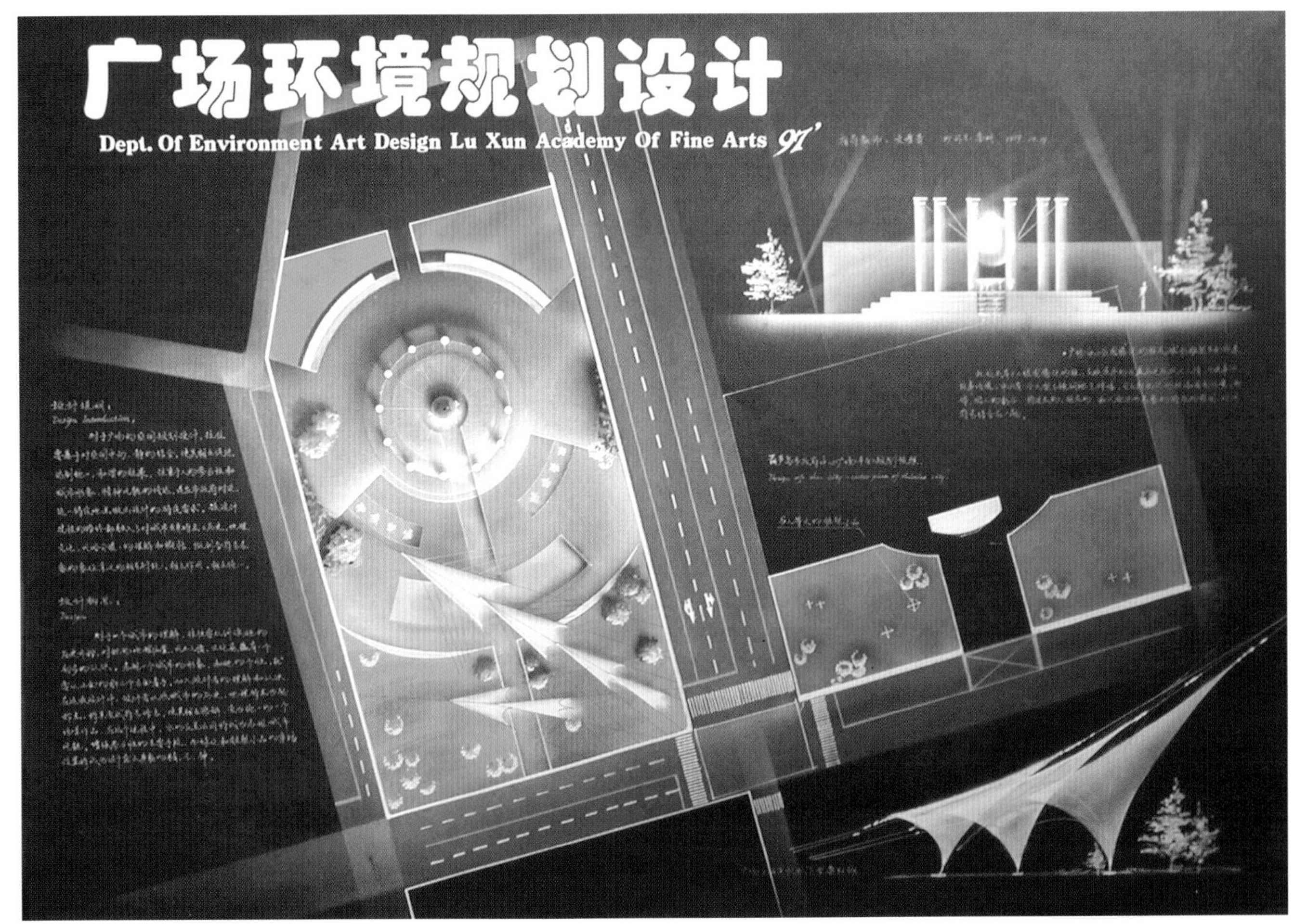

利用对称式原理，使广场中心高潮部分突出。在中轴线上以一组斜穿，如一组风帆乘风驶过，使整体气氛静中有动

ENVIRONMENTAL DESIGN

第五周完成稿

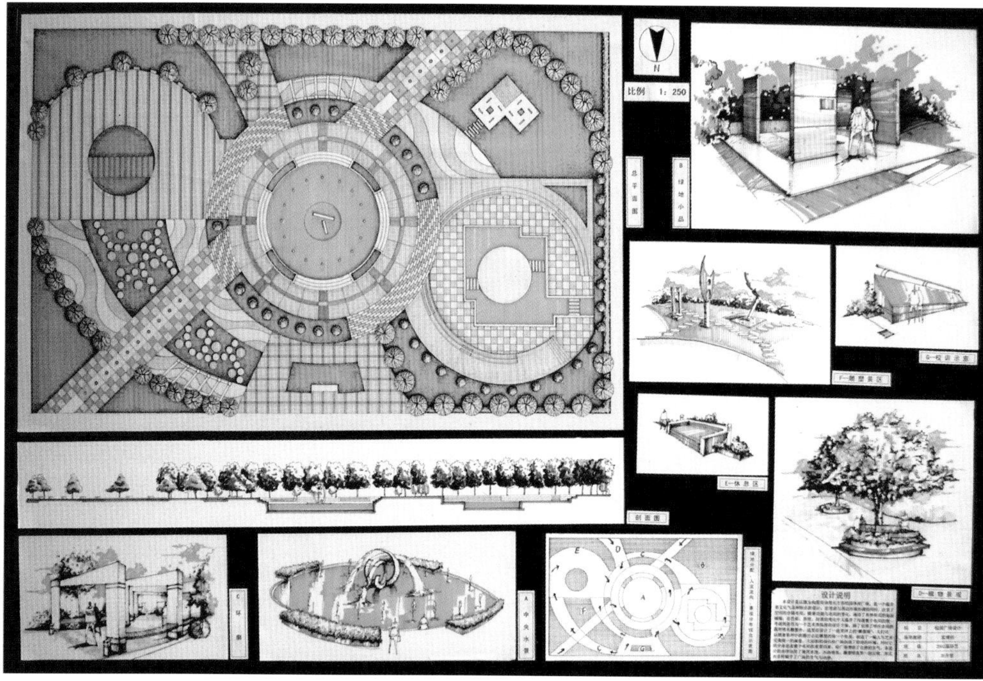

ENVIRONMENTAL DESIGN

第五周完成稿

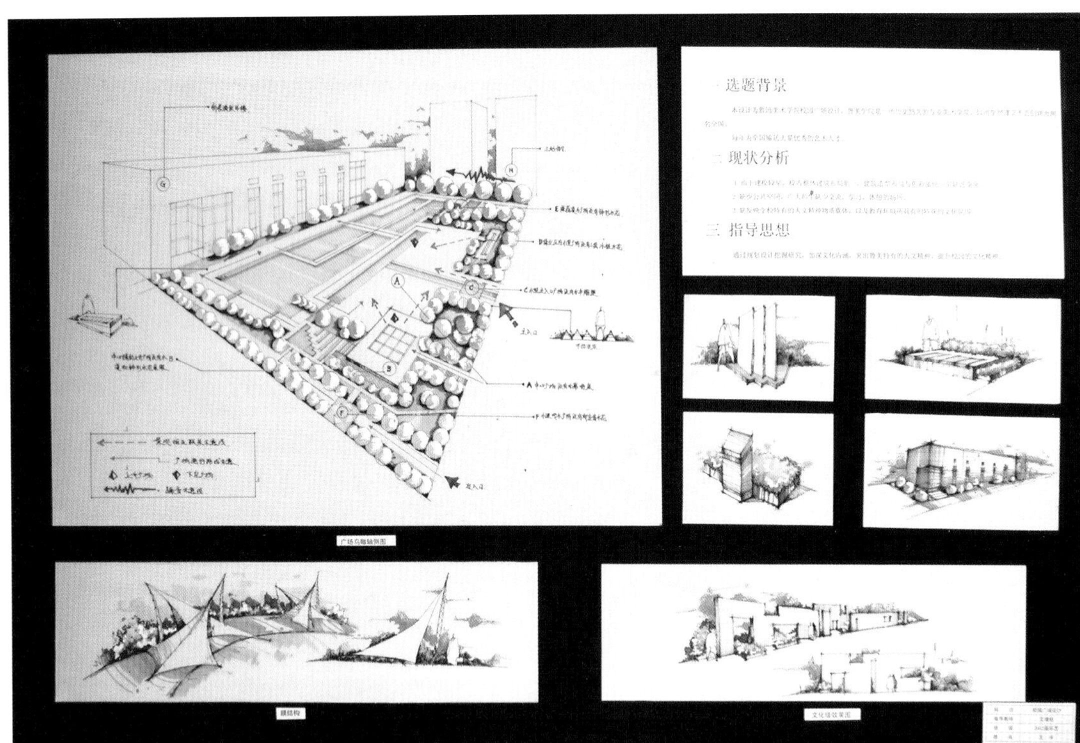

规整、严肃、求方是本设计的主要特点。

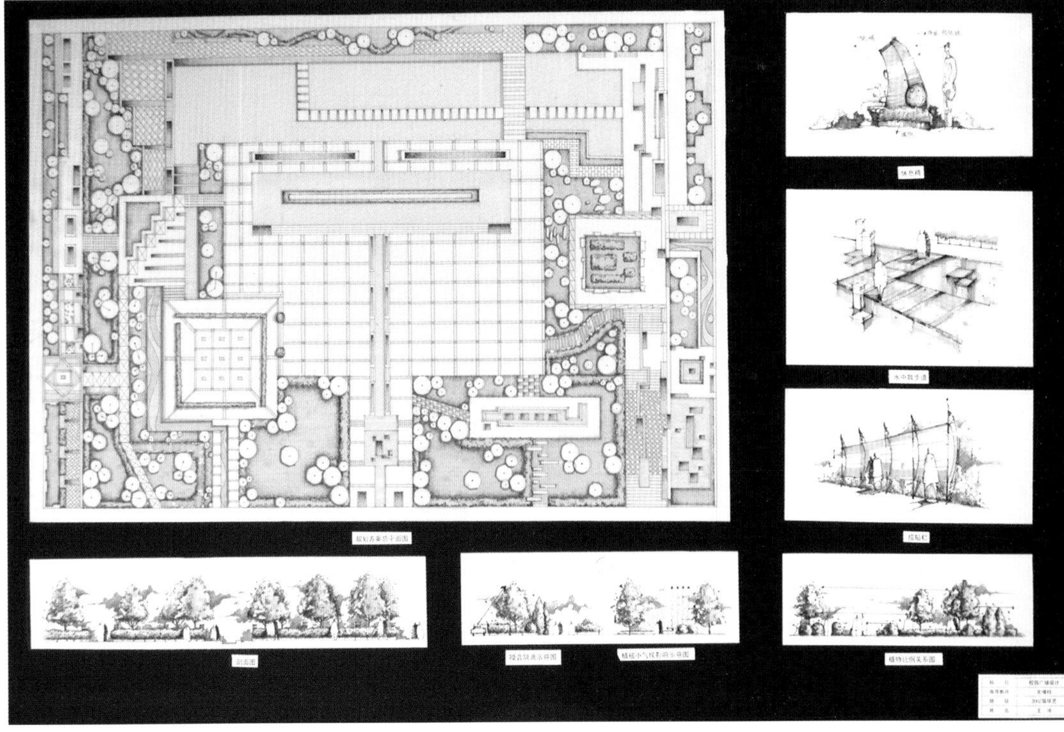

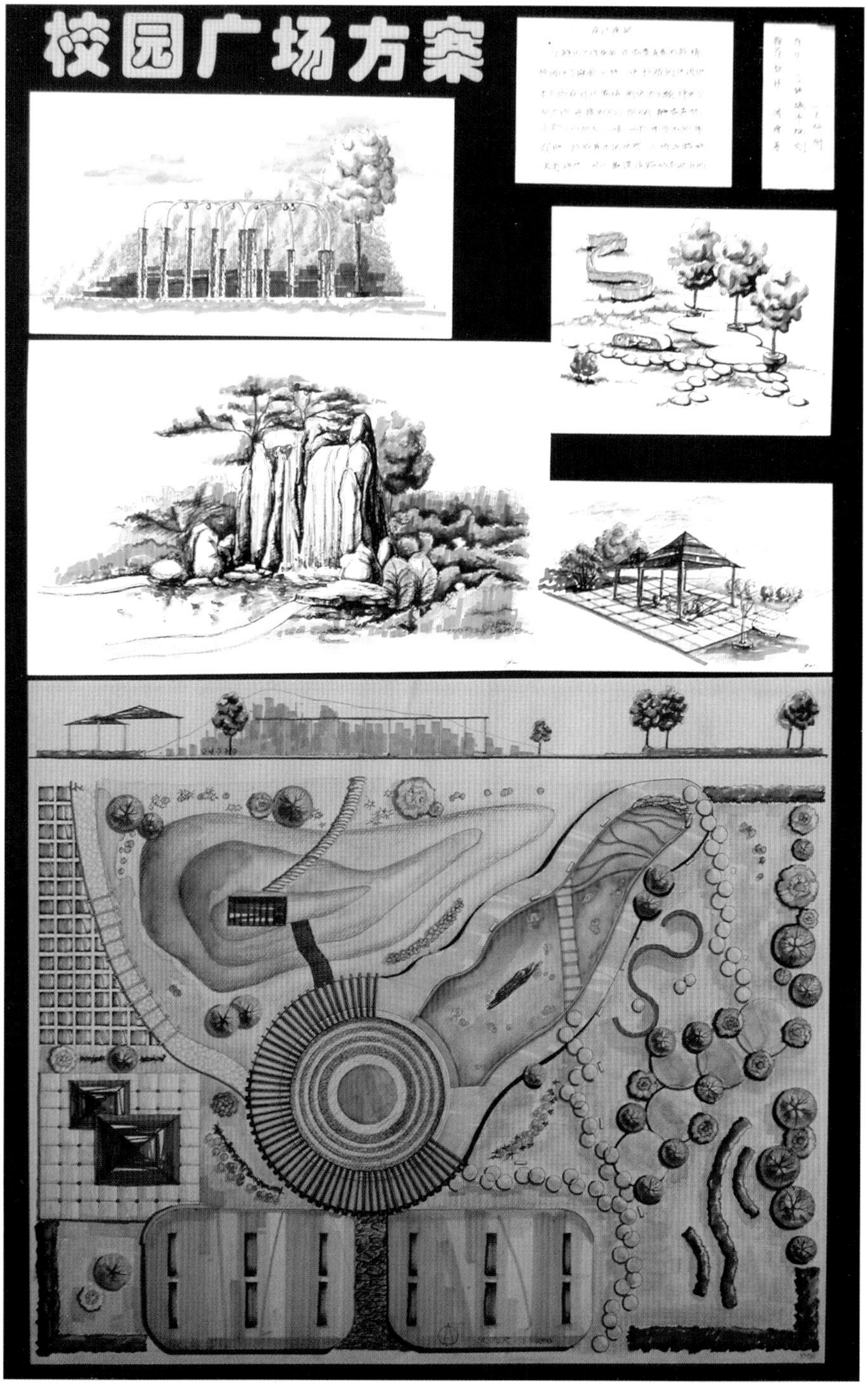

校园广场方案

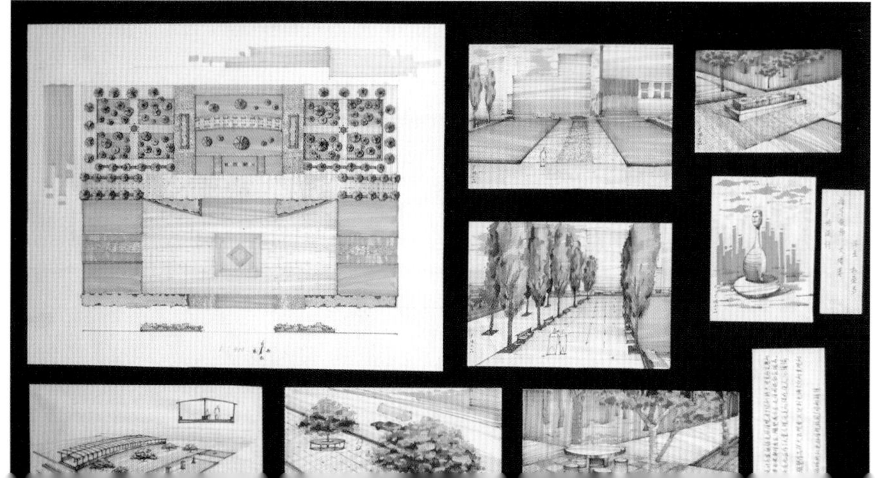

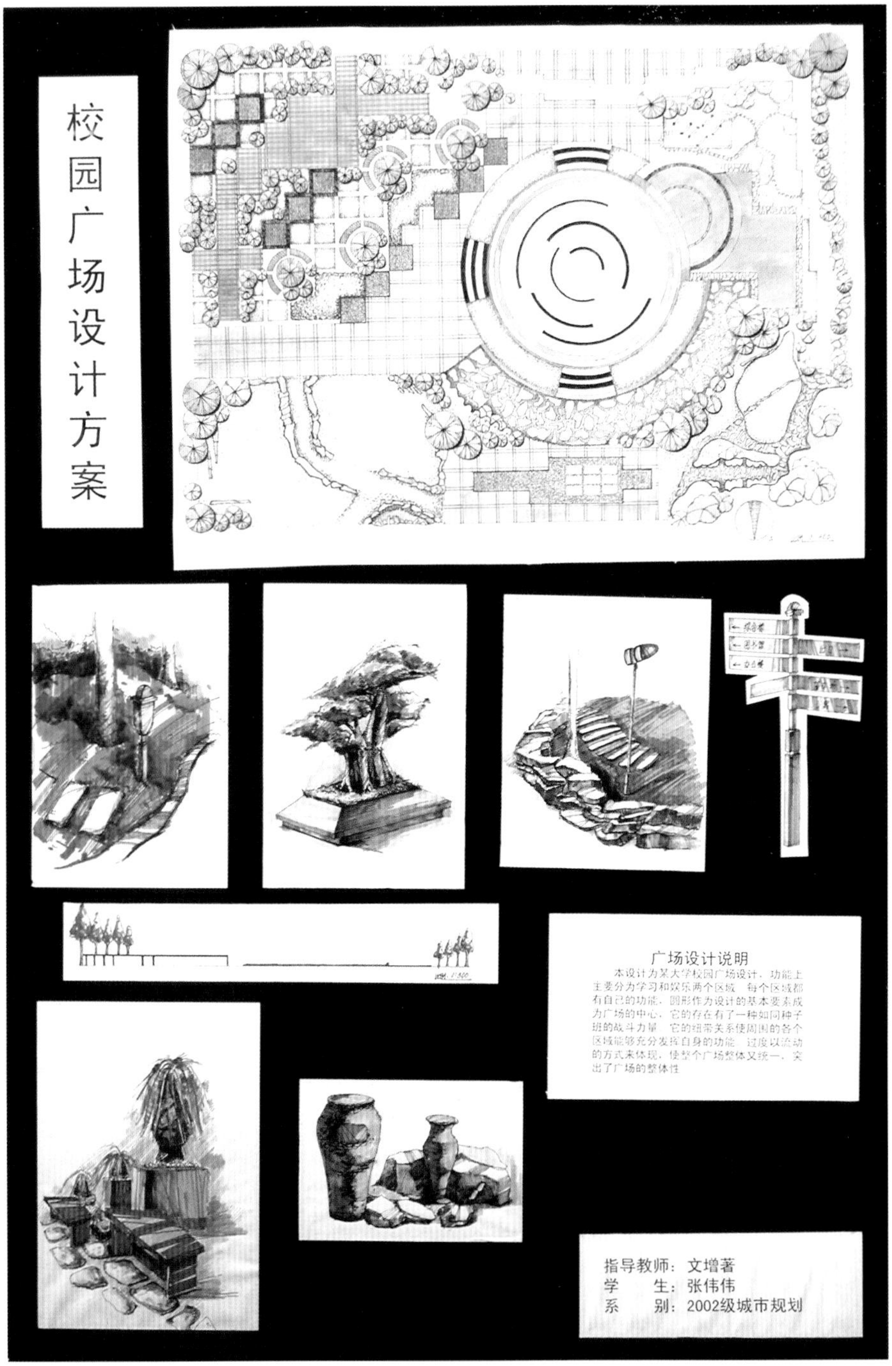

校园广场设计方案

广场设计说明

本设计为某大学校园广场设计，功能上主要分为学习和娱乐两个区域，每个区域都有自己的功能，圆形作为设计的基本要素成为广场的中心，它的存在有了一种如同种子班的战斗力量，它的纽带关系使周围的各个区域能够充分发挥自身的功能，过度以流动的方式来体现，使整个广场整体又统一，突出了广场的整体性

指导教师：文增著
学　　生：张伟伟
系　　别：2002级城市规划

ENVIRONMENTAL DESIGN

第五周完成稿

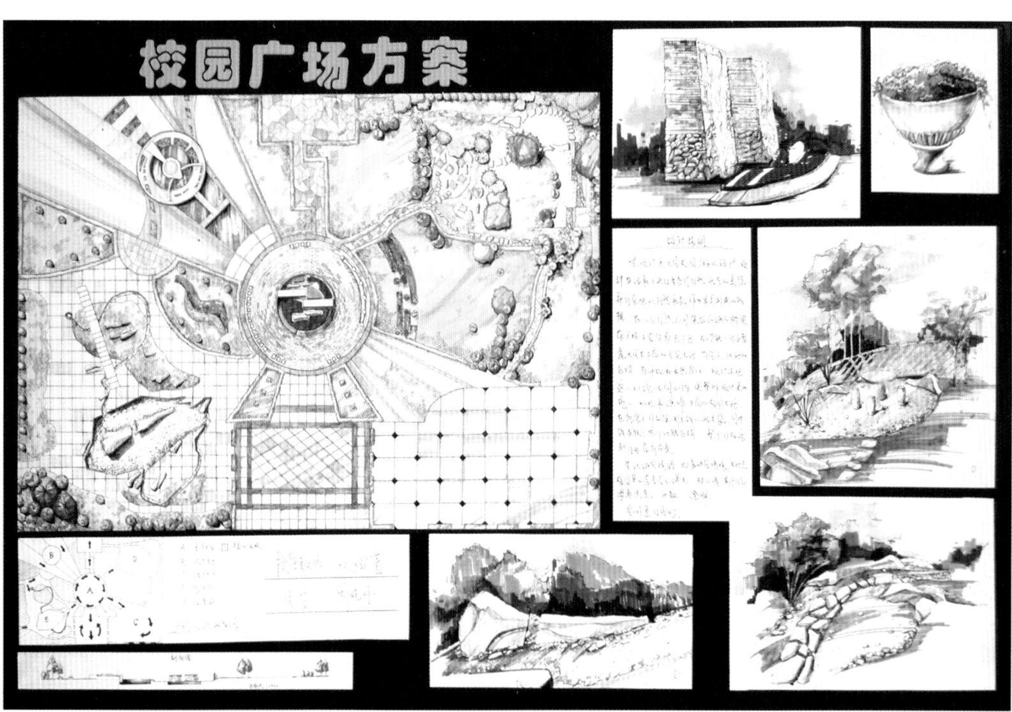

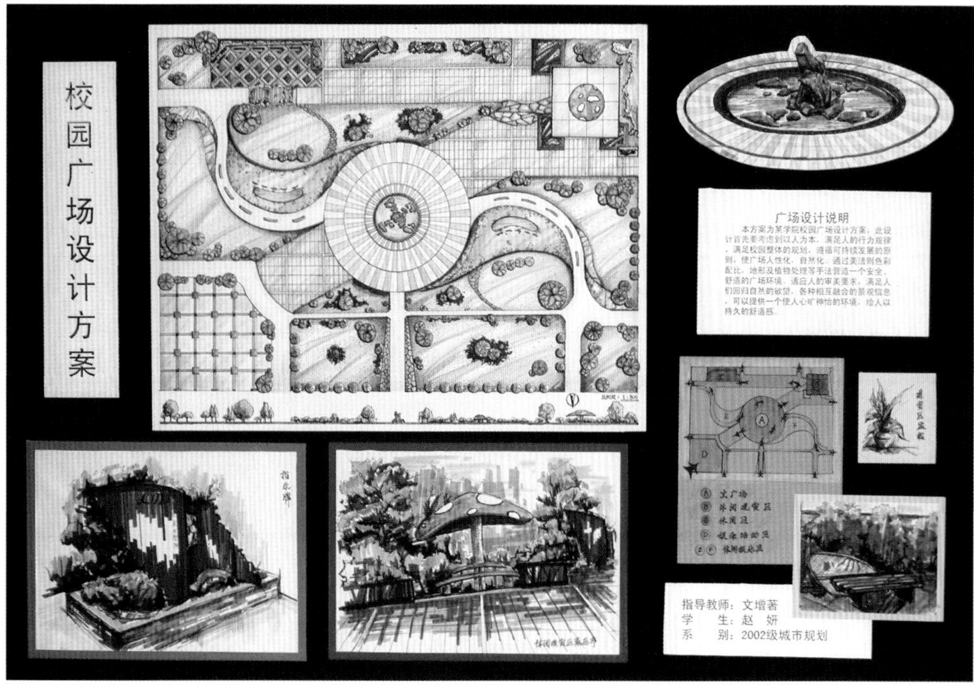

ENVIRONMENTAL DESIGN

第五周完成稿

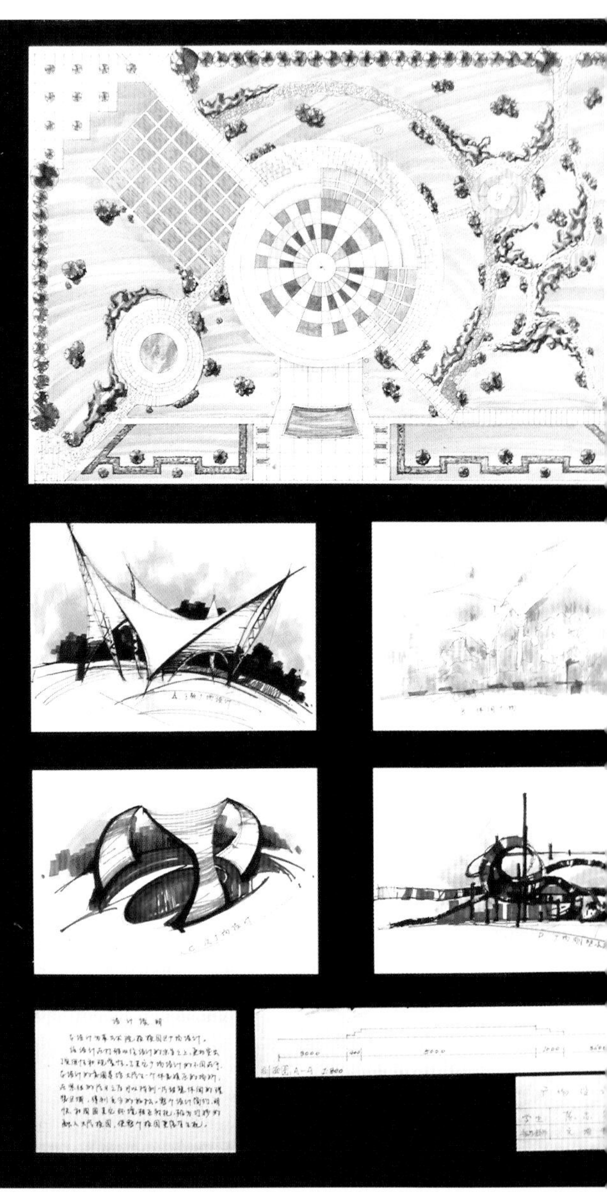

ENVIRONMENTAL DESIGN

第五周完成稿

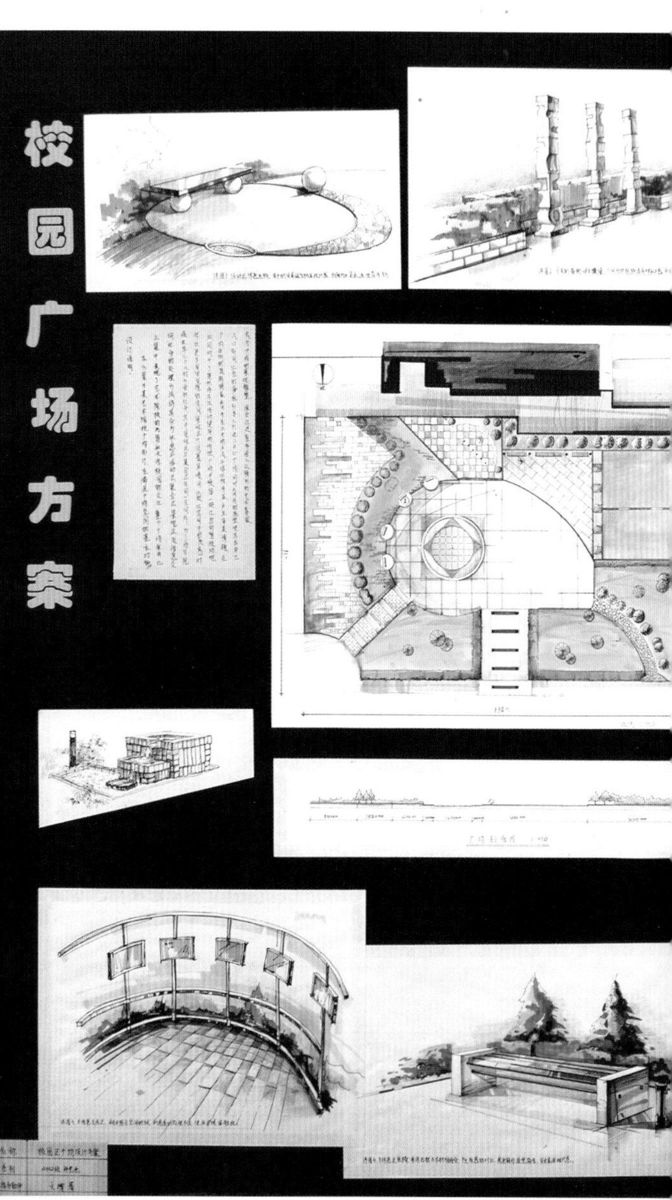

ENVIRONMENTAL DESIGN

第五周完成稿

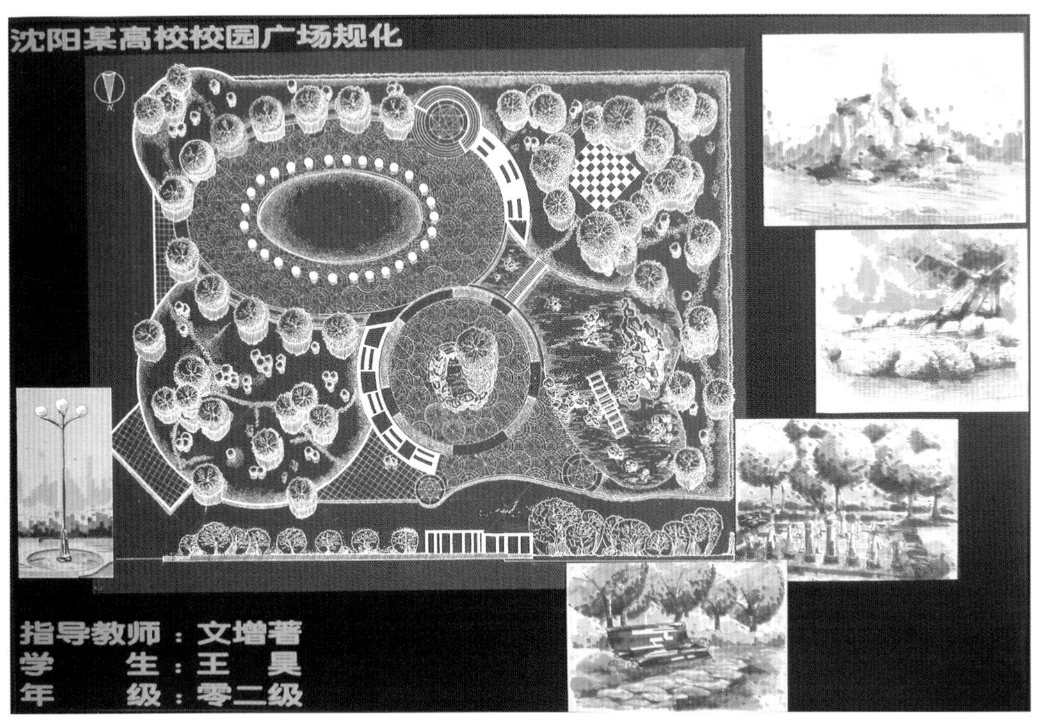

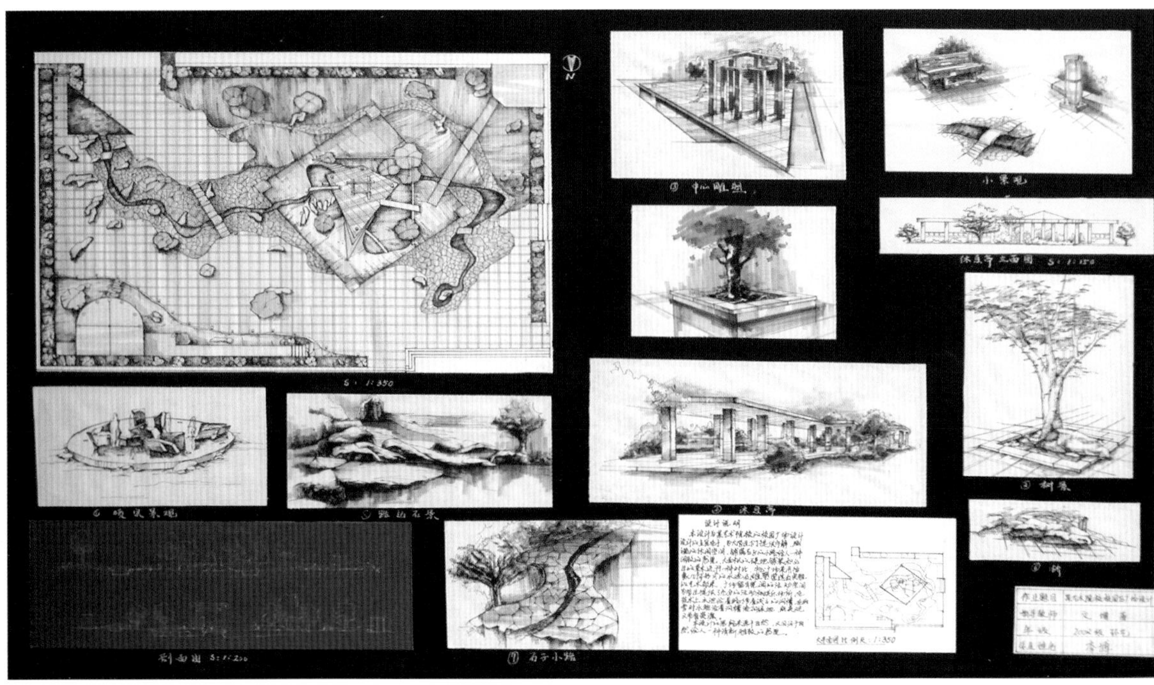

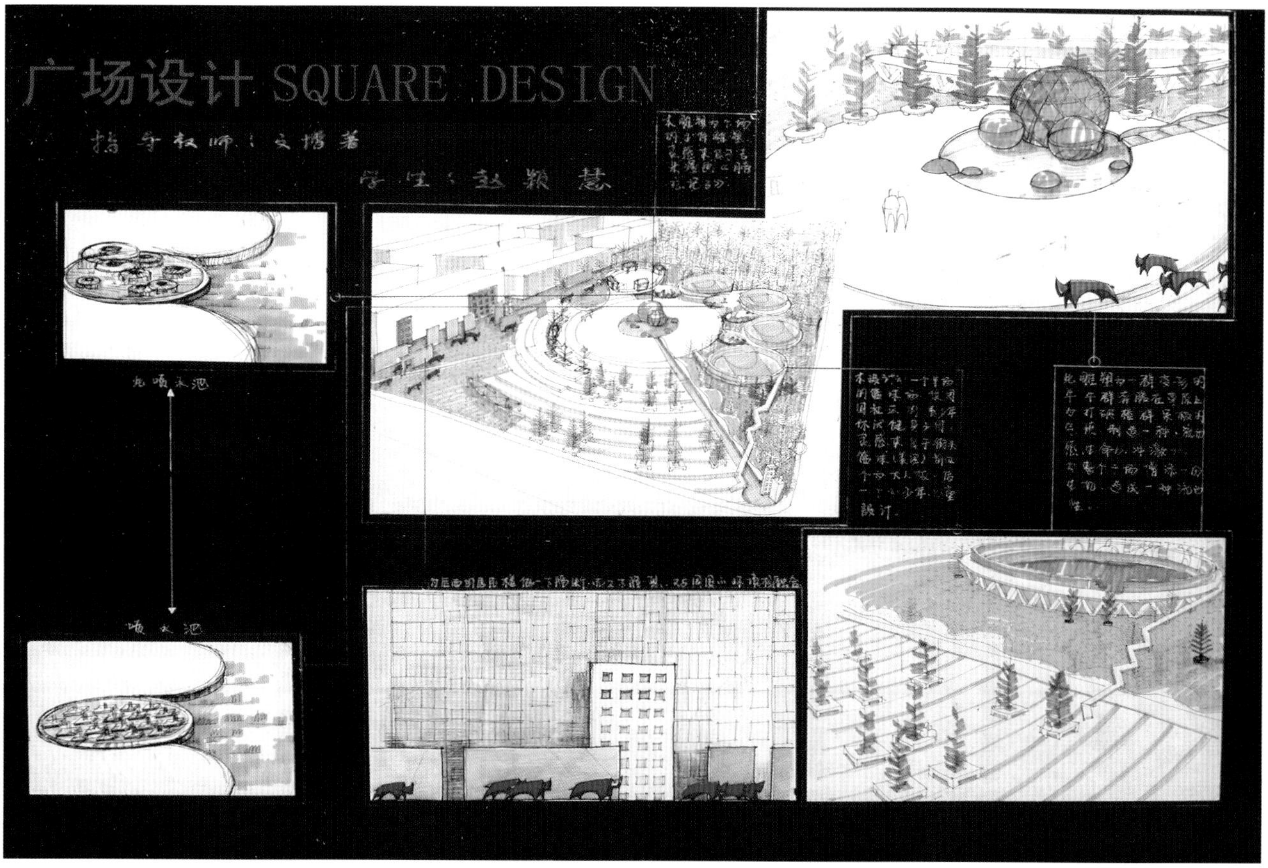
广场设计 SQUARE DESIGN
指导教师：文增著
学生：赵颖慧
喷水池

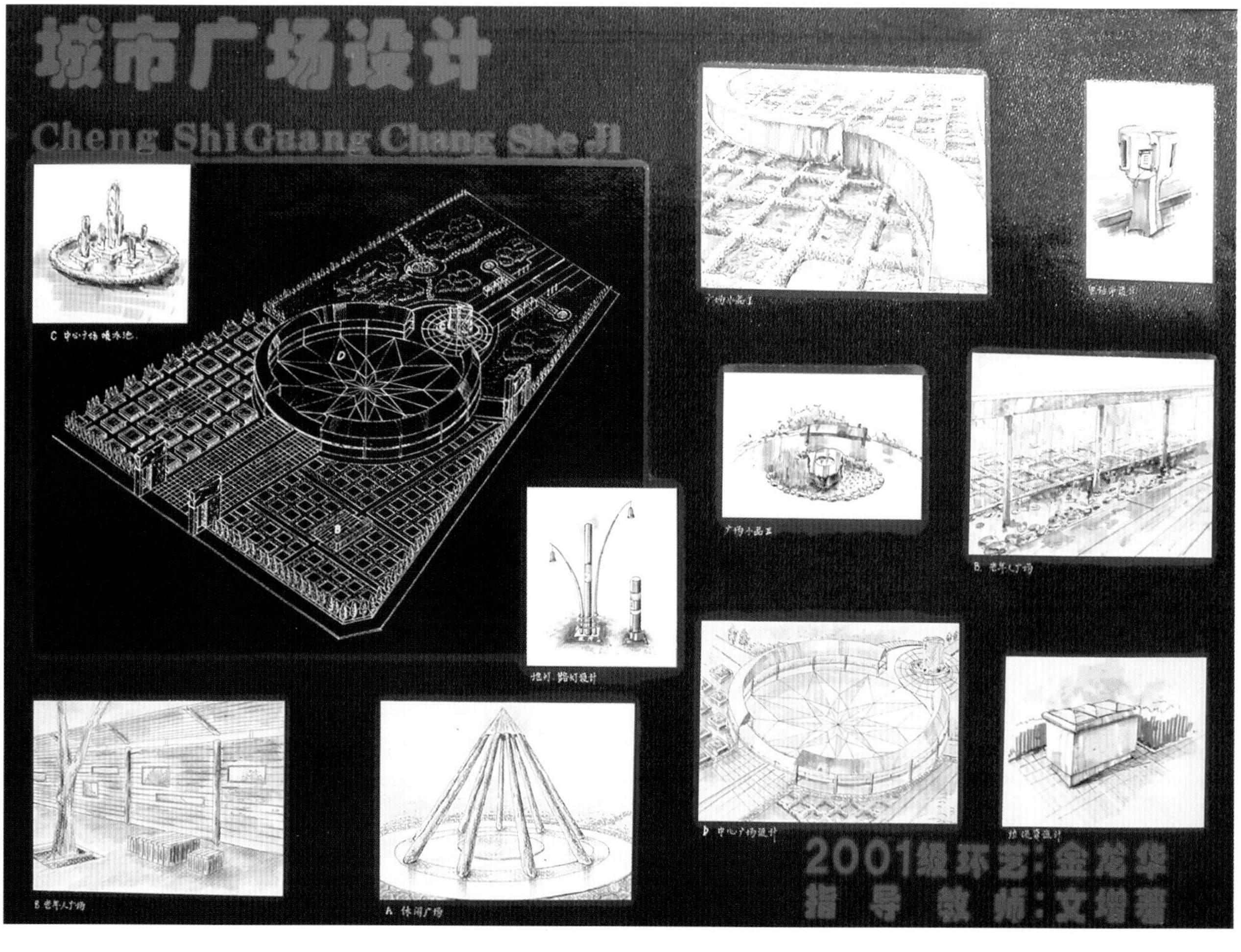
城市广场设计
Cheng Shi Guang Chang She Ji
C 中心广场喷水池
D 中心广场设计
A 休闲广场
B 老年人广场
2001级环艺：金龙华
指导教师：文增著

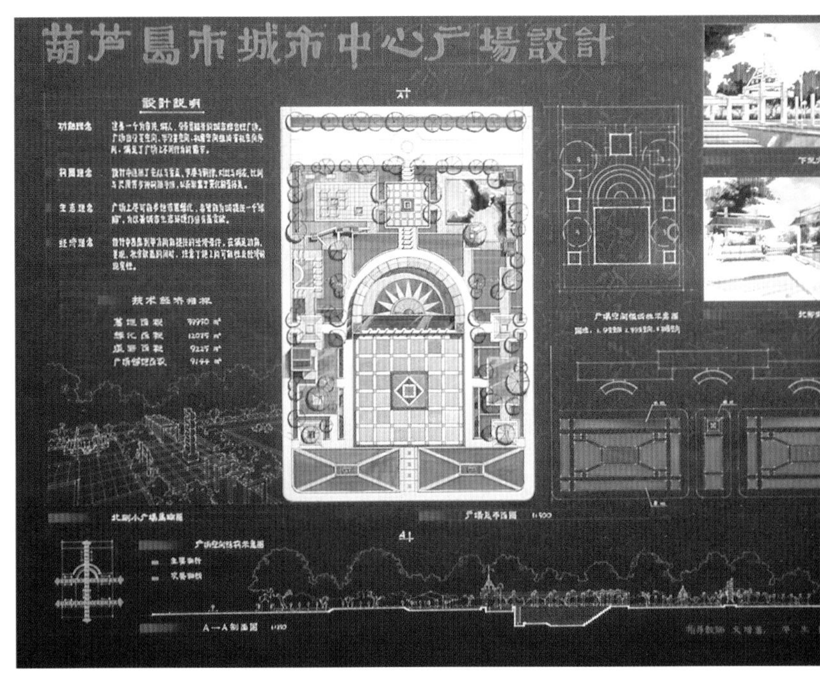
葫芦島市城市中心广場設計
設計說明
技术經济指标

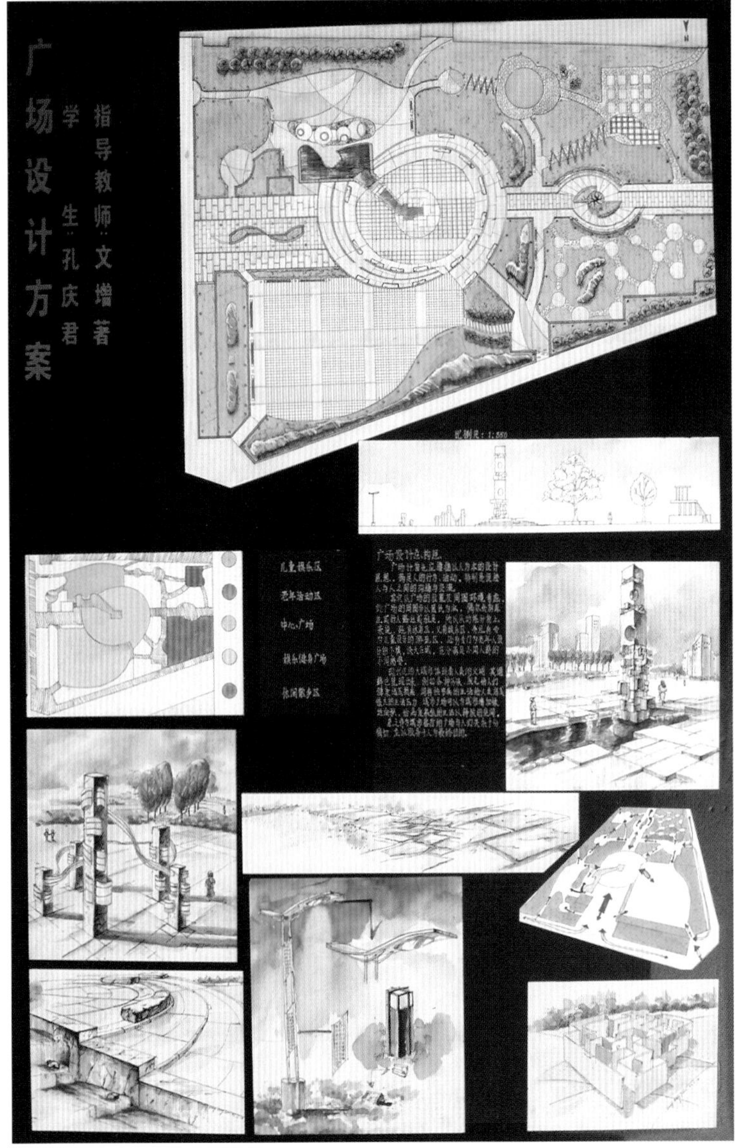
广场设计方案
指导教师：文增著
学生：孔庆君

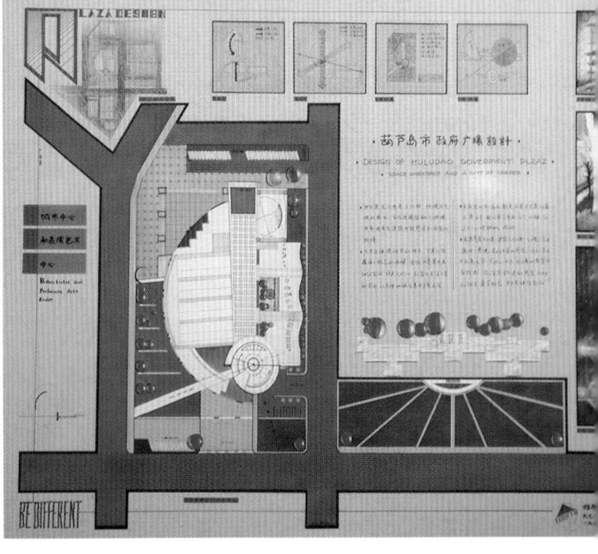
PLAZA DESIGN
葫芦岛市政府广场设计
BE DIFFERENT

广场设计
葫芦岛市政府广场设计
设计说明：
指导教师：文增著
九七环艺：张 鹤

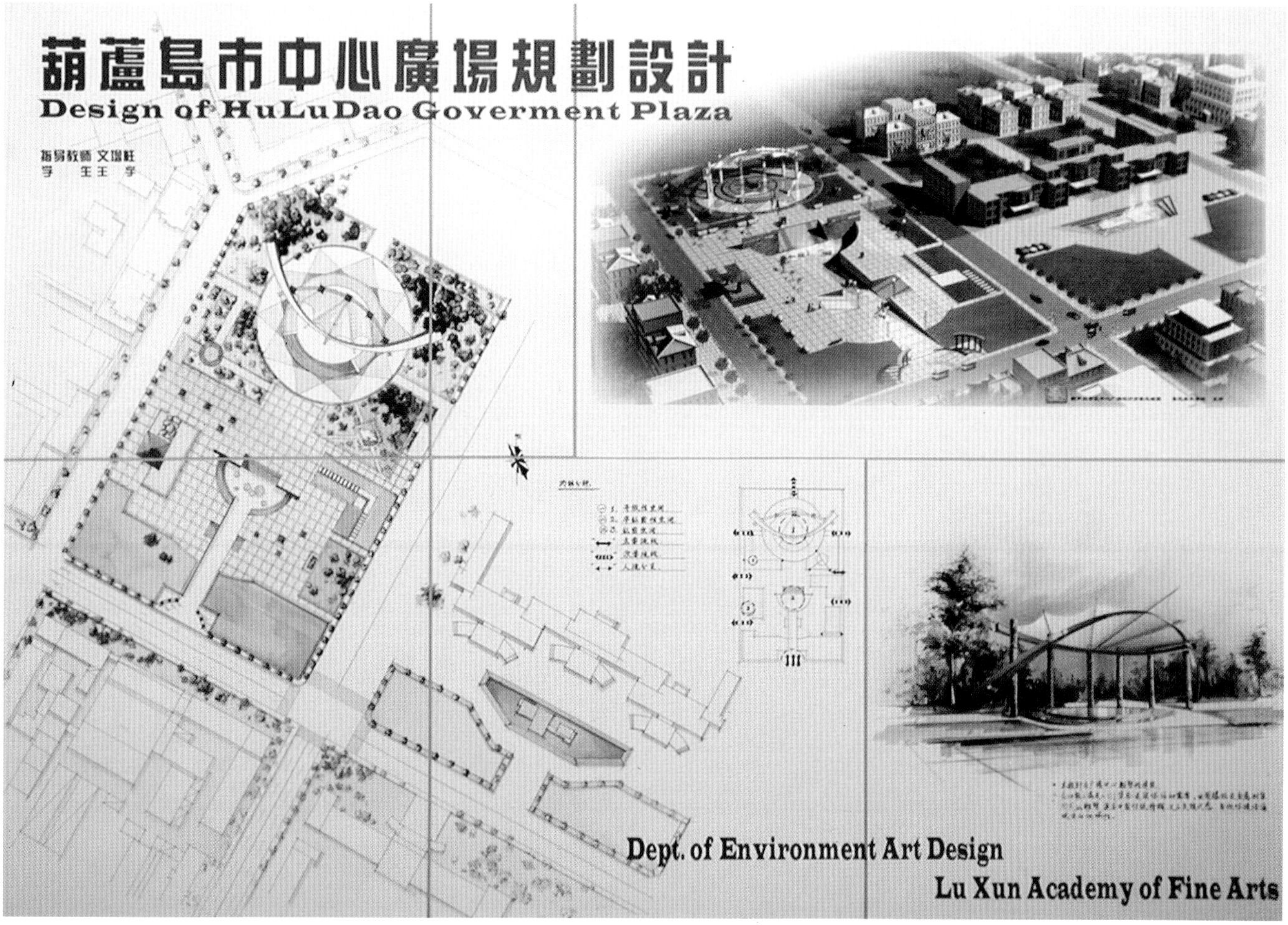

葫蘆島市中心廣場規劃設計
Design of HuLuDao Goverment Plaza
指导教师 文增旺
学 生 王 宇
Dept. of Environment Art Design
Lu Xun Academy of Fine Arts

葫蘆島市中心廣場規劃設計
Design of HuLuDao Goverment Plaza

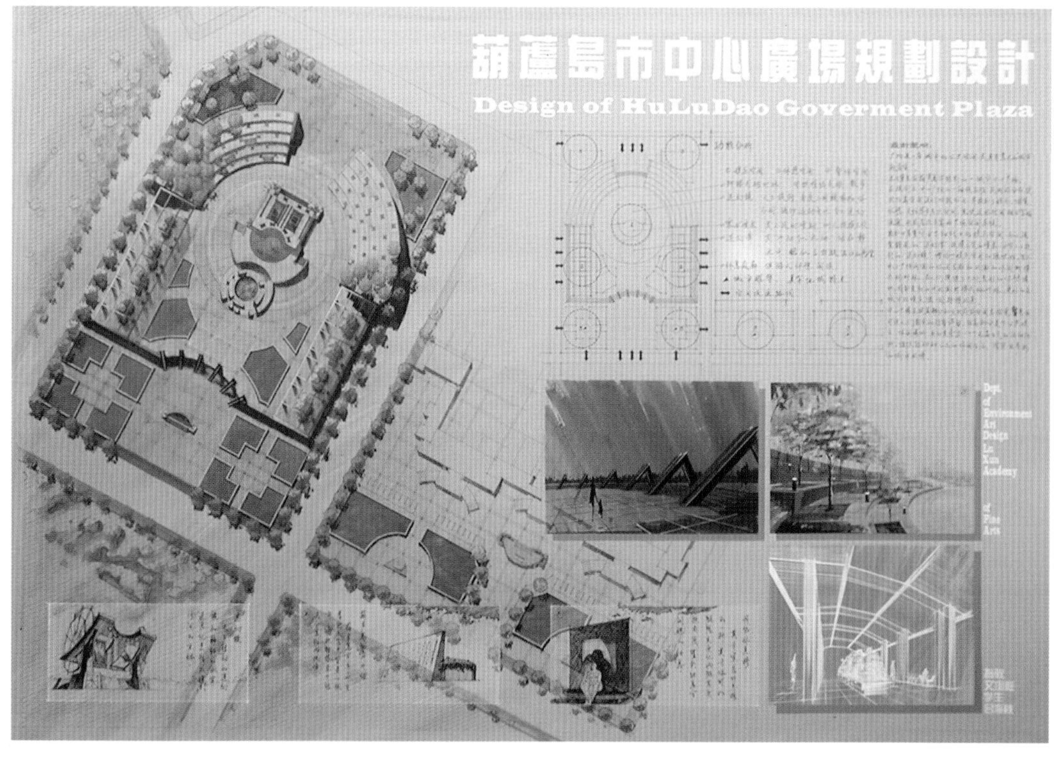

广场设计
葫芦岛城市中心广场设计
九七环艺 宋丹
指导教师 文增柱

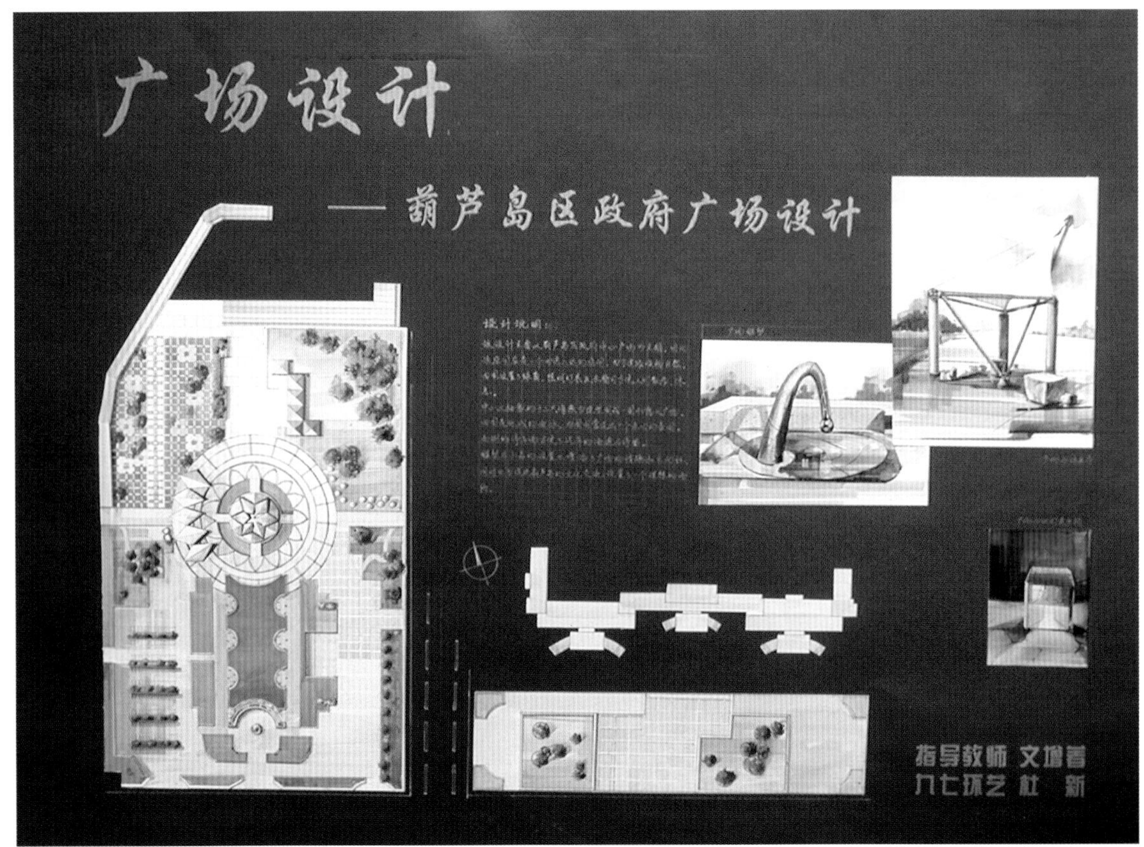
广场设计
——葫芦岛区政府广场设计
设计说明：
指导教师 文增著
九七环艺 杜新

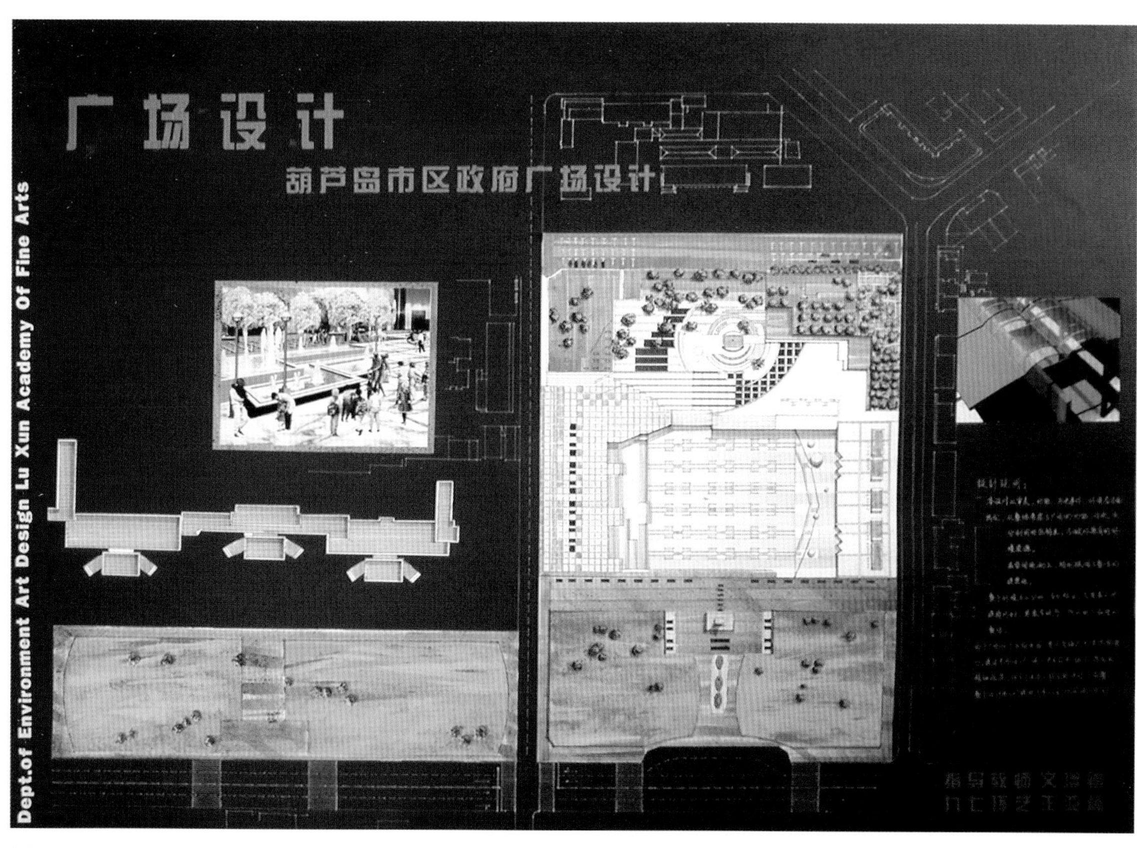
广场设计
葫芦岛市区政府广场设计
Dept.of Environment Art Design Lu Xun Academy Of Fine Arts

广场设计
—葫芦岛市广场规划
指导教师 文增著
鲁美环艺 吕 鑫

ENVIRONMENTAL DESIGN

第五周完成稿

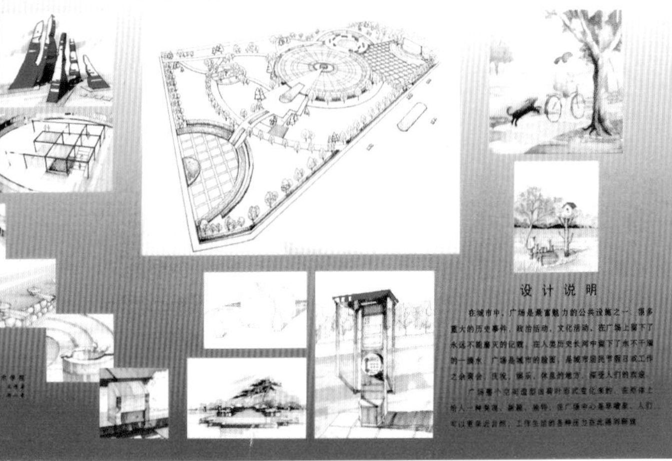

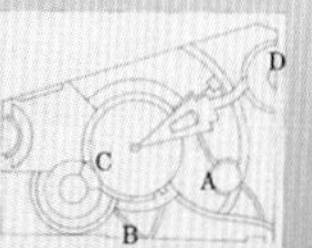

功能分区图

人流分配图

绿化分配图

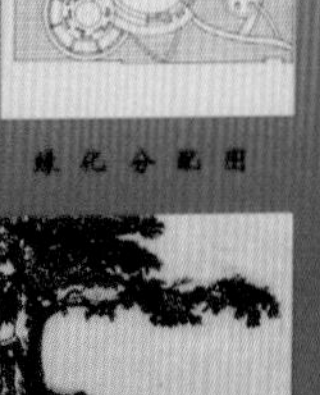

A 主体广场

广场中心是一个喷泉，喷泉中央与四周是理石坐位，人能够更加亲近水，感受自然。广场周围有一个弧形的长廊，可以在其中休息，欣赏广场的景色。

B 次广场

此广场是为孩子游玩设计的。孩子可以在其中玩耍，感受泥土带来的自然的芳香。

C 活动广场

活动广场中设了一个表演台，可以在此处进行小型的表演，亦可以举行一些集会活动，丰富人们的生活。

D 花 坛

在入口处设置花坛，给人们在忙碌的生活中注入了活力，增添了色彩，让人们缓解工作的疲劳，将人们引入广场。

比例：1: 300
比例：1: 100

鲁迅美术学院

指导教师：[illegible]

2001级环艺系：[illegible]

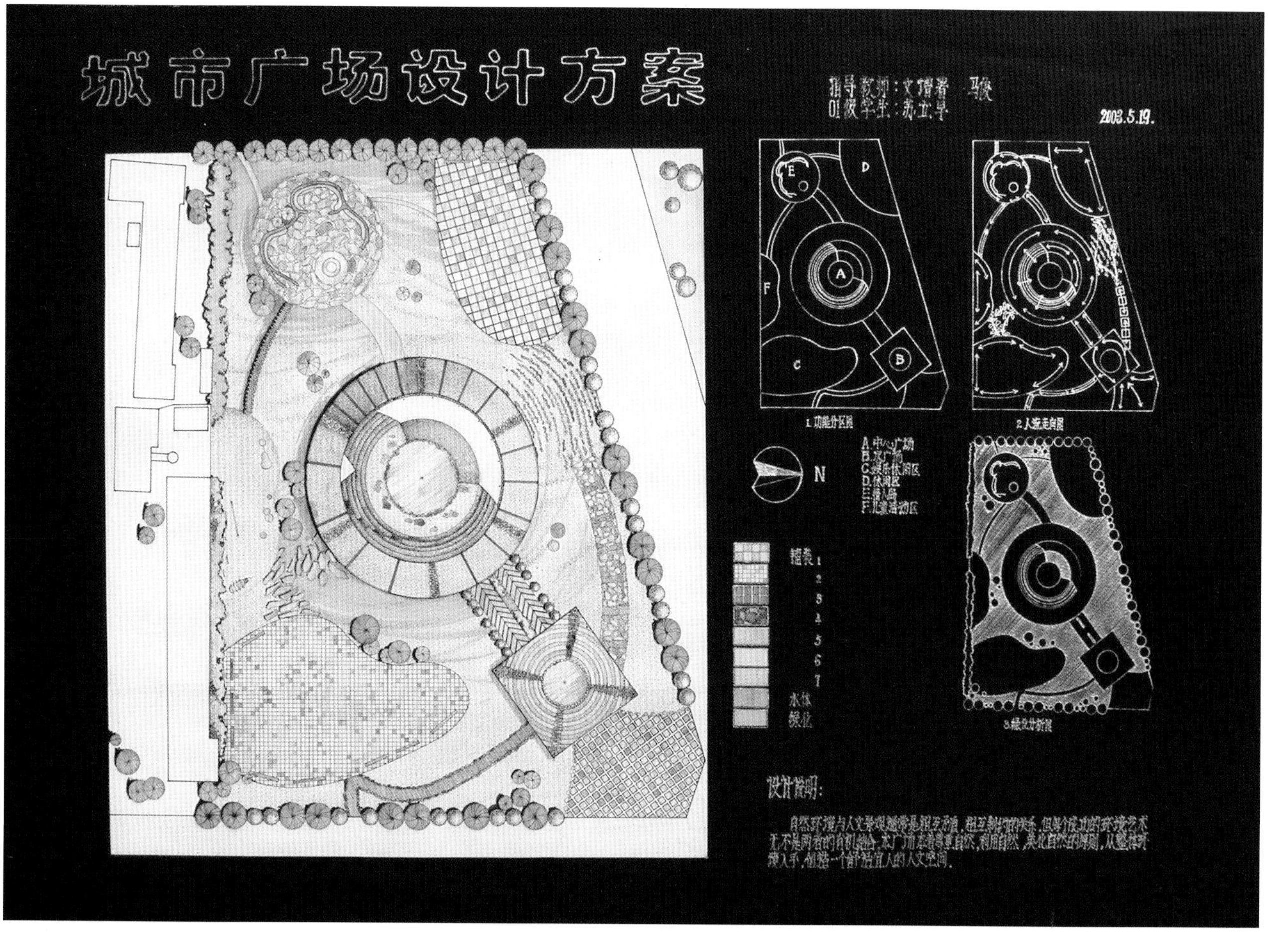

城市广场设计方案

指导教师：文增著　马骏
01级学生：苏立昇

2003.5.19.

1.功能分区图

2.人流走向图

3.绿化分析图

N

A.中心广场
B.次广场
C.娱乐休闲区
D.休闲区
E.[illegible]
F.儿童活动区

铺装 1 2 3 4 5 6 7
水体
绿化

设计说明：

自然环境与人文景观通常是相互矛盾、相互制约的关系，但每个成功的环境艺术无不是两者的有机结合。本广场本着尊重自然、利用自然、美化自然的原则，从整体环境入手，创造一个舒适宜人的人文空间。

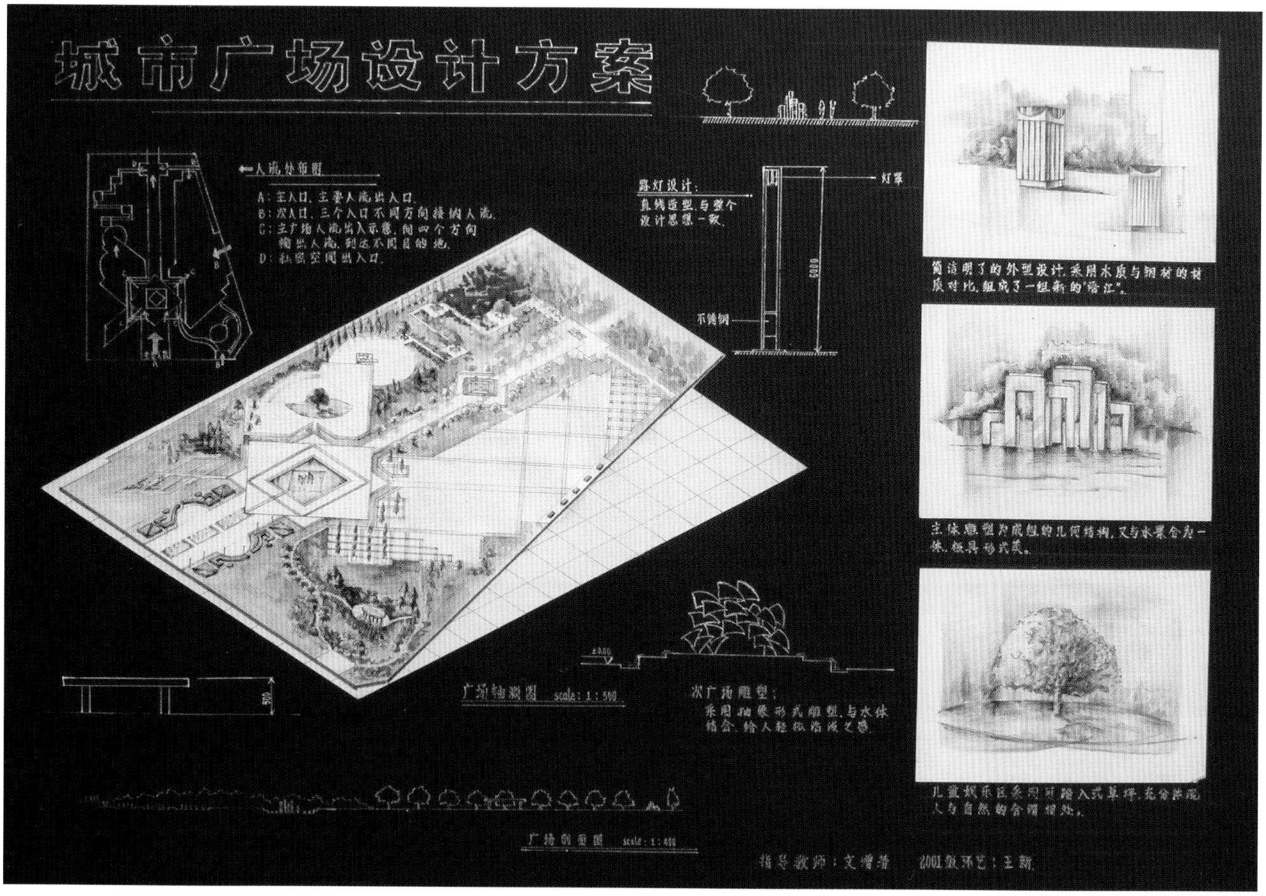

城市广场设计方案

←人流分析图

A：主入口，主要人流出入口。
B：次入口，三个入口不同方向接纳人流。
C：主广场人流出入示意，向四个方向输出人流，到达不同目的地。
D：私密空间出入口。

路灯设计：
直线造型，与整个设计思想一致。

灯罩

6000

不锈钢

简洁明了的外型设计，采用木质与钢材的材质对比，组成了一组新的"路灯"。

主体雕塑为成组的几何结构，又与水景合为一体，极具形式美。

±0.00

广场轴测图　scale：1：500

次广场雕塑：
采用抽象形式雕塑，与水体结合，给人轻松浪漫之感。

广场剖面图　scale：1：400

儿童娱乐区采用可踏入式草坪，充分体现人与自然的合谐相处。

指导教师：文增著　2001级环艺：王新

ENVIRONMENTAL DESIGN

第五周完成稿

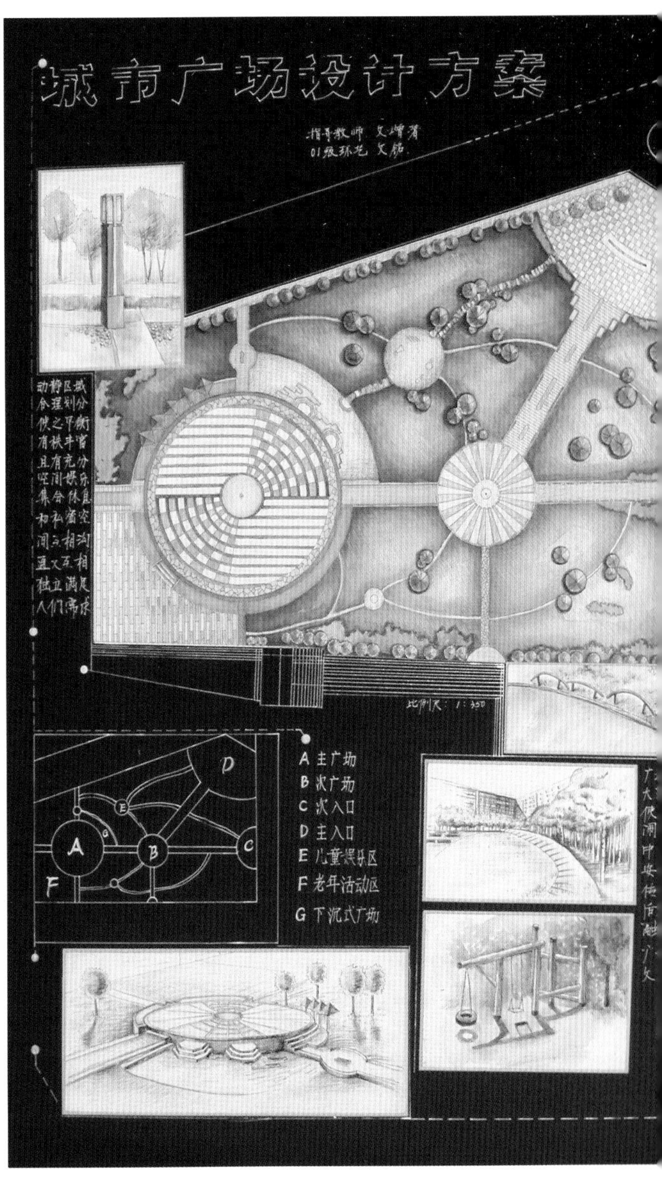

由分子结构形态得到启发，使主广场和次广场紧密联系

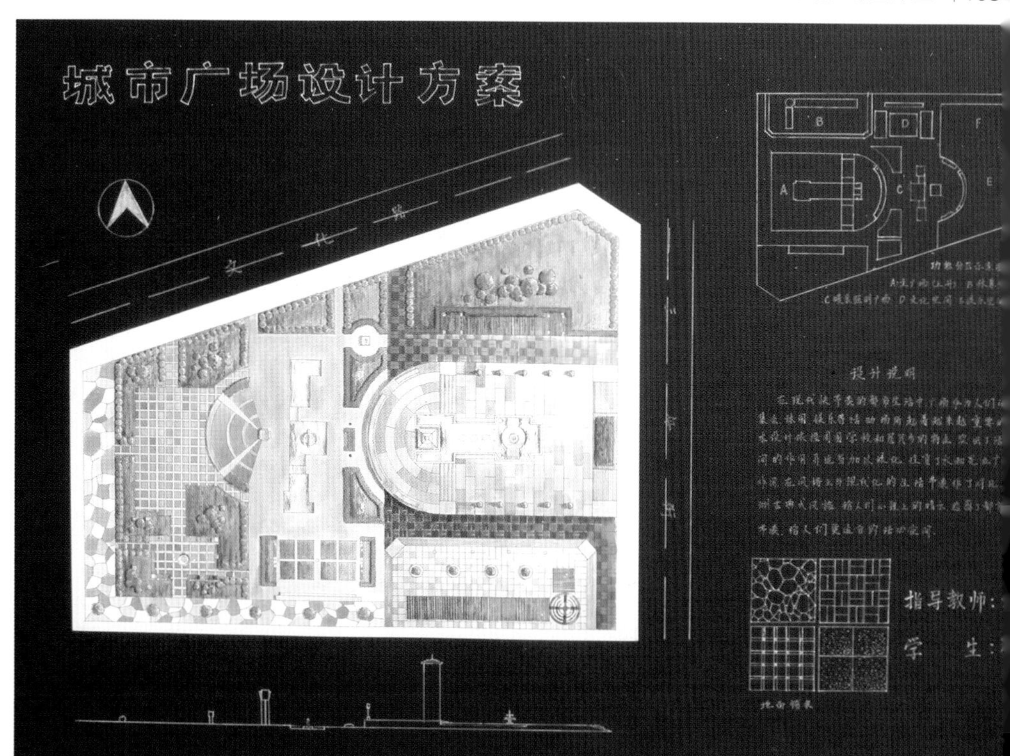

圆形，曲线，是追求浪漫主义构思的常用手法

ENVIRONMENTAL DESIGN

第五周完成稿

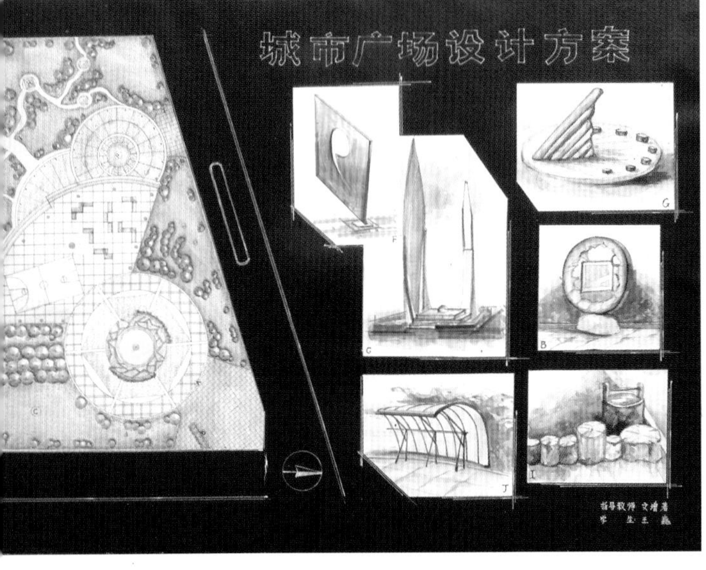

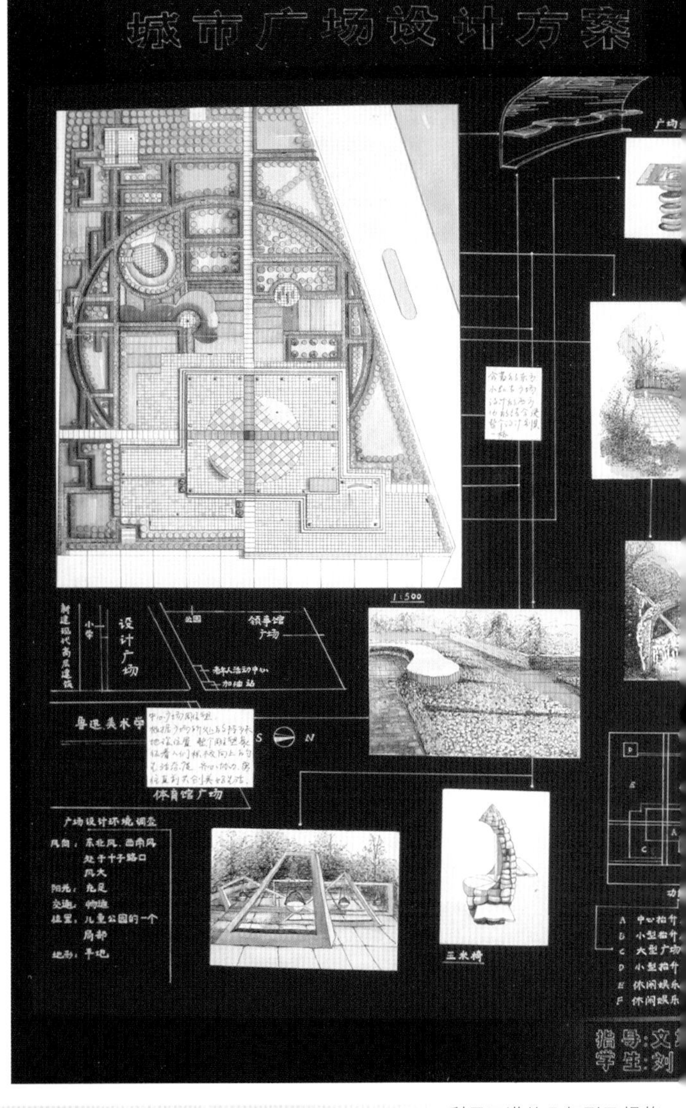

利用严谨的几何形及规整的道路贯穿整个广场，在局部以小品进行个性变化。主风格简洁明朗

SQUARE DESIGN 指导教师：文增柱 学生：刘俊

设计说明：此场地的设计者为了使广场与形势相统一，本着“以人为本”的原则，设计者从相对满足高标准居民的要求着手拒绝低俗文化，以老人，儿童为主要设计对象，对广场进行高质量，高品质的整体设计，本设计以一条干路为轴线，为人们提供最方便的易捷通道，两侧为私密区，供人们在这里进行散步，聊天．休闲放松，在一片绿色的天地中，充满趣味的小品和美丽的花丛，希望带给人们一些小小的喜悦与享受．

中心雕塑

广场轴测图

室外休息区

DEPT. ENVIRONMENT ART DESIGN LAFA

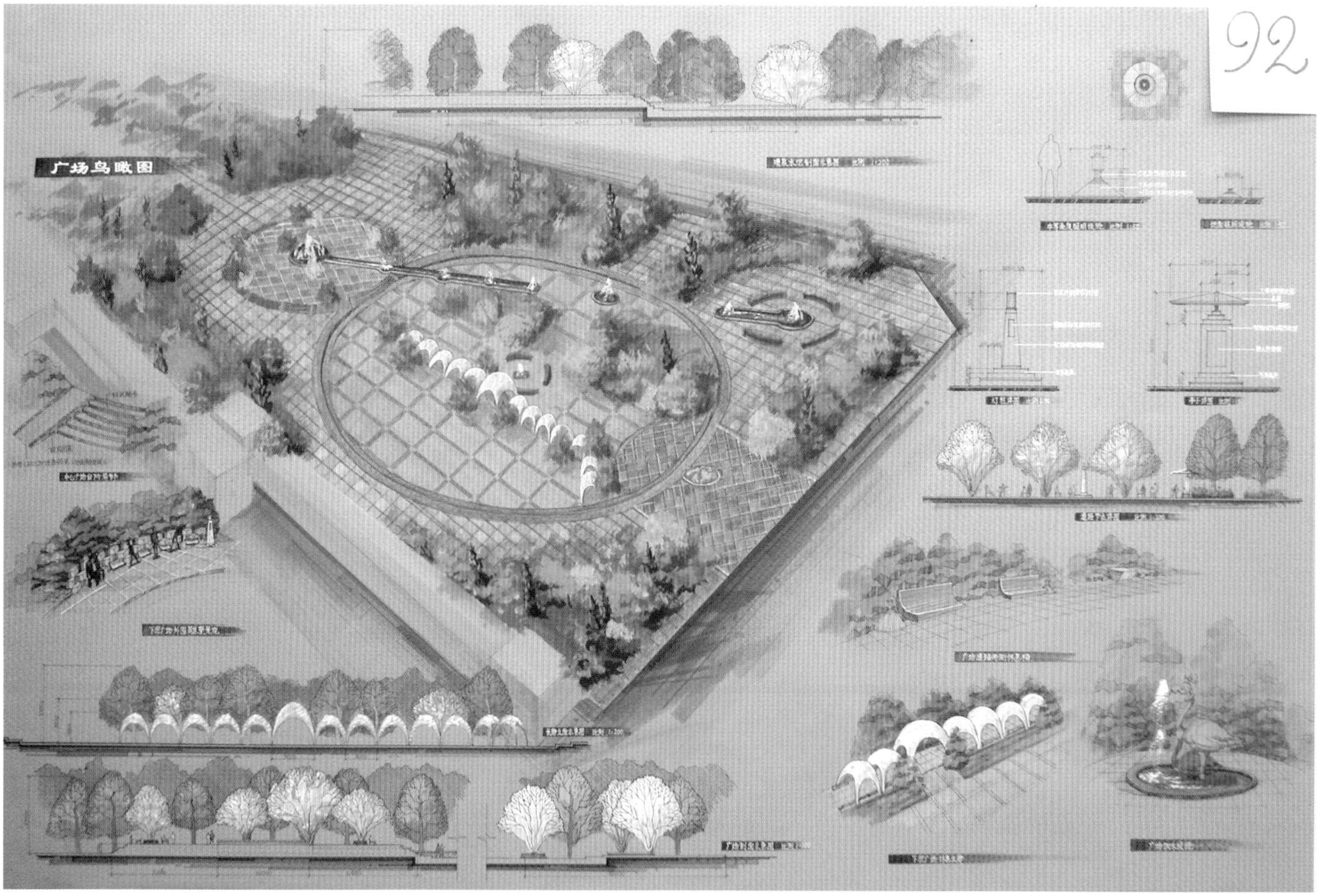

92

广场鸟瞰图

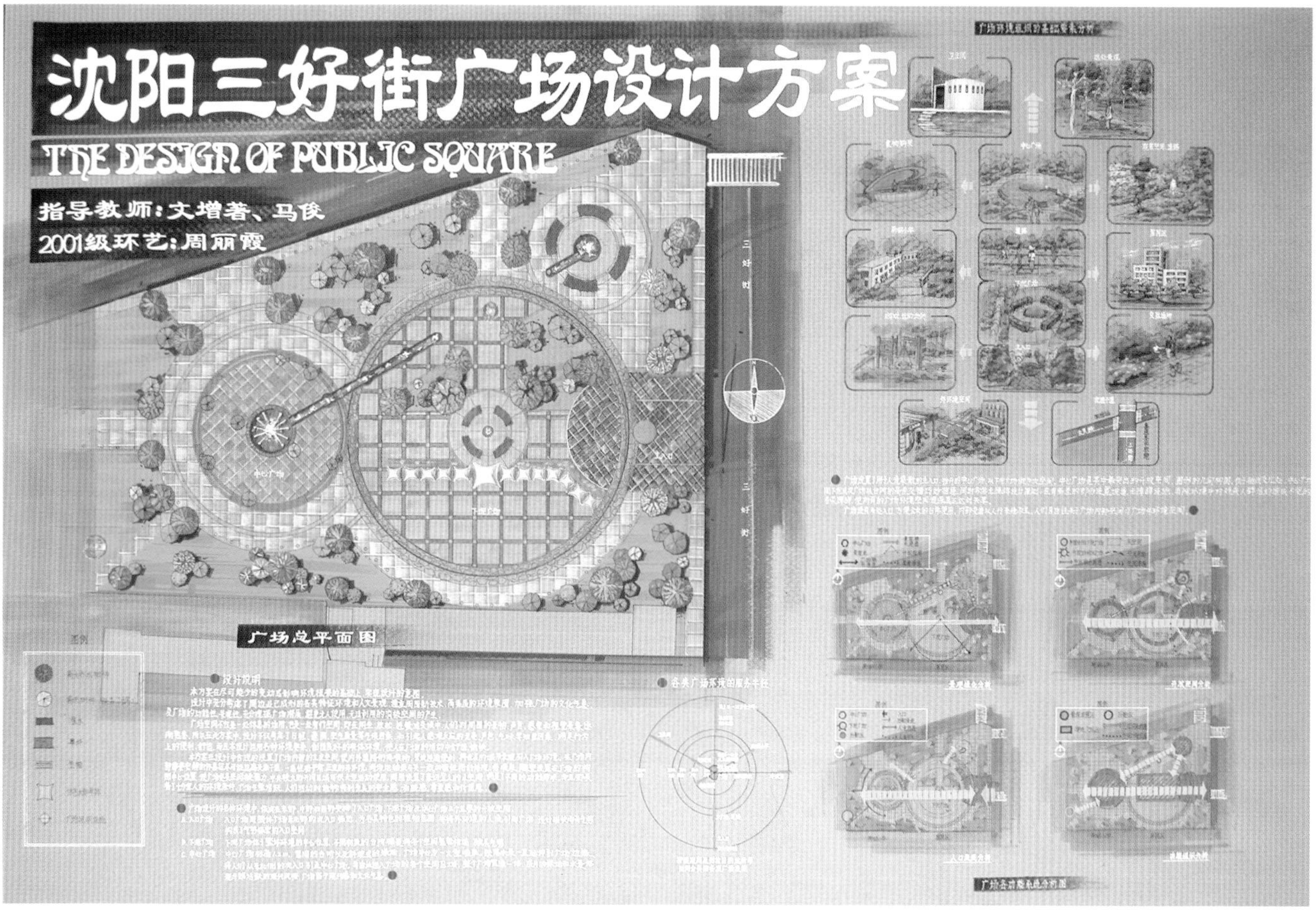

沈阳三好街广场设计方案

THE DESIGN OF PUBLIC SQUARE

指导教师：文增著、马俊

2001级环艺：周丽霞

广场总平面图

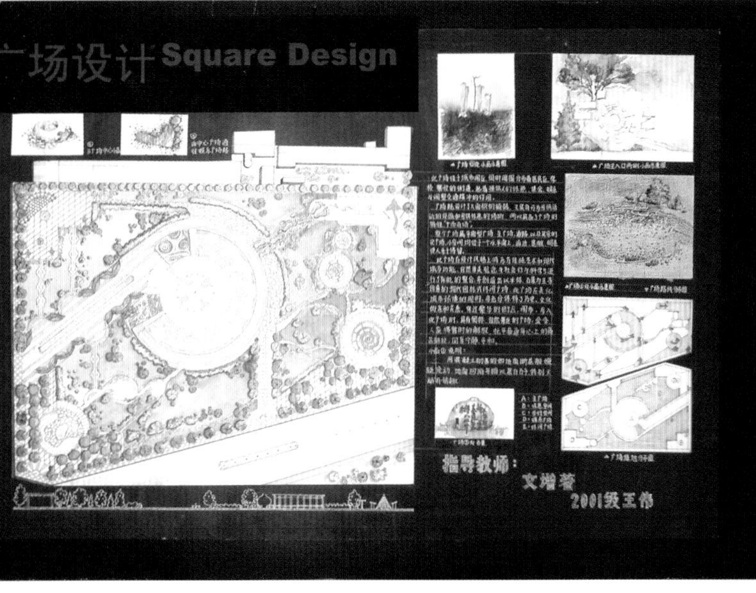

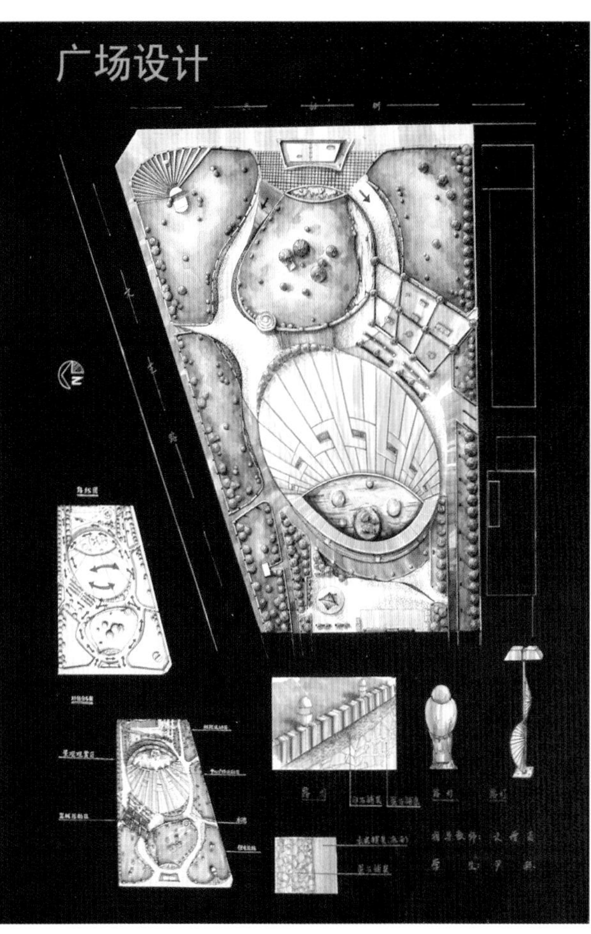

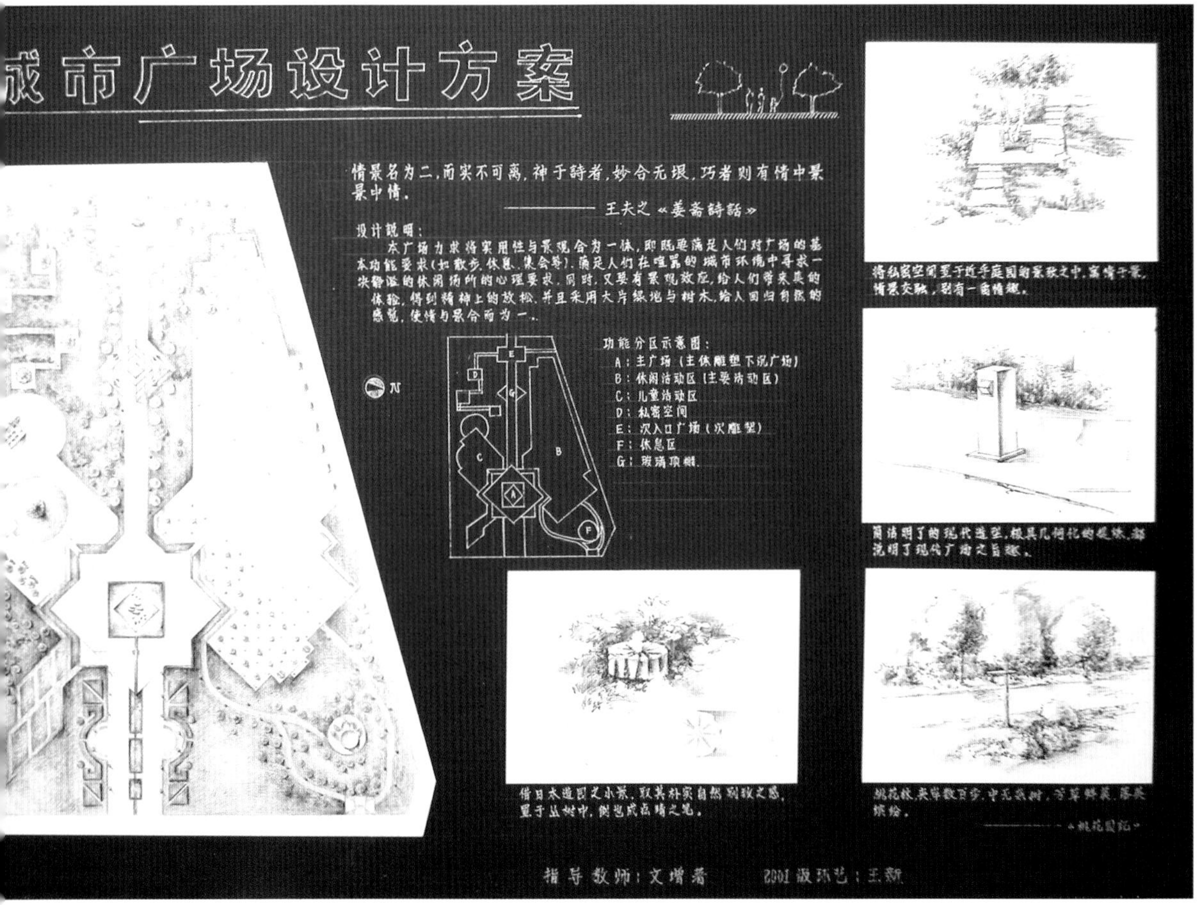

城市广场设计方案

情景名为二，而实不可离，神于詩者，妙合无垠，巧者则有情中景景中情。

——王夫之《姜斋詩話》

设计说明：

本广场力求将实用性与景观合为一体，即既要满足人们对广场的基本功能要求（如散步、休息、集会等），满足人们在喧嚣的城市环境中寻求一块静谧的休闲场所的心理要求，同时，又要有景观效应，给人们带来美的体验，得到精神上的放松，并且采用大片绿地与树木，给人回归自然的感觉，使情与景合而为一。

功能分区示意图：

A：主广场（主体雕塑下沉广场）
B：休闲活动区（主要活动区）
C：儿童活动区
D：私密空间
E：次入口广场（次雕塑）
F：休息区
G：玻璃顶棚。

将私密空间置于近乎庭园的景致之中，寓情于景，情景交融，别有一番情趣。

简洁明了的现代造型，极具几何化的趣味，却说明了现代广场之旨趣。

借日本造园之小景，取其朴实自然别致之感，置于丛树中，倒也成点睛之笔。

桃花林，夹岸数百步，中无杂树，芳草鲜美，落英缤纷。

——《桃花源记》

指导教师：文增著　　2001级环艺：王颖

城市广场设计方案 (2)
设计说明
指导教师：文增著
学生：宋艳丽

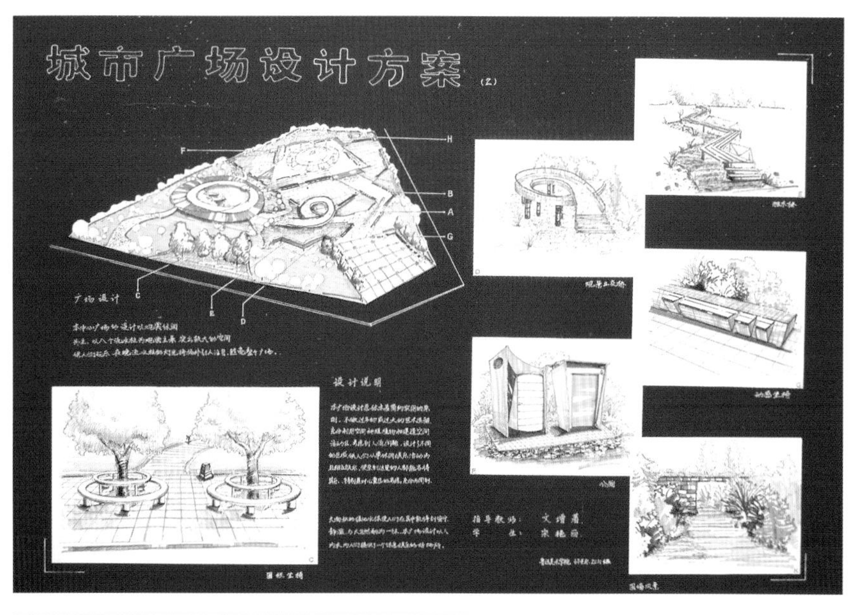

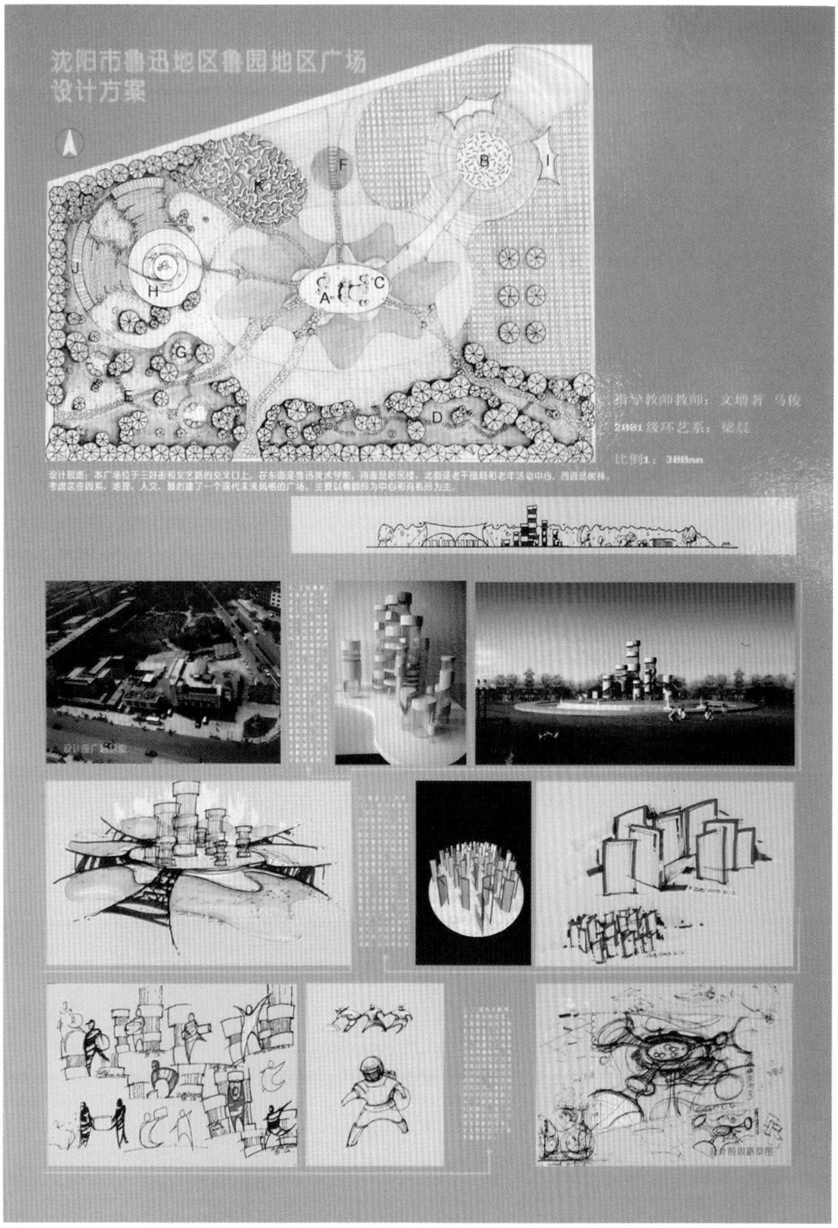

沈阳市鲁迅地区鲁园地区广场
设计方案
指导教师教师：文增著 马俊
2001级环艺系：梁晨
比例1：300mm
设计思路：本广场位于三好街和文艺路的交叉口上。在东面是鲁迅美术学院，南面是居民楼，北面是老干部局和老年活动中心，西面是树林。考虑这些因素，地理，人文，最后建了一个现代未来风格的广场。主要以椭圆形为中心和有机形为主。

发挥自由想像力，是设计教学中特别提倡的，在构思时给学生一个充分想象的空间。有些想法可能不一定成熟，但可能是有创意的设计之萌芽

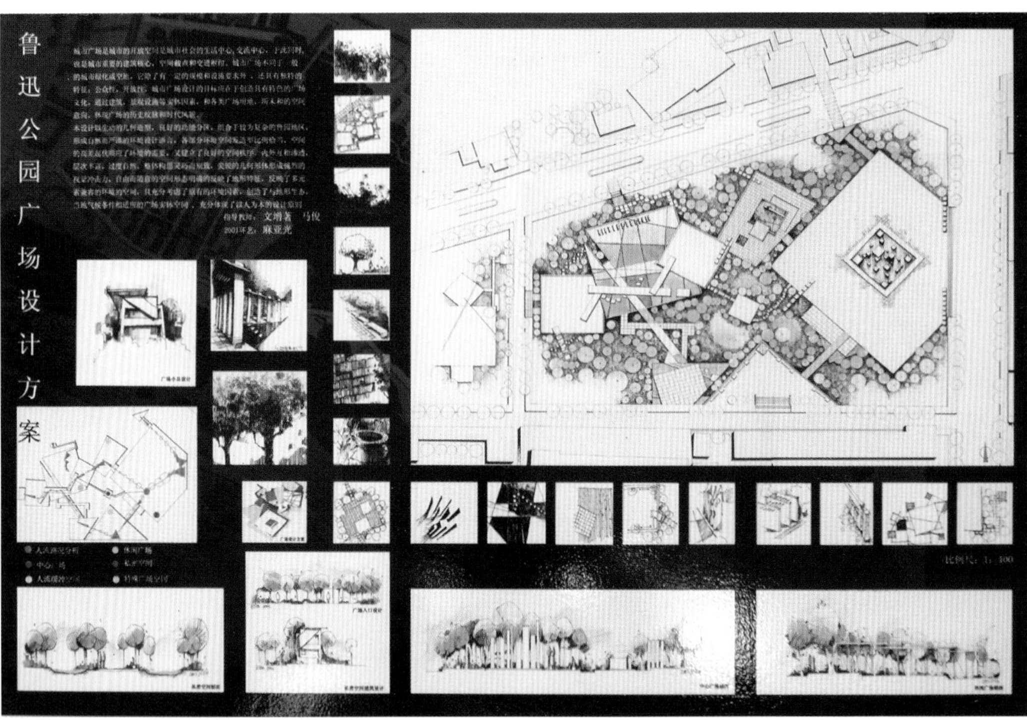
鲁迅公园广场设计方案
文增著 马俊
麻亚光

鲁迅公园广场规划设计
指导教师：文增著 马俊 环艺01级：徐丁
景观作为视觉美的感知对象，是基于物我分离的基础之上的，即人作为欣赏者。但同时，人在景观中寄托了个人的或群体的社会和环境理想，景中人和景外人看待景观是不一样的，前者是景观的表达，而后者是景观的印象。后者以一种走出景外看景的距离感和主客观分离的姿态来研究景观，导致了景观作为风景的艺术观，以及景观作为实证地理学的区域概念和系统概念的科学观，人文地理学及现象学则强调对景观的地方性的认识必须是人在景中的，景观存在于人类的生活之中，它不是人们观看的对象，景观是一种社会生活的空间，景观是人与环境的有机整体，这与实证主义的主一客观分离的观点是完全相反的：景观的评判是作为一个生活和工作的空间，而且是站在那些生活和工作其中的人的立场和角度来评判和认识的。
比例尺1：300
漫步在高楼掩映的花从中，人们已不能辨别来自西伯利亚的“风的式样”以及那风背后的山脉、森林、河流和漫漫黄沙。多重变幻的色调，遮挡住人们远眺的视线，不能望见城市边缘如诗如画的风景：白云深处的人家、炊烟、田畴、牧歌和纵横的阡陌……都市的后人亦已失去对自然的关切和感受，他们踟蹰在平整的沥青大路，观望着城市上空洞开的一方飘飞五颜六色的彩球、风筝和轰鸣傲响的飞艇，体验“围城”中的故事以及故事中轻佻的风韵。自卑、自嘲、伤感、温软、调侃的情调弥漫在城市的街巷，成为时尚的精神趣味。一切的一切，只让人向往一片宁静的绿色。对园林的憧憬，对安静的渴望，对悠闲的期待，睫毛上还浮动有烟雨蒙蒙，掌心中的还有着淡淡的湿气。心里却没有了往日的浮躁，一切在时光中淡去，喝着热茶，闲闲的翻着书，快乐的一无所求。在雨中游园更加有味道面前的栏杆早已斑驳，栏外雨幕不散，似乎将人与现实隔开，回到那从前的年代。没有霓虹闪烁，没有车水马龙，没有鼓乐喧天，没有钢铁森林，有的只是时光的从容。园林是现实之外的一种理想，现实中得不到的在另一个天地里得到补充。

ENVIRONMENTAL DESIGN

第五周完成稿

以路、廊连接各空间环境，以小品强调形象定位，使广场的总体环境特点得以体现

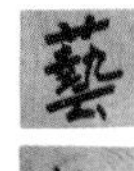

術

院

設

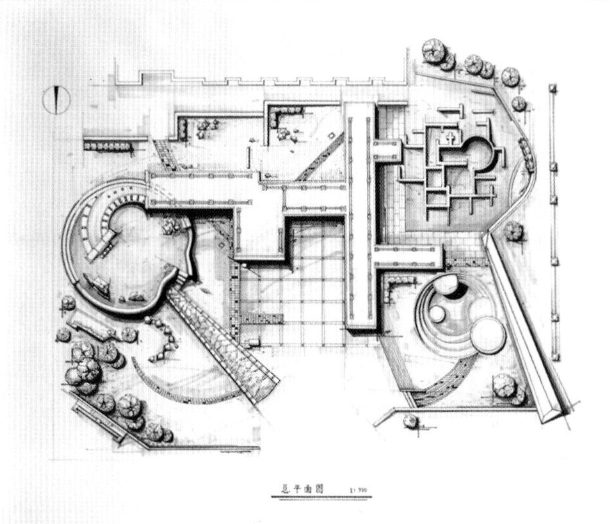

指导教师 文增著

学生 02级 张梓文

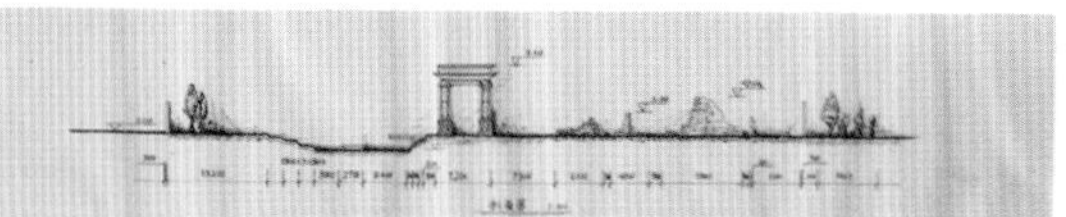

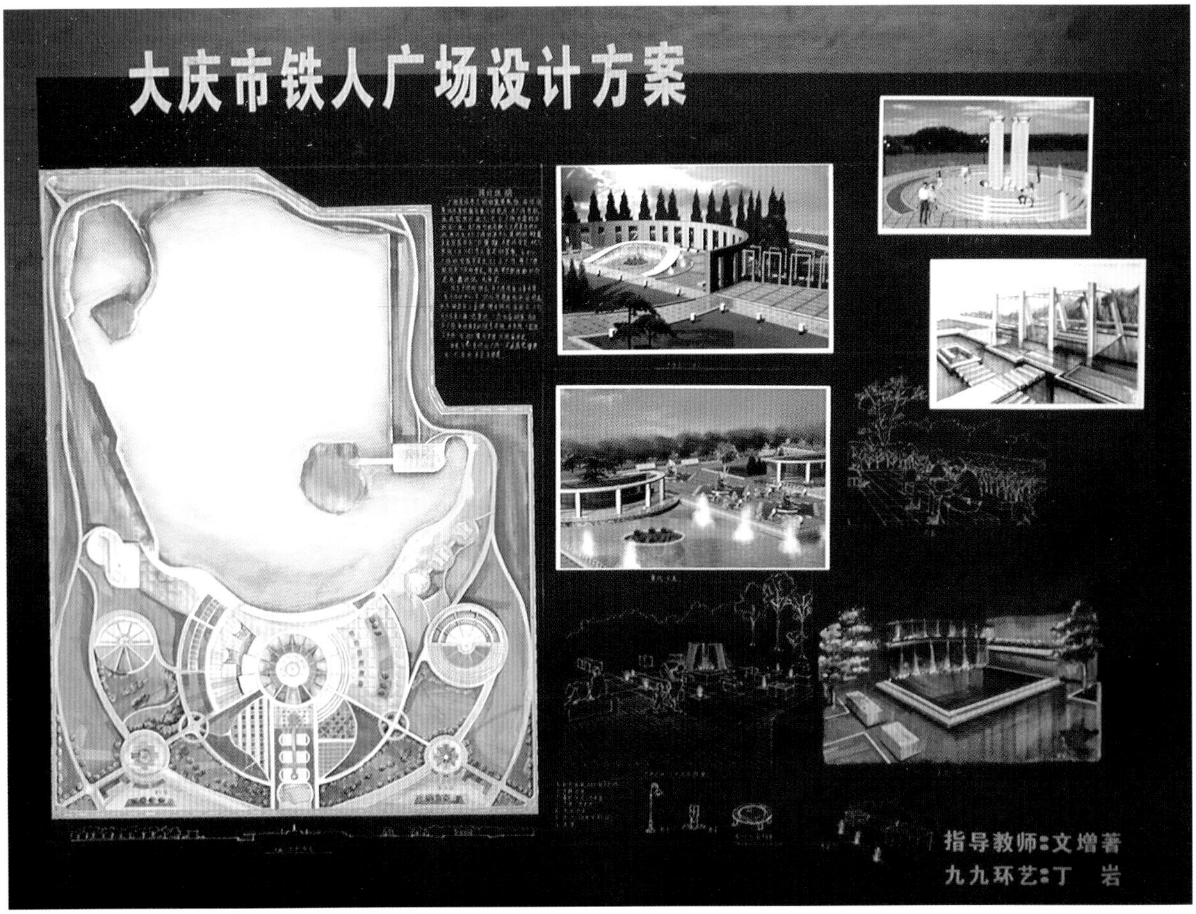

大庆市铁人广场设计方案

指导教师：文增著
九九环艺：丁　岩

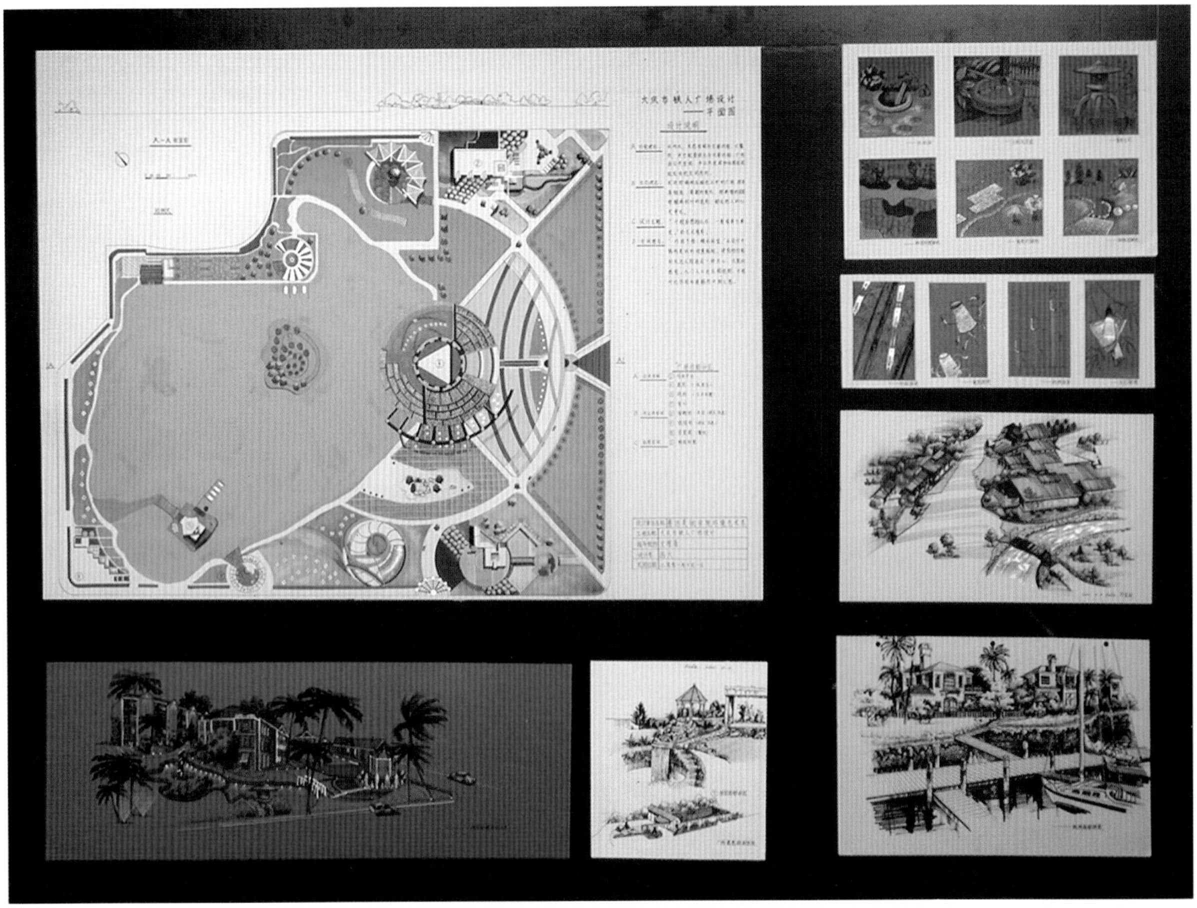

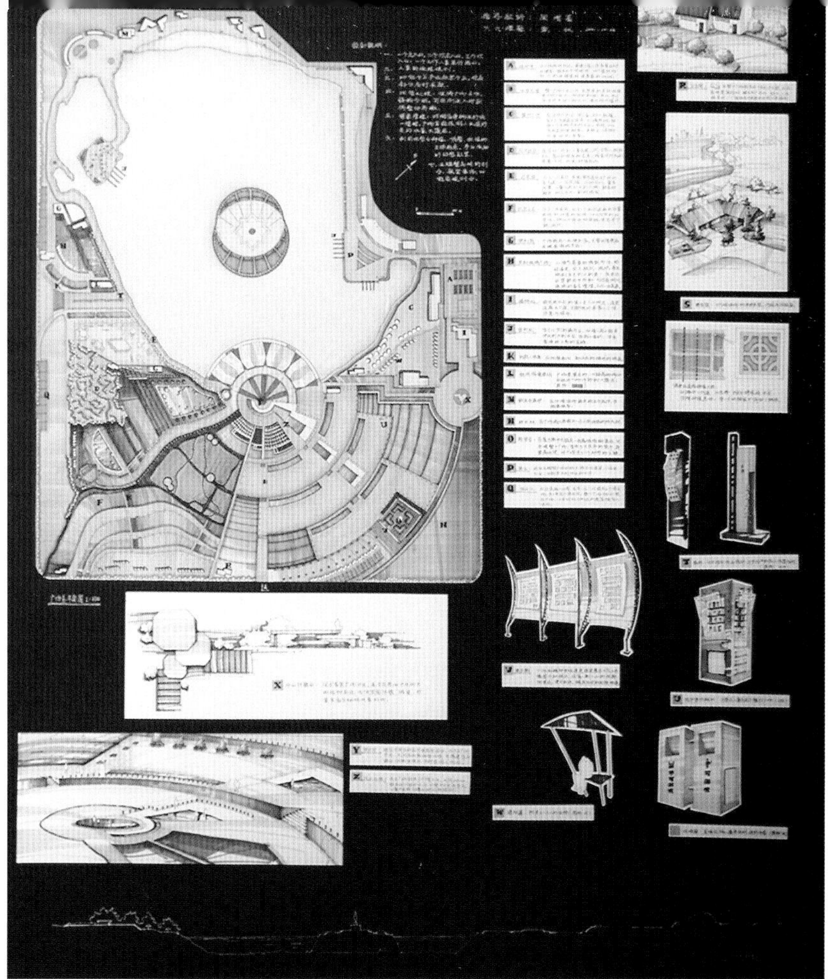

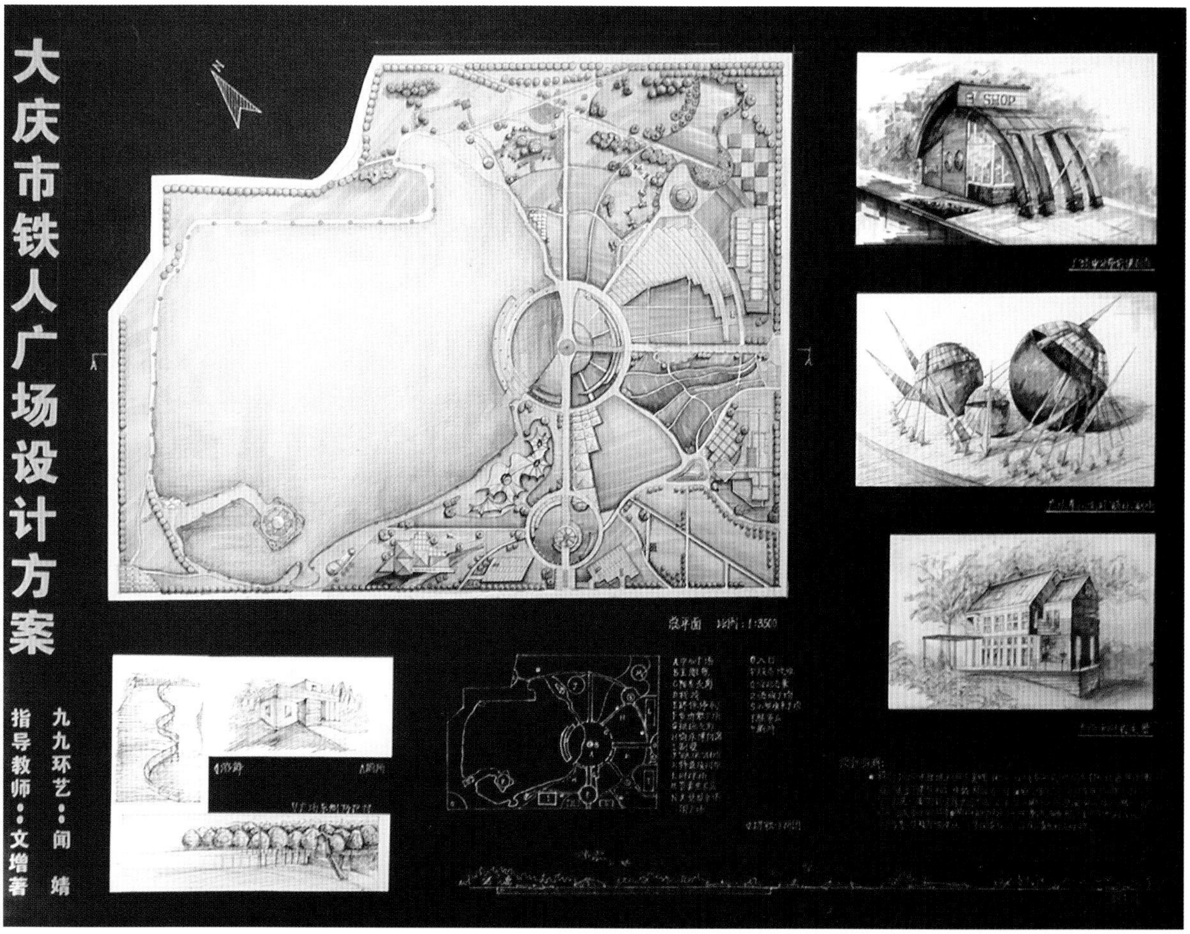

大庆市铁人广场设计方案

九九环艺：闻婧

指导教师：文增著

大庆市铁人广场设计方案

DAQINGSHI TIEREN GUANGCHANG SHIJI FANGAN 2001.10.22

指导教师：文增著 鲁迅美术学院九九环艺 于天峰

万宝湖

总平面图

雕塑 1

雕塑 2

路灯&垃圾桶

体育馆

材质

路牌

广场剖面图

A 中心广场
B 下沉广场
C 休闲运动区
D 情侣区
E 喷水广场
F 戏水区
G 购物区
H 草坪
I 码头
J 景观石
K 集会区
L 水池
M 喷水游乐区
N 索膜结构
O 观景台
P 柱廊
Q 停车场
R 中心广场娱乐区
S 中心广场休息区

总体策划说明 大庆铁人广场采用抽象的手法进行设计。广在功能上体现娱乐、休闲等功能。在设计上具有现代感很强、简洁、大方等特色。材料上大部分采用环保材料。能让人们在繁忙紧张的工作中，在此处获得心情上的释放，回归自然。

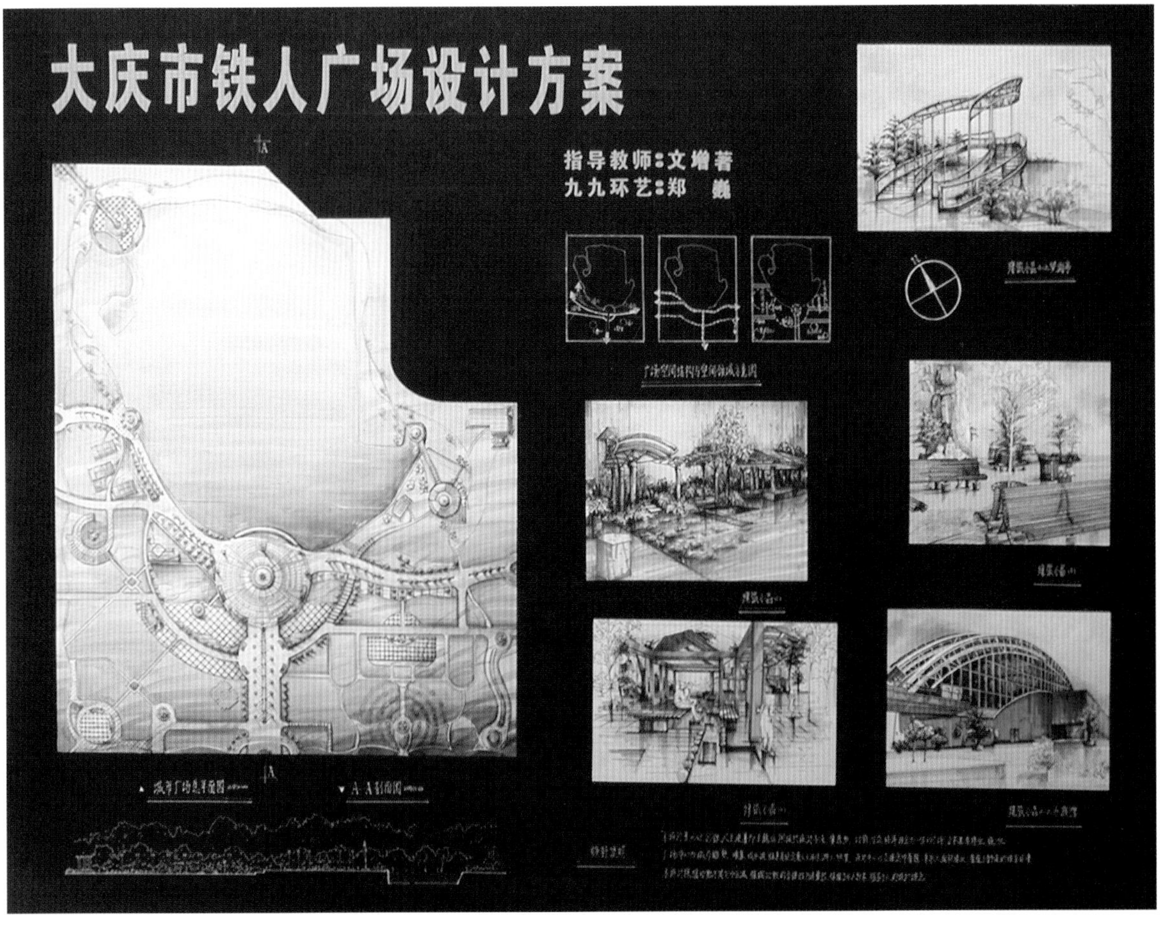

大庆市铁人广场设计方案

指导教师：文增著

九九环艺：郑 巍

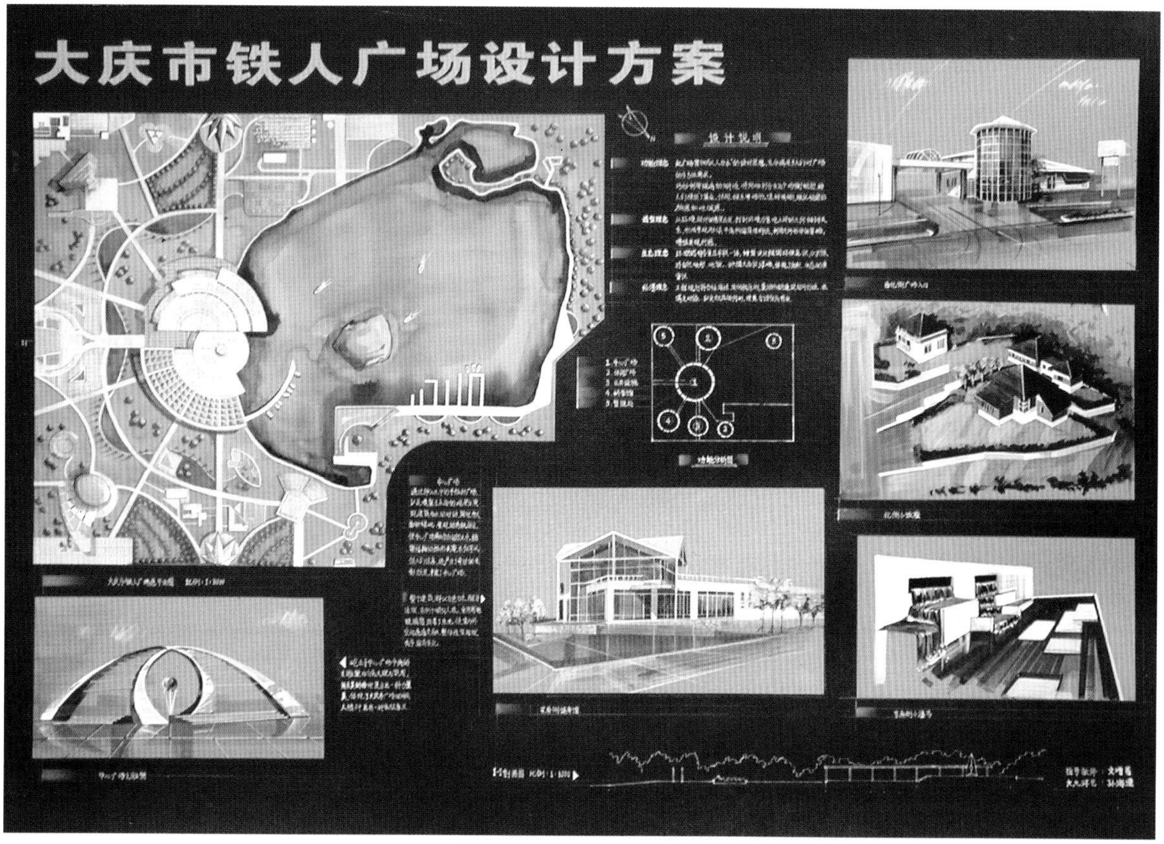

大庆市铁人广场设计方案

设计说明

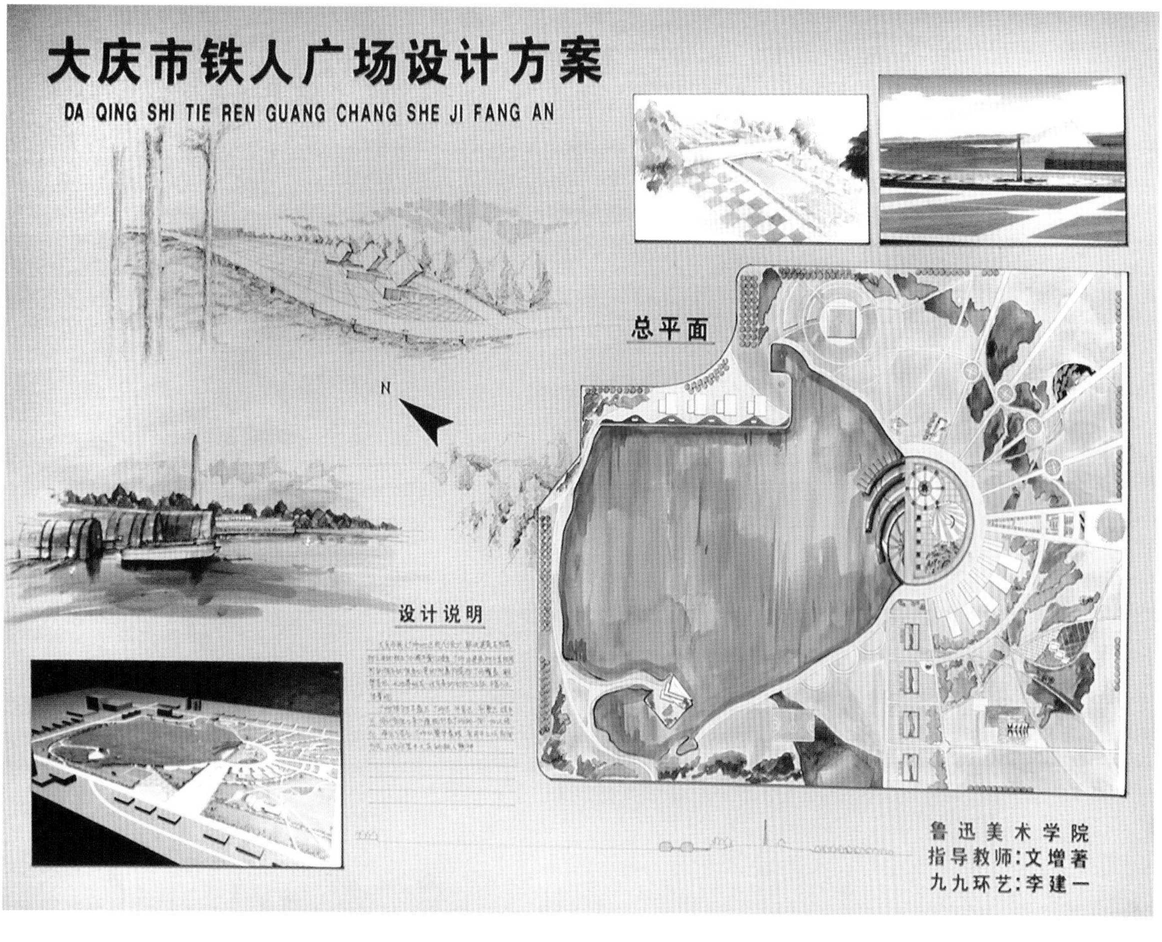

大庆市铁人广场设计方案

DA QING SHI TIE REN GUANG CHANG SHE JI FANG AN

总平面

N

设计说明

鲁迅美术学院

指导教师:文增著

九九环艺:李建一

ENVIRONMENTAL DESIGN

第五周完成稿

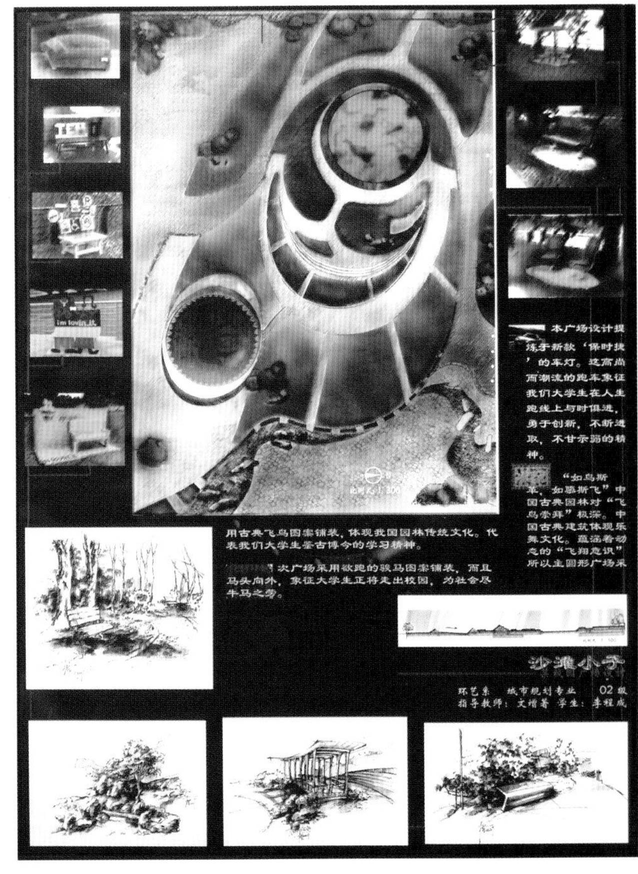

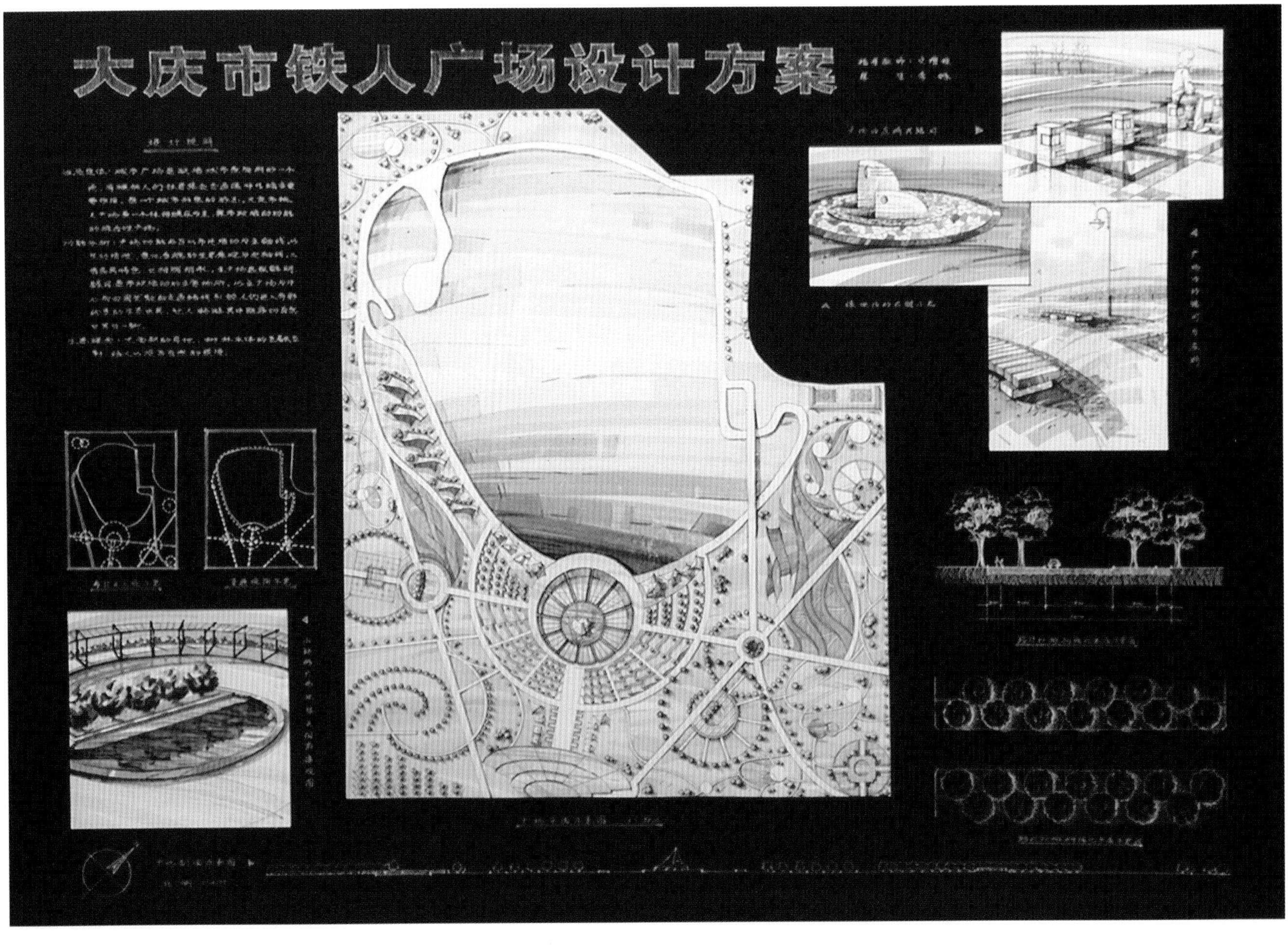

大庆市铁人广场设计方案

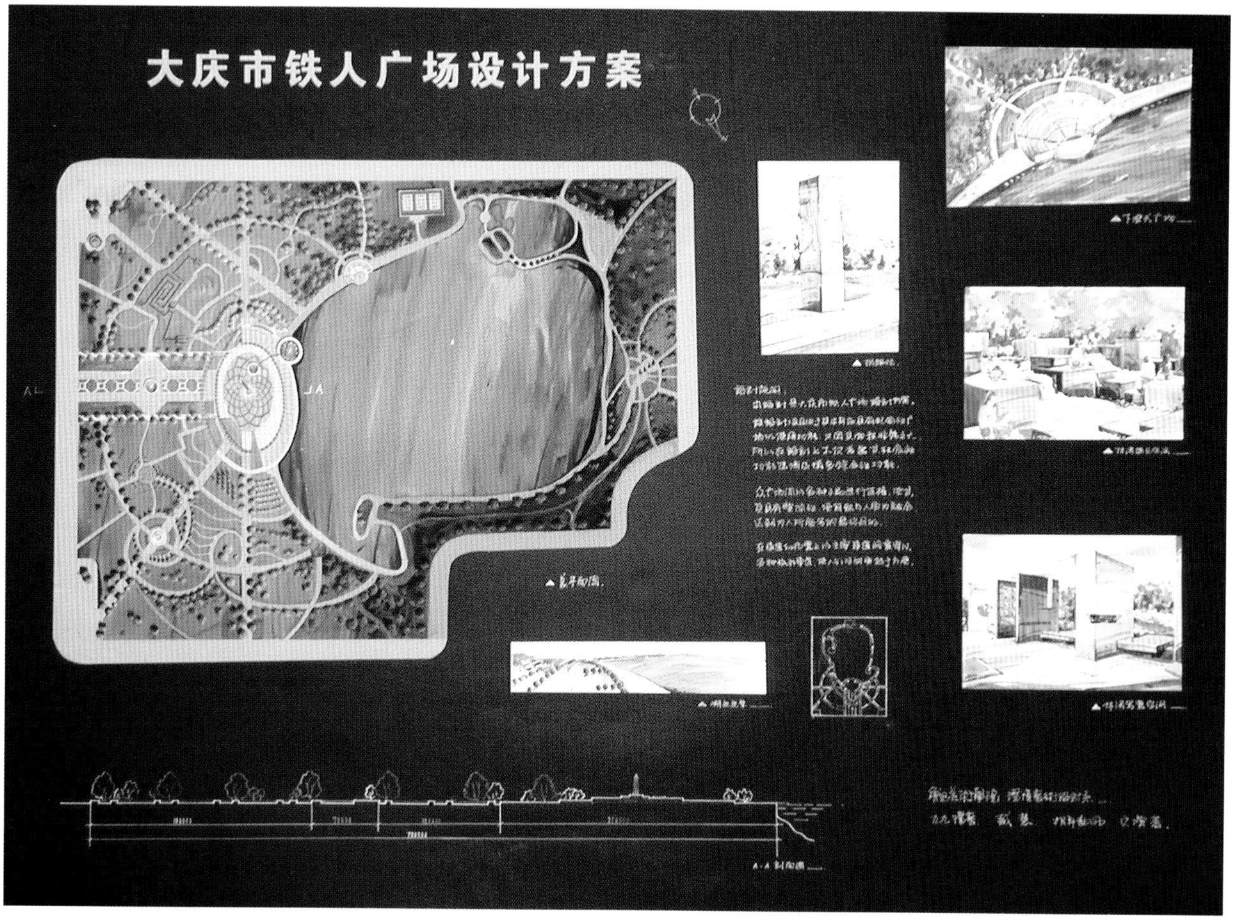

大庆市铁人广场设计方案

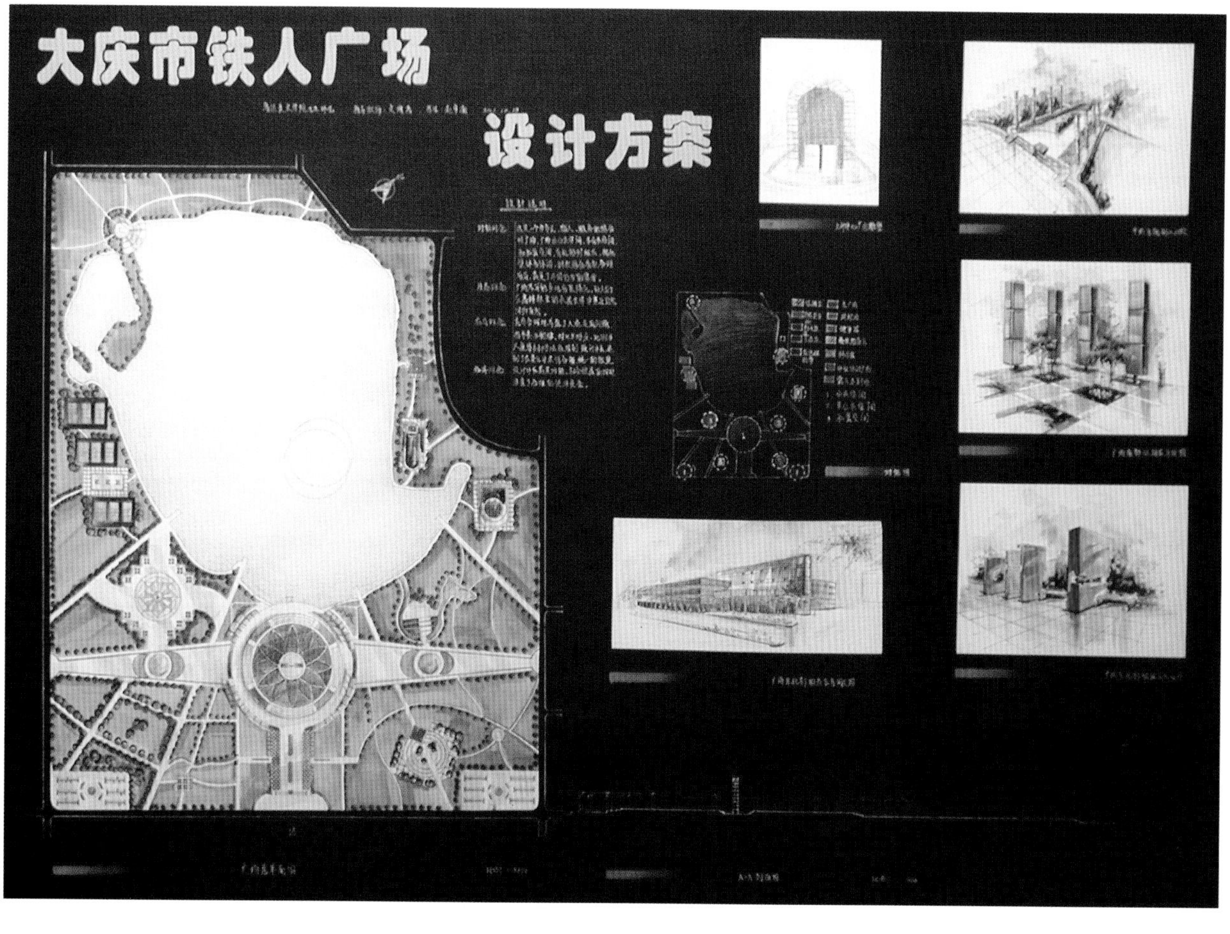

▲总平面图

A-A 剖面图

大庆市铁人广场

设计方案

DEPT OF ENVIRONMENT ART DESIGN

大庆市铁人广场设计方案

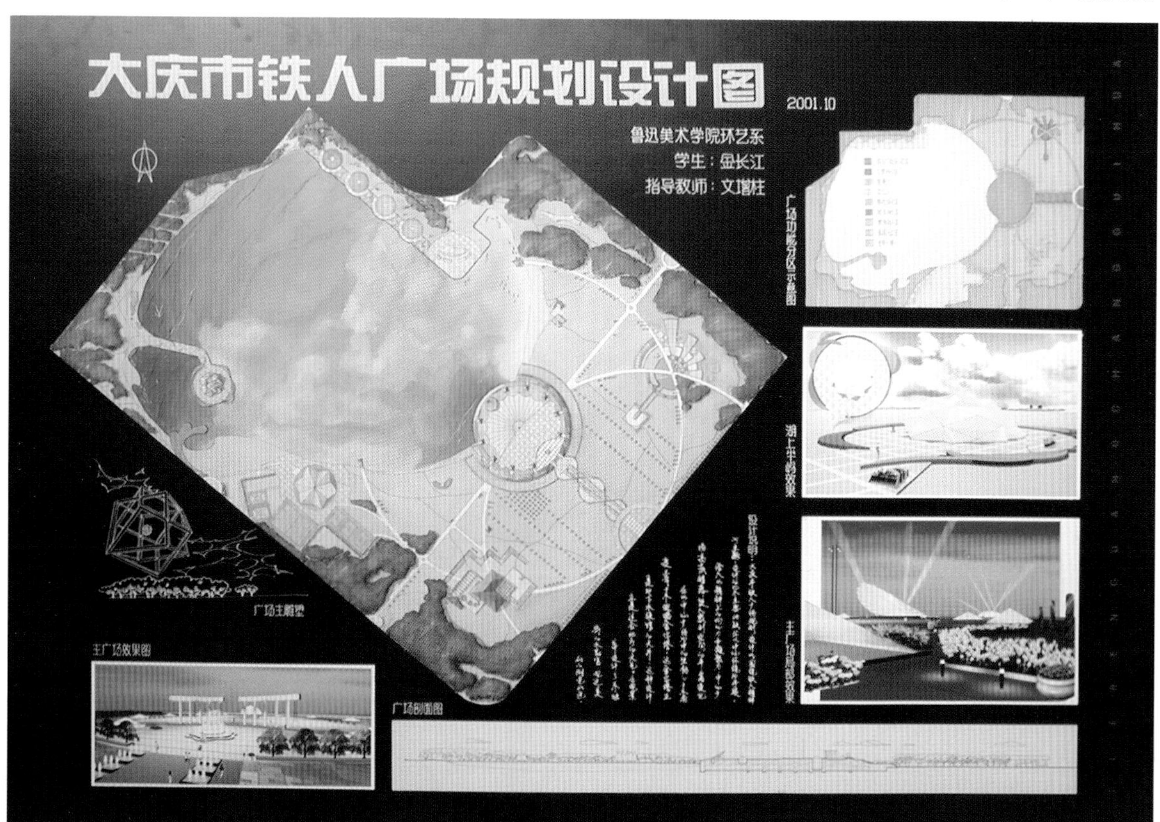
大庆市铁人广场规划设计图
2001.10
鲁迅美术学院环艺系
学生：巫长江
指导教师：文增柱
广场主雕塑
主广场效果图
广场剖面图
广场功能分区示意图
湖上平台效果
主广场夜景效果

葫芦岛市中心广场规划

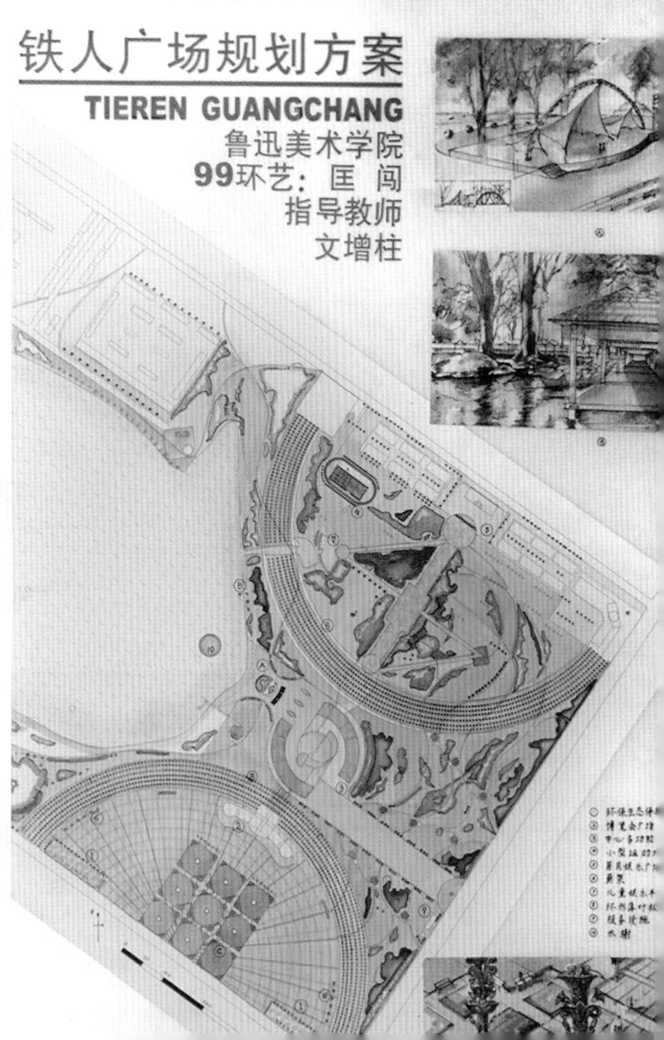
铁人广场规划方案
TIEREN GUANGCHANG
鲁迅美术学院
99环艺：匡闯
指导教师
文增柱

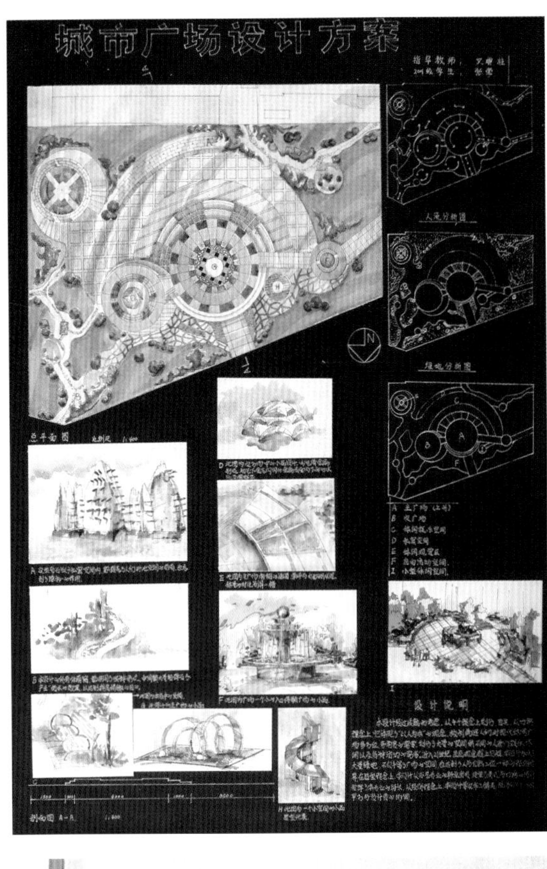

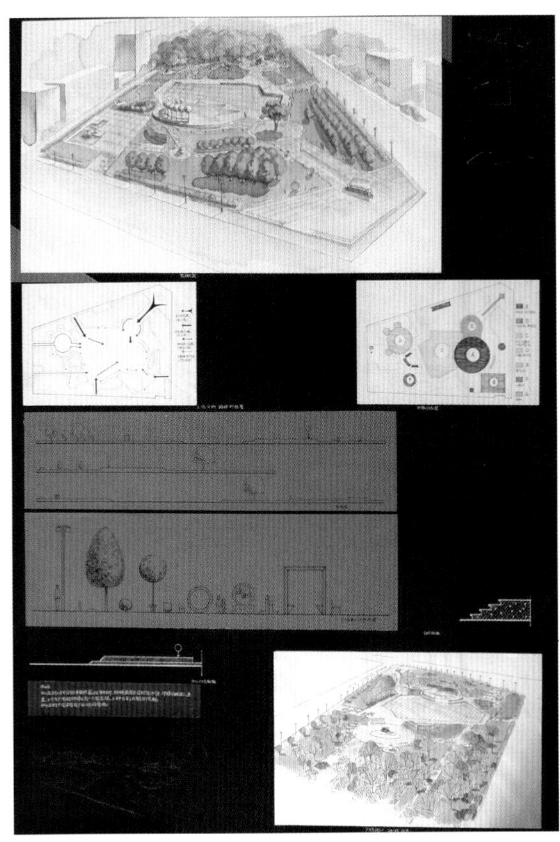

葫芦岛市区政府广场设计

指导教师 文增著

九七环艺 王学新

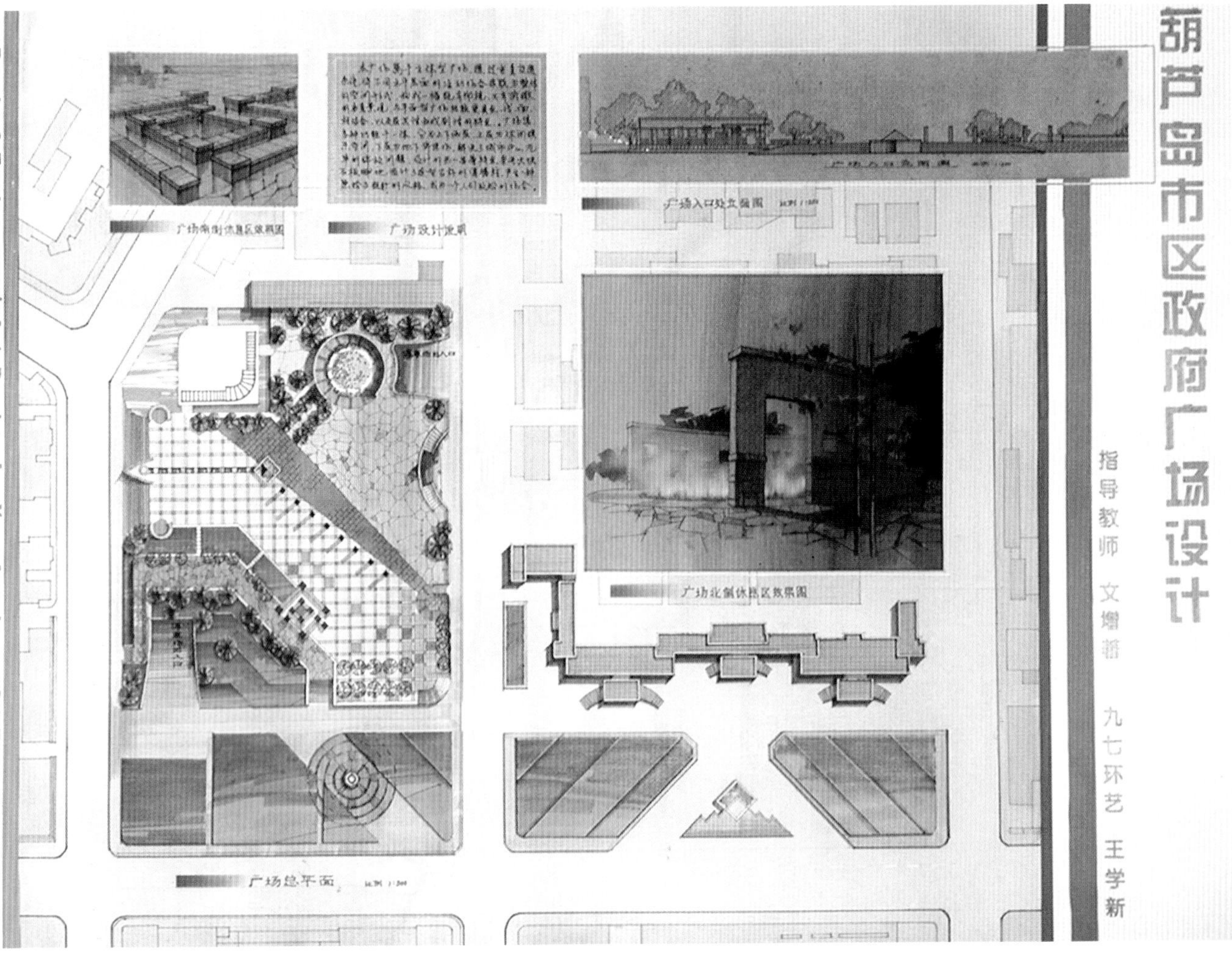

Dept.of Environment Art Design Lu Xun Academy Of Fine Arts

广场南侧休息区效果图

广场设计说明

广场入口处立面图

广场北侧休息区效果图

广场总平面

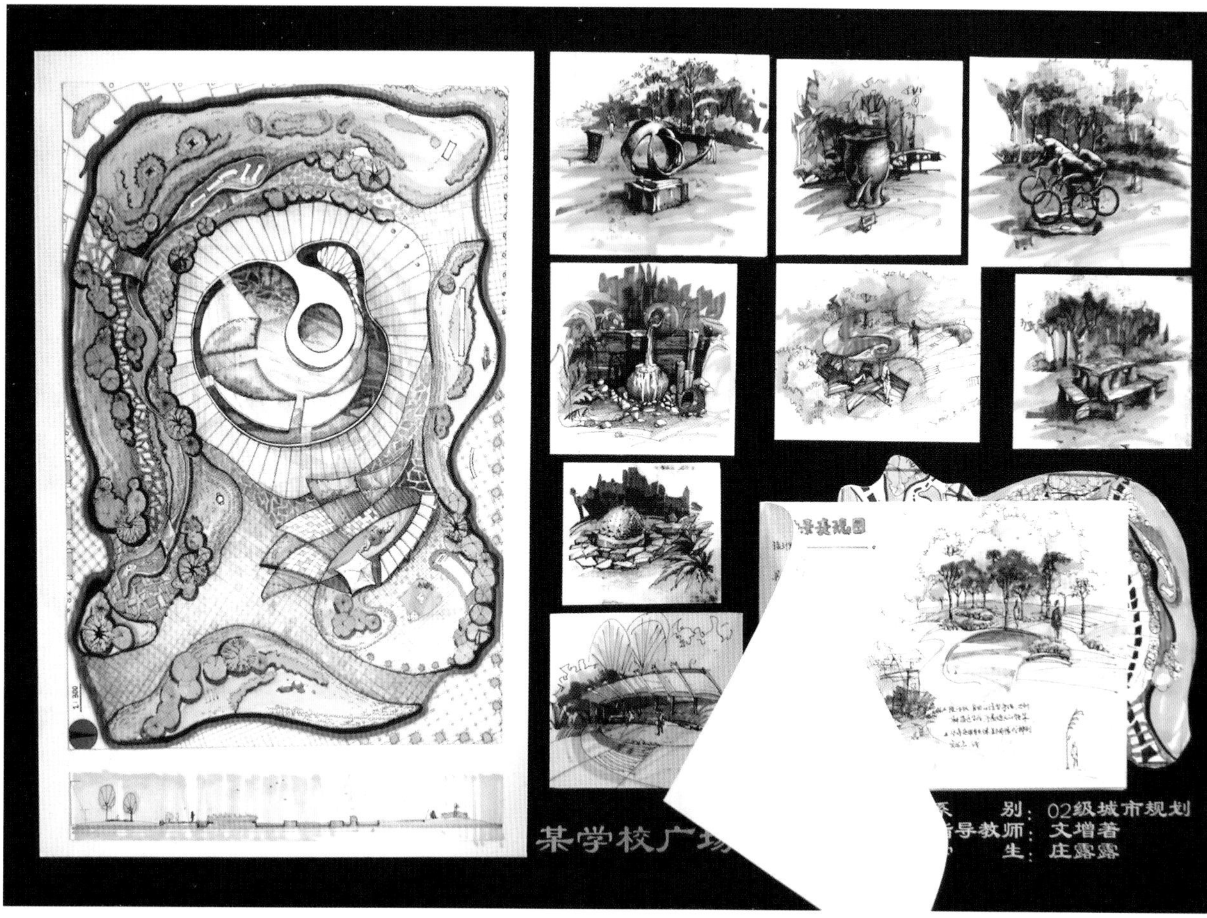

某学校广场

系 别：02级城市规划
指导教师：文增着
学 生：庄露露

校园广场方案 指导教师：文增着 学生：张枫

自由与自然

比例 1:250

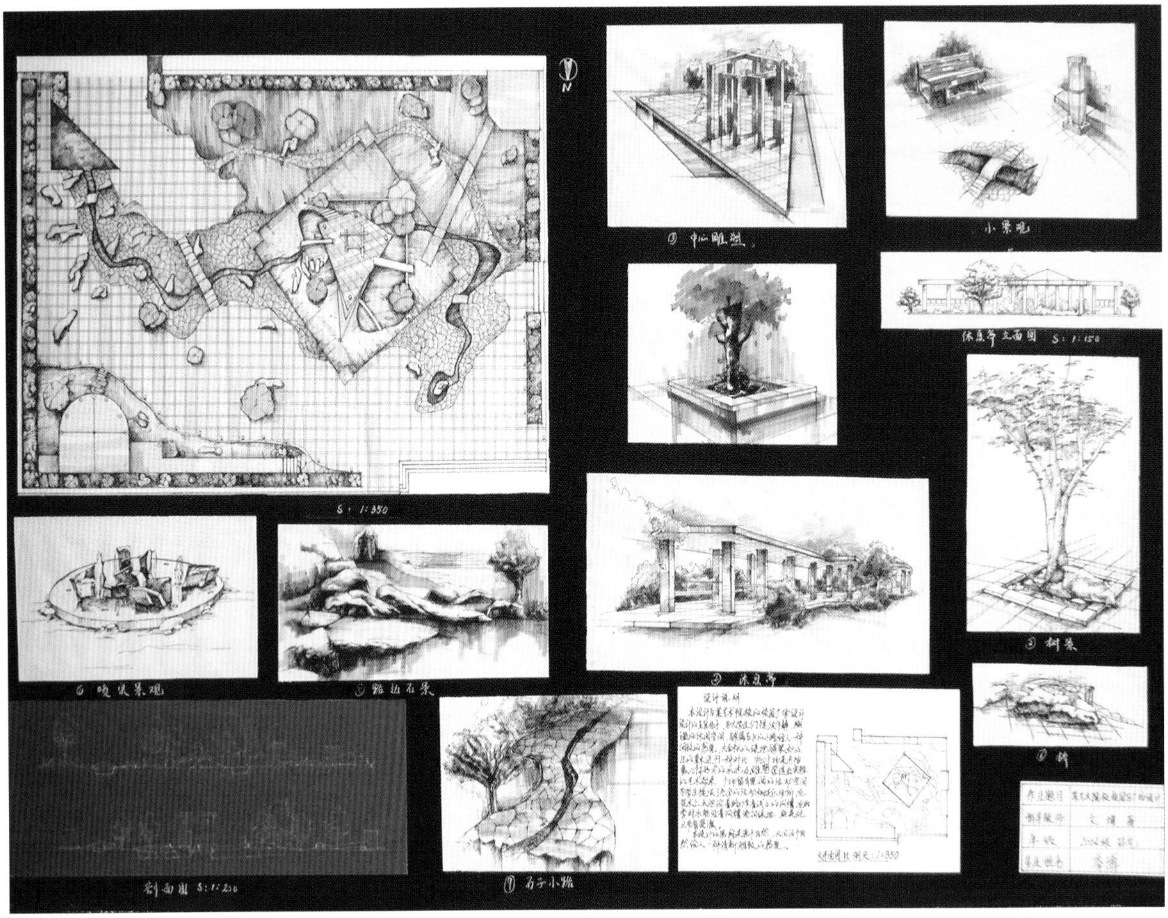
中心雕塑
小景观
休息亭立面图 S: 1:150
树景
S: 1:350
喷泉景观
路边石景
休息亭
设计说明
剖面图 S: 1:200
石子小路

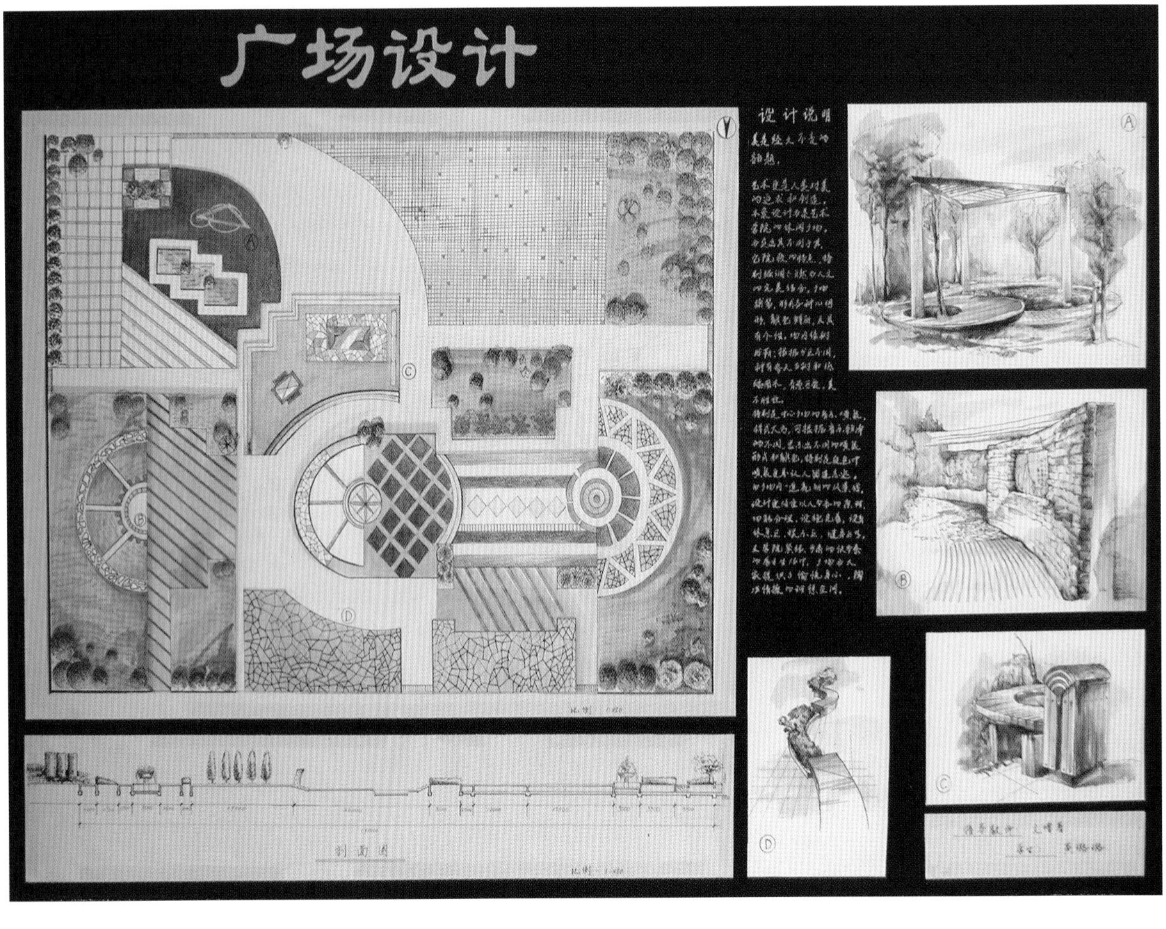
广场设计
设计说明
剖面图

大庆市铁人广场设计方案

大庆市铁人广场设计方案

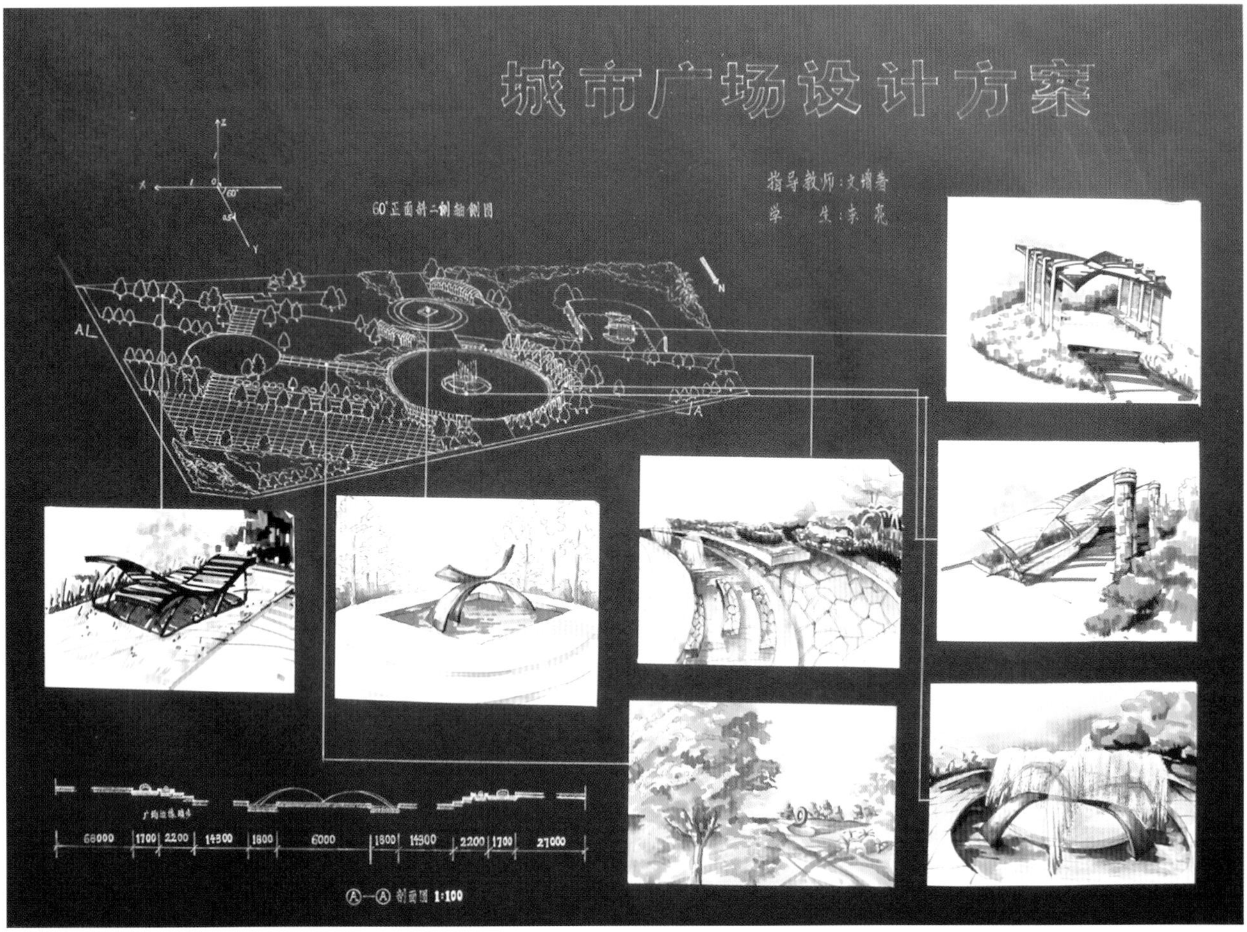

城市广场设计方案
60°正面斜二侧轴侧图
指导教师：文增著
68000 1700 2200 14300 1800 6000 1800 14300 2200 1700 27000
Ⓐ—Ⓐ 剖面图 1:100
设計說明 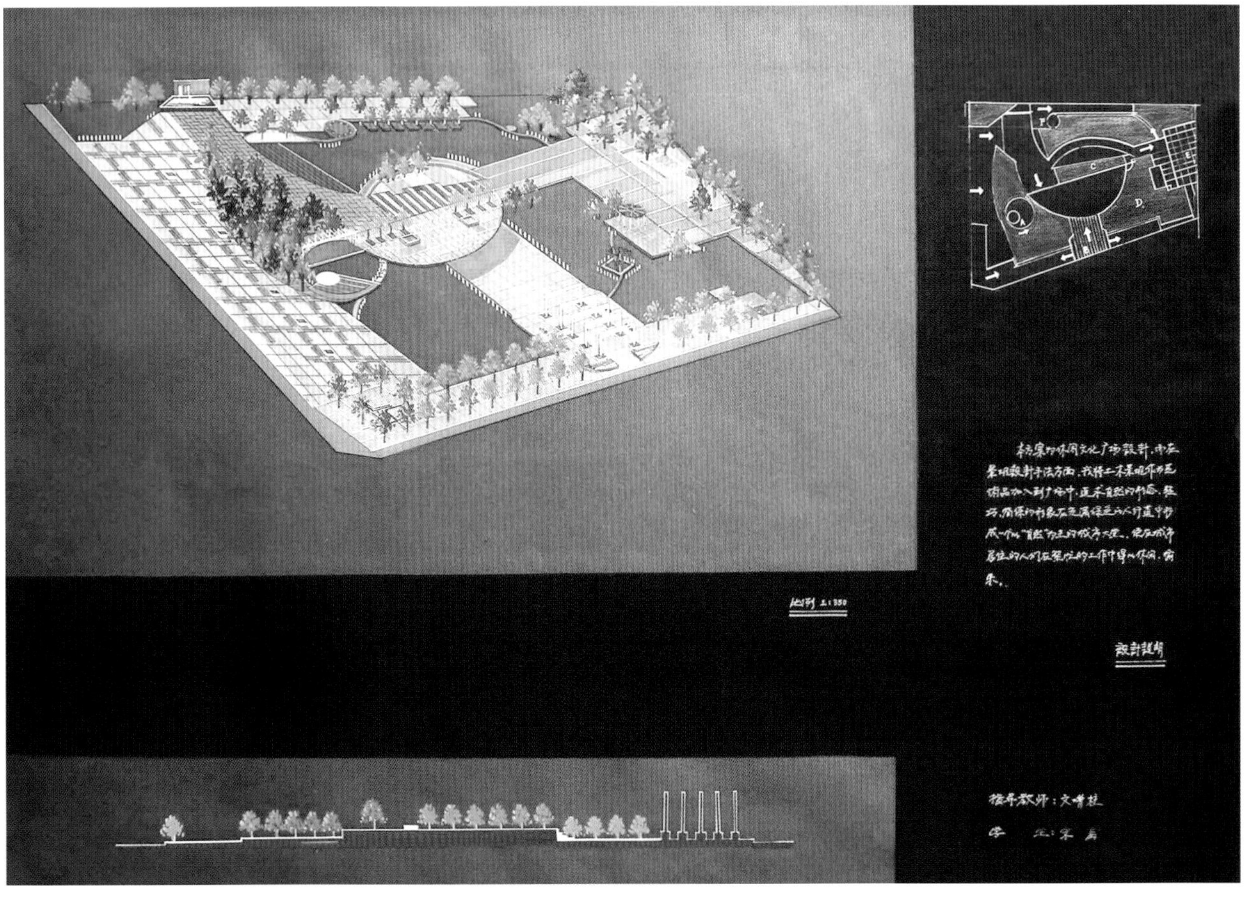
指导教师：文增著

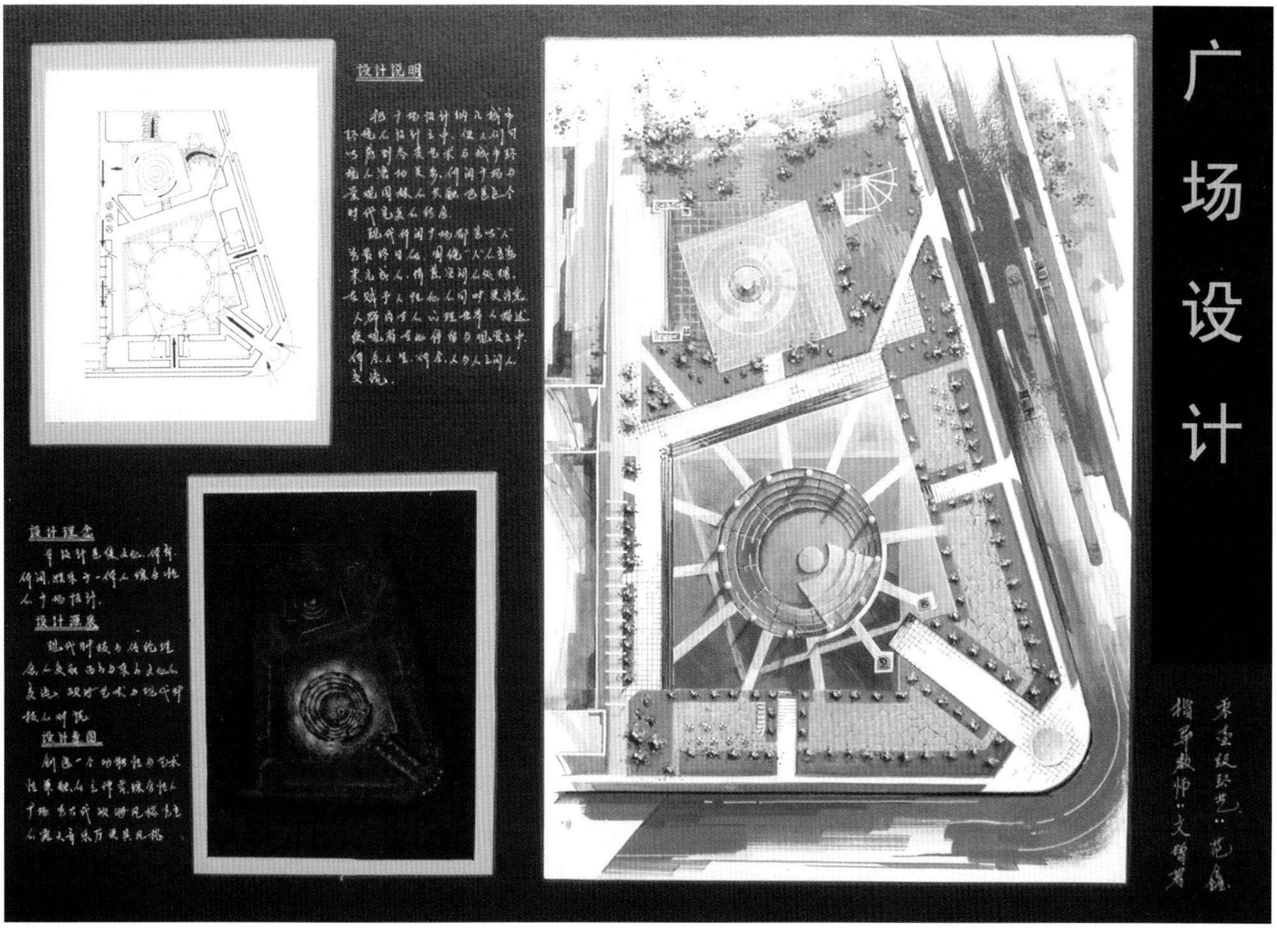

广场设计

设计说明

设计理念

设计源泉

设计意图

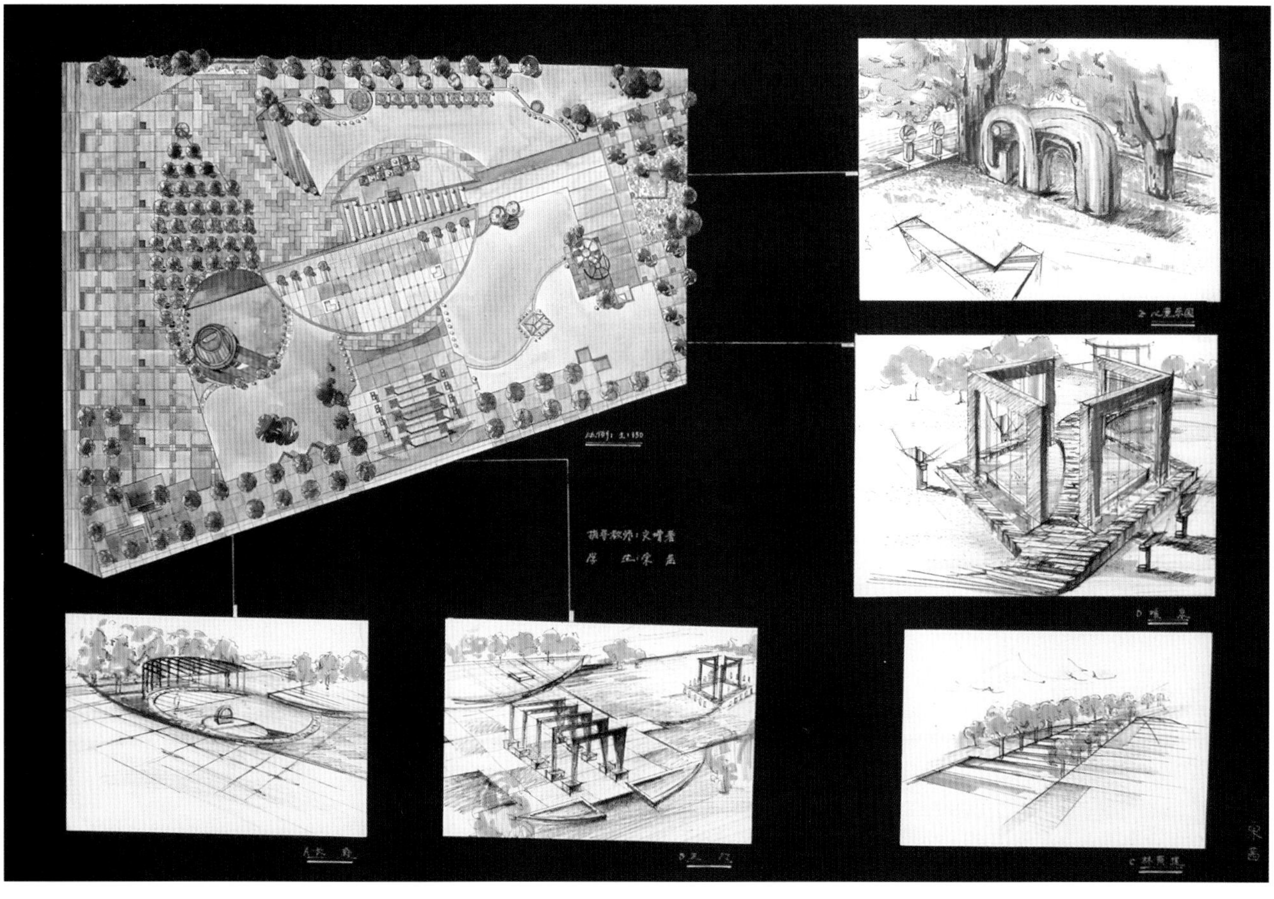

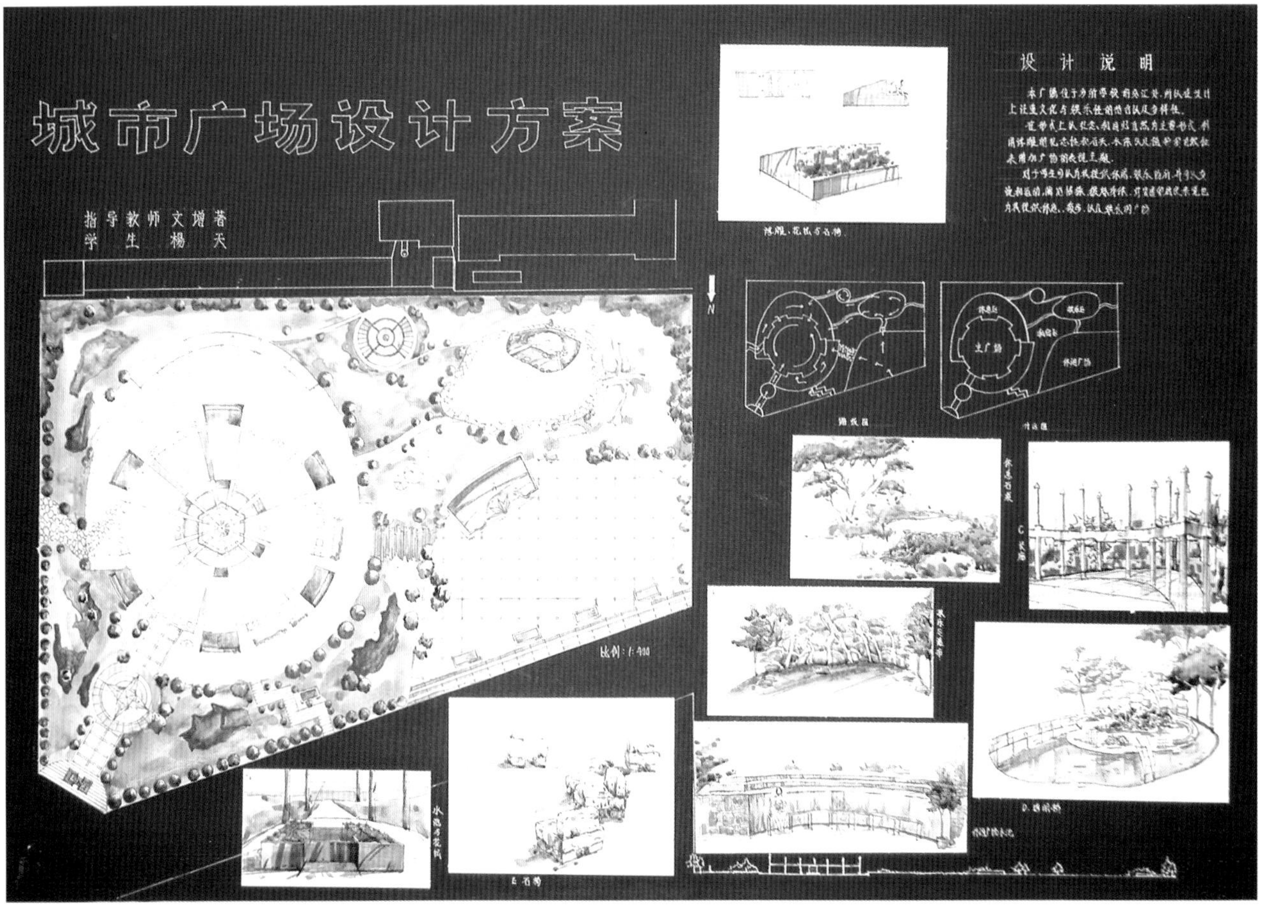

城市广场设计方案
指导教师 文增著
学生 杨天
设计说明
比例 1:400

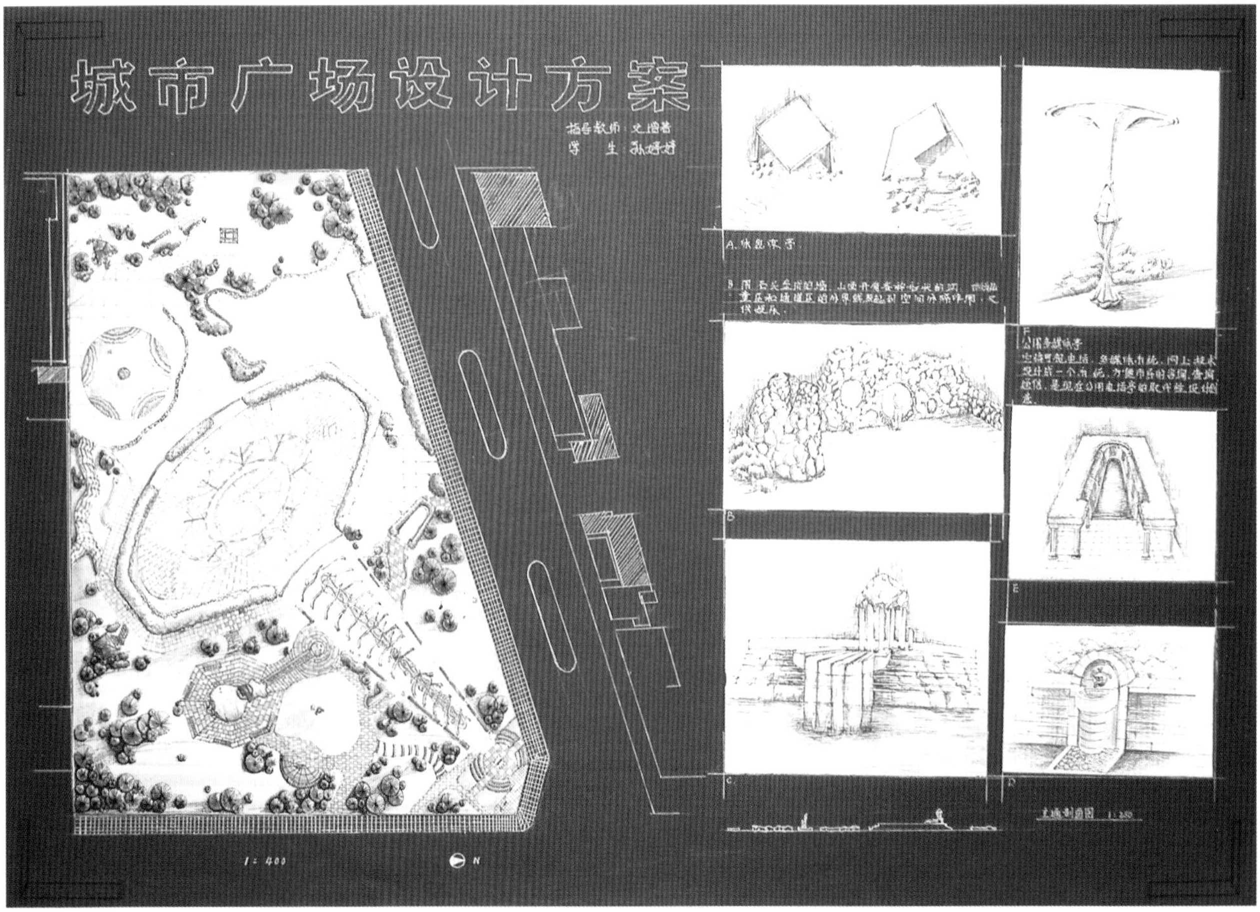

城市广场设计方案
指导教师 文增著
A.休息亭
1:400
N

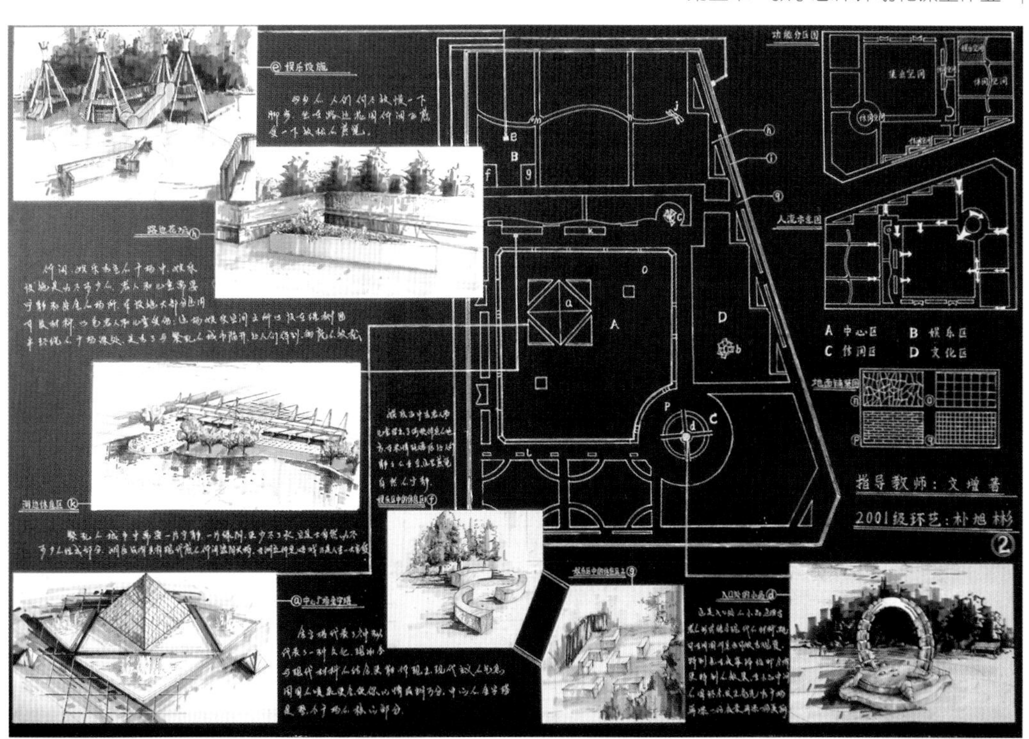
A 中心区
B 娱乐区
C 休闲区
D 文化区
指导教师：文增著
2001级环艺：朴旭彬

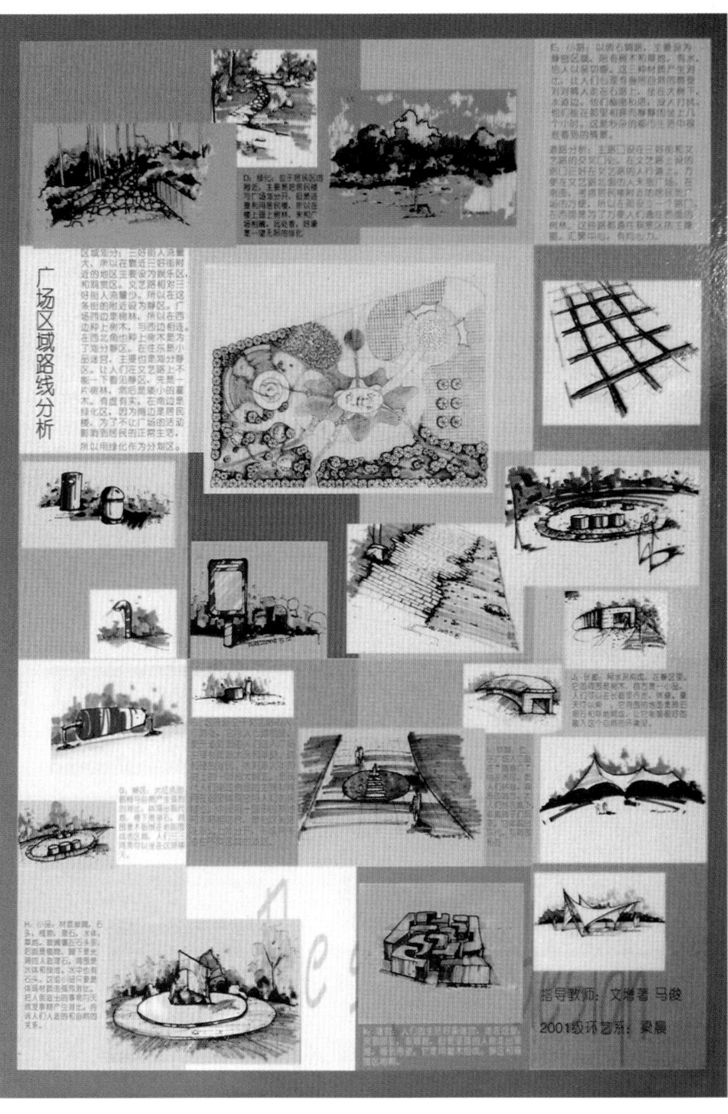
广场区域路线分析
指导教师：文增著 马骏
2001级环艺系：梁晨

九品人間 文化餐厅设计方案 1
The project of culture restaurant design
2004 环境艺术系 毕业作品展
2004 GRADUATED DESIGN EXHIBITION
指导教师：文增著 曹德利 姜民
孙博
1979年出生于辽宁锦州
2000年考入鲁迅美术学院环艺系
在校期间曾获得两次三等奖学金，同时在校期间参与设计了沈阳颐龙在天酒店，铁西广场壁画设计康氏医药保健品药店等工程。
李贺
1981年6月出生于吉林省长春市
2000年考入鲁迅美术学院环艺系学习至今
在校期间曾获校二、三等奖学金；优秀团员；学习标兵等多项荣誉称号。曾参与沈阳中信银行、东方证券大厦外立面改造工程。
现代禅意与商业空间表现
如果抛开宗教神话的外衣，回复它的真貌，其实只是明心见性的学问，而对于今日普遍忙碌的现代人，尤其需要将清醒一心的神志贯穿到住行座卧之间，吃饭亦是。现代禅的真意即是在此。
商业空间的设计除了手法的表现，更重要的是气氛的营造，以吸引消费者一再停留于空间。融合中国、地方与时代的气氛，空间的味道逐渐形成，营造园林风格的禅意空间。采用中国化的人文风格作为主要设计理念，使宾客在用餐时，亦能对中国的文化与文明有些许的留驻与回想。

2004 GRADUATED DESIGN EXIHIBITION

2004 环境艺术系毕业作品展

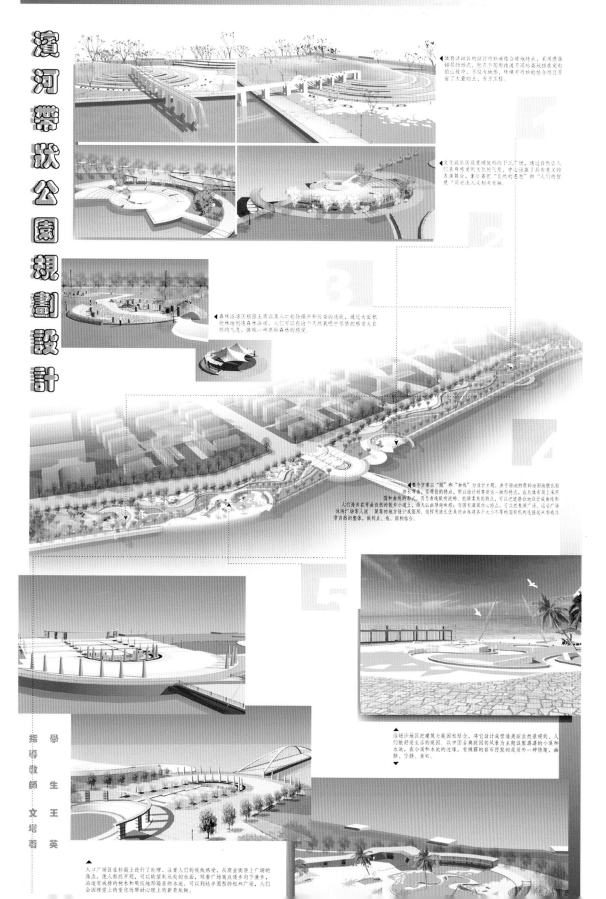

濱河帶狀公園規劃設計

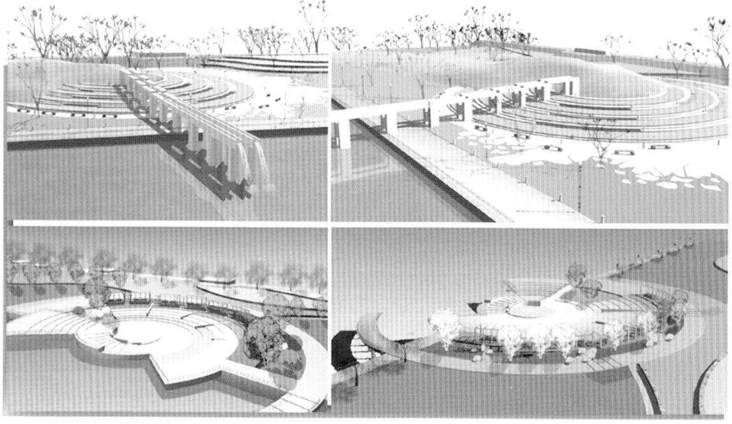

体育活动区的设计巧妙地结合坡地特点，采用叠落错层的形式，把几个圆形跑道不同标高地插在突起的山坡中，不仅与地形、环境友巧妙的结合而且节省了大量的土、石方工程。

文化娱乐区设置螺旋形的下沉广场，通过自然让人们亲身感受到文化的气息，中心设置了具有意义的表演舞台，象征着把“自然的恩惠”和“人们的智慧”同时流入又相互交融。

森林浴场区根据土质以及入口处防噪声和污染的功能，通过大面积的林地创造森林浴场，人们可以在这个天然氧吧中尽情的感受大自然的气息，体现一种原始森林的感觉。

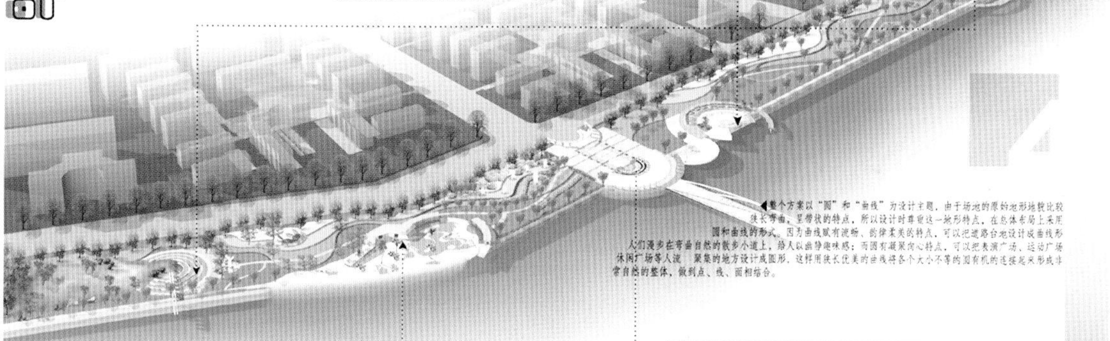

整个方案以“圆”和“曲线”为设计主题，由于场地的原始地形地貌比较狭长弯曲，呈带状的特点，所以设计时尊重这一地形特点，在总体布局上采用圆和曲线的形式。因为曲线赋有流畅、韵律柔美的特点，可以把道路台地设计成曲线形人们漫步在弯曲自然的散步小道上，给人以幽静趣味感；而圆有凝聚向心特点，可以把表演广场、运动广场休闲广场等人流　聚集的地方设计成圆形，这样用狭长优美的曲线将各个大小不等的圆有机的连接起来形成非常自然的整体，做到点、线、面相结合。

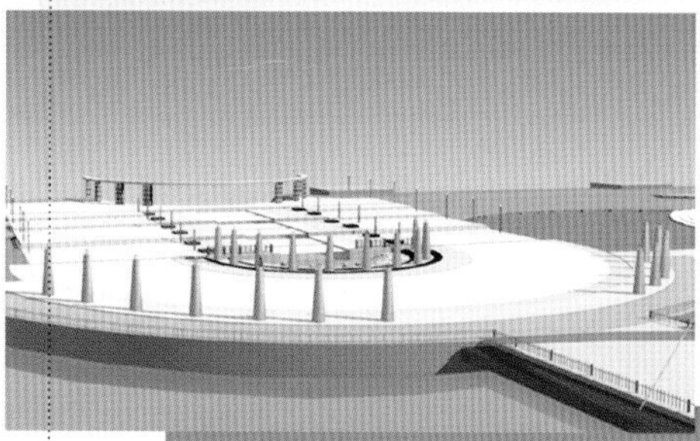

浴场沙地区把建筑与庭园相结合，将它设计成营造美丽自然景观的、人们能舒适生活的庭园。以中国古典庭园的风景为主题设置潺潺的小溪和水池，在小溪和水池的边缘，有裸露的岩石抒发的是另外一种情趣，幽静、宁静、亲切。

学　生　王　英

指導教師　文增著

入口广场区在标高上进行了处理，注重人们的视线感受，从商业街登上广场的高点，使人豁然开朗，可以眺望到远处的水面，顺着广场高点逐步向下漫步，沿途有成排的树木和顺应地形高差的水池，可以到达半圆型的柱林广场，人们会因视觉上的变化而带动心理上的新奇反映。

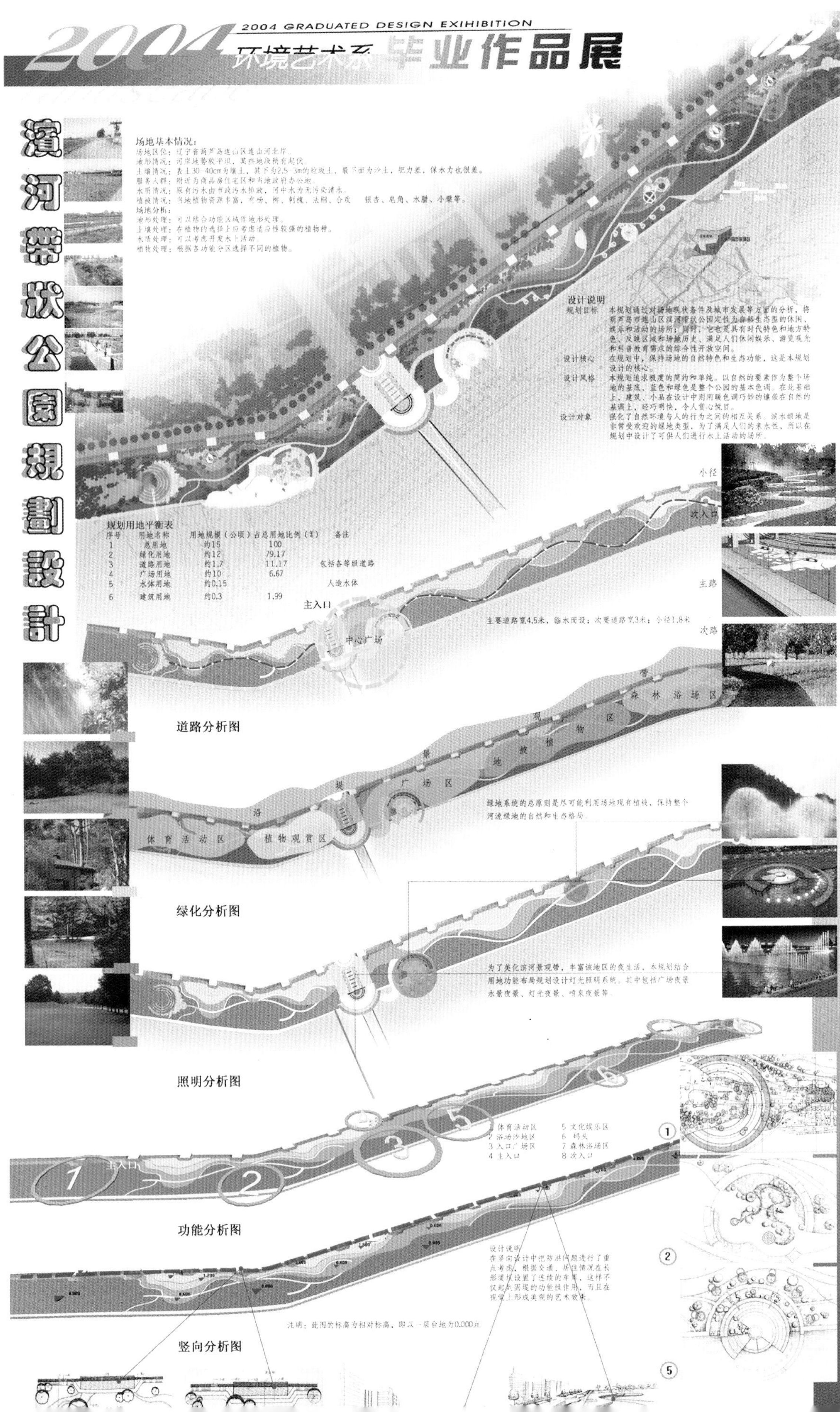

序号	用地名称	用地规模（公顷）	占总用地比例（%）	备注
1	总用地	约15	100	
2	绿化用地	约12	79.17	
3	道路用地	约1.7	11.17	包括各等级道路
4	广场用地	约10	6.67	
5	水体用地	约0.15		人造水体
6	建筑用地	约0.3	1.99	

中心景观步道

此为贯穿南北的景观步道，以中心水体为核心的水系纵轴。圆形的树池与铺装与横向的条纹铺装缓解了该空间的狭长感。色彩上以黑白灰为底色配以木质本色和纯净的绿色，材质上以自然花岗岩和红松木为主配以其他砖材，营造一种幽静、素雅、质朴的氛围，置身于其中仿佛回归了自然，远离了城市的浮燥与喧嚣。

中心活动区

该活动区一共有四处，每处都分为两个活动功能块，供老人、儿童、青年人活动之用。此处做成台地是因为地下为停车场，为了满足种植的需要，也恰巧丰富了景观的空间层次。为了满足人们在树下活动的需要，在铺装上设计了一些大大小小的圆形树池，缓解了夏季的炎热，同时暖色的木质铺装也给北方的冬季带来了生气。

实景照片　实景照片

人与自然的和谐共生

沈阳市天龙家园园区景观设计方案

中心景观步道局部效果图

在水边散步、嬉戏，是人的亲水本性。圆形的树池坡地与铺装间隔出现，为空间带来了变化，自然的景石仿佛也在诉说着一份情感。

活动区与草坪衔接处效果图

总平面图

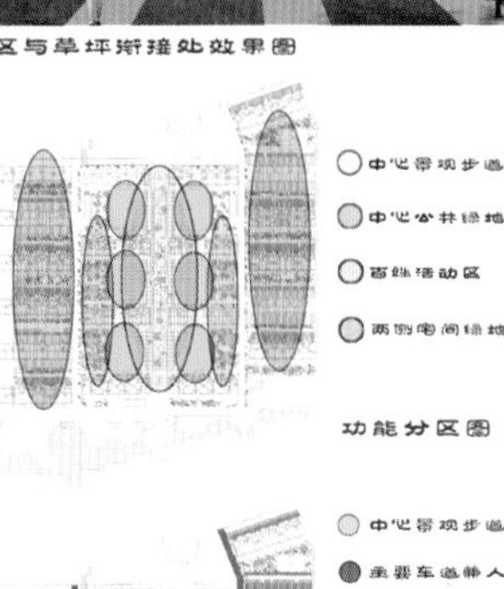

功能分区图

活动区局部效果图

道路系统

作者简介：
姓　　名：王瑛玲
1980年4月29日生于辽宁铁岭市
在校期间曾获一等、三等奖学金，连续两年被评为校三好学生
参与项目：抚顺和平家园园区景观设计
沈阳市天龙家园园区景观设计
辽阳高新科技农业园区概念规划
沈阳工程学院投标工程
指导教师：曲辛　魏怀光

A-A 剖面图　B-B 剖面图　C-C 剖面图　D-D 剖面图

SHENYANGSHITIANLONGJIAYUANYUANQUJINGGUANSHEJIFANGAN WANGYINGLING2000

2004 GRADUATED DESIGN EXHIBITION

2004 环境艺术系 毕业作品展

本溪太子河畔民族教育广场设计方案

n xi tai zi he pan min

壹

设计说明：

本设计是本溪太子河畔的一个休闲广场的设计方案地形平坦，北面为山，南面临水是风水极好的地形，而且本溪经济中心将要东移，而这个广场恰恰就位于此，广场的发展前景是非常好的。人们是需要一个开场的地方去交流和放松。

本广场设计是体现一种让教育融在广场的景观设计之中，让大人和儿童在欣赏景观同时，不知不觉的了解中国的历史，激起人们的民族意识。

广场的平面造型是依据中国的“天圆地方”“铜钱”而来。广场大体分成两大部分，前部为中国传统风格，后部为现代风格，隐含中国的发展状态已由封闭自守的状态走到了开放自由的状态。

本广场的景观设计都是宣扬一种中国的国魂，让人们对中国的历史有更深的了解，以激起一种爱国热情，人类创造着景观精神，景观的文化内涵又会反作用于人类。

基地实景

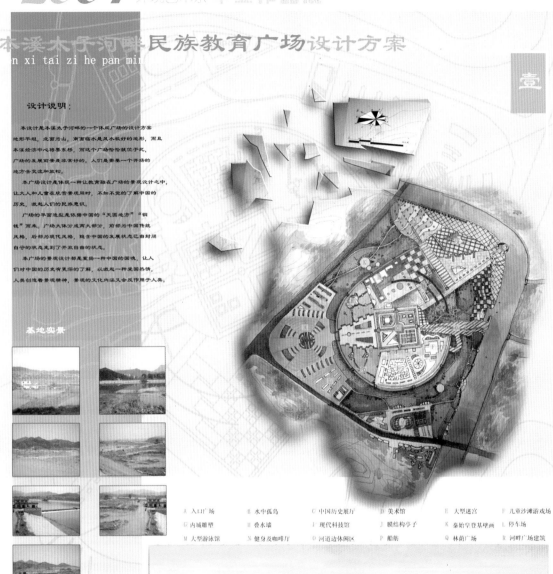

A 入口广场　B 水中孤岛　C 中国历史展厅　D 美术馆　E 大型迷宫　F 儿童沙滩游戏场
G 内城雕塑　H 叠水墙　I 现代科技馆　J 膜结构亭子　K 秦始皇登基壁画　L 停车场
M 大型游泳馆　N 健身及咖啡厅　O 河道边休闲区　P 船舫　Q 林荫广场　R 河畔广场建筑

设计中把中国古代的元素和符号恰当的融入环境设计中去，创造的是具有中国本国民族特征和习惯的事物。当然不要盲目装大也要懂得吸收国外的先进的思想和技术，如果有让自己强大的捷径，就要认同和开发，不要象古人那样守旧，要善于发现生活的细节，要善于开发达到目标的捷径，

学习知识的年轻人是祖国未来的希望，也是我们每个人的未来希望，所以青年人的教育是最重要的，教育广场正是把说教转化为娱乐的好思维，有很好的发展前景。

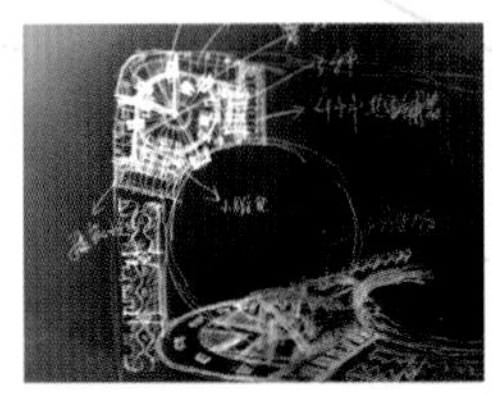

民族教育广场设计

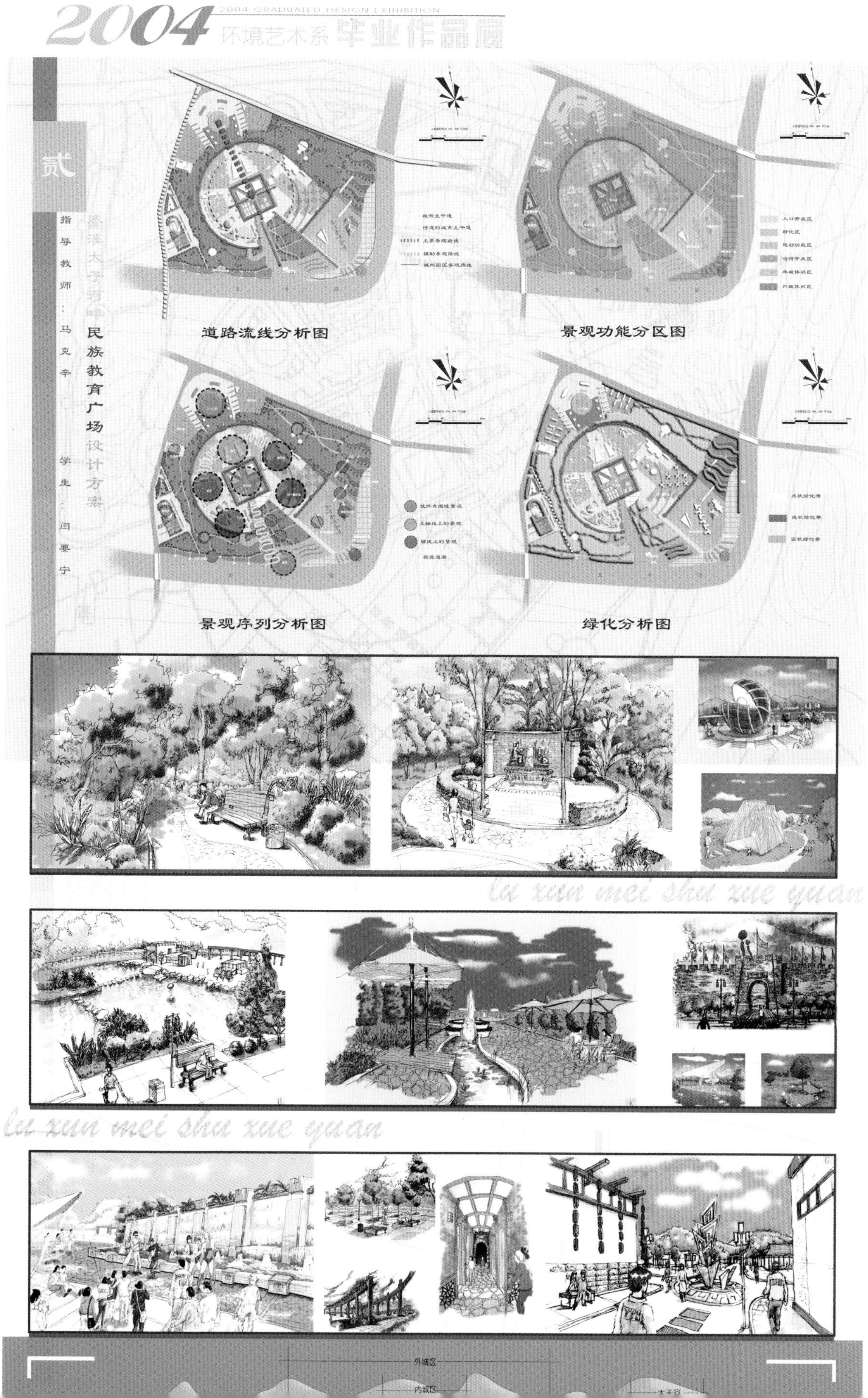

2004 GRADUATED DESIGN EXHIBITION

2004 环境艺术系 毕业作品展

贰

指导教师：马克辛

本溪太子河畔 民族教育广场设计方案

学生：闫晏宁

城市主干道
待建的城市主干道
主要参观路线
辅助参观路线
城外园区参观路线

道路流线分析图

入口开放区
绿化区
运动功能区
沿河开放区
外城休闲区
内城休闲区

景观功能分区图

城外典型性景观
主轴线上的景观
辅线上的景观
视觉通廊

景观序列分析图

点状绿化带
线状绿化带
面状绿化带

绿化分析图

lu xun mei shu xue yuan

lu xun mei shu xue yuan

外城区
内城区
太子河

ENVIRONMENTAL DESIGN

第五周完成稿

第五周完成稿

将广场高低分为两部分，结合水体及台地的处理，令空间层次更丰富

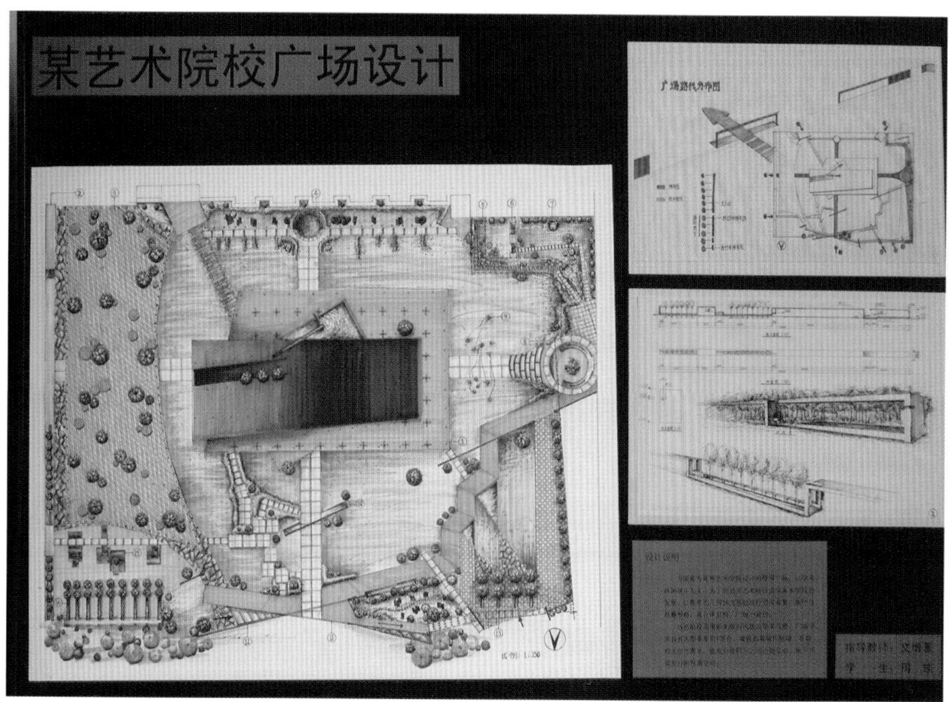

自由、休闲、浪漫，充满幻想是这两位同学的作业的共同特点

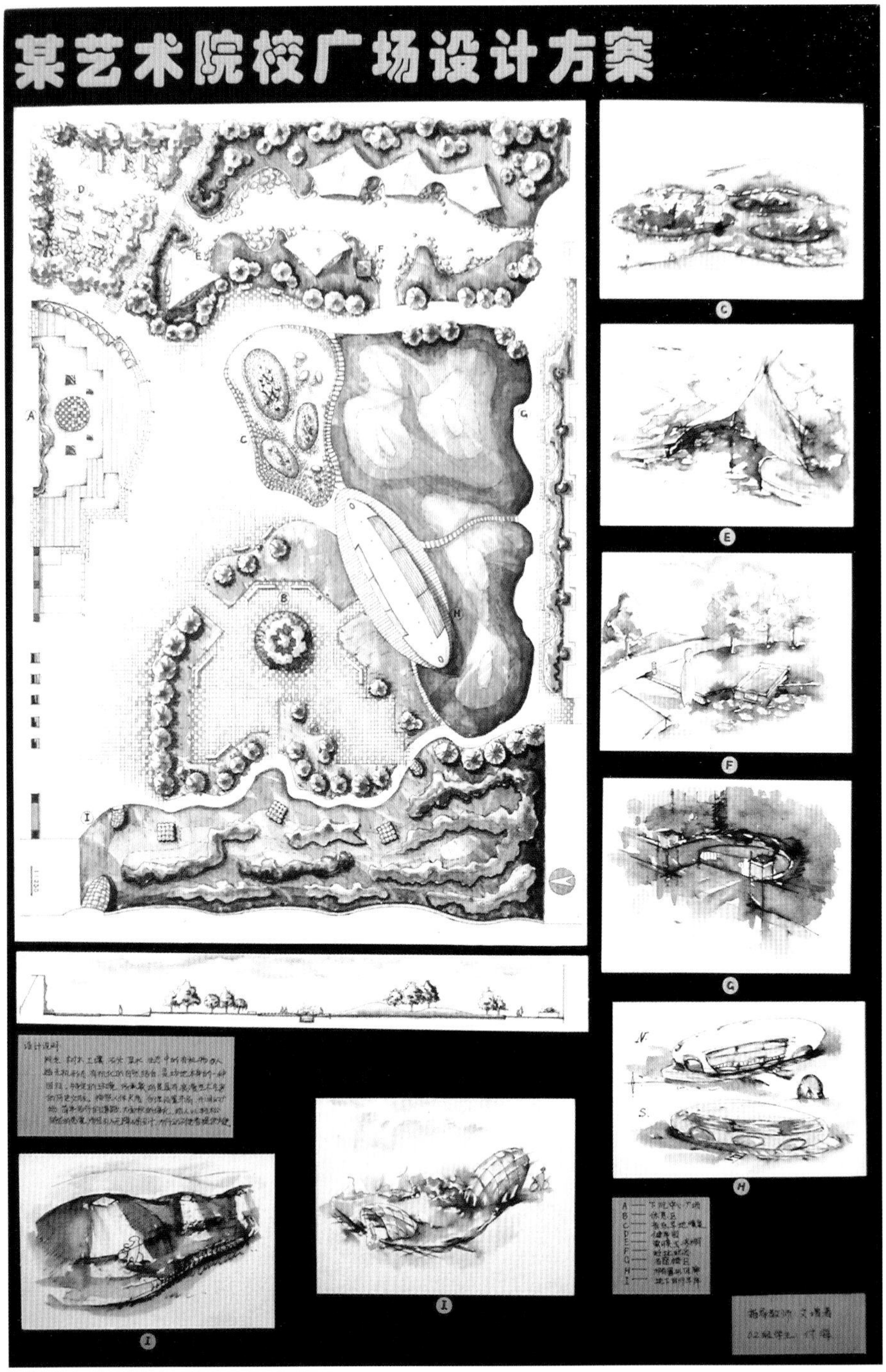

某艺术院校广场设计方案

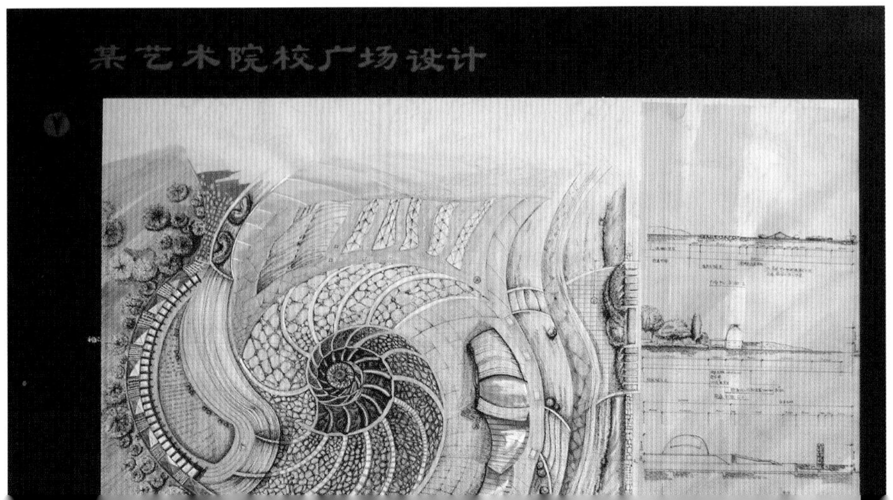

ENVIRONMENTAL DESIGN

广场元素小品

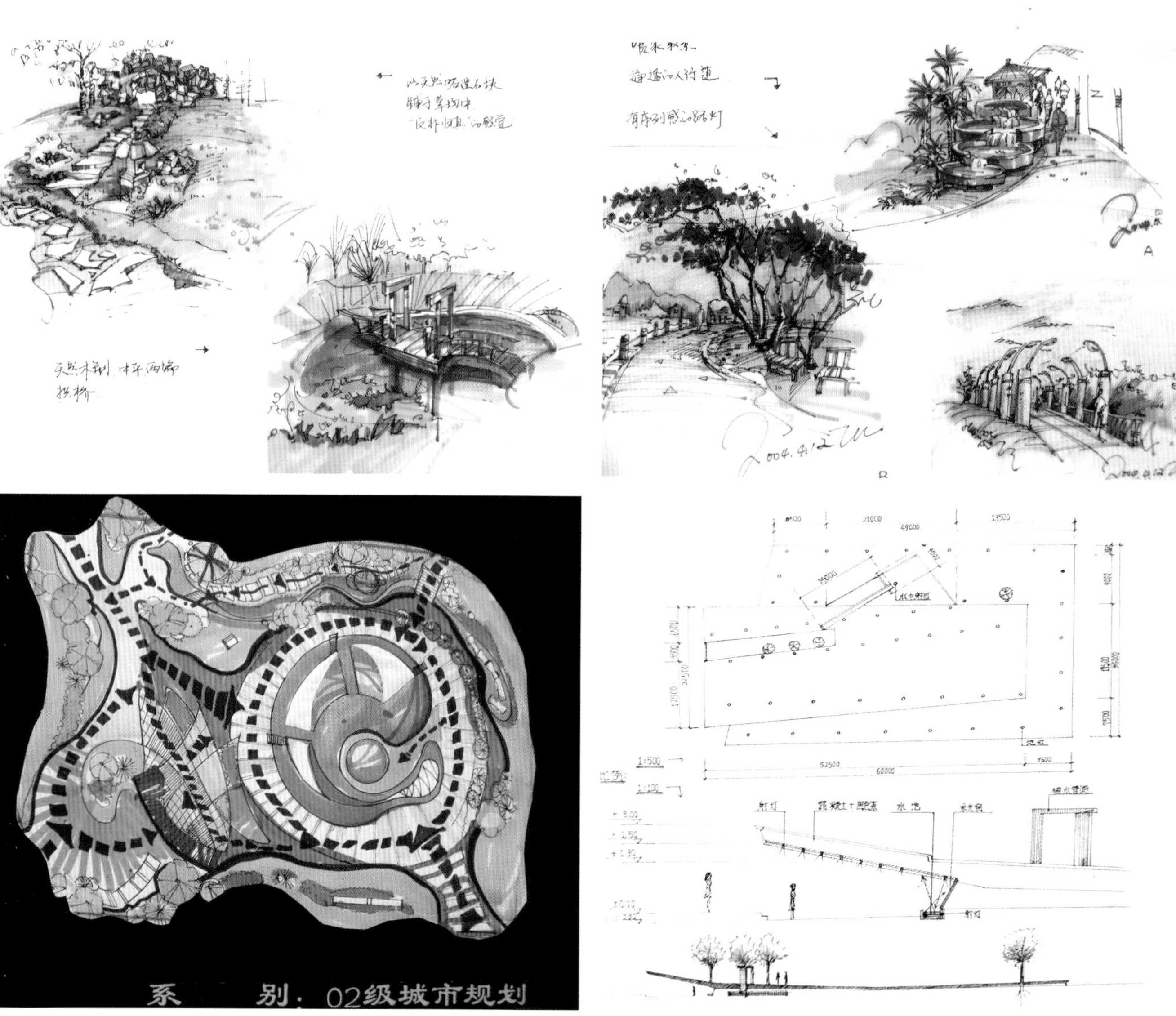

ENVIRONMENTAL DESIGN

广场元素小品

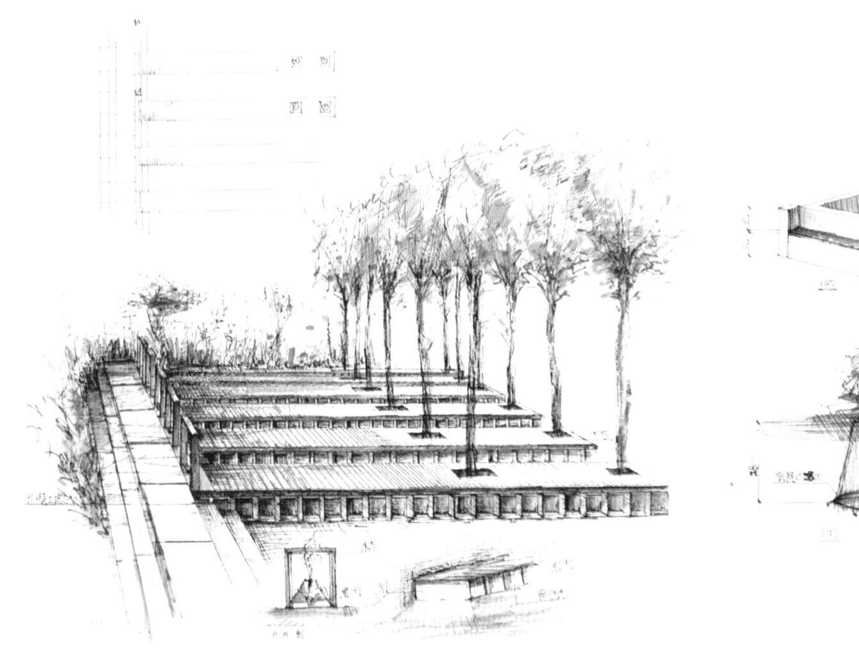

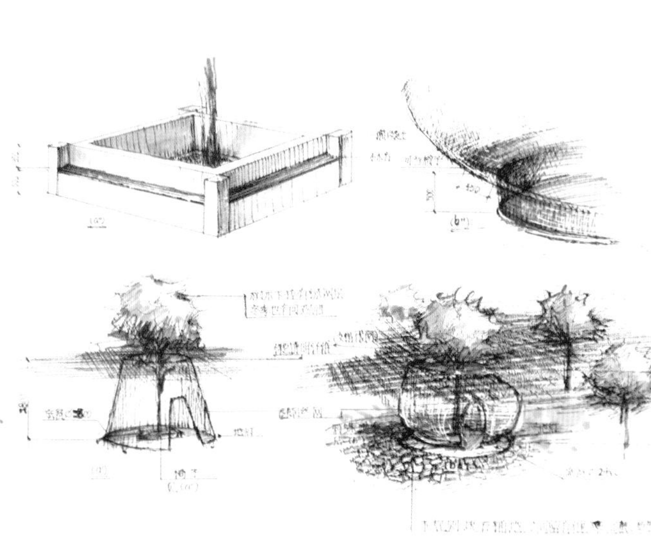

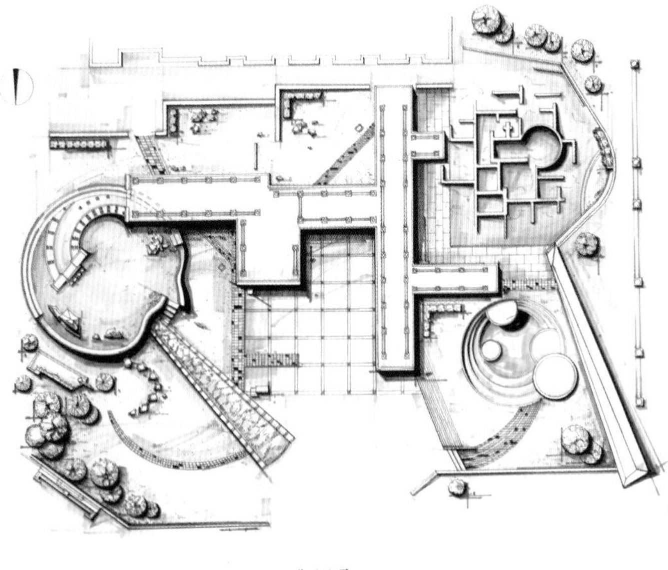

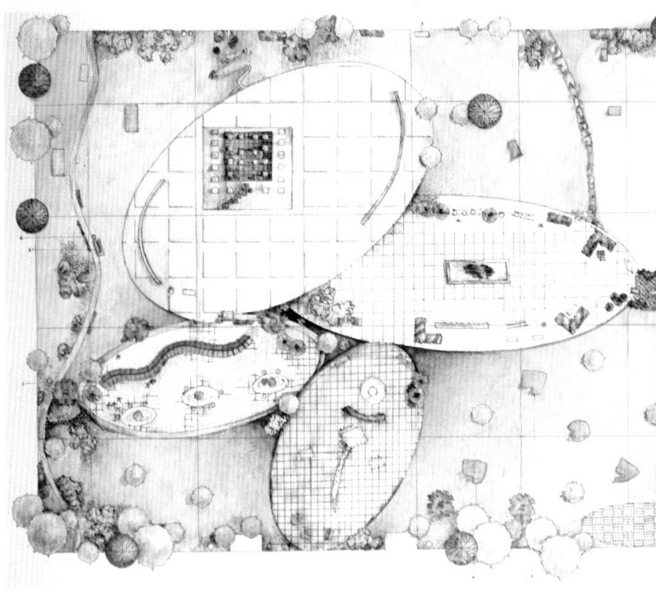

ENVIRONMENTAL DESIGN

广场元素小品

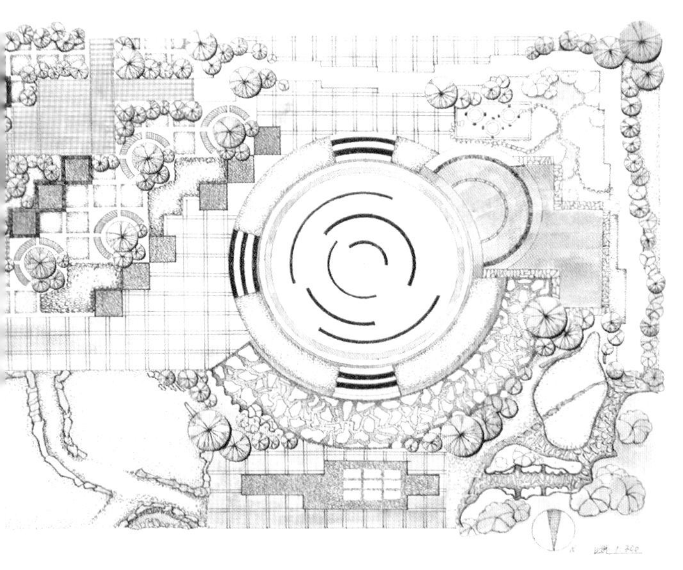

ENVIRONMENTAL DESIGN

广场元素小品

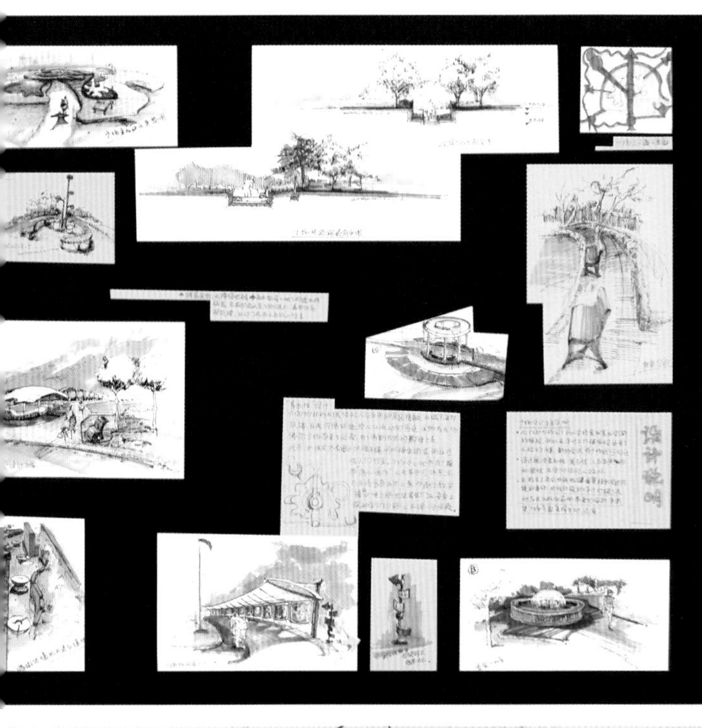

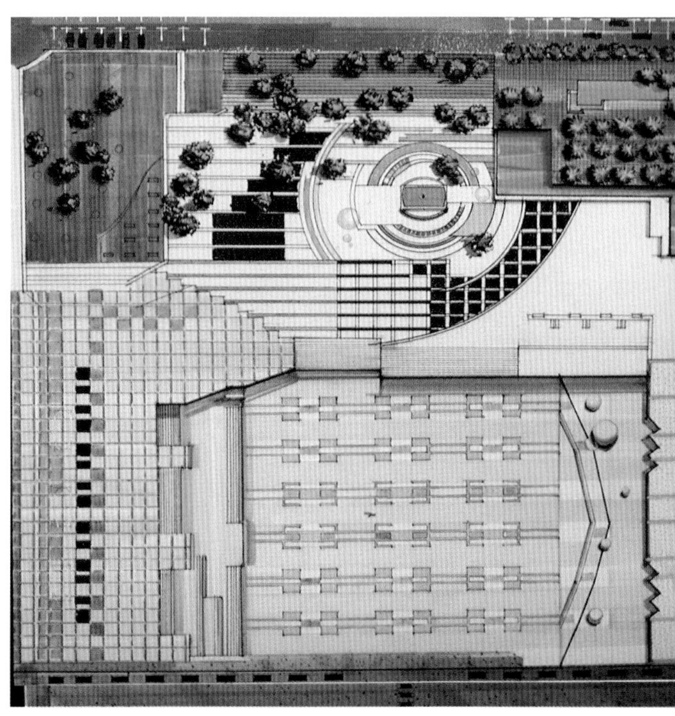

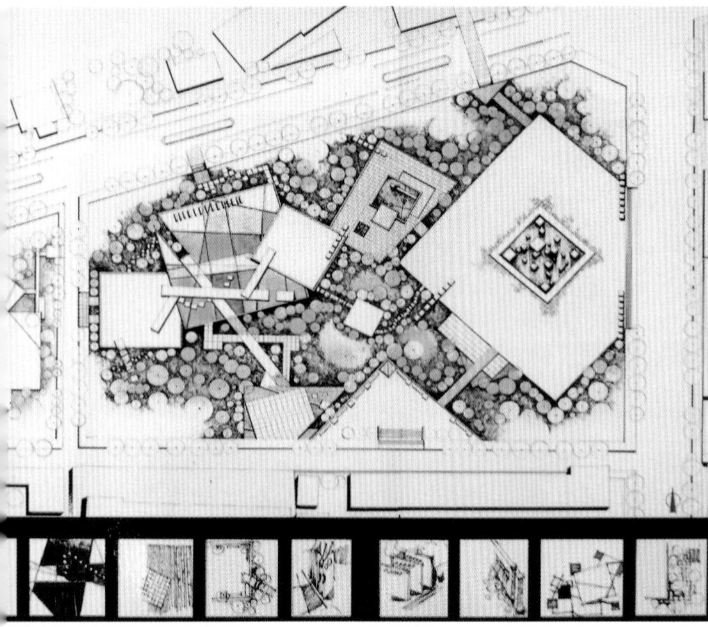

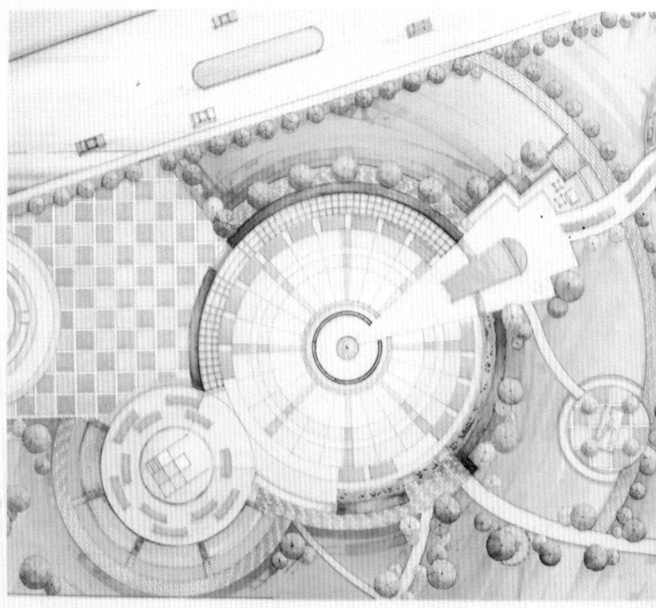

ENVIRONMENTAL DESIGN

广场元素小品

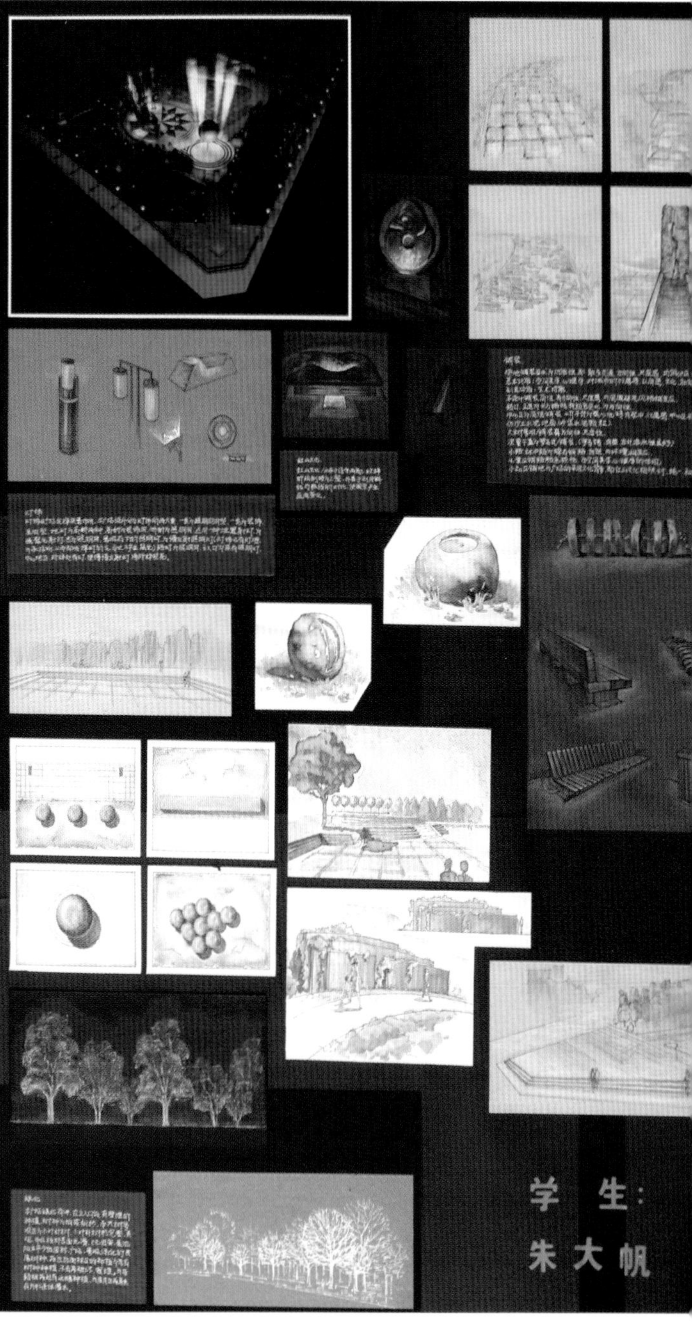

ENVIRONMENTAL DESIGN

广场元素小品

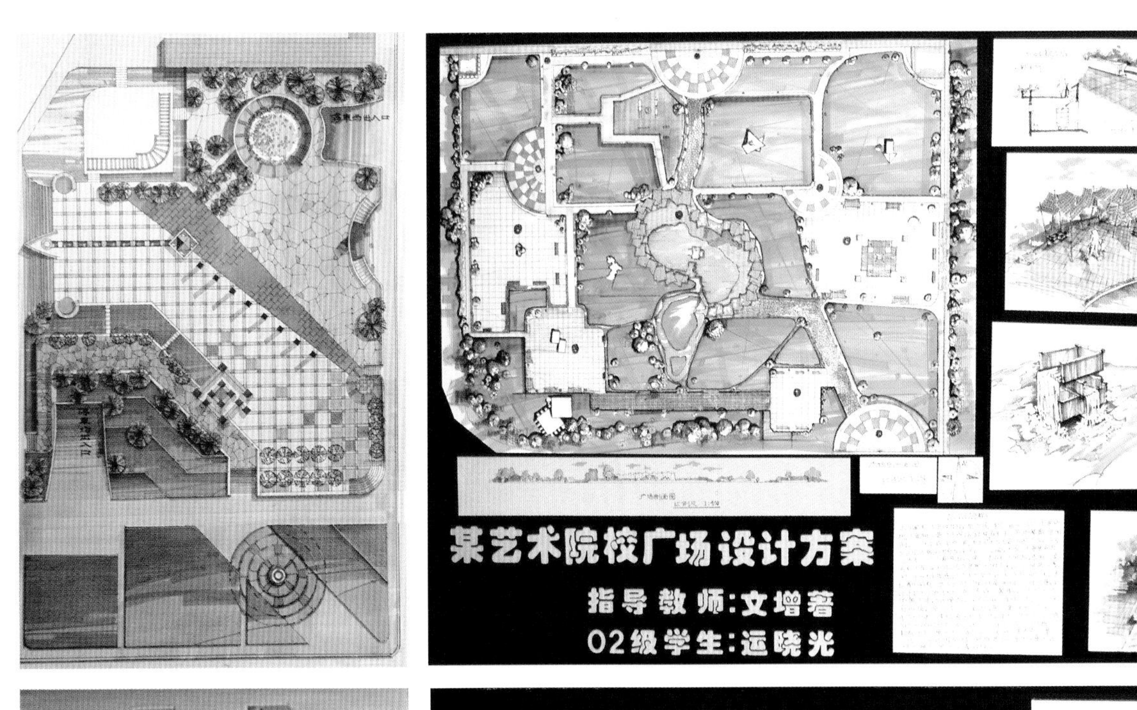

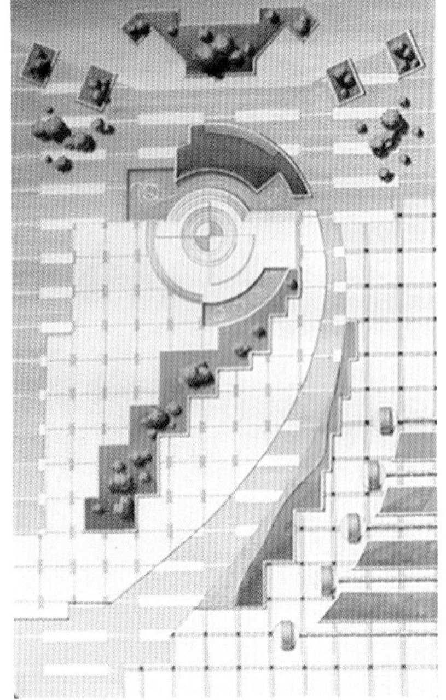

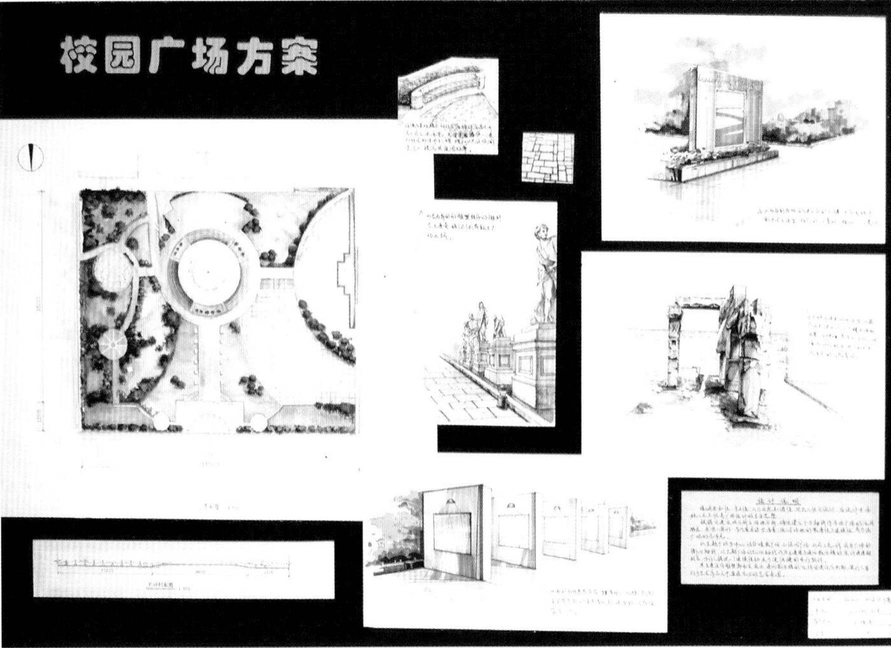

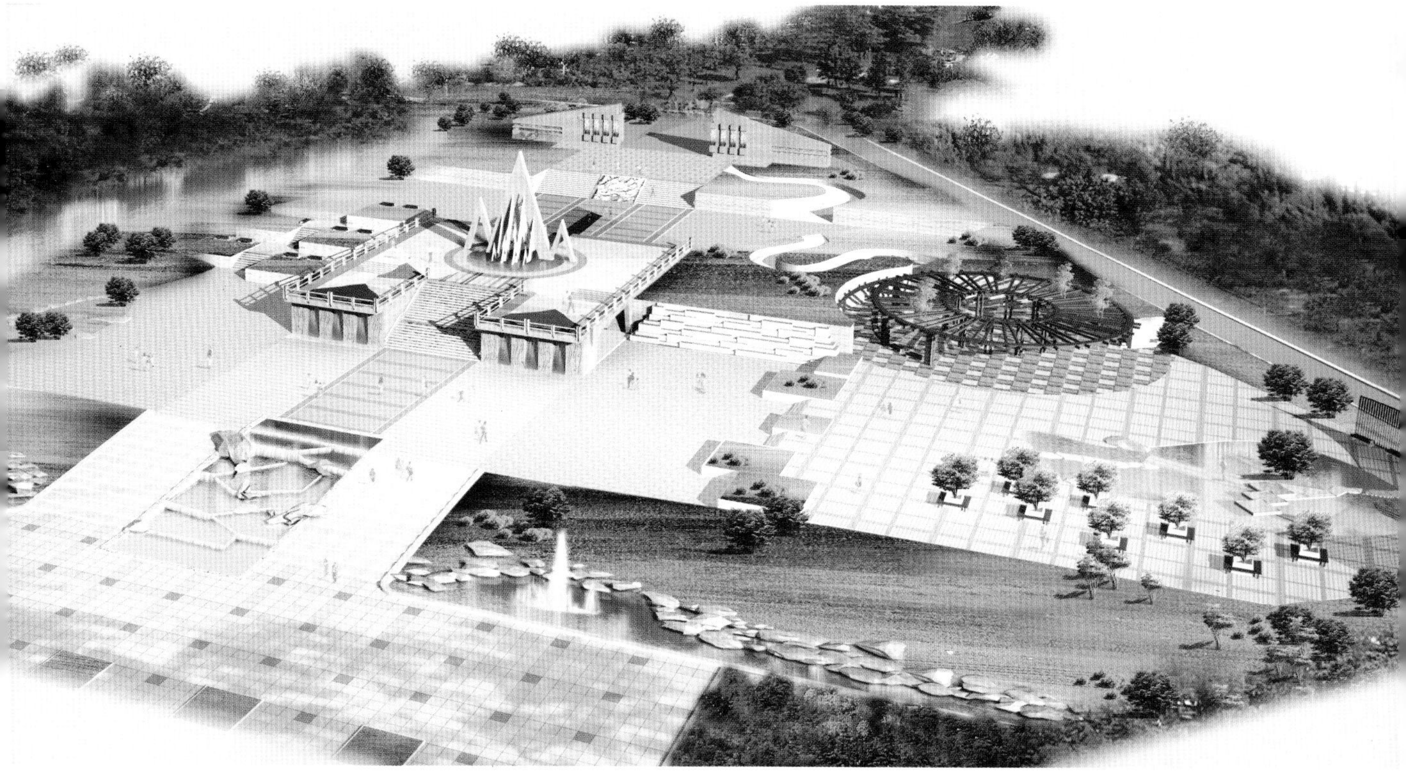

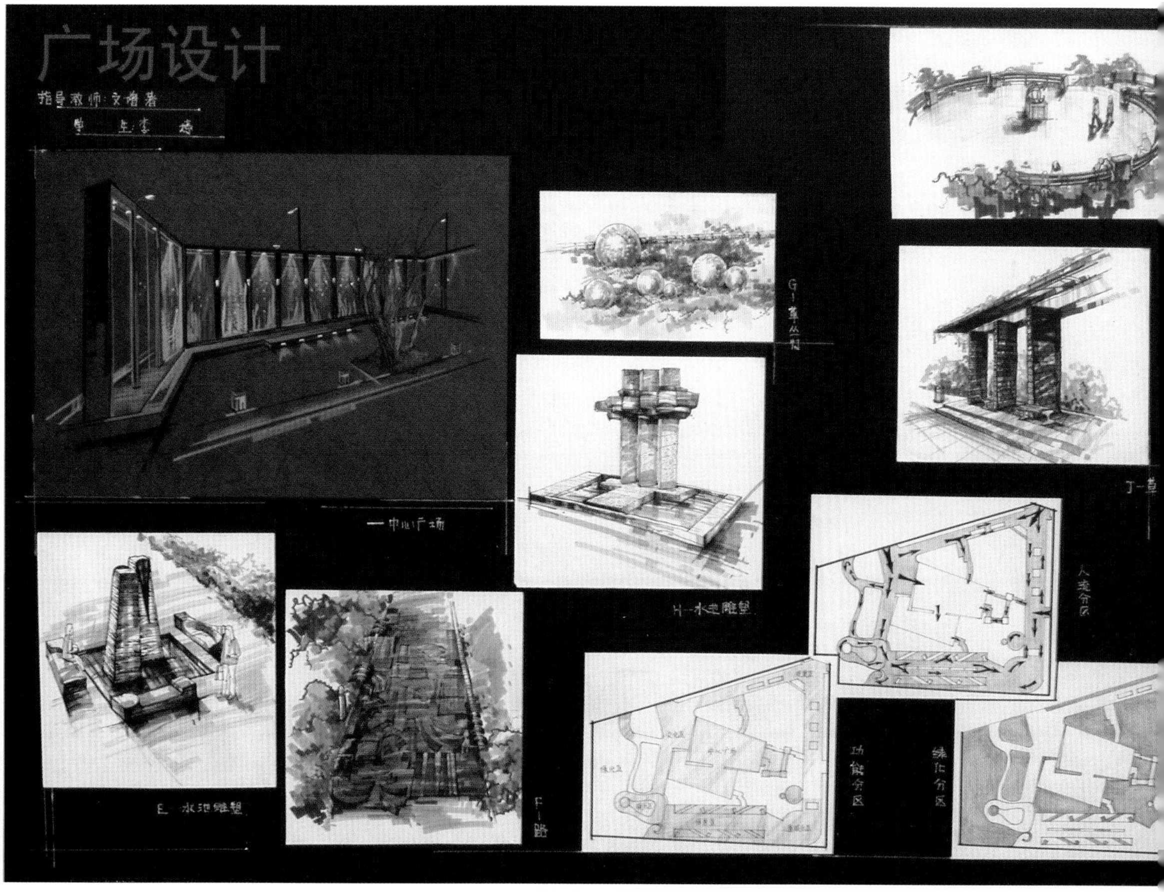

广场设计

景表现图

休闲广场
分广场
中心广场
分广场
休闲长廊
主路口
中心

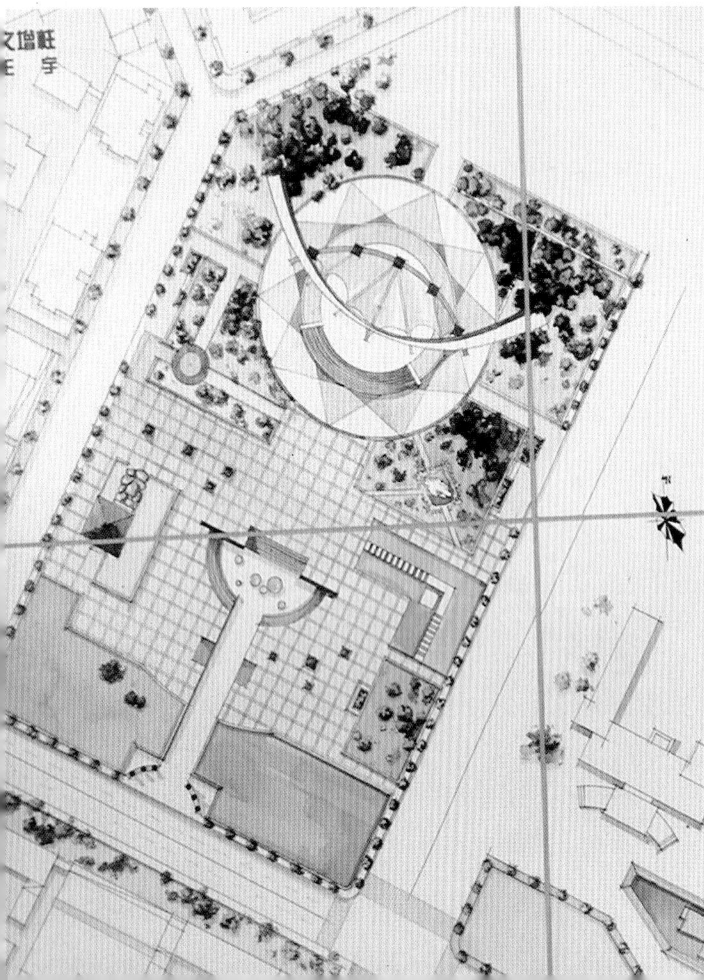

设计说明
某学校广场设计方案
系　　别：02级城
指导教师：文增著
学　　生：庄露露

ENVIRONMENTAL DESIGN

广场元素小品

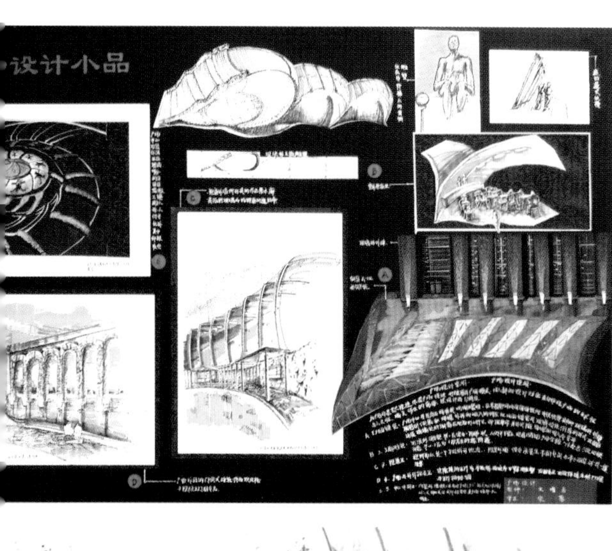

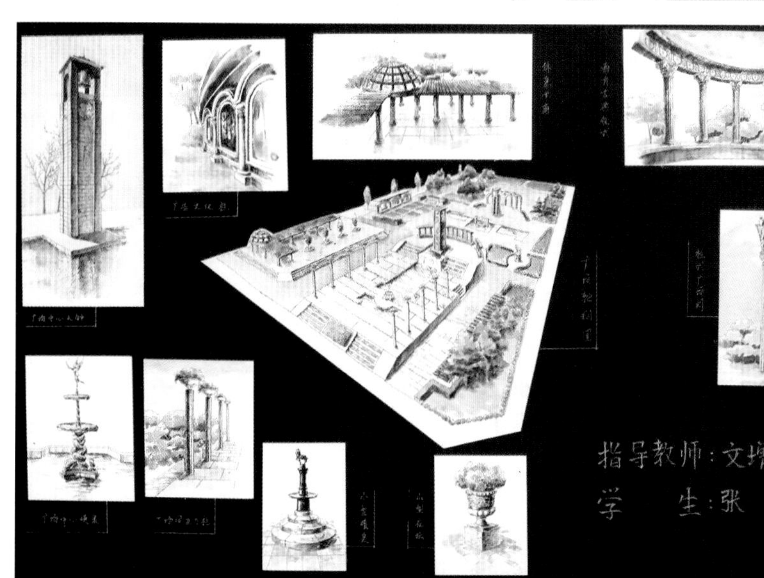

B

Plaza
葫芦岛市区中心广场设计方案鸟瞰图
鲁迅美术学院

第六章
城市广场设计实例参考

本章要点

- 展示世界优秀城市广场
- 点评优秀广场设计
- 借鉴与学习

ENVIRONMENTAL DESIGN

城市广场设计实例参考

ENVIRONMENTAL DESIGN

城市广场设计实例参考

ENVIRONMENTAL DESIGN

城市广场设计实例参考

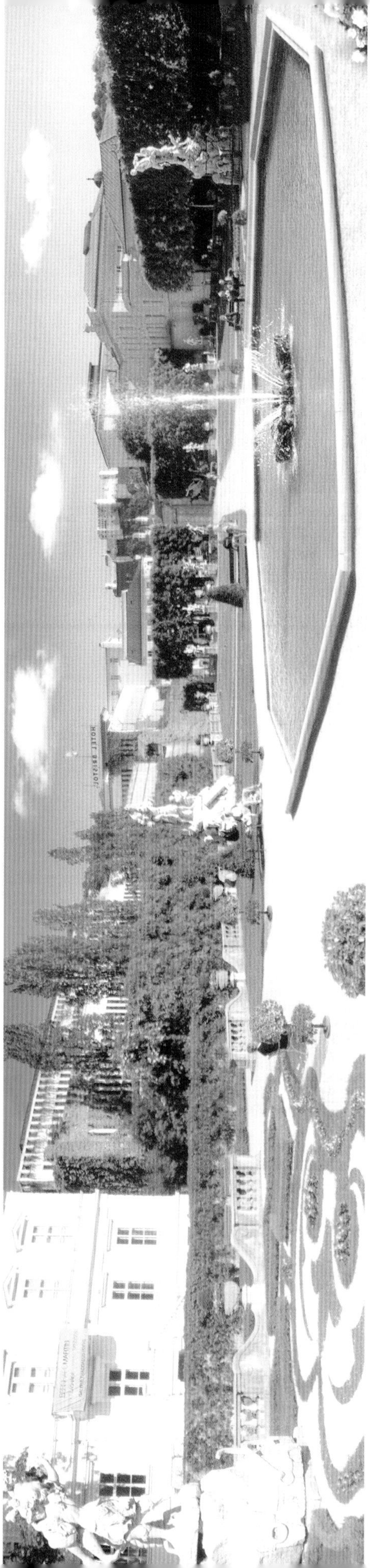

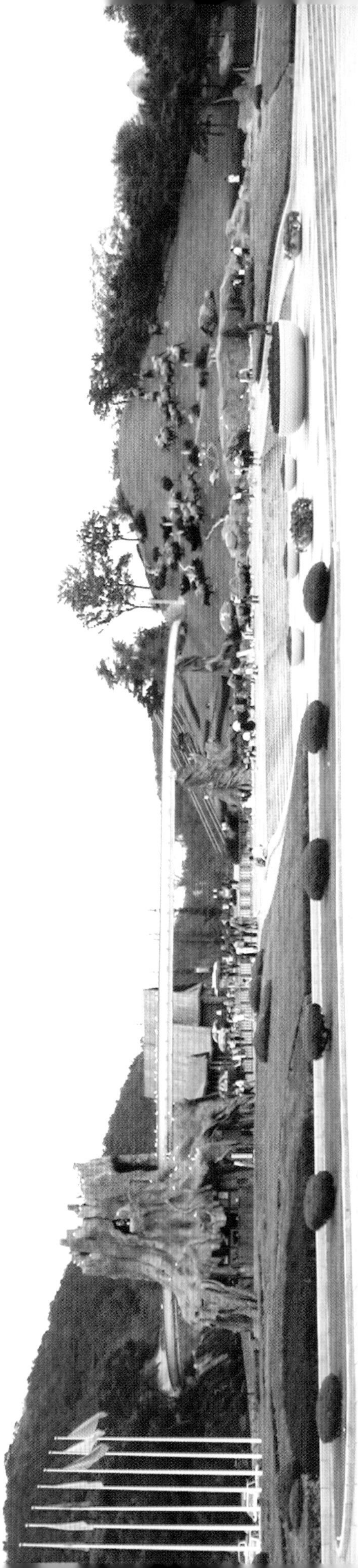

NVIRONMENTAL DESIGN

城市广场设计实例参考

ENVIRONMENTAL DESIGN

城市广场设计实例参考

ENVIRONMENTAL DESIGN

城市广场设计实例参考

ENVIRONMENTAL DESIGN

城市广场设计实例参考

ENVIRONMENTAL DESIGN

城市广场设计实例参考

ENVIRONMENTAL DESIGN

城市广场设计实例参考

ENVIRONMENTAL DESIGN

城市广场设计实例参考

ENVIRONMENTAL DESIGN

城市广场设计实例参考

ENVIRONMENTAL DESIGN

城市广场设计实例参考

ENVIRONMENTAL DESIGN

城市广场设计实例参考

ENVIRONMENTAL DESIGN

城市广场设计实例参考

ENVIRONMENTAL DESIGN

城市广场设计实例参考

ENVIRONMENTAL DESIGN

城市广场设计实例参考

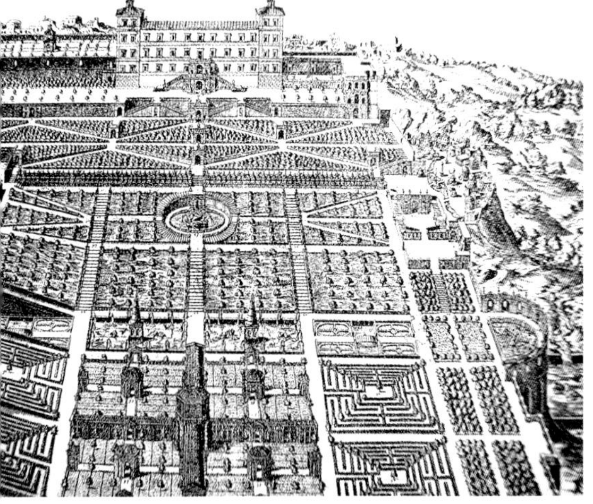

ENVIRONMENTAL DESIGN

城市广场设计实例参考

ST HELENS

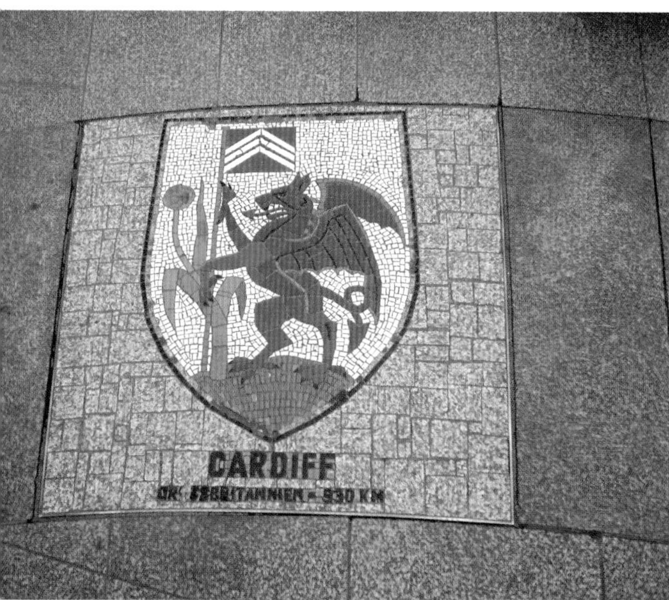

广场铺地图案及井盖的装饰处理

ENVIRONMENTAL DESIGN

地面铺装

ENVIRONMENTAL DESIGN

地面铺装

ENVIRONMENTAL DESIGN

地面铺装

ENVIRONMENTAL DESIGN

地面铺装

ENVIRONMENTAL DESIGN

雕塑与座椅

ENVIRONMENTAL DESIGN

雕塑与座椅

ENVIRONMENTAL DESIGN

雕塑与座椅

ENVIRONMENTAL DESIGN

雕塑与座椅

ENVIRONMENTAL DESIGN

雕塑与座椅

ENVIRONMENTAL DESIGN

雕塑与座椅

ENVIRONMENTAL DESIGN

雕塑与座椅

A MATTER OF STYLE
AMERICAN SALON & DAY SPA
RECYCLE
RECYCLE
112

ENVIRONMENTAL DESIGN

雕塑与座椅

ENVIRONMENTAL DESIGN

雕塑与座椅

ENVIRONMENTAL DESIGN

雕塑与座椅

ENVIRONMENTAL DESIGN

雕塑与座椅

ENVIRONMENTAL DESIGN

雕塑与座椅

ENVIRONMENTAL DESIGN

雕塑与小品

ENVIRONMENTAL DESIGN

雕塑与小品

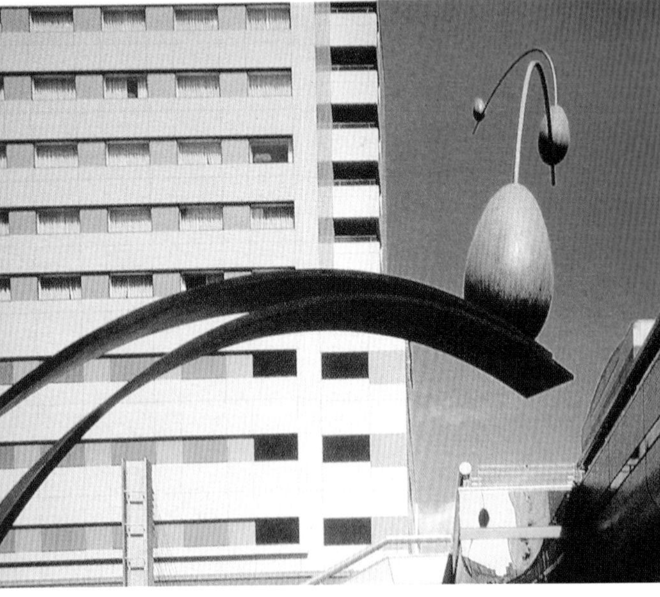

ENVIRONMENTAL DESIGN

雕塑与小品

人美花也美

ENVIRONMENTAL DESIGN

雕塑与建筑小品

ENVIRONMENTAL DESIGN

雕塑与小品

ENVIRONMENTAL DESIGN

广场雕塑

ENVIRONMENTAL DESIGN

水体与绿化

ENVIRONMENTAL DESIGN

水体与绿化

ENVIRONMENTAL DESIGN
水体与绿化

ENVIRONMENTAL DESIGN

水体与绿化

ENVIRONMENTAL DESIGN
水体与绿化

ENVIRONMENTAL DESIGN

水体与绿化

ENVIRONMENTAL DESIGN
水体与绿化

ENVIRONMENTAL DESIGN

水体与照明

ENVIRONMENTAL DESIGN

整体景观设计《气壮山河》

参考文献

梁雪　肖连望：《城市空间设计》天津大学出版社，2000

张永刚　陆卫东译：《街道与广场》中国建筑工业出版社，2004

王珂等著：《城市广场设计》东南大学出版社，1999

刘永德等著：《建筑外环境设计》中国建筑工业出版社，1996

洪亮著：《城市设计历程》中国建筑工业出版社，2002

彭一刚著：《建筑空间组合论》中国建筑工业出版社，1998

夏祖华　黄伟康著：《城市空间设计》东南大学出版社，1994

梁永基　王莲清主编：《道路广场园林绿地设计》中国林业出版社，2001

安昌奎　韩志丹著：《外部空间设计》辽宁科学技术出版社，1995

毛培琳　李雷著：《水景设计》中国林业出版社，1993

杨曾宪：《城市》2004 年 1 期

纪念馆及艺术画廊，贝思出版有限公司，江西科学技术出版社，2001

Boehm, Debbi. *Ground Signs.* (1992). New York: Van Nostrand International.

Child, Kevin. *Shopping Centers and Malls.* (1998). New York: Retail Reporting Corporation.

Morris, William. *The Great Designs.* (2001). Auckland: Hearst Book International.

Tiley, Mary. *Masters of Interior Design.* (1999). Toronto: Indecs Publishing Inc.

Tonelli, Larry. *Illuminated Awnings.* (2000). Sydney: Robert Silver Associates.

DESIGN AND APPLICATION

04

公共环境设施设计

薛文凯　编著

目录 contents

中国高等院校

THE CHINESE UNIVERSITY

21世纪高等教育美术专业教材

The Art Material for Higher Education of Twenty-first Century

CHAPTER 1

公共环境设施设计概述

公共环境设施设计的概念

公共环境设施的发展

我国公共环境设施存在的问题

第一章　公共环境设施设计概述

第一节　公共环境设施设计的概念

公共环境设施设计是伴随着城市的发展而产生的融工业产品设计与环境设计于一体的新型的环境产品设计，是工业设计的一部分，犹如城市的家具；公共环境设施是城市的不可缺少的构成元素，是城市的细部设计。公共环境设施设计的主要目的是完善城市的使用功能，满足公共环境中人们的生活需求，方便人们的行为，提高人们的生活质量与工作效率。公共环境设施是人们在公共环境中的一种交流媒介，它不但具有满足人的需求的实用功能，同时还具有改善城市环境、美化环境的作用，是城市文明的载体，对于提升城市文化品位，具有重要的意义。

自从有了城市就有了建筑、广场、街道、集市、码头，进而产生了社区、公园等公共环境空间及活动场所。大大小小的公共空间为人们提供了各种需求的行为场所，但仅有这些公共场所是不够的，还需要有地方休息、交流、寻找目标等一系列的行为活动，这就产生了休息的坐椅、路示指示等简单的设施，随着社会的进步，城市化进程也就进一步的细化。古代的公共设施附属于建筑的一部分，制作上也是建筑的手法，如我国古代重要建筑前的华表、石牌坊。故宫太和殿前的定时器功能的日晷，划分空间控制空间作用的石牌坊，以天安门前最初起"谤木"作用，具有接纳百姓意见功能，后来成为权力象征功能的华表，及石狮、铜龟、嘉量、香炉等，在古代的国外有神庙、纪功柱、方尖牌，及凯旋门、喷泉以及设施。

一些具有悠久历史的城市文化与一些现代化的大都市都有完备的公共环境设施，象征战争胜利的凯旋门，具有标志性的方尖牌、纪功柱等古代设施，具有城市象征与观赏景观意义的埃菲尔铁塔，还有实用功能的饮水机、路灯、指示牌和设计新颖的现代环境设施的自助系统、电话亭、公共汽车站、儿童游乐设施等等，我们可以从城市公共设施看到巴黎城市发展的脉络与辉煌的历史和现代化大都市的身影。

今天的环境设施与古代以前概念意义的传统小品设施有着根本性的不同。以实用功能为主的工业化批量生产的设施产品替代了以精神象征功能为主的手工生产的环境设施，在发达国家，公共环境设施设计与城市建设是同步发展，并配套成体系的，相关的法规政策制定也比较完善健全（图1.1～1.5）。

图1.1

图1.2

图 1.3

图 1.4

图 1.5

第二节 公共环境设施的发展

可以说公共环境设施是伴随着城市的历史而发展起来的，其发展趋势可以归纳如下几点：

（一）多元化与专业化

不同阶层、不同年龄的人在不同的场合对公共环境设施有着不同的需求。科技的发展为公共环境设施由单一走向多样提供了生产制造的条件，同时新产品的发明也带动了与之配套的公共环境设施的开发。例如：自行车的发明向我们提出如何解决规范车辆存放并美化环境的课题，电话通讯业的发展向我们提出电话亭的设计。电脑技术的出现又产生了智能化的自助系统提款机、卖报机、自助照相机……公共环境设施设计已从传统意义的喷泉、饮水机、休息坐椅等单一的几种产品向多品种、更加专业化方向发展，如自助系统的分类已从单一的饮料机，向自助售票机、自助剪票机、自助售烟机、自助提款机、自助卖报机乃至自助快餐机等等多层次专业化发展。在西方发达国家，咖啡、糖果、甜食、自动贩卖机已进入消费者的习惯之中，而且随着时代的发展，新的环境设施还将不断出现，公共环境设施设计正在从单一的种类走向多元而且进一步地走向专业化（图 1.6~1.10）。

图 1.6

图 1.7

图 1.8

图 1.9

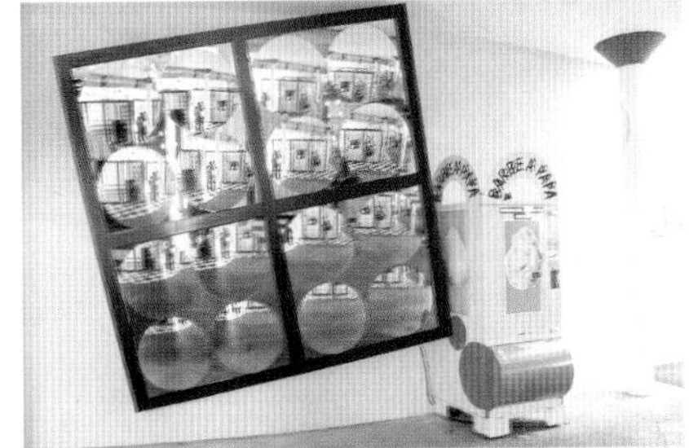
图 1.10

(二)智能化设计

每一次的技术进步都给世界的各个领域带来巨大的变革，设计领域更是如此，公共环境设施设计也是伴随着一场场的变革而不断地发展，进一步地向智能化迈进，并且技术生产方式的进步使原来不可实现的设想成为可能。计算机技术及网络技术的发展带动了自助系统的兴起，旅游导引地图牌这个单一不变的功能识别已被可以触摸选择的电脑智能化的资讯库所替代。拥有74年历史的法国照相公司PHOTOMATON近日宣布该公司所属的自动照相亭将安装与因特网接头设备，使前去照相的顾客或者非顾客，都能免费发出录像邮件和电子邮件。安装这些因特网免费接头，使人们能够随时与合作联网单位，例如与巴黎公共交通公司、商业中心、当地问事处等机构进行联网咨询，它还能够向人们提供因特网电子邮件的网址。肚子饿了不需要上餐馆了，也不用长时间下厨了，弗勒里·米雄(PLEURYMI—CHON)农业食品企业，开发了一种叫熟食自动贩卖机，这种熟食自动贩卖机可以使人们在几分钟之内拥有一份热饭菜。弗勒里·米雄集团负责人说这个计划并非创举，但以前的几次尝试不是以流产告终，就是仍处在萌芽阶段，原因主要还是在技术方面，随着技术的发展使他们的设想成为可能(图1.11、1.12)。

美国德圣安东尼奥海洋世界启用了生物识别系统协助验票，持有季票的游客通过指纹获得入园许可，在美国许多地方，使用生物识别系统以保证安全进入的做法正在逐步推广。通过生物识别系统，管理者不再每年对持证人员进行照片审核，也不用担心有人将证件出借或遗失，它使人们通过关卡速度更快。迪斯尼乐园和Bush Garden等主题会公园也采用了生物识别系统。在一些银行，视网膜识别系统也开始投入使用。

图1.11

图1.12

(三)人性化的设计

以人为本是工业设计的出发点，人性化的设计主要体现以下三个方面：

(1)满足人们的需求与使用的安全。

(2)功能明确、方便。

(3)对自然生态的保护和社会的可持续发展。

从使用者的需求出发，提供有效的服务，省时、省力的设计，将是今后公共环境设施设计的发展方向之一。使用者不但能有效地使用，同时在设计上避免使用者的粗心或错误操作而受到伤害。如世界最先进的自动售票机的设计就有下列功能：

①可选择吸烟、禁烟区。

②若搭乘头等厢，则可预订在座位上用餐。

③可指定坐席的类型、位置(靠窗、面对面的座位等等)。

④可预订往返的坐席。

⑤可变更预订所希望搭乘的列车，预订完成时，画面会显示发车的时间、费用，所以，只要投入钱币，车票就会出来，无须排队购票，十分方便，最大限度地满足了人们的需求。现代公共环境设施设计的目的就是极大地满足人们的使用需求。发达国家现代化的火车站设计，使旅客避免了过多地上下阶梯台阶、走天桥，地铁直通火车站内大厅，各类环境设施如电话

图1.13

图1.14

亭、自助售票机、自动查询机排列成行，标识导向牌指示明确，有台阶的地方设置了残疾人专用升降电梯。现代环境设施还应考虑设计所适用地区环境气候、风土人情、人的生活习惯，电话亭的设计就要考虑人的多种需求，考虑人的隐私、心理、隔音、空气的流通等，从心理因素出发，使用玻璃的通透性免去了人的压迫感，在安全性上就不能使用普通玻璃而是用钢化玻璃，以防碎后伤人（图1.13、1.14）。

（四）工业构件标准化与模块化设计

工业化是工业设计产生和存在的条件，现代化公共环境设施设计的工业构件的标准化与模块化趋势主要从以下三个方面加以考虑：

1.从降低成本考虑

由于公共环境设施设计的种类多、需求量大，所以工业化生产构件的互换通用减少了模具的套数，标准化、模块化、多元组合拆卸、装配为批量生产提供了捷径，大大地降低了产品设计的成本，同时减少了包装和运输费用。

2.从生态环保考虑

在工厂生产出高精度的标准化配件、现场组合安装、提高了生产效率的同时，又便于维修和拆卸，这样既方便了行人与车辆，又免除了现场施工的噪音与尘土，缩短了施工周期，有利于环境的保护。

3.从时代性考虑

由于公共环境设施是城市文化载体，体现了城市文明，同时工业化也体现了一个国家和地区的现代化的发展水平，现代技术的高精度的构件组合、新材料的运用，最好地体现出时代精神（图1.15～1.23）。

图1.15 电话亭

图1.16 电话亭

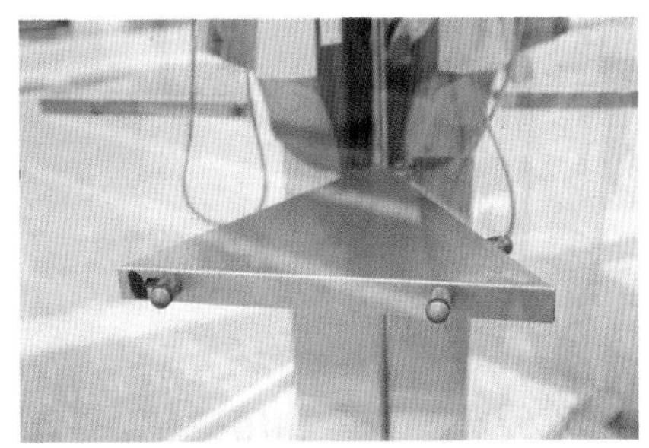

图1.17 电话亭

图1.18 电话亭

图1.19 悬锁桥

图1.20 悬锁桥

图1.21 儿童游乐设施

图1.22 儿童游乐设施

图1.23 电话亭

(五)艺术化与景观化

现代公共环境设施设计已不单单是孤立的单一化的产品设计，它已越来越融入环境的整体设计之中，越来越重视单一产品设计后的规划与组合，每一产品设计也不仅限于一种形态与色彩，而是形成一个系列。比如同一造型的果皮箱的设计，在色彩上就可以多样化些，多种多样的色彩，置于某一场景，在大环境中起到了调节作用，活跃了景观的氛围。再如自行车存放架的设计如与花架、媒体广告、休息坐椅很好的结合，不但起到了规范自行车的无序停放的作用，更起到了扩展景观空间、美化环境的作用。在环境设施的规划设计上，坐椅、果皮箱、路灯等也不仅仅限于满足功能的需求，如，路灯应按理论光照计算，需多远放置一个，坐椅、垃圾筒多远距离才合理，而是更加艺术化、景观化来处理。荷兰阿姆斯特丹的一个广场设施，在广场一角，同一款式不同色彩的坐椅、果皮箱形成了一个疏密有致的区域，使人赏心悦目，耳目一新，打破了常规设置概念。由此，我们可以看到，公共环境设施走向艺术与景观化是必然的趋势（图1.24）。

第三节 我国公共环境设施存在的问题

目前，我国公共环境设施开发与设计刚刚开始，同发达国家相比，无论是开发的广度还是深度、设计的形式和制造工艺水平还相差甚远。可喜的是有些大城市的设施设计已经引起有关部门的注意，但开发的面较窄、品种单一，仅限于汽车亭、电话亭、自助提款机等几个方面。还没有专门的设计人员来从事这一课题的设计研究，就管理方面来讲也不尽如人意，公共环境设施设计种类繁杂，没有专门的部门来统一规划与管理，处于一种杂乱无序的状态。

由于没有训练有素的专业设计人员来设计，所以形式陈旧、设计不到位、不成熟、缺少灵性与创意。工业化技术手段的落后，也制约了公共环境设施设计的发展，工厂加工成本高，工艺粗糙，没有形成标准化、构件的互换性等。

国外百货商店里还有卖自行车停放架，说明他们的公共环境设施已经产业化了，相比之下，我国在此领域还没有形成生产开发上的产业化、商业化，这是很值得引起注意的问题。

城市发展建设日新月异，居民小区开发建设越来越美，但城市配套设施设计开发严重滞后，没有跟上发展需求，使城市文化、小区景观建设大打折扣。缺少人性化设计，这是目前国内设施设计的一大缺憾，如火车站过多的上下阶梯、过天桥，给旅客造成极大的不便，对此我是深受其害。路标指示不明确，如高速公路、市内街道的方向指示牌功能不明确，在街道公共场所没有供人休息的坐椅、免费的儿童游乐场所等。马路上没有或很少设有专门为行人设置的红绿灯，人行道上也很少设置阻车柱，时有造成汽车上人行道撞伤、撞亡人的悲剧发生。总之，设计上没有考虑为人的设计。

尽管公共环境设施在我国个别设计院校系刚刚引入教学，并起到了积极的作用，但有关管理部门与工厂等生产部门脱节，没有建立好的协作关系，这也是应该改进的方面。影响公共环境设施开发设计的因素很多，但这个领域的开发前景好，只要我们平衡好各种关系，通过各方面的努力，我们就会把公共环境设施开发设计好。

图1.24

中國高等院校

THE CHINESE UNIVERSITY

21世纪高等教育美术专业教材

The Art Material for Higher Education of Twenty-first Century

单体设施设计

公共环境设施的系统规划设计

公共环境设施的分类设计详述

CHAPTER 2

公共环境设施的设计分类

第二章　公共环境设施的设计分类

第一节 单体设施设计

这是公共环境设施设计的核心部分，由于公共设施是一个非常大的系统工程，所以我们从功能和适用的环境把它划分为以下几类：

（一）交通系统(图 2.1～2.5)

1. 公共汽车站
2. 小汽车立体活动停车场
3. 高速公路收费站
4. 加油站
5. 自行车存放处
6. 警亭
7. 阻车柱
8. 人行道护栏
9. 交通信号灯
10. 人行通道

图 2.1

图 2.2

图 2.3

图 2.4

图 2.5

（二）信息系统（图 2.6～2.9)

1. 电话亭
2. 邮筒
3. 导示牌
4. 广告牌
5. 看板

（三）购物系统(图 2.10)

1. 售货亭
2. 书报亭

（四）卫生环卫系统（图 2.11～2.15)

1. 公厕
2. 垃圾回收站

3. 果皮箱

4. 饮水机

（五）游乐系统(图2.16～2.24)

1. 游乐设施

2. 儿童游具

（六）休息系统（图 2.25）

1. 休息亭

2. 休息桌椅

（七）观赏系统(图2.26～2.30)

1. 花坛

2. 水体

3. 观赏钟

4. 景观雕像

5. 绿色植物

（八）照明系统（图2.31～2.34）

1. 路灯

2. 庭院灯

3. 景观照明

图2.6

图2.7

图2.8

图2.9

图2.10

图2.11

图2.12

图2.13

图 2.14

图 2.15

图 2.16

图 2.17

图 2.18

图 2.19

图 2.20

图 2.21

图 2.22

图 2.23

图 2.24

图 2.25

图 2.26

图 2.32

图 2.33

图 2.27

图 2.30

图 2.34

图 2.28

图 2.29

图 2.31

（九）自助系统（智能系统）

（图 2.35～2.39）

1. 自动售货机
2. 自动提款机
3. 自动电脑网络查询机
4. 自动找零机（硬币）
5. 自动公厕
6. 自动售票机
7. 自动售报机
8. 自动测高机、测重机等

图 2.35

图 2.36

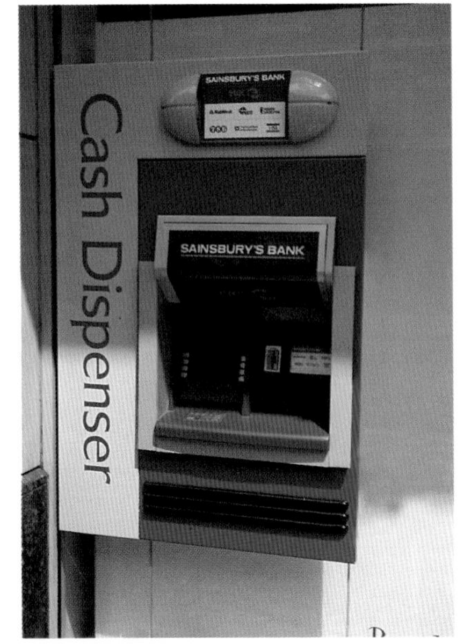

图 2.37

图 2.38

图 2.39

第二节 公共环境设施的系统规划设计

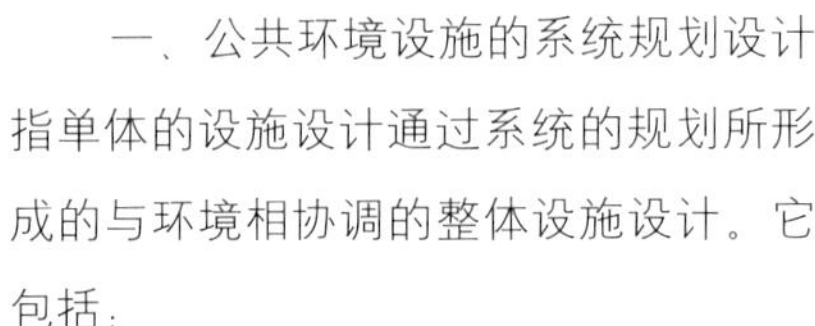

一、公共环境设施的系统规划设计指单体的设施设计通过系统的规划所形成的与环境相协调的整体设施设计。它包括：

1. 广场环境设施系统规划设计

2. 车站设施系统规划设计（图 2.40～2.41）

3. 道路交通设施系统规划设计（图 2.42、2.43）

4. 旅游景点设施系统规划设计（图 2.45）

5. 儿童游乐场设施系统规划设计（图 2.46～2.48）

6. 乐园、主题公园设施系统规划设计（图 2.49～2.51）

7. 公共室内外局部空间设施系统规

图 2.40

图 2.41

图 2.42

图 2.43

图 2.44

图 2.45

图 2.46

图 2.48

图 2.49

图 2.47

图 2.50

图 2.51

划设计

二、公共环境设施规划设计要点：

1. 公共环境景观是由自然景观与人文景观构成的，自然景观是天然自成的，由山形、江河、水体、地势、天空、绿色植被、岩石等构成的。人文景观是由建筑物、广场、道路、公共设施及动态的车体、人流所构成。所以设计和规化设施是要以整体的环境来作规划设计，要与周围的景观要素的形态、色彩、环境统一考虑发挥自然力量特色增色景观设计。

2. 要注意功能分区、空间的组织，规划要进退有序、高低有致、开合有法、曲折有度等的科学要素的把握，同时要注意空间的节点处理，注意设施规划的连续性、延伸性，总体的节奏感及艺术性的把握，形成既有文化特色又统一的整体的景观艺术效果。

3. 在规划时对环境状况和人的行为习惯进行调研，环境有什么特征，是何性质的设施规划，使用者的构成成分如何，是年轻人、老年人还是儿童，还要考虑使用人群的文化素养，民族宗教意识。

4.一年有四季、雨雪、日出、日落，所以环境设施设计要考虑时间、空间的关系，从空间的因素来讲，如设施设计所处的位置，是高山还是平原，是水边还是凹地，是南方还是北方，拿我国来说，北方冬季时间长，日照短，温度低，故色彩设计应考虑以暖色为主、冷色为辅的设计原则，同时还要注意明度不要太高，以免设施的色彩与冬季环境平淡的白色形成一体没有变化。设施设计要注意防寒保暖，如公共汽车站，南方以及内陆沙漠由于气候炎热，光照强，易造成人们的情绪不稳定，因此有些设施设计要考虑运用高明度且色彩淡雅些的，同时考虑南方的梅雨、潮湿的气候设施设计，如电话亭要考虑空气的流通问题。

5.平面图可以使设计师对设计有个总体的客观把握，可以使众多的不同功能部分通过有组织规划组成有序的合理空间，平面图有助于我们的研究规划各要素的相互关系，相互作用。总体空间的位置限定了设施形象的确立，有助于设施整体关系的建立，进而使设施的设计进一步得到完善。

6.设施操作的可行性，设施设计是概念型的，还是应用型的，制作的工业技术成本材料的运用都应考虑。安全性人性化考虑要注意人性化的处理是否对人产生使用上的危害，是否考虑残疾人、老人、儿童工的使用。

7.政策法规的执行，是否符合国际化。

8.民风与特色，因地制宜，根据地方的地理环境、风土人情、地方特色风格特点的规划设计公共设施，以便形成当地的风格特征。法国巴黎法方斯新区的环境设施设计无微不至，无论是单体的设施设计还是规划的系统性，可谓是公共设施设计的典范(图2.52～2.67)。维莱特公园公共设施规划设计，是解构主义建筑大师伯纳德·屈米的代表作品，屈米运用解构主义的"不系统性"和"不完整性"的处理手法，创造出有别于传统公园自然景物化的"文化景观"设计。在形态设计、色彩处理上与巴黎雅致的古典环境产生强烈的反差。他把形式的追求视为第一设计要素，形式游离功能，把设计上的意念通过点、线、面的几何化的组合、穿插求得形式上的独特性。设计有貌似零乱，而实质有内在的结构因素和总体性考虑的高度理性的特点(图2.68～2.79)。

9.是否考虑无障碍的问题。

图2.53

图2.54

图2.52

图 2.55

图 2.56

图 2.57

图 2.58

图 2.59

图 2.60

图 2.61

图 2.62

图 2.63

图 2.64

图 2.65

图 2.66

图 2.67

图 2.68

图 2.69

图 2.70

图 2.71

图 2.72

图 2.73

图 2.74

图 2.75

图 2.76

图 2.77

图 2.78

图 2.79

第三节 公共环境设施的分类设计详述

(一)自行车停放功能设计

自行车的停放方式是多种多样的，应依不同的街区功能及地理环境，设置不同的存放方式及形式。设计的形式多种多样，有轻巧型，可以是有棚的，也可以是防风、遮雨、防晒型的，大型存车处，可以是平面、立挂、悬垂、重叠等形式。在空间狭小区也可以采取空间发展型、立体型这样可以大大地节省空间。在设计上还可以结合媒体做些商业广告，以此作为自行车存放设施的维修养护之用。另外还可以同其他设施，如花池、水体等设施结合设计以节省空间、创造出新颖的形式，还可以设计出具有开拓型的产品，如有自锁功能的、投币式的等等。自行车的停放方式与功能是多种多样的，应依不同的街区、道路及地理环境设置存放形式。自行车存放设施可以分为以下几种方式：

1.适用于小区类型的，这种类型包括两种形式，一种形式是集中存放的车库型，具有长期存放功能，室内外均可，在室外多为有棚式，具有遮阳、防寒、保暖功能，这种存放方式一定要很好地利用空间，便于存取。另一种就是轻便型的小巧式，色彩鲜明，形势感强，对景观有点睛的效果。

2.适用于学校、机关、企事业单位型的，这种形式多为白天上学或工作时的短期存放，多为集中式和有棚式，设计上要考虑空间的利用。

3.适用于一二级马路型，这种形式多为排列式，主要是临时用，存放功能主要起到规范美化作用，使自行车的停放有规矩、整齐划一，可以是简易的有棚式或无棚式。

4.适用于商业网点、商场、步行街，这种多为无棚式。

5.适用于大型超市、市场、汽车停车场等环境的，这里场地大、存车多，设计时考虑的因素要多些，岛式、横排式等多种多样，还要有标识牌、照明设施和其他配套设施等。

自行车存放设施的外观效果主要取决于设施的总体形态、比例、材质的选用，色彩的运用等。自行车停放的车数应整齐划一，不影响景观，最好是以每十台一组，使停车场井然有序，以便减少街道景观的混乱（图2.80～2.82）。

下面数据、图形是自行车各种停车方式的基本尺寸，是设计存放自行车的参考尺寸：

图2.80

图2.81

自行车存放设施占地面积尺寸图

	平面停车	立挂停车	悬挂停车	角度停车（45°）	角制停车（圆形）	重叠停车
占有面积 m²/1 台	0.6 × 18.6 = 1.1	0.6 × 1.56 = 0.936	0.6 × 0.95 = 0.57	1.36 × 1.36 = 1.86	1.34	0.4 × 1.7 = 0.68
占有面积 m²/1 台	1.1 × n	0.936 × n	0.57 × n	(n−1) × 0.4 × 1.36 =1.36	1.34 < n	0.68 × (n−1) +1.1

图 2.82

（二）导示系统设计

导示系统设计：导示系统是广泛应用于城市公共环境和公共活动场所中必须的设施，是由视觉传达设计、产品造型设计与环境设计统一构成的综合体，具有引导方位、指示方向、传达信息的功能。除了要以工业化手段构建出基础造型平台外，上面还要由文字、标记、图形符号构成平面化的信息传达语言。导示牌的设计追求造型简洁、易读、易记、易识别的特点，不同的功能、不同的位置、不同的流线、空间需要不同形态尺度的导示设计。导示系统在城市交通标识中体现得最为直接，其首要任务是迅速准确地传递信息，以此来解决交通问题。导示系统标识一般设在如下位置：

1. 交通环境中的醒目位置：如道路交叉中、交通环岛、道路绿化带。

2. 入口。

3. 建筑立面。

4. 环境及建筑局部，如楼梯缓步台、窗口、地面、车体上。从结构和形态上可分为：壁式、镶嵌式、悬挂式、悬挑式、落地式、敞开式、封闭式等类型。导示系统的设计应细心经营，无论是字体的大小，还是版式的排列方式，设置的方位，还是视线的远近，夜间的可视性等。如位于高速公路旁的标识设计，由于车速快、空间大、建筑物少等原因，设计上要注意视觉冲击力要强，文字要大而少，传递的信息要明了。而步行街的导示牌由于空间尺度小，距人的视点近，人流行走慢，且可驻足观看，故标识设计尺度可小些，文字图形可表现相对丰富些。同时现代技术的发展给传统的导示系统带来了很多意想不到的表现手段，设计上可进行多种尝试，如电子滚动信息系统、交互式电子触摸系统等，是信息量非常大的新装置（图 2.83～2.90 ）。

图 2.85

图 2.83

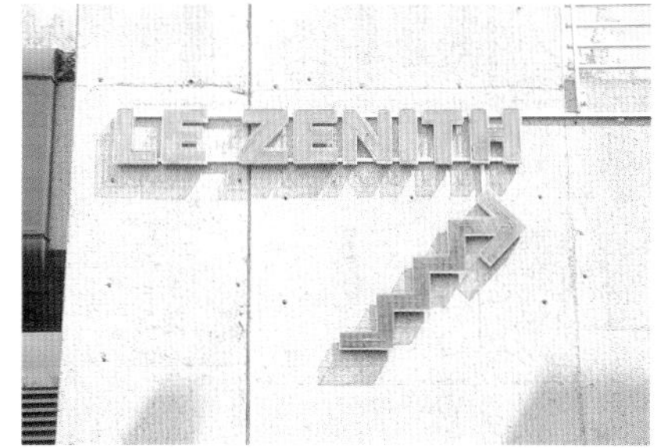

图 2.86

图 2.84

图 2.87

图 2.88

图 2.89

图 2.90

（三）儿童游乐设施

儿童游乐设施除了提供儿童游乐、玩耍场所，还需在儿童的智力、社交、情绪以及生理发展方面提供必要的协助。游乐设施的设计首先要保障的一点就是儿童的安全性，这种安全概念不仅从人机工程学的角度更从儿童的心理活动和行为活动紧密相连。如设施上的配件钉子、螺栓等不能抓住儿童的衣物、身体，地面要有软材料的保护，如沙子、树皮、橡胶等，在高出地面的设施上应加上围栏以防止儿童的跌落。游乐设施设计还应加入一些激发儿童想象力的因素，低幼儿的设施旁应放置一些成人坐椅，可放置一些包裹之类的地方。儿童游乐设施旁最好设有饮用的水源，如饮水机和能游戏用的水体，这样儿童玩耍时，既能方便游乐，又能清洁卫生。同时要充分利用自然的地形、地貌等要素，如木头、沙子、水、植被、坡地等要素来设置设施。还要为孩子们提供再创造的条件，以此开发儿童的智力，增加设施的趣味性。要尽可能地使游乐设施的设计元素丰富多样，如秋千、滑梯、爬杆、吊环、吊桥等传统方式与现代技术手段恰当安排，合理分配布局。以增加孩子的乐趣，满足不同年龄段儿童的需求(图 2.91～2.98)。

图 2.91

图 2.92

图 2.93

图 2.94

图 2.95

图 2.96

图 2.97

图 2.98

（四）电话亭

电话亭主要由电话机、隔断、可放置小物品的台面、话机挂架等构件组成，形式有封闭式、半封闭式、敞开式三种。封闭式电话亭满足了人的心理与生理的需求，私密感强，隔音效果好，使用率高，但占地面积相对较大。半封闭或敞开式电话亭，灵活方便，占地小，但隔音效果差。电话亭的设计要注意采光，内设灯光以便夜间使用，同时，采用透明材料，如钢化玻璃，以利用自然采光，减少人的心理局促感，同时又满足了私密感。封闭式电话亭在设计上还要注意空气的流通。

图 2.99

方位最好设置在空地、绿化带角落、墙体等处，但要避免死角，并要注意多个电话亭的并置组合的形式美（图2.99～2.102）。

图2.100

图2.102

（五）公共汽车站

公共汽车站是人等候汽车的空间，要具备休息坐椅、行车地图、站牌及基本使用功能和现代电子系统来显示车行的状况。有防晒、防雨、防风功能，高寒地区也可考虑防寒，还要有坚固安全的功能，在设置上要注意体量的大小得体，过大的尺度会阻挡人的视线，破坏周围的整体环境，并造成人的心理不安全的感觉，同时在设置上要注意人流的通畅，还可与其他设施，如阅报栏、坐椅、果皮箱、广告媒体、安全护栏等结合，还要考虑配合绿植，加强识别性，车站设置不要占用人行道，以保证行人的方便（图2.103～2.106）。

图2.101

图2.103

图2.104

图2.105

图2.106

（六）垃圾站、果皮箱

垃圾站、果皮箱的设计是最易被人忽视的设施，设计结构上要便于垃圾的存放、取出，形态上要避免死角，材料肌理处理上以小肌理或光面处理为宜，果皮箱的内部结构要设置一次性的塑料袋，垃圾站设计可以分类设置，可分为可回收、不可回收等（图2.107、2.108）。

图2.107

图2.108

（七）坐椅

坐椅可以说是人交往空间的主要设施，可以分为舒适型与非舒适型两种，舒适型便于长时间休息使用，非舒适型坐椅为临时性休息用，设计者不需要使用者得到长久的停留，而设计的一种障碍性设计。坐椅的设置要注重人的心理感受，一般设置在有安全感的地方，背景环境的边缘，面向视线好，人的活动区域，同时也要考虑光线、风向标识牌等因素。也可与其他设施如花池、水池等结合，进行整体设计。坐椅附近最好有饮水机、果皮箱等公共设施（图2.109—2.111）。

图2.109

图2.110

图2.111

（八）观赏设施

主要功能是美化环境，观赏设施往往形成环境中的主体，常设置在引人注目的地方，观赏设施一般有观赏水体、雕塑、观赏钟等等。水体是景观设施中不可或缺的重要元素，它能为景观增色，为景观赋予灵性，水的可塑性极强，我们可以发挥出自己的想象力，水的视觉功能和使用功能得到充分的展现。可使水的形式为直瀑布叠水、喷泉等（图2.112）。

图2.112

（九）公共电话机设计

公用电话以消费方式大致分为三大类：①IC卡式电话，②磁卡电话，③投币电话。

公用电话要考虑到它的公有性，地区固定性与抗损性。基于以上几种特征，公用电话具有：可视功能、可上网浏览购物功能、可发出电子函件、可翻译不同地区语言的功能、夜间荧屏可视功能，与有触摸屏交互界面，使人机交流更方便、快捷。可以有不同的消费方式供选择，如IC卡、磁卡、投币都可在一机上使用，这样可大大方便消费者，并提高公用电话的使用率。产品内部结构采取集成电路块组合形式，既可以节省大量空间，加快传输速度，对于拆、装、组合、维修都很方便（图2.113～2.115）。

1.按键的设计

按键的尺寸应按手指的尺寸和指端弧形设计。键盘上若需字母和数字时，它们应符合国家标准和国际标准。同样，键盘的布局也应如此。按键只允许有两个工位，可按不同用途给每个配以不同颜色。按键应该能够可靠的复原到初始位置，并能对系统的状态做出显示。按键的形态设计一般应为圆形或方形。为使操作方便，按键表面设计成凹形。

2. 入卡口

入卡口在考虑稳定性的同时，兼顾其入卡和取卡时的方向和力度，用辅助形态导入卡片，并配以方向箭头示意。

图2.113

3. 话筒

话筒的形态及色彩要与机体相协调，并有所区别，话筒设计的必要条件。

（1）用触觉能识别。

（2）对必要的用力有适当的大小。

（3）表面不容易滑动。

（4）有方向性把手形状要考虑用力的适中外形。

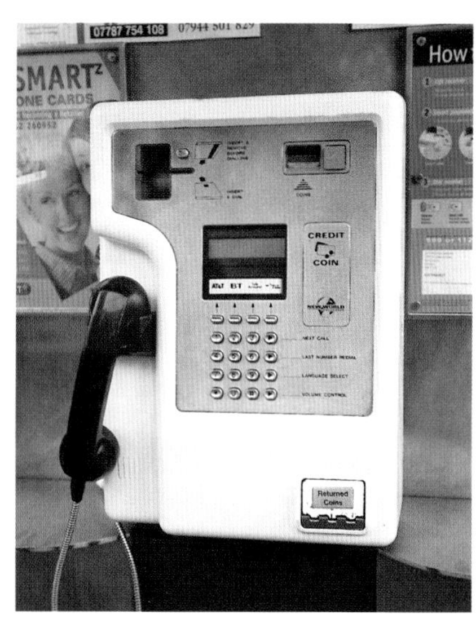

图2.114

图2.115

（十）公共直饮水机设计

公共直饮水机是指设在公共场所，方便人们饮水的公益设施。一般可分两种形式：点式和终端式。1.点式——指在公共直饮水机内装有专用水处理系统，将自来水处理净化，去除水中的细菌、病毒菌、重金属、氯、异味、杂质等有害物。国家规定标准的直饮水机其特点是安装方便，位置可根据需要随时调整。2.终端式——直接与分质供水设施相配套，将集中处理后的纯净水通过专用管道输送到各个公共水点。随着城市配套设施的发展和完善，终端式公共直饮水机将是一个发展方向。公共直饮水机不仅适用于广场、步行街、旅游景点、公园等室外公共场所，也可设在市场、银行、医院等室内人流密集处，方便人们直接饮用纯净水。纯水的过程：导水——出水——饮水——接水——下水——净水——回收再用。

(1) 导水：人们用身体或身体的某一部分控制饮水机，使其按人的需要出水或闭水。出热水或冷水，温水。其包括感应式，脚踏式，手动式，IC卡智能式等。

(2) 出水：饮用水出口。即水龙头或喷水装置。

(3) 饮水：使饮水机各部分具体尺寸与功能符合人机工程学原理。

(4) 接水：承接水流，不使水浸湿衣物。

(5) 下水：使废水按规定的管道导出。

(6) 净水：除去水中的菌类和病毒，有害无机物质、杂质等，进行滤化包括紫外线杀毒纳滤，反渗透，臭氧除菌等。

(7) 回收再用：把经过滤而纯净的水

图 2.116

图 2.117

由水厂又循环流向各饮水机（图 2.116、2.117）。

（十一）户外照明设计

户外照明的设计应考虑人的生理反应和心理感受，尽量减少光污染对人体的危害。第一类是以功能为主的公共灯具，这一类灯具主要以实用功能为主负责照明，例如路灯、十字路口的主灯、广场探明灯等等。另一类是以形式为主。这类灯具造型独特、形式新颖，具有装饰性的特点，对整体环境起到一定调节作用，其照明的功能反而是次要的。例如公园观赏灯、建筑造型灯、草坪灯等等。

人的视觉功能依赖于环境的照明，即光环境，因此光环境的好与坏对人生活有着至关重要的影响。在视觉环境中，人的眼睛对环境的明暗、色彩的感觉，是通过视网膜感受到神经传导到大脑后产生的反应。光线是视觉神经感受的唯一条件，因此灯光所处的环境，光源类型的选择，光源的角度、距离、方向，光的照明质量等，如何使人处在舒适的光环境中，是灯具设计的首要因素，如果整个环境亮得不恰当的话，光就失去了意义，因为恰当的灯光不只是照明，还可以增加生活的舒适度，因此，在灯具的设计中，应考虑人们心理上和生理上的反应，应减少直接用光。直接用光对视觉常造成压迫感，因此，理想的灯具设计不会清楚地看到光源，这样就避免灯光因为过亮而造成头晕目眩。设计时，应考虑其灯光柔和明亮，有针对的场合和使用人群，尽量减少光污染对人们的危害，以提供舒适的视觉环境。

灯具的采光方式有很多种，因采光方式的不同会营造出不同的气氛，通过不同的采光方式，可以让人融入灯光所营造的环境氛围中去。直射式采光，场面明亮、热烈，适用于广场、运动场所。折射式采光，通过光在透明物体中的折射，达到一种特殊的效果，适用于装饰性灯具的应用。反射式采光，光线比较柔和，适用于路面灯、草坪灯等灯具。采用何种采光方式主要考虑环境的需要以及人的心理状态，比如，公园是供人休闲的场所，其辅助的照明应尽量营造出一种温馨的氛围，最好采用相对柔和的采光方式。

灯具光源颜色的应用，从某种意义上说可调整人的心理状态，现在人们的生活节奏不断加快，精神上处于一种紧张的状态，而灯光的颜色使用适当，从某种意义上说可在一定程度上减轻人的压力，调整人的情绪，这时所说的灯光的颜色主要涉及到光的冷暖，暖色光让人感到和谐、温暖，而冷色让人感到清凉、舒畅，光因冷暖变化而对人的视觉感受的影响应充分利用到设计上去，让灯具也能起到调节人们情绪、减轻工作带来的压力，这才是户外照明所需要的（图 2.118～2.122）。

图 2.118

图 2.119

图 2.120

图 2.121

（十二）垃圾回收系统设计

1．城市垃圾的具体分类

食品垃圾：指人们在买卖、储藏、加工、食用各种食品的过程中所产生的垃圾。

①普通垃圾：包括废弃纸制品、废塑料、破布及各种纺织品、废橡胶、破皮革制品、废木材及木制品、破玻璃、废金属制品及尘土等。

图 2.122

②建筑垃圾：包括泥土、石块、混凝土块、碎砖、废木材、废管道及电器废料等。

③清扫垃圾：包括公共垃圾箱的废弃物、公共场所的清扫物、路面损坏后的废物等。

④危险垃圾：包括干电池、日光灯管、温度计等各种化学和生物危险品，易燃易爆物品以及含放射性物的废物。这类垃圾一般不能混入普通垃圾中。

2．垃圾的分类回收

垃圾的分类回收具体分为以下几种：

①（蓝色）可回收垃圾：纸类、玻璃、金属、塑料、橡胶、竹木制品、纺织品等。

②（黄色）不可回收垃圾：残羹剩饭、菜叶、果皮等厨房垃圾和灰尘、杂草、枯枝等。

③（红色）有害垃圾：日光灯管、电池、喷雾罐、油漆罐、废润滑剂罐、药品、药瓶、涂改液瓶、过期化妆品、一次性注射器等（注：不同的颜色代表了不同的垃圾类别）。

3.垃圾回收系统设计

如何处理城市垃圾，是一个令现代社会头痛的问题。我国的部分城市目前正在实施垃圾的分类回收，这无疑促进了城市的发展，但是目前的垃圾分类回收中还存在着一些亟待解决的问题。

（1）以往垃圾回收站的一些问题与不足：

①垃圾回收站多为露天结构，垃圾与空气直接接触，而垃圾产生的废气对周围空气势必造成污染。

②分类回收的垃圾桶多为开放式的结构，容易被一般人群接触到，从而影响垃圾分类回收的质量。

③垃圾回收站多为地表式或悬空式，外形过于简单，功能不够合理，对周围的空间有一定的负面影响，而且有碍观瞻。

④垃圾的存放空间不够合理，不能把垃圾存放过程中产生的废气进行无害化的处理。

⑤垃圾转移的过程中很容易散落垃圾，造成对环境的污染。

（2）地下垃圾分类回收站的初步构思与具体解决方案：

①为了避免垃圾回收站对周围环境造成二次污染，将垃圾回收站改建在地下，这样既可以避免二次污染，又不影响周围环境的美感。

②为了将垃圾与一般人群隔离开，所以垃圾桶的开放方式可以采取封闭式的结构，配置上高科技的红外线感应头，

既可以与一般的人群分离，又可以减少垃圾对周围环境的影响。

③地表式和悬空式的垃圾回收站很难给人干净整洁的感觉，所以垃圾回收站设置在地下，既可以减少垃圾站的负面影响，又可以让周围的环境更加和谐统一。

④垃圾在存放过程中会发生腐烂霉变等现象，同时会产生一定量的废气，地表以下的温度要低于地表以上的温度，这样可以减缓腐烂霉变的时间。如果再配备上专用的制冷系统，就可以基本上杜绝短时间内垃圾腐烂霉变的几率。

⑤如果在垃圾存放过程中不可避免地产生了一些废气，我们可以在封闭的垃圾桶上配备一个通气孔，这样就可以基本解决废气的问题了。

⑥垃圾的转移过程中，可以采用全封闭的转移过程，通过专用的垃圾通道和专用的管道接口方式，将垃圾桶与垃圾运输车进行完全密封的对接，这样就完全地避免了垃圾运转过程中对环境造成的不必要的污染。

⑦垃圾回收站使用的生活垃圾容器的位置要固定，既应符合方便居民和不影响市容观瞻等要求，又要利于垃圾的分类收集和机械化运输。所以垃圾回收站应设置在对居民区影响相对较小的位置，并且在垃圾站附近应进行一定的绿化和建设，使得垃圾站更加贴近人们的日常生活。垃圾站还配备专门的垃圾回收车，可以与垃圾贮存空间进行完全对接，进而避免了垃圾转移的过程中的二次污染问题。

城市垃圾的分类回收是解决城市垃圾问题唯一的、有效的、根本的出路，只有在真正意义上实现了垃圾的分类回收，我们才可称之为"绿色回收"(图2.123~2.125)。

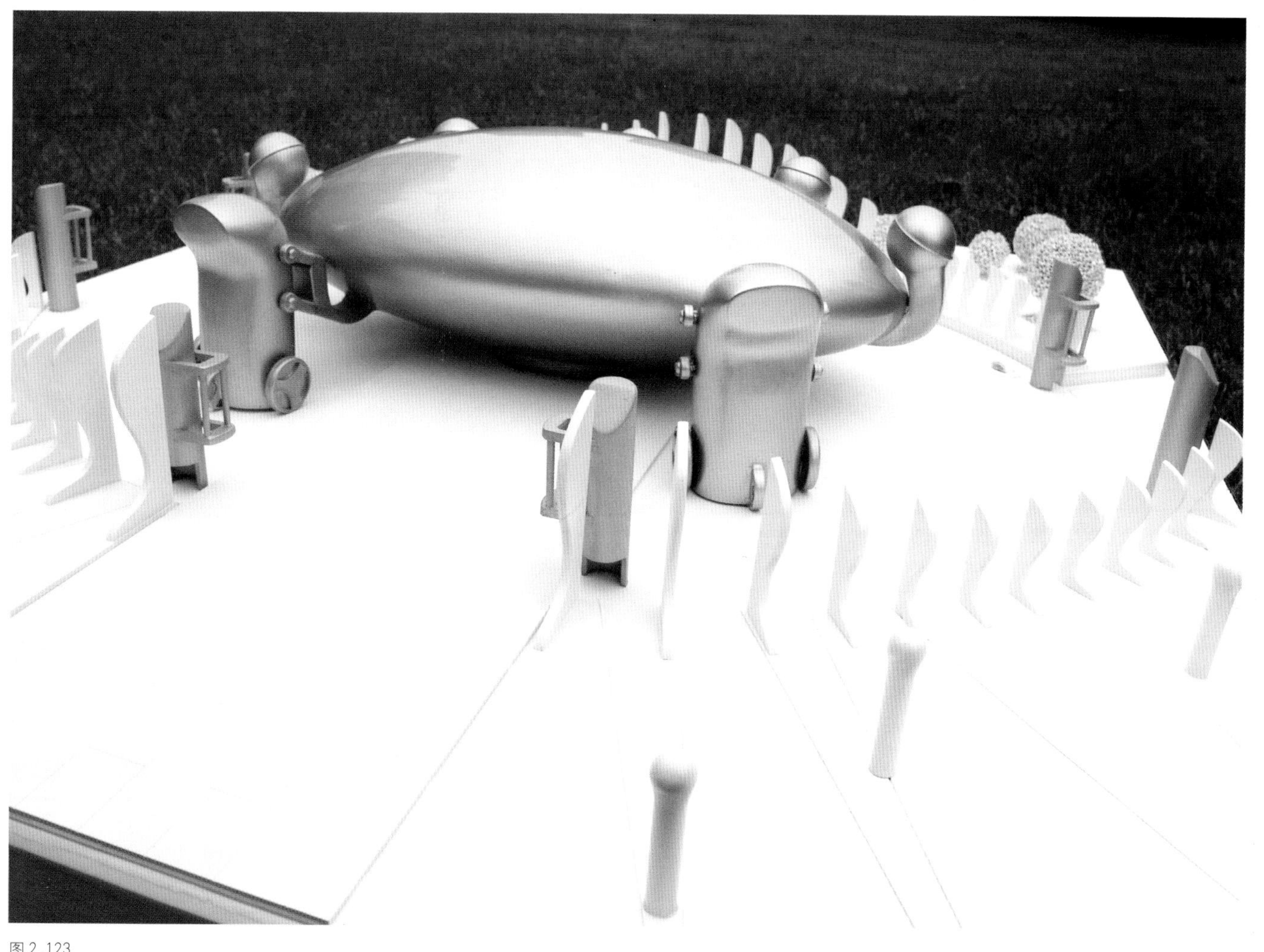

图2.123

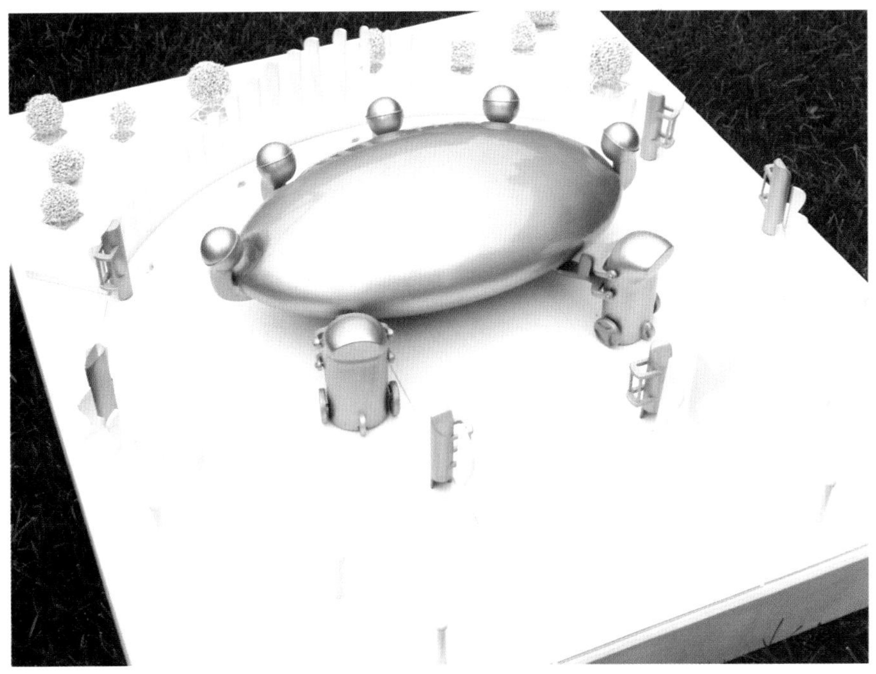

图2.124

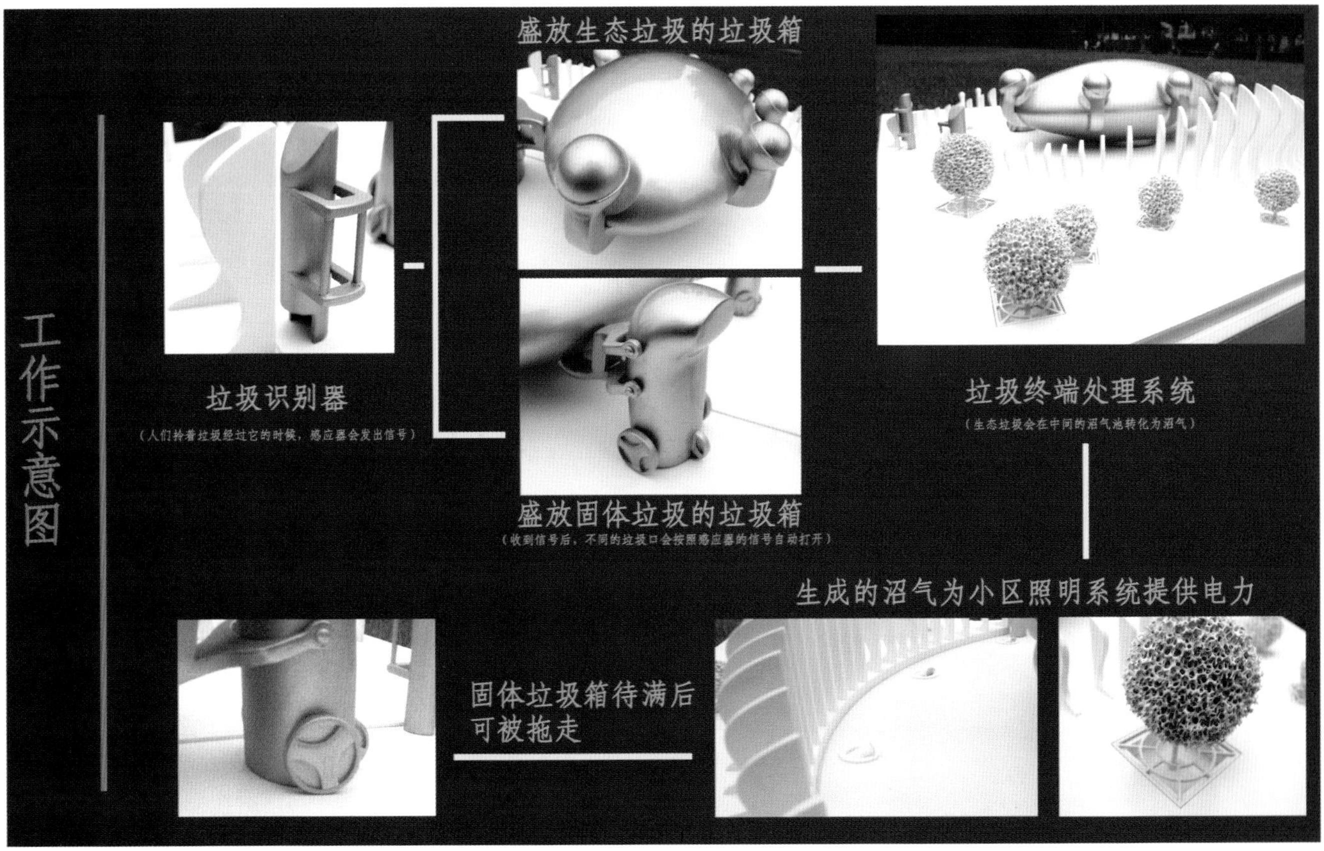

工作示意图

盛放生态垃圾的垃圾箱

垃圾识别器

（人们拎着垃圾经过它的时候，感应器会发出信号）

盛放固体垃圾的垃圾箱

（收到信号后，不同的垃圾口会按照感应器的信号自动打开）

垃圾终端处理系统

（生态垃圾会在中间的沼气池转化为沼气）

生成的沼气为小区照明系统提供电力

固体垃圾箱待满后可被拖走

图2.125

中國高等院校

THE CHINESE UNIVERSITY

21世纪高等教育美术专业教材

The Art Material for Higher Education of Twenty-first Century

CHAPTER

材料运用

材料性能详述

公共环境设施的材料及工艺

第三章　公共环境设施的材料及工艺

第一节 材料运用

一、材料运用应考虑到环保因素。随着工业的高度发展，人类赖以生存的环境也日益恶化，强调环保是当今世界的一个主题。作为设计师，在产品设计过程中应对材料运用进行控制，对环境不利的不可回收性材料、有毒材料等等要杜绝使用。

人类对自然资源的过量开采已导致地表的严重破坏，木材的供不应求已导致森林面积不断减少，在考虑材料运用的过程中，要尽量少地直接使用一些自然资源，如木材，而应多考虑一些高科技合成材料，这样既有利于规模化生产，又避免环境遭到人为的破坏。

二、设计中要考虑到各种材料的特性。比如可塑性，工艺流程，表面质感等等。这样根据不同材料特征去进行外型的设计，才不至于设计的方案受材料的限制而不能成型。比如说石材大都是切割、雕刻、打磨等手工工艺的方式来完成造型。

三、设计中要考虑到材料成本。公共设施，虽然并非营利性的商品，但其制造成本也必须考虑如何巧妙地利用廉价材料做出好的作品，这里面有许多的学问。制造成本的预算是否合理也是一个设计作品能否最终变成一件工业产品比较关键的一步。比如高新技术，新材料如何尽快地应用到设计中去。

四、材料的二次组织运用不同的材料有其自身的特点及美学特征，这种美学特征体现于材料的结构美、物理美、色彩美。运用材料应尽可能地挖掘材料自身的个性属性与结构性能，体现出物体美。同时应关照材质的肌理，表面工艺不同材料的肌理就不同，肌理对人们的视觉作用不同给人的感觉就不同，表面粗糙的材料与表面细腻的比，粗糙的体感强，粗壮有力，适用于大设施，细腻的给人的感觉比较精致，适用于小设施。同时材料的运用还要考虑使用者的心理、生理因素，材料所处的整体环境的位置，材料的表面处理有亚光与高光之分，亚光材料更能体现材料的本色，材料的二次组织运用挖掘出材料自身的潜在语言，体现出丰富的层次，随着科学技术的进步，仿天然的材料也在不断地出现，既有天然材料的视觉属性，又有优于天然材料的性能，同时新材料的出现为设计师提供了崭新的创作平台。

材料的运用要注意内外环境的区别，公共环境设施主要是处于外部的公共环境之中，设施选用的材料要经得起风吹、日晒、雨打等自然的浸蚀，甚至人为的破坏，最大限度地适应外环境的需求，特殊需要，如木材，也需很好地进行防腐、防潮、防火等技术处理。所以外环境设施的材料选择要有的放矢，以便提高设施的耐久性和降低维修费用成本(图3.1、3.2)。

图3.1

图3.2

第二节 材料性能详述

(一)金属材料

金属可略分为铁金属及非铁金属两大类。前者如不锈钢、铸铁、高碳钢等，硬度高、沉重，后者则以含有铝、铜、锡及其他轻金属的合金为主，硬度低但弹性大。金属的加工方式主要可分为铸造（如砂模铸造、离心铸造、连续铸造等）、粉末冶金、热作（如滚制、锻造、挤制等）、冷作（如抽制、挤压、扳金、冲压等）、熔接（如气焊、电弧、电阻熔接）等五大类，常用作设施的金属材料有不锈钢管、铁管、钢板等，通过熔接、铸造、构造连接等方式。当然金属材料还可以与其他材料结合使用，如石材等(图 3.3～3.5)。

1.不锈钢

不锈钢亚光和高光的纹理质感，具有精密、高科技之感，在公共设施设计中常用于构件、细部的设计中，起到画龙点睛的作用（当然大面积的运用一定要慎重，图 3.6～3.8)。

2.铸铁

铸铁是一种铁合金材料，通过烧沸、浇注预制模具中，脱模形成形态。铸铁装饰品具有典雅美感。常用于扶手、门饰、坐椅等具有古典风格的设施设计中(图 3.9)。

图 3.3

图 3.4

图 3.5

图 3.7

图 3.8

图 3.9

图 3.6

（二）天然石材

大理石，质地组织细密、坚实、花纹多样，色泽美观、抗压性强、吸水率小、耐磨、不变形、可磨光等优点。但大理石板材硬度低，不耐风化。花岗岩，包括各种花岗岩、拉长岩、辉长岩、正长岩、闪长岩、玄武岩等，特点是质地坚硬，构造致密，耐磨、耐酸碱、耐腐蚀、耐高温、耐阳光晒、耐冰冻，可磨平、机刨、抛光。石材可与金属构件结合使用，可产生很好的功能和效果(图3.10～3.13)。

图3.10

图3.11

图3.12

（三）人造石

人造石，是人造大理石和人造花岗岩的总称。属水泥混凝土或聚酯混凝土的范畴。人造石花纹图案可以人为控制，且重量轻、强度高、耐腐蚀、耐污染、施工方便、个性强、花色图案可以人为控制的特点。现代技术的进步使人造石的概念得以外延，产品进一步地扩大，例如以废旧玻璃为原料生产的混合人造石给人造石家族增色不少，它具有半透明、彩画、放光、磨砂等多种形式，色彩种类较多，具有美观、实用、清洁、安全环保、运输方便等特点，为公共设施设计提供了更大的材料选择空间。

（四）玻璃

玻璃，种类很多，按其化学成分有钢钙玻璃、铝镁玻璃、硼硅玻璃、钾玻璃、铅玻璃和石英玻璃等。按功能分有平板玻璃、压花玻璃、夹丝玻璃、夹层玻璃、钢化玻璃、中空玻璃、热反射玻璃、吸热玻璃、光致色玻璃、涂膜玻璃等。玻璃是一种重要的装饰材料，它的用途除透光、透视、隔音、隔热外，还有艺术功能，并有吸热、保温、防辐射、防爆等特殊用途。玻璃是极富灵性的现代建筑装饰材料，它可以很容易融入各种环境，达到与环境的协调，玻璃表面可以采用喷砂、雕刻、酸蚀等工艺手段来处理，具有很好的艺术效果，现代玻璃的开发种类很多，已从单一的平板玻璃，发展到镜面、异形、曲板等种类。玻璃的利用面很广，建筑外墙、隔断、地面、吊顶、艺术品等(图3.14、3.15)。

图3.13

图 3.14

图 3.16

图 3.15

图 3.17

(五)复合材料

复合材料，是把一种材料用人工方法均匀地分散在另一种材料中，以克服单一材料的某些弱点，发挥综合性能特征。复合材料一般是由高强度、高模量和脆性很大的增强剂与强度低、韧性好、低模量的基体组成的。常用玻璃纤维、石灰纤维、硼纤维等作增强剂，用塑料、树脂、橡胶、金属等作基体，组成各种复合材料。玻璃增强树脂（即玻璃钢）就是很好的设施材料(图 3.16～3.18)。

图 3.18

（六）塑料

塑料，具有优良的物理、化学和机械性能，质轻而无色透明，可以任意着色，强度高，常温及低温均无脆性。塑料的比重一般约是钢的八分之一到四分之一，是铜的九分之一到五分之一，是铅的三分之一到三分之二左右，这对于运输和组装很有意义，构件化适合批量生产。

现在材料界研究出一种塑料名为PolygieneTM的热固性树脂，这种塑料可以释放出银离子杀死附着于材料表面上的细菌和病菌，该材料抗菌成分均匀一致分布并被锁定于树脂结构中，对人体无害，非常适于公共环境设施的设计制作和儿童游乐设施（图3.19、3.20）。

（七）混凝土

混凝土，是由沙子、碎石子为骨料与水泥和水混合搅拌而成的一种现代建筑材料。20世纪初钢筋混凝土的出现，给建筑界带来了一场变革，柯布西埃利用混凝土的未干时的可塑性，把它作为一种功能之外的审美表现形式来运用，产生了自然粗犷之美，派生出"粗野主义"的装饰风格。利用模板制作出精密的纹理，但混凝土必须同其他材料结合使用，才能设计出很好的公共设施。利用混凝土可塑性，制作出不同纹理的模板可作出不同效果的设施。

现代科学技术的进步，使传统材料

图3.19

图3.20

图3.21

图3.22

的研究利用得到进一步的提升、发展，能感知环境条件、做出相应行动的智能混凝土就是一个良好的例子，其特点是高强度、高性能、多功能和智能化。这种智能化表现为自感知和记忆、自适应、自修复特性。以此来提高混凝土的安全性、耐久性。确保大型公共设施的安全性、耐久性(图 3.21、3.22)。

（八）木材

木材是历史最悠久的天然材料之一。具有亲切、自然、肌理细腻、纯朴之感，性温、易成型，具有良好的弹缩性、湿涨、干缩，但易于变形。现代科学技术使木材

图 3.23

图 3.24

逐渐扩大到木质材料的范畴，包括实体木材、胶合板、纤维板、刨花板、单板层积材、石膏刨花板、水泥、木基复合材料等。是可以多次重复循环使用的再生材料。最常用于与人接触密切之处如坐椅、拉手、扶手、儿童设施等。木材及饰面板的种类繁多、色彩多样，还可根据不同需要染色处理，公共户外设施所用木材要做防腐、防潮、阻燃处理(图3.23～3.26)。

图3.25

图3.26

中国高等院校
THE CHINESE UNIVERSITY
21世纪高等教育美术专业教材
The Art Material for Higher Education of Twenty-First Century

CHAPTER 4

色彩与环境
色彩设计的时代性
色彩设计的识别性与系统设计的统一性
色彩的细节处理

公共环境设施的色彩运用

第四章　公共环境设施的色彩运用

公共环境设施设计有其特殊性，所以在设施的色彩设计上我们应该从以下几个方面加以考虑。

第一节 色彩与环境

一、室内环境是由墙体、地面、顶棚等界面围合成的空间环境，墙体、地面、顶棚构成了室内硬件环境，室内陈设如家具、织物、装饰品、灯具等构成软件环境，无论是硬件环境，还是软件环境的设计都离不开光线、形态、材质、色彩等基本的物质要素。

二、室外环境是人与自然、人与人、人与社会接触最为密切的地方，构成要素是非常复杂的，其中包括自然环境、人文环境与社会环境。所以，室外环境设计考虑的因素要注意它的动态的多变性与复杂性。

三、前景色与背景色：就室内设计来讲，一般情况下组成空间的墙体、顶棚、地面形成环境的背景色，而家具、灯具、挂画、装饰品、绿植是前景色。室外环境的前景色与背景色要依环境的区域而定。相比较而存在，就城市来讲，建筑、草坪等绿植、道路为背景色，公共设施车辆、人流构成前景色，就住宅小区来讲建筑楼体与草坪绿植可以构成背景色，而环境设施等构成前景色，前景色与背景色一起组成环境色彩。背景色面积大，色彩一般要沉稳些，前景色面积小，色彩可以鲜亮些，以便活跃环境气氛，有时前景色与背景色可以相互渗透、穿插形成环境的整体色彩。室外公共环境设施的色彩设计首先要纳入大的环境中去考虑(图 4.1～4.3)。

图 4.1

图 4.2

图 4.4～4.7 展现的是一个兼具东西方园林特色的现代空间景观，通过带有壁画、镜面的墙体组合和水面、曲折的过廊

图 4.3

构成一个富有动感的空间环境。墙体镜面与镜面，镜面与水面，镜面、水面与壁画，镜面、水面与实景环境的相互反射、作用，构成了一个丰富多变、虚实相生的环境景观。行走在其中，步移景变，景移情动，虚实相生，使人油然产生一种幻觉的新奇意境，耐人寻味，不忍离去。这个景观式的环境设施并不完全是工业化的市场，有一部分是现场施工的，这种设施体积大，占地广，对环境影响大，设计时就需在色彩上很好地考虑用色不要太纯，要质朴、自然。墙面、壁面上，绿植上的

图4.4

鲜花少许纯度高的鲜艳的色彩打破了中性色彩的单一格局，设施置于低矮的绿色坡地环境之中，达到与自然环境完美协调统一。

图4.8～4.21展现的是一个以影视媒介等高科技手段展示未来发展的大型主题公园。建筑依地形、地势而建，空间划分流畅，起伏有序，动静区域功能划分明确，众多形态怪异的有机与无机形态建筑构成层次丰富的空间景观，使游人油然产生进入未来世界之感。园内的绿色构成主体的背景色。色彩规划与设计大胆，视觉冲击力强。高纯度的设施色彩调节大的环境气氛，色彩穿插运用达到完美的艺术境界。

图4.5

图4.8

图4.9

图4.6

图4.7

图4.10

图4.11

图4.12

图4.15

图4.13

图4.16

图4.17

图4.14

图4.18

图4.19

图4.20

图4.21

第二节 色彩设计的时代性

公共环境设施主要是解决公共环境中如何满足人的生活需求，提高人的生活质量和生活效率，解决人、产品、环境之间的关系问题。所以说在公共场合中，环境设施设计一定要使人易辨识、易发现，具有快速识别的特点，方便人们的使用。从视觉心理学的角度来讲，人的信息主要是靠视觉来获得的。色彩是视觉识别的第一要素，所以作为常规的公共环境设施如：电话亭、儿童游具、观赏设施、果皮箱、自动售货机等公共环境设施，在色彩的设计上就要注意这些问题，可以用一些醒目的、纯度略高的、使人易识别的色彩，不同功能的设施，要以色彩来加以区别(图4.22)。

图4.22

环境设施是一个很大的系统工程，种类繁杂，功能和适用的场所与环境各不相同，生产的厂家也各异，而且分属不同的管理部门，所以色彩设计要加以区分，系统内部的色彩要统一，所以环境设施的色彩设计要基于以下几个方面的考虑。

（一）基于企业的经营理念与产品的经营战略考虑

色彩设计是企业形象设计的一个重要的组成部分，体现着企业的经营理念与文化。每个正规的大企业都有其统一的、标准的、体现其企业形象的色彩设计规范，如麦当劳食品的黄色及红色为主导；柯达公司的黄色，充分表现色彩的饱满、辉煌的特质。所以公共设施的色彩设计必须纳入到企业文化与产品经营战略的框架内来考虑(图4.23)。

（二）基于环境设施的使用功能与心理定位考虑

环境设施的使用功能与性能应该决定设施的色彩设计，所以不同设施色彩的艺术设计与处理必然要有别，比如电话亭、果皮箱、自助提款机、休闲设施等

图4.23

的设计就应有所区别。

人们对不同的色彩引起不同的反映，所以设施设计要明确设计对象，也就是主体的使用人群，以此满足人们的物质需求与心理感受，满足人们的视觉审美需求，引起人们的使用欲望。不同的民族、性格、年龄、性别的人，对设施色彩的喜欢不尽相同，尽管设施的色彩设计不能满足所有人的喜好，但色彩设计上要有从众性，也就是遵从多数人的喜好(图4.23～4.26)。

第三节　色彩设计的识别性与系统设计的统一性

现代公共环境设施设计已不单单是孤立的、单一的产品设计，它已越来越多地融入环境的整体设计之中，越来越重视设施设计的规划组合方式和色彩艺术设计的景观化处理。每一种类的设施设计也不仅仅限于常规的概念化的色彩设计，而是可以形成一个色彩系列，比如同一造型的果皮箱的设计，在色彩上就可以有所变化，这样就可以考虑不同环境，置放不同色彩的设施，在环境中起到了调节环境的作用，景观艺术品活跃了景观气氛。在环境设施的规划与色彩设计上，应该打破程式化的思维定式，如休息设施、路灯等已不仅仅限于满足基本的原始上的按理论上的基本照明的功能需求而设置(图4.27)。路灯的组合打破了常规模式，淡淡的绿色灯具，中黄色的休闲坐椅、绿树木与建筑物形成了富有情趣的境界。人们心理的感官愉悦也非常重要，在规划与设计上我们就应有意识地把它们按照艺术的构成规律来处理、搭配，形成有趣的、景观化的艺术品，这样就很自然地营造出宜人的环境氛围。图4.28是荷兰阿姆斯特丹的一个广场设施设计。这个设施的环境色彩较平稳，在规划与色彩设计上给我们展现了一个令人耳目一新的富于创意的形象，在平淡的环境中形成了一个艺术化的景观。图4.29是汉诺威世界博览会的一个场馆的入口标识设计，这是一个极具创造力的景观艺术品，无论是型的构成方式，还是色彩的艺术处理都体现出设计者的独具匠心，象征地球的、高纯度的、意象化的球体色彩，与几根银灰色的富有动感的体现现代科技的金属柱形成了强烈对比，构成了一个富有个性化的艺术

图4.24

图4.26

图4.25

图4.27

景观，体现出展览的“人、自然、技术”的主题思想。

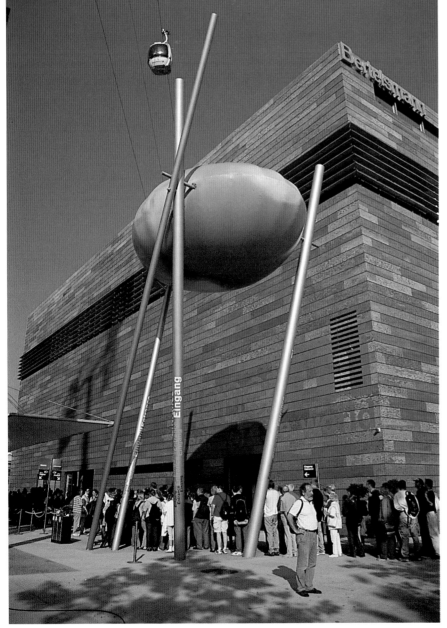

图4.28

图4.29

第四节 色彩的细节处理

工业化是工业设计产生与生存的条件，现代化的公共环境设施设计的工业构件的标准化与模块化是必然的趋势，构件的互换通用减少了模具的套数。标准化、模块化、多元组合拆卸、装配，为批量生产提供了捷径，大大地降低了成本，所以公共环境设施的色彩设计需适应这特点，色彩往往在工厂已经处理完成，不同于建筑、室内外环境装修的现场处理方式。所以在形态设计时就要考虑好各部件的色彩与形态结构关系，结点方式，还要考虑各部件的色彩组合效果和产生的多种色彩形式（图4.30）。

正如一块硬币的两面不可分割一样，色彩是附着于形态之上的，色彩先于形态而进入人们的视线。设计首先应考虑形态，然后考虑色彩与形态的协调关系，交接、转换关系，所以在色彩设计上一定要注意细节的处理。

图4.30

（一）单色处理

就是色彩的变化不依形体界面的变化而改变，色彩随形走，这种方法可以体现出雕塑般的效果，视觉统一、单纯、简捷，常见于小型或功能单一的设施设计。但要注意形体的起伏变化与肌理的对比运用，以免造成视觉单调。通常的情况下，一种色彩，一种材料在设施的设计上是不多见的，如果是体感或面积大些的设施也常常用图案或文字来调节（图4.32）。

图4.31

图4.32

(二)多色处理

色彩依设施形态的起伏界面的转折变化而改变，这是常见的处理办法，要注意色彩之间的变换要有界面的转折，材质的变化或结构的自然留缝等工艺处理，还要注意一种设施的色彩不宜超过三四种色，单体设施或设施规划的色彩要平衡好部件关系，注意色彩的穿插、呼应等，以便形成整体统一的设施设计（图4.33、4.34）。

图4.33

图4.34

（三）色彩与材料

不同的材料有其自身的特质和美学特征，这种美学特征体现于材料的结构美、纹理美、色彩美。色彩可以改变材料给人的感觉，在设施设计时应尽可能地挖掘材料的自身属性与结构，体现出材料自身的个性及色彩个性，以此来体现设计者的设计理念与思想。同时，设施的设计还要注意材料的二次组织运用。这样能挖掘出材料自身的潜在语言，体现出丰富的层次与艺术效果。由于公共环境设施主要是处于室外，所以在选择材料与色彩设计时，要进行必要的技术处理，一定要经久耐用些（图4.35）。

图4.35

中国高等院校

THE CHINESE UNIVERSITY

21世纪高等教育美术专业教材

The Art Material for Higher Education of Twenty-first Century

人的行为与环境场所

人的行为与空间尺度

CHAPTER 5

公共环境设施与人的行为

第五章 公共环境设施与人的行为

第一节 人的行为与环境场所

澳大利亚的一家会所就人在公共场所的行为进行了一项调查，被调查的人员中，86%的人在中午时间离开单位，55%的人利用开放空间。当问及他们在开放空间的活动时，主要的回答是放松（62%），然后是吃东西（22%）和散步（10%），选择某处最常见的理由是靠近工作场所（60%），接下来是"有树和草"，以及"不拥挤"。绝大多数的开放空间使用者希望有附加设施。根据对现代广场用途的调查研究，坐、站、走动以及用餐、读书、观看和倾听等活动的组合，占到所有利用方式90%以上。

公共环境与人们行为的结合构成了行为场所，创造人性化行为场所，必须要有聚集人气的合理的小空间，必须要有必备的设施以便于人的活动和日常的行为，提供必要的条件，做到"人尽其兴、物尽其用"。无论是自我存在的独处行为或公共交往的社会行为，都具有社会为背景的秘密性与公共性的双重品格。人在空间的行为有总的目标导向，但因活动的内容及目的不同，所以呈现出规律性、不定性、随机性等复杂现象。

人在户外活动可以划分为三种类型：必要性活动、自发性活动和社会性活动，每一种活动类型对于物质环境的要求都大不相同，必要性活动就是人们在不同程度上都参与的不由自主的活动，具有功能目的行为，日常生活与生活事务属于这一类，如上学、上班、文体活动、购物、候车等活动。

自发性活动是指人们所有参与的意愿，并且在时间、地点可能的情况下才会产生，这类的活动包括散步、观望、休息等，没有固定的目标、线路、次序等时间的限制，具有随机性。这类活动有赖于外部的物质条件。社会性活动是在公共环境中有赖于他人参与的活动形式多样游戏、交谈，可发生各种环境场所中，如公园、游乐园。

这三种类型的活动决定了人们在公共环境场所所需的不同空间，因此这些活动场所设不同的设施、规划不同的设置。以此来吸引人，满足不同人的不同活动的需求（图5.1～5.5）。

图5.1

图5.2

图5.3

图5.5

图5.4

美国景观学家克莱尔·库珀·马库斯 卡罗琳·弗朗西斯的《人性场所》一书中，就成功的人性场所作出以下几点评判的标准，这些标准同样适应公共设施的规划与设计要求。现摘录如下：

(1) 位置应在潜在使用者易于接近并能看到的位置。

(2) 明确地传达该场所可以被使用，该场所就是为了让人使用的信息。

(3) 空间的内部和外部都应美观，具有吸引力。

(4) 配置各类设施以满足最有可能使用人群活动的需求。

(5) 使未来的使用者有保障感和安全感。

(6) 有利于使用者的身体健康和情绪安宁。

(7) 尽量满足最有可能使用该场所群体的需求。

(8) 鼓励使用人群中的不同群体的使用，并保证一个群体的活动不会干扰其他群体的活动。

(9) 在高峰使用时段，考虑到日照、遮阳、风力等因素，使场所在使用高峰时段仍保持环境在生理上的舒适。

(10)让儿童和残疾人也能使用。

(11)融入一些使用者可以控制或改变的要素(如托儿所的沙堆、城市广场中心互动雕塑喷泉、儿童游乐设施参与游戏。

(12)把空间用于某种特殊的活动，或在一定时间内让个人拥有空间，让使用者无论是个人还是团体的成员享有依恋并照管该空间的权力。

(13)维护应简单、经济，控制在各空间类型的一般限度之内。

(14) 在设计中，对于视觉艺术表达和社会环境要求应给予相同的关注。过于重视一方面，而忽视了另一方面，会造就失衡的或不健康的空间。一切行为都来自于人的自身需求，所以就要有一个好的场所效应（图5.6~5.11）。

图5.6

图5.7

图5.8

图5.11

图5.9

第二节　人的行为与空间尺度

人们之间的多种距离关系决定了人们的交往程度，最终决定了设施规划的空间尺度布局，也决定了环境设施设计的尺度依据，大型空间应划分为许多小空间以便人们使用，没有植物的环境设施，人们是非常不愿去的，通常情况下，人们更喜欢围合而又暴露的空间，人们的休息与环境有关，广场边界的丰富性为人们提供了良好的休息空间。一个令人愉悦的空间是因为它们的尺度、形状与使用者的目的相一致。空间可以是内向的、外向的、上升的、下降的、辐射的或切向的。空间是有性格的，不同的空间尺度、形态色彩给人不同的感受，引发人们不同的反应，不同的空间尺度影响着人的行为与情感，紧张、松弛、痛着、欢乐、沉思、兴奋、静止、动感、渺小、崇高等。我们要学会利用空间，规划空间，设计人性化的场所和环境设施。

要想创造有效的空间，必须有明确的围合，而且围合的尺度、形状、特征决定了空间的性质。人的交往距离的空间尺度一般可分为以下几点：

(1) 亲密距离：相距0～0.45m，是一种表达温柔、舒适、爱抚以及激愤等强烈感情的距离。

图5.10

(2)个人距离：相距0.45～1.30m是亲朋好友或家庭成员之间谈话等活动的距离，但同时保留个人空间。

(3)社会距离：相距1.3～3.75m是朋友、熟人、同事之间进行日常交流谈话的距离。

(4)公共距离：大于3.75m以上的距离，是一种单向交流的距离，适用于讲演、集会、讲课等场所，或者人们只愿意旁观而无意参与的场所。这种距离决定了人们的交往距离，也是空间或设施规划的设计与布局的依据。

例如外部空间模数把25m作为外部空间的基本模数尺度，25m内能看清对面物体的形象，高速公路的汽车快速行驶时，速度快时看不清路牌指示的方向，所以指示牌、看板的设计就要加大尺度，减少细部的小文字，而步行街的行人由于行走速度慢，看的人仔细，空间尺度相对小些，所以板面设计要相对丰富些，信息量大些。速度同人们所获得的信息细节和印象多在每小时15公里速度之下。速度越慢所获得的视觉信息越小。同时也应注意人们之间的亲密程度，亲密程度决定了个人空间尺度的大小，个人空间也是相对的不同的场所、不同的民族、不同的文化背景、不同的年龄的个人空间也不一样，空间的功能具有信息的空间，行走的空间，视听的空间，游戏的空间，使用的空间，同时人在空间中的需求又具有"公共性、私密性"。

①公共性：指公共空间人的思想、情感、信息等的人际交流活动，如儿童游乐园、公园、休闲场所。

②私密性：是个人空间的基本要求，空间的私密性是设施设计的一个重点要求，在设施的设计公共性的前提下，划分出私密性的特点，满足人的行为，私密性是相对于公共性而言的（图5.12～5.17）。

图5.14

图5.12

图5.15

图5.13

图5.16

图5.17

中國高等院校
THE CHINESE UNIVERSITY
21世纪高等教育美术专业教材
The Art Material for Higher Education of Twenty-First Century

无障碍设施的基本概念
无障碍设施的细节设计常用尺度及符号标识

CHAPTER 6

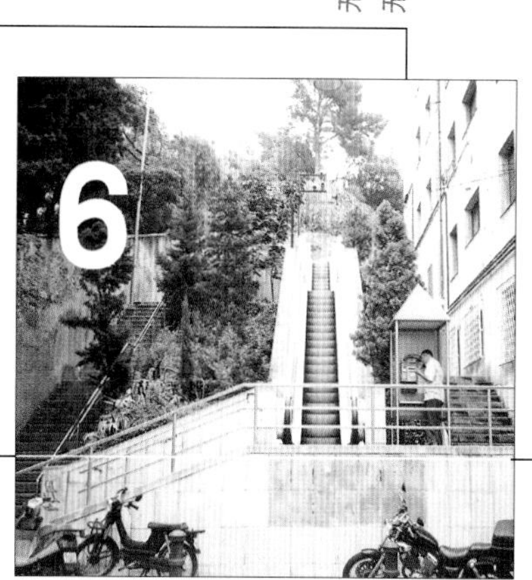

无障碍设施设计

第六章 无障碍设施设计

第一节 无障碍设施的基本概念

无障碍设施问题的最初提出是在20世纪初，由于人道主义的呼唤，当时建筑学界产生了一种新的建筑设计方法——无障碍设计，它的出现旨在运用现代技术改造环境，为广大老年人、残疾人、妇女、儿童提供行动方便和安全的空间，创造一个平等参与的环境。要想了解无障碍设施设计，我们首先应明确以下三个词语"损伤"、"残疾"、"障碍"的概念。世界卫生组织对上述词语作了如下的定义：

（1） 损伤：任何心理、生理、组织结构或功能的缺失或不正常。

（2） 残疾：任何以人类正常的方式或在正常范围内进行某种活动的能力受限或缺乏（由损伤造成）。

（3） 障碍：一个人由于损伤或残疾造成的不利条件限制或防碍这个人正常（决定于年龄、性别及社会各文化因素）完成某项任务。

综上所述的概念解释，我们对无障碍设施设计就不难理解，概括地说，残疾人、老年人及其他行动不便者等弱势群体在公共设施的使用时能安全、方便自主完成。确切地说，无障碍设施设计是指设施的使用时无障碍物、无危险物，任何人都应该作为人受到尊重，能够健康地从事行为活动而进行的设施设计。

从人权的角度来说，人生来是平等的，在任何地方、任何环境使用任何公共设施都应该是同等的，不能因为人的损伤、残疾或老年或儿童的年龄因素成为使用的障碍。无障碍设施设计的目的也就是使设施设计成为一种无障碍设计。一个好的设施设计，应该是健康人、老年人、残疾人使用率都很高的设施（图6.1～6.7）。

图6.1

图6.2

图6.3

图6.4

图6.5

图6.7

第二节 无障碍设施的细节设计常用尺度及符号标识

（一）标识

视碍者与视力正常者在标识设计上应有很大的区别，视碍者很难或无法通过视觉传达的方式接受信息，所以对视碍者来讲，标识的设计可以通过色彩、可触的方式来解决这一难题，并且设计时尽可能地对标识传达的信息、图形加以最大的减化，以便使用者能迅速、准确地获得信息。

标识的背景色与图形、符号要突出，设计的形式可考虑多种表达方式，如可触标识，可触标识的特点是视力正常的人与盲人都可使用，而可触盲文又不影响设计的视觉形象。

国际通用无障碍设计标识及符号图形设计：

此标识是由国际残疾人康复协会会议通过的表示残疾人用建筑和设施的标志，指示残疾人可以独立进入的入口符号。

指示建筑中平行通道的符号。

指示有人援助的符号。

指示轮椅可进入的卫生间的符号。

图6.6

指示轮椅可进入的电梯的符号。

指示助听服务的符号。

指示感应闭合电路的符号。

指示红外系统的符号。

指示坐轮椅者可用的电话的符号。

（二）轮椅的尺度

由于轮椅的使用空间相对来讲较其他残障人的使用空间大，所以建筑环境及公共设施的宽度、使用距离能满足其他残障人的使用要求，故建筑环境及设施入口的宽度以轮椅的宽度尺寸为基本尺度。

轮椅可分为手摇式轮椅、手推式轮椅、电动轮椅，无障碍设施设计可以此图为参考的基本尺度。

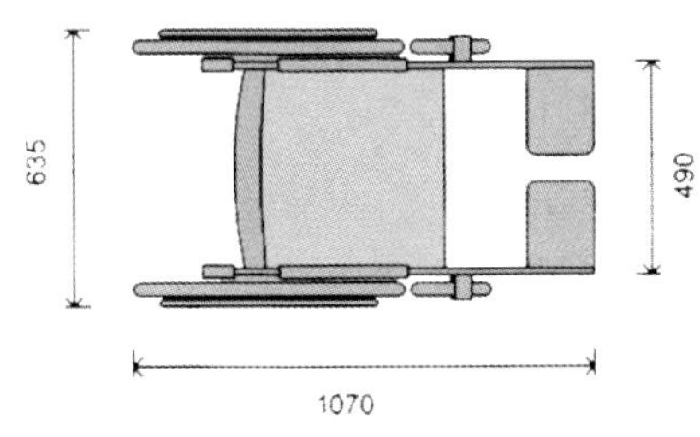

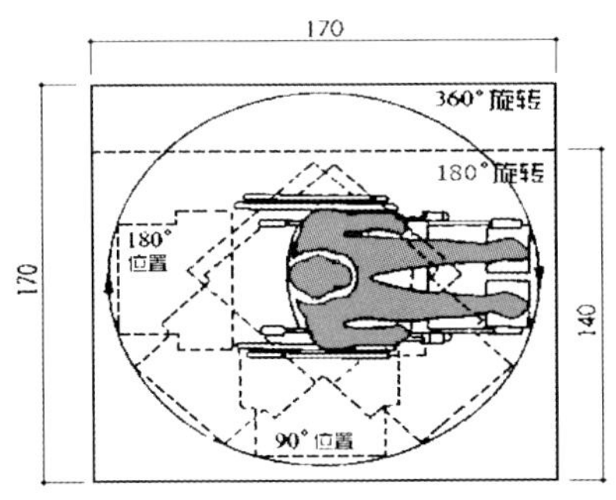

（三）车行道与人行横道设计

以轮椅的宽度650mm左右，两侧要求考虑留有约300mm的安全宽格部分，1300mm人行横道要考虑轮椅、视障人的通行方便，盲道与人行横道之间要有交接以导引视障者过路，在路口处设置利于盲人辨向的音响设施。人行道要设有肌理地砖的盲道。人行横道与车行道之间的过渡要有斜坡过渡，坡度要尽可能的小，最大坡度不应超过1∶15（或6%），倾斜路面的坡要达到1200mm宽。平面和斜坡要有缓冲过渡带，以便轮椅使用者的安全保证。人行横道与车行道的过渡最好有点状肌理的地砖划分界面。在人行道与车行道交叉的界面所用的边石高差20mm以下。井盖与排水沟格栅：地沟盖的空隙孔在13mm以下，以免拐杖掉入沟盖空隙之内（图6.8～6.10）。

（四）坡道

坡道是环境设施设计中不可不知的一个重要方面，是一个界面向另一个界面过渡的一种方式，极大的方便了轮椅、婴儿车、手推车等车辆的通行。1∶15、1∶20

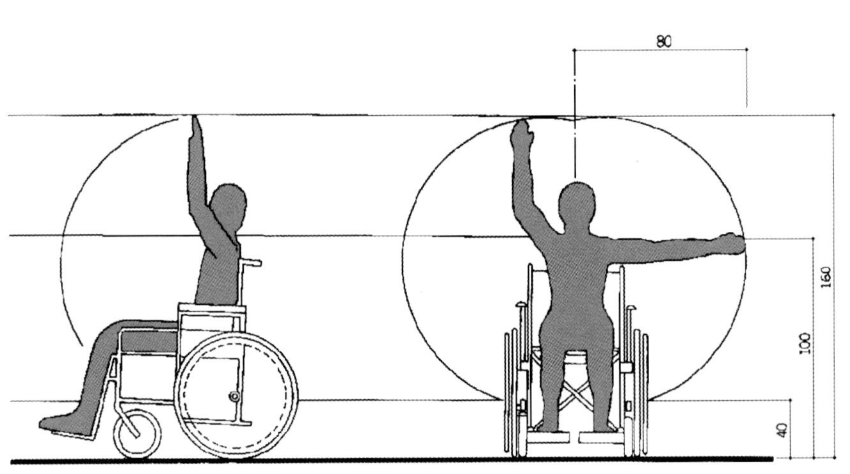

图6.8

图6.9

图6.10

1200 20000 1000
1：20 坡道

1200 15000 1000
1：15 坡道

1200 12000 1000
1：12 坡道

1200 10000 1500 10000 1200 2.8624° 1000 23875
1：20 坡道

1200 10000 1500 5033 1200 3.8141° 1000 18900
1：15 坡道

1200 5000 1500 5000 1500 2042 1200 4.7636° 1000 17400
1：12 坡道

的坡道最适于轮椅使用者的使用，坡道的设计应注意以下几方面：

（1）坡面要防滑处理，选材适中，可选择有肌理的地砖、混凝土、水刷石、火烧板、机刨石等材料，注意肌理不易过大以方便使用者前往。

（2）无障碍坡道的宽度不少于1m。

（3）不足10m长的楼梯坡度不应超过1：15。不足5m长的楼梯坡度不应超过1：12。

（4）坡道的起始部位要有休息平台以做缓冲之用，长度不低于1.2m，休息平台要有防护装置，如防护栏、防护墙，以防使用者下滑。

（5）有扶手的墙面，扶手应固定在距地面900～1000mm之间（图6.11～6.13）。

（五）地面

地面的设计不要忽视视障者的需求，因为对视障者来说，不同的铺路材料传达着不同的信息，他们依靠这些材料的肌理、方向传达的信息移动，去寻找目标。

（六）阶梯

阶梯：踏步高度规定不得大于150mm，以便拄双拐的残疾人有可能自

图6.11

己提升，踏步宽度影响到落脚地点和拐杖的相对位置，规定不得小于300mm，梯段高度和休息平台的安排应考虑残疾人的攀登能力，每个梯段的踏步数不应超过18段（图6.14）。

BEMUSEUM

图6.12

La Défense
Tour Séquoia
Tours Elf-Framatome-Techni
Av. de la Division Leclerc
Bd. de la Mission Marchand
La Grande Arche
Les Collines de l'Arche
La Parvis
Place de la Défense
La Défense

图6.13

图6.14

（七）设施扶手

设施扶手：建筑物中的坡道、走廊、楼梯、台阶，为残疾人设置的扶手是他们在行进中重要的依靠设备，是残疾人非常关注的安全设施。他们经常需要利用扶手发挥上肢的作用，以保持身体平衡，中途休息时，可将身体靠在扶手上，借以恢复体力，因此，扶手应安装牢固，视力残疾者需要依靠扶手的引导，梯段的两侧都要设扶手，扶手需保持连续不断（图6.15、6.16）。

图6.16

图6.15

（八）停车场

停车场要用标识牌，标出残疾人通道及残疾人用停车位，此停车位要宽，以方便轮椅使用者上下汽车之便利。黄色或白色的标志是国际通用轮椅使用者的标识色彩。公共环境中如商场公共建筑等的停车位配比关系是：每25个停车位有1个加宽的停车位，每50个停车位，有3个加宽的停车位，每100个停车位，有5个加宽的停车位。标准停车场车位的尺度为2400mm宽X 4800mm长，而轮椅使用者的停车位至少应为3600mm宽X 4800长（图6.17）。

（九）电梯

电梯是无障碍公共设施的重要方面之一，在公共空间都是不可缺少的，在高层公共空间里，电梯实际上就是一个升降平台，所以在设计时一定要考虑无障碍设计的因素，使用上要便于操作，如轮椅使用者使用方便、可触的盲文。细节的亮度提示的电梯尺度不应小于入口宽度

图6.17

800mm，电梯间宽1400mm，进深1350mm以上，电梯间最好有镜子。设计注意按钮位置的高度便于使用，位置应较低、盲文、可触知铭文、照明的亮度，提示的声音（图6.18、6.19）。

（十）公共电话

公共电话的投币孔、插卡口、显示屏距地面不应高于1200mm，电话里装有电感线圈，从话筒到电话机的线不应短于750mm，拨号按键应是大号的，公用电话前面300mm长800mm宽的地方不应有任何不方便电话使用者的障碍物。阻车柱：阻车柱位于人行道与车行道的交界线上，阻车柱的高度不应底于1m，柱间距之间不应少于900mm，但最好不大于车距1800mm，以保护行人免遭车碰，阻车柱要以直的为好，不应有附加物在柱体上。

自助系统：如自助取款机、投币口、插卡口、出货口等的位置应设置在坐椅者伸手可及的地方，机器显示屏的中心高度应方便轮椅使用者的视觉要求，显示屏中心不超过距地面1200mm（图6.20）。

（十一）公厕

公厕：应设有带扶手的坐式便器，门隔断应做成外开式或推拉式，以方便轮椅进入。

图6.18

图6.19

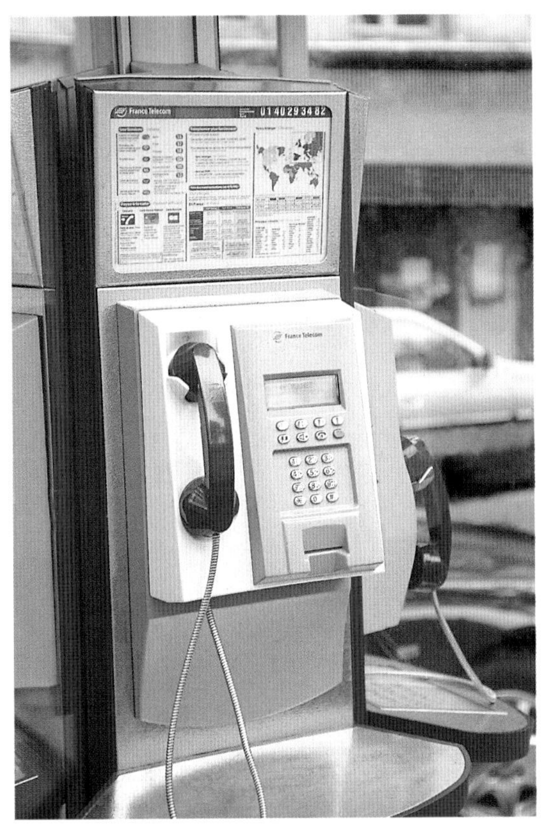

图6.20

中国高等院校

THE CHINESE UNIVERSITY

21世纪高等教育美术专业教材

The Art Material for Higher Education of Twenty-first Century

CHAPTER 7

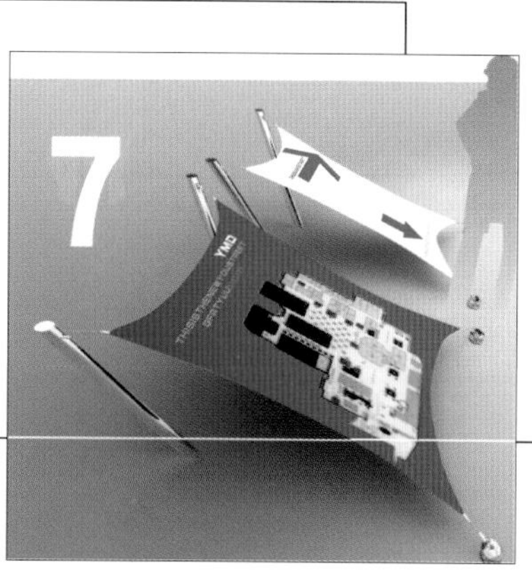

公共环境设施设计教学

公共环境设施设计的教学目的

课题的选择与训练方式

课堂教学与辅导方式

教学与科研及设计实践

第七章 公共环境设施设计教学

第一节 公共环境设施设计的教学目的

公共设施的设课目的就是使学生适应社会发展的人材培养需求，开拓学生新的设计视野。通过课题训练使学生能全面系统地认识公共设施设计是一个产品设计的新领域，是一个全面系统的为人的设计，从而理解人的行为与产品设计的关系，认识人在环境中使用产品的行为方式，了解人——产品——环境的和谐统一的关系，确定产品使用中的作用。

第二节 课题的选择与训练方式

一、本科阶段的公共设施设计教学课分两个阶段来进行的。第一阶段是在三年级上学期或下学期，这时学生的专业基础课已经完成，进入到专业设计课的训练阶段，学生具备基本的设计能力，所以我们安排了6～8周（约140～160学时）的时间来完成公共设施设计课，由于公共设施课题含括面大，内容太多，所以我们根据学生的特点选择不同的训练课题，通常以单体的设施为训练课题，例如我们已经上过IC卡式公共电话机设计、休息设施设计、户外灯具设计、游乐设施设计、数码岛设计、城市的导视系统设计、自行车存放功能设计等。首先全面系统地讲授公共设施设计理论，再全面深入地讲授训练课的相关内容，课题分限定性设计或非限定性设计训练。所谓限定性设计就是对训练的课题有具体的尺寸规定和设计要求，比如自动售票机的设计课题我们就作了限制性的要求，给出了内部处理器及卡口尺寸等，这样就叫有限度的设计。而非限定性的课题，如城市的导视系统设计就没有作特定的尺度要求，不太受内部尺寸限制，相对而言更能发挥学生的创造能力，但决不是任意的无目的设计。

在作业安排上要求学生对课题要有足够深入的认识，首先查阅相关信息，从收集资料方案草图到最终完成方案设计，都要做到有始有终，深入、精细、系统、完整，有深度，有设计含量。同时依据不同的课题来选择最终完成的结果，有的是电脑图，有的是缩尺比例模型。要求设计的

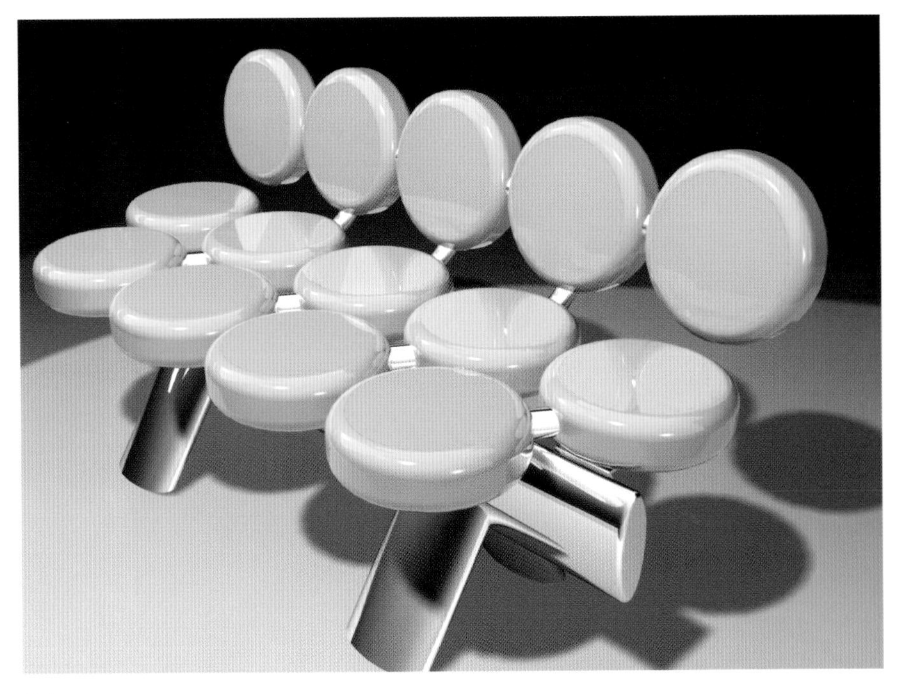

图7.1

脉络过程要清晰，即从最原始的草图到电脑模拟图，设计说明创意理念，人机分析等文字资料都要具体明确（图7.1～7.12）。

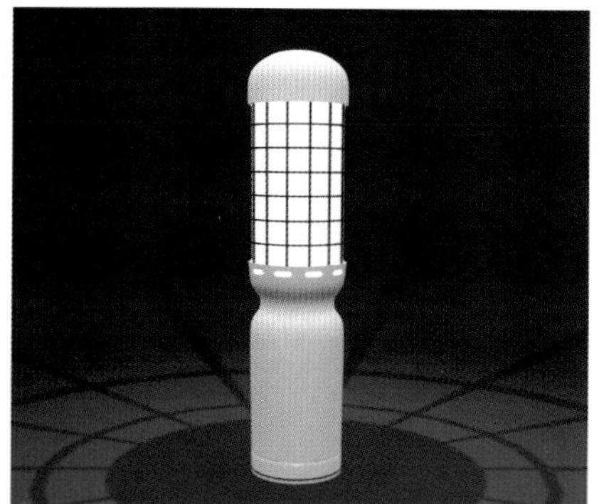
图7.2

图7.3

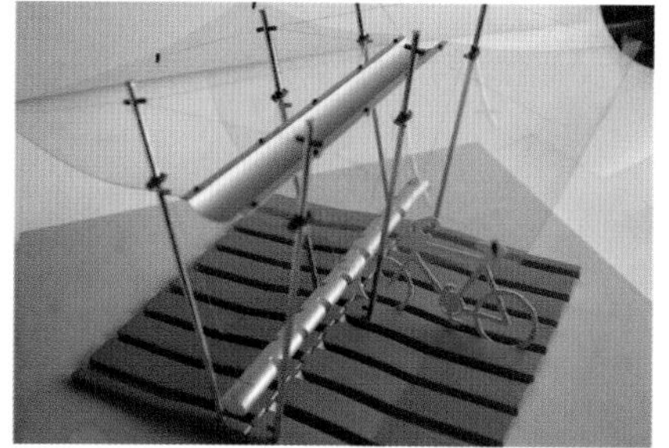
图7.4

图7.5

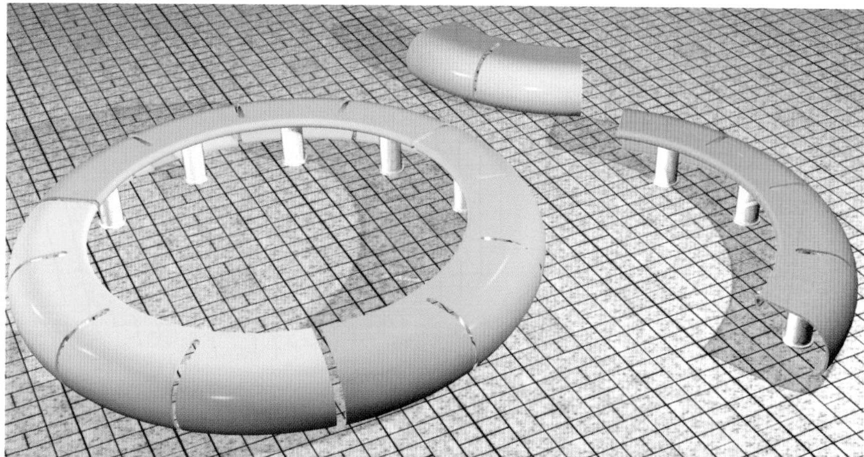
图7.6

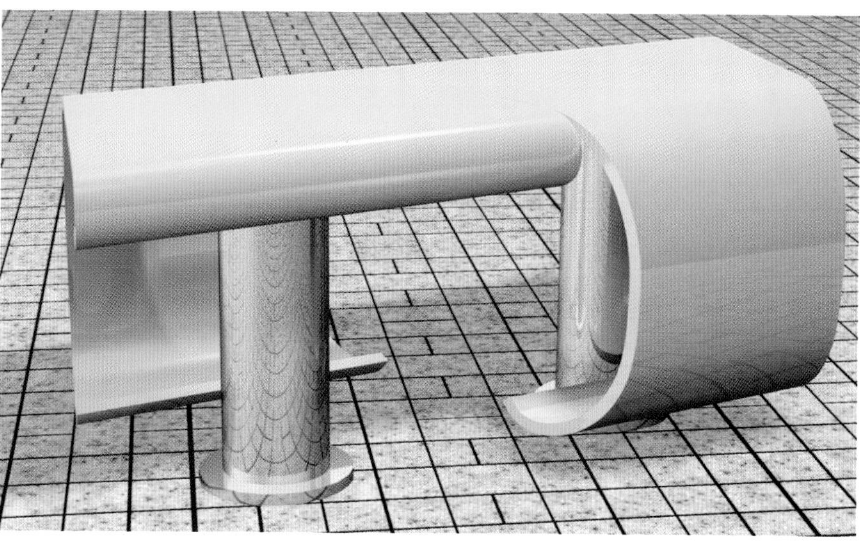
图7.7

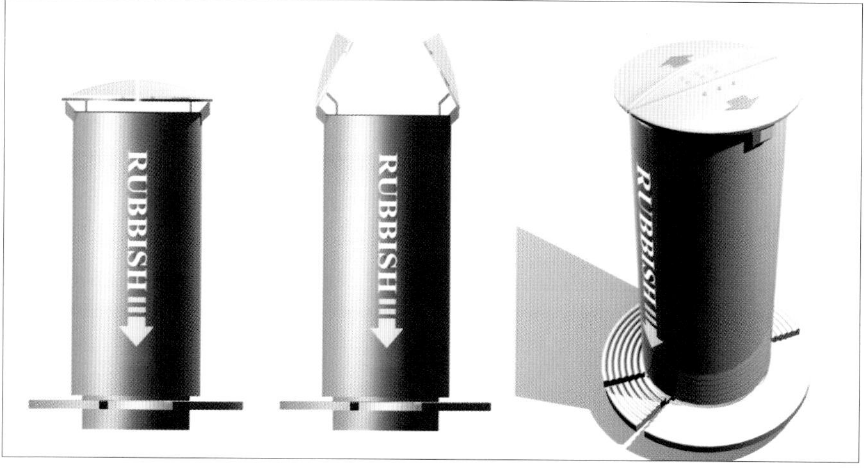

图7.8

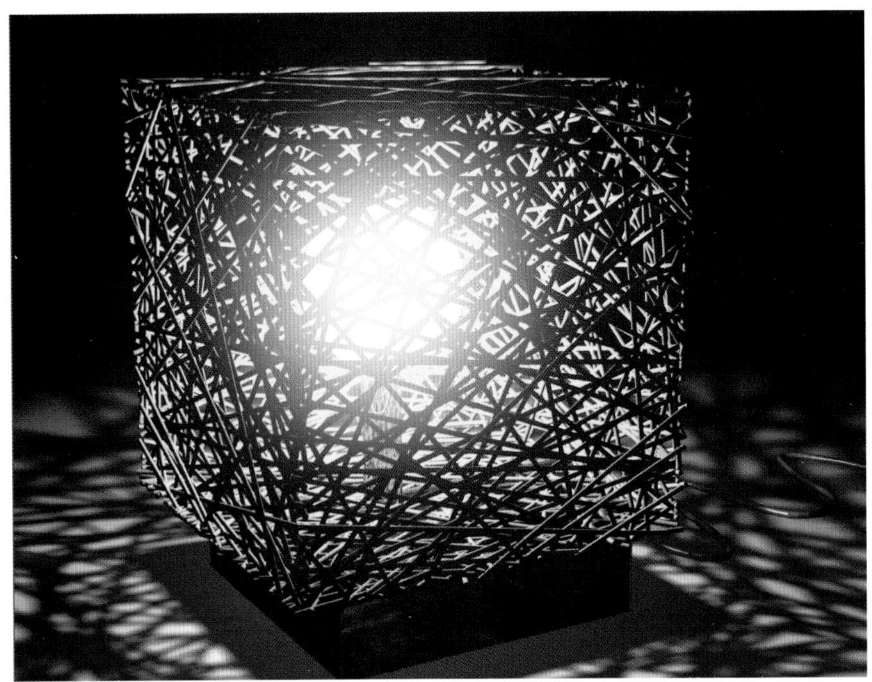

图7.9

图7.11

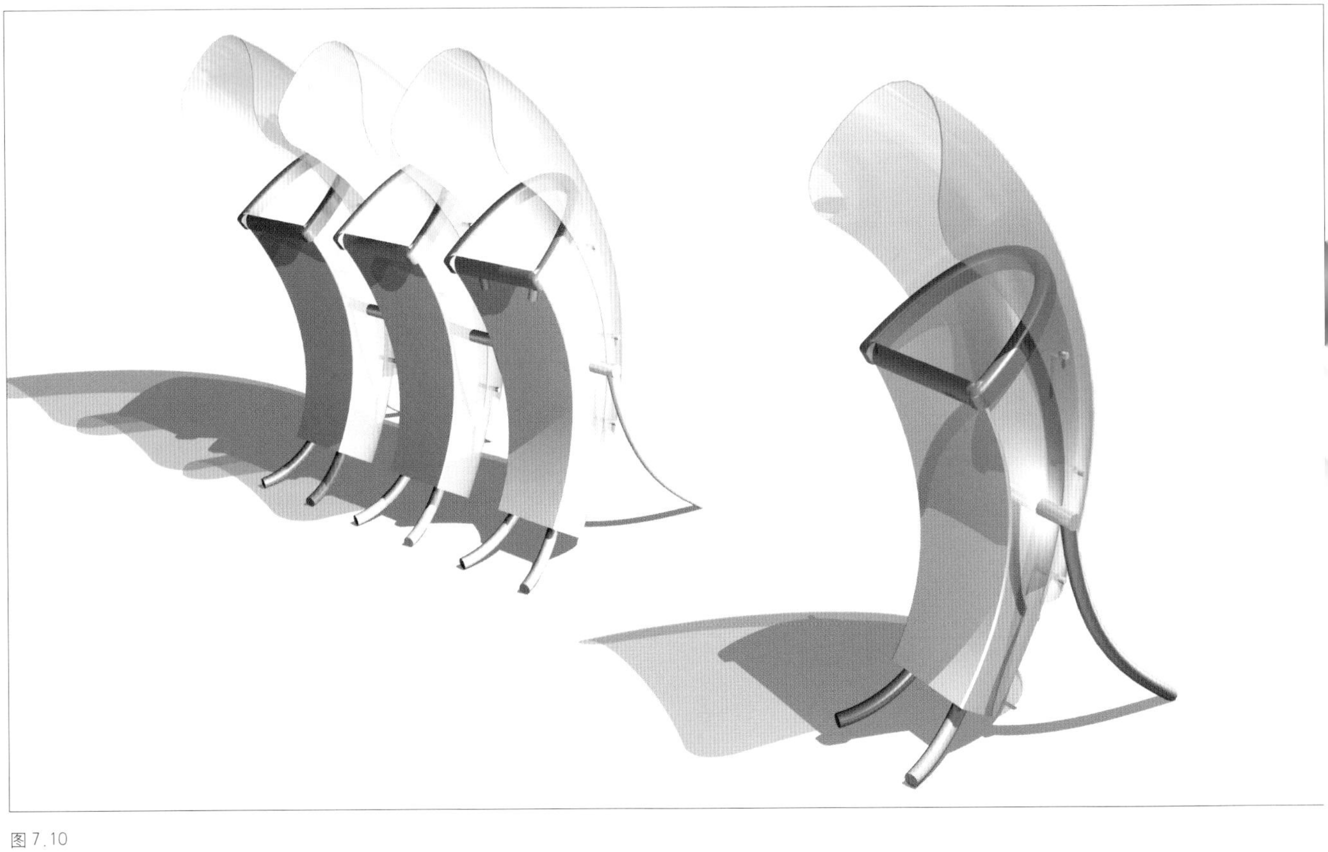

图7.10

图 7.12

近年来，由于扩招每个班型由原有的15人扩大到40人，所以课题也有了些调整，每次上课由原来的一个课题调整到两个或三个课题，但课题之间要有一定的联系，这些课题的目的是打破最后的单一结果，同时还要注意课题的相关性和难易度，以便给成绩时好把握。

二、本科第二阶段的公共设施设计教学就是毕业设计。从每年12月开始到第二年的6月中旬(假期除外)，我们就进入毕业设计阶段，毕业设计的时间较长，所以在时间上要作出严谨的进度安排。与三年级学生比较这个阶段的学生对设计的理解、认识相对深入全面，我们的毕业设计是学生自选毕业设计方向，以40人计算，通常每次毕业设计都有10个人左右选择公共设施设计方向，人数还是不少的，课题自选，这时需要指导教师把握好总体方向，尽可能不重复选题，学生选择的课题与完成的结果要控制好，课题面要宽，有一定的深度，课题基本多是虚拟的，这样设计不易受制作条件的束缚，充分发挥学生的设计潜在的能力，全面调动出四年来学生所学专业知识。涉及的课题有公共汽车站的规划设计、轨道交通系统设计、地铁站入口设施规划设计、小区的垃圾回收系统设计、公共休闲空间设计、加油站、高速公路收费口设计。概念停车场设计，课题也由原来的单体系列设计发展到规划性质的设施设计。每年都有新课题，新的想法，现实设计与前瞻性的概念化设计并存（图7.13～7.23）。

力求完美也是毕业设计的要求，好的创意如果没有精良的制作，也不成为好的毕业设计的作品，所以模型的制作要有巧办法，好办法，也需要一定的时间来完成。近些年来的经验证明，个别课题不是一个人能完成的，所以要分组设计，一个课题可以两个人一组完成，这样只要学生配合好，各尽所长就能做得很深入精致。

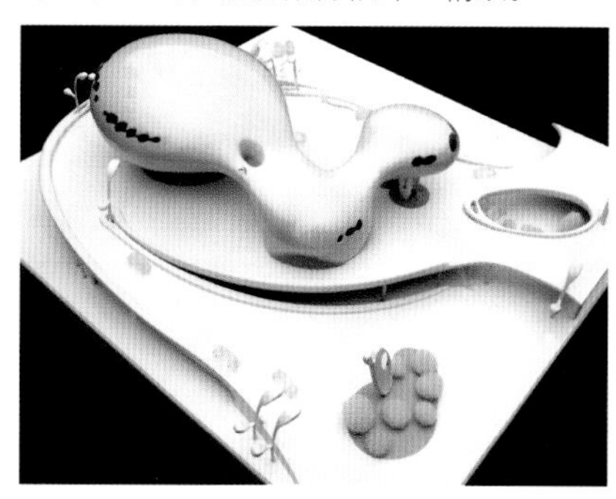

图 7.13

图 7.14

图 7.15

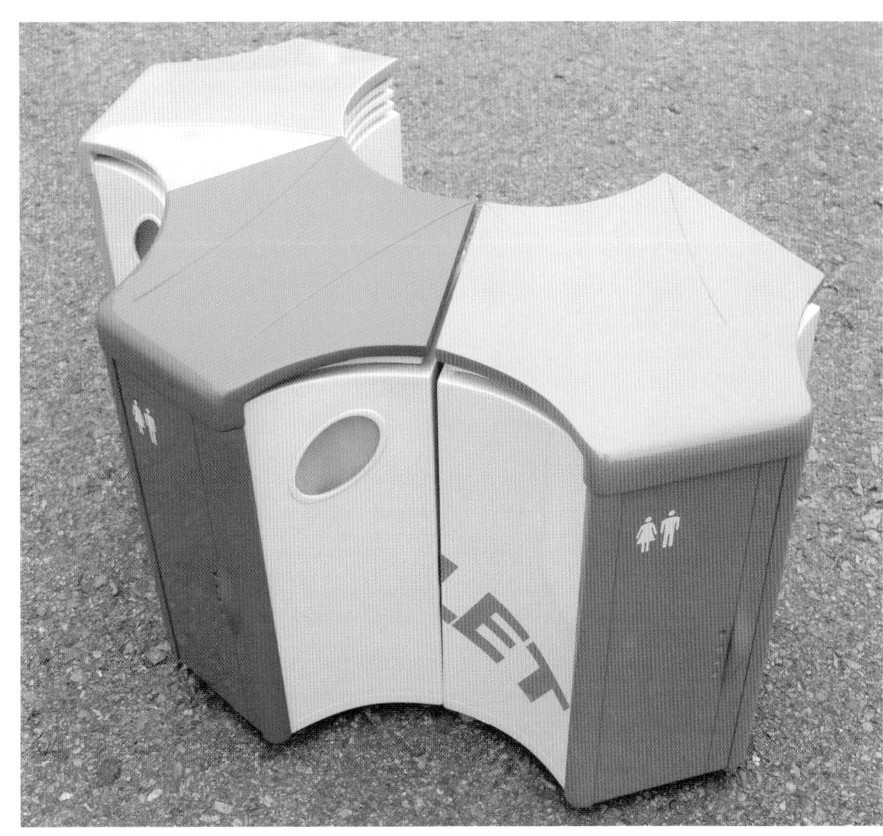

图 7.17

图 7.16

图 7.18

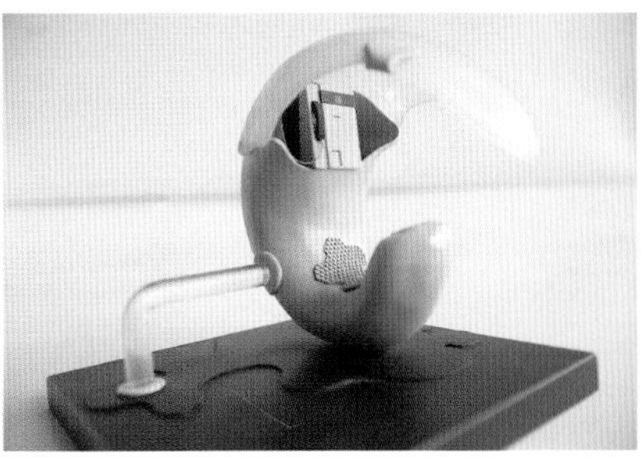

图 7.19

图 7.20

图 7.23

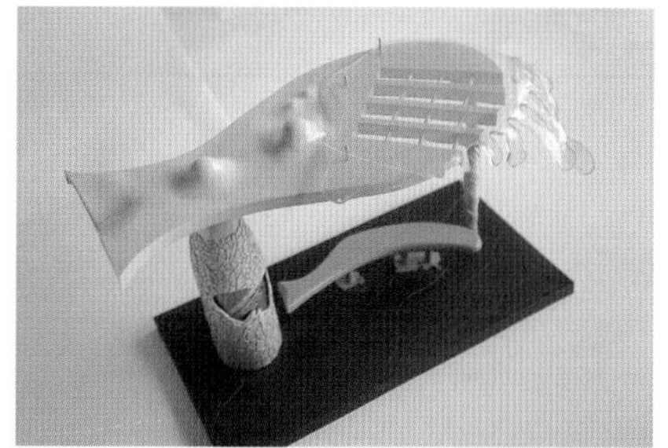

图 7.21

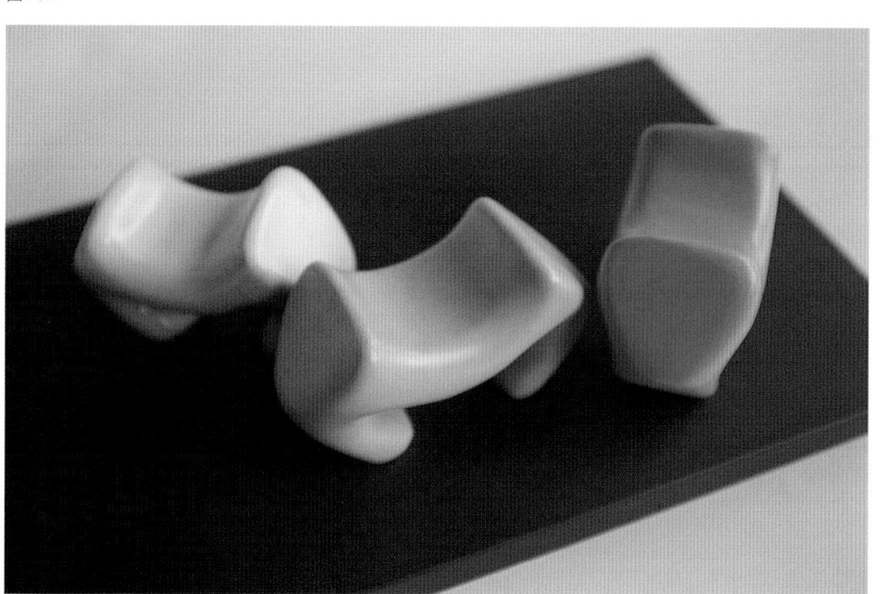

图 7.22

第三节　课堂教学与辅导方式

扩招前学生的总体能力是非常强的，而且每班 15 个人小班型老师辅导也较方便，教师的教学想法也很容易实行。这五六年来由于扩招，学生每班由15人增至40人，质量总体下滑，学生数量的增多，与教室的短缺给教学带来了很多的不便，根据这种情况，我们采取了统一讲大课，分组辅导定时看方案、小组讨论、关照重点，以点带面的教学方式，尽可能地营造良好的学习氛围，来激发学生对设计的兴趣。美国建筑大师西萨·佩里说："建筑往往开始于纸上的一个铅笔记号，这个记号不单是对某个想法的记录，因为从这个时刻开始，它就影响到建筑形成和构思的进一步发展，我们一定要学会如何画草图，并善于把握草图发展过程中出现的一些可能引发灵感的线条……最后我们必须掌握一切必要的设计和学会如何察觉出设计草图向我们提供种种良机。”这句话同样适合公共设施设计教学，大量的概略草图方案是设计前期的重点要求，在辅导的过程中，我们特别地关注学生的设计草图，以此挖掘学生潜在的设计灵感，而不是轻易否定学生的设计想法。有些学生对设施设计不知从何入手，一时进入不了状态，因此老师应尽快地使学生找到一种好的方法，找到设计的切入点，使学生有个正确的设计思路。这种思路应该有一种逻辑关系可寻的，工业构件的组配化、模块化是公共设施设计一大特点，因此设计出设施构件的基本单元，进而通过基本单元的排列、组合等逻辑手段的统合、深入、细部的处理，就能打开设计的思路，方案也能较容易地展开并得到进一步的深化（图7.24～7.42）。

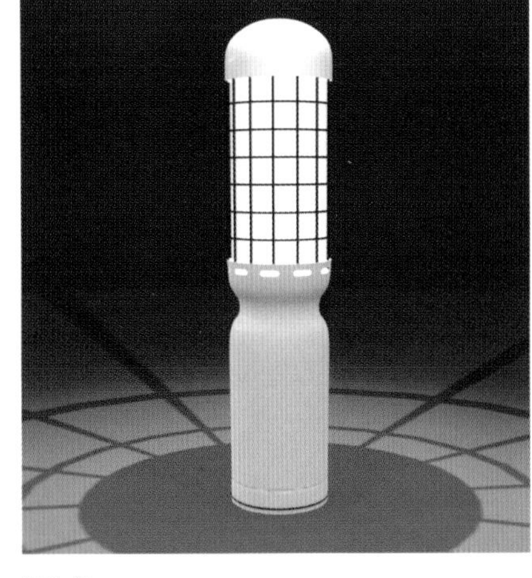
图7.25

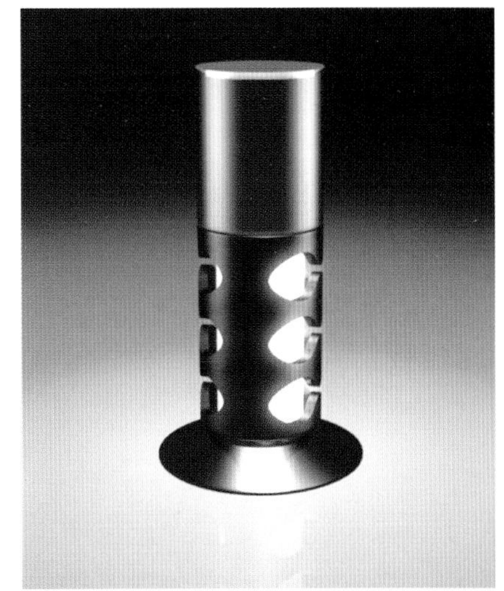
图7.27

图7.26

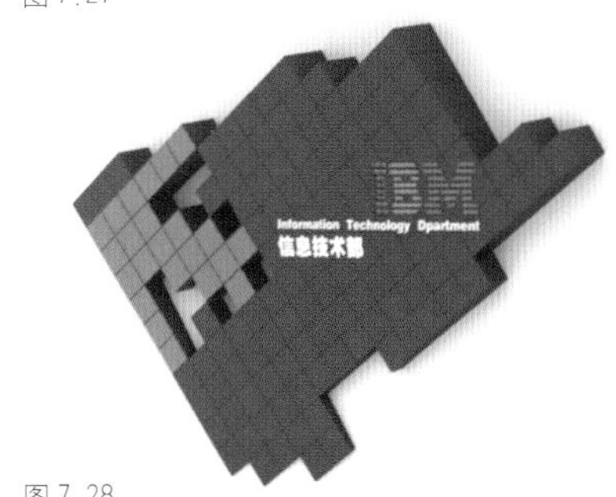

图7.28

图7.24

图7.29

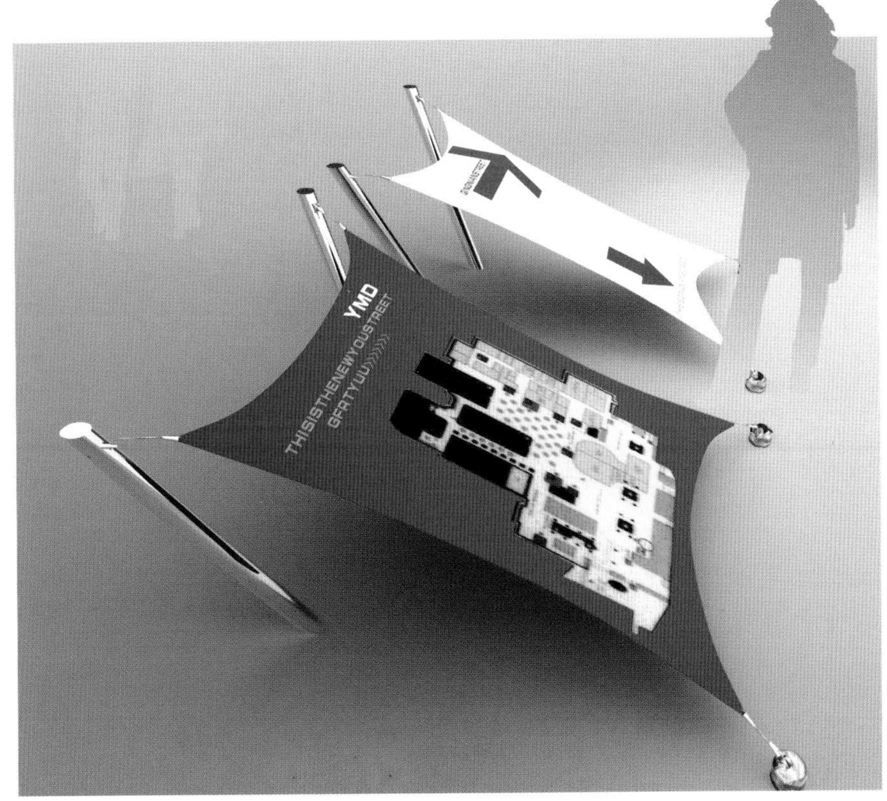

图 7.30

图 7.32

图 7.33

图 7.34

图 7.31

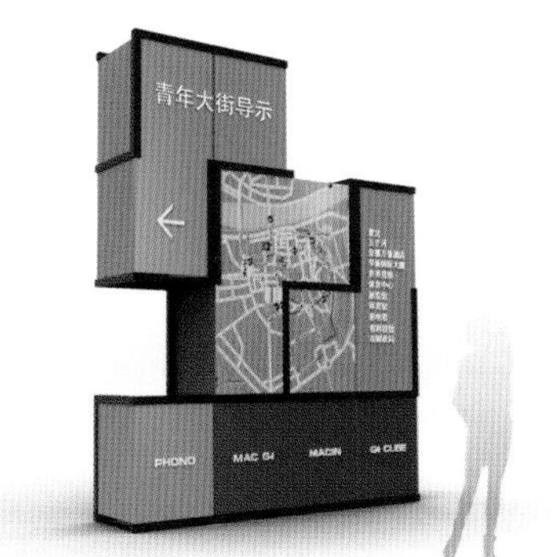

图 7.35

最初方案想法，阴阳互补型对比设计

图 7.36

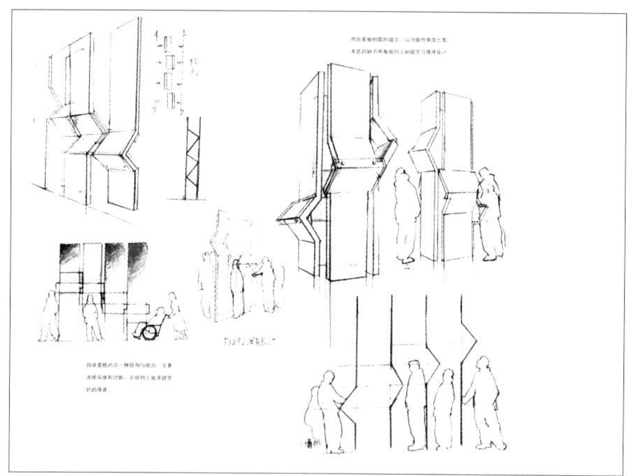

图 7.37

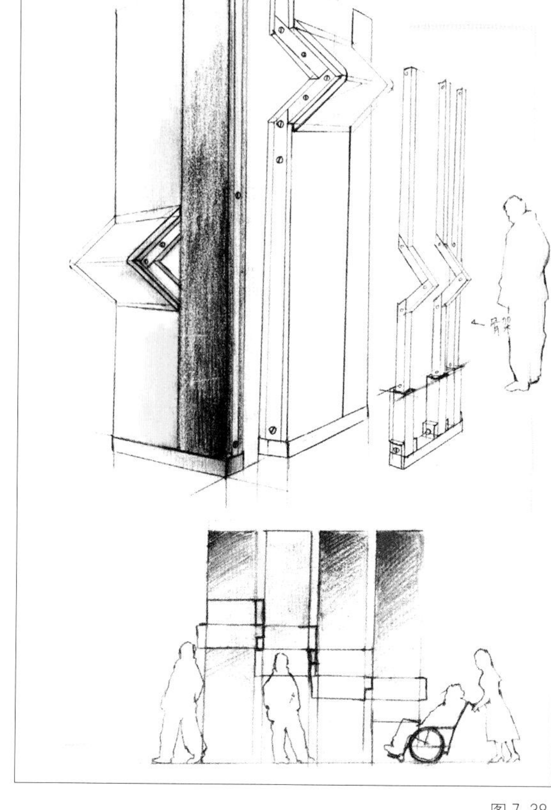

图 7.38

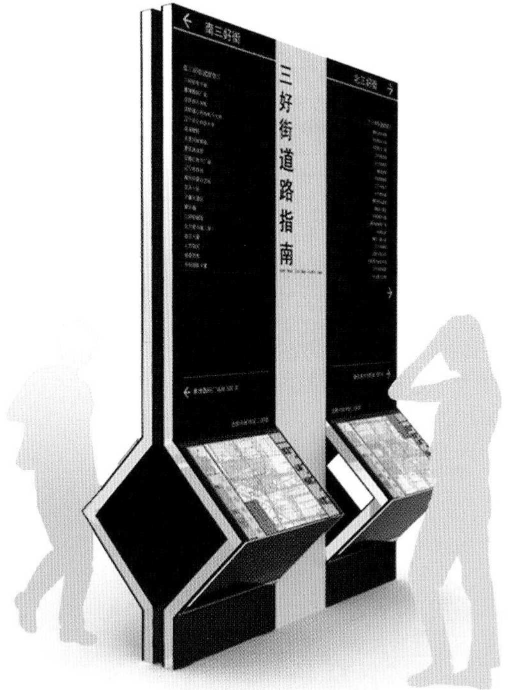

图 7.39

图 7.40

图 7.41

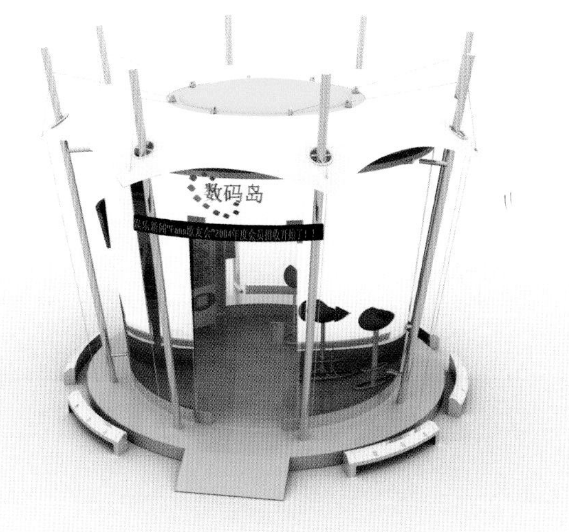

图 7.42

第四节　教学与科研及设计实践

公共设施设计是一个非常有生命力的课题，无论是教学研究，还是市场需求都是有很大的空间需要我们去探索。时刻关注设施设计发展，收集相关信息把握最新发展趋势，使设计教学与设计实践、科研很好地结合是我们研究设施设计的重点。科研的关键是立题，选择既要解决市场急需又要有前瞻性并适于设计教学规律的课题来研究，如《IC 式卡电话机系统研究》、《自行车存放功能与环境景观设计系统研究》、《城市导视系统开发与设计研究》等课题就是一个很好的例子。以教学带动科学研究使科研更深入，反过来科研又促进教学的发展，所以平衡好三者的关系很重要。公共设施设计课在工业设计系的教学中还是一个新课题，还需要逐渐的发展、完善，从而形成自己的特色（图 7.43～7.49）。

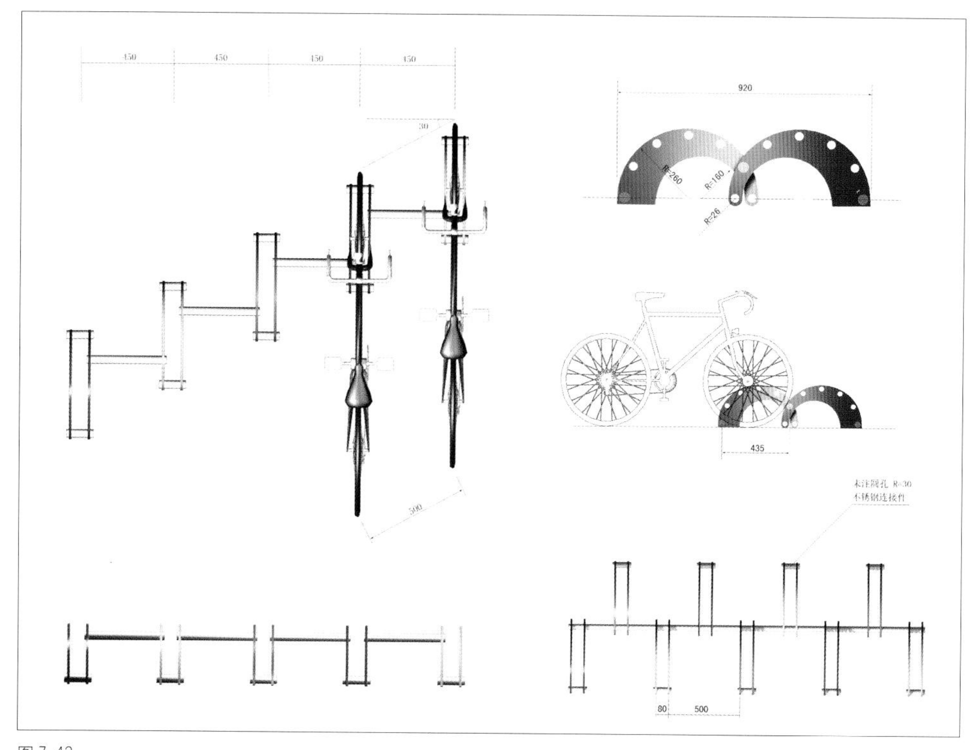

图 7.43

图 7 44

图 7.45

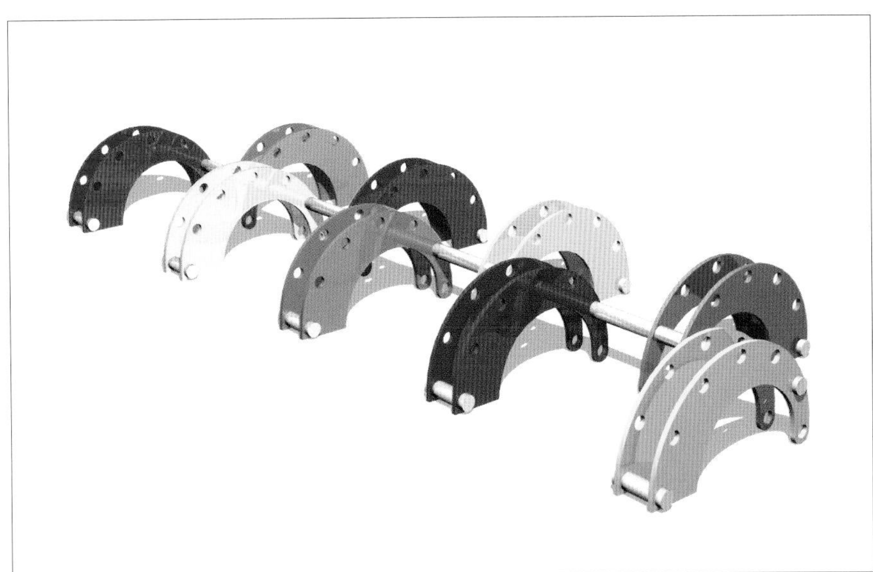

图 7.46

图 7.47

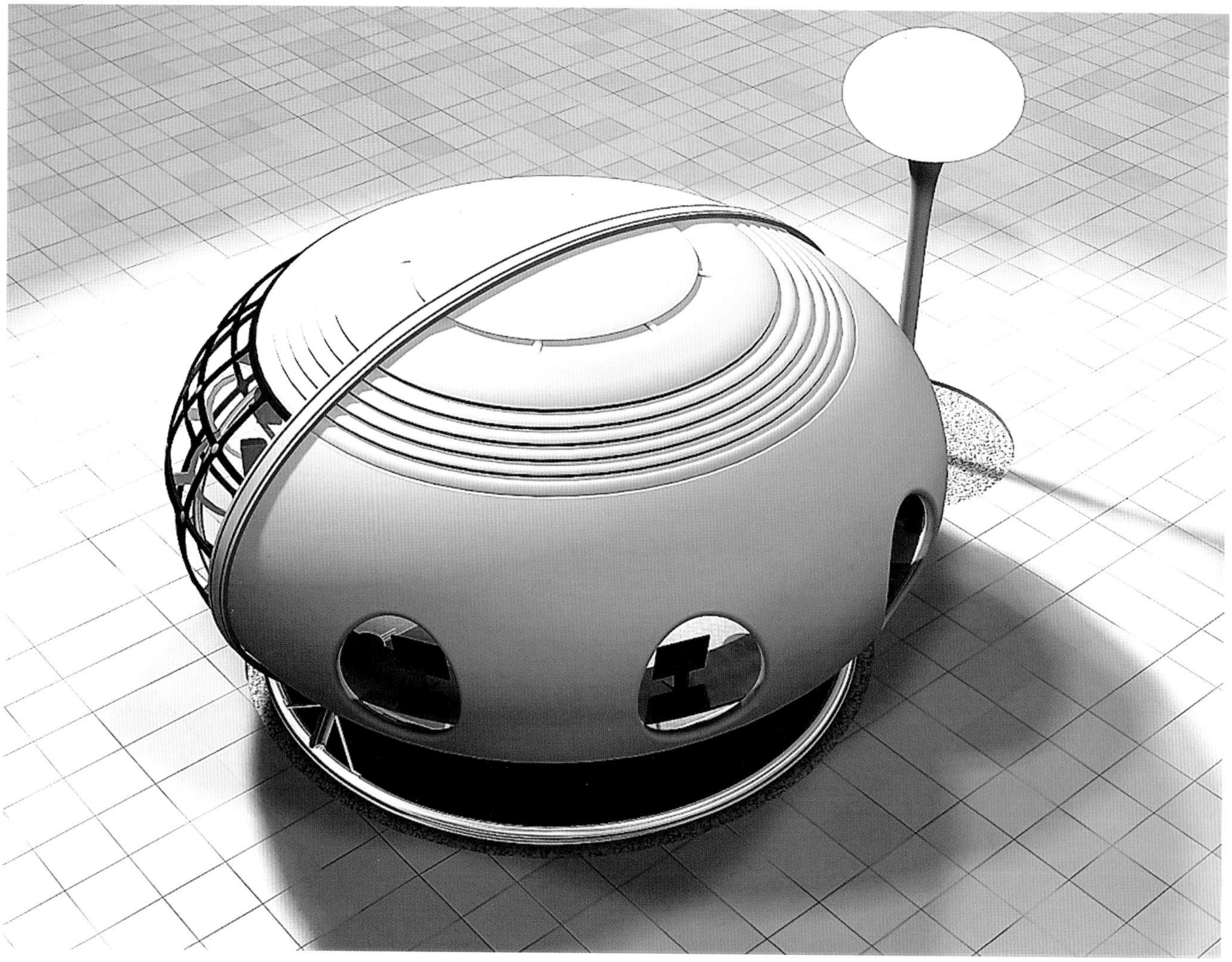

图7.48

图7.49

中國高等院校

THE CHINESE UNIVERSITY

21世纪高等教育美术专业教材

The Art Material for Higher Education of Twenty First Century

CHAPTER 8

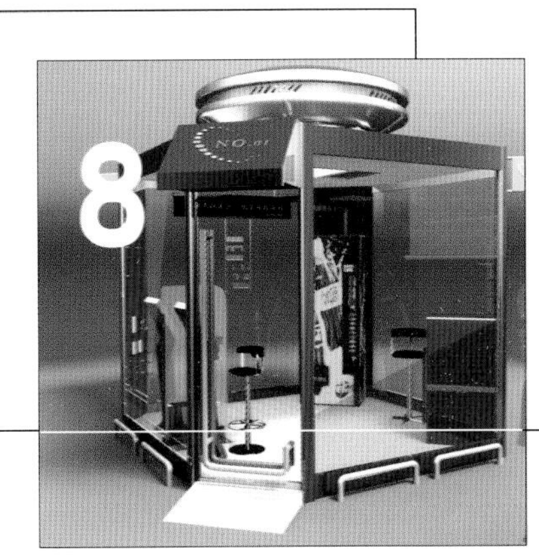

作品分析与点评

第八章 作品分析与点评

（一）休闲设施设计

（作者：金长明）

公共休闲空间设计应体现出公共空间的真正含义即为大众营造一个全新的艺术环境，它不仅能给辛劳疲惫一天的人们带来放松和自由的愉悦，同时也能提供给人们自由交换和接受信息的传播场所。通过多层虚实空间的组合，达到融合人工环境与自然环境，创造崭新形式抽象美感与可持续发展的生态环境的目的。这个公共休闲空间设计，营造的是一种文化的氛围，而不仅是实用的生活功能，是艺术家的创造与公众意见构成对话的领域，这个领域是自由的、开放的，它又是相对于私密而言的。

首先，四通八达的入口设计为人的自由进出提供了便利条件，并考虑到残障人上下楼的不便利，设计了倾斜度较缓的坡道，体现了以人为本的设计理念。此外，这组公共设施通过带有壁画、玻璃、镜面的墙体组合，使人仿佛穿行于一种你中有我，我中有你富有动感的空间环境之中，通过简洁、明快的造型语言融合于自然之中，构成了丰富多变、虚实相生的梦幻空间。公共空间除了具有公众自由进出的特征外，还必须有自由交往和对话的基础。该方案以简洁的几何形态为语言方式，通过不同的空间围聚，空间穿越方式，以及不同的设施放置方式引起人们奇妙的联想，构成了交流和对话的物质基础。从整体上看，该设计共分上下两层，带有天井式的中庭不仅解决了下层采光的问题，而且也是总体设施可供人观赏、娱乐，泉水通过玻璃之间的缝隙，由上至下流淌，在下层休息的人们可以欣赏斑斓的自然色彩和富有狂想气息的人工瀑布，感受空气中浮动的暗香的艺术中的幽静，可以在炎热的夏日把脚放到水池中享受水带来的清凉。在这里人便可体会到一种退隐、幽居、冥思回归自然的奇特感觉，满足了人对公共空间的精神需求。从空间造型上来看，这是一个规则的几何形态，通过不同的空间的围聚，空间的穿插方式，耐人寻味，激起人观赏、娱乐的兴致，内环境是通透的玻璃材质，在无形中解除了空间对人的封闭感，"透"的感觉油然而生。此外，带有镜面的墙体组合带有壁画的墙，与水面相呼应行走在其中，步移景移，景移情动，使人产生一种诗画般的意境美。是东西方文化交融的结晶，是对具有个性发展的本土设施的探索。

休息坐椅设计由坐椅和垃圾桶组合而成，坐椅充分考虑到人机工程学原理，深入了解人体坐椅座面上的体压分布情况，以便使人在使用中感到更加舒适、自然，为了方便人在休息时吃些东西，在椅子的两侧放置了两个垃圾桶，由金属预制件与椅子相连，其上的玻璃台面还可放置些饮料用品，座位之间的货架可用来摆放书籍与包裹等物品。整体设计简洁大方，造型优美，充分考虑到人的心理与生活需求。

游乐设施位于整个休息区域的中心，由喷泉、路灯、石阶组成，喷泉是路灯的一部分，水通过灯柱由下面的蓄水池引到上层，由泉眼喷出，既可为人饮用，又可供人娱乐观赏，给使用者带来了永恒和无限的快乐。电子查询终端系统是由太阳能供电的电子显示屏幕，被安装在玻璃墙上，具有方位指示、信息说明等功能。与玻璃砖浑然一体，具有易读、易记、易识别、易操作的优点（图8.1～8.11）。

图8.1

图8.2

图8.3

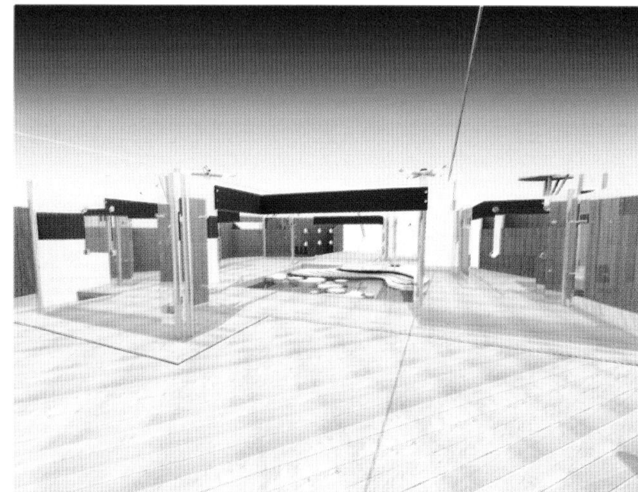

图8.4

图8.5

图8.6

图8.7

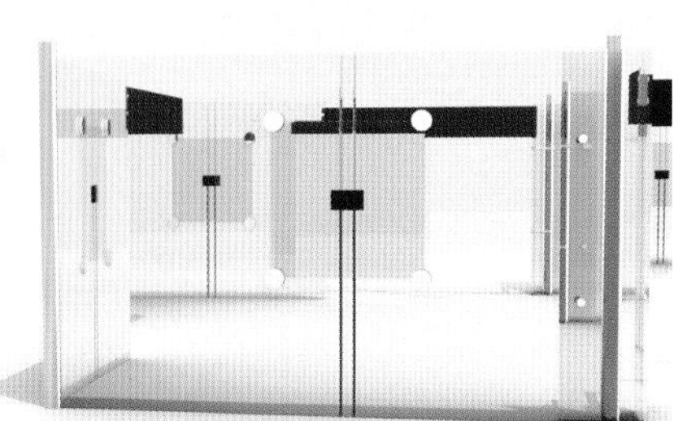

图8.8

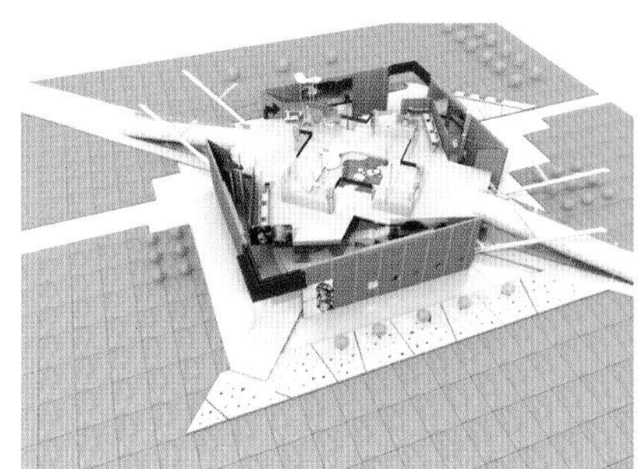
图8.9

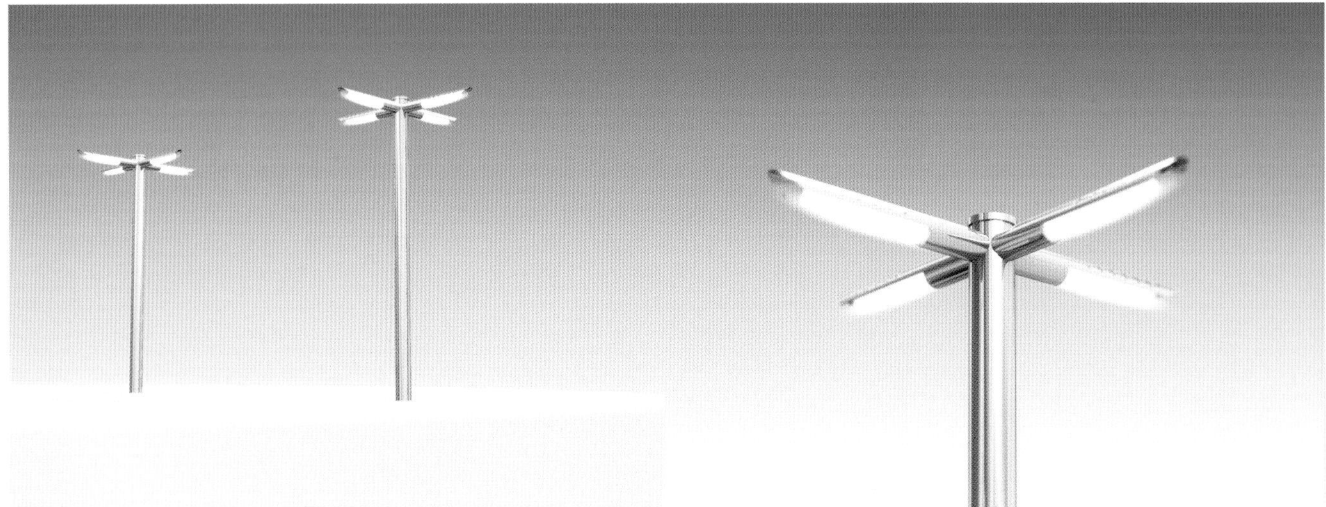
图8.10

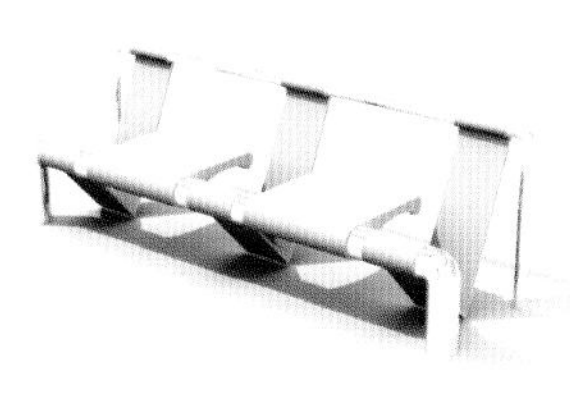

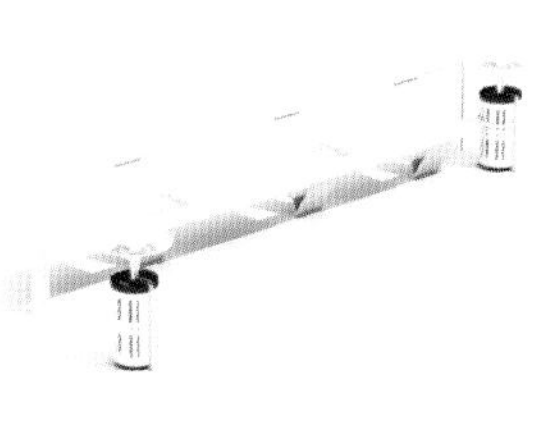

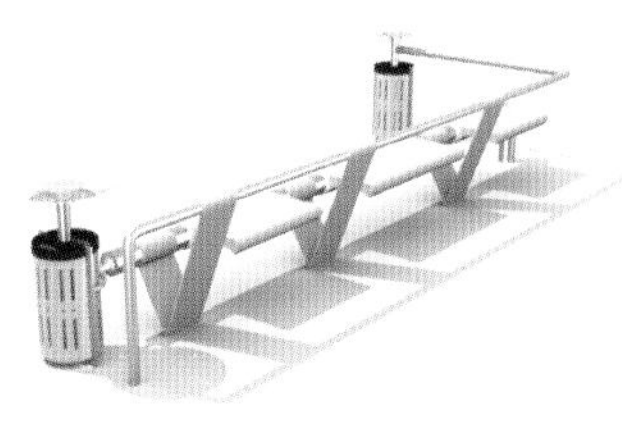
图8.11

（二）未来公共汽车站系统规划设计（作者：张丽丽、卜立言）

公共汽车站充分体现了人性化的设计原则，这是一个大型公共汽车终点站，它为50人以上的候车人群提供了各种方便条件。①它的外形采用了蛋形，蛋形使表面积最小，而所覆盖的体积的结构强度最大，而表面积影响太阳的照射以及热量的损失与获取，使公共汽车站长年都处于很干爽的环境中。②蛋形车站下方是扇形屿台，它的高度与公共汽车内室地面高度相同。车站内的站牌顶端设有红外线感应装置，当公共汽车靠近车站时，它能接收信号并将站台上的伸踏板伸出，与公共汽车上下车门处接合成同一平面，以便行动不便者上下车，同时扇形屿台两侧都设有残障人士坡道，屿台背面还为盲人特设了盲人坡道，使盲人能在最快时间内，走捷径上车。③车站内部设有一部升降机，使人们能够直接从下一层进入到车站内。处于车站内部的升降机、公共电话亭被设计成透明管状，这种形式既开阔了视野，又加速了风的流动。在蛋形壳体的表面还设有孔窗，使车站内部形成美丽的光柱投射效果，升降机及电话亭上端的天窗周围有太阳能风扇。④在车站附近不远处为携带儿童候车的乘客设计了一组儿童游乐设施，且整体处于一个沙坑中，以防对儿童的意外伤害。⑤在整组公共设施的用色上采用一些鲜亮的色彩，对于在车站候车或转车的人来说，这也许可以让他们换一种环境，打破旅途的沉闷，给他们一次感受跳跃生活节奏的机会。车站的材料就是一种高新生态材料，是一种我们未知的材料。同时车站还运用了一种新技术——“薄壳技术”，薄壳没有梁、柱，专靠形体获得强度。由于靠膜面支撑，因此比传统钢筋水泥结构轻得多。薄壳是一种独一无二处理空间的最经济手段。

此概念设计中充分运用了感性语言，整个设施造型充满一种象征生命的卵形符号。蛋形车站中人流穿梭，上下往来，象征着一种生命力的生生不息（图8.12～8.18）。

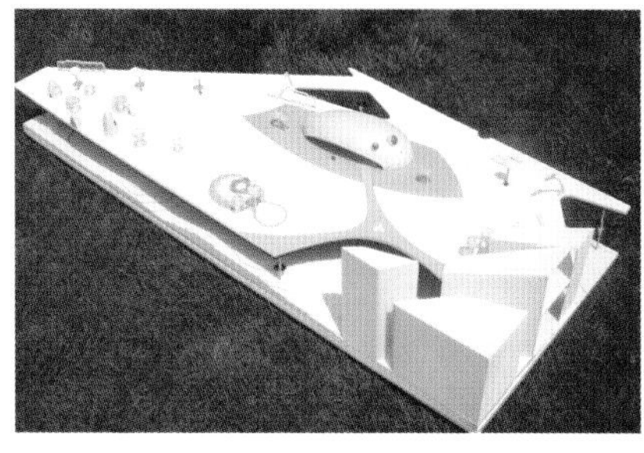
图8.14

图8.15

图8.12

图8.16

图8.13

图8.17

图8.18

(三)户外灯具设计

（作者：于庆水）

一、今天，我们正处在一个急剧变化的时代，人们既希望从传统中找回精神家园，以弥补快速发展带来的心理失落与不安，同时又满怀跃跃欲试的激情试图运用当代科技来重新组织自己的审美体验，重新调整心态，使之适应现代生活。今天的人们比历史上任何一个时期都更清醒地知道人类生存环境的"完整"、"完善"与"完美"的宝贵价值。为此，本系列设计在材料的选择上以石材为首选，亦可选择陶泥。让生活在钢筋水泥城市中的人们有回归自然的感受。

在形态上，设计者摆脱凡俗冗杂的装饰，以简约的形态示人，但又不失沉稳，展现了厚重的文化底蕴。然而，人们对现代灯具设计的要求已不仅仅局限在照明和外形的美观宜人上。对灯光的细心雕琢，更是不可或缺的，所以在设计此款灯具之前，设计者最先考虑的是光对人的影响，以达到改变人们以为"亮"就等于"靓"的错误观点（图8.19）。

二、灵感来源于"洞穿武力"，寓意反对战争，向往世界和平。此灯具的功能已完全摆脱照明的束缚，集美感和警世功能于一身（图8.20）。

三、此方案是对植物蓓蕾进行仿生的设计。简约时尚的造型、绿色环保的材料、清新靓丽的色彩、五彩斑斓的光影使受众心情舒畅(图8.21)。

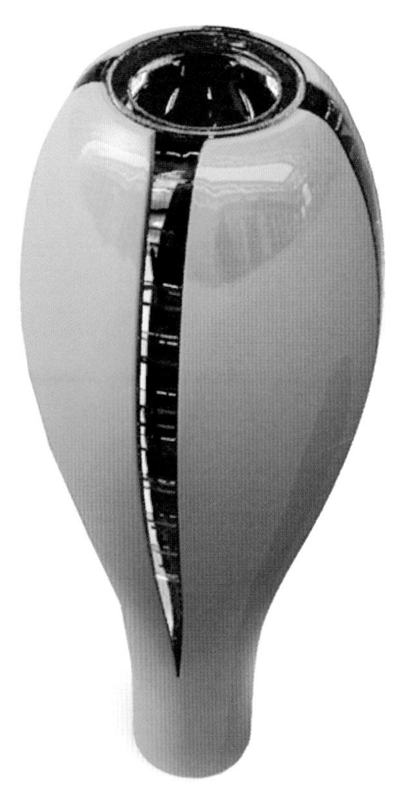

图8.21

图8.19

图8.20

（四）轻轨站台设计

（作者：张圆圆）

此次轻轨站台设计以几何形态为主，是纯粹概念化设计。着力突出直线与弧线的对比，空间的穿插以及现代构造的应用都表现出其鲜明的公共空间艺术特色。大面积的弧线设计，顶棚规则的圆孔通透设计，投射阳光形成光眼，利用自然的光照形成站台表面的光线效果。整体开放性设计并充分考虑到特殊人群的使用特点，宽敞的圆形阶梯台阶，两旁设计了倾斜度较缓的坡道专门提供给残障人士使用以解不便，并且设有滚梯，可方便运货，平直的登车处使月台与车厢间的

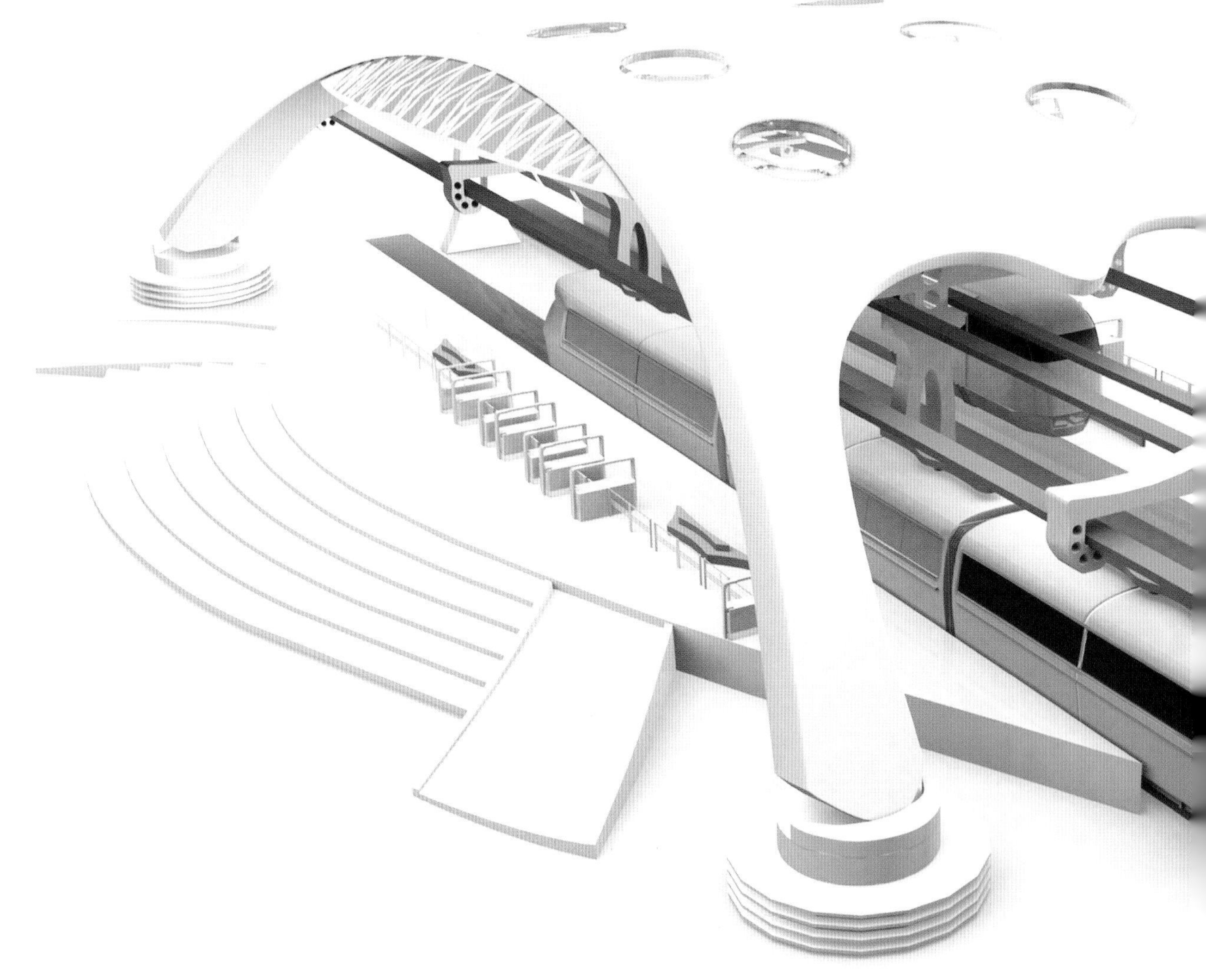

图8.22

空隙减至最小，中间的悬挂系统采用“T”形，简单明了，上下面均设有轨道，使其轻轨在运行或转站时随时完成上下交接(图8.22～8.27)。

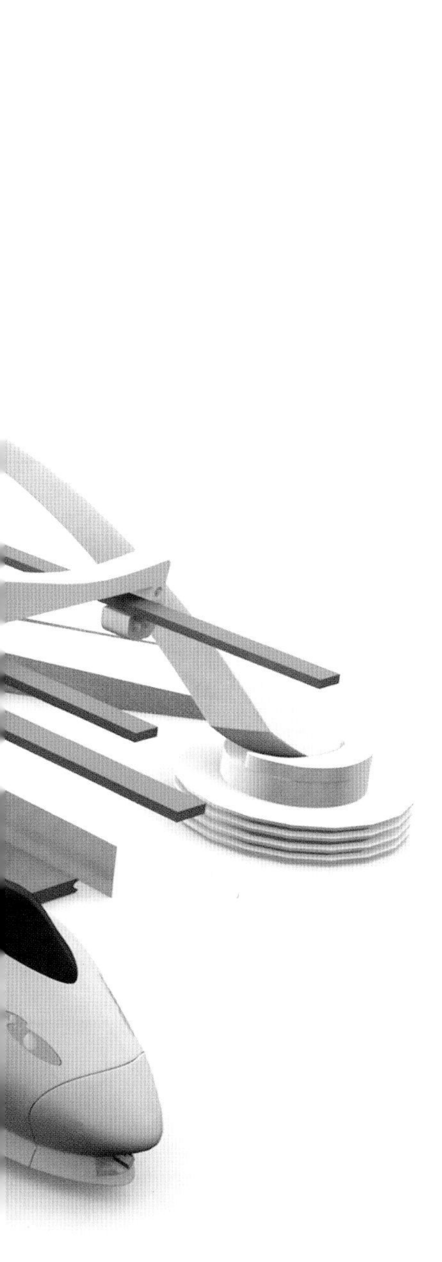

图8.23

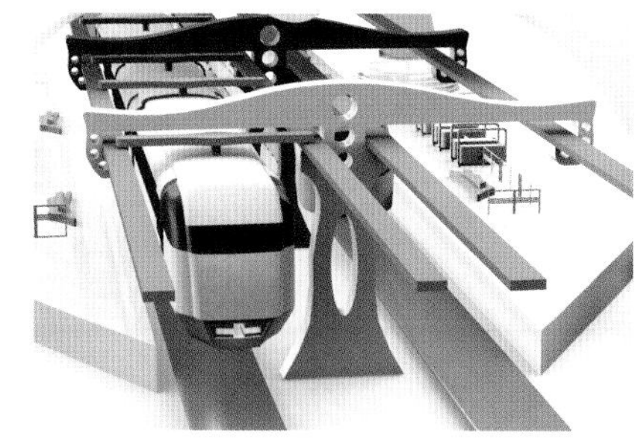

图8.26

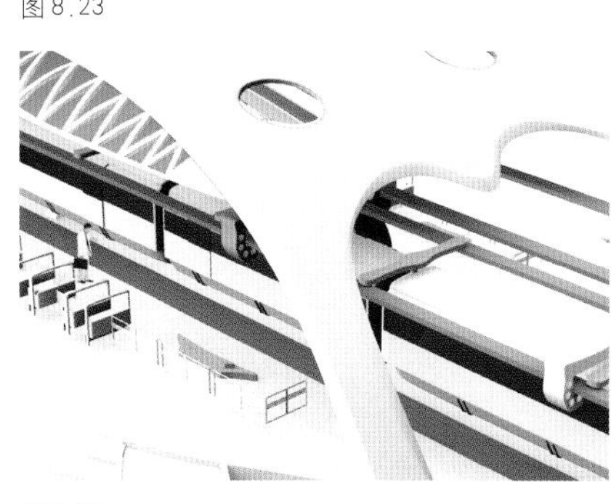

图8.24

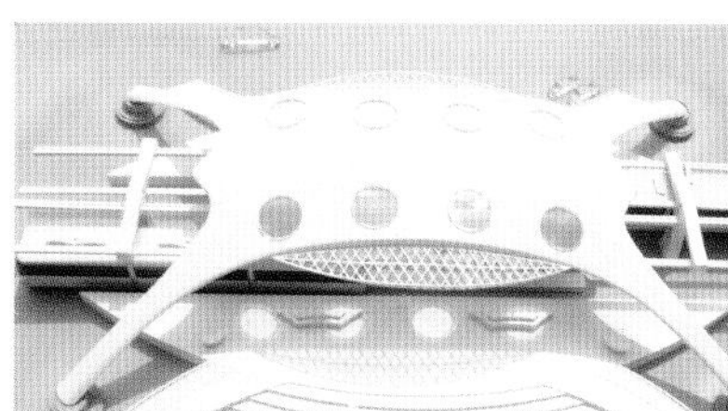

图8.27

图8.25

（五）城市导视系统设计

（作者：王丹鹤）

一、此设计采用两块看板拼合，中间以调和板隔开，能更详细更准确地介绍此地区状况。另外还可以采用不同高度以适合各种人群观看，在颜色搭配上采用黑色为主，其目的是和环境融合，完全以功能为主的设计。其功能是以多种人群的场合下考虑排列的，结合此方案的其他形式组成能适合各种身高的人观看，在排列上采用由矮到高，再从高到矮的排列，以波浪线的形式组合，各式身高的人均有两块看板以满足从不同方向驶来的人观看，此排列组合可放在广场，人群流通多的地段或者街道，加上具有波浪线般的节奏感和动感，使过路人仿佛进入一个充满动感的空间。此排列始终坚持功能、环境的和谐搭配为设计原则，功能决定形式，而功能的体现是与环境的结合和融入，这才是城市导示系统的核心（图8.28）。

二、主要是强调功能性和与环境的融入，与方案1相比较主要加宽了附加板的长度，其目的在于增加其使用面积，为进一步提高功能的需要，可将大面积、大范围的信息传达出去，适合于火车站，大的商业街、飞机场等地区，是适应环境而诞生的组合。其组合也是根据环境的需要来完成的，完全强调功能和环境的需要，利用其两个可视面积，一主一次，能给过路人详细的指示（图8.29）。

三、主要以单体的变化形式为主，根据不同的环境，将其附加板去掉以单体排列为主，这样做的目的在于，不占有大空间的同时起到直接的指示作用，在一个小的地段，或者建筑群体、公园等特定环境下使用，尤其在高速公路的路段，公园或动物园等野外安放实在是再合适不过的选择。这个方案的核心是与环境的结合，功能通过环境来表现出的思想为主要设计来源。其排列也是根据环境而来（图8.30）。

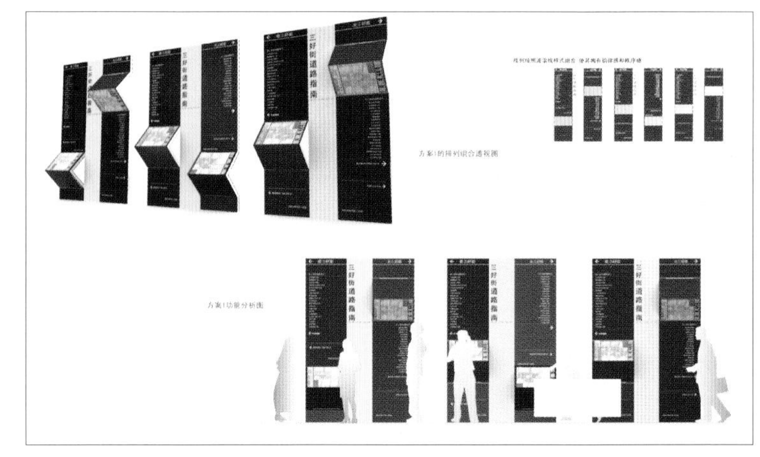

图8.28

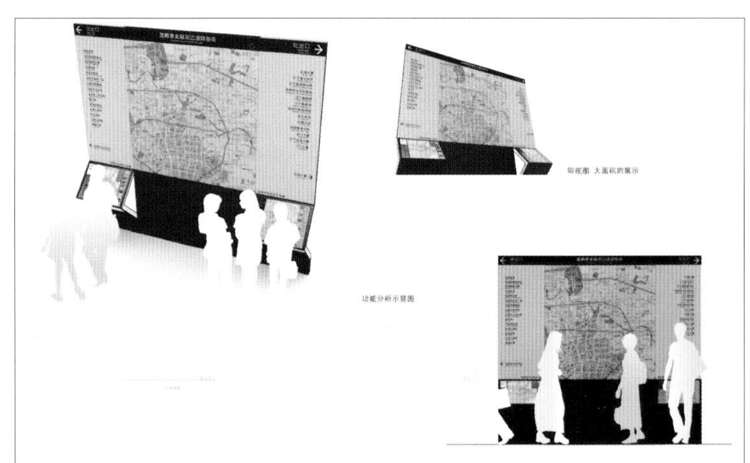

图8.29

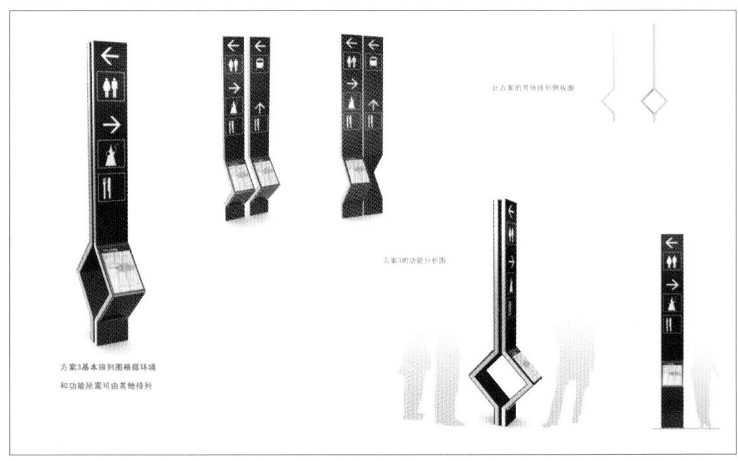

图8.30

（六）组合式儿童游乐设施设计

（作者：刘姝）

本方案是为3～16岁少年儿童设计的综合性游乐场。通过各有特色的游乐单元组合，最终构成一个充满乐趣、想象力的游乐环境。在深入了解儿童的心理、行为特点以及中国目前的游乐设施市场现状后，认为将游乐场作为社区文化、城市文化的一个元素来构思，作为丰富城市公园、生活社区的新元素，灵活组合，可大可小，按需要拼装的方案设计，能够适应城市多变的地形要求，不同年龄的儿童可以按喜好和身体发展的需要来进行最佳组合。设计运用了鲜明的，符合儿童心理的纯色系列，富有亲和力的松木材质，以及简洁充满童趣的造型，合理的布置了活动区域与休息区域。

设计的最终目的是通过各种游戏来锻炼儿童平衡、协调等能力，并且促进身心的共同发展。让游戏既安全科学又充满乐趣（图8.31～8.35）。

图8.32

图8.33

图8.31

图 8.34

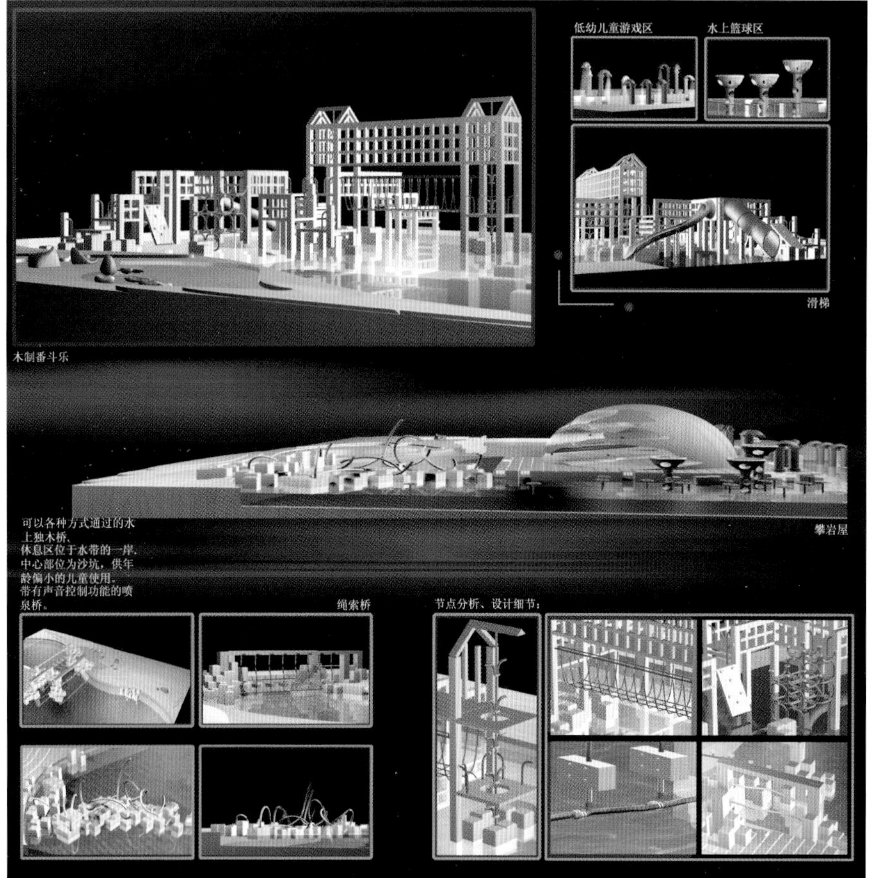

图 8.35

（七）组合式活动公厕设计

（作者：陈江波）

一、公众活动作为生活中的第三领域，越来越受到国家和市民的重视。这是一个社会走向民主和文明的标志。卫生间是城市公共建筑的一部分，是为居民和行人提供服务的不可缺少的环境卫生设施，也为建设卫生、环保及人文的公共卫生环境提供了可靠的保障。城市公共卫生间无论在硬件还是软件上都迫切需要提高一个层次，真正做到布局合理化、设施现代化、内外美观化、管理秩序化、保洁标准化，使卫生间这个“城市的窗口”也能舒适宜人。

认真琢磨了细节的修饰与完善，选用了节水、节能设施，采用坚固、耐用的环保材料，倾力打造方便所有人群的公共设施，设计定稿以活泼新颖的外观、极具人性化的服务设置、新材料的应用作为“新概念”公共卫生间的特点。在内部充分注重了：A、人与界面的亲和力（人机工程）。B、功能分区的合理布局，设计在注重美观的同时，更重要的是为人们创造一个舒适快捷的环境。同时兼具独立性、环保性、使用性、醒目性、方便性、公共性和地域性，充分体现出了对人的关怀。注重了材质选择，功能组合，模块的衔接，让中国的公共卫生间真正体现出以人为本的特色，满足人们的需求。

二、“新概念”卫生间室内的配置：采用了无性别公共设计，一个占地几平方米的独立卫生间，轮椅可自由出入，男女都能使用，残疾人、老人和幼儿可以在异性家属的陪同下一起进入，而不必怕别人异样的眼光。除了现代卫生间的独立间外，盥洗台等使每个进入公厕的人在视觉上的第一感觉是轻松愉快；衣带挂钩、手纸、洗手液给如厕者以方便；靠外墙的位置设有书报架、休息角等等也体现了人文关怀。每一个微小的设计之中都体现了充分的调查研究工作和服务意识的结合。

（1）整体性：从设施的所处整体环境着眼，使单体设计与所处的环境要融合。将设计对象置于系统中加以考察，研究环境与整体，整体与局部的相互联系。

（2）独创性：发挥"公共"潜质特点，充分利用材料的特性，发掘结构潜能，显示外在造型。

（3）模块化：工业模块化的方式是降低制造成本，提高安装质量的有效途径。通过现有或自己设计的型材来整合设计单体，注意结构的相似性和构体的通用性、互换性。

（4）人性化：让使用者"爱"上它。设计既是为人民服务的产品，又是城市地区的一道景观。因此抓住地区文脉、习惯、特质也同样重要。

三、充分利用社会资本和基础条件，加快城市发展步伐。创造具有独特面貌和气氛的设施与环境空间，同时兼顾到未来发展的需要，兼具创意与综合性能，为社会群体提供更高素质的城市设施，使城市生态、社会经济力量、公共政策互动平衡。

（1）广场和主要交通干路两侧。

（2）车站、码头、展览馆等公共建筑附近。

（3）风景名胜古迹游览区、公园、市场、大型停车场、体育场（馆）附近及其他公共场所。

（4）新建住宅区及老居民区。营业场所包括宾馆（大堂）、饭店、旅馆、餐饮场所、文化体育娱乐场所、购物场所、加油加气站、机场、火车站、公共电汽车站和长途客运汽车首末站、地铁和城铁车站、高速公路服务区等。而对于一些需要购票进入的场所，如博物馆、影剧院等，内置厕所则只向购票者开放（图8.36）。

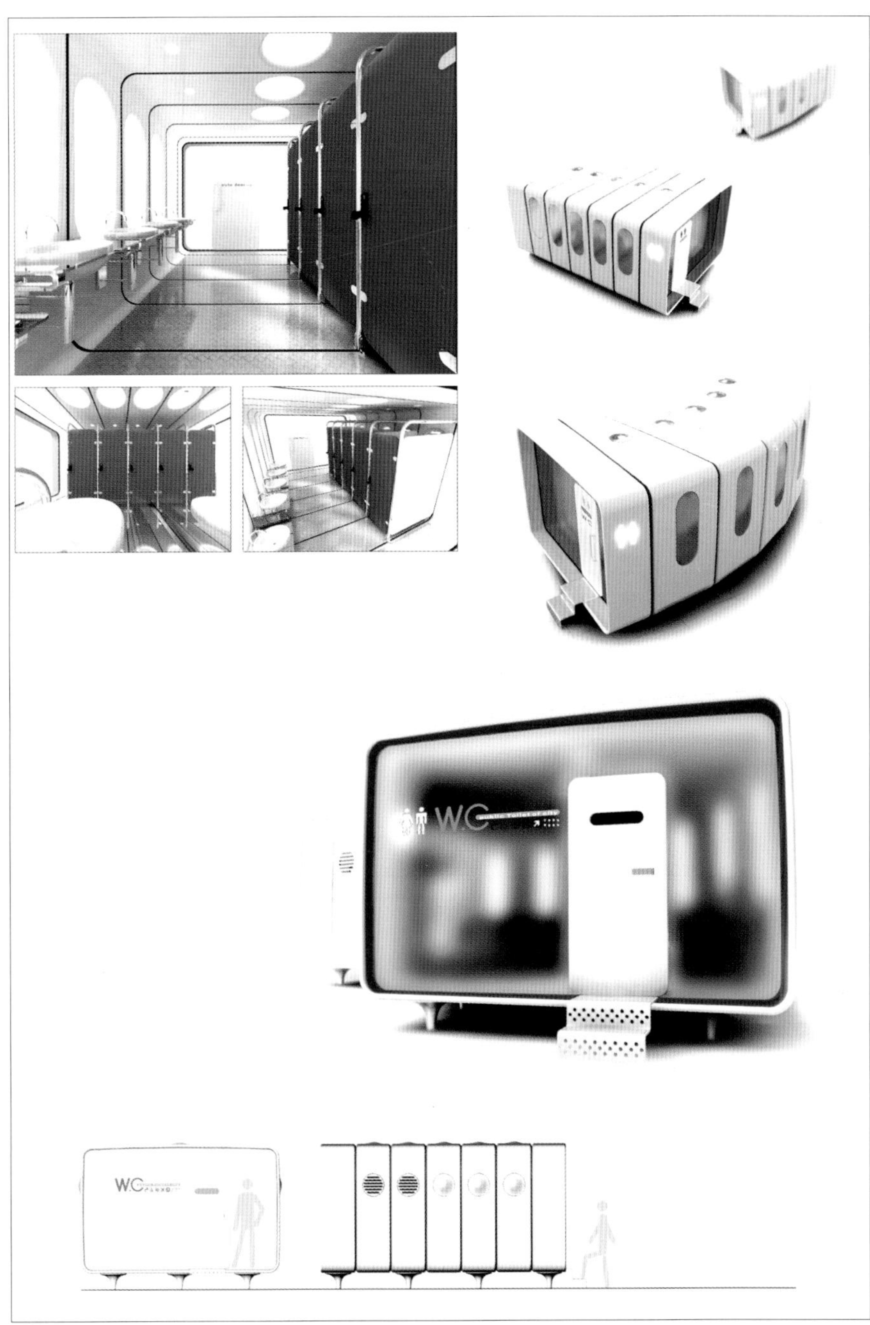

图8.36

（八）数码岛设计

（作者：杜海滨、薛文凯、王雪银）

数码岛——学名“数字城市公共服务信息交互平台”是“数字城市”的重要基础设施建设内容，数码岛建设成后，将实现电子政务、电子商务、电子社区、电子交通、电子教育、电子医疗和电子公安等各领域的社会化。

一、设计创意

1.“形”的选择

在沈阳工业化城市定位中提取造型元素，基本造型以钢铁型材、板材和不锈钢为主，采用模数化设计以体现标准化、系列化、通用化生产的工业化特征，在视觉上追求硬朗、鲜明、大气、稳重的时代品位，使模数化表现形式与“数字化”服务内涵完美结合，以实现打造数字沈阳、建设时尚家园的美好科技理念。

2.“色”的确立

将标准色彩导入视觉形式设计，是提升企业文化及形象的重要手段之一，以企业CI或VI系统为基础定位色彩设计是本设计的初衷，因此，“电信蓝”在方案设计中占有绝对的统治地位，从外观造型到室内陈设的每一个细节和操作界面，都能够让使用者感受到“蓝”色的便利和魅力，它带给公众的不仅是时尚与服务，更传递着政府、企业、市民共同的梦想与未来。

3.“质”的定位

即物质材料的综合体，它满足造型、色彩和实现功能的物质条件。本方案设计在材质定位上重点侧重于生产制造、使用维护两个方面：

(1) 生产制造方面强调“三化”，即标准化、系列化、通用化。除了以金属材料的物质特性来表现其工业美感、技术美感外，它更适合于批量化制造，实现规模经济，有效地控制和降低成本，易于该项目的普及和推广。

(2) 使用维护方面强调“模数化”。在“公共广场型”和“小区住宅型”两个系列产品中模数化特征尤为显著，它们不仅可以实现批量制造，多项构件和配置均能达到互换互用，异型组合等功能。方便于日常的使用和维护，包括包装、运输、安装更换和调试，同时也易于拆解，回收，有效地降低污染等。

二、人——岛——环境

以人为中心是本方案设计的宗旨，将“岛”作为一种纯粹的产品设计不是我们的真正目的。因此，将建设数字沈阳作为一种爱的行为，美的享受的转化，使这一理念的转化实现其产品的强大功能，是我们的创意原点。如在“公共广场型”设计方案中，充分考虑到“岛”的布置位置、使用人群、使用频率和弱势群体的使用状态等因素，打破了习惯上常有的封闭式设计，以钢结构框架结合高强度中空玻璃为整体外观造型的主材，形式上采用端庄、整体稳定的正方形。在视觉上有很好的正面率效果。“电信蓝”虽然没有做很大面积的装饰，但从任何一个角度都可以通过简洁的框体彩色钢板观看到“岛”的完整造型和标准色。为消除平面广告的方向性，采用了可旋转的“雷达”式广告媒体，提升了视觉注目率，环形的电子游动字幕加快了多种信息的传递效能，笨重不雅的空调系统被整合进顶部，制冷与制热适合于北方的全天候使用。通透明亮的造型更增强了人与岛的亲和力与参与意识。在“小区住宅型”设计方案中，除了继续保留端庄明亮的方形造型外，进一步净化了浓重的商业气息，广告媒体被控制在人们的视觉和心理上能够接受的范围，暴露在顶部的空

图8.37

调机罩造型优美圆滑，像从太空归来的宇宙飞碟，与小区内的绿化和周边设施形成对比与联系，留给居民更多的想象空间。"岛"的进入口和室外公共电话巧妙地被处理在分割后的功能角上，整体造型更加细腻柔和，使之与小区的人文环境更加协调统一。

两种室外型的方案设计无论外观式样还是内在功能，都具有各自的鲜明特征，前者强调都市化快节奏的互动与交流，给人以快捷、效率、秩序、数字化的科技感受，后者注重轻松、自然、便利、休闲的社区文化。在设计语意方面充分运用形态、色彩、材质等造型要素，结合高科技网络技术，提供人们全方位的数字化信息服务方式。相信随着信息岛工程项目的不断完善，沈阳将会与国际化大都市同步，体验和享

图 8.38

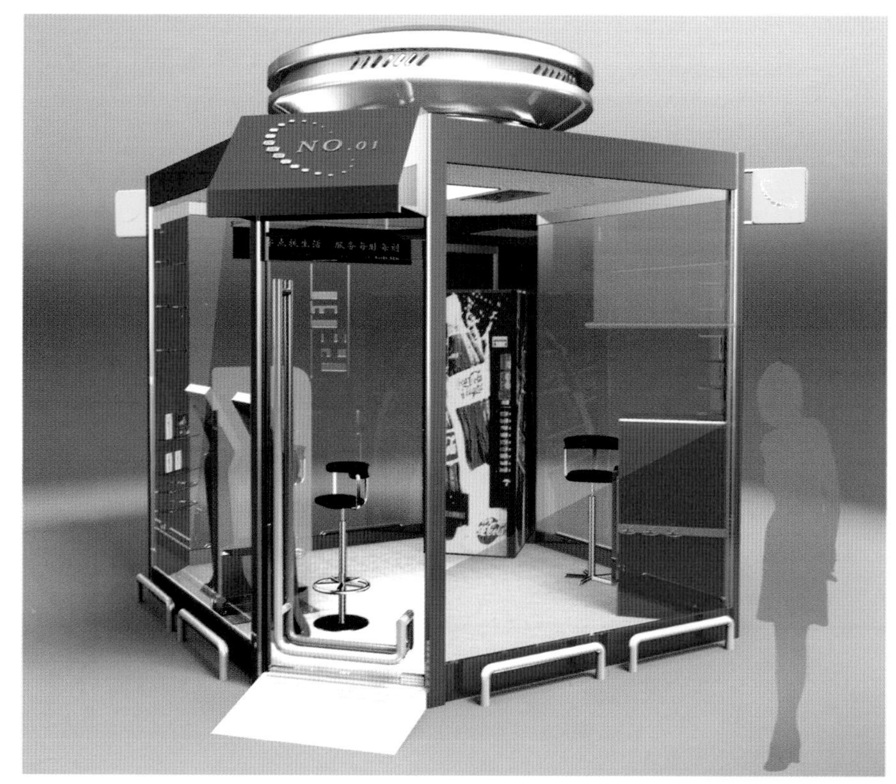

图 8.39

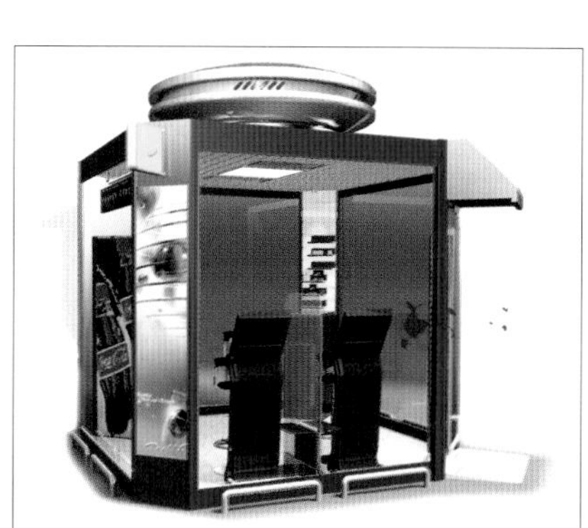

图 8.40

图 8.41

受到全新的数字生活……(图8.37～8.41)

（九）公共休闲椅设计
（作者：薛文凯、王雪银）

化为出发点，把现代化的材料、有机形态、图形图像等诸多元素融于坐椅的设计之中，形态上富于动感、时尚、飘逸，选择不同的材料、色彩单元组合成不同风格的群体，从模块化、组配化的简单的基本单元根据不同场景、不同空间尺度，通过不同方式的组合产生了丰富的视觉效果，从而使坐椅融入自然，与公共环境产生共鸣。坐椅适合于室内外的公共空间场所，如公园、广场、街道、住宅小区、机场、商场等。

材料选用不锈钢（抛光处理）、工

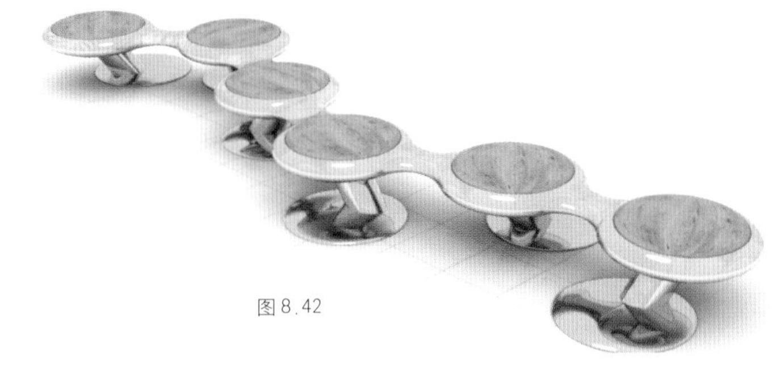

图8.42

图8.43

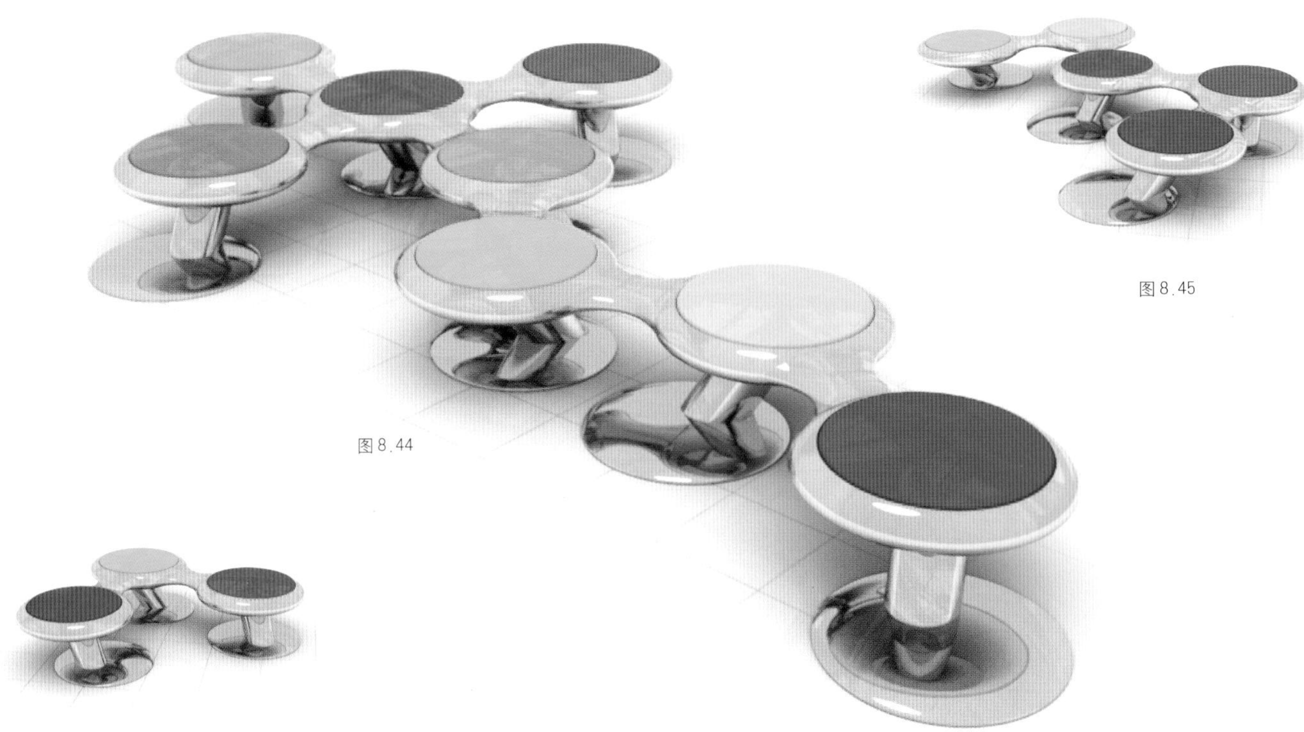

图8.45

图8.44

图8.46

程塑料、防腐木材、钢网静电喷涂（图8.42～8.46）。

（十）IC 卡式公共电话机设计
（作者：杜海滨、薛文凯、焦宏伟）

该方案是在满足IC卡或磁卡全部操作控功能和技术参数的基础上，对造型、色彩、人机亲和性、人机功效性、形态语意特征等方面进行综合的系统性设计。整体功能界面以曲线、曲面为基本形式语言，造型流线化，视觉浏览更为通畅，主控键单独群化处理，四个辅助键纵向排列，使整体操控界面呈轴心线对称式布局，使功能区域的可读性、辨认性、操控性更具人机效率和亲切感。输卡口显示屏、手持话机、按键等细部设计从视觉、触觉、听觉等方面更符合人的心理和生理结构特点。在工艺方面可实现金属模压和工程塑料注塑成型制造技术，生产成金属和塑料两种机型，以适合室外和室内不同使用环境的要求。该样机作为入选作品参加全国第九届美展设计作品展（图8.47～8.49）。

图8.47

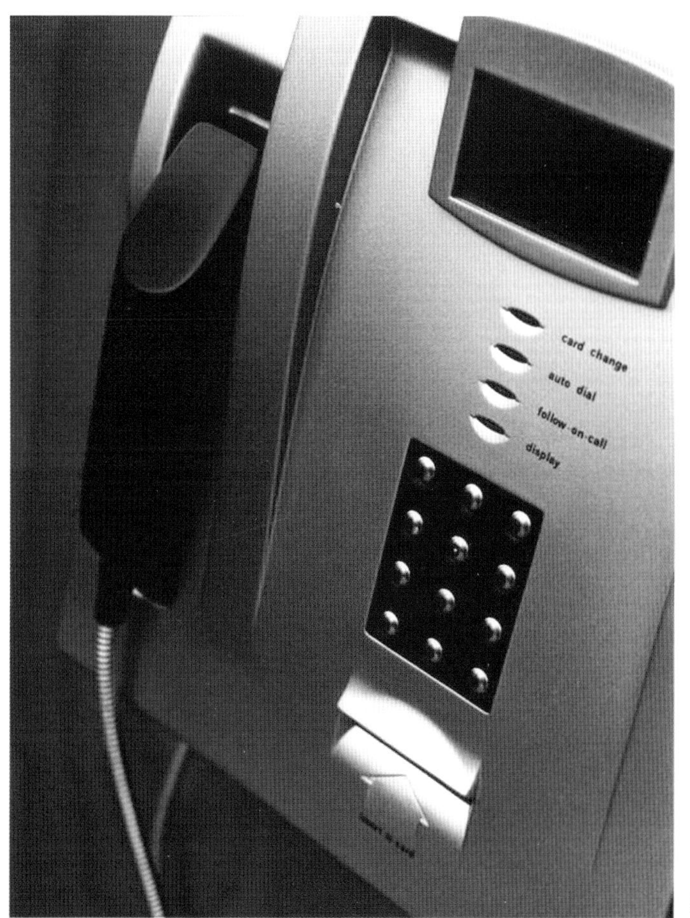

图8.48

图8.49

参考书目

《景观设计学》 [美]约翰·O·西蒙兹 著 俞孔坚 等译 北京建筑工业出版社 2000年

《建筑小环境设计》 刘文军 韩霞 同济大学出版社 1999年

《人性场所——城市开放空间设计导则》 [美]克莱尔·库珀·马库斯 卡罗琳·弗朗西斯 著 俞孔坚 孙鹏 等译 中国建筑出版社 2001年

《建筑外环境设计》 川西利冒 宇彬和夫 著 刘永德 淋翰弘 译 中国建筑出版社 1996年

《无碍设计》 [英]詹姆斯西德尔 塞尔温·戈德史密斯 著 孙鹤 等译 大连理工大学出版社 2002年

《国外建筑设计详图图集3》 [日]荒木兵一郎 藤木尚久 因中直人 著 章俊华 白林 译 中国建筑工业出版社 2000年